П. Д. УСПЕНСКИЙ

НОВАЯ МОДЕЛЬ ВСЕЛЕННОЙ

Москва
2002

УДК 1/14
ББК 86.42
У77

Успенский П. Д.

У77 Новая модель Вселенной / П. Д. Успенский. — Пер. с англ. Н. В. фон Бока. — М.: ФАИР-ПРЕСС, 2002. — 560 с.

ISBN 5-8183-0133-8

Перед вами своеобразная энциклопедия оккультных знаний, написанная учеником легендарного Г. Гурджиева. Автор, образованнейший человек своего времени, рассказывает о корнях и сути многих эзотерических учений, включая йогу, Таро, экспериментальную мистику, рассматривает в духе идей современности мифы и свидетельства о сверхчеловеке, четвертом измерении, жизни после смерти и трансмутации, увлекательно повествует о лаборатории Вселенной, неустанно рождающей Великих Посвященных. П. Д. Успенский — истинный исследователь иных миров, знания которого завораживают.

Для широкого круга читателей.

УДК 1/14
ББК 86.42

ISBN 5-8183-0133-8

ПРЕДВАРИТЕЛЬНЫЕ ЗАМЕЧАНИЯ

То, что автор нашел во время своих путешествий, упомянутых во «Введении», а также позднее, особенно с 1915 по 1919 год, будет описано в другой книге*. Настоящая книга была начата и практически завершена до 1914 года. Но все ее главы, даже те, которые уже были изданы отдельными книгами («Четвертое измерение», «Сверхчеловек», «Символы Таро» и «Что такое йога?»), были после этого пересмотрены и теперь более тесно связаны друг с другом. Несмотря на все, что появилось за последние годы в области «новой физики», автор сумел добавить ко второй части главы 10 («Новая модель Вселенной») лишь очень немногое. В настоящей книге эта глава начинается с общего обзора развития новых идей в физике, составляющего первую часть главы. Конечно, этот обзор не ставит своей целью ознакомить читателей со всеми теориями и литературой по данному вопросу. Точно так же и в других главах, где автору приходилось ссылаться на какую-то литературу по затронутым им вопросам, он не имел в виду исчерпать все труды, указать на все главные течения или даже сделать обзор важнейших трудов и самых последних идей. Ему достаточно было в таких случаях указать примеры того или иного направления мысли.

Порядок глав в книге не всегда соответствует тому порядку, в каком они были написаны, поскольку многое писалось одновременно, и разные места поясняют друг друга. Каждая глава помечена годом, когда она была начата, и годом, когда была пересмотрена или закончена.

Лондон, 1930 год

---

* Речь идет о последней и, пожалуй, лучшей книге П. Д. Успенского «В поисках чудесного», вышедшей в свет уже после смерти автора. Есть русское издание этой книги: П. Д. Успенский «В поисках чудесного» (перевод с англ. Н. В. Фон Бока). М., «ФАИР-ПРЕСС», 1999.

ВВЕДЕНИЕ

В жизни существуют минуты, отделенные друг от друга долгими промежутками времени, но связанные внутренним содержанием, присущим только им. Несколько таких минут постоянно приходят мне на память, и тогда я чувствую, что именно они определили главное направление моей жизни.

1890-й или 1891-й год. Вечерний приготовительный класс 2-й Московской гимназии. Просторный класс, освещенный керосиновыми лампами, которые отбрасывают широкие тени. Желтые шкафы вдоль стен. Гимназисты в перепачканных чернилами полотняных блузах склонились над партами. Одни поглощены уроком, другие читают под партами запрещенный роман Дюма или Габорио, третьи шепчутся с соседями. Но со стороны все выглядят одинаково. За столом — дежурный учитель, долговязый и тощий немец по прозвищу Гигантские Шаги; он в форменном синем фраке с золотыми пуговицами. Сквозь открытую дверь виден класс напротив.

Я — школьник второго или третьего класса. Но вместо латинской грамматики Зейферта, целиком состоящей из исключений, которые иногда снятся мне и поныне, вместо задачника Евтушевского с крестьянином, приехавшим в город продавать сено, и водоемом, к которому подходят три трубы, передо мной лежит «Физика» Малинина и Буренина. Я выпросил эту книгу на время у одного из старшеклассников и теперь с жадностью читаю ее, охваченный энтузиазмом и каким-то восторгом, сменяющимся ужасом, перед открывающимися мне тайнами. Стены комнаты рушатся, передо мной расстилаются необозримые горизонты неведомой красоты. Мне кажется, будто какие-то неизвестные нити, о существовании которых я и не подозревал, становятся доступными зрению, и я вижу, как они связывают предметы друг с другом. Впервые в моей жизни из хаоса вырисовываются очертания цельного мира. Все становится связным, возникает упорядоченное и гармоничное единство. Я понимаю, я связываю воедино целую серию явлений, которые до сих пор казались разрозненными, не имеющими между собой ничего общего.

Но что же я читаю?

Я читаю главу о рычагах. И сразу же множество вещей, которые казались мне независимыми и непохожими друг на друга, становятся взаимосвязанными, образуют единое целое. Тут и палка, подсунутая под камень, и перочинный нож, и лопата, и качели — все эти разные вещи представляют собой одно и то же: все они — «рычаги». В этой идее есть что-то пугающее и вместе с тем заманчивое. Почему же я до сих пор ничего об этом не знал? Почему никто мне не рассказал? Почему меня заставляют учить тысячу бесполезных вещей, а об **этом** не сказали ни слова? Все, что я открываю, так чудесно и необычно! Мой восторг растет, и меня охватывает предчувствие новых поджидающих меня откровений; меня охватывает благоговейный ужас при мысли о **единстве всего**.

Я не в силах более сдержать бурлящие во мне эмоции и пытаюсь поделиться ими со своим соседом по парте; это мой закадычный друг, и мы часто ведем с ним негромкие беседы. Шепотом я рассказываю ему о своих открытиях. Но я чувствую, что мои слова ничего .для него не значат, что я не в состоянии выразить того, что чувствую. Друг слушает меня с отсутствующим видом и, вероятно, не слышит и половины сказанного. Я вижу это и, обидевшись, хочу прервать свой рассказ; но немец за учительским столом уже заметил, что мы разговариваем, что я что-то показываю соседу под партой. Он спешит к нам, и спустя мгновение моя любимая «Физика» оказывается в его глупых и неприятных руках.

— Кто дал тебе этот учебник? Ведь ты ничего в нем не понимаешь! К тому же я уверен, что ты не приготовил уроки.

Моя «Физика» лежит на учительском столе.

Я слышу вокруг иронический шепот и насмешки: «Успенский читает «Физику»!» Но я спокоен. Завтра моя «Физика» опять будет у меня, а долговязый немец весь состоит из больших и малых рычагов.

Проходят годы.

1906-й или 1907-й год. Редакция московской ежедневной газеты «Утро». Я только что получил иностранные газеты, мне нужно написать статью о предстоящей конференции в Гааге. Передо мной кипа французских, немецких, английских и итальянских газет. Фразы, фразы — полные симпатии, критические, иронические и крикливые, торжественные и лживые — и, кроме всего, совершенно шаблонные, те же, что употреблялись тысячи раз и будут употребляться снова, быть может, в диаметрально противоположных случаях. Мне необходимо составить обзор всех этих слов и мнений, претендующих на серьезное к ним отношение; а затем столь же серьезно изложить свое мнение на этот счет. Но что я могу сказать? Какая скучища! Дипломаты и политики всех стран соберутся и будут о чем-то толковать, газеты выразят свое одобрение или неодобрение, симпатию или враждебность. И все останется таким же, как и раньше, или даже станет хуже.

«Время еще есть, — говорю я себе, — возможно, позднее что-нибудь придет мне в голову».

Отложив газеты, я выдвигаю ящик письменного стола. Он набит книгами с необычными заглавиями: «Оккультный мир», «Жизнь после смерти», «Атлантида и Лемурия», «Догмы и ритуал высшей магии», «Храм Сатаны», «Откровенные рассказы странника» и т. п. Уже целый месяц меня невозможно оторвать от этих книг, а мир Гаагской конференции и газетных передовиц делается для меня все более неясным, чуждым, нереальным.

Я открываю наугад одну из книг, чувствуя при этом, что статья сегодня так и не будет написана. А ну ее к черту! Человечество ничего не потеряет, если о Гаагской конференции напишут на одну статью меньше.

Все эти разговоры о всеобщем мире — бесплодные мечты Манилова о том, как бы построить мост через пруд. Ничего никогда из этого не выйдет. Во-первых, потому что люди, устраивающие конференции и собирающиеся для разговоров о мире, рано или поздно начнут войну. Войны не начинаются сами по себе; не начинают их и «народы», как бы их в этом ни обвиняли. Именно все эти умные люди с их благими намерениями и оказываются препятствием к миру. Но можно ли надеяться на то, что когда-нибудь они это поймут? И разве кто-нибудь когда-нибудь мог понять свою собственную ничтожность?

Мне приходит на ум множество едких мыслей о Гаагской конференции, однако я понимаю, что для печати ни одна из них не годится. Идея Гаагской конференции исходит из очень высоких источников; если уж писать о ней, то в самом сочувственном тоне. Даже у тех из наших газет, которые обычно критически и недоверчиво относятся ко всему, что исходит от правительства, только позиция Германии на конференции вызвала неодобрение. Поэтому редактор никогда не пропустит то, что я мог бы написать, выражая свои подлинные мысли. Но если бы каким-то чудом он и пропустил мою статью, ее никто не смог бы прочесть, так как газета была бы арестована полицией прямо на улицах, а нам с редактором пришлось бы совершить неблизкое путешествие. Такая перспектива ни в коем случае меня не привлекает. Какой смысл разоблачать ложь, если люди любят ее и живут ею? Это, конечно, их дело; но я устал от лжи, да ее и без меня достаточно.

Но здесь, в этих книгах, чувствуется странный привкус истины. Я ощущаю его с особой силой именно теперь, потому что так долго держался внутри искусственных «материалистических» границ, лишая себя всех мечтаний о вещах, которые не вмещаются в эти границы. Я жил в высушенном стерилизованном мире с бесконечным числом запретов, наложенных на мою мысль. И внезапно эти необычные книги разбили все стены вокруг меня, заставили меня думать и мечтать о том, о чем я раньше не смел и помыслить. Неожиданно я обнаруживаю смысл в древних сказках; леса, реки и горы становятся живыми существами; таинственная жизнь наполняет ночь; я снова мечтаю о дальних путешествиях, но уже с новыми интересами и надеждами; припоминаю массу необычных рассказов о старинных монастырях. Идеи и чувства, которые давно перестали меня интересовать, внезапно приобретают смысл и притягательность; глубокое значение и множество тонких иносказаний обнаруживаются в том, что еще вчера казалось наивной народной фантазией. И величайшей тайной, величайшим чудом кажется мысль о том, что смерти нет, что покинувшие нас люди, возможно, не исчезают полностью, а где-то и как-то существуют, что я могу снова их увидеть. Я так привык к «научному» мышлению, что мне страшно даже вообразить нечто вне пределов внешней оболочки жизни. Я испытываю то же, что и приговоренный к смерти; его друзья повешены, а сам он примирился с мыслью о такой же судьбе — и вдруг узнает, что друзья его живы, что им удалось спастись и что у него самого есть надежда на спасение. Но ему страшно поверить во все это, ибо все может оказаться обманом, и ему не останется ничего, кроме тюрьмы и ожидания казни.

Да, я знаю, что все эти книжки о «жизни после смерти» крайне наивны; но они куда-то ведут, за ними что-то есть — что-то такое, к чему я приближался и раньше; но прежде оно пугало меня, и я бежал от него в сухую и бесплодную пустыню «материализма».

«Четвертое измерение»!

Вот реальность, которую я смутно чувствовал уже давно, но которая всегда ускользала от меня. Теперь я вижу свой путь; вижу, куда он может вести.

Гаагская конференция, газеты — все это так далеко от меня. Почему получается, что люди не понимают, что они — лишь тени, лишь силуэты самих себя, и вся их жизнь — не более чем силуэт какой-то другой жизни.

Проходят годы.

Книги, книги, книги... Я читаю, нахожу, теряю, опять нахожу и снова теряю. Наконец в моем уме формируется некое целое. Я вижу непрерывность линии мысли и знания; она тянется из века в век, из эпохи в эпоху, из одной страны в другую, из одной расы в другую. Эта линия скрыта глубоко под слоями религии и философских систем, которые представляют собой лишь искажения и лжетолкования идей, принадлежащих основной линии. Я обнаруживаю обширную и исполненную глубокого смысла литературу, которая до недавних пор была мне совершенно незнакомой, а сейчас становится понятной, питает известную нам философию, хотя сама в учебниках по истории философии почти не упоминается. И теперь я удивляюсь тому, что не знал ее раньше, что так мало людей слышали о ней. Кто знает, например, что простая колода карт содержит в себе глубокую и гармоничную философскую систему? Ее так основательно забыли, что она кажется почти новой.

Я решаюсь написать книгу, рассказать обо всем, что нашел. Вместе с тем, я вижу, что вполне возможно согласовать идеи этого сокровенного знания с данными точной науки; и мне становится понятным, что «четвертое измерение» и есть тот мост, который связывает старое и новое знания. Я нахожу идеи четвертого измерения в древней символике, в картах Таро, в образах индийских божеств, в ветвях дерева, в линиях человеческого тела.

И вот я собираю материал, подбираю цитаты, формулирую выводы, надеясь показать очевидную мне теперь внутреннюю связь между методами мышления, которые обычно кажутся обособленными и независимыми. Но в самый разгар работы, когда все уже готово и приняло определенную форму, я внезапно чувствую, как мне в душу заползает холодок сомнения и усталости. Ну хорошо, будет написана еще одна книга. Но уже сейчас, когда я только принимаюсь за нее, я заранее знаю, чем кончится дело. Я угадываю границу, за пределы которой выйти невозможно. Работа моя стоит; я не могу заставить себя писать о безграничности познания, когда вижу уже его пределы. Старые методы не годятся, необходимы какие-то другие. Люди, рассчитывающие достичь чего-то своими собственными способами, так же слепы, как и те, кто вообще не подозревает о возможностях нового знания.

Работа над книгой заброшена. Проходят месяцы, я с головой окунулся в необычные эксперименты, которые выводят меня далеко за пределы познаваемого и возможного.

Устрашающее и захватывающее чувство! Все становится живым! Нет ничего мертвого, нет ничего неодушевленного. Я улавливаю удары пульса жизни. Я «вижу» Бесконечность. Затем все исчезает. Но всякий раз после этого я говорю себе, что это было; а значит, существуют явления, отличные от обычных. В памяти остается совсем немного; я так смутно припоминаю свои переживания, что могу пересказать лишь крохотную часть того, что со мной происходило. К тому же я не способен ничего контролировать, ничего направлять. Иногда «это» приходит, иногда нет; иногда возникает только чувство ужаса, иногда же — ослепительный свет. Порой в памяти остается самая малость, а то и вовсе ничего. Временами многое становится мне понятно, открываются новые горизонты; но длится это всего лишь мгновение. И мгновения эти оказываются столь краткими, что никогда нельзя быть уверенным в том, что я нечто увидел. Свет вспыхивает и гаснет, прежде чем я успеваю рассказать себе, что я видел. С каждым днем, с каждым разом пробудить этот свет становится все труднее. Нередко мне кажется, что уже первый опыт дал мне все, а последующие опыты были лишь повторением одних и тех же явлений в моем сознании, лишь повторением. Я понимаю, что это не так, что всякий раз я приобретаю что-то новое, но от этой мысли очень трудно избавиться. Она усугубляет то ощущение беспомощности, которое возникает у меня словно при виде стены: через нее можно бросить беглый взгляд, но настолько кратковременный, что я не в состоянии даже осознать то, что вижу. Дальнейшие эксперименты лишь подчеркивают мою неспособность овладеть тайной. Мысль не может ухватить и передать то, что порой ясно угадывается, ибо она слишком медленна, слишком коротка. Нет слов, нет форм, чтобы передать то, что мы видим и сознаем в такие мгновения. Задержать их, приостановить, удлинить, подчинить воле — невозможно. Мы не способны припомнить найденное и впоследствии пересказать его. Все исчезает, как исчезают сны. Быть может, и сами эти переживания — не более чем сон.

И все-таки это не так. Я знаю, что это не сон. Во всех моих экспериментах и переживаниях есть привкус реальности, который невозможно подделать; здесь ошибиться нельзя. Я знаю, что **все это есть**, я в этом убедился. **Единство существует**. Я знаю, что оно упорядоченно, бесконечно, обладает одушевленностью и сознанием. Но как связать «то, что вверху» с «тем, что внизу»?

Я понимаю, что необходим какой-то метод. Должно существовать нечто такое, что человек обязан знать прежде, чем начинать опыты. Все чаще и чаще я думаю, что такой метод могут дать мне восточные школы йогинов и суфиев, о которых я читал и слышал, **если такие школы вообще существуют**, если туда можно проникнуть. Моя мысль сосредоточена на этом. Вопрос **школы** и метода приобретает для меня первостепенное значение, хотя сама идея школы еще не совсем ясна и связана со слишком многими фантазиями и очень сомнительными теориями. Но одно мне очевидно: в одиночку я не смогу сделать ничего.

И вот я решаюсь отправиться в далекое путешествие, на поиски этих школ или людей, которые могли бы указать мне путь к ним.

1912 год

Мой путь лежит на Восток. Предыдущие путешествия убедили меня в том, что на Востоке до сих пор остается много такого, чего в Европе давно не существует. Вместе с тем, у меня вовсе не было уверенности, что я найду именно то, что хочу найти. Более того, я не мог с уверенностью сказать, **что** именно мне нужно искать. Вопрос о школах (я имею в виду эзотерические, или оккультные, школы) по-прежнему оставался неясным. Я не сомневался, что эти школы существуют, но не мог сказать, насколько необходимо их **физическое** существование на земле. Иногда мне казалось, что подлинные школы могут существовать только на другом плане, что мы способны приблизиться к ним только в особых состояниях сознания, не меняя при этом места и условий нашего существования. В таком случае мое путешествие оказывалось бесцельным. Однако мне казалось, что на Востоке могли сохраниться традиционные методы приближения к эзотеризму.

Вопрос о школах совпадал для меня с вопросом об эзотерической преемственности. Иногда я допускал непрерывную историческую преемственность; в другое же время мне казалось, что возможна только «мистическая» преемственность, линия которой на земле обрывается и исчезает из нашего зрения. Остаются лишь ее следы: произведения искусства, литературные памятники, мифы, религии. Возможно, лишь через продолжительное время те же самые причины, которые породили когда-то эзотерическую мысль, снова начинают работу — и возобновляется процесс собирания знаний, создаются **школы**, а древнее учение выступает из своих скрытых форм. В этом случае в промежуточный период может не быть полных или правильно организованных школ, а разве что подражательные школы или школы, хранящие букву древнего закона в окаменевших формах.

Однако это не отталкивало меня; я был готов принять все, что надеялся найти.

Имелся еще один вопрос, который занимал меня до путешествия и в его начале.

Можно ли пытаться делать что-то **здесь и сейчас**, с явно недостаточным знанием методов, путей и возможных результатов?

Задавая себе этот вопрос, я имел в виду разнообразные методики дыхания, диеты, поста, упражнений на внимание и воображение, прежде всего, методы преодоления себя в минуты пассивности или лености.

В ответ на этот вопрос внутри меня раздавались два голоса:

— Не важно, что делать, — говорил один из них, — важно хотя бы **что-то** делать. Не следует сидеть и ждать, пока что-то само придет к тебе.

— Все дело как раз в том, чтобы воздержаться от действий, — возражал другой голос, — пока не узнаешь наверняка и с определенностью, **что** именно нужно делать для достижения поставленной цели. Если начинать что-то, не зная точно, что необходимо для достижения поставленной цели, знание никогда не придет. Результатом будет «работа над собой» различных оккультных и теософских книжек, т. е. самообман.

Прислушиваясь к этим двум голосам во мне, я не мог решить, какой из них прав.

Пытаться или ждать? Я понимал, что во многих случаях **пытаться** бесполезно. Как можно **пытаться** написать картину? Или читать по-китайски? Сначала надо учиться, чтобы уметь что-то сделать. Я сознавал, что в этих доводах немало желания избежать трудностей или, по крайней мере, отсрочить их, но боязнь любительских попыток «работы над собой» перевесила все остальное. Я заявил себе, что в том направлении, в котором я хочу идти, двигаться вслепую невозможно. К тому же я вовсе не хотел каких-либо изменений в самом себе. Я отправлялся в поиски; и если бы посреди этого поиска я стал меняться, я бы, пожалуй, от него отказался. Тогда я думал, что именно это часто происходит с людьми на пути «оккультных» исканий: они испытывают на себе разные методы, вкладывают в свои попытки много ожиданий, труда, усилий, но в конце концов принимают свои субъективные старания за результат поиска. Я хотел любой ценой избежать этого.

Но с первых же месяцев моего путешествия стала вырисовываться и совершенно новая, почти неожиданная цель.

Чуть ли не во всех местах, куда я приезжал, и даже во время самих поездок, я встретил немало людей, которые интересовались теми же самыми идеями, что и я, которые говорили на том же языке, что и я, и с которыми у меня немедленно устанавливалось полное и отчетливое взаимопонимание.

Конечно, в то время я не мог сказать, как велико это взаимопонимание и далеко ли оно зашло, но в тех условиях и с тем идейным материалом, которым я располагал, тогда даже оно казалось почти чудесным. Некоторые из этих людей знали друг друга, некоторые — нет; я чувствовал, что устанавливаю между ними связь, как бы протягиваю нить, которая, по первоначальному замыслу моего путешествия, должна обойти вокруг всего земного шара. В этих встречах было нечто возбуждающее, исполненное значения. Каждому новому человеку, которого я встречал, я рассказывал о тех, кого встретил раньше; иногда я уже заранее знал, с кем мне предстоит встретиться. Петербург, Лондон, Париж, Генуя, Каир, Коломбо, Галле, Мадрас, Бенарес, Калькутта были связаны незримыми нитями общих надежд и ожиданий. И чем больше людей я встречал, тем больше захватывала меня эта сторона путешествия. Из него как бы выросло некое тайное общество, не имеющее ни названия, ни устройства, ни устава, членов которого, однако, тесно связывала общность идей и языка. Я нередко размышлял о том, что сам написал в «Tertium Organum» о людях «новой расы», и мне казалось, что я был недалек от истины, что происходит процесс формирования если не новой расы, то, по крайней мере, новой категории людей, для которых имеются иные ценности, чем существующие для всех.

В связи с этим я снова ощутил необходимость привести в порядок и систематизировать то, что из известного нам ведет к «новым фактам». И я решил, что по возвращении возобновлю оставленную работу над книгой, но уже с новыми целями и новыми намерениями. В Индии и на Цейлоне у меня возникли кое-какие связи; мне казалось, что через некоторое время я обнаружу какие-то конкретные факты.

Но вот наступило одно сияющее солнечное утро. Я возвращался из Индии. Пароход плыл из Мадраса в Коломбо, огибая Цейлон с юга. Я поднялся на палубу. Уже в третий раз за время путешествия я подплывал к Цейлону — и каждый раз с новой стороны. Плоский берег с отдаленными голубыми холмами открывал издали такие ландшафты, которые невозможно было бы увидеть на месте. Я мог различить миниатюрную железную дорогу, которая тянулась к югу; одновременно виднелось несколько игрушечных станций, расположенных, казалось, почти вплотную. Я знал их названия: Коллупитья, Бамбалапитья, Веллаватта и др.

Приближаясь к Коломбо, я волновался, ибо мне предстояло, во-первых, узнать, найду ли я там того человека, которого встретил перед последней поездкой в Индию, и подтвердит ли он свое предложение о моей встрече с некоторыми йогинами; во-вторых, решить, куда мне ехать дальше: возвращаться ли в Россию или следовать в Бирму, Таиланд, Японию и Америку.

Но я совершенно не ожидал того, что встретило меня на Цейлоне. Первое слово, услышанное мной после высадки на берег, было: **война**.

Так начались эти странные, полные смятения дни. Все смешалось. Но я уже чувствовал, что мой поиск в некотором смысле закончен, и понял, почему все время ощущал, что нужно торопиться. Начинался новый цикл. Невозможно было еще сказать, на что он будет похож и куда приведет. Одно казалось ясным с самого начала: то, что было возможно вчера, сегодня сделалось невозможным. Со дна жизни поднялись муть и грязь, все карты оказались смешанными, все нити — порванными.

Оставалось лишь то, что я установил для себя и что никто не мог у меня отнять. И я чувствовал, что лишь оно в состоянии вести меня дальше.

1914—1930 годы

ГЛАВА 1

ЭЗОТЕРИЗМ И СОВРЕМЕННАЯ МЫСЛЬ

Идея скрытого знания. — Бедность человеческого воображения. — Трудность формулирования желаний. — Индийская басня. — Легенда о Соломоне. — Легенда о Святом Граале. — Зарытое сокровище. — Разное отношение к Неведомому. — Протяженность границ познаваемого. — «Магическое» знание. — Уровень обычного знания. — Познавательная ценность «мистических» состояний. — Подлинность мистических переживаний. — Мистика и скрытое знание. — Внутренний круг человечества. — Аналогия между человеком и человечеством. — Клетки мозга. — Идея эволюции в современной мысли. — Гипотеза, которая стала теорией. — Смешение эволюции разновидностей с эволюцией вида. — Разные значения понятия «эволюция». — Эволюция и преображение. — Религия мистерий. — Что сообщалось посвященным? — Драма Христа как мистерия. — Идея внутреннего круга и современная мысль. — «Доисторическая» эпоха. — «Дикари». — Сохранность знания. — Содержание идеи эзотеризма. — Школы. — Искусственное культивирование цивилизаций. — Приближение к эзотерическому кругу. — Религия, философия, наука и искусство. — Псевдопути и псевдосистемы. — Различные уровни людей. — Последовательные цивилизации. — Принцип варварства и принцип цивилизации. — Современная культура. — Победа варварства. — Положение внутреннего круга. — «План» в природе. — Мимикрия. — Охранительное сходство. — Старая теория мимикрии. — Несостоятельность научных теорий. — Последние объяснения явлений мимикрии. — «Театральность». — «Мода» в природе. — Великая Лаборатория. — Самоэволюционирующие формы. — Первое человечество — Адам и Ева. — Животные и люди. — Первые культуры. — Опыт ошибок. — Социальные организмы. — Животные-растения. — Индивид и массы. — Миф о Великом Потопе. —

Вавилонская башня. — Содом и Гоморра и десять праведников. — Мифы о нечеловеческих расах. – Муравьи, пчелы и их эволюция. — Причина падения прошлых рас самоэволюционирующих существ. — Осуществление социалистического порядка. — Утрата связи с законами природы. — Автоматизм. — Цивилизация термитов. — Принесение в жертву интеллекта. — Эволюция и современный догматизм. — Психологический метод.

Идея знания, превосходящего все обычные виды человеческого знания и недоступного заурядным людям, идея знания, которое где-то существует и кому-то принадлежит, пронизывает всю историю человеческой мысли с самых отдаленных эпох. Согласно некоторым памятникам прошлого, знание, в корне отличное от нашего, составляло сущность и содержание человеческой мысли в те времена, когда, согласно другим предположениям, человек почти не отличался (или совсем не отличался) от животных.

Поэтому «скрытое знание» иногда называют «древним знанием», хотя это, конечно, ничего не объясняет. Однако необходимо отметить, что все религии, мифы, верования, героические легенды всех народов и стран исходят из существования — в какое-то время и в каком-то месте — особого знания, намного превосходящего то знание, которым мы обладаем или можем обладать. Содержание всех религий и мифов в значительной мере состоит из символических форм, представляющих собой попытки передать идею такого скрытого знания.

С другой стороны, ничто не доказывает слабость человеческой мысли или человеческого воображения с такой ясностью, как современные идеи о содержании скрытого знания. Слово, понятие, идея, ожидание существуют; но нет определенных конкретных форм восприятия, связанных с этой идеей. Да и саму идею нередко приходится с огромным трудом выкапывать из-под гор преднамеренной и непреднамеренной лжи, обмана и самообмана, наивных попыток представить в понятных формах, заимствованных из обычной жизни, то, что по самой своей природе не имеет с ними ничего общего.

Труд по отысканию следов древнего или скрытого знания, даже намеков на него и на его существование, напоминает труд археолога, который ищет следы какой-то древней забытой цивилизации и находит их погребенными под несколькими слоями на кладбищах обитавших на этом месте народов, возможно, отделенных тысячелетиями и не подозревавших о существовании друг друга.

Но всякий раз, когда исследователь сталкивается с необходимостью так или иначе выразить содержание скрытого знания, он неизбежно видит одно и то же, а именно: поразительную бедность человеческого воображения перед лицом этой идеи.

По отношению к идее скрытого знания человечество похоже на персонажей волшебных сказок, в которых какая-то богиня, или фея, или волшебник обещает людям дать все, что они пожелают, но при условии, что они **точно** скажут, что им надобно. И обычно в сказках люди не знают, чего им просить. В некоторых сказках фея или волшебник обещает даже исполнить не менее трех желаний, но и это оказывается бесполезным. Во всех волшебных сказках люди безнадежно теряют голову, когда перед ними встает вопрос о том, чего они хотят, что они желали бы иметь, — ибо они совершенно не способны определить и сформулировать свое желание. В эту минуту они или припоминают какое-то мелкое, второстепенное желание, или высказывают несколько противоречивых желаний, одно из которых делает другое невыполнимым; или же, как в «Сказке о рыбаке и рыбке», не способны удержаться в пределах возможного и, желая все большего, кончают попыткой подчинить себе высшие силы, не сознавая при этом ничтожности своих собственных сил и способностей. И вот они терпят неудачу, теряют все, что приобрели, ибо сами точно не знали, чего им нужно.

В шуточной форме понятие о трудности формулирования желаний в том редком случае, когда человек добивается успеха, выражено в индийской сказке. Некий нищий, слепой от рождения, вел уединенную жизнь и существовал на подаяние соседей. Он долго и настойчиво досаждал одному божеству своими молитвами и наконец растрогал его своим постоянным благочестием. Однако, опасаясь, что просителя окажется нелегко удовлетворить, божество связало его клятвой просить об исполнении не более одной просьбы.

Такое требование надолго озадачило нищего; и все же его профессиональная изобретательность пришла в конце концов ему на помощь.

«Я вынужден повиноваться Твоему повелению, о благостный Господь, — отвечал он, — и прошу из Твоих рук одного-единственного блага: чтобы я дожил до таких лет, когда смог бы увидеть, что внук моего внука играет во дворце в семь этажей, а многочисленные слуги подают ему рис и молоко в золотых чашах». И в заключение выразил надежду, что не покинул пределы дозволенного ему единственного желания.

Божество убедилось, что все сделано прекрасно, ибо, хотя просьба и была единственной, но она включала в себя множество благ: здоровье, богатство, долгую жизнь, возвращение зрения, брак, потомство. Восхищенное изобретательностью и обходительностью своего просителя, божество сочло возможным даровать ему все, о чем он просил.

В легенде о Соломоне (3 Цар. 3, 5—14) мы находим объяснение всех этих сказок, объяснение того, что люди могут получить, если будут знать, чего хотеть:

«В Гаваоне явился Господь Соломону во сне ночью, и сказал Бог: проси, что дать тебе.

И сказал Соломон... Я отрок малый, не знаю ни моего выхода, ни входа.

И раб Твой — среди народа Твоего...

Даруй же рабу Твоему сердце разумное, чтобы судить народ Твой и различать, что добро и что зло...

И благоугодно было Господу, что Соломон просил этого.

И сказал ему Бог: за то, что ты просил этого и не просил себе долгой жизни, не просил себе богатства, не просил себе душ врагов твоих, но просил себе разума...

Вот, Я сделаю по слову твоему: вот, Я даю тебе сердце мудрое и разумное, так что подобного тебе не было прежде тебя, и после тебя не восстанет подобный тебе.

И то, чего ты не просил, Я даю тебе, и богатство, и славу...

Я продолжу и дни твои».

Идея скрытого знания и возможности найти его после долгих и трудных поисков составляет содержание легенды о Святом Граале.

Святой Грааль — это чаша, из которой пил Христос (или блюдо, с которого он ел) во время Тайной Вечери; Иосиф Аримафейский собрал в нее Христову кровь. Согласно одной средневековой легенде, эту чашу перенесли затем в Англию. Тому, кто узрел ее, чаша Грааля давала бессмертие и вечную юность. Но охранять ее могли только люди, обладавшие совершенной чистотой сердца. Если же к ней приближался человек, лишенный такой чистоты, чаша Грааля исчезала. Отсюда легенда о поисках чаши Святого Грааля рыцарями-девственниками; только троим рыцарям короля Артура удалось узреть Грааль.

Во многих сказках и мифах выражено отношение человека к скрытому знанию. Таковы легенды о Золотом Руне, о Жар-Птице (из русского фольклора), о лампе Аладдина, о богатствах или сокровищах, охраняемых драконами и другими чудовищами.

«Философский камень» алхимиков также символизирует скрытое знание.

Здесь все взгляды на жизнь делятся на две категории. Существуют концепции мира, целиком основанные на том, что мы живем в доме с каким-то секретом, в доме, под которым зарыто сокровище, скрыт какой-то драгоценный клад, причем эти сокровища удастся когда-то отыскать; и были случаи, когда их и впрямь отыскивали. Далее, с этой точки зрения, весь смысл жизни, вся ее цель заключается в поисках такого сокровища, потому что без него все остальное не имеет никакой ценности. Существуют также другие теории и системы, в которых нет «спрятанного сокровища», для которых или все одинаково видимо и ясно, или в равной мере темно и невидимо. Если в наше время теории второго рода, т. е. те, которые отрицают скрытое знание, получили преобладание, то не следует забывать, что это произошло совсем недавно и только среди небольшой, хотя и довольно шумной, части человечества. Подавляющее большинство людей продолжают верить в волшебные сказки и убеждены в том, что бывают такие моменты, когда сказки становятся реальностью.

К несчастью для человека, в те мгновения, когда возникает возможность чего-то нового, неизвестного, он не знает, чего, собственно, хочет; и эта внезапно появившаяся возможность так же внезапно и исчезает.

Человек сознает, что он окружен стеной Неведомого; он верит, что может пробиться сквозь нее, как пробились другие; однако не в состоянии представить себе (или представляет очень неясно), что может быть за этой стеной. Он не знает, что ему хотелось бы там найти, что значит обладать **знанием**. Ему и в голову не приходит, что люди могут находиться с Неведомым в самых разных взаимоотношениях.

Неведомое — это то, что неизвестно. Но **Неведомое** может быть разных видов, как это бывает и в обычной жизни. Бывает, что человек, не обладая **точным** знанием о какой-то отдельной вещи, думает о ней, строит различные суждения и предположения, догадывается о ее существовании и предвидит ее настолько точно, что его действия по отношению к неизвестному в данном случае могут быть почти правильными. Совершенно также в том, что касается Великого Неведомого, человек может находиться с ним в разных взаимоотношениях, т. е. высказывать о нем более или менее верные предположения или вообще не делать никаких предположений, даже совершенно забыть о его существовании. В этом случае, когда человек не делает никаких предположений или забывает о существовании Неведомого, тогда даже то, что было бы возможным в иных случаях (т. е. неожиданное совпадение предположений или размышлений с неизвестной реальностью), становится невозможным.

В этой неспособности человека вообразить то, что существует по ту сторону известного и возможного, — его главная трагедия; в этом же, как говорилось раньше, заключена причина того, что столь многое остается для него скрытым, что существует так много вопросов, на которые он не в состоянии дать ответ.

В истории человеческой мысли было много попыток определить границы возможного знания, но не было ни одной интересной попытки понять, что означало бы расширение этих границ и куда оно с необходимостью привело бы.

Такое утверждение может показаться намеренным парадоксом. Люди так часто и так громко говорят о безграничных возможностях познания, о необозримых горизонтах, открывающихся перед наукой, и т. п. На самом же деле все эти «безграничные возможности» ограничены пятью чувствами— зрением, слухом, обонянием, осязанием и вкусом, а также способностью рассуждать и сравнивать, за пределы которых человек не в состоянии выйти.

Мы не принимаем в расчет данное обстоятельство или забываем о нем. Этим объясняется, почему нам так трудно определить «обычное знание», «возможное знание» и «скрытое знание», а также существующие между ними различия.

Во всех мифах и сказках мы обнаруживаем идею магии, колдовства, волшебства, которая, по мере приближения к нашему времени, принимает форму спиритизма, оккультизма и т. п. Но даже те люди, которые верят в эти слова, очень смутно понимают их смысл: им не ясно, чем знание мага или оккультиста отличается от знания обыкновенного человека; вот почему все попытки создать теорию магического знания завершаются неудачей. Результатом бывает всегда нечто неопределенное, хотя и невозможное, но не фантастичное; в таких случаях маг кажется обыкновенным человеком, одаренным некоторыми преувеличенными способностями. А преувеличение чего-либо в известном направлении не в состоянии создать ничего фантастичного.

Даже если «чудесное» знание оказывается приближением к познанию Неведомого, люди не знают, как приблизиться к чудесному. В этом им чрезвычайно мешает псевдооккультная литература, которая нередко стремится уничтожить упомянутые выше различия и доказать единство научного и оккультного знания. В такой литературе часто утверждается, что магия, или магическое знание, есть не что иное, как знание, опережающее свое время. Говорят, например, что некоторые средневековые монахи обладали какими-то знаниями в области электричества. Для своего времени это было магией, но для нашего времени перестало быть ею. И то, что воспринимается нами как магия, перестанет казаться ею для будущих поколений.

Такое утверждение совершенно произвольно; уничтожая необходимые различия, оно мешает нам отыскать факты и установить правильное к ним отношение. Магическое, оккультное знание есть знание, основанное на чувствах, превосходящих наши пять чувств, а также на мыслительных способностях, которые превосходят обычное мышление; **но это — знание, которое переведено на обычный логический язык, если это возможно и поскольку это возможно.**

Что касается обычного знания, то нужно еще раз повторить, что хотя его содержание не является постоянным, т. е. хотя оно меняется и возрастает, это возрастание идет по определенной и строго установленной линии. Все научные методы, все аппараты, инструменты и приспособления суть не что иное, как улучшение и расширение «пяти чувств», а математика и всевозможные вычисления — не более чем расширение обычной способности сравнения, рассуждения и выводов. Вместе с тем, отдельные математические конструкции настолько заходят за пределы обычного знания, что теряют с ним какую бы то ни было связь. Математика обнаруживает такие отношения величин и такие отношения отношений, которые не имеют эквивалентов в наблюдаемом нами физическом мире. Но мы не в состоянии воспользоваться этими достижениями математики, ибо во всех своих наблюдениях и рассуждениях связаны «пятью чувствами» и законами логики.

В каждый исторический период человеческое «знание», или «обычное мышление», или «общепринятое знание», охватывало определенный круг наблюдений и сделанных из него выводов; по мере того как шло время, этот круг расширялся, но, так сказать, всегда оставался на той же плоскости и **никогда** не поднимался над нею.

Веря в существование «скрытого знания», люди всегда приписывали ему новые качества, рассматривали его как поднимающееся над уровнем обычного знания и выходящее за пределы «пяти чувств». Таков истинный смысл «скрытого знания», магии, чудесного знания и т. д. Если мы отнимем у скрытого знания идею выхода за пределы пяти чувств, оно утратит всякий смысл и всякое значение.

Если, принимая все это во внимание, мы сделаем обзор истории человеческой мысли в ее отношении к чудесному, то сможем найти материал для уточнения возможного содержания Неведомого. Это знание возможно потому, что, несмотря на всю бедность своего воображения и беспорядочность попыток, человечество правильно предугадало некоторые вещи.

Общий обзор стремлений человечества в область непостижимого и таинственного особенно интересен в настоящее время, когда психологическое изучение человека признало реальность тех состояний сознания, которые долгое время считались патологическими. Теперь даже допускается, что они обладают познавательной ценностью. Иными словами, получил признание тот факт, что в подобных состояниях сознания человек способен узнать то, чего он не может узнать в обычном состоянии. Но изучение мистического сознания застыло на мертвой точке и далее не двинулось.

Было признано, что, оставаясь на научной почве, нельзя рассматривать обычное состояние сознания, в котором мы способны к логическому мышлению, как единственно возможное и самое ясное. Напротив, было установлено, что в других состояниях сознания, очень редких и мало изученных, можно узнавать и понимать то, чего в обычном состоянии сознания мы понять не сможем. Это обстоятельство, в свою очередь, привело к установлению того, что обычное состояние сознания есть лишь **частный** случай миропонимания.

Изучение этих необычных, редких и исключительных состояний человека выявило, сверх того, некое единство, связность и последовательность, совершенно нелогичную «логичность» в содержании так называемых мистических состояний сознания.

Однако и в этом пункте изучение мистических состояний сознания остановилось и более уже не прогрессировало.

Довольно трудно дать определение мистического состояния сознания, пользуясь средствами обычной психологии. Судя по внешним признакам, такое состояние имеет много общего с сомнамбулическими и психопатологическими состояниями. В установлении же познавательного значения мистических состояний сознания нет ничего нового — этот факт является новым лишь для науки. Реальность и ценность мистических состояний сознания признавались и признаются всеми без исключения религиями. Согласно определениям православных богословов, мистические состояния сознания не могут открыть новые догмы или прибавить что-либо к старым, однако они разъясняют те догмы, которые уже известны благодаря Откровению. Из этого явствует, что мистические состояния сознания не противоречат Откровению, но считаются как бы феноменами той же природы, хотя и меньшей силы. Они могут объяснить догмы, данные в Откровении, но не могут прибавить к ним новые догмы. К несчастью, богословские истолкования всегда держатся в пределах догм и канонических правил какой-то определенной религии; в силу своей природы они не способны преодолеть эти границы.

Что касается науки, то я уже говорил, что она не проявляет особого интереса к мистике, относя ее к сфере патологии или, в лучшем случае, к сфере воображения.

Слово «мистика» употребляется в самых разнообразных значениях, например, в смысле особого рода теории или учения. Согласно распространенному словарному определению, понятие «мистика» включает все те учения и верования о жизни после смерти, душе, духах, скрытых силах человека и Божестве, которые не входят в общепринятые и общепризнанные религиозные учения. Однако данное словоупотребление совершенно ошибочно, ибо нарушает фундаментальный смысл термина. Соответственно, в настоящей книге слово «мистика» будет употребляться только в психологическом смысле, т. е. в смысле особых состояний сознания, идей и концепций мира, **непосредственно** вытекающих из этих состояний. А если оно будет употребляться в другом смысле (т. е. в смысле каких-то теорий), этот факт будет особо отмечен.

Изучение вопроса о том, что известно о мистике и мистических состояниях сознания, представляет большой интерес в связи с идеей скрытого знания. Если мы откажемся от религиозной и философской точки зрения и попробуем сравнить описание мистических переживаний у людей, принадлежащих к совершенно разным расам, религиям и эпохам, мы обнаружим в этих описаниях поразительное совпадение, которое невозможно объяснить единообразием методов подготовки или сходством в образе мыслей и чувств. В мистических состояниях не существует различий религии; совершенно разные люди при совершенно разных условиях **узнают** одно и то же; и, что еще более удивительно, их переживания абсолютно идентичны, различия могут наблюдаться только в языке и формах описания. Фактически, на имеющемся в этой области материале можно было бы построить новую синтетическую религию. Однако религии не создаются при помощи разума. Мистические переживания понятны только в мистических состояниях. Все, что можно достичь интеллектуальным изучением мистических состояний, — лишь приближение к пониманию, намек на него. Мистика целиком эмоциональна; она состоит из тончайших, непередаваемых ощущений, доступных словесному выражению и логическому определению еще в меньшей степени, чем такие явления, как звук, цвет, линия.

С точки зрения скрытого знания мистика — это проникновение скрытого знания в наше сознание. Впрочем, далеко не все мистики признают существование скрытого знания и возможность его приобретения посредством изучения и труда. Для многих мистиков их переживания есть акт благодати, дар Божий; по их мнению, никакое знание не в состоянии привести людей к благодати или облегчить ее достижение.

Итак, с одной точки зрения, мистика не может существовать без скрытого знания, а идею скрытого знания невозможно понять без мистики. С другой же точки зрения, идея скрытого знания, которое тот или иной человек обретает при помощи умственных усилий, не является для мистики необходимой, ибо вся полнота знания заключена в душе человека, а мистика есть путь к этому знанию, путь к Богу.

Принимая во внимание такое двойственное отношение мистики к скрытому знанию, необходимо проводить различие между этими двумя идеями.

Скрытое знание — это идея, которая не совпадает ни с какой другой идеей. Если допустить существование скрытого знания, приходится допустить и то, что оно принадлежит определенным людям, но таким людям, которых мы не знаем, — внутреннему кругу человечества.

Согласно этой идее, человечество распадается на два концентрических круга. Все человечество, которое мы знаем и к которому принадлежим, образует внешний круг. Вся известная нам история человечества есть история этого внешнего круга. Но внутри него имеется другой круг, о котором люди внешнего круга ничего не знают и о существовании которого лишь смутно догадываются, хотя жизнь внешнего круга в ее важнейших проявлениях, особенно в ее **эволюции**, фактически направляется этим внутренним кругом. Внутренний, или эзотерический, круг как бы составляет жизнь внутри жизни, нечто неведомое, тайну, пребывающую в глубине жизни человечества.

Внешнее, или экзотерическое, человечество, к которому мы принадлежим, напоминает листья на дереве, меняющиеся каждый год; вопреки очевидному листья считают себя центром вселенной и не желают понять, что у дерева есть еще ствол и корни, что кроме листьев оно приносит цветы и плоды.

Эзотерический круг — это как бы человечество внутри человечества, мозг, вернее, бессмертная душа человечества, где хранятся все его достижения, все результаты, успехи всех культур и цивилизаций.

Можно взглянуть на вопрос и под другим углом, пытаясь в самом человеке отыскать аналогию взаимоотношений между эзотерическим и экзотерическим кругами в человечестве.

Такую аналогию в человеке найти можно: это взаимосвязь между «мозгом» и остальными частями тела. Если мы возьмем человеческий организм и рассмотрим отношение «высших» или «благородных» тканей, главным образом **нервного и мозгового вещества**, к другим тканям организма, таким, как мышечная и соединительная, клетки кожи и т. п., мы найдем почти полное сходство с отношением внутреннего круга ко внешнему.

Одно из самых таинственных явлений в жизни человеческого организма — история жизни мозговых клеток. Наука с большей или меньшей определенностью установила (и это можно считать научным фактом), что клетки мозга не размножаются подобно клеткам других тканей. Согласно одной теории, все клетки мозга появляются в очень раннем возрасте; согласно другой, число их увеличивается, пока организм не достигнет возраста двенадцати лет. Но как увеличивается их число, **из чего** они вырастают, — остается загадкой.

Рассуждая логически, наука должна была бы признать клетки мозга бессмертными по сравнению с другими клетками.

Это почти все, что можно сказать о клетках мозга, если исходить из признанных наукой основ. Но общепризнанные факты далеко не достаточны для понимания природы жизни этих клеток. Придется игнорировать слишком многие явления, если не принять теорию неизменного запаса, который только и делает, что все время уменьшается. Данная теория полностью противоречит другой теории, утверждающей, что мозговые клетки в больших количествах гибнут или сгорают при каждом мыслительном процессе, особенно во время напряженной умственной работы. Если бы дело обстояло так, их хватило бы ненадолго, даже если бы в начале жизни их число и было огромным! Помня обо всем этом, мы вынуждены признать, что жизнь клеток мозга по-прежнему остается необъяснимой и слишком непонятной. Тем более что в действительности (хотя наука и не признает этого) жизнь клеток очень коротка, а замещение старых клеток новыми происходит постоянно; процесс этот можно даже ускорить. В пределах настоящей книги нет возможности доказать данное положение. Для существующих научных методов любое наблюдение жизни индивидуальных клеток в человеческом организме — почти непреодолимое затруднение. Если, однако, исходить из чистой аналогии, можно предположить, что клетки мозга рождаются от чего-то, подобного им; если одновременно считать доказанным, что клетки мозга не размножаются, тогда придется допустить, что они развиваются, **эволюционируют** из каких-то других клеток.

Возможность регенерации, эволюции и трансформации клеток одного рода в клетки другого рода определенно установлена, ибо, в конце концов, **все** клетки организма развиваются из одной родительской клетки. Единственным остается вопрос: из клеток какого рода могут эволюционировать клетки мозга. Наука не в силах дать на него ответ.

Можно только сказать, что если клетки определенного вида регенерируют в клетки мозга, они **исчезают** на предыдущем плане, оставляют мир своего вида, **умирают** на одном плане и рождаются на другом, подобно тому как личинка бабочки, превращаясь в гусеницу, умирает как личинка, перестает быть личинкой; а куколка, становясь бабочкой, умирает как куколка, перестает быть куколкой, т. е. оставляет мир своего рода и переходит на другой план бытия.

Подобным же образом будущие мозговые клетки, переходя на иной план бытия, перестают быть тем, чем были раньше, умирают на одном плане бытия и начинают жить на новом. И, оказавшись на этом новом плане, они остаются невидимыми, неизвестными, управляя при этом жизнью других клеток или в их собственных интересах, или в интересах всего организма в целом. Часть их деятельности состоит в том, чтобы в более развитых тканях организма находить клетки, которые способны эволюционировать в мозговые, ибо клетки мозга сами по себе размножаться не могут.

Таким образом, во взаимоотношениях мозговых клеток с другими клетками тела мы обнаруживаем аналогию с отношениями внутреннего круга человечества к его внешнему кругу.

Прежде чем идти дальше, необходимо установить точный смысл понятий, с которыми мы часто будем встречаться в дальнейшем.

Первое из них — «эволюция».

Идея эволюции занимает в западной мысли главенствующее место. Сомнение в эволюции долгое время считалось явным признаком ретроградности. Эволюция стала своего рода универсальным ключом, который отпирает все замки.

Это всеобщее приятие весьма гипотетической идеи само по себе возбуждает сомнение. Идея эволюции сравнительно нова. Дарвин считал естественный отбор доказательством эволюции в биологическом смысле. Но популяризация идеи эволюции в широком смысле принадлежит преимущественно Герберту Спенсеру, который первым стал объяснять космические, биологические, психологические, моральные и социальные процессы с точки зрения одного принципа. Однако отдельные попытки рассматривать мировой процесс как результат механической эволюции встречались задолго до Спенсера. С одной стороны, космогонические теории, с другой — биологические науки создали современную концепцию эволюции, которую применяют ныне буквально ко всему, начиная с социальных форм и кончая знаками препинания; все объясняют на основании заранее принятого принципа: **«все развивается»**. Для подтверждения этого принципа подбирают «факты»; а все, что не соответствует принципу эволюции, отвергают.

В словарях слово «эволюция» определяется как «прогрессивное развитие в определенном направлении», управляемое некоторыми точными, но неизвестными законами.

Чтобы понять эту идею, необходимо заметить, что в понятии эволюции важно не только то, что в него включено, но и то, что исключается. Идея эволюции прежде всего исключает понятие некого «плана» и руководящего разума. Эволюция — это независимый и механический процесс. Далее, эволюция исключает случайность, т. е. вмешательство в механические процессы новых факторов, которые непрерывно меняют направление этих процессов. Согласно идее эволюции, все всегда движется в одном и том же направлении. Одна случайность точно соответствует другой. Кроме того, у слова «эволюция» нет антитезиса, хотя, например, распад и дегенерацию нельзя назвать эволюцией.

Догматизм, связанный со словом «эволюция», — наиболее характерная черта этого понятия. Но этот догматизм не имеет под собой никакого основания. Наоборот, нет более искусственной и зыбкой идеи, чем идея всеобщей эволюции, эволюции всего существующего.

Вот научные основы эволюции: во-первых, теория происхождения миров из туманностей со всеми ее дополнениями и изменениями (в действительности, эта теория ничего не меняет в первоначальном искаженном понятии **механического процесса** конструкции); во-вторых, дарвиновская теория происхождения видов также со всеми последующими дополнениями и изменениями.

Но «теории туманностей», какие бы умы ни были с ними связаны, принадлежат к области чисто умозрительной. Фактически, это не что иное, как **классификация** предполагаемых явлений, которая из-за непонимания и отсутствия лучших объяснений считается теорией мирового процесса. Как теории, они ничего не имеют в качестве основания — ни одного факта, ни одного доступного наблюдению закона.

Эволюция органических форм в смысле развития новых видов и классов в царстве природы научно обоснована целой серией фактов, которые, как полагают, подтверждают ее. Эти факты взяты из сравнительной анатомии, морфологии, эмбриологии, палеонтологии и т. п.; однако в действительности все эти факты искусственно подобраны для доказательства теории эволюции. Каждое десятилетие отрицает факты, установленные в предыдущем десятилетии, и заменяет их новыми; но теория остается незыблемой.

Уже в самом начале, при использовании идеи эволюции как биологического понятия, было сделано смелое допущение, без которого создать какую-либо теорию было бы вообще невозможно. А в дальнейшем то, что в основу было положено лишь допущение, прочно забыли. Я имею в виду знаменитое положение о «происхождении видов».

Дело в том, что если строго придерживаться фактов, то эволюцию, основанную на отборе, приспособлении и устранении, можно принять только в смысле «сохранения вида», ибо лишь эти факты можно наблюдать в жизни. А появление новых видов, их формирование и переход из низших форм в высшие фактически никогда не наблюдались. Эволюция в смысле «развития вида» — не более чем гипотеза, которая стала теорией вследствие неправильного понимания. Единственный факт здесь — это сохранение видов. А вот как они появляются — мы не знаем; и не следует обманываться на этот счет.

В данном случае наука, шулерски передернув, подменила одну карту другой. А именно: установив эволюцию **разновидности**, или породы, она приложила тот же закон эволюции к **видам**, воспользовавшись методом аналогии. Такая аналогия совершенно незаконна, и, говоря о шулерском передергивании, я ни в малейшей степени не преувеличиваю.

Эволюция разновидности — установленный факт; но все эти разновидности остаются в пределах данного вида и **весь-**

ма неустойчивы, т. е. при изменении условий они через несколько поколений изменяются или возвращаются к первоначальному типу. Вид — это твердо установившийся тип; как я уже сказал, изменение вида никогда не наблюдалось.

Конечно, это вовсе не значит, что **все**, что называют видом, представляет собой устойчивый тип. Вид таков лишь по сравнению с разновидностью, или породой; последняя является типом, изменяющимся буквально у нас на глазах.

Из-за огромной разницы между разновидностями и видами прилагать к видам то, что установлено по отношению к разновидностям, будет по меньшей мере сознательной ошибкой. Масштаб этой сознательной ошибки и почти поголовное приятие ее в качестве истины ни в коем случае не обязывают нас принимать ее или предполагать за ней какие-то скрытые возможности.

Кроме того, данные палеонтологии далеки от подтверждения идеи регулярного изменения видов; напротив, они опрокидывают идею вида как чего-то определенного и устанавливают факт скачков, замедлений, попятных движений, внезапного появления совершенно новых форм и т. п., которые с точки зрения упорядоченной эволюции объяснению не поддаются. Точно так же и данные сравнительной анатомии, на которые склонны ссылаться «эволюционисты», обращаются против них же самих; например, оказалось, что совершенно невозможно установить эволюцию отдельных органов, таких, как глаз, органы обоняния и т. п.

К этому следует добавить, что само понятие эволюции в чисто научном смысле претерпело значительные изменения. Существует большая разница между популярным значением этого слова в наукообразных очерках и общих обзорах и его подлинно научным смыслом.

Наука пока не отрицает эволюцию, но уже признает, что само слово выбрано неудачно. Предпринимаются попытки найти другое слово, которое выражало бы менее искусственную идею и включало бы в себя не только процесс «интеграции», но и процесс распада.

Последнее положение станет ясным, если мы поймем обстоятельство, на которое указывали выше, а именно: что у слова «эволюция» нет антитезиса. Это с особой отчетливостью обнаруживается в случае применения принципа, выраженного в слове «эволюция», к описанию общественных или политических явлений, где результаты дегенерации или разложения постоянно принимают за эволюцию, а эволюцию (которая уже в силу смысла этого слова не может зависеть от чьей-либо воли) постоянно смешивают с результатами преднамеренных действий, которые также считают возможными. Фактически, появление новых социальных или политических форм не зависит ни от чьей-либо воли, ни от эволюции; чаще всего они представляют собой неудачные, неполные и противоречивые осуществления (пожалуй, лучше назвать их «неосуществлениями») теоретических программ, за которыми скрываются личные интересы.

Смешение идей, относящихся к эволюции, в значительной мере зависит от понимания того (а человеческий ум сделать совершенно слепым невозможно), что в жизни существует не один-единственный процесс, а множество разных процессов, перемежающихся, внедряющихся и привносящих друг в друга **новые факты**.

Очень грубо эти процессы можно разделить на две категории: процессы творческие и процессы разрушительные. Оба вида процессов одинаково важны, ибо без наличия деструктивных процессов не было бы процессов творческих. Разрушительные процессы дают материал для творчества; все творческие процессы рано или поздно переходят в деструктивные; но это вовсе не означает, что творческие и деструктивные процессы, взятые вместе, составляют то, что можно назвать эволюцией.

Западная мысль, создавая теорию эволюции, проглядела деструктивные процессы. Причина этого — в искусственно суженном поле зрения, характерном для последних столетий европейской культуры, вследствие чего теории строятся на недостаточном количестве фактов и ни один из наблюдаемых процессов не рассматривается во всей своей целостности. Наблюдая лишь **часть** процесса, люди утверждают, что этот процесс состоит из прогрессивных элементов и представляет собой эволюцию. Любопытно, что противоположный процесс, происходящий в широких масштабах, люди нашего времени даже не в состоянии себе представить. Разрушение, вырождение или разложение, которое проявляется в крупном масштабе, неизбежно покажется им прогрессивным изменением, или эволюцией.

Несмотря на все сказанное, термин «эволюция» может оказаться весьма полезным; его приложение к существующим фактам помогает уяснить их содержание и внутреннюю зависимость от других фактов.

Например, развитие всех клеток организма из одной родительской клетки можно назвать эволюцией родительской клетки. Непрерывное развитие клеток высших тканей из клеток низших тканей можно назвать эволюцией клеток.

Строго говоря, все преобразующие процессы правомерно назвать эволюционными. Развитие цыпленка из яйца, дуба из желудя, пшеничного колоса из зерна, бабочки из личинки, гусеницы и куколки — все это примеры эволюции, действительно существующей в мире.

Идея эволюции как преобразования в общепринятом смысле отличается от идеи эволюции в эзотерическом смысле тем, что эзотерическая мысль признает возможность преобразования, или эволюции, там, где научная мысль ее не видит и не признает. Именно: эзотерическая мысль признает возможность эволюции человека в сверхчеловека, в чем и заключается высший смысл слова «эволюция».

Кроме этого значения слова «эволюция» есть еще одно: для обозначения процессов, благоприятствующих улучшению породы и сохранению вида, как противоположных ухудшению породы и вырождению вида.

Возвращаясь к идее эзотеризма, следует понять, что во многих древних странах, например в Египте и Греции, бок о бок существовали две религии: одна — догматическая и церемониальная, другая — мистическая и эзотерическая. Одна состояла из популярных культов, представляющих собой полузабытые формы древних мистических и эзотерических мифов, тогда как другая была **религией мистерий**. Последняя шла гораздо дальше популярных культов, разъясняя аллегорический и символический смысл мифов и объединяя тех, кто был связан с эзотерическим кругом или стремился к нему.

О мистериях известно сравнительно немногое. Их роль в жизни древних общин, в создании древних культур совершенно нам неизвестна. Но как раз мистерии объясняют многие исторические загадки, в том числе одну из величайших загадок вообще: внезапное возникновение греческой культуры VII века после совершенно темных IX и VIII веков.

В исторической Греции мистерии находились в ведении тайных обществ особого рода. Эти тайные общества жрецов и посвященных устраивали ежегодно или через определенные промежутки времени особые празднества, сопровождавшиеся аллегорическими театральными представлениями, которым, в частности, и дали название мистерий; их устраивали в разных местах, но наиболее известные совершались в Греции в Дельфах и Елевсине, а в Египте — на острове Филэ. Характер театральных действ и аллегорических драм был довольно определенным. Как в Египте, так и в Греции идея их была одной и той же, а именно: смерть божества и его воскресение. Нити этой идеи пронизывали все мистерии. Ее смысл можно толковать по-разному. Вероятно, правильнее всего думать, что мистерии изображали странствия миров или скитания души, рождение души в материи, ее смерть и воскресение, т. е. возвращение к прошлой жизни. Однако театральные представления, к которым для народа сводилось все содержание мистерий, на самом деле имели второстепенное значение. За этими представлениями стояли **школы**, и это самое главное. Цель школ состояла в подготовке людей к посвящению. Только те из них, кто был посвящен в определенные тайны, могли принимать участие в мистериях. Посвящение сопровождалось сложными церемониями; некоторые из них были публичными. Существовали также разнообразные испытания, через которые необходимо было пройти кандидату в посвящение. Для толпы **это** и составляло содержание посвящения, но на самом деле церемонии посвящения были лишь церемониями, не более. Подлинные испытания имели место не в момент, предшествующий формальному посвящению, а после целого курса изучения и подготовки, иногда довольно длительного. И конечно, посвящение было не внезапным чудом, а скорее последовательным и постепенным введением в новый круг мыслей и чувств, как это бывает при посвящении в любую науку, в любую отрасль знаний.

Существуют разные мнения о том, какие идеи преобладали среди участников мистерий, о том, что́ им давало или могло дать посвящение.

Утверждалось, например, что посвящение дает **бессмертие**. У греков, как и у египтян, имелись весьма мрачные представления о загробной жизни — таков гомеровский Гадес, таковы египетские описания потусторонней жизни. **Посвящение** освобождало от мрака, указывало путь спасения из оков бесконечного уныния «обители мертвых», открывало своеобразную **жизнь в смерти**.

Эта идея с особой ясностью выражена в пасхальном гимне Православной церкви, который, несомненно, дошел до нас из дохристианской древности и связывает идею христианства с идеей мистерий:

Христос воскресе из мертвых,
Смертию смерть поправ
И сущим во гробех живот даровав.

Между содержанием мистерий и земной жизнью Христа есть поразительная аналогия. Жизнь Христа, какой мы ее знаем по Евангелиям, представляет собой такую же мистерию, какие исполнялись в Египте на острове Филэ, в Греции в Елевсине и в других местах. Идея была той же самой: смерть божества и его воскресение. Единственное различие между мистериями, исполнявшимися в Египте и Греции, и мистерией, разыгравшейся в Палестине, состояло в том, что последняя была исполнена не на сцене, а в реальной жизни, на улицах и площадях настоящих городов, в настоящей стране с небом, горами, озерами и деревьями вместо сцены, с настоящей толпой, с подлинными эмоциями любви, злобы и ненависти, с реальными гвоздями и истинным страданием. Все актеры этой драмы знали свои роли и играли их в соответствии с общим планом, в согласии с целью и задачами игры. В драме не было ничего произвольного, неосознанного, случайного. Каждому актеру было известно, какие слова и в какой момент он должен произнести; и он произносил именно то, что следовало, и именно так, как следовало. То была драма, зрителями которой оказался весь мир, и она продолжается тысячи лет. Драма была исполнена без малейшей ошибки, без неточностей и сбоев, в соответствии с замыслами автора и планом режиссера; ибо, согласно идее эзотеризма, должны существовать как ее автор, так и режиссер*.

Но подлинные идея и цель мистерий, равно как и сущность посвящения, оставались скрытыми. Для тех, кто знал о существовании скрытой стороны, мистерии открывали дверь к такому пониманию. В этом и заключалась цель мистерий, их идея.

---

* Я обнаружил некоторое совпадение с этой точкой зрения в книге Джона М. Робертсона «Языческие Христы» — в главе «Евангельская мистерия как игра».

Автор очень близко подходит к тому, что «драма Христа» была театральным представлением, напоминающим мистерии. Первое впечатление таково, что автор говорит то же самое, что было сказано мною выше. На самом деле, однако, совпадение не является полным, хотя оно весьма любопытно. Автор «Языческих Христов», изучая как древние мистерии, так и евангельские тексты, пришел заключению, что Евангелия описывают не исторические события, а представление, исполнявшееся с особой целью, идея которого была сходна с идеей древних мистерий, а форма — аналогичной средневековым мистериям. Он сближает древние и средневековые мистерии, состоявшие из эпизодов жизни Христа, и уверяет, что легенда об историческом Христе основана именно на такой драме-мистерии, в которой было пять актов: Тайная Вечеря, Молитва в Гефсиманском саду, Страсти, Суд, Распятие. Позднее к этим актам добавили Воскресение из мертвых — драму, которая исполнялась ранее, неизвестно где и когда, и которая описана в Евангелиях как историческое — событие, случившееся в Иерусалиме.

Когда мистерии исчезли из жизни народов, тогда оборвалась связь между земным человечеством и скрытым знанием. Сама идея такого знания постепенно становилась все более и более фантастической; она все сильнее отклонялась от общепринятого реалистического взгляда на жизнь. В наши дни идея эзотеризма противоречит всем обычным принципам миропонимания. С точки зрения современных психологических и исторических концепций идея внутреннего круга, очевидно, представляется совершенно абсурдной, фантастической и необоснованной. Столь же фантастической она выглядит и с точки зрения идеалистической философии, ибо последняя допускает существование скрытого и непостижимого только за пределами физической жизни, вне феноменального мира.

С точки же зрения менее интеллектуальных доктрин (таких, как догматическое церковное христианство, спиритуализм и т. п.), идея эзотеризма в ее чистой форме также неприемлема, потому что она, с одной стороны, противоречит авторитету Церкви и многим ее догмам, а с другой стороны, разоблачает дешевые анимистические теории, идущие под общим названием спиритуализма или спиритизма, все эти чудеса со столоверчением. В то же время идея эзотеризма вводит таинственное и чудесное в нашу повседневную жизнь, заставляя человека понять, что жизнь — вовсе не то, что появляется на поверхности, где большинство людей видит только самих себя.

Чтобы понять сущность **идеи** эзотеризма, необходимо прежде всего уяснить себе, что человечество гораздо старше, чем это обычно полагают. Но следует обратить внимание и на то, что точка зрения учебников и популярных «общих курсов истории» (в которых содержатся обзоры довольно кратких исторических периодов и более или менее неясных предшествующих эпох) очень далека от новейших **научных** взглядов. Нынешняя историческая наука начинает рассматривать доисторическую эпоху и каменный век совершенно иначе, чем пятьдесят или шестьдесят лет назад. Она не видит более в доисторической эпохе период варварства, ибо против такой точки зрения говорит изучение остатков **доисторических** культур, памятников древнего искусства и литературы, исследование религиозных обычаев и обрядов, сравнительное изучение религий и особенно языкознание и данные сравнительной филологии, показывающие удивительное языковое богатство и психологическую глубину древних наречий. В противоположность старой теории уже существует множество теорий (и возникают все новые) о существовании древних, доисторических цивилизаций. Таким образом, каменный век с большой вероятностью можно считать не эпохой начала ранних цивилизаций, а временем их падения и вырождения.

В этом отношении весьма характерно, что все без исключения нынешние «дикари», т. е. народы, которых наша культура обнаружила в диком или полудиком состоянии, являются потомками более культурных народов, оказавшихся в состоянии вырождения. Интереснейший факт! И обычно его обходят полным молчанием. Но ни одна дикая раса, известная нам, ни один изолированный дикий или полудикий народ, встретившийся до сих пор нашей культуре, не продемонстрировал признаков **эволюции** в каких бы то ни было отношениях. Наоборот, во всех без исключения случаях наблюдались лишь признаки вырождения. Я не говорю о вырождении вследствие соприкосновения с нашей культурой, в большинстве случаев ясном и очевидном. У всех диких народов есть сказки и предания о золотом веке или героическом периоде; на самом деле, эти сказки и предания повествуют об их собственном прошлом, об их древней цивилизации. Языки всех народов содержат слова и понятия, для которых в нынешней жизни не осталось места. Все народы обладали **раньше** лучшим оружием, лучшими кораблями, лучшими городами, более высокими формами религии. Тот же факт объясняет превосходство палеолитических, т. е. более древних, рисунков, найденных в пещерах, над неолитическими, более близкими к нашему времени. И это тоже обыкновенно обходят молчанием или оставляют без внимания.

Согласно эзотерическим идеям, на земле сменяли друг друга многочисленные цивилизации, неизвестные нашей исторической науке. Некоторые из них достигли гораздо более высокого уровня, чем наша, которую мы считаем высшей из всех, когда-либо достигнутых человечеством. От многих древних цивилизаций не осталось никаких следов; но достижения науки тех отдаленных эпох не оказались полностью утраченными. Приобретенное знание сохранялось из века в век, из одной эпохи в другую; оно передавалось от одной цивилизации другой. Хранителями этого знания были школы особого рода; в них знание хранили от непосвященных, которые могли исказить и разрушить его. Скрытое знание передавалось только от учителя к ученику, прошедшему длительную и трудную подготовку.

Термин «оккультизм», который часто употребляют по отношению к эзотерическим учениям, имеет двойной смысл.

Это или тайное знание, т. е. знание, **хранимое в тайне**, или же знание, **содержащее тайну**, т. е. знание секретов, скрытых природой от человечества.

Такое определение представляет собой определение «божественной мудрости», или, пользуясь словами александрийских философов III века, «мудрости богов», «теософии» в самом широком смысле слова; это «брахмавидья» индийской философии.

Идея внутреннего круга человечества, или идея эзотеризма, имеет много различных сторон:

а) историческое существование эзотеризма, т. е. внутреннего круга человечества, история и происхождение знания, которым этот круг обладает;

б) идея достижения этого знания людьми, т. е. понятие посвящения и школ;

в) психологические возможности, связанные с этой идеей, т. е. возможности изменения форм восприятия, расширение способностей познания и понимания, ибо обычный интеллект оказывается недостаточным для приобретения эзотерического знания.

Идея эзотеризма говорит прежде всего о знании, которое накапливалось десятками тысяч лет и передавалось из поколения в поколение в пределах узкого круга посвященных; такое знание нередко относится к сферам, которых наука даже не касалась. Чтобы приобрести это знание, равно как и силу, которую оно дает, человек должен пройти через трудную предварительную подготовку и испытания, проделать долгую работу, без чего усвоить знание невозможно — как невозможно и научиться его использовать. Работа по овладению эзотерическим знанием, методы, используемые в ней, сами по себе составляют отдельный цикл знания, неизвестный нам.

Далее необходимо понять, что, согласно идее эзотеризма, люди не рождаются внутри эзотерического круга, и одна из задач его членов заключается в подготовке своих последователей, которым они могли бы передать свое знание и все, что с ним связано.

С этой целью люди, принадлежащие к эзотерическим школам, появляются через определенные промежутки времени среди нас, как вожди и учителя. Они создают и оставляют после себя или новую религию, или философскую школу нового типа, или новую систему мысли, которые указывают людям данной эпохи и страны в понятной для них форме путь, по которому они должны следовать, чтобы приблизиться к внутреннему кругу. Все учения, созданные этими людьми, пронизывает одна и та же идея: лишь очень немногие в состоянии воспринять идею эзотерического круга, вступить в него, — хотя желать этого и совершать усилия в этом направлении могут многие.

Эзотерические школы, которые сохраняют древнее знание и передают его от одного человека к другому, равно как и люди, принадлежащие к этим школам, как бы стоят в стороне от человечества, к которому принадлежим мы. Вместе с тем, школы играют в жизни человечества очень важную роль; однако об их роли мы ничего не знаем; а если и случается что-то о ней услышать, мы не совсем понимаем, в чем она заключается, и вообще неохотно верим в возможность чего-либо подобного.

Данное обстоятельство — следствие того факта, что для понимания возможности существования внутреннего круга и роли эзотерических школ в жизни человечества необходимо обладать таким знанием глубинной природы человека и его предназначения в мире, каким современная наука не обладает, а значит, не обладает и обыкновенный человек.

У некоторых рас есть очень знаменательные предания и легенды, построенные на идее внутреннего круга. Таковы, например, тибетско-монгольские легенды о «подземном царстве», о «Царе всего мира», о «городе тайны» Агарте и т. д. — если, конечно, подобные идеи и впрямь существуют в Монголии и Тибете, а не являются изобретением европейских путешественников-оккультистов. Согласно идее эзотеризма в ее применении к истории человечества, ни одна цивилизация не начинается сама по себе. Не существует такой эволюции, которая возникает случайно и продолжается механически. Механически могут протекать только вырождение и распад. Цивилизация никогда не берет начало в естественном росте — она появляется благодаря искусственному взращиванию.

Эзотерические школы скрыты от глаз человечества, но влияние этих школ проявляется в истории непрерывно. Насколько можно понять цель этого влияния, она заключается в помощи (когда она возможна) тем расам, которые пребывают в состоянии варварства того или иного рода; им помогают покинуть это состояние и вступить в новую цивилизацию, в новую жизнь.

Дикий или полудикий народ, даже целая страна, попадает в руки человека, обладающего силой и знанием. Он начинает воспитывать и наставлять свой народ: дает ему религию, создает законы, строит храмы, вводит письменность, становится зачинателем искусства и науки, при необходимости заставляет народ переселиться в другую страну и т. д. Теократическое правление есть форма такого искусственного культивирования. Пример окультуривания дикого народа членами внутреннего круга — библейская история от Авраама (и, возможно, даже раньше) до Соломона.

Согласно традиции, к эзотерическим школам принадлежали следующие исторические личности: Моисей, Гаутама Будда, Иоанн Креститель, Иисус Христос, Пифагор, Сократ и Платон — и более мифические персонажи: Орфей, Гермес Трисмегист, Кришна, Рама, некоторые другие пророки и учителя человечества. К эзотерическим школам принадлежали также строители пирамид и Сфинкса, священнослужители мистерий в Египте и Греции, многие художники Египта и других стран древности, алхимики, архитекторы, строившие готические соборы в средние века, основатели некоторых школ и орденов суфиев, отдельные личности, появлявшиеся в истории на краткие моменты и оставившие впечатление исторической загадки.

Говорят, что в настоящее время некоторые члены эзотерических школ живут в отдаленных и недоступных местах земного шара, например, в Гималаях, в Тибете, в каких-то горных районах Африки. В то же время другие члены школ живут среди обычных людей, ничем от них не отличаясь; иногда они даже принадлежат к некультурным массам общества и бывают заняты незначительными, с расхожей точки зрения, даже малопочтенными занятиями. Так, один французский писатель-оккультист утверждает, что его многому научил некий выходец с Востока, продававший попугаев в Бордо. И дело обстояло точно так же всегда, с незапамятных времен. Люди, принадлежащие к эзотерическому кругу, появляясь среди человечества, всегда носили маску, проникнуть сквозь которую удавалось лишь немногим.

Эзотеризм далек и недоступен; но каждый человек, который узнает о нем или предполагает о его существовании, имеет возможность приблизиться к школе или встретить людей, которые помогут ему и укажут путь. Эзотерическое знание основано на прямом устном обучении; но, прежде чем человек получит возможность непосредственно изучать идеи эзотеризма, ему необходимо узнать об эзотеризме все, что можно, обычными способами, т. е. изучением истории, философии и религии. И он должен искать. Ибо врата мира чудесного могут открыться лишь тем, кто ищет:

«Просите, и дано будет вам... стучите, и отворят вам».

Очень часто возникает вопрос: если эзотерический круг действительно существует, почему он ничего не делает, чтобы помочь обычному человеку выйти из хаоса противоречий, в котором тот живет, и прийти к истинному знанию и пониманию? Почему эзотерический круг не помогает людям упорядочить жизнь на земле? Почему он допускает существование насилия, несправедливости, жестокости, войн и т. п.?

Ответ на все эти вопросы заключается в том, что эзотерическое знание можно передавать только тем, кто ищет, кто искал его с известной сознательностью, т, е. с пониманием того, насколько оно отличается от обыкновенного знания, с пониманием того, как его можно найти. Это предварительное знание доступно для приобретения обычными средствами благодаря существующей литературе, которую легко получить всем и каждому. Приобретение предварительного знания можно рассматривать как первое испытание. Только те, кто проходит его, т. е. приобретает необходимые знания из общедоступных материалов, могут надеяться на то, что им удастся совершить второй шаг — и получить непосредственную индивидуальную помощь. Человек может надеяться на приближение к эзотеризму, если он приобрел правильное понимание из обычного знания, если он сумел найти путь в лабиринте противоречивых систем, теорий и гипотез, понял их общий смысл и значение. Эта проверка чем-то напоминает конкурсные экзамены, открытые для всего человечества; идея конкурсного экзамена прекрасно объясняет, почему кажется, что эзотерический круг так неохотно помогает человечеству. Дело не в нежелании — чтобы помочь людям, делается все возможное, но сами люди не хотят или не могут совершить необходимое усилие. А принудительно помочь им нельзя.

Библейская история о золотом тельце — это иллюстрация отношения людей внешнего круга к предприятиям внутреннего круга, яркий пример того, как ведут себя люди внешнего круга в то время, когда члены внутреннего круга прилагают усилия ради оказания им помощи.

Итак, с точки зрения идеи эзотеризма, первый шаг к скрытому знанию необходимо сделать в области, открытой для всех. Иными словами, первые указания на путь к истинному знанию можно найти в доступном для всех знании. Религия, философия, легенды и сказки изобилуют сведениями об эзотеризме. Но нужно иметь глаза, чтобы видеть, и уши, чтобы слышать.

В наше время люди обладают четырьмя путями к Неведомому, четырьмя формами понимания мира. Это — религия, философия, наука и искусство; они уже очень давно разошлись друг с другом. Сам факт такого расхождения указывает на их отдаленность от первоначального источника, т. е. от эзотеризма. В Древнем Египте, в Греции, в Индии бывало время, когда все четыре пути составляли одно целое.

Если припомнить приведенный мною в «Tertium Organum» принцип Аввы Дорофея и воспользоваться им при рассмотрении религии, философии, науки и искусства, то нетрудно понять, почему формы нашего миропонимания не могут служить путем к истине. Они навсегда разбиты, разобщены, вечно противоречат друг другу, полны внутренних неувязок. Очевидно, что чем более разбиты и разобщены они друг с другом, тем далее уклоняются от истины. Истина находится в центре, где сливаются все четыре пути. Следовательно, чем ближе окажутся они друг к другу, тем ближе они к истине; а чем далее будут отходить друг от друга, тем далее уйдут и от истины. Более того, разделения, возникающие внутри каждого из путей, т. е. подразделения на системы, шкалы, церкви и доктрины, указывают на большую удаленность от истины; и мы действительно видим, что число подразделений в каждой области, в каждой сфере человеческой деятельности никоим образом не уменьшается, а наоборот возрастает. Это, в свою очередь, указывает нам, — если мы способны видеть, — на то, что общая направленность человеческого мышления ведет не к истине, а в совершенно противоположном направлении.

Если мы попытаемся выяснить смысл четырех путей духовной жизни человечества, то сразу же увидим, что они распадаются на две категории: философия и наука — это интеллектуальные пути, а религия и искусство — пути эмоциональные. Кроме того, каждый из путей соответствует определенному интеллектуальному или эмоциональному типу человека. Но такое деление не объясняет всего того, что в сфере религии, искусства или знания может показаться нам непонятным или загадочным, ибо в каждой из этих сфер человеческой деятельности имеются такие феномены и аспекты, которые совершенно несоизмеримы и не поглощаются друг другом. Тем не менее лишь тогда, когда они сочетаются в одном целом, они перестают искажать истину и уводить человека с правильного пути.

Разумеется, многие горячо запротестуют и даже восстанут против утверждения о том, что религия, философия, наука и искусство являются родственными, равноценными и одинаково несовершенными путями обретения истины.

Религиозному человеку эта мысль покажется неуважением к религии; ученому — оскорбительной для науки; художник усмотрит в ней насмешку над искусством; а философ найдет ее **наивной**, основанной на непонимании того, что такое философия.

Попробуем найти основания для разделения «четырех путей» в настоящее время.

Религия основана на Откровении.

Откровение — это нечто, проистекающее непосредственно из Высшего сознания или от более высоких сил. Нет религии без идеи Откровения. В религии всегда существует что-то недоступное познанию обычного ума и обычного мышления. По этой причине никакие усилия по созданию интеллектуальными методами новой религии искусственного, синтетического характера ни к чему не приводили и ни к чему привести не могут. Результатом оказывается не религия, а плохая философия. Все реформистские движения и стремления упростить или рационализировать религию приносят отрицательные результаты. С другой стороны, «Откровение» или то, что дано в Откровении, должно превосходить любое иное знание. И когда мы обнаруживаем, что религия (как это часто бывает) на сотни и даже на тысячи лет отстает от науки и философии, то мы приходим к выводу, что перед нами не религия, а псевдорелигия, иссохший труп того, что когда-то было или могло быть религией. К несчастью, все религии, известные нам в своей церковной форме, представляют собой псевдорелигии.

Философия основывается на размышлении, логике, мысли, на синтезе того, что мы знаем, на анализе того, чего мы не знаем. Границы философии должны охватывать полное содержание науки, религии и искусства. Но где обрести такую философию? Все, что нам известно в настоящее время под именем философии, представляет собой не философию, а критическую литературу или выражение личных мнений, нацеленных главным образом на опровержение и уничтожение других личных мнений. Или, что еще хуже, философия превращается в самодовлеющую диалектику, окруженную непроходимым барьером терминологии, которая непонятна для непосвященных, и разрешающую все мировые проблемы без каких бы то ни было доказательств своих объяснений, без того, чтобы сделать их понятными простым смертным.

Наука основывается на опыте и наблюдении. Она не должна чего-либо бояться, не должна иметь никаких догм, не должна создавать для себя никаких табу. Однако современная наука резко отсекла себя от религии и от мистики; тем самым она установила определенное табу и потому сделалась случайным и ненадежным инструментом мышления. Наличие этого табу заставляет ее закрывать глаза на целую серию необъяснимых и непонятных феноменов, лишает ее целостности и единства; в результате получается, что, как говорил тургеневский Базаров, «есть науки, как есть ремесла; а наука вообще не существует вовсе».

Искусство основано на эмоциональном понимании, на чувстве неведомого, чего-то такого, что лежит по ту сторону видимого и ощутимого, на переживании творческой силы, т. е. способности перестраивать в видимых или слышимых формах присущие художнику ощущения, чувства, впечатления и настроения; в особенности же оно основано на некоем мимолетном чувстве, которое, в сущности, есть переживание гармонической взаимосвязи и единства **всего**, на чувстве «души» предметов и явлений. Подобно науке и философии, искусство — это определенный **путь познания**. Творя, художник узнает много такого, чего не знал раньше. Но то искусство, которое не ведет в сферы Неведомого и не приносит нового знания, — лишь пародия на искусство; а еще чаще оно не доходит и до уровня пародии, выступая в роли коммерции или производства.

Псевдорелигия, псевдофилософия, псевдонаука и псевдоискусство — вот практически и все, что мы знаем. Мы вскормлены на заменителях, на «маргарине» во всех его обликах и формах. Лишь очень немногие из нас знакомы со вкусом подлинных вещей.

Однако между **подлинной** религией, **подлинным** искусством и **подлинной** наукой, с одной стороны, и заменителями, которые мы называем религией, искусством и наукой, с другой, существует множество промежуточных стадий, соответствующих разным уровням развития человека с различным пониманием, присущим каждому уровню. Причина существования этих уровней заключается в наличии глубокого, коренного неравенства между людьми. Определить это неравенство очень трудно; религии, как и все прочее, различаются в соответствии с ним. Нельзя, например, утверждать, что существует язычество или христианство, но можно утверждать, что существуют язычники и христиане. Христианство может оказаться языческим, а язычество — христианским. Иными словами, для многих людей христианство становится языческим, т. е. они превращают христианство в язычество совершенно так же, как превратили бы в язычество любую иную религию. Во всякой религии существуют разные уровни понимания; всякую религию можно понимать так или иначе. Буквальное понимание, обожествление слова, формы, ритуала превращает в язычество самую возвышенную, самую тонкую религию. Способность к эмоциональному распознаванию, к пониманию сущности, духа, символики, проявление мистических чувств — все это в состоянии сделать любую религию возвышенной, несмотря на то, что по внешности она может казаться примитивным, диким или полудиким культом.

Разница заключается, таким образом, не в идеях, а в тех людях, которые усваивают и воспроизводят идеи; то же самое справедливо и для искусства, философии, науки. Одна и та же идея понимается людьми разных уровней по-разному, и нередко случается, что их понимание оказывается диаметрально противоположным. Если мы усвоим это, нам станет ясно, что невозможно говорить о религии, искусстве, науке и т. д. У разных людей — разные науки, разные искусства и т. п. Если бы мы знали, как и чем отличаются друг от друга разные типы людей, мы поняли бы, как и в каком отношении отличаются друг от друга их религия, философия, наука, искусство.

Можно выразить эту идею более ясно. Если мы возьмем в качестве примера религию, можно сказать, что все обычные подразделения религии, например христианство, буддизм, ислам, иудаизм, а также существующие внутри христианства подразделения — православие, католицизм, протестантство, — и дальнейшие подразделения внутри каждой веры, такие, как секты и т. п. — являются, так сказать, подразделениями на одном и том же уровне. Необходимо понять, что кроме этих подразделений существуют подразделения по разным уровням: есть христианство одного уровня понимания и чувства — и есть христианство другого уровня понимания и чувства, начиная с очень низкого внешнего ритуала, или лицемерного уровня, который переходит в преследование всех инакомыслящих, до очень высокого уровня самого Иисуса Христа. И вот эти-то подразделения и уровни нам неизвестны; мы можем понять их идею только тогда, когда усвоим идею внутреннего круга. Это значит, что, если мы признаем, что в истоке всего лежит истина, что существуют разные уровни и разные степени искажения истины, мы увидим, что истина постепенно привносится и на наш уровень, хотя, разумеется, в совершенно неузнаваемой форме.

Идея эзотеризма также приходит к людям в форме псевдоэзотеризма, псевдооккультизма. Причина этого опять-таки вышеупомянутая разница в уровнях самих людей. Большинство людей способны воспринять истину только в форме лжи. Но в то время как многие из них довольствуются ложью, некоторые начинают искать дальше и в конце концов могут прийти к истине. Церковное христианство исказило идеи Христа; однако некоторые, «чистые сердцем» люди, начав с церковного христианства, могут путем чувства прийти к правильному пониманию первоначальной истины. Нам трудно понять, что мы окружены искажениями и подменами, что, кроме искажений и подмен, **извне** мы не можем получить ничего.

Нам трудно понять это, ибо главная тенденция современной мысли как раз в том и состоит, что явления рассматриваются в порядке, противоположном только что изложенному. Мы привыкли воспринимать любую идею, любое явление (будь то в области религии, искусства или общественной жизни) как нечто, являющееся сначала в грубой, примитивной форме, в форме простейшего приспособления к органическим условиям, в форме грубых диких инстинктов, страха, желания или памяти о чем-то еще более элементарном и примитивном, животном, растительном, зародышевом; затем это явление постепенно развивается, становится более утонченным и усложненным, вовлекает в себя различные стороны жизни и, таким образом, приближается к идеальной форме.

Конечно, такая тенденция мысли прямо противоположна идее эзотеризма, согласно которой огромное большинство наших идей представляет собой не продукт эволюции, а продукт вырождения мыслей, когда-то существовавших или где-то еще существующих в гораздо более высоких, чистых и совершенных формах.

Для современного образа мышления все это — полная бессмыслица. Мы настолько уверены в том, что именно **мы** — высочайший продукт эволюции, что мы все знаем, что на этой земле нет и не может быть какого-либо значительного явления (такого, как школы, группы или системы), которое не было бы до сих пор нам известно, нами признано или открыто, что нам нелегко даже признать логическую допустимость подобной идеи.

Если мы пожелаем усвоить элементы этой идеи, мы должны понять, что они несовместимы с идеей эволюции в обычном понимании этого слова. Невозможно считать нашу цивилизацию, нашу культуру единственным в своем роде, высочайшим явлением, ее следует рассматривать лишь как одну из множества культур, сменяющих друг друга на земле. Более того, все культуры, каждая по-своему, искажали идею эзотеризма, которая лежит в их основании; и ни одна из них не поднялась до уровня своего источника.

Однако такой взгляд оказался бы чересчур революционным, потому что потряс бы основы всей современной мысли, потребовал бы пересмотра всей системы мировой философии, сделал бы бесполезными и даже вредными целые библиотеки книг, написанных на основе теории эволюции. И в первую очередь потребовал бы ухода со сцены целой плеяды великих людей прошлого, настоящего и будущего. Вот почему этому взгляду не суждено стать популярным, и ему едва ли удастся занять место рядом с другими системами мысли.

Но если мы попытаемся придерживаться идеи последовательно сменяющихся цивилизаций, мы обнаружим, что каждая большая культура общечеловеческого цикла состоит из целой серии отдельных культур, принадлежащих разным расам и народам. Все эти отдельные культуры развиваются волнообразно: они переживают подъем, достигают точки наивысшего развития, затем приходят в упадок. Раса или народ, достигшие очень высокого уровня культуры, могут постепенно утратить ее и мало-помалу перейти в стадию полнейшего варварства. Дикари нашего времени, как уже было сказано выше, вероятно, являются потомками рас, некогда обладавших высокой культурой. Совокупность расовых и национальных культур, рассматриваемая на протяжении очень длительного периода времени, образует «большую культуру», или «культуру великого цикла». Культура великого цикла также представляет собой волну, состоящую, как и любая волна, из множества мелких волн; эта культура, подобно всем отдельным расовым и национальным культурам, проходит через подъем, достигает наивысшего уровня и в конце концов погружается в варварство.

Разумеется, это деление на периоды варварства и периоды культуры не следует понимать буквально. Культура может полностью исчезнуть на одном континенте и частично сохраниться на другом, причем между обоими не остается никакого сообщения. Мы можем представить себе, что именно так обстояло дело и с нашей культурой, когда во времена глубокого варварства в Европе могла существовать высокая культура в отдельных частях Центральной и Южной Америки, а может быть, и в странах Африки, Азии и Океании. Возможность сохранения культуры в некоторых частях мира в период общего упадка не противоречит главному принципу волнообразного развития культуры, подъемы которой разделены длительными промежутками более или менее полного варварства. Весьма возможно, что такие подъемы возникают регулярно, особенно если они совпадают с геологическими катаклизмами, с переменами в состоянии земной коры, когда исчезает всякая видимость культуры, и остатки человечества начинают новую культуру с самого низкого уровня, с каменного века.

Согласно идее эзотеризма, не все ценности, приобретенные человечеством в период культуры, теряются им во времена варварства. Главная суть приобретенного человечеством в период культуры сохраняется в эзотерических центрах в эпоху варварства и впоследствии служит началом новой культуры.

Любая культура переживает подъем и падение. Причины этого заключаются в следующем: в любой культуре (как это можно видеть, например, по нашей культуре) одновременно развиваются и эволюционируют совершенно противоположные принципы, а именно, принципы варварства и принципы цивилизации.

Начало культуры идет из внутреннего круга человечества, зачастую благодаря насильственным мерам. Иногда миссионеры внутреннего круга цивилизуют дикие расы огнем и мечом, потому что для управления дикарями нет иного средства, кроме насилия. Далее развиваются принципы цивилизации, постепенно создающие те формы духовного проявления человечества, которые называются религией, философией, наукой и искусством, а также те формы общественной жизни, которые дают индивиду известную свободу, досуг, безопасность и возможность самопроявления в более высоких сферах деятельности.

Это и есть цивилизация. Как было отмечено, ее начало (т. е. начало всех ее идей, принципов и знаний) приходит из эзотерического круга.

Но одновременно с началом цивилизации было допущено насилие; в результате наряду с цивилизацией растет и варварство. Это означает, что параллельно росту идей, пришедших из эзотерического круга, развиваются и другие стороны жизни, происхождение которых скрыто в человечестве, находящемся в состоянии варварства. Варварство несет в себе принципы насилия и разрушения. Эти принципы не существуют и не могут существовать внутри цивилизации.

В нашей культуре очень легко проследить обе эти линии: линию цивилизации и линию варварства.

Дикарь убивал своего врага дубиной. Культурный человек имеет для этого всевозможные технические приспособления: взрывчатые вещества ужасной силы, электричество, аэропланы, подводные лодки, ядовитые газы и т. п. Все эти средства и приспособления для разрушения и уничтожения — не что иное, как формы эволюции дубины; они отличаются от нее только силой своего действия. Культура средств разрушения, культура средств и методов насилия — это культура варварства.

Далее, значительную часть нашей культуры составляют рабство и разные формы насилия во имя государства, религии, во имя идей, морали — во имя чего угодно, что только можно вообразить.

Внутренняя жизнь современного общества, его вкусы и интересы также изобилуют чертами варварства. Жажда зрелищ и увеселений, страсть к соревнованиям, спорту, играм, сильнейшая внушаемость, готовность подчиняться всем видам влияний, панике, страху, подозрениям — все это черты варварства. Они процветают в нашей жизни, используя такие средства и изобретения технической культуры, как книгопечатание, телеграф, радио, средства сообщения и т. п.

Культура стремится установить границу между собой и варварством: проявления варварства называются преступлениями. Но существующая криминология недостаточна для того, чтобы изолировать варварство. Она недостаточна потому, что сама идея преступления в современной криминологии является искусственной. Ибо то, что называется преступлением, на деле представляет собой нарушение существующего закона, тогда как сам этот закон нередко является выражением варварства и насилия. Таковы разнообразные запретительные законы, которыми полна современная жизнь. Число их во всех странах непрерывно возрастает, вследствие чего так называемое преступление нередко не является преступным действием, так как не содержит элементов насилия или вреда. С другой стороны, неоспоримые преступления ускользают из поля зрения криминалистики либо потому, что они еще не признаны преступлениями, либо потому, что выходят за пределы некоей шкалы. В существующей криминалистике есть термины «преступник», «преступное занятие», «общество преступников», «преступная секта», «преступное содружество», но нет понятий преступного **государства**, преступного **правительства**, преступного **законодательства**. В результате самые крупные преступления не удается назвать преступлениями.

Эта суженность поля зрения криминалистики наряду с отсутствием точности и постоянства в определении понятия преступления — один из главных характерных признаков нашей культуры.

Культура варварства растет одновременно с культурой цивилизации. Но важнейшим является то, что обе эти культуры не в состоянии развиваться параллельно до бесконечности. Неизбежно наступает момент, когда варварство прерывает развитие цивилизации и постепенно, а то и очень быстро полностью ее разрушает.

Может возникнуть вопрос: почему варварство неизбежно разрушает цивилизацию, почему цивилизация не в состоянии разрушить варварство?

На этот вопрос нетрудно ответить. Во-первых, подобная вещь, насколько нам известно, никогда не наблюдалась в истории, тогда как противоположное явление разрушения цивилизации варварством и его торжества над цивилизацией постоянно случалось раньше и случается сейчас. И как указывалось выше, мы можем предугадать судьбу великой волны культуры на основании знакомства с судьбой малых волн культуры — индивидуальных рас и народов.

Но коренная причина развития варварства пребывает в самом человеке: ему присущи внутренние принципы, способствующие росту варварства. Чтобы уничтожить варварство, необходимо уничтожить эти принципы. Но, как известно с самого начала доступной нам истории, цивилизация не в состоянии была уничтожить принципы варварства в душе человека; поэтому варварство всегда развивается параллельно цивилизации. Более того, варварство развивается обычно быстрее, чем цивилизация, и в большинстве случаев уже в самом начале останавливает развитие цивилизации. Можно найти бесчисленные примеры того, как цивилизация отдельного народа бывала остановлена развитием варварства внутри этого же народа.

Вполне возможно, что в некоторых одиночных случаях в небольшой (или даже достаточно большой, но изолированной) культуре цивилизация временно одерживала верх над варварством. Однако в других культурах, существовавших одновременно, побеждало варварство; со временем оно побеждало и захватывало те страны, где цивилизации удавалось преодолеть варварство.

Вторая причина победы варварства над цивилизацией, которая бросается в глаза, заключается в том, что первоначальные формы цивилизации поддерживали и известные формы варварства для защиты собственного существования, для самоизоляции; среди них: организация военных сил, армии, развитие военной техники и военной психологии, поощрение и легализация различных форм рабства, узаконивание разнообразных варварских обычаев и т. п.

Эти формы варварства очень скоро перестают подчиняться цивилизации, перерастают ее — и начинают видеть цель своего существования в самих себе. Их сила в том и состоит, что они способны существовать сами по себе, без посторонней помощи. Цивилизация же, наоборот, приходит извне; она в состоянии существовать и развиваться только за счет посторонней помощи, т. е. помощи эзотерического круга. Но развивающиеся формы варварства вскоре отрезают цивилизацию от ее источника; тогда цивилизация, утратив в себе уверенность, начинает служить развитым формам варварства, полагая в этом свою цель и судьбу. Все формы, созданные цивилизацией, подвергаются процессу изменения и приспособления к новому порядку вещей, т. е. становятся пособниками варварства.

Так, теократическое правление превращается в деспотию. Касты, если они существовали и были признаны, становятся наследственными. Религия, принимая форму «церкви», оказывается орудием в руках деспотизма или наследственных каст. Наука, превратившаяся в технику, служит целям разрушения и уничтожения. Искусство вырождается и становится средством удержания масс на уровне слабоумия.

Такова цивилизация на службе у варварства, в рабстве у него. Подобные взаимоотношения между цивилизацией и варварством можно наблюдать на протяжении всей исторической жизни, но эти взаимоотношения не в состоянии существовать неопределенно долго. Рост цивилизации прекращается, цивилизация оказывается как бы переплавленной в культуру варварства. В конце концов ей приходится совсем остановиться. Тогда варварство, не получая притока силы от цивилизации, все более и более снижает свой уровень до элементарных форм и постепенно возвращается к своему первоначальному состоянию, пока не станет тем, чем в сущности было всегда — даже во времена переодевания в пышные одежды, заимствованные у цивилизации.

Варварство и цивилизация в своих взаимоотношениях могут сосуществовать (как мы это наблюдаем в нашей исторической жизни) лишь в течение сравнительно краткого периода. Затем наступает такой момент, когда техника разрушения начинает расти так быстро, что уничтожает свой первоисточник, т. е. цивилизацию.

Рассматривая современную жизнь, мы видим, сколь незначительную роль играют в ней те принципы цивилизации, которые не находятся в рабстве у варварства. Действительно, какое ничтожное место в жизни среднего человека занимает мышление или искание истины! Но принципы цивилизации в фальсифицированных формах используются уже в целях варварства как средство подчинения масс и удержания их в повиновении; в этих формах они процветают.

Лишь по отношению к этим фальсифицированным формам проявляется терпимость. Религия, философия, наука, искусство (если они не находятся в непосредственном подчинении варварству) не пользуются признанием в жизни, исключая самые слабые и ограниченные формы. Любая попытка выйти за пределы тех узких рамок, которые им отведены, немедленно встречает противодействие. Усилия же человечества в этом направлении чрезвычайно робки и беспомощны.

Человек живет удовлетворением своих желаний, страхами, борьбой, тщеславием, развлечениями и увеселениями, бездумным спортом, интеллектуальными и азартными играми, приобретательством, чувственностью, отупляющим ежедневным трудом, повседневными заботами и беспокойствами, а более всего — подчинением и наслаждением подчинением; если он перестает подчиняться одной силе, то немедленно начинает подчиняться другой. Человек бесконечно далек от всего, что непосредственно не связано с интересами и заботами текущего дня, от всего, что хоть немного поднимается над материальным уровнем его жизни. Если не закрывать на все это глаза, то мы поймем, что в лучшем случае заслужили себе имя цивилизованных варваров, т. е. варваров, обладающих некоторой степенью культуры.

Цивилизация нашего времени — это бледное, чахлое растение, которое едва живет во мраке глубокого варварства. Технические изобретения, улучшенные средства сообщения и методы производства, возросшие способности борьбы с природой — все это берет от цивилизации, вероятно, больше, чем дает ей.

Истинная цивилизация существует только в эзотеризме. Именно внутренний круг представляет собой цивилизованную часть человечества; члены внутреннего круга — это цивилизованные люди, которые живут в стране варваров среди дикарей.

Это бросает свет на происходящее и с другой точки зрения. Я уже упоминал часто задаваемый вопрос: почему члены эзотерического круга не помогают людям в их жизни, почему они не выступают на стороне истины, почему не стремятся поддержать справедливость, помочь слабым, устранить причины насилия и зла?

Но если мы представим себе, что небольшое число цивилизованных людей живет в огромной стране, населенной дикими и варварскими племенами, которые постоянно враждуют и воюют друг с другом, если даже мы вообразим, что эти цивилизованные люди живут там в качестве миссионеров, от всего сердца желая принести просвещение дикарям, мы поймем, что они, конечно же, не станут вмешиваться в борьбу племен, не будут принимать в возможных столкновениях одну из сторон против другой. Предположим, что в такой стране рабы подняли мятеж; это вовсе не значит, что цивилизованные люди должны им помогать, ибо цель рабов состоит только в том, чтобы подчинять себе своих господ и сделать их рабами, а самим занять место господ. Рабство в самых разных формах — один из характерных признаков этой дикой страны, и миссионеры не могут ничего с ним поделать; они в состоянии только предлагать всем желающим поступить в их школы, учиться там и сделаться свободными людьми. Для тех, кто не желает учиться, условия жизни изменить невозможно.

Этот пример — точная картина нашей жизни, наших взаимоотношений с эзотеризмом, если он существует.

Если мы обратим теперь внимание на жизнь человеческой расы и представим ее в виде серии поднимающихся и падающих волн, мы придем к вопросу о начале и происхождении человека, о начале и происхождении этих поднимающихся и падающих волн культуры, о начале и происхождении человеческой расы. Как уже было сказано, так называемая теория эволюции (т. е. все теории наивного дарвинизма в том виде, в каком они существуют) по отношению к человеку оказывается неверной и совершенно безосновательной. Еще менее основательны различные социальные теории, т. е. попытки объяснить индивидуальные особенности человека влиянием окружающей среды или требованиями общества, в котором он живет.

Если мы возьмем биологическую сторону вопроса, тогда даже для научного ума в происхождении видов и их многообразии найдется масса обстоятельств, совершенно необъяснимых случайностью или приспособлением. Эти обстоятельства заставляют нас предположить существование определенного плана в работе того, что называется природой. А когда мы предположим или допустим существование **плана**, нам придется допустить и существование особого рода ума, интеллекта, т. е. наличие каких-то существ, работающих над этим планом и следящих за его выполнением.

Чтобы понять законы возможной эволюции, или преображения человека, необходимо понять законы деятельности природы, методы работы Великой Лаборатории, которая управляет всей жизнью и которую научная мысль стремится заменить случайностью, ведущей процесс всегда в одном и том же направлении.

Иногда для понимания более крупных явлений полезно найти явления более мелкие, в которых проявляется действие тех же причин. Иногда, чтобы понять принципы, лежащие в основе крупных явлений, во всей их сложности, необходимо уяснить сложность других явлений, которые выглядят мелкими и незначительными.

В природе существует множество явлений, которые никогда не подвергались анализу и, будучи представлены в ложном свете, послужили основой для разных ошибочных теорий и гипотез. Но если рассмотреть их в правильном освещении и верно понять, они объясняют многое, скрытое в принципах и методах деятельности Природы.

В качестве иллюстрации к высказанному выше положению я возьму явление так называемой мимикрии и вообще явление сходства и подобия в растительном и животном мирах. Согласно новейшим научным определениям, слово «мимикрия» относится только к явлениям подражания, когда одни живые формы подражают другим живым формам; далее, ему приписывают как некоторые утилитарные цели, так и известные ограничения. Иными словами, под мимикрией понимают только явления какого-то определенного класса и характера — в отличие от более обширного класса «охранительного сходства».

В действительности, оба явления принадлежат одному и тому же порядку, и отделить их друг от друга, невозможно. Кроме того, термин «охранительное сходство» совершенно ненаучен, ибо предполагает готовое объяснение феноменам сходства, которое на самом деле еще не объяснено и содержит много таких черт, которые противоречат термину «охранительный». Поэтому мы будем употреблять слово «мимикрия» в его полном значении, т. е. в смысле **любого** копирования или подражания одних живых форм другим живым формам или окружающим естественным условиям. Ярче всего явление мимикрии проявляется в мире насекомых.

Некоторые страны особенно богаты насекомыми, которые в своей окраске или строении воплощают различные условия окружающей среды, или растения, где они живут, или других насекомых. Есть насекомые-листья, насекомые-веточки, насекомые-камешки, насекомые, напоминающие мох или звездочки (например, светляки). Даже общее и поверхностное изучение этих насекомых открывает настоящий мир чудес. Тут и бабочки, чьи сложенные вместе крылья напоминают широкий сухой лист с зазубренными краями, симметричными пятнами, жилками и тонким рисунком; они или прилипают к дереву, или кружатся в потоке ветра. Тут и жуки, подражающие серому мху. Тут и удивительные насекомые, тела которых напоминают маленькие зеленые веточки — иногда с широким зеленым листом на конце. Последних можно найти, например, на Черноморском побережье Кавказа. На Цейлоне встречаются крупные зеленые насекомые, которые живут в листьях особого вида кустарника и в точности копируют форму, цвет и размеры листьев этого кустарника.

На расстоянии метра отличить насекомое, которое сидит среди листьев, от настоящего листа совершенно невозможно. Листья кустарника почти круглы по форме, диаметром в полтора-два дюйма (4—5 см), остроконечные, довольно толстые, с жилками и зубчатыми краями, с красной ножкой внизу. Точно такие же зазубрины и жилки воспроизведены на верхней части тела насекомого. Внизу, где у настоящего листа начинается черенок, у насекомого расположено небольшое красное тельце с тонкими ножками и головкой с чувствительными усиками. Сверху его невозможно увидеть: оно прикрыто «листом» и защищено от любопытных взоров.

Мимикрию в течение долгого времени научно объясняли как результат выживания наиболее приспособленных особей, обладающих лучшими охранительными свойствами. Например, утверждалось, что одно из насекомых могло случайно родиться с телом зеленоватого цвета. Благодаря этому цвету насекомое удачно скрывалось среди зеленых листьев, лучше обманывало врагов и получило бо́льшие шансы на оставление потомства. В его потомстве особи зеленоватого цвета лучше выживали и обретали больше шансов на продолжение своего рода. Постепенно, через тысячи поколений, появились уже полностью зеленые насекомые. Одно из них случайно оказалось более плоским, чем другие, и благодаря этому стало менее заметным среди листьев. Оно могло лучше укрываться от врагов, и его шансы на оставление потомства возросли. Постепенно, опять-таки через тысячи поколений, появилась разновидность с **плоским и зеленым** телом. Одно из этих зеленых насекомых в плоской разновидности напоминало по форме лист, вследствие чего удачно скрывалось в листве, получило бо́льшие шансы на оставление потомства и т. д.

Эта теория в разных формах повторялась учеными так часто, что завоевала почти всеобщее признание, хотя на самом деле в своих объяснениях она крайне наивна.

Рассмотрев насекомое, похожее на сухой лист, или бабочку, сложенные крылья которой напоминают зеленый листок, или насекомое, которое подражает зеленому побегу с листом на конце, мы обнаружим в каждом из них не одну, не две, не три черты, которые делают его похожим на растение, а тысячи таких черт, каждая из которых, согласно старой научной теории, должна была сформироваться **отдельно**, независимо от других, так как совершенно невозможно предположить, чтобы одно насекомое вдруг случайно стало похожим на зеленый лист во всех деталях. Можно допустить случайность в одном направлении, но никак не в тысяче направлений сразу. Мы должны предположить или что все эти мельчайшие детали сформировались независимо друг от друга, или что существует особого рода общий «план». Допустить существование «плана» наука не могла; «план» — это совсем не научная идея. Остается только случайность. В этом варианте каждая жилка на спине насекомого, каждая зеленая ножка, красная шейка, зеленая головка с усиками, все мельчайшие детали, все тончайшие черточки — должны были возникнуть независимо от всех остальных. Чтобы сформировалось насекомое, в точности похожее на лист растения, на котором оно живет, были бы необходимы не тысячи, а, возможно, десятки тысяч повторных случайностей.

Изобретатели научных объяснений мимикрии не приняли в расчет математической невозможности такого рода серии случайных сочетаний и повторений.

Если подсчитать сумму преднамеренной и до некоторой степени сознательной работы, необходимой для того, чтобы получить из куска железной руды обычное лезвие ножа, мы ни за что не подумаем, что лезвие ножа могло возникнуть случайно. Было бы совершенно ненаучно ожидать, что в недрах земли найдется готовое лезвие с торговой маркой Шеффилда или Золингена. Но теория мимикрии ожидает **гораздо большего**. На основании этой или аналогичной теории можно надеяться на то, что в каком-то слое горы мы найдем сформированную естественным путем пишущую машинку, которая вполне готова к употреблению.

Невозможность комбинированных случайностей — именно она долго не принималась во внимание научным мышлением.

Когда одна черта делает животное невидимым на фоне окружающей его среды (как, например, белый заяц не виден на снегу или зеленая лягушка не видна в траве), это можно с натяжкой объяснить научно. Но когда число этих черт становится почти неисчислимым, такое объяснение теряет всякое логическое правдоподобие.

В дополнение к сказанному было установлено, что насекомое-лист обладает еще одной удивительной особенностью. Если вы найдете такое насекомое мертвым, вы увидите, что оно напоминает увядший лист, наполовину высохший и свернувшийся в трубку.

Возникает вопрос: почему, если живое насекомое напоминает живой лист, мертвое насекомое напоминает мертвый лист? Одно не следует из другого: несмотря на внешнее сходство, гистологическое строение обоих объектов совершенно различно. Таким образом, сходство мертвого насекомого с мертвым листом опять-таки представляет собой черту, которая должна была сформироваться совершенно отдельно и независимо. Как объясняет это наука?

Но что она может сказать? Что сначала одно мертвое насекомое слегка напоминало увядший лист; благодаря этому оно имело больше шансов скрыться от врагов, производить более многочисленное потомство и т. д.? Наука не может сказать ничего другого, потому что таков непременный вывод из принципа охранительного или полезного сходства.

Современная наука уже не в состоянии следовать этой линии; хотя она по-прежнему сохраняет дарвиновскую и последарвиновскую терминологию «охранительного принципа», «друзей», «врагов», ей уже не удается рассматривать явления сходства и мимикрии исключительно с утилитарной точки зрения.

Были установлены многие странные факты. Известны, например, случаи, когда изменение окраски и формы делает насекомое или животное **более** заметным. Подвергает его **большей** опасности, делает его более привлекательным и доступным **для своих врагов**.

Здесь уже приходится отбросить принцип утилитаризма. И в современных научных трудах можно встретить совершенно бессодержательные и смутные рассуждения о том, что явление мимикрии обязано своим происхождением «влиянию окружающей среды, одинаково воздействующей на разные виды», или «физиологической реакции на постоянные психические переживания, такие, как цветоощущения» (Британская энциклопедия, т. XV, ст. «Мимикрия», 14-е изд.).

Ясно, что и здесь перед нами вовсе не объяснение.

Чтобы понять явления мимикрии и сходства, наблюдающиеся в животном и растительном мирах, необходим гораздо более широкий взгляд; тогда в стремлении обнаружить их руководящий принцип можно будет добиться успеха.

Научное мышление, в силу своей некоторой ограниченности, не в состоянии его обнаружить.

Принцип же этот — общее стремление природы к декоративности, театральности, тенденция быть или казаться чем-то отличным от того, чем она в действительности является в данное время и в данном месте.

Природа всегда старается украсить себя, **не быть собой**. Таков фундаментальный закон ее жизни. Она все время облачается, то и дело меняет свои одеяния, постоянно вертится перед зеркалом, глядит на себя со всех сторон, восхищается собой, — а затем снова одевается и раздевается.

Ее действия зачастую представляются нам случайными и бесцельными, потому что мы стараемся приписать им какой-то утилитарный смысл. Однако на самом деле нет ничего более далекого от намерений природы, чем работа ради какой-то «пользы». Польза достигается лишь попутно, при случае. А то, что можно считать постоянным и намеренным, — это тенденция к декоративности, бесконечные переодевания, непрекращающийся маскарад, в котором живет природа.

Действительно, все эти мелкие насекомые, о которых я говорил, наряжены и переряжены; они носят маски и причудливые одеяния; их жизнь проходит на сцене. Тенденция всей их жизни — не быть самими собой, а походить на что-то другое — на зеленый лист, на кусочек мха, на блестящий камешек.

Однако подражать можно только тому, что действительно видишь. Даже человек не в состоянии придумать или изобрести новые формы. Насекомое или животное вынуждено заимствовать их из окружающей среды, подражать чему-то в тех условиях, в каких оно родилось. Павлин украшен круглыми солнечными пятнами, которые падают на землю от лучей, проходящих сквозь листву. Зебра покрывается тенями древесных ветвей, а рыба, живущая в водоеме с песчаным дном, копирует своей окраской песок. Насекомое, живущее среди зеленой листвы особого кустарника на Цейлоне, наряжено под лист этого кустарника, и другой наряд для него невозможен. Если оно ощутит склонность к декоративности, к театрализации, к ношению необычных нарядов, к маскараду, — ему придется подражать зеленым листьям, среди которых оно живет. Потому что листья — это все, что оно знает, что видит; и вот оно облекается в одеяние зеленого цвета, притворяется зеленым, играет роль зеленого листа. В этом можно видеть лишь одну тенденцию — не быть собой, казаться чем-то другим*.

---

* Тенденция не быть собой, тенденция к театральности в жизни человека интересно описана в книге Н. Н. Евреинова «Театр в жизни», СПб., 1915.

Конечно, это чудо — и такое чудо, в котором содержится не одна, а много загадок.

Прежде всего, кто или что наряжается, кто или что стремится быть или казаться чем-то иным?

Очевидно, не отдельные насекомые или животные. Отдельное насекомое — это только костюм.

За ним стоит кто-то или что-то.

В явлениях декоративности, в формах и окраске живых существ, в явлениях мимикрии, даже в «охранительности» можно видеть определенный план, намерение и цель; и очень часто этот план совсем не утилитарен. Наоборот, переодевание нередко содержит много опасного, ненужного и нецелесообразного.

Так что же это может быть?

Это мода, мода в природе!

А что такое мода? Что такое мода в человеческом мире? Кто создает ее, кто ею управляет, каковы ее руководящие принципы, в чем тайна ее повелительного воздействия? Она содержит в себе элемент декоративности, хотя его часто неправильно понимают, охранительный элемент, элемент подчеркивания вторичных признаков, элемент желания не казаться или не быть тем, чем на самом деле являешься, равно как и элемент подражания тому, что более всего действует на воображение.

Почему случилось так, что в XIX веке, с началом царства машин культурные европейцы в своих цилиндрах, черных сюртуках и брюках превратились в стилизованные дымовые трубы?

Что это было? «Охранительное сходство»?

Мимикрия есть проявление той же самой моды в животном мире. Всякое подражание, копирование, всякое сокрытие есть мода. Зеленые лягушки среди зелени, желтые в песке и почти черные на черной земле — это не просто «охранительная окраска». Мы можем найти здесь элементы того, что «сделано», что является респектабельным, что делает каждый. На песке зеленая лягушка будет привлекать слишком много внимания, окажется чересчур заметной, неприличной. Вероятно, в силу какой-то причины это не разрешается, считается противоречащим хорошему вкусу в природе.

Явления мимикрии устанавливают два принципа понимания работы природы: принцип существования некоего плана во всем, что делает природа, и принцип отсутствия в этом плане утилитаризма.

Это подводит нас к вопросу о методах, к вопросу о том, как все это достигается. А такой вопрос немедленно ведет к следующему: «Как сделано не только это, но и вообще все?»

Научное мышление вынуждено признать возможность странных «прыжков» в формировании новых биологических типов. Спокойная и уравновешенная теория происхождения видов доброго старого времени давно отброшена, и защищать ее нет ныне никакой возможности. «Прыжки» очевидны, и они опрокидывают всю теорию. Согласно биологическим теориям, которые стали «классическими» во второй половине XIX века, приобретенные качества становятся постоянными только после **случайных** повторений во многих поколениях. Но на самом деле новые качества очень часто передаются сразу и в **чрезвычайно сильной степени**. Один этот факт разрушает всю старую систему и обязует нас предположить наличие особого рода сил, управляющих появлением и упрочением новых качеств.

С этой точки зрения можно предположить, что так называемые животное и растительное царства суть результаты сложной работы, проведенной Великой Лабораторией. Глядя на растительный и животный мир, мы можем думать, что в какой-то гигантской и непостижимой лаборатории природы проводится целая серия экспериментов, следующих друг за другом. Результат каждого эксперимента как бы заключен в отдельную стеклянную пробирку, запечатан и снабжен ярлыком, в таком виде он попадает в мир. Глядя на него, мы говорим: «муха»; следует еще эксперимент, еще одна пробирка — и мы говорим: «пчела», затем: «змея», «слон», «лошадь» и т. д. Все это — эксперименты Великой Лаборатории. Самым последним был проведен сложнейший и труднейший эксперимент — «человек».

Сначала мы не видим в этих экспериментах никакого порядка, никакой цели, и некоторые эксперименты (такие, как вредные насекомые, ядовитые змеи) кажутся нам злой шуткой природы над человеком.

Но постепенно мы начинаем усматривать в работе Великой Лаборатории определенную систему и направление. Мы начинаем понимать, что Лаборатория экспериментирует **только** с человеком. Задача Лаборатории состоит в том, чтобы создать «форму», которая эволюционировала бы самостоятельно, т. е. при условии помощи и поддержки, но своими собственными силами. Такая саморазвивающаяся форма и есть человек.

Все другие формы суть либо предварительные опыты по созданию материала для питания более сложных форм, либо опыты по разработке определенных свойств или частей машины, либо неудачные эксперименты, отбросы производства, испорченный материал.

Результатом всей этой сложной работы явилось первое человечество — **Адам и Ева**.

Однако работа Лаборатории началась задолго до появления человека. Было создано множество форм, каждая из которых служила для усовершенствования той или иной черты, того или иного приспособления. И каждая из этих форм для того, чтобы жить, включала в себя и выражала какой-то фундаментальный космический закон, выступала в качестве его символа, иероглифа. Поэтому однажды созданные формы, послужив своей цели, не исчезали, а продолжали жить, пока длились благоприятные условия или пока их не вытесняли сходные, но более совершенные формы. «Экспериментальный материал», так сказать, выходя из лаборатории, начинал самостоятельную жизнь. В дальнейшем для этих форм была изобретена теория эволюции; но, конечно, природа не имела в виду никакой эволюции для этого сбежавшего «экспериментального материала». Иногда, порождая экспериментальные формы, природа пользовалась материалом, который уже употреблялся при создании человека, но оказался бесполезным, негодным для преобразования **внутри** человека.

На этом пути **вся** работа Великой Лаборатории имела в виду одну цель — создание **Человека**. Из таких предварительных экспериментов и отброшенного материала были сформированы животные.

Животные, которые, согласно Дарвину, являются нашими «предками», вовсе не предки, а зачастую такие же «потомки» давно исчезнувших **человеческих рас**, как и мы. Мы являемся их потомками, но и животные — такие же потомки. В нас воплощены их свойства одного рода, в них — другого. Животные — как бы наши двоюродные братья. Разница между нами и животными состоит в том, что мы более или менее удачно приспосабливаемся к меняющимся обстоятельствам, во всяком случае, обладаем способностью к адаптации. А животные остановились на какой-то одной черте, на одном качестве, которое они выражают, и далее в своем развитии идти не могут. Если условия меняются, животные вымирают; к адаптации они не способны. В них воплощены такие качества, которые не в состоянии изменяться. Животные — это выражение тех свойств, которые в человеке стали бесполезными и невозможными.

Вот почему животные нередко кажутся карикатурой на человека.

Животный мир в целом являет собой карикатуру на человеческую жизнь. В людях есть много таких качеств, которые необходимо будет отбросить, когда человек станет настоящим человеком. И люди боятся этого, так как не знают, что им в конце концов останется. Возможно, что-то и останется, но очень немногое. А достанет ли у них храбрости для такого опыта? Возможно, некоторые люди на него отважатся. Но где они?

Свойства, которым рано или поздно суждено стать достоянием зоопарка, продолжают управлять нашей жизнью, и люди страшатся отказаться от них даже в мыслях, потому что чувствуют, что с их потерей у них не останется ничего. Хуже всего то, что в большинстве случаев они совершенно правы.

Но вернемся назад, к тому моменту, когда в Лаборатории был создан первый человек, «Адам и Ева», когда он впервые появился на земле. Первое человечество не могло начать какую-либо культуру. Тогда еще не было внутреннего круга, который мог бы оказать ему помощь, направить его первые шаги. Человеку приходилось получать помощь от создавших его сил. Эти силы вынужденно играли ту роль, которую впоследствии исполнял внутренний круг.

Возникла культура; и поскольку первый человек не имел еще привычки к ошибкам, не знал практики преступления и памяти о варварстве, культура развивалась с необыкновенной быстротой. Более того, она развивала только положительные стороны человека, а не отрицательные. Человек жил в полном единении с природой; он видел внутренние свойства всех вещей и существ, понимал эти свойства и давал имена вещам в соответствии с их свойствами. Животные повиновались ему; он пребывал в непрерывном общении с создавшими его высшими силами. Человек поднялся очень высоко — и совершил это восхождение с невероятной быстротой, потому что не делал при этом ошибок. Неспособность к ошибкам и отсутствие практики ошибок, с одной стороны, ускоряли его прогресс, с другой же — подвергали его большим опасностям, ибо означали его неспособность избежать последствий ошибок, которые тем не менее оставались возможными.

В конце концов человек действительно совершил ошибку и совершил ее тогда, когда поднялся на большую высоту.

Ошибка его заключалась в том, что он счел себя существом более высоким, чем был на самом деле. Он решил, что уже знает, что такое добро и что такое зло. Он возомнил себя способным **самостоятельно, без помощи извне** направлять и устраивать свою жизнь.

Эта ошибка, вероятно, могла бы оказаться и не слишком большой, ее последствия можно было бы исправить или изменить, если бы человек знал, как с ними поступить. Но, не обладая опытом ошибок, он не знал, как преодолеть ее последствий. Ошибка начала расти и постепенно обрела гигантские размеры, пока не стала проявляться во всех аспектах человеческой жизни. Так началось падение человека; волна пошла вниз. Человек быстро опустился до того уровня, с которого он начал, **но уже с совершенным грехом**.

После более или менее продолжительного периода устойчивости вновь начался трудный подъем с помощью высших сил. Главное его отличие состояло в том, что на этот раз человек обладал способностью к ошибке, **имел грех**. Вот почему вторая волна культуры началась с братоубийства, с преступления Каина, которое легло в основу новой культуры.

Но, не считая «кармы» греха, человек приобрел определенный опыт благодаря своим прошлым ошибкам. Поэтому, когда повторился момент фатальной ошибки, ее совершило уже не все человечество — появились люди, которые не совершили преступления Каина, которые никоим образом не были с ним связаны и никак им не воспользовались.

С этого момента пути человечества разошлись. Совершившие ошибку начали падение, пока вновь не достигли самого низкого уровня. Но в тот момент, когда им понадобилась помощь, ее могли оказать им те, кто не совершил падения, не допустил ошибки.

Такова краткая схема самых ранних культур. Миф об Адаме и Еве излагает историю первой культуры. Жизнь в саду Эдема есть форма цивилизации, достигнутая первой культурой. Падение человека — результат его попытки освободиться от высших сил, которые руководили его эволюцией, начать самостоятельную жизнь, полагаясь лишь на себя. Каждая культура по-своему повторяет эту фундаментальную ошибку. Каждая новая культура развивает новые черты, приходит к новым результатам, а затем их утрачивает. Но все то, что оказывается по-настоящему ценным, сохраняется людьми, не совершившими ошибок; эти ценности служат материалом для начала последующей культуры.

В первой культуре человек не имел опыта ошибок; его подъем был очень быстрым, но недостаточно полным и разносторонним; человек не раскрыл все имевшиеся в нем возможности, ибо многие вещи давались ему слишком легко. Но после серии падений, со всем грузом ошибок и преступлений, человеку пришлось развивать другие присущие ему качества, чтобы уравновесить таким образом последствия ошибок. Далее будет показано, что развитие всех возможностей, скрытых в каждой точке творения, есть цель прогресса вселенной, и жизнь человечества должна изучаться прежде всего в связи с этой целью.

В последующей жизни человеческой расы, в последующих ее культурах развитие таких принципиальных возможностей совершается с помощью внутреннего круга. С этой точки зрения, вся возможная для человечества эволюция ограничивается эволюцией небольшого числа индивидов, продолжающейся, вероятно, длительное время. Человечество же в целом не эволюционирует; оно лишь слегка изменяется, приспосабливаясь к изменению окружающей среды. Подобно организму, человечество эволюционирует благодаря эволюции входящих в его состав небольшого числа клеток. Эволюционирующие клетки как бы переходят в высшие ткани организма; и те, поглощая развивающиеся клетки, получают питание.

Идея высших тканей есть идея внутреннего круга.

Как я уже упоминал, идея внутреннего круга противоречит всем признанным социальным теориям, касающимся устройства человеческого общества; однако эта идея приводит нас к другим теориям, которые теперь забыты и не получили в свое время должного внимания.

Так, иногда в социологии поднимался вопрос, можно ли рассматривать человечество как организм, а человеческие сообщества — как меньшие организмы, т. е. допустим ли биологический подход к социальным явлениям. Современная социологическая мысль относится к этой идее отрицательно; взгляд на человеческое общество как на организм долгое время считался ненаучным. Однако ошибка заключается в том, **как** сформулирована сама проблема. Понятие «организм» берется в чересчур узком смысле; в него вкладывается лишь одно заранее установленное содержание. А именно: если человеческое сообщество, нация, народ, раса принимаются за организм, такой организм уподобляют либо **человеческому**, либо еще более высокому организму. На самом же деле эта идея верна лишь по отношению ко всему **человечеству** в целом. Отдельные человеческие группы, какими бы обширными они ни казались, нельзя уподоблять человеку и тем более полагать их выше его. Биология знает о существовании организмов самых разнообразных порядков, и этот факт давно установлен. Если, рассматривая явления общественной жизни, мы будем помнить о различиях между организмами, стоящими на разных уровнях биологической лестницы, биологический взгляд на социальные явления вполне допустим, — впрочем, при условии, что мы уясним себе следующий факт: такие человеческие сообщества, как раса, народ, племя суть организмы более низкие, чем индивидуальный человек.

Раса или нация как организм не имеет ничего общего с высокоразвитым и сложным организмом отдельного человека, который для каждой функции имеет особые органы и обладает большой способностью к адаптации, свободой передвижения и т. д. По сравнению с человеческим индивидом раса или нация как организм стоят на очень низком уровне — на уровне «животного-растения». Такие организмы представляют собой аморфные, большей частью неподвижные массы, не имеющие специальных органов ни для одной из своих функций, не обладающие способностями свободного передвижения, а, наоборот, привязанные к определенному месту. Они выпускают в разных направлениях нечто вроде щупалец, при помощи которых захватывают подобных себе существ и поглощают их. Вся жизнь таких организмов заключается во взаимопожирании. Существуют организмы, которые способны поглощать большое количество мелких организмов и на время становиться очень крупными и сильными. Затем два таких организма встречаются друг с другом, и между ними начинается борьба, в которой один или оба противника оказываются уничтоженными или ослабленными. Вся внешняя история человечества, история борьбы между народами и расами, — не что иное, как процесс, в котором животные-растения пожирают друг друга.

Но внутри этого процесса, как бы **под** ним, протекает жизнь и деятельность индивидуального человека, т. е. отдельных клеток, формирующих такие организмы. Деятельность человеческих индивидов создает то, что мы называем культурой, или цивилизацией. Деятельность масс всегда враждебна культуре, разрушает ее. Народы ничего не создают, они только разрушают. Создают индивиды. Все изобретения, открытия, усовершенствования, прогресс науки, техники, искусства, архитектуры и инженерного дела, философские системы, религиозные учения — все это результат деятельности индивидов. А вот разрушение, искажение, уничтожение, стирание с лица земли — это уже деятельность народных масс.

Это, конечно, не значит, что человеческие индивиды не служат разрушению. Напротив, инициатива разрушения в широком масштабе всегда принадлежит индивидам, а массы оказываются лишь исполнителями. Но массы никогда не в состоянии что-либо создать, хотя способны проявить инициативу в разрушении.

Если мы поймем, что массы человечества, народы и расы, представляют собой низшие существа по сравнению с индивидуальным человеком, нам станет ясно, что народы и расы не в состоянии эволюционировать в такой же степени, в какой эволюционирует индивидуальный человек.

Мы даже не имеем идеи эволюции для народа или расы, хотя часто говорим о такой эволюции. Фактически же все народы и нации в пределах, доступных историческому наблюдению, следуют одним курсом: они растут, развиваются, достигают известного уровня развития и величия, а затем начинают делиться, приходят в упадок и гибнут. В конце концов они полностью исчезают и превращаются в составные элементы других существ, похожих на них. Расы и нации умирают точно так же, как и отдельный человек. Но индивиды, кроме смерти, имеют еще и иные возможности, а гигантские организмы человеческих рас этих возможностей лишены, ибо их души столь же аморфны, сколь и их тела.

Трагедия индивидуального человека заключается в том, что он живет как бы внутри густой массы низшего существа, и вся его деятельность направлена на служение чисто вегетативным функциям слепого, студнеобразного организма. В то же время сознательная индивидуальная деятельность человека, его усилия в области мышления и творческого труда направлены **против** этих крупных организмов, **вопреки** им и **невзирая** на них. Разумеется, неверно утверждать, что **всякая** индивидуальная деятельность человека состоит в **сознательной** борьбе против таких гигантских организмов. Человек побежден и превращен в раба. И часто случается так, что он думает, будто обязан служить этим гигантским существам. Но высшие проявления человеческого духа, высшие виды деятельности человека этим организмам совершенно не нужны. Более того, нередко они им неприятны, враждебны, даже опасны, ибо отвлекают на индивидуальный труд те силы, которые в противном случае были бы поглощены водоворотом жизни гигантского организма. Бессознательно, чисто физиологически, гигантский организм стремится присвоить все силы индивидуальных клеток, из которых он состоит, использовать их в своих интересах, главным образом для борьбы с другими организмами. Но если мы вспомним, что эти индивидуальные клетки, люди, представляют собой гораздо более организованные существа, чем гигантские организмы, что деятельность первых далеко выходит за пределы деятельности последних, то мы осознаем вечный конфликт между человеком и человеческими агрегатами, поймем, что так называемый прогресс, или эволюция, — это то, что остается от индивидуальной деятельности в результате борьбы между ней и аморфными массами. Слепой организм массы борется против проявлений эволюционного духа, старается подавить его, уничтожить, разрушить то, что было им создано. Но даже здесь он не в состоянии уничтожить все полностью. Что-то остается, и это «что-то» и есть то, что мы называем прогрессом, или цивилизацией.

Идея эволюции в жизни индивида и человеческого общества, идея эзотеризма, рождения и роста культур и цивилизаций, возможности отдельного человека в периоды подъема и упадка — все это и многое другое выражено в трех мифах Библии.

Эти три библейских мифа не связаны друг с другом и стоят порознь; но фактически они выражают одну и ту же мысль и взаимно дополняют друг друга.

Первый из них — рассказ о Всемирном Потопе и Ноевом ковчеге; второй — рассказ о Вавилонской башне, ее разрушении и смешении языков; третий повествует о гибели Содома и Гоморры, о видении Авраама и о десяти праведниках, ради которых Бог соглашался пощадить Содом и Гоморру, но которых там так и не нашлось.

Всемирный Потоп — аллегорическая картина гибели цивилизации, разрушения культуры. Такая гибель должна сопровождаться уничтожением большей части человеческой расы; это следствие геологических катаклизмов, войн, переселения людских масс, эпидемий, революций и тому подобных причин. Очень часто все эти причины действуют одновременно. Идея данной аллегории заключается в том, что в момент кажущегося всеобщего разрушения все действительно ценное оказывается спасено в соответствии с заранее подготовленным и продуманным планом. Небольшая группа людей ускользает от действия всеобщего закона и спасает важнейшие идеи и достижения своей культуры.

Легенда о **Ноевом ковчеге** — миф, относящийся к эзотеризму. Постройка ковчега знаменует «школу», подготовку людей к посвящению для перехода к новой жизни, к новому рождению. Ноев ковчег, спасшийся от потопа, — это внутренний круг человечества.

Эта аллегория имеет и второе значение, относящееся к индивидуальному человеку. Потоп — это неизбежная и неумолимая смерть. Но человек может построить внутри себя «ковчег» и собрать там образцы всего ценного, что есть в нем самом. В такой оболочке образцы не погибнут; они переживут смерть и родятся снова. Точно так же, как человечество может спастись благодаря своей связи со внутренним кругом, так и индивидуальный человек способен достичь личного спасения благодаря наличию в нем связи с внутренним кругом, т. е. с высшими формами сознания. Но без посторонней помощи, без помощи «внутреннего круга» спасение невозможно.

Второй миф — о **Вавилонской башне** — является вариантом первого; но если первый говорит о спасении, о тех, кто спасен, то второй сообщает о разрушении, о тех, кто погибнет, ибо Вавилонская башня изображает культуру. Человек мечтает о том, чтобы построить каменную башню «высотою до небес», о том, чтобы создать на земле идеальную жизнь. Люди верят в интеллектуальные методы, в технические средства, в формальные учреждения. Долгое время башня все выше и выше поднимается над землей. Но неизбежно наступает момент, когда люди перестают понимать друг друга, вернее, чувствуют, что никогда друг друга и не понимали. Каждый из них представляет идеальную жизнь на земле по-своему, каждому хочется провести в жизнь свои идеи, осуществить свой идеал. Это и есть тот момент, когда начинается смешение языков: люди перестают понимать друг друга даже в простейших вещах, а отсутствие понимания вызывает разлад, враждебность, борьбу. Люди, строившие башню, начинают убивать друг друга и разрушать построенное. Башня превращается в развалины. Именно это и происходит в жизни всего человечества, в жизни народов и наций, а также в жизни отдельного человека. Каждый человек воздвигает Вавилонскую башню: его стремления, жизненные цели, достижения — все это Вавилонская башня. Но неизбежен момент, когда башня рушится. Небольшой толчок, несчастный случай, болезнь, крохотная ошибка в расчете — и от башни ничего не остается. Человек видит все это, но исправить или изменить дело уже слишком поздно.

Или же в строительстве башни может наступить такой момент, когда разнообразные «я», составляющие человеческую личность, теряют доверие друг к другу, видят всю противоречивость своих устремлений и желаний, обнаруживают, что у них нет общей цели, и перестают понимать друг друга, точнее, перестают думать, что между ними есть понимание. Тогда башня должна упасть, иллюзорные цели исчезают, и человек с необходимостью сознает, что все сделанное им не принесло плодов, ни к чему не привело, да и не могло привести, что перед ним остался лишь один реальный факт — факт смерти.

Вся жизнь человека, накопление богатств, приобретение власти или знаний — все это постройка Вавилонской башни, ибо должно закончиться катастрофой, смертью. Смерть суждена всему тому, что не может перейти на новый план бытия.

Третий миф — о **разрушении Содома и Гоморры** — еще яснее, чем первые два, показывает момент вмешательства высших сил и причины такого вмешательства. Господь готов был пощадить Содом и Гоморру ради пятидесяти праведников, ради сорока пяти, ради тридцати, ради двадцати, наконец, ради десяти. Но найти даже десять праведников не удалось; и оба города были разрушены. Возможность эволюции утрачена; Великая Лаборатория положила конец неудачному эксперименту. **Но Лот и его семья были спасены**. Идея — та же, что и в первых двух мифах, но здесь особо подчеркнута готовность направляющей воли сделать все возможное, пойти на уступки, пока имеется хоть какая-то надежда на осуществление поставленной для людей цели. Когда же всякая надежда исчезает, неизбежно вмешательство руководящей воли; она спасает то, что заслуживает спасения, и уничтожает все остальное.

Изгнание Адама и Евы из Эдемского сада, разрушение Вавилонской башни, Всемирный Потоп, разрушение Содома и Гоморры — все это легенды и иносказания, относящиеся к истории человечества, к его эволюции. Кроме этих легенд и множества других, сходных с ними, почти у всех рас есть легенды и мифы о странных **нечеловеческих** существах, шедших по тому же пути, что и человек, еще до его появления. Падение ангелов, титанов, богов, пытавшихся выйти из повиновения другим, более высоким и могущественным божествам, падение Люцифера, демона, Сатаны — все эти случаи предшествовали падению человека. Несомненно, смысл этих мифов глубоко скрыт от нас. Совершенно ясно, что обычные богословские и теософские толкования ничего не объясняют, потому что предполагают существование невидимых рас, **духов**, которые по своему отношению к высшим силам похожи на людей. Неадекватность такого объяснения «посредством введения пяти новых неизвестных для определения одного» очевидна. Было бы, однако, неверным оставить все эти мифы без каких-либо объяснений, ибо сама их устойчивость и повторяемость среди разных народов и рас привлекают наше внимание к явлениям, которых мы не знаем, но которые должны знать.

Легенды и эпические произведения всех народов содержат немало материала, относящегося к нечеловеческим существам, которые предшествовали человеку или даже существовали одновременно с ним, но многим от него отличались. Этот материал столь обилен и значителен, что не пытаться объяснить такие мифы значило бы намеренно закрывать глаза на то, что нам следовало бы понять. Таковы, например, легенды о гигантах и так называемых «циклопических» постройках, которые невольно с ними связываются.

Если мы не желаем игнорировать многие факты или верить в трехмерных «духов», способных строить каменные здания, необходимо предположить, что дочеловеческие расы были такими же физическими существами, как и человек, что они, подобно ему, пришли из Великой Лаборатории природы, что природа делала попытки создать самоэволюционирующие существа еще до человека. Далее, нам следует допустить, что эти существа были выпущены из Великой Лаборатории в жизнь; однако в своем дальнейшем развитии им не удалось удовлетворить природу, и вместо того, чтобы выполнить замысел природы, они обратились против нее. Тогда природа прервала эксперимент с ними и начала новый.

Строго говоря, у нас нет оснований считать человека первым или единственным экспериментом по созданию саморазвивающегося существа. Напротив, упомянутые мифы позволяют предположить, что такие существа появлялись и до человека.

Если это так, если у нас есть основание признать наличие **физических рас** дочеловеческих существ, где же тогда искать потомков этих рас и в какой мере оправданно предположение о существовании таких потомков?

Нам нужна начать с идеи, что целью своей деятельности природа имеет создание самостоятельно развивающегося существа.

Но можно ли считать, что **все** животное царство является побочным продуктом лишь одной линии работы — **создания человека**?

Это допустимо по отношению к млекопитающим. Мы можем, далее, включить сюда всех позвоночных, счесть многие низшие формы подготовительными и т. п. Но какое место в этой системе отвести **насекомым**, которые образуют самодовлеющий мир, не менее полный, чем мир позвоночных?

Нельзя ли предположить, что насекомые представляют собой другую линию в работе природы, не связанную с созданием человека, но, возможно, предшествовавшую ей? Переходя к фактам, мы вынуждены признать, что насекомые никоим образом не являются подготовительной стадией в формировании человека. Нельзя их считать и побочным продуктом человеческой эволюции. Наоборот, в строении организма, отдельных его частей и органов насекомые обнаруживают более совершенные по сравнению с млекопитающими или человеком формы. Нельзя не видеть, что в некоторых формах жизни насекомых обнаруживаются такие явления, которые невозможно объяснить без очень сложных гипотез; эти гипотезы заставляют признать за насекомыми очень богатое прошлое, так что нынешние их формы приходится считать вырождающимися.

Последнее соображение относится главным образом к организованным сообществам муравьев и пчел. Ознакомившись с их жизнью, невозможно не поддаться сильнейшему удивлению и замешательству. Муравьи и пчелы в равной степени вызывают наше восхищение поразительной полнотой своей организации; вместе с тем они отталкивают и пугают нас, порождают чувство безотчетного отвращения своим неизменно холодным рассудком, господствующим в их жизни, абсолютной невозможностью для индивида освободиться от круговорота жизни муравейника или улья. Нас ужасает мысль, что и мы можем походить на них!

Действительно, какое место занимают сообщества муравьев и пчел в общем порядке вещей на нашей земле? Как могли они появиться такими, какими они нам известны? Все наблюдения над их жизнью и организацией неизбежно приводят к одному заключению. Первоначальная организация «улья» и «муравейника» в далеком прошлом, несомненно, требовала рассудка и мощного логического разума, хотя для дальнейшего их существования не требовалось ни разума, ни рассудка.

Как это могло случиться?

Скорее всего, по одной причине. Если муравьи или пчелы (или оба эти вида) в разные периоды были разумными и эволюционирующими существами, а затем утратили разум и способность к эволюции, это могло случиться только потому, что их «разум» пошел против их же собственной эволюции. Иными словами, полагая, что они способствуют своей эволюции, они ухитрились каким-то образом ее остановить.

Можно предположить, что муравьи и пчелы явились из Великой Лаборатории и были посланы на землю с привилегией в возможности развития. Но после долгого периода борьбы и усилий как те, так и другие отказались от своей привилегии и перестали эволюционировать, точнее, прекратили посылку эволюционирующего потока. После этого природе пришлось принять собственные меры. Насекомые были полностью изолированы, и оказалось необходимым начать новый эксперимент.

Если допустить такую возможность, нельзя ли предположить, что древние легенды о падении существ, предшествовавших человеку, относятся к муравьям и пчелам? Нас могут смутить их малые по сравнению с нами размеры. Но размеры живых существ, во-первых, вещь весьма относительная; во-вторых, в некоторых случаях они очень быстро меняются. Так, в случае отдельных классов животных (например, рыб, земноводных или насекомых) природа держит в своих руках нити, которые регулируют их размеры, и никогда не выпускает эти нити из рук. Иными словами, природа способна изменять размеры этих животных, **ничего другого в них не меняя**, и может произвести такую перемену за одно поколение, т. е. сразу, приостанавливая их развитие на известной стадии. Каждый видел крошечных рыб, в точности похожих на крупных, мелких лягушек и т. п. В растительном мире это еще очевиднее. Конечно, это не всеобщее правило, и некоторые существа, как человек и большинство высших млекопитающих, достигают почти наибольшей возможной для них величины. Что же касается насекомых, то муравьи и пчелы, весьма вероятно, были гораздо крупнее, чем сейчас, хотя на этот счет можно и спорить. Пожалуй, изменение размеров муравья или пчелы потребовало и значительных перемен в их внутренней организации.

Интересно отметить существование легенд о гигантских муравьях в Тибете; эти легенды записаны у Геродота (История, кн. XI) и Плиния (Естественная история, кн. III).

Конечно, не так-то просто представить себе Люцифера в виде пчелы или титанов в облике муравьев. Но если на мгновение отказаться от идеи необходимости человеческой формы, бо́льшая часть наших затруднений тут же исчезнет.

Ошибка этих нечеловеческих существ, причина их падения неизбежно была той же природы, что и ошибка, совершенная Адамом и Евой. Очевидно, они были уверены в том, что **знают, что такое добро и что такое зло**; они верили в то, что могут действовать **самостоятельно**. Они отвергли идею более высокого знания и внутреннего круга жизни, они поместили свою веру в собственное знание, в свои силы и понимание целей и задач своего существования. Но их понимание, вероятно, было гораздо более ошибочным, а заблуждения — гораздо менее наивными, чем заблуждения Адама и Евы, так что результаты их ошибки оказались куда более серьезными. Поэтому муравьи и пчелы не только остановили свою эволюцию, но и, изменив свое бытие, сделали ее совершенно невозможной.

Распорядок жизни пчел и муравьев, их идеальная коммунистическая организация указывают на характер и форму их падения. Можно себе представить, что в разные времена как пчелы, так и муравьи достигали довольно высокой, хотя и односторонней культуры, целиком основанной на интеллектуальных соображениях выгоды и пользы, без какого бы то ни было воображения, без эзотеризма, без мистики. Они организовали свою жизнь на основе своеобразного «марксизма», который казался им очень точным и научным. Они осуществили социалистический порядок вещей, полностью подчиняющий индивида интересам общества в согласии со своим пониманием этих интересов. Таким образом, они разрушили всякую возможность для развития индивида, для его отделения от общей массы.

Но именно развитие индивидов и их выделение из общей массы и составляло цель природы; на этом основывалась возможность эволюции.

Ни пчелы, ни муравьи не желали признать этого. Они видели свою цель в чем-то ином, они стремились покорить природу. И в той или иной степени они изменили план природы, сделали его выполнение невозможным.

Необходимо помнить, что говорилось ранее: каждый «эксперимент» природы, т. е. каждое живое существо, каждый живой организм, представляет собой выражение космических законов, сложный символ или иероглиф. Начав изменять свое существование, свою жизнь и форму, пчелы и муравьи, взятые как индивиды, нарушили свою связь с законами природы, перестали выражать эти законы индивидуально и стали выражать их только коллективно. И тогда природа подняла свой магический жезл — и превратила их в мелких насекомых, не способных причинить природе какой бы то ни было вред.

Через некоторое время их мыслительные способности, совершенно бесполезные в хорошо организованном муравейнике или улье, атрофировались; автоматические привычки стали передаваться из поколения в поколение; и муравьи превратились в «насекомых», какими мы их сейчас знаем, а пчелы даже стали приносить человеку пользу*.

Действительно, при наблюдении муравейника или улья нас всегда поражают две вещи: во-первых, сумма разумности

---

* Заметим, кстати, что природу **автоматизма**, управляющего жизнью улья или муравейника, невозможно объяснить с помощью психологических концепций европейской литературы. Я буду говорить о них в другой книге, излагая основы учения, упомянутого во Введение.

и расчета, вложенных в первоначальную организацию, во-вторых, полное отсутствие разума в деятельности. Разум, вложенный в эту организацию, был очень узким и строго утилитарным; он все рассчитывал в пределах данных условий и ничего не видел за их пределами. Однако и этот разум понадобился только для первоначального расчета и оценки. Раз пущенный в ход, механизм уже не требовал никакого ума: привычки и обычаи автоматически усваивались и передавались следующим поколениям, что обеспечило их сохранность в неизменном виде. В улье или муравейнике «разум» не просто бесполезен, но может даже оказаться вредным и опасным, ибо разумность не способна с одинаковой точностью передавать из поколения в поколение все законы, правила и методы работы. Разум может забыть, исказить, добавить что-то новое; разум может увести к мистике, к идее высшего разума, к идее эзотеризма. Поэтому стало необходимым изгнать разум из идеального социализма улья или муравейника как вредный для общества элемент, каковым он фактически и являлся.

Конечно, при этом могла возникнуть и борьба — период, когда предки муравьев или пчел, еще не утратившие способности мышления, ясно увидели свое положение, осознали неизбежное начало вырождения и пытались бороться с ним, освободить индивида от его безусловного подчинения обществу. Но борьба оказалась безнадежной — и не могла привести к победе. Железные законы муравейника и улья очень скоро справились с мятежными элементами, и через несколько поколений непокорные индивиды, вероятно, просто перестали рождаться. Как улей, так и муравейник постепенно превратились в идеальные коммунистические государства.

В своей книге «Жизнь термитов» Морис Метерлинк собрал много интересного материала о жизни этих насекомых, еще более удивительных, чем муравьи и пчелы.

При первых же попытках изучить жизнь термитов Метерлинк испытал то же самое странное эмоциональное ощущение, о котором я говорил выше:

«...Это делает их почти нашими братьями и, по мнению некоторых, заставляет этих несчастных насекомых — в большей степени, чем пчел и других живых существ на земле, — быть провозвестниками, а возможно, и предтечами нашей собственной судьбы».

Далее Метерлинк останавливается на древности термитов, которые гораздо древнее человека, на их огромной численности и разнообразии видов. После чего Метерлинк переходит к тому, что он называет «цивилизацией термитов»:

«Их древнейшая цивилизация является наиболее любопытной, наиболее полной, наиболее разумной и, в некоторой степени, наиболее логичной и соответствующей трудностям существования из всех цивилизаций, которые появились на земном шаре перед нашей собственной. Согласно некоторым точкам зрения, эта цивилизация, хотя она свирепа, сурова и часто кажется отталкивающей, превосходит цивилизации пчел, муравьев и даже самого человека.

В термитнике боги коммунизма стали ненасытными Молохами: чем больше им отдают, тем большего они требуют — и упорствуют в своих требованиях до тех пор, пока индивид не будет уничтожен, а его нищета не станет абсолютной. Эта ужасная тирания не имеет подобия среди людей, ибо, если у нас благами цивилизации пользуются хотя бы немногие, в термитнике ими не пользуется никто.

Дисциплина, более суровая, чем у кармелитов или траппистов, и добровольное подчинение законам или правилам, пришедшим бог знает откуда, не имеют себе равных ни в одном человеческом сообществе. Неизбежность нового вида, пожалуй, самая жестокая из всех социальная неизбежность, к которой движемся и мы сами, добавлена к тем формам неизбежности, с которыми мы уже встречались и о которых достаточно думали. Здесь нет отдыха, кроме последнего для всех сна; здесь недопустима болезнь, а слабость несет за собой смертный приговор. Коммунизм доведен до границ каннибализма и копрофагии.

Вынужденные лишения и несчастья многих никому не приносят пользы или счастья, — и все это для того, чтобы всеобщее отчаяние продолжалось, возобновлялось и возрастало до тех пор, пока существует мир. Эти города насекомых, появившиеся на свет еще до нас, могли бы послужить карикатурой на нас самих, пародией на тот земной рай, к которому стремятся большинство цивилизованных народов».

Метерлинк показывает, какими жертвами куплен этот идеальный режим:

«Прежде у термитов были крылья; теперь их нет. У них были глаза, которыми пришлось пожертвовать. У них был пол, но и его пришлось принести в жертву».

Метерлинк упускает одну вещь: прежде чем принести в жертву крылья, зрение и пол, термитам пришлось отказаться от разума.

И несмотря на все это, процесс, через который прошли термиты, Метерлинк назвал эволюцией. Это произошло потому, что, как я уже говорил, в современной мысли **любое** изменение формы, происходящее в течение длительного времени, называется эволюцией. Сила принудительного стереотипа псевдонаучного мышления воистину поразительна. В средние века философия и наука должны были согласовывать свои теории с догмами церкви, в наше время роль этих догм играет «эволюция». Совершенно ясно, что в таких условиях мысль не может развиваться свободно.

Идея эзотеризма имеет особо важное значение именно на нынешней стадии развития мышления, ибо она делает совершенно ненужной идею эволюции в обычном смысле слова. Ранее было сказано, что в эзотерическом смысле слово «эволюция» может означать: преображение индивидов. И в этом смысле эволюцию невозможно смешать с вырождением, как это постоянно делает научная мысль, которая даже собственную дегенерацию принимает за эволюцию.

Единственный выход из всех тупиков, созданных материалистической и метафизической мыслью, состоит в психологическом методе; а этот метод — не что иное, как переоценка всех ценностей с точки зрения их **собственного** психологического смысла, независимо от внешних или сопутствующих фактов, на основе которых о них обычно судят. Факты могут лгать. Психологический же смысл вещи лгать не умеет. Конечно, его тоже можно неправильно понять, но против этого мы будем бороться, изучая и наблюдая ум, т. е. наш собственный аппарат познания. Обычно к уму относятся слишком просто, не принимая во внимание, что пределы полезного действия ума, во-первых, очень хорошо известны, во-вторых, весьма ограничены. Психологический метод принимает во внимание эти ограничения так же, как при обычных обстоятельствах мы принимаем во внимание ограничения, свойственные машинам и инструментам, которыми нам приходится работать. Если мы рассматриваем что-то в микроскоп, мы принимаем во внимание его разрешающую силу; если производим какую-то работу особым инструментом, принимаем во внимание его свойства и качества — вес, чувствительность и т. п. Психологический метод имеет те же цели по отношению к нашему уму, т. е. намерен постоянно удерживать наш ум в поле своего зрения и рассматривать все выводы и открытия **в отношении к состоянию или роду ума**. С этой точки зрения, нет оснований полагать, что наш ум как познавательный инструмент является единственно возможным и лучшим из существующих инструментов. Равным образом, нет оснований полагать, что все открытые и установленные истины навсегда останутся истинами. Напротив, с точки зрения психологического метода, не приходится сомневаться в том, что мы откроем множество новых истин, в том числе совершенно непостижимых для нас, о существовании которых мы и не подозревали, даже таких, которые фундаментально противоречат до сих пор признаваемым истинам. Конечно, для догматизма нет ничего более пугающего и недопустимого. Психологический метод разрушает все старые и новые предрассудки и суеверия; он не позволяет мысли останавливаться и довольствоваться достигнутыми результатами, какими бы искушающими и приятными они ни казались, какими бы симметричными и гладкими ни были сделанные из них выводы. Психологический метод дает возможность пересмотреть многие принципы, которые считались окончательными и твердо установленными, и находит в них совершенно новый и неожиданный смысл. Психологический метод во многих случаях позволяет не обращать внимания на факты или на то, что считается фактами, и видеть то, что стоит за фактами. Хотя он — не более чем метод, тем не менее он ведет нас в совершенно определенном направлении, а именно, к **эзотерическому** методу, который фактически и есть расширенный психологический метод, — но расширенный в том смысле, в каком мы не можем расширить его собственными усилиями.

1912—1929 годы

ГЛАВА 2

ЧЕТВЕРТОЕ ИЗМЕРЕНИЕ

Идея скрытого знания. — Проблема невидимого мира и проблема смерти. — Невидимый мир в религии, философии, науке. — Проблема смерти и ее различные объяснения. — Идея четвертого измерения. — Различные подходы к ней. — Наше положение по отношению к «области четвертого измерения». — Методы изучения четвертого измерения. — Идеи Хинтона. — Геометрия и четвертое измерение. — Статья Морозова. — Воображаемый мир двух измерений. — Мир вечного чуда. — Явления жизни. — Наука и явления неизмеримого. — Жизнь и мысль. — Восприятие плоских существ. — Различные стадии понимания мира плоского существа. — Гипотеза третьего измерения. — Наше отношение к «невидимому». — Мир неизмеримого вокруг нас. — Нереальность трехмерных тел. — Наше собственное четвертое измерение. — Несовершенство нашего восприятия. — Свойства восприятия в четвертом измерении. — Необъяснимые явления нашего мира. — Психический мир и попытки его объяснения. — Мысль и четвертое измерение. — Расширение и сокращение тел. — Рост. — Явления симметрии. — Чертежи четвертого измерения в природе. — Движение от центра по радиусам. — Законы симметрии. — Состояния материи. — Взаимоотношение времени и пространства в материи. — Теория динамических агентов. — Динамический характер вселенной. — Четвертое измерение внутри нас. — «Астральная сфера». — Гипотеза о тонких состояниях материи. — Превращение металлов. — Алхимия. — Магия. — Материализация и дематериализация. — Преобладание теорий и отсутствие фактов в астральных гипотезах. — Необходимость нового понимания «пространства» и «времени».

Идея существования скрытого знания, превосходящего знание, которое человек может достичь собственными усилиями, растет и укрепляется в умах людей при понимании ими неразрешимости многих стоящих перед ними вопросов и проблем.

Человек может обманывать себя, может думать, что его знания растут и увеличиваются, что он знает и понимает больше, нежели знал и понимал прежде; однако иногда он становится искренним с самим собой и видит, что по отношению к основным проблемам существования он так же беспомощен, как дикарь или ребенок, хотя и изобрел множество умных машин и инструментов, усложнивших его жизнь, но не сделавших ее понятнее.

Говоря с самим собой еще откровеннее, человек, возможно, признает, что все его научные и философские системы и теории сходны с этими машинами и инструментами, потому что они только усложняют проблемы, ничего не объясняя.

Среди окружающих человека неразрешимых проблем две занимают особое положение — проблема невидимого мира и проблема смерти.

Во всей истории человеческой мысли, во всех без исключения формах, которые когда-либо принимала мысль, люди подразделяли мир на **видимый и невидимый**; они всегда понимали, что видимый мир, доступный непосредственному наблюдению и изучению, представляет собой нечто весьма малое, быть может, даже несуществующее по сравнению с огромным невидимым миром.

Такое утверждение, т. е. деление мира на видимый и невидимый, имелось всегда и везде; сначала оно может показаться странным; однако в действительности все общие схемы мира, от примитивных до самых тонких и тщательно разработанных, делят мир на видимый и невидимый — и не могут от этого освободиться. Деление мира на видимый и невидимый является основой человеческого мышления о мире, какие бы имена и определения он такому делению ни давал.

Этот факт становится очевидным, если мы попытаемся перечислить разные системы мышления о мире.

Прежде всего, разделим эти системы на три категории: религиозные, философские, научные.

Все без исключения религиозные системы, от таких богословски разработанных до мельчайших деталей, как христианство, буддизм, иудаизм, до совершенно выродившихся религий «дикарей», которые кажутся современному знанию «примитивными», — все они неизменно делят мир на видимый и невидимый. В христианстве: Бог, ангелы, дьяволы, демоны, души живых и мертвых, небеса и ад. В язычестве:

божества, олицетворяющие силы природы, — гром, солнце, огонь, духи гор, лесов, озер, духи вод, духи домов — все это принадлежит невидимому миру.

В философии признается мир явлений и мир причин, мир вещей и мир идей, мир феноменов и мир ноуменов. В индийской философии (особенно в некоторых ее школах) видимый, или феноменальный, мир, майя, иллюзия, которая означает ложное понятие о невидимом мире, вообще считается несуществующим.

В науке невидимый мир — это мир очень малых величин, а также, как это ни странно, мир очень больших величин. Видимость мира определяется его масштабом. Невидимый мир представляет собой, с одной стороны, мир микроорганизмов, клеток, микроскопический и ультрамикроскопический мир; далее за ним следует мир молекул, атомов, электронов, «колебаний»; с другой же стороны, — это мир невидимых звезд, далеких солнечных систем, неизвестных вселенных. Микроскоп расширяет границы нашего зрения в одном направлении, телескоп — в другом, но оба весьма незначительны по сравнению с тем, что остается невидимым. Физика и химия дают нам возможность исследовать явления в таких малых частицах и в таких отдаленных мирах, которые никогда не будут доступны нашему зрению. Но это лишь укрепляет идею о существовании огромного невидимого мира вокруг небольшого видимого.

Математика идет еще дальше. Как уже было указано, она исчисляет такие соотношения между величинами и такие соотношения между этими соотношениями, которые не имеют аналогий в окружающем нас видимом мире. И мы вынуждены признать, что **невидимый** мир отличается от видимого не только размерами, но и какими-то иными качествами, которые мы не в состоянии ни определить, ни понять и которые показывают нам, что законы, обнаруживаемые в физическом мире, не могут относиться к миру невидимому.

Таким образом, невидимые миры религиозных, философских и научных систем в конце концов теснее связаны друг с другом, чем это кажется на первый взгляд. И такие невидимые миры различных категорий обладают одинаковыми свойствами, общими для всех. Свойства эти таковы. Во-первых, они непостижимы для нас, т. е. непонятны с обычной точки зрения или для обычных средств познания; во-вторых, они содержат в себе причины явлений видимого мира.

Идея причин всегда связана с невидимым миром. В невидимом мире религиозных систем невидимые силы управляют людьми и видимыми явлениями. В невидимом мире науки причины видимых явлений проистекают из невидимого мира малых величин и колебаний. В философских системах феномен есть лишь наше понятие о ноумене, т. е. иллюзия, истинная причина которой остается для нас скрытой и недоступной.

Таким образом, на всех уровнях своего развития человек понимал, что причины видимых и доступных наблюдению явлений находятся за пределами сферы его наблюдений. Он обнаружил, что среди доступных наблюдению явлений некоторые факты можно рассматривать как причины других фактов; но эти выводы были недостаточны для понимания **всего**, что случается с ним и вокруг него. Чтобы объяснить причины, необходим невидимый мир, состоящий из «духов», «идей» или «колебаний».

Другой проблемой, привлекавшей внимание людей своей неразрешимостью, проблемой, которая самой формой своего приблизительного решения предопределяла направление и развитие человеческой мысли, была проблема смерти, т. е. объяснения смерти, идея будущей жизни, бессмертной души — или отсутствия души и т. д.

Человек никогда не мог убедить себя в идее смерти как исчезновения — слишком многое ей противоречило. В нем самом оставалось чересчур много следов умерших: их лица, слова, жесты, мнения, обещания, угрозы, пробуждаемые ими чувства, страх, зависть, желания. Все это продолжало в нем жить, и факт их смерти все более и более забывался. Человек видел во сне умершего друга или врага; и они казались ему совершенно такими же, какими были раньше. Очевидно, они **где-то** жили и могли приходить **откуда-то** по ночам.

Так что верить в смерть было очень трудно, и человек всегда нуждался в теориях для объяснения посмертного существования.

С другой стороны, до человека иногда долетало эхо эзотерических учений о жизни и смерти. Он мог слышать, что видимая, земная, доступная наблюдению жизнь человека — лишь небольшая часть принадлежащей ему жизни. И конечно, человек понимал отрывки эзотерического учения, достигавшие его, по-своему, изменял их по своему вкусу, приспосабливал к своему уровню и пониманию, строил из них теории будущего существования, сходного с земным.

Бóльшая часть религиозных учений о будущей жизни связывает ее с наградой или наказанием — иногда в неприкрытой, а иногда в завуалированной форме. Небо и ад, переселение душ, перевоплощения, колесо жизней — все эти теории содержат идею награды или воздаяния.

Но религиозные теории зачастую не удовлетворяют человека, и тогда в добавление к признанным, ортодоксальным идеям о жизни после смерти возникают другие, как бы не узаконенные идеи о загробном мире, о мире духов, которые предоставляют воображению куда большую свободу.

Ни одно религиозное учение, ни одна религиозная система сама по себе не в состоянии удовлетворить людей. Всегда существует какая-то другая, более древняя система народных верований, которая скрывается за ней или таится в ее глубине. За внешним христианством, за внешним буддизмом стоят древние языческие верования. В христианстве — это пережитки языческих представлений и обычаев, в буддизме — «культ дьявола». Иногда они оставляют глубокий след на внешних формах религий. Например, в современных протестантских странах, где следы древнего язычества совершенно угасли, под внешней маской рационального христианства возникли системы почти первобытных представлений о загробном мире, такие, как спиритизм и родственные ему учения.

Все теории загробного существования связаны с теориями невидимого мира; первые обязательно основаны на последних.

Все это относится к религии и псевдорелигии, философских теорий загробного существования нет. И все теории о жизни после смерти можно назвать религиозными или, правильнее, псевдорелигиозными.

Кроме того, трудно считать философию чем-то цельным — настолько различны и противоречивы отдельные философские системы. Можно еще до некоторой степени принять за стандарт философского мышления точку зрения, которая утверждает нереальность феноменального мира и человеческого существования в мире вещей и событий, нереальность отдельного существования человека и непостижимость для нас форм истинного существования, хотя и эта точка зрения базируется на самых разных основаниях, как материалистических, так и идеалистических. В обоих случаях вопрос о жизни и смерти приобретает новый характер, его невозможно свести к наивным категориям обыденного мышления. Для этой точки зрения не существует особого различия между жизнью и смертью, потому что, строго говоря, она не считает доказанным отдельное существование, обособленные жизни.

Нет и не может быть **научных** теорий существования после смерти, ибо нет фактов, подтверждающих реальность такого существования, тогда как наука — успешно или безуспешно — желает иметь дело исключительно с фактами. В факте смерти важнейшим пунктом для науки является перемена в состоянии организма, прекращение жизненных функций и разложение тела, которые следуют за смертью. Наука не признает за человеком никакой психической жизни, независимой от жизненных функций, и с научной точки зрения все теории жизни после смерти есть чистый вымысел.

Современные попытки научного исследования спиритических и сходных явлений ни к чему не приводят и не могут привести, ибо здесь налицо ошибка в самой постановке проблемы.

Несмотря на различие между разнообразными теориями будущей жизни, все они имеют одну общую черту. Они или изображают загробную жизнь наподобие земной, или совершенно ее отрицают. Они не пытаются понять жизнь после смерти в новых формах или новых категориях. Именно это делает неудовлетворительными обычные теории жизни после смерти. Философская и строго научная мысль требуют пересмотра этой проблемы с совершенно новой точки зрения. Некоторые намеки, дошедшие до нас от эзотерических учений, указывают на то же самое.

Становится очевидным, что к проблеме смерти и жизни после смерти необходимо подойти под совершенно новым углом. Точно так же и вопрос о невидимом мире требует нового подхода. Все, что мы знаем, все, что до сих пор думали, демонстрирует нам реальность и жизненную важность этих проблем. До тех пор пока так или иначе не дан ответ на вопросы о невидимом мире и о жизни после смерти, человек не может думать о чем-то ином, не создавая при этом целой серии противоречий. Человек должен построить для себя какого-то рода объяснение, правильное или ложное. Он должен основать свое решение проблемы смерти или на науке, или на религии, или на философии.

Но для мыслящего человека одинаково наивными представляются и научное отрицание возможности жизни после смерти, и псевдорелигиозное ее допущение (ибо мы не знаем ничего, кроме псевдорелигий), равно как и всевозможные спиритические, теософские и тому подобные теории.

Не могут удовлетворить человека и отвлеченные философские воззрения. Эти воззрения слишком далеки от жизни, от непосредственных, подлинных ощущений. Жить ими невозможно. По отношению к явлениям жизни и их возможным причинам, которые нам неизвестны, философия похожа на астрономию по отношению к далеким звездам. Астрономия вычисляет движения звезд, расположенных на огромных расстояниях от нас. Но для нее все небесные тела одинаковы — они не более чем движущиеся точки.

Итак, философия слишком далека от конкретных проблем, таких, как проблема будущей жизни; наука не знает загробного мира; псевдорелигия создает его по образу земного мира.

Беспомощность человека перед лицом проблем невидимого мира и смерти становится особенно очевидной, когда мы начинаем понимать, что мир гораздо больше и сложнее, чем мы до сих пор думали; и то, что, как нам казалось, мы знаем, занимает самое незначительное место среди того, чего мы не знаем.

Основы нашего понятия о мире необходимо расширить. Мы уже чувствуем и сознаем, что нельзя больше доверять глазам, которыми мы видим, и рукам, которыми мы что-то ощупываем. Реальный мир ускользает от нас во время таких попыток удостовериться в его существовании. Необходимы более тонкие методы, более действенные средства.

Идея «четвертого измерения», идея «многомерного пространства» указывает путь, по которому можно прийти к расширению нашего понятия о мире.

Выражение «четвертое измерение» часто встречается в разговорах и в литературе, но очень редко кто понимает и может определить, что под этим выражением подразумевается. Обыкновенно «четвертое измерение» используют как синоним таинственного, чудесного, сверхъестественного, непонятного, непостижимого, как общее определение явлений сверхфизического или сверхчувственного мира.

Спириты и оккультисты разных направлений часто употребляют это выражение в своей литературе, относя все явления высших плоскостей, астральной сферы, потустороннего мира к области четвертого измерения. Что это значит, они не объясняют; а из того, что они говорят, проясняется только одно свойство «четвертого измерения» — его непостижимость.

Связь идеи четвертого измерения с существующими теориями невидимого или потустороннего мира, конечно, совершенно фантастична, ибо, как уже говорилось, все религиозные, спиритуалистические, теософские и иные теории невидимого мира в первую очередь наделяют его точным сходством с видимым, т. е. «трехмерным» миром.

Вот почему математика вполне справедливо отказывается от распространенного взгляда на четвертое измерение как на что-то присущее потустороннему миру.

Сама идея четвертого измерения возникла, вероятно, в тесной связи с математикой или, точнее, в тесной связи с измерением мира. Она, несомненно, родилась из предположения, что, кроме трех известных нам измерений пространства: длины, ширины и высоты, может существовать еще четвертое измерение, недоступное нашему восприятию.

Логически предположение о существовании четвертого измерения может исходить из наблюдения в окружающем нас мире таких вещей и явлений, для которых измерения длины, ширины и высоты оказываются недостаточными, или которые вообще ускользают от измерений, ибо есть вещи и явления, существование которых не вызывает сомнений, но которые невозможно выразить в терминах каких либо измерений. Таковы, например, различные проявления жизненных и психических процессов; таковы все идеи, все образы и воспоминания, таковы сновидения. Рассматривая их как реально, объективно существующие, мы можем допустить, что они имеют какое-то еще измерение, кроме тех, которые нам доступны, какую-то неизмеримую для нас протяженность.

Существуют попытки чисто математического определения четвертого измерения. Говорят, например, так: «Во многих вопросах чистой и прикладной математики встречаются формулы и математические выражения, включающие в себя четыре и более переменных величин, каждая из которых, независимо от остальных, может принимать положительные и отрицательные значения между $+ \infty$ и $- \infty$. А так как каждая математическая формула, каждое уравнение имеет пространственное выражение, отсюда выводят идею о пространстве в четыре и более измерений».

Слабый пункт этого определения заключается в принятом без доказательства положении, что каждая математическая формула, каждое уравнение может иметь пространственное выражение. На самом деле такое положение совершенно беспочвенно, и это обессмысливает определение.

Рассуждая по аналогии с существующими измерениями, следует предположить, что если бы четвертое измерение существовало, то это значило бы, что вот здесь, рядом с нами находится какое-то другое пространство, которого мы не знаем, не видим и перейти в которое не можем. В эту «область четвертого измерения» из любой точки нашего пространства можно было бы провести линию в неизвестном для нас направлении, ни определить, ни постигнуть которое мы не можем. Если бы мы могли представить себе направление этой линии, идущей из нашего пространства, то мы увидели бы «область четвертого измерения».

Геометрически это значит следующее. Можно представить себе три взаимно перпендикулярные друг к другу линии. Этими тремя линиями мы измеряем наше пространство, которое поэтому называется трехмерным. Если существует «область четвертого измерения», лежащая вне нашего пространства, значит, кроме трех известных нам перпендикуляров, определяющих длину, ширину и высоту предметов, должен существовать четвертый перпендикуляр, определяющий какое-то непостижимое нам, новое протяжение. Пространство, измеряемое четырьмя этими перпендикулярами, и будет четырехмерным.

Невозможно ни определить геометрически, ни представить себе этот четвертый перпендикуляр, и четвертое измерение остается для нас крайне загадочным. Существует мнение, что математики знают о четвертом измерении что-то недоступное простым смертным. Иногда говорят, и это можно встретить даже в печати, что Лобачевский «открыл» четвертое измерение. В последние двадцать лет открытие четвертого измерения часто приписывали Эйнштейну или Минковскому.

В действительности, математика может сказать о четвертом измерении очень мало. В гипотезе о четвертом измерении нет ничего, что делало бы ее недопустимой с математической точки зрения. Она не противоречит ни одной из принятых аксиом и потому не встречает особого противодействия со стороны математики. Математика вполне допускает возможность установить отношения, которые должны существовать между четырехмерным и трехмерным пространством, т. е. некоторые свойства четвертого измерения. Но делает она все это в самой общей и неопределенной форме. Точное определение четвертого измерения в математике отсутствует.

Фактически, Лобачевский рассматривал геометрию Евклида, т. е. геометрию трехмерного пространства, как частный случай геометрии вообще, которая приложима к пространству любого числа измерений. Но это не математика в строгом смысле слова, а только метафизика на математические темы, и выводы из нее математически сформулировать невозможно — или же это удается только в специально подобранных условных выражениях.

Другие математики находили, что принятые в геометрии Евклида аксиомы искусственны и необязательны, — и пытались опровергнуть их, главным образом, на основании некоторых выводов из сферической геометрии Лобачевского, например, доказать, что параллельные линии пересекаются и т. п. Они утверждали, что общепринятые аксиомы верны только для трехмерного пространства и, основываясь на рассуждениях, опровергавших эти аксиомы, строили новую геометрию многих измерений.

Но все это не есть геометрия четырех измерений.

Четвертое измерение можно считать доказанным геометрически только в том случае, когда определено направление неизвестной линии, идущей из любой точки нашего пространства в область четвертого измерения, т. е. найден способ построения четвертого перпендикуляра.

Трудно даже приблизительно обрисовать, какое значение для всей нашей жизни имело бы открытие четвертого перпендикуляра во вселенной. Завоевание воздуха, способность видеть и слышать на расстоянии, установление сношений с другими планетами и звездными системами — все это было бы ничто по сравнению с открытием нового измерения. Но пока этого нет. Мы должны признать, что мы бессильны перед загадкой четвертого измерения, — и попытаться рассмотреть вопрос в тех пределах, которые нам доступны.

При более близком и точном исследовании задачи мы приходим к заключению, что при существующих условиях решить ее невозможно. Чисто геометрическая на первый взгляд проблема четвертого измерения геометрическим путем не решается. Нашей геометрии трех измерений недостаточно для исследования вопроса о четвертом измерении, так же как одной планиметрии недостаточно для исследования вопросов стереометрии. Мы должны обнаружить четвертое измерение, если оно существует, чисто опытным путем, — а также найти способ его перспективного изображения в трехмерном пространстве. Только тогда мы сможем создать геометрию четырех измерений.

Самое поверхностное знакомство с проблемой четвертого измерения показывает, что ее необходимо изучать со стороны психологии и физики.

Четвертое измерение непостижимо. Если оно существует и если все же мы не в состоянии познать его, то, очевидно, в нашей психике, в нашем воспринимающем аппарате чего-то не хватает, иными словами, явления четвертого измерения не отражаются в наших органах чувств. Мы должны разобраться, почему это так, какие дефекты вызывают нашу невосприимчивость, и найти условия (хотя бы теоретические), при которых четвертое измерение становится понятным и доступным. Все эти вопросы относятся к психологии или, возможно, к теории познания.

Мы знаем, что область четвертого измерения (опять-таки, если она существует) не только непознаваема для нашего психического аппарата, но **недоступна** чисто физически. Это уже зависит не от наших дефектов, а от особых свойств и условий области четвертого измерения. Нужно разобраться, что за условия делают область четвертого измерения недоступной для нас, найти взаимоотношения физических условий области четвертого измерения нашего мира и, установив это, посмотреть, нет ли в окружающем нас мире чего-либо похожего на эти условия, нет ли отношений, аналогичных отношениям между трехмерными и четырехмерными областями.

Вообще говоря, прежде чем строить геометрию четырех измерений, нужно создать физику четырех измерений, т. е. найти и определить физические законы и условия, существующие в пространстве четырех измерений.

Над проблемой четвертого измерения работали очень многие.

О четвертом измерении немало писал Фехнер. Из его рассуждений о мирах одного, двух, трех и четырех измерений вытекает очень интересный метод исследования четвертого измерения путем построения аналогий между мирами различных измерений, т. е. между воображаемым миром на плоскости и нашим миром, и между нашим миром и миром четырех измерений. Этот метод используют почти все, занимающиеся вопросом о высших измерениях. Нам предстоит еще с ним познакомиться.

Профессор Цольнер выводил теорию четвертого измерения из наблюдений за «медиумическими» явлениями, главным образом за явлениями так называемой «материализации». Но его наблюдения в настоящее время считаются сомнительными из-за недостаточно строгой постановки опытов (Подмор и Хислоп).

Очень интересную сводку почти всего, что писалось о четвертом измерении (между прочим, и попытки определения его математическим путем), мы находим в книгах К. Х. Хинтона. В них есть также много собственных идей Хинтона, но, к несчастью, вместе с ценными мыслями там содержится масса ненужной «диалектики», такой, какая обычно бывает в связи с вопросом о четвертом измерении.

Хинтон делает несколько попыток определить четвертое измерение и со стороны физики, и со стороны психологии. Изрядное место в его книгах занимает описание метода предложенного им приучения сознания к постижению четвертого измерения. Это длинный ряд упражнений аппарата восприятий и представлений с сериями разноцветных кубов, которые нужно запоминать сначала в одном положении, потом в другом, в третьем и затем представлять себе в различных комбинациях.

Основная идея Хинтона, которой он руководствовался при разработке своего метода, заключается в том, что для пробуждения «высшего сознания» необходимо «уничтожить себя» в представлении и познании мира, т. е. приучиться познавать и представлять себе мир не с личной точки зрения (как это обычно бывает), а таким, каков он есть. При этом прежде всего надо научиться представлять вещи не такими, какими они кажутся, а такими, какие они есть, хотя бы просто в геометрическом смысле; после чего появится и способность познавать их, т. е. видеть такими, каковы они есть, а также и с других точек зрения, кроме геометрической.

Первое упражнение, приводимое Хинтоном: изучение куба, состоящего из 27 меньших кубиков, которые окрашены в разные цвета и имеют определенные названия. Твердо изучив куб, составленный из кубиков, нужно перевернуть его и изучить (т. е. постараться запомнить) в обратном порядке. Потом опять перевернуть кубики и запомнить в этом порядке и т. д. В результате, как говорит Хинтон, удается в изучаемом кубе совершенно уничтожить понятия: верх и низ, справа и слева и пр., и знать его независимо от взаимного расположения составляющих его кубиков, т. е., вероятно, представлять одновременно в различных комбинациях. Таков первый шаг в уничтожении субъективного элемента в представлении о кубе. Дальше описывается целая система упражнений с сериями разноцветных и имеющих разные названия кубиков, из которых составляются всевозможные фигуры все с той же целью уничтожить субъективный элемент в представлениях и таким образом развить высшее сознание. Уничтожение субъективного элемента, по мысли Хинтона, — первый шаг на пути развития высшего сознания и постижения четвертого измерения.

Хинтон утверждает, что если существует способность видеть в четвертом измерении, если можно видеть предметы нашего мира из четвертого измерения, то мы увидим их совсем иначе, не так, как обычно.

Обычно мы видим предметы сверху или снизу от нас, или на одном уровне с нами, справа, слева, сзади от нас, или перед нами, всегда с одной стороны, обращенной к нам, и в перспективе. Наш глаз — крайне несовершенный аппарат:

он дает нам в высшей степени неправильную картину мира. То, что мы называем перспективой, есть, в сущности, искажение видимых предметов, производимое плохо устроенным оптическим аппаратом – глазом. Мы видим предметы искаженными и точно так же представляем себе их. Но все это — исключительно в силу привычки видеть их искаженными, т. е. вследствие привычки, вызванной нашим дефектным зрением, ослабившим и нашу способность представления.

Но, согласно Хинтону, у нас нет никакой необходимости представлять себе предметы внешнего мира непременно искаженными. Способность представления вовсе не ограничивается способностью зрения. Мы видим предметы искаженными, но знаем их такими, каковы они есть. Мы можем избавиться от привычки представлять предметы такими, каковы они нам видятся, и научиться представлять их себе такими, каковы они, как мы знаем, есть. Идея Хинтона и заключается в том, что, прежде чем думать о развитии способности зрения в четвертом измерении, нужно выучиться представлять себе предметы так, как они были бы видны из четвертого измерения, т. е. не в перспективе, а со всех сторон сразу, как знает их наше «сознание». Именно эту способность и развивают упражнения Хинтона. Развитие способности представлять себе предметы сразу со всех сторон уничтожает в представлениях субъективный элемент. Согласно Хинтону, «уничтожение субъективного элемента в представлениях приводит к уничтожению субъективного элемента в восприятии». Таким образом, развитие способности представлять себе предметы со всех сторон — первый шаг к развитию способности видеть предметы такими, каковы они есть в геометрическом смысле, т.е. к развитию того, что Хинтон называет «высшим сознанием».

Во всем этом есть много верного, но много и надуманного, искусственного. Во-первых, Хинтон не принимает во внимание различий между разными психическими типами людей. Метод, удовлетворительный для него самого, может не дать никаких результатов или даже вызвать отрицательные последствия у других людей. Во вторых, сама психологическая основа системы Хинтона слишком ненадежна. Обычно он не знает, где нужно остановиться, его аналогии заводят слишком далеко, лишая тем самым многие из его заключений какой бы то ни было ценности.

С точки зрения геометрии вопрос о четвертом измерении можно рассматривать, по Хинтону, следующим образом.

Нам известны геометрические фигуры трех родов:

- одного измерения — линии,
- двух измерений — плоскости,
- трех измерений – тела.

При этом линию мы рассматриваем как след от движения точки в пространстве, плоскость — как след от движения линии в пространстве, тело — как след от движения плоскости в пространстве.

Представим себе отрезок прямой, ограниченный двумя точками, и обозначим его буквой a. Допустим, этот отрезок движется в пространстве в направлении, перпендикулярном к себе самому, и оставляет за собой след. Когда он пройдет расстояние, равное своей длине, его след будет иметь вид квадрата, стороны которого равны отрезку a, т. е. a^2.

Пусть этот квадрат движется в пространстве в направлении, перпендикулярном к двум смежным сторонам квадрата, и оставляет за собой след. Когда он пройдет расстояние, равное длине стороны квадрата, его след будет иметь вид куба, a^3.

Теперь, если мы предположим движение куба в пространстве, то какой вид будет иметь его след, т. е. фигура a^4?

Рассматривая отношения фигур одного, двух и трех измерений, т. е. линий, плоскостей и тел, можно вывести правило, что каждая фигура следующего измерения является следом от движения фигуры предыдущего измерения. На основании этого правила можно рассматривать фигуру a^4 как след от движения куба в пространстве.

Но что же это за движение куба в пространстве, след которого оказывается фигурой четырех измерений? Если мы рассмотрим, каким образом движение фигуры низшего измерения создает фигуру высшего измерения, — то мы обнаружим несколько общих свойств, общих закономерностей.

Именно, когда мы рассматриваем квадрат как след от движения линии, нам известно, что в пространстве двигались все точки линии; когда мы рассматриваем куб как след от движения квадрата, то нам известно, что двигались все точки квадрата. При этом линия движется в направлении, перпендикулярном к себе; квадрат — в направлении, перпендикулярном к двум своим измерениям.

Следовательно, если мы рассматриваем фигуру a^4 как след от движения куба в пространстве, то мы должны помнить, что в пространстве двигались все точки куба. При этом по аналогии с предыдущим можно заключить, что куб двигался в пространстве в направлении, в нем самом не заключающемся, т. е. в направлении, перпендикулярном к трем его измерениям. Это направление и есть тот четвертый перпендикуляр, которого нет в нашем пространстве и в нашей геометрии трех измерений.

Затем линию можно рассматривать как бесконечное число точек; квадрат — как бесконечное число линий; куб — как бесконечное число квадратов. Аналогичным образом фигуру a^4 можно рассматривать как бесконечное число кубов. Далее, глядя на квадрат, мы видим одни линии; глядя на куб — его поверхности или даже одну из этих поверхностей.

Надо полагать, что фигура a^4 будет представляться нам в виде куба. Иначе говоря, куб есть то, что мы видим, глядя на фигуру a^4. Далее, точку можно определить как сечение линии; линию — как сечение плоскости; плоскость — как сечение объема; точно так же трехмерное тело можно определить как сечение четырехмерного тела. Вообще говоря, глядя на четырехмерное тело, мы увидим его трехмерную проекцию, или сечение. Куб, шар, конус, пирамида, цилиндр — могут оказаться проекциями, или сечениями, каких-то неизвестных нам четырехмерных тел.

В 1908 году я наткнулся на любопытную статью о четвертом измерении на русском языке, напечатанную в журнале «Современный мир».

Это было письмо, написанное в 1891 году Н. А. Морозовым* товарищам по заключению в Шлиссельбургской кре-

---

* Н. А. Морозов, ученый по образованию, принадлежал к революционерам 70-80-х годов. Он был арестован в связи с убийством императора Александра II и провел 23 года в заключении, главным образом в Шлиссельбургской крепости. Освобожденный в 1905 году, он написал несколько книг: одну — об Откровении апостола Иоанна, другую — об алхимии, магии и т. п., которые в довоенное время находили весьма многочисленных читателей. Любопытно, что публике в книгах Морозова нравилось не то, что он писал, а то, **о чем** он писал. Его подлинные намерения были весьма ограничены и строго соответствовали научным идеям 70-х годов XIX века. Он старался представить «мистические предметы» рационально; например, объявлял, что в Откровении Иоанна дано всего-навсего описание урагана. Но, будучи хорошим писателем, Морозов весьма живо излагал предмет, а иногда добавлял к этому малоизвестный материал. Поэтому его книги производили совершенно неожиданные результаты; после их чтения многие увлеклись мистикой и мистической литературой. После революции Морозов примкнул к большевикам и остался в России. Насколько известно, он не принимал личного участия в их разрушительной деятельности и больше ничего не писал, но в торжественных случаях безотказно выражал свое восхищение большевистским режимом.

пости. Оно интересно в основном тем, что в нем очень образно изложены главные положения того метода рассуждений о четвертом измерении посредством аналогий, который был упомянут ранее.

Начало статьи Морозова очень интересно, но в своих выводах о том, что могло бы находиться в области четвертого измерения, он отходит от метода аналогий и относит к четвертому измерению только «духов», которых вызывают на спиритических сеансах. А затем, отвергая духов, отрицает и объективный смысл четвертого измерения.

В четвертом измерении невозможно существование тюрем и крепостей, и, вероятно, поэтому четвертое измерение было одной из любимых тем разговоров, которые велись в Шлиссельбургской крепости перестукиванием. Письмо Н. А. Морозова — это ответ на заданные ему в одном из таких разговоров вопросы. Он пишет:

«Мои дорогие друзья, вот и кончается наше короткое шлиссельбургское лето, и наступают темные осенние таинственные ночи. В эти ночи, спускающиеся черным покровом над кровлей нашей темницы и окутывающие непроглядной мглою наш маленький островок с его старинными башнями и бастионами, невольно кажется, что тени погибших здесь товарищей и наших предшественников невидимо летают кругом этих камер, заглядывают в наши окна и вступают с нами, еще живыми, в таинственные сношения. Да и сами мы разве не тени того, чем когда-то были? Разве мы не превратились уже в каких-то стучащих духов, фигурирующих на спиритических сеансах и невидимо переговаривающихся между собой через разделяющие нас каменные стены?

Весь этот день я думал о вашем сегодняшнем споре по поводу четвертого, пятого и других, недоступных нам измерений пространства вселенной. Я изо всех сил старался представить в своем воображении, по крайней мере, хоть четвертое измерение мира, то самое, по которому, как утверждают метафизики, все наши замкнутые предметы могут неожиданно оказаться открытыми и по которому в них могут проникать существа, способные двигаться не только по нашим трем, но и по этому четвертому, непривычному для нас, измерению.

Вы требуете от меня научной обработки вопроса. Будем говорить пока о мире только двух измерений и потом увидим, не даст ли он нам возможность сделать какие-либо умозаключения и об остальных мирах.

Предположим, что какая-нибудь плоскость, ну хоть та, что отделяет поверхность Ладожского озера в этот тихий осенний вечер от находящейся над ним атмосферы, есть особый мир, мир двух измерений, населенный своими существами, которые могут двигаться только по этой плоскости, подобно тем теням ласточек и чаек, которые пробегают по всем направлениям по гладкой поверхности, окружающей нас, но никогда не видимой нами за этими бастионами, воды.

Предположим, что, убежав за наши шлиссельбургские бастионы, вы пошли купаться в озеро.

Как существа трех измерений, вы имеете и те два, которые лежат на поверхности воды. Вы займете определенное место в этом мире тенеобразных существ. Все части вашего тела выше и ниже уровня воды будут для них неощутимы, и только тот ваш контур, который опоясывается поверхностью озера, будет для них вполне доступен. Ваш контур должен показаться им предметом их собственного мира, но только чрезвычайно удивительным и чудесным. Первое чудо, с их точки зрения, будет ваше неожиданное появление среди них. Можно сказать с полной уверенностью, что эффект, который вы этим произвели, ничем не уступит неожиданному появлению между нами какого-нибудь духа из неведомого мира. Второе чудо — это необыкновенная изменчивость вашего вида. Когда вы погружаетесь до пояса, ваша форма будет для них почти эллиптической, так как для них будет заметен лишь тот кружок, который на поверхности воды охватывает вашу талию и непроницаем для них. Когда вы начнете плавать, вы примете в их глазах форму человеческого абриса. Когда выйдете на неглубокое место, так чтобы обитаемая ими поверхность окаймляла только ваши ноги, вы покажетесь им обратившимся в два круговидные существа. Если, желая удержать вас в определенном месте, они окружили бы вас со всех сторон, вы могли бы перешагнуть через них и очутиться на свободе непостижимым для них способом. Вы были бы для них всесильными существами, — жителями высшего мира, подобными тем сверхъестественным существам, о которых повествуют теологи и метафизики.

Теперь, если мы предположим, что кроме этих двух миров, плоского и нашего, есть еще мир четырех измерений, высший, чем наш, то ясно, что жители его по отношению к нам будут такими же, какими были мы сейчас для жителей плоскости. Они должны так же неожиданно появляться перед нами и по произволу исчезать из нашего мира, уходя по четвертому или каким-либо иным, высшим измерениям.

Одним словом, полная аналогия до сих пор, но только до сих пор. Дальше в этой же аналогии мы найдем полное опровержение всех наших предположений.

В самом деле, если бы существа четырех измерений не были бы нашим вымыслом, их появления среди нас были бы обычными, повседневными явлениями».

Далее Морозов разбирает вопрос, есть ли у нас какие-нибудь основания думать, что такие «сверхъестественные существа» есть на самом деле, и приходит к заключению, что никаких оснований для этого мы не имеем, если не готовы верить россказням.

Единственные, достойные внимания, указания на таких существ можно найти, по мнению Морозова, в учении спиритов. Но его опыты со спиритизмом убедили его, что, несмотря на наличие загадочных явлений, которые, несомненно, происходят на спиритических сеансах, духи не принимают в этом никакого участия. Так называемое «автоматическое письмо», обычно приводимое как доказательство участия в сеансах разумных сил нездешнего мира, по его наблюдениям, является результатом чтения мыслей. Медиум сознательно или бессознательно «читает» мысли присутствующих и таким образом получает ответы на их вопросы. Н. А. Морозов присутствовал на многих сеансах и не встретил случая, чтобы в получаемых ответах сообщалось нечто всем неизвестное или чтобы ответы были на незнакомом всем языке. Поэтому, не сомневаясь в искренности большинства спиритов, Н. А. Морозов заключает, что духи здесь ни при чем.

По его словам, практика со спиритизмом окончательно убедила его много лет назад, что явления, которые он относил к четвертому измерению, в действительности, не существуют. Он говорит, что в таких спиритических сеансах ответы даются бессознательно самими присутствующими и поэтому все предположения о существовании четвертого измерения — чистая фантазия.

Эти заключения Морозова совершенно неожиданны, и трудно понять, как он к ним пришел. Ничего нельзя возразить против его мнения о спиритизме. Психическая сторона спиритических явлений, несомненно, вполне субъективна. Но совершенно непонятно, почему Н. А. Морозов видит четвертое измерение исключительно в спиритических явлениях и почему, отрицая духов, отрицает четвертое измерение. Это выглядит как готовое решение, предлагаемое тем официальным «позитивизмом», к которому принадлежал Н. А. Морозов и от которого не мог отойти. Его предшествующие рассуждения ведут совсем к другому. Кроме духов, существует множество явлений, вполне реальных для нас, т. е. привычных и ежедневных, но не объяснимых без помощи гипотез, приближающих эти явления к миру четырех измерений. Мы только слишком привыкли к этим явлениям и не замечаем их «чудесности», не понимаем, что живем в мире вечного чуда, в мире таинственного, необъяснимого, а главное — неизмеримого.

Н. А. Морозов описывает, какими чудесными окажутся наши трехмерные тела для плоских существ, как они будут неизвестно откуда появляться и неизвестно куда исчезать, подобно духам, возникающим из неведомого мира.

Но разве мы сами не являемся такими же фантастическими, меняющими свой вид существами для любого неподвижного предмета, для камня, для дерева? Разве мы не обладаем свойствами высших существ для животных? И разве для нас самих не существуют явления, такие, например, как все проявления **жизни**, о которых мы не знаем, откуда они появились и куда уходят: появление растения из семени, рождение живых существ и т. п.; или явления природы: гроза, дождь, весна, осень, которые мы не в состоянии ни объяснить, ни истолковать? Разве каждое из них, взятое в отдельности, не есть нечто, из чего мы нащупываем лишь немногое, только часть, как слепые в старинной восточной сказке, определявшие слона каждый по-своему: один по ногам, другой по ушам, третий по хвосту?

Продолжая рассуждения Н. А. Морозова об отношении мира трех измерений к миру четырех измерений, мы не имеем никаких оснований искать последний только в области «спиритизма».

Возьмем живую клетку. Она может быть абсолютно равна — в длину, ширину и высоту — другой, мертвой клетке. И все-таки есть в живой клетке что-то такое, чего нет в мертвой, что-то такое, чего мы не можем измерить.

Мы называем это что-то «жизненной силой» и пытаемся объяснить ее как своеобразное движение. Но, в сущности, мы ничего не объясняем, а только даем название явлению, остающемуся необъяснимым.

Согласно некоторым научным теориям, жизненная сила должна разлагаться на физико-химические элементы, на простейшие силы. Но ни одна из этих теорий не может объяснить, каким образом одно переходит в другое, в каком отношении одно стоит к другому. Мы не способны в простейшей физико-химической формуле выразить простейшее проявление живой энергии. И пока мы не в состоянии этого сделать, мы строго логически не имеем права считать жизненные процессы тождественными с физико-химическими.

Можно признавать философский «монизм», но мы не имеем никаких оснований принимать то и дело навязываемый нам физико-химический монизм, который отождествляет жизненные и психические процессы с физико-химическими. Наш ум может прийти к абстрактному заключению о единстве физико-химических, жизненных и психических процессов, но для науки, для точного знания, эти три рода явлений стоят совершенно отдельно.

Для науки три рода явлений — механическая сила, жизненная сила и психическая сила — лишь отчасти переходят одно в другое, по-видимому, без всякой пропорциональности, не поддаваясь никакому учету. Поэтому ученые только тогда получат право объяснять жизнь и психические процессы как род движения, когда они придумают способ переводить движение в жизненную и психическую энергию и наоборот и учитывать этот переход. Иными словами, знать, какое количество калорий, заключающихся в определенном количестве угля, нужно для возникновения жизни в одной клетке, или какой величины давление необходимо для образования одной мысли, одного логического заключения. Пока это не известно, физические, биологические и психические явления, изучаемые наукой, происходят на разных плоскостях. Можно, конечно, догадываться об их единстве, но утверждать это невозможно.

Даже если в физико-химических, жизненных и психических процессах действует одна и та же сила, можно предположить, что она действует в разных сферах, лишь отчасти соприкасающихся друг с другом.

Если бы наука обладала знанием единства хотя бы только жизненных и физико-химических явлений, она могла бы создавать живые организмы. В этом утверждении нет ничего чрезмерного. Мы строим машины и аппараты гораздо более сложные, чем простой одноклеточный организм. И однако же организм мы построить не можем. Это значит, что в живом организме есть что-то такое, чего нет в безжизненной машине. В живой клетке есть что-то, чего нет в мертвой. Мы с полным правом можем назвать это «что-то» одинаково необъяснимым и неизмеримым. Рассматривая человека, мы вполне можем задаться вопросом: чего в человеке больше — измеримого или неизмеримого?

«Как я могу ответить на ваш вопрос (о четвертом измерении), — говорит в своем письме Н. А. Морозов, — когда сам не имею измерения по указываемому вами направлению?»

Но какое есть у Н. А. Морозова основание говорить так определенно, что он не имеет этого измерения? Разве он все в себе может измерить? Две главные функции, **жизнь** и **мысль** человека, лежат в области неизмеримого.

Вообще, мы так мало и так плохо знаем, что такое человек, так много в нас загадочного и непонятного с точки зрения геометрии трех измерений, что мы не вправе отрицать четвертое измерение, отрицая духов, а наоборот, имеем полное основание искать четвертое измерение именно в себе.

Мы должны ясно и определенно сказать себе, что мы абсолютно не знаем, что такое человек. Это загадка для нас — и нужно признать ее.

Четвертое измерение обещает кое-что в ней объяснить. Попытаемся понять, что может дать нам четвертое измерение, если мы подойдем к нему со старыми методами, но без старых предрассудков в пользу или против спиритизма. Вообразим опять мир плоских существ, имеющих всего два измерения: длину и ширину и населяющих плоскую поверхность*.

На плоской поверхности представим себе живых существ, имеющих вид геометрических фигур и способных двигаться в двух направлениях. Рассматривая условия жизни плоских существ, мы сразу же столкнемся с одним интересным обстоятельством.

Двигаться эти существа могут только в двух направлениях, оставаясь на плоскости. Подняться над плоскостью или отойти от нее они не в состоянии. Точно так же они не могут видеть или ощущать что-либо, лежащее вне их плоскости. Если одно из существ поднимется над плоскостью, оно совершенно покинет мир других, ему подобных существ, скроется, исчезнет неизвестно куда.

Если предположить, что органы зрения этих существ находятся на их ребре, на стороне, имеющей толщину в один атом, то мира, пребывающего вне их плоскости, они не увидят. Они способны видеть только линии, лежащие на их плоскости. Друг друга они видят не такими, каковы они есть на самом деле, т. е. не в виде геометрических фигур, а в виде отрезков, и точно так же, в виде отрезков, будут им представляться все их предметы. И что очень важно: все линии — прямые, кривые, ломаные, лежащие под разными углами — будут казаться им одинаковыми, в самих линиях они не смогут найти никакой разницы. Вместе с тем, эти линии будут отличаться для них друг от друга какими-то странными свой-

---

* В этих рассуждениях о воображаемых мирах я частично следую плану, предложенному Хинтоном, но это не значит, что я разделяю **все** мнения Хинтона.

ствами, которые они, вероятно, назовут движением или колебанием линий.

Центр круга для них совершенно недоступен, видеть его они не в состоянии. Чтобы достичь центра круга двумерному существу придется прорезать или прокапывать себе путь в массе плоской фигуры толщиной в один атом. Этот процесс прокапывания будет представляться ему изменением линии окружности.

Если к его плоскости приложить куб, то куб предстанет ему в виде четырех линий, которые ограничивают квадрат, соприкасающийся с его плоскостью. Из всего куба для него существует один этот квадрат. Всего куба оно даже не в состоянии себе представить. **Куб** не будет для него существовать.

Если с плоскостью соприкасается много тел, то в каждом из них для плоского существа имеется только одна плоскость. Она будет казаться ему предметом его собственного мира.

Если его пространство, т. е. плоскую поверхность, пересечет разноцветный куб, то прохождение куба представится ему как постепенное изменение цвета линий, ограничивающих лежащий на поверхности квадрат.

Если предположить, что плоское существо обрело способность видеть своей плоской стороной, обращенной к нашему миру, то легко представить себе, сколь искаженное представление о нашем мире оно получит.

Вся вселенная представляется ему в виде плоскости. Не исключено, что эту плоскость оно назовет эфиром. Явления, происходящие вне плоскости, оно будет или полностью отрицать, или считать происходящими на его плоскости в эфире. Не в силах объяснить наблюдаемые явления, оно наверняка назовет их чудесными, превосходящими его понимание, пребывающими вне пространства, в «третьем измерении».

Заметив, что необъяснимые явления происходят в определенной последовательности, в определенной зависимости друг от друга, а также, вероятно, от каких-то законов, — плоское существо перестанет считать их чудесными и попробует объяснить их при помощи более или менее сложных гипотез.

Первым шагом к правильному пониманию мироздания будет появление у плоского существа смутной идеи о другой параллельной плоскости. Тогда все явления, которые существо не сможет объяснить на своей плоскости, оно объявит происходящими на параллельной плоскости. На этой ступени развития весь наш мир будет казаться ему плоским и параллельным его плоскости. Рельефа и перспективы для него существовать еще не будет. Горный пейзаж превратится у него в плоскую фотографию. Представление о мире будет, конечно, крайне бедным и искаженным. Большое будет приниматься за маленькое, маленькое за большое, и все, и близкое, и далекое, покажется одинаково далеким и недостижимым.

Признав, что есть мир, параллельный его плоскому миру, двумерное существо скажет, что об истинной природе взаимоотношений этих миров оно ничего не знает.

В параллельном мире для двумерного существа будет много необъяснимого. Например, рычаг или пара колес на оси — их движение покажется плоскому существу (все представления которого о законах движения ограничены перемещением по плоскости) непостижимым. Весьма возможно, что подобные явления оно сочтет сверхъестественными, а потом назовет сверхфизическими.

Изучая сверхфизические явления, плоское существо может напасть на мысль, что в рычаге и в колесах есть что-то неизмеримое, но тем не менее существующее.

Отсюда всего шаг до гипотезы о третьем измерении. Эту гипотезу плоское существо будет основывать на необъяснимых для него фактах, вроде вращения колес. Оно может задаться вопросом, не является ли необъяснимое — в сущности, неизмеримым? И затем постепенно начнет устанавливать физические законы пространства трех измерений.

Но оно никогда не сумеет математически строго доказать существование третьего измерения, ибо все его геометрические соображения относятся к плоскости, к двум измерениям, и потому результаты своих математических выводов оно будет проецировать на плоскость, лишая их, таким образом, всякого смысла.

Плоское существо сможет получить первые понятия о природе третьего измерения путем простых логических рассуждений и сопоставлений. Это значит, что исследуя все необъяснимое, происходящее на плоской фотографии (каковой является для него наш мир), плоское существо может прийти к выводам, что многие явления необъяснимы потому, что в предметах, их производящих, возможно, имеется какое-то **различие**, которое оно не понимает и не может измерить.

Затем оно может заключить, что реальное тело должно чем-то отличаться от воображаемого. И допустив однажды гипотезу третьего измерения, оно вынуждено будет сказать, что реальное тело, в отличие от воображаемого, должно, хоть в незначительной степени, обладать третьим измерением.

Сходным образом, плоское существо может прийти к признанию того, что третьим измерением обладает и оно само.

Придя к заключению, что реальное двумерное тело не может существовать, что это лишь воображаемая фигура, плоское существо должно будет сказать себе, что раз третье измерение существует, то и оно само должно иметь третье измерение; в противном случае, обладая всего двумя измерениями, оно оказывается воображаемой фигурой, существует только в чьем-то разуме.

Плоское существо будет рассуждать так: «Если третье измерение существует, то я или тоже являюсь существом трех измерений, или существую не в действительности, а только в чьем-то воображении».

Рассуждая о том, почему оно не видит своего третьего измерения, плоское существо может прийти к мысли, что его протяженность в третьем измерении, равно как и протяженность в нем других тел, очень невелика. Эти размышления могут привести плоское существо к выводу, что для него вопрос о третьем измерении связан с проблемой малых величин. Исследуя вопрос с философской точки зрения, плоское существо будет порой сомневаться в реальности всего существующего и в своей собственной реальности.

Затем у него может возникнуть мысль, что оно представляет себе мир неправильно, да и видит его не таким, каков он есть на самом деле. Из этого могут проистекать рассуждения о вещах, как они кажутся, и о вещах, как они есть. Плоское существо решит, что в третьем измерении вещи должны являться такими, каковы они есть, т. е. что оно должно увидеть в них гораздо больше, чем видело в двух измерениях.

Проверяя все эти рассуждения с нашей точки зрения, с точки зрения трехмерных существ, мы должны признать, что все выводы плоского существа совершенно верны и ведут его к более правильному миропониманию, чем прежнее, и к постижению третьего измерения, хотя бы сначала и чисто теоретическому.

Попробуем воспользоваться опытом плоского существа и выяснить, не находимся ли мы к чему-нибудь в таком же отношении, как плоское существо к третьему измерению.

Разбирая физические условия жизни человека, мы обнаруживаем в них почти полную аналогию с условиями жизни плоского существа, которое начинает воспринимать третье измерение.

Начнем с анализа нашего отношения к «невидимому». Сначала человек считает невидимое — чудесным и сверхъестественным. Постепенно, с эволюцией знания, идея чудесного становится все менее и менее необходимой. Все в пределах сферы, доступной для наблюдений (и, к несчастью, далеко за ее пределами), признается существующим по определенным законам, как следствие определенных причин. Но причины многих явлений остаются скрытыми, и наука вынуждена ограничиться лишь классификацией таких необъяснимых явлений.

Изучая характер и свойства необъяснимого в разных областях нашего знания, в физике, химии, биологии и психологии, мы можем прийти к некоторым общим выводам. А именно, мы можем сформулировать проблему следующим образом: не является ли это необъяснимое результатом чего-то неизмеримого для нас, во-первых, в тех вещах, которые, как нам кажется, мы можем измерить, и, во-вторых, в вещах, которые измерить вообще невозможно.

Мы приходим к мысли: не проистекает ли сама необъяснимость из того, что мы рассматриваем и пытаемся объяснить в пределах трех измерений явления, переходящие в область высших измерений? Иными словами, не находимся ли мы в положении плоского существа, пытающегося объяснить, как наблюдаемые на плоскости явления происходят в трехмерном пространстве? Многое свидетельствует о верности такого предположения.

Вполне возможно, что многие из необъяснимых явлений необъяснимы только потому, что мы хотим объяснить их целиком на нашей плоскости, т. е. в трехмерном пространстве, тогда как они протекают вне нашей плоскости, в области высших измерений.

Признав, что нас окружает мир неизмеримого, мы приходим к выводу, что до сих пор имели совершенно превратное представление о нашем мире и его предметах.

Мы и раньше знали, что видим вещи не такими, каковы они есть на самом деле. Теперь же утверждаем более определенно, что не видим в вещах их неизмеримой для нас части, пребывающей в четвертом измерении. Это соображение наводит нас на мысль о различии между воображаемым и реальным.

Мы видели, что плоское существо, придя к мысли о третьем измерении, должно заключить, что реального тела двух измерений быть не может, — это лишь воображаемая фигура, разрез трехмерного тела или его проекция в двумерном пространстве.

Допуская существование четвертого измерения, мы точно так же вынуждены признать, что реального тела трех измерений быть не может. Реальное тело должно обладать хотя бы самым ничтожным протяжением в четвертом измерении, иначе это будет воображаемая фигура, проекция тела четырех измерений в трехмерном пространстве, подобная кубу, нарисованному на бумаге.

Таким образом, мы приходим к заключению, что может существовать трехмерный куб и куб четырехмерный. И только четырехмерный куб будет реально существующим.

Рассматривая человека с этой точки зрения, мы приходим к очень интересным выводам.

Если четвертое измерение существует, то возможно одно из двух: или мы обладаем четвертым измерением, т. е. являемся четырехмерными существами, или мы обладаем только тремя измерениями, и в таком случае не существуем вовсе.

Ибо, если четвертое измерение существует, а мы имеем только три измерения, это значит, что мы лишены реального существования, что мы существуем только в чьем-то воображении, что все наши мысли, чувства и переживания происходят в уме какого-то другого, высшего существа, которое представляет себе нас. Мы — плоды его воображения, и вся наша Вселенная — не более чем искусственный мир, созданный его фантазией.

Если мы не желаем с этим согласиться, то мы обязаны признать себя четырехмерными существами. Вместе с тем, мы должны согласиться, что очень плохо познаем и ощущаем наше собственное четвертое измерение, равно как и четвертое измерение окружающих нас тел, что только догадываемся о его существовании, наблюдая необъяснимые явления.

Наша слепота к четвертому измерению может быть следствием того, что четвертое измерение наших тел и других предметов нашего мира слишком мало и недоступно нашим органам чувств и аппаратам, расширяющим сферу нашего наблюдения, — совершенно так же, как недоступны непосредственному наблюдению молекулы наших тел и других предметов. Что же касается предметов, обладающих большей протяженностью в четвертом измерении, то при известных обстоятельствах мы временами ощущаем их, но их реальное существование признать отказываемся.

Последние соображения дают нам достаточные основания полагать, что, по крайней мере, в нашем физическом мире, четвертое измерение должно относиться к области малых величин.

Тот факт, что мы не видим в вещах их четвертого измерения, вновь возвращает нас к проблеме несовершенства нашего восприятия вообще. Если даже не касаться других недостатков нашего восприятия и рассмотреть его только в отношении к геометрии, то и тогда придется признать, что мы видим все очень мало похожим на то, какое оно есть.

Мы видим не тела, а одни поверхности, стороны и линии. Мы никогда не видим куба, только небольшую часть, никогда не воспринимаем его со всех сторон сразу.

Из четвертого измерения, вероятно, можно видеть куб со всех сторон сразу и изнутри, как будто из центра.

Центр шара нам недоступен. Чтобы достичь его, мы должны прорезать или прокапывать себе путь в массе шара, т. е. действовать точно так же, как плоское существо, достигающее центра круга. И процесс прорезания будет воспринят нами как постепенное изменение поверхности шара.

Полная аналогия отношения человека к шару с отношением плоского существа к кругу дает нам основание думать, что в четвертом измерении центр шара так же легко доступен, как центр круга в третьем измерении, т. е. что в четвертом измерении в центр шара можно проникнуть откуда-то из неизвестной нам области, в непонятном направлении, и при этом шар остается целым. Последнее кажется нам каким-то чудом; но таким же чудом должна казаться плоскому существу возможность достичь центр круга, не пересекая линии окружности, не разрушая круга.

Продолжая исследовать свойства зрения и восприятия в четвертом измерении, мы вынуждены признать, что не только с точки зрения геометрии, но и во многих других отношениях из четвертого измерения можно увидеть в предметах нашего мира гораздо больше, чем видим мы.

Про человеческий глаз Гельмгольц сказал однажды, что, если бы ему принесли от оптика так бездарно сделанный инструмент, он ни за что бы его не взял. Бесспорно, наш глаз не видит очень многого из того, что существует. Но поскольку в четвертом измерении мы видим, не прибегая к столь несовершенному аппарату, следовательно, мы должны видеть гораздо больше, видеть то, чего сейчас не видим, и видеть без того покрова иллюзий, который закрывает весь мир и делает его облик совсем не похожим на то, что есть на самом деле.

Может возникнуть вопрос: а почему в четвертом измерении мы должны видеть без помощи глаз, и что это значит?

Дать на эти вопросы определенный ответ удастся только тогда, когда станет определенно известно, что четвертое измерение существует и что это такое; но пока удается рассуждать только о том, чем **могло бы** быть четвертое измерение, и поэтому на перечисленные вопросы нельзя дать окончательный ответ. Зрение в четвертом измерении не должно быть связано с глазами. Мы знаем пределы зрения глазами; знаем, что человеческому глазу никогда не достичь совершенства микроскопа или телескопа. Однако эти инструменты, умножая силу зрения, ничуть не приближают нас к четвертому измерению. Из этого можно заключить, что зрение в четвертом измерении — какое-то иное по сравнению с обычным зрением. Но каким оно может быть? Вероятно, чем-то, похожим на то «зрение», которым птица, покидая северную Россию, «видит» Египет, куда она летит на зиму; или на зрение почтового голубя, который за сотни верст «видит» свою голубятню, откуда его увезли в закрытой корзинке; или на зрение инженера, который делает первые расчеты и предварительные эскизы моста и при этом «видит» мост и идущие по нему поезда; или на зрение человека, который, глянув на расписание, «видит» свое прибытие на станцию отправления и приход поезда к назначенному пункту.

Теперь, наметив отдельные особенности, которыми должно обладать зрение в четвертом измерении, мы попытаемся точнее описать то, что нам известно из явлений мира четвертого измерения.

Вновь используя опыт двумерного существа, мы должны задать себе следующий вопрос: все ли явления нашего мира объяснимы с точки зрения физических законов?

Необъяснимых явлений существует вокруг нас так много, что, привыкая к ним, мы перестаем замечать их необъяснимость и, забывая о ней, принимаемся классифицировать эти явления, даем им названия, заключаем в разные системы и, в конце концов, начинаем даже отрицать их необъяснимость.

Строго говоря, **все** одинаково необъяснимо. Но мы привыкли считать одни порядки явлений более объяснимыми, а другие — менее. Менее объяснимые мы выделяем в особую группу, создаем из них отдельный мир, как бы параллельный объяснимому.

Это относится прежде всего к так называемому «психическому миру», к миру идей, образов и представлений, который мы рассматриваем как параллельный физическому.

Наше отношение к психическому, та разница, которая существует для нас между физическим и психическим, показывает, что именно психическое следует отнести к области четвертого измерения*.

В истории человеческого мышления отношение к психическому очень похоже на отношение плоского существа к третьему измерению. Психические явления необъяснимы на «физической плоскости», поэтому их противопоставляют физическим. Но единство тех и других тем не менее чувствуют и постоянно делают попытки истолковать психическое как род физического или физическое как род психического. Разделение понятий признается неудачным, но средств для их объединения нет.

Первоначально психическое признают совершенно отдельным от тела, функцией «души», не подчиненной физическим законам: душа живет сама по себе, а тело само по себе, одно несоизмеримо с другим. Это теория наивного дуализма, или спиритуализма. Первая попытка не менее наивного монизма рассматривает душу как непосредственную функцию тела, утверждая, что «мысль есть движение вещества». Такова знаменитая формула Молешотта.

Оба взгляда заводят в тупик. Первый – потому, что существует очевидная зависимость между актами физиологическими и психическими. Второй — потому, что движение всетаки остается движением, а мысль — мыслью.

Первое аналогично отрицанию двумерным существом физической реальности у явлений, пребывающих вне его плоскости. Второе – попытке считать происходящими на этой плоскости явления, которые совершаются вне ее, над нею.

Следующей ступенью является гипотеза о параллельной плоскости, на которой происходят все необъяснимые вещи. Но теория параллелизма — очень опасная вещь.

Плоское существо поймет третье измерение тогда, когда оно ясно увидит, что то, что оно считало параллельным своей плоскости, в действительности может находиться на разном расстоянии от нее. Тогда у него возникнет идея перспективы и рельефа, и мир примет у него такой же вид, какой имеет для нас.

Мы более правильно поймем отношение физического к психическому только тогда, когда уясним себе, что психи-

---

* Выражение «психические явления» употреблено здесь в своем единственно возможном смысле — те психические, или душевные, явления, которые составляют предмет психологии. Я упоминаю об этом потому, что в спиритической и теософской литературе слово «психический» употребляется для обозначения сверхнормальных или сверхфизических явлений.

ческое не всегда параллельно физическому и может совершенно не зависеть от него. А параллельное, которое не всегда параллельно, очевидно, подчинено непонятным для нас законам четырехмерного мира.

Теперь нередко говорят так: о точной природе взаимоотношений физического и психического мы ничего не знаем. Единственное, что более или менее установлено, что каждому психическому акту, мысли или ощущению соответствует акт физиологический, выражающийся хотя бы в слабой вибрации нервов и мозговых волокон. Ощущение определяется как осознание изменения в органах чувств. Это изменение есть определенное движение, но каким образом движение превращается в чувство и мысль, мы не знаем.

Возникает вопрос: нельзя ли предположить, что физическое отделено от психического пространством четвертого измерения, т. е. что физиологический акт, переходя в область четвертого измерения, вызывает там эффекты, которые мы называем чувством и мыслью?

На нашей плоскости, т. е. в мире, доступном нашему наблюдению колебаний и движений, мы не способны понять и определить мысль, так же как двумерное существо на своей плоскости не может понять и определить движения рычага или пары колес на оси.

Одно время большим успехом пользовались идеи Э. Маха, изложенные главным образом в его книге «Анализ ощущений и отношение физического к психическому». Мах совершенно отрицает различие между физическим и психическим. Весь дуализм нашего миропонимания создался, по его мнению, из метафизического представления о «вещи в себе» и из представления (ошибочного, по мнению Маха) об иллюзорности нашего познания вещей. Мах считает, что познавать что-либо неправильно мы не можем. Вещи представляют собой именно то, чем они нам кажутся. Понятие иллюзии необходимо вообще отбросить. Элементы ощущений и есть физические элементы. То, что мы называем телами, есть только комплексы ощущений (световых, звуковых, давления и пр.), такими же комплексами ощущений являются образы представлений. Разницы между физическим и психическим не существует, и то, и другое слагается из одинаковых элементов (ощущений). Молекулярное строение тел и атомистическую теорию Мах принимает только как символы, отрицая за ними всякую реальность. Таким образом, согласно Маху, наш психический аппарат созидает физический мир. «Вещь» есть только комплекс ощущений.

Но, говоря о теории Маха, необходимо помнить, что психика строит «формы» мира (т. е. делает его таким, каким мы его воспринимаем) из чего-то другого, до чего мы никогда не можем добраться. Голубой цвет неба нереален, зеленый цвет луга — тоже. Очевидно, в «небе», т. е. в атмосферном воздухе, есть нечто, заставляющее его казаться голубым, точно так же, как в траве на лугу есть нечто, заставляющее ее казаться зеленой.

Без этого дополнения человек, основываясь на идеях Маха, легко мог бы сказать: это яблоко есть комплекс моих ощущений, значит, оно только кажется, а не существует в действительности.

Это неверно. Яблоко существует, и человек самым реальным образом может в этом убедиться. Но оно — не то, чем кажется нам в трехмерном мире.

Психическое (если рассматривать его как противоположность физическому, или трехмерному) очень похоже на то, что должно существовать в четвертом измерении, и мы вправе сказать, что мысль движется в четвертом измерении.

Для нее нет преград и расстояний. Она проникает внутрь непроницаемых предметов, представляет себе строение атомов, химический состав звезд, население морского дна, жизнь народа, исчезнувшего десять тысяч лет назад...

Никакие стены, никакие физические условия не стесняют нашей фантазии, нашего воображения.

Разве не покидали в своем воображении шлиссельбургские бастионы Морозов и его товарищи? Разве сам Морозов не путешествовал во времени и в пространстве, когда, читая Апокалипсис в Алексеевском равелине Петропавловской крепости, видел грозовые тучи, несшиеся над греческим островом Патмос в пять часов вечера 30 сентября 395 года?

Разве во сне мы не живем в фантастическом, сказочном царстве, где все способно превращаться, где нет устойчивости физического мира, где один человек может стать другим или сразу двумя, где самые невероятные вещи кажутся простыми и естественными, где события часто идут в обратном порядке, от конца к началу, где мы видим символические изображения идей и настроений, где мы разговариваем с умершими, летаем по воздуху, проходим сквозь стены, тонем, сгораем, умираем и все-таки остаемся живыми?

Сопоставляя все это, мы видим, что нет надобности считать четырехмерными существами только духов, появляющихся или не появляющихся на спиритических сеансах. С не меньшим основанием можно сказать, что мы сами — четырехмерные существа и обращены к третьему измерению только одной своей стороной, т. е. лишь небольшой частью своего существа. Только эта часть живет в трех измерениях, и мы сознаем только эту часть. Бо́льшая же часть нашего существа живет в четырех измерениях, но эту бо́льшую часть мы не сознаем. Или еще правильнее сказать, что мы живем в четырехмерном мире, но сознаем себя в трехмерном. Это значит, что мы живем в условиях одного рода, а представляем себя в других. К такому же заключению приводят нас и выводы психологии. Психология, хотя и очень робко, говорит о возможности пробуждения нашего сознания, т. е. о возможности особого его состояния, когда оно видит и ощущает себя в реальном мире, не имеющем ничего общего с миром вещей и явлений — в мире мыслей, образов и идей.

Рассматривая свойства четвертого измерения, я упомянул о том, что тессаракт, т. е. a^4, может быть получен движением куба в пространстве, причем двигаться должны все точки куба.

Следовательно, если предположить, что из каждой точки куба идет линия, по которой происходит это движение, то комбинация этих линий составит проекцию четырехмерного тела. Это тело, т. е. тессаракт, можно рассматривать как бесконечное число кубов, как бы вырастающих из первого.

Посмотрим теперь, не известны ли нам примеры такого движения, при котором двигались бы все точки данного куба.

Молекулярное движение, т. е. движение мельчайших частиц материи, усиливающееся при нагревании и ослабевающее при охлаждении — самый подходящий пример движения в четвертом измерении, несмотря на все ошибочные представления физиков об этом движении.

В статье «Можно ли надеяться увидеть молекулы?» Д. А. Гольдхаммер говорит, что, согласно современным воззрениям, молекулы суть тельца с линейными размерами между одной миллионной и одной десятимиллионной долей миллиметра. Вычислено, что в одной миллиардной доле кубического миллиметра, т. е. в одном микроне, при температуре 0 градусов Цельсия и при обычном давлении, находится около тридцати миллионов молекул кислорода. Молекулы движутся очень быстро; так, большинство молекул кислорода при нормальных условиях имеет скорость около 450 м в секунду. Несмотря на столь большие скорости, молекулы не разлетаются мгновенно во все стороны только потому, что часто сталкиваются друг с другом и меняют от этого направление движения. Путь молекулы имеет вид очень запутанного зигзага, — в сущности, она топчется, так сказать, на одном месте.

Оставим пока в стороне запутанный зигзаг и теорию столкновения молекул (броуновское движение), и попытаемся установить, какие результаты производит молекулярное движение в видимом мире.

Чтобы указать пример движения в четвертом измерении, мы должны найти такое движение, при котором данное тело действительно двигалось бы, а не оставалось на одном месте (или в одном состоянии).

Рассматривая все известные нам виды движения, мы должны признать, что лучше всего подходят к поставленным условиям **расширение** и **сокращение** тел.

Расширение газов, жидкостей и твердых тел означает, что молекулы отдаляются одна от другой. Сокращение твердых тел, жидкостей и газов означает, что молекулы приближаются одна к другой и расстояние между ними уменьшается. Здесь есть некоторое пространство и некоторое расстояние. Не лежит ли это пространство в четвертом измерении?

Мы знаем, что при движении по этому пространству движутся все точки данного геометрического тела, т. е. все молекулы данного физического тела. Фигура, полученная от движения в пространстве куба при расширении и сокращении, будет иметь для нас вид куба, и мы можем представить ее себе в виде бесконечного числа кубов.

Можно ли предположить, что комбинация линий, проведенных из всех точек куба как на поверхности, так и внутри линий, по которым точки отдаляются одна от другой и приближаются одна к другой, составит проекцию четырехмерного тела?

Чтобы ответить на это, нужно выяснить, что же это за линии и что за направление? Линии соединяют все точки данного тела с его центром. Следовательно, направление найденного движения — от центра по радиусам.

При исследовании путей движения точек (молекул) тела при расширении и сокращении мы обнаруживаем в них много интересного.

Расстояние между молекулами мы видеть не можем. В твердых телах, в жидкостях и газах мы не в состоянии его увидеть, потому что оно крайне мало; в сильно разреженной материи, например в круксовых трубках, где это расстояние, вероятно, увеличивается до ощутимых нашими аппаратами размеров, мы не можем его видеть, потому что сами частицы, молекулы, слишком малы и недоступны нашему наблюдению. В упомянутой выше статье Гольдхаммер говорит, что при определенных условиях молекулы можно сфотографировать, если бы их удалось сделать светящимися. Он пишет, что при ослаблении давления в круксовой трубке до одной миллионной доли атмосферы в одном микроне содержится всего тридцать молекул кислорода. Если бы они светились, их можно было бы сфотографировать на экране. Насколько возможно такое фотографирование — это другой вопрос. В данном же рассуждении молекула как некое реальное количество в отношении к физическому телу представляет собой точку в ее отношении к геометрическому телу.

Все тела обладают молекулами и, следовательно, должны иметь некоторое, хотя бы очень малое межмолекулярное пространство. Без этого мы не можем представить себе реальное тело, а разве что воображаемые геометрические тела. Реальное тело состоит из молекул и обладает некоторым межмолекулярным пространством.

Это означает, что разница между кубом трех измерений a^3 и кубом четырех измерений a^4 заключается в том, что куб четырех измерений состоит из молекул, тогда как куб трех измерений в действительности не существует и является проекцией четырехмерного тела на трехмерное пространство.

Но, расширяясь или сокращаясь, т. е. двигаясь в четвертом измерении, если принять предыдущие рассуждения, куб или шар постоянно остаются для нас кубом или шаром, изменяясь только в размерах. В одной из своих книг Хинтон совершенно справедливо замечает, что прохождение куба высшего измерения через наше пространство воспринималось бы нами как изменение свойств его материи. Он добавляет, что идея четвертого измерения может возникнуть при наблюдении серии прогрессивно увеличивающихся или уменьшающихся шаров или кубов. Здесь он вплотную приближается к правильному определению движения в четвертом измерении.

Один из наиболее важных, ясных и понятных видов движения в четвертом измерении в этом смысле есть рост, в основе которого лежит расширение. Почему это так — объяснить нетрудно. Всякое движение в пределах трехмерного пространства есть в то же время движение во времени. Молекулы, или точки, расширяющегося куба при сокращении не возвращаются на прежнее место. Они описывают определенную кривую, возвращаясь не в ту точку времени, из которой вышли, а в другую. А если предположить, что они вообще не возвращаются, то их расстояние от первоначального момента времени будет все более и более возрастать. Представим себе такое внутреннее движение тела, при котором его молекулы, отдалившись одна от другой, не сближаются, а расстояние между ними заполняется новыми молекулами, в свою очередь расходящимися и уступающими место новым. Такое внутреннее движение тела будет его ростом, по крайней мере, геометрической схемой роста. Если сравнить крохотную зеленую завязь яблока с большим красным плодом, висящим на той же ветке, мы поймем, что молекулы завязи не могли создать яблоко, двигаясь только по трехмерному пространству. Кроме непрерывного движения во времени, им нужно непрерывное уклонение в пространство, лежащее вне трехмерной сферы. Завязь отделена от яблока временем. С этой точки зрения, яблоко — это три-четыре месяца движения молекул в четвертом измерении. Представив себе весь путь от завязи до яблока, мы увидим направление четвертого измерения, т. е. таинственный четвертый перпендикуляр — линию, перпендикулярную ко всем трем перпендикулярам нашего пространства.

Хинтон так близко стоит к правильному решению вопроса о четвертом измерении, что иногда угадывает место четвертого измерения в жизни, даже когда не в состоянии точно определить это место. Так, он говорит, что симметрию строения живых организмов можно объяснить движением их частиц в четвертом измерении.

Всем известен, говорит Хинтон, способ получения на бумаге изображений, похожих на насекомых. На бумагу капают чернила и складывают ее пополам. Получается очень сложная симметричная фигура, похожая на фантастическое насекомое. Если бы ряд таких изображений увидел человек, совершенно не знакомый со способом их приготовления, то он, рассуждая логически, должен был бы прийти к заключению, что они получены путем складывания бумаги, т. е. что их симметрично расположенные точки соприкасались. Точно так же и мы, рассматривая и изучая формы строения живых существ, напоминающие фигуры на бумаге, полученные описанным способом, можем заключить, что симметричные формы насекомых, листьев, птиц и т. п. создаются процессом, аналогичным складыванию. Симметричное строение живых тел можно объяснить если не складыванием пополам в четвертом измерении, то, во всяком случае, таким же, как при складывании, расположением мельчайших частиц, из которых строятся эти тела. В природе существует очень любопытный феномен, создающий совершенно правильные чертежи четвертого измерения — нужно только уметь их читать. Они видны в фантастически разнообразных, но всегда симметричных фигурах снежинок, в рисунках цветов, звезд, папоротников и кружев морозных узоров на стекле. Капельки воды, осаждаясь на холодное стекло или лед, немедленно начинают замерзать и расширяться, оставляя следы своего движения в четвертом измерении в виде причудливых рисунков. Морозные узоры и снежинки — это фигуры четвертого измерения, таинственные a^4. Воображаемое в геометрии движение низшей фигуры для получения высшей осуществляется здесь на деле, и полученная фигура действительно является следом движения благодаря тому, что мороз сохраняет все моменты расширения замерзающих капелек воды.

Формы живых тел, цветы, папоротники созданы по тому же принципу, хотя и более сложно. Общий вид дерева, постепенно расширяющегося в ветвях и побегах, есть как бы диаграмма четвертого измерения, a^4. Голые деревья зимой и ранней весной нередко представляют собой очень сложные и чрезвычайно интересные диаграммы четвертого измерения. Мы проходим мимо них, ничего не замечая, так как думаем, что дерево существует в трехмерном пространстве. Такие же замечательные диаграммы можно увидеть в узорах водорослей, цветов, молодых побегов, некоторых семян и т. д. и т. п. Иногда достаточно немного увеличить их, чтобы обнаружить тайны Великой Лаборатории, скрытой от наших глаз.

В книге проф. Блоссфельдта* о художественных формах в природе читатель может найти несколько превосходных иллюстраций к приведенным выше положениям.

Живые организмы, тела животных и людей построены по принципу симметричного движения. Чтобы понять эти принципы, возьмем простой схематический пример симметричного движения: представим себе куб, состоящий из двадцати семи кубиков, и будем мысленно воображать, что этот куб расширяется и сокращается. При расширении все двадцать шесть кубиков, расположенные вокруг центрального, будут удаляться от него, а при сокращении опять к нему приближаться. Для удобства рассуждения и для большего сходства нашего куба с телом, состоящим из молекул, предположим, что кубики измерения не имеют, что это просто точки. Иначе говоря, возьмем только центры двадцати семи кубиков и мысленно соединим их линиями как с центром, так и между собой.

Рассматривая расширение куба, состоящего из двадцати семи кубиков, мы можем сказать, что каждый из этих куби-

---

* Karl Blossfeldt. Art Forms in Nature. London, 1929.

ков, чтобы не столкнуться с другими и не помешать их движению, должен двигаться, удаляясь от центра, т. е. по линии, соединяющей его центр с центром центрального кубика. Это — первое правило:

При расширении и сокращении молекулы движутся по линиям, соединяющим их с центром.

Далее мы видим в нашем кубе, что не все линии, соединяющие двадцать шесть точек с центром, равны. Линии, которые идут к центру от точек, лежащих на углах куба, т. е. от центра угловых кубиков, длиннее линий, которые соединяют с центром точки, лежащие в центрах шести квадратов на поверхностях куба. Если мы предположим, что межмолекулярное пространство удваивается, то одновременно увеличиваются вдвое все линии, соединяющие двадцать шесть точек с центром. Линии эти не равны, следовательно, молекулы движутся не с одинаковой скоростью — одни медленнее, другие быстрее, — при этом находящиеся дальше от центра движутся быстрее, находящиеся ближе — медленнее. Отсюда можно вывести второе правило:

Скорость движения молекул при расширении и сокращении тела пропорциональна длине линий, соединяющих эти молекулы с центром.

Наблюдая расширение куба, мы видим, что расстояние между **всеми** двадцатью семью кубиками увеличилось пропорционально прежнему.

Назовем *а* — отрезки, соединяющие 26 точек с центром, и *б* — отрезки, соединяющие 26 точек между собой. Построив внутри расширяющегося и сокращающегося куба несколько треугольников, мы увидим, что отрезки *б* удлиняются пропорционально удлинению отрезков *а*. Из этого можно вывести третье правило:

Расстояние между молекулами при расширении увеличивается пропорционально их удалению от центра.

Иными словами, если точки находятся на равном расстоянии от центра, они и останутся на равном расстоянии от него; а две точки, находившиеся на равном расстоянии от третьей, останутся от нее на равном расстоянии. При этом, если смотреть на движение не со стороны центра, а со стороны какой-нибудь из точек, будет казаться, что эта точка и есть центр, от которого идет расширение, — будет казаться, что все другие точки отдаляются от нее или приближаются к ней, сохраняя прежнее отношение к ней и между собой, а она сама остается неподвижной. «Центр везде»!

Последнее правило лежит в основе законов симметрии в строении живых организмов. Но живые организмы строятся не одним расширением. Сюда входит элемент движения во времени. При росте каждая молекула описывает кривую, получающуюся из комбинации двух движений в пространстве и во времени. Рост идет в том же направлении, по тем же линиям, что и расширение. Поэтому законы роста должны быть аналогичны законам расширения. Законы расширения, в частности третье правило, гарантируют свободно расширяющимся телам строгую симметрию: если точки, находившиеся на равном расстоянии от центра, будут всегда оставаться от него на равном расстоянии, тело будет расти симметрично.

В фигуре, полученной из растекшихся чернил на сложенном пополам листке бумаги, симметрия всех точек получилась благодаря тому, что точки одной стороны соприкасались с точками другой стороны. Любой точке на одной стороне соответствовала точка на другой стороне, и когда бумагу сложили, эти точки соприкоснулись. Из третьего правила вытекает, что между противоположными точками четырехмерного тела существует какое-то соотношение, какая-то связь, которой мы до сих пор не замечали. Каждой точке соответствует одна или несколько других, с которыми она каким-то непонятным нам образом связана. Именно, она не может двигаться самостоятельно, ее движение зависит от движения соответствующих ей точек, занимающих аналогичные места в расширяющемся или сокращающемся теле. Это и будут противоположные ей точки. Она как бы соприкасается с ними, соприкасается в четвертом измерении. Расширяющееся тело точно складывается в разных направлениях, и этим устанавливается загадочная связь между его противоположными точками.

Попробуем рассмотреть, как происходит расширение простейшей фигуры. Рассмотрим ее даже не в пространстве, а на плоскости. Возьмем квадрат и соединим с центром четыре точки, лежащие в его углах. Затем соединим с центром точки, лежащие на серединах сторон, и, наконец, точки, лежащие на половинном расстоянии между ними. Первые четыре точки, т. е. точки, лежащие в углах, назовем точками A; точки, лежащие по серединам сторон квадрата, — точками B; наконец, точки, лежащие между ними (их будет восемь), — точками C.

Точки A, B и C лежат на разных расстояниях от центра; поэтому при расширении они будут двигаться с неодинаковой скоростью, сохраняя свое отношение к центру. Кроме того, все точки A связаны между собой, как связаны между собой точки B и C. Между точками каждой группы существует таинственная внутренняя связь. Они должны оставаться на **равном** расстоянии от центра.

Предположим теперь, что квадрат расширяется, т. е. все точки A, B и C движутся, удаляясь от центра по радиусам. Пока фигура расширяется свободно, движение точек происходит по указанным правилам, фигура остается квадратом и сохраняет симметричность. Но предположим, что на пути движения одной из точек C вдруг оказалось какое-то препятствие, заставившее эту точку остановиться. Тогда происходит одно из двух: или остальные точки будут двигаться, как будто ничего не произошло, или же точки, соответствующие точке C, тоже остановятся. Если они будут двигаться, симметрия фигуры нарушится. Если остановятся, то это подтвердит вывод из правила третьего, согласно которому точки, находившиеся на равном расстоянии от центра, при расширении остаются на равном расстоянии от него. И действительно, если все точки C, повинуясь таинственной связи между ними и точкой C, которая встретилась с препятствием, остановятся в то время, как точки A и B движутся, из нашего квадрата получится правильная, симметричная звезда. Возможно, что при росте растений и живых организмов именно это и происходит. Возьмем более сложную фигуру, у которой центр (от него происходит расширение), не один, а несколько, и все они расположены на одной линии — точки, удаляющиеся от этих центров при расширении, расположены по обеим сторонам центральной линии. Тогда при аналогичном расширении получится не звезда, а нечто вроде зубчатого листа. Если мы возьмем подобную фигуру не на плоскости, а в трехмерном пространстве и предположим, что центры, от которых идет расширение, лежат не на одной оси, а на нескольких, то получим при расширении фигуру, которая напоминает живое тело с симметричными конечностями и пр. А если мы предположим, что атомы фигуры движутся во времени, то получится «рост» живого тела. Законы роста, т. е. движения, начинающегося от центра по радиусам при расширении и сокращении, выдвигают теорию, способную объяснить причины симметричного строения живых тел.

Определения состояний материи в физике становятся все более и более условными. Одно время к трем известным состояниям (твердому, жидкому, газообразному) пытались добавить еще и «лучистую материю», как называли сильно разреженные газы в круксовых трубках. Существует теория, которая считает коллоидное, желеобразное состояние материи — состоянием, отличающимся от твердого, жидкого и газообразного. Согласно этой теории, органическая материя есть разновидность коллоидной материи или формируется из нее. Понятие материи в этих состояниях противопоставляется понятию энергии. Затем возникла электронная теория, в которой понятие материи почти не отличается от понятия энергии; позднее появились различные теории строения атома, которые дополнили понятие материи множеством новых идей.

Но как раз в этой области более чем в какой-либо другой научные теории отличаются от понятий обыденной жизни. Для непосредственной ориентировки в мире феноменов нам необходимо отличать материю от энергии, а также различать три состояния материи: твердое, жидкое и газообразное. Вместе с тем, приходится признать, что даже эти три известные нам состояния материи различаются ясно и неоспоримо только в таких «классических» формах, как кусок железа, вода в реке, воздух, которым мы дышим. А переходные формы бывают разными и совпадают друг с другом; поэтому мы не всегда знаем точно, когда одно перешло в другое, не можем провести четкой разграничительной линии, не можем сказать, когда твердое тело превратилось в жидкость, а жидкость — в газ. Мы предполагаем, что разные состояния материи зависят от разной силы сцепления молекул, от быстроты и свойств молекулярного движения, но мы различаем эти состояния только по внешним признакам, очень непостоянным и зачастую перемешивающимся между собой.

Можно определенно утверждать, что каждое более тонкое состояние материи является более энергетическим, т. е. заключающим в себе как бы меньше массы и больше движения. Если материю противопоставить времени, то можно сказать, что чем тоньше состояние материи, тем больше в нем времени и меньше материи. В жидкости больше «времени», чем в твердом теле; в газе больше «времени», чем в воде.

Если мы допустим существование еще более тонких состояний материи, они должны быть более энергетическими, чем признаваемые физикой; согласно вышесказанному, в них должно быть больше времени и меньше пространства, больше движения и меньше вещества. Логическая необходимость энергетических состояний материи давно уже принята в физике и доказывается очень понятными рассуждениями.

«Что такое, в сущности, субстанция? — пишет Ш. Фрейсинэ в «Очерках по философии науки». — Определение субстанции никогда не отличалось большой ясностью и сделалось еще менее ясным после открытий современной науки. Можно ли, например, назвать субстанцией тот таинственный агент, к которому прибегают физики для объяснения явления теплоты и света? Этот агент, эта среда, этот механизм — назовите, как угодно — существует, так как проявляется в неопровержимых действиях. Однако он лишен тех качеств, без которых трудно представить себе субстанцию. Он не имеет веса, у него, возможно, нет и массы; он не производит непосредственного впечатления ни на один из наших органов чувств; одним словом, у него нет ни одного признака, который указывал бы на то, что некогда называли материальным. С другой стороны, это не дух, по крайней мере, никому не приходило в голову называть его таким образом. Но неужели только потому, что его нельзя подвести под категорию субстанции, его реальность следует отрицать?

Можно ли по той же причине отрицать реальность того механизма, благодаря которому тяготение передается в глубину пространства со скоростью, несравненно большей скорости света (Лаплас считал ее мгновенной)? Великий Ньютон полагал невозможным обойтись без этого агента. Тот, кому принадлежит открытие всемирного тяготения, писал Бентли: «Чтобы тяготение было прирождено и присуще, свойственно материи в том смысле, что одно тело могло бы действовать на другое на расстоянии через пустое пространство, без посредства чего-либо, при помощи чего и сквозь что могло бы передаваться действие и сила от одного тела к другому, мне кажется таким абсурдом, что, я думаю, ни один человек, способный философски рассуждать, не впадет в него. Тяготение должно производиться агентом, обнаруживающим свое непрерывное влияние на тела по известным законам; но материален этот агент или не материален? Этот вопрос и представляется оценке моих читателей» (3-е письмо к Бентли от 25 февраля 1692 года).

Отвести место этим агентам настолько затруднительно, что некоторые физики, а именно Хирн, мастерски развивший эту мысль в своей книге «Строение небесного пространства», считают возможным вообразить себе новый род агентов, занимающих, так сказать, середину между материальным порядком и духовным и служащих великим источником сил природы. Этот класс агентов, названный Хирном динамическим, из представления о котором он исключает всякую идею массы и веса, служит как бы для установления отношений, для вызывания действий между различными частями материи на расстоянии.

Теория динамических агентов Хирна может основываться на следующем. В сущности, мы никогда не могли определить, что такое материя и сила. И тем не менее считали их противоположными, т. е. определяли материю как нечто, противоположное силе, а силу — как нечто, противоположное материи. Но теперь старые воззрения на материю, как нечто солидное и противоположное энергии, в значительной степени изменились. Физический атом, считавшийся прежде неделимым, признается теперь сложным, состоящим из электронов. Электроны же не есть материальные частицы в обычном значении слова. Это, скорее, моменты проявления силы, моменты или элементы силы. Говоря иными словами, электроны — это мельчайшие деления материи, и в то же время — мельчайшие элементы силы. Электроны могут быть положительными и отрицательными. Можно считать, что различие между материей и силой заключается в различной комбинации положительных и отрицательных электронов. В одной комбинации они производят на нас впечатление материи, в другой — силы. С этой точки зрения того различия между материей и силой, которое продолжает составлять основу нашего взгляда на природу, не существует. Материя и сила — это одно и то же, вернее, разные проявления одного и того же. Во всяком случае, существенной разницы между материей и силой нет, и одно должно переходить в другое. С этой точки зрения материя — это сгущенная энергия. И если это так, то вполне естественно, что степень сгущенности может быть разной. Эта теория объясняет, каким образом Хирн мог представить себе полуматериальные и полуэнергетические агенты. Тонкие, разреженные состояния материи действительно должны занимать среднее место между материей и силой. В своей книге «Неизвестные силы природы» К. Фламмарион пишет:

«Материя — это вовсе не то, чем она представляется нашим чувствам, осязанию или зрению... Она представляет одно целое с энергией и является проявлением движения невидимых и невесомых элементов. Вселенная имеет динамический характер. Гийоме де Фонтенэ дает следующее объяснение динамической теории. По его мнению, материя не есть инертное вещество, каким ее себе представляют. Возьмем колесо и насадим его горизонтально на ось. Колесо неподвижно. Предоставим резиновому мячу падать между его спицами, и мяч почти всегда будет проходить между ними. Теперь придадим колесу легкое движение. Мяч довольно часто будет задевать за спицу и отскакивать. Если ускорить вращение, мяч вообще не будет проходить через колесо, которое сделается для него как бы непроницаемым диском. Можно проделать аналогичный опыт, поставив колесо вертикально и проталкивая через него палку. Колесо велосипеда хорошо выполнит эту роль, так как его спицы тонки. Когда колесо неподвижно, палка будет проходить через него девять раз из десяти. При движении колесо все чаще и чаще будет отталкивать палку. С увеличением скорости движения оно сделается непроницаемым, и все попытки проткнуть его разобьются, как о стальную броню».

И вот, рассмотрев в окружающем нас мире все то, что отвечает физическим условиям пространства более высоких измерений, мы можем поставить вопрос вполне определенно: Что такое четвертое измерение?

Мы видели, что геометрическим путем доказать существование четвертого измерения и выяснить его свойства, а главное, определить его положение по отношению к нашему миру — невозможно. Математика допускает только **возможность** существования высших измерений.

В самом начале, давая определение идее четвертого измерения, я указал, что, если оно существует, это означает, что, кроме трех известных нам перпендикуляров, должен существовать и четвертый. А это, в свою очередь, означает, что из любой точки нашего пространства может быть проведена линия в таком направлении, которое мы не знаем и не можем знать; и далее, что совсем близко, возле нас, но в некотором неизвестном направлении, находится какое-то иное пространство, которое мы не в силах увидеть и в которое не в состоянии проникнуть.

Далее я объяснил, почему мы не способны увидеть это пространство; я установил, почему оно должно лежать не возле нас, в каком-то неизвестном направлении, а внутри нас, внутри объектов нашего мира, нашей атмосферы, нашего пространства. Но это не является решением всей проблемы, хотя представляет собой необходимую ступень на пути к решению, ибо четвертое измерение **не только находится внутри нас**, но и мы сами находимся внутри него, т. е. существуем в четырехмерном пространстве.

Ранее я упоминал, что спириты и оккультисты различных школ часто пользуются в своей литературе выражением «четвертое измерение», приписывая четвертому измерению все явления астральной сферы.

Астральная сфера оккультистов, которая пронизывает собой наше пространство, есть попытка найти какое-то место для тех явлений, которые нашему пространству не соответствуют. Следовательно, она до некоторой степени представляет собой искомое нами продолжение нашего мира внутрь.

С обычной точки зрения астральную сферу можно определить как **субъективный мир**, проецируемый вовне и принимаемый за **объективный мир**. Если бы кому-нибудь действительно удалось доказать объективное существование даже части того, что называется астралом, это и было бы миром четвертого измерения.

Однако само понятие астральной сферы, или астральной материи, в оккультных учениях менялось много раз. В целом, если мы рассмотрим взгляд оккультистов разных школ на природу, мы обнаружим, что он основан на признании возможности изучать иные условия существования, чем наши физические. Оккультные теории по большей части основываются на признании одной главной субстанции, познание которой дает ключ к постижению тайн природы. Но само понятие субстанции условно. Иногда ее понимают как **принцип**, как **условие существования**, а иногда — как **вещество**.

В первом случае основная субстанция — это основные условия существования; во втором случае — основная материя. Первое понятие, конечно, гораздо тоньше и является результатом. более разработанной философской мысли. Второе — гораздо грубее и обычно является признаком упадка мысли, признаком невежественного обращения с глубокими и тонкими идеями.

Философы-алхимики эту основную субстанцию называли Spiritus Mundi — дух мира. Но алхимики — искатели золота — уже считали возможным заключить Spiritus Mundi в колбу и проделывать над ним химические манипуляции.

Это необходимо помнить для того, чтобы оценить астральные гипотезы современных теософов и оккультистов. Сен-Мартэн, а позднее Элифас Леви все еще понимали «астральный свет» как **принцип**, как условия существования, отличающиеся от обычных, физических. Но у современных спиритов и теософов «астральный свет» превратился в «астральную материю», которую можно **видеть** и даже фотографировать. Теория «астрального света» и «астральной материи» основана на гипотезе тонких состояний материи. Гипотеза тонких состояний материи была еще возможна в последние десятилетия старой физики, но в современном физико-химическом мышлении для нее трудно найти место. С другой стороны, современная физиология все более отклоняется от физико-механических объяснений жизненных процессов и приходит к признанию колоссального влияния **следов материи**, т. е. материи, недоступной восприятию и химическому определению, которые тем не менее обнаруживаются по результатам своего присутствия, как, например, гормоны, витамины, внутренние секреции и т. п.

Поэтому, несмотря на то, что гипотеза тонких состояний материи не имеет никакого отношения к современной физике, я попытаюсь здесь дать краткое объяснение астральной теории.

Согласно этой теории, частицы, являющиеся результатом деления физических атомов, производят особого рода тонкую материю — астральную материю, подчиняющуюся воздействию не физических сил, а сил, не влияющих на физическую материю. Таким образом, эта астральная материя подчиняется воздействию психической энергии, т. е. воле, чувствам и желаниям, которые являются реальными силами в астральной сфере. Это значит, что воля человека, а также реакции его чувств и эмоциональные импульсы воздействуют на астральную материю так же, как физическая энергия воздействует на физические тела.

Далее признается возможным переход физической материи, составляющей видимые тела и предметы, в астральное состояние. Это — **дематериализация**, т. е. абсолютное исчезновение физических предметов неизвестно куда, без следа и остатка. Обратный переход, т. е. переход астральной материи в физическое состояние, или в физическую материю, также признан возможным. Это — **материализация**, т. е. появление вещей, предметов и даже живых тел неизвестно откуда.

Затем признается возможным, что материя, которая входит в состав какого-то физического тела, перейдя в астральное состояние, может «вернуться» в физическое состояние в другом виде. Так, один металл, перейдя в астральное состояние, «возвращается» в виде другого металла. Таким образом, алхимические процессы объясняются временным переведением какого-нибудь тела, чаще всего металла, в астральное состояние, где материя подчинена действию воли (или духов) и под влиянием этой воли совершенно меняется, а потом вновь появляется в физическом мире в виде **другого металла**; подобным путем железо может превратиться в золото. Считается возможным переводить таким образом материю из одного состояния в другое и превращать одно тело в другое путем психического воздействия с помощью ритуалов и т. п. Далее, считается возможным видеть в астральной сфере события, которые еще не совершились в физической сфере, но должны совершиться и повлиять на прошлое и будущее.

Все это, вместе взятое, составляет содержание того, что называется магией. Магия в обычном понимании этого слова означает способность совершать то, что не может быть сделано при помощи обыкновенных физических средств. Таковы, например, способность влиять на расстоянии на людей и на предметы, видеть действия людей и знать их мысли, заставлять их исчезать из нашего мира и появляться в неожиданных местах, способность изменять свой вид и даже физическую природу, непостижимым образом переноситься на большие расстояния, проникать сквозь стены и т. п.

Оккультисты объясняют подобные действия знакомством магов со свойствами астральной сферы и их умением действовать психически на астральное вещество, а через него и на физическое. Некоторые виды волшебства можно объяснить сообщением неодушевленным предметам особых свойств, что достигается психическим воздействием на их астральное вещество, особого рода психической магнетизацией их, посредством которой маги могут сообщать вещам любые свойства, делать их исполнителями своей воли, заставлять приносить добро или зло другим людям, предупреждать о грозящих несчастьях, давать силу или отнимать ее и т. п. К числу магических действий относится, например, освящение воды, ставшее теперь простым обрядом в христианском и буддийском . богослужениях, но первоначально заключавшееся в стремлении психически насытить воду какими-то излучениями или эманациями, чтобы сообщить ей желаемые свойства, лечебные или другие.

В теософской и современной оккультной литературе существует множество очень образных описаний астральной сферы. Но нигде не дается никаких доказательств объективного ее существования.

Спиритические доказательства, т. е. феномены на сеансах и медиумические явления вообще, сообщения и т. д., приписываемые духам (т. е. душам, лишенным тел), ни в коем смысле не являются доказательствами, потому что все эти явления можно объяснить гораздо проще. В главе о снах я устанавливаю возможное значение спиритических явлений как результатов «имперсонализации». Теософские объяснения, основанные на ясновидении, требуют прежде всего доказательства существования ясновидения, остающегося недоказанным, несмотря на большое число книг, в которых авторы описывают то, чего они достигли, или то, что нашли при помощи ясновидения. Не всем известно, что во Франции существует учрежденная много лет назад премия, которая обещает значительную сумму денег тому, кто прочтет письмо в запечатанном конверте. Премия так и остается невыплаченной.

И спиритические, и теософские теории страдают общим недостатком, который объясняет, почему астральные гипотезы остаются одними и теми же и не получают никаких доказательств. И в спиритических, и в теософских астральных теориях время и пространство берутся совершенно такими же, как в старой физике, т. е. отдельно друг от друга. Развоплощенные духи, или астральные существа, или мысле-формы понимаются как **пространственные** тела четвертого измерения, **а во времени** — как физические тела. Иными словами, они остаются в тех же условиях времени, что и физические тела. Но именно это является невозможным. Если бы тонкие состояния материи создавали тела другого пространственного существования, эти тела должны были бы обладать другим временным существованием. Но эта идея не проникает в теософское и спиритическое мышление.

В этой главе собраны только исторические материалы, относящиеся к изучению четвертого измерения, вернее, та их часть, которая подводит к решению проблемы или, по крайней мере, к более точной ее формулировке. В главе 10 «Новая модель Вселенной» настоящей книги я показываю, как проблемы пространства — времени связаны с проблемами структуры материи и, следовательно, структуры мира, как они ведут к правильному пониманию **реального** мира — и позволяют избежать целого ряда ненужных теорий как псевдооккультных, так и псевдонаучных.

1908—1929 годы

ГЛАВА 3
СВЕРХЧЕЛОВЕК

Постоянство идеи сверхчеловека в истории мысли. — Воображаемая новизна идеи сверхчеловека. — Сверхчеловек в прошлом и сверхчеловек в будущем. — Сверхчеловек в настоящем. — Сверхчеловек и идея эволюции. — Сверхчеловек по Ницше. — Может ли сверхчеловек быть сложным и противоречивым существом? — Человек как переходная форма. — Двойственность человеческой души. — Конфликт между прошлым и будущим. — Два вида понятий о сверхчеловеке. — Социология и сверхчеловек. — «Средний человек». — Сверхчеловек как цель истории. — Невозможность эволюции масс. — Наивное понимание сверхчеловека. — Свойства, способные развиваться вне сверхчеловека. — Сверхчеловек и идея чудесного. — Притяжение к таинственному. — Сверхчеловек и скрытое знание. — «Более высокий зоологический тип». — Предполагаемая аморальность сверхчеловека. — Непонимание идеи Ницше. — Христос Ницше и Христос Ренана. — Ницше и оккультизм. — Демонизм. — Черт Достоевского. — Пилат. — Иуда. — Человек под властью внешних влияний. — Постоянные изменения «я». — Отсутствие единства. — Что такое «воля»? — Экстаз. — Внутренний мир сверхчеловека. — Отдаленность идеи сверхчеловека. — Древние мистерии. — Постепенность посвящения. — Идея ритуала в магии. — Маг, вызвавший духа более сильного, чем он сам. — Лик Бога. — Сфинкс и его загадки. — Различные порядки идей. — Необдуманный подход к идеям. — Проблема времени. — Вечность. — Мир бесконечных возможностей. — Внешнее и внутреннее понимание сверхчеловека. — Проблема времени и психический аппарат. — «Совершенный человек» Гихтеля. — Сверхчеловек как высшее «я». — Подлинное знание. — Внешнее понимание идеи сверхчеловека. — Правильный способ мышления. — Легенда о Моисее в Талмуде.

Наряду с идеей скрытого знания через всю историю человеческого мышления проходит идея сверхчеловека.

Идея сверхчеловека стара, как мир. В течение веков и сотен веков своей истории человечество жило с идеей сверхчеловека. Сказания и легенды всех древних народов полны образов сверхчеловека. Герои мифов, титаны, полубоги, Прометей, принесший огонь с неба; пророки, мессии и святые всех религий; герои волшебных сказок и эпических песен; рыцари, которые спасали пленных принцесс, пробуждали спящих красавиц, побеждали драконов, сражались с гигантами и людоедами, — все это образы сверхчеловека.

Народная мудрость всех веков и племен понимала, что человек, каков он есть, не способен сам устроить свою жизнь; народная мудрость никогда не считала человека достижением, венчающим творение. Она правильно оценивала место человека, принимала и допускала ту мысль, что могут и должны быть существа, которые, хотя они тоже являются людьми, все же стоят гораздо выше обыкновенного человека, сильнее его, сложнее, чудеснее. Лишь тупая и стерилизованная мысль последних столетий европейской культуры утратила соприкосновение с идеей сверхчеловека и поставила своей целью **человека**, каков он есть, каким он всегда был и всегда будет. За этот сравнительно короткий период европейская мысль так основательно забыла идею сверхчеловека, что, когда Ницше бросил ее Западу, она показалась новой, оригинальной и неожиданной. В действительности же она существовала с самого начала известного нам человеческого мышления.

В конце концов, сверхчеловек никогда полностью не исчезал и в современной западной мысли. Например, что такое «наполеоновская легенда» и все сходные с ней легенды, как не попытки создать новый миф о сверхчеловеке? Массы посвоему все еще живут с идеей сверхчеловека; их не удовлетворяет человек, каков он есть; и литература, предназначенная для масс, неизбежно преподносит им сверхчеловека. В самом деле, что представляют собой граф Монте-Кристо, или Рокамболь, или Шерлок Холмс, как не современное выражение все той же идеи сильного, могучего существа, с которым не в состоянии бороться обычные люди, который превосходит их в силе, храбрости и хитрости? Его сила всегда заключает в себе нечто таинственное, магическое, чудесное.

Если мы попробуем рассмотреть формы, в которых идея сверхчеловека выражалась в человеческом мышлении в разные исторические периоды, мы увидим, что она подпадает под несколько определенных категорий.

Первая идея сверхчеловека рисует его в прошлом, связывая с легендарным Золотым веком. Эта идея всегда оставалась одной и той же: люди мечтали или вспоминали о тех далеких временах, когда их жизнью управляли сверхлюди, которые боролись со злом, поддерживали справедливость и выступали посредниками между людьми и божеством — руководили людьми согласно воле божества, давали им законы, приносили повеления. Идея теократии всегда связывалась с идеей сверхчеловека: Бог или боги, как бы их ни называли, правили людьми с помощью и через посредство сверхлюдей — пророков, вождей, царей — таинственного, сверхчеловеческого происхождения. Боги не могли иметь дело непосредственно с людьми; и человек никогда не был и не считал себя достаточно сильным, чтобы прямо взглянуть в лицо божеству и получить от него законы. Все религии начинаются с прихода сверхчеловека. «Откровение» приходит через сверхчеловека. Человек не предполагал в себе способности сделать нечто подлинно важное.

Но мечты о прошлом не могли удовлетворить человека; он стал мечтать о будущем, о том времени, когда сверхчеловек придет **опять**. В результате возникло новое понятие сверхчеловека. Люди начали ждать сверхчеловека. Он должен прийти, чтобы упорядочить их дела, управлять ими, научить повиноваться закону или принести новый закон, новое учение, новое знание, новую истину, новое откровение. Сверхчеловек должен прийти, чтобы спасти людей от самих себя, а также от сил зла, которыми они окружены. Почти во всех религиях имеется такое ожидание сверхчеловека, ожидание пророка, мессии.

В буддизме идея сверхчеловека полностью заменяет идею Божества, ибо сам Будда — не Бог, а только сверхчеловек.

Идея сверхчеловека никогда не покидала сознания человечества. Образ сверхчеловека слагался из очень сложных элементов. Иногда он получал сильную, примесь народной фантазии, которая вкладывала в него представления, возникшие из очеловечения природы, огня, грома, леса, моря; временами та же самая фантазия соединяла в один образ смутные сведения о каком-нибудь далеком племени, более диком или, наоборот, более культурном. Так, рассказы о людоедах, приносимые путешественниками, соединились в сознании древних греков в образ циклопа Полифема, пожравшего спутников Одиссея. Неведомый народ, неизвестная раса легко превращались в мифах в одно сверхчеловеческое существо.

Таким образом, идея сверхчеловека, в прошлом или в настоящем обитающего в неведомых странах, всегда оставалась яркой, богатой по содержанию. А вот идея сверхчеловека как пророка или мессии, сверхчеловека, ожидаемого людьми, была вещью весьма темной. Люди имели о сверхчеловеке очень туманное представление; они не понимали, чем сверхчеловек должен отличаться от человека обычного. И когда сверхчеловек приходил, люди побивали его камнями или распинали, потому что он не оправдывал их ожиданий. Тем не менее идея не умирала. И даже в своей неотчетливой и смутной форме она служила как бы меркой, по которой измерялось все ничтожество человека. Идея эта была постепенно забыта, когда человек стал утрачивать понимание своего ничтожества.

Идея сверхчеловека стоит вне современного научного взгляда на мир; она стала своего рода философским курьезом, ни с чем другим не связанным. Современная западная мысль не умеет нарисовать сверхчеловека в нужных тонах, всегда искажает эту идею, боится ее конечных выводов и в своих теориях будущего отрекается от какой бы то ни было связи с ней. Такое отношение к идее сверхчеловека основано на неверном понимании идеи эволюции. Главный недостаток современного понимания эволюции указан в одной из предыдущих глав.

«Сверхчеловек», если он вообще проникает в научное мышление, рассматривается как продукт эволюции человека, хотя, как правило, этот термин не применяется, и на его место ставится термин «высший тип человека». В этой связи эволюционные теории стали основой наивно-оптимистического взгляда на человека и на жизнь вообще. Кажется, что люди сказали себе: «Раз существует эволюция, раз наука признает эволюцию, из этого следует, что все идет хорошо, а в будущем должно быть еще лучше». В воображении современного человека, рассуждающего с точки зрения идей эволюции, все должно иметь счастливый конец, как волшебная сказка обязательно заканчивается свадьбой. Это и есть главная ошибка по отношению к идее эволюции. Ибо эволюция, как бы ее ни понимать, не гарантирована всем и каждому. Теория эволюции означает только то, что ничто не остается таким, каким оно было, все неизбежно движется либо вверх, либо вниз, но совсем не обязательно вверх; думать, что все с необходимостью движется вверх, — значит иметь самое фантастическое понимание о возможностях эволюции.

Все известные нам формы жизни представляют собой результат либо эволюции, либо вырождения. Но мы не умеем различать между этими двумя процессами и часто ошибочно принимаем результаты вырождения за результаты эволюции.

Только в одном отношении мы не ошибаемся: мы знаем, что ничто не остается таким, каким было. Все «живет», все изменяется...

Изменяется и человек; но идет он вверх или вниз — это большой вопрос. Кроме того, **эволюция** в подлинном смысле этого слова не имеет ничего общего с антропологической переменой типа, даже если мы сочтем такую перемену установленной. Не имеет эволюция ничего общего и с изменениями общественных форм, обычаев и законов, с модификацией или развитием форм рабства и средств ведения войны. Эволюция в направлении к сверхчеловеку есть создание новых форм мышления и чувств — и отказ от старых форм.

Кроме того, мы должны помнить, что развитие нового типа совершается за счет старого, который в этом же процессе должен исчезнуть. Новый тип, создаваясь из старого, как бы преодолевает, побеждает его, занимает его место.

Об этом говорит Заратустра у Ницше:

Я учу вас о сверхчеловеке. Человек есть нечто, что должно быть преодолено. Что сделали вы, чтобы преодолеть человека?

Что такое обезьяна по отношению к человеку? Посмешище или мучительный позор. И тем же самым должен быть человек для сверхчеловека — посмешищем или мучительным позором.

Даже мудрейший из вас — это только форма, колеблющаяся «между привидением и деревом».

Человек — это канат над пропастью. Опасно прохождение, опасно остаться в пути, опасен взор, обращенный назад, опасны страх и остановка.

В человеке важно то, что он — мост, а не цель; в человеке можно любить только то, что он — переход и уничтожение.

Вот эти слова Заратустры, к сожалению, не вошли в обиход нашей мысли. И когда мы рисуем себе картины будущего, мы, так сказать, потакаем тем сторонам человеческой природы, которые должны быть отброшены в пути.

Сверхчеловек кажется нам очень сложным и противоречивым существом. В действительности же он должен быть существом ясно определенным. Он не может иметь внутри себя того вечного конфликта, того болезненного разделения, которое постоянно ощущают люди и которое они приписывают даже богам.

В то же время не может быть двух противоположных типов сверхчеловека. Сверхчеловек есть результат **определенного** движения, **определенной** эволюции.

Для обычного мышления сверхчеловек — это какой-то гротескный человек, все стороны природы которого сильно преувеличены. Но это, конечно, невозможно, потому что одна сторона человеческой природы развивается только за счет другой; и сверхчеловек может быть выражением только одной, более того, **очень определенной** стороны человеческой природы.

Ошибочные представления о сверхчеловеке — в значительной степени следствие того, что обычное мышление склонно считать человека более законченным типом, чем он является в действительности. Такой же наивный взгляд на человека лежит в основе современных социальных наук и теорий. Все эти теории имеют в виду только **человека** и его будущее. Они хотят или стремятся предвидеть будущее человека и рекомендуют лучшие, с их точки зрения, методы, чтобы организовать жизнь человека, дать человеку счастье, освободить от ненужных страданий, от несправедливости и т. п. Но люди не видят, что попытки насильственного применения таких теорий к жизни приводят в результате только к увеличению страданий и несправедливости. Стараясь вообразить себе будущее, все эти теории хотят заставить жизнь служить человеку и повиноваться ему; поступая таким образом, они не желают считаться с тем, что самому человеку необходимо измениться. Люди, разделяющие эти теории, хотят строить, не понимая, что должен прийти новый хозяин, которому может совсем не понравиться все то, что ими построено и начато.

Человек — по преимуществу переходная форма, постоянная только в своих противоречиях и непостоянстве, движущаяся, становящаяся, изменяющаяся на наших глазах. Даже без какого-то особого исследования ясно, что человек — совершенно не определившееся существо, сегодня иное, чем вчера, завтра иное, чем сегодня. В человеке борется столько противоположных начал, что их совместное гармоническое существование, гармоническое сочетание совершенно невозможно. Этим объясняется, почему невозможен положительный тип человека. Душа человека — слишком сложная комбинация, чтобы все кричащие в ней голоса могли соединиться в один согласный хор! В человеке живут все царства природы. Человек — это маленькая вселенная. В нем идет непрерывная смерть и непрерывное рождение, ежесекундное поглощение одного существа другим, пожирание слабого сильным, эволюция и вырождение, рост и вымирание. В человеке есть все — от минерала до Бога. И желания Бога в человеке, т. е. стремления его духа, сознающего свое единство с бесконечным сознанием вселенной, не могут быть гармоничны с инерцией камня, с его стремлением кристаллизоваться, с сонным переливанием соков в растении и с медленным поворачиванием к солнцу, с зовом крови животного — и с «трехмерным сознанием» человека, основанном на выделении себя из мира, на противопоставлении миру своего «я» и на признании реальности всех кажущихся форм и делений.

Чем больше человек внутренне развивается, тем ярче начинает он ощущать **одновременно** разные стороны своей души, тем сильнее он чувствует себя, тем сильнее растет в нем желание чувствовать больше и больше; и наконец он начинает желать так много, что уже никогда не может иметь все, чего хочет. Воображение уносит его одновременно в разные направления. Ему уже мало одной жизни, ему хочется десять, двадцать сразу. Ему нужно одновременно быть в разных местах, с разными людьми, в разных ситуациях, ему нужно совместить несовместимое и соединить несоединимое. Его дух не хочет примириться с ограничениями тела и материи, времени и пространства. Его воображение идет бесконечно дальше возможностей осуществления, так же, как интуиция — бесконечно дальше определений и постижений ума. Человек обгоняет себя, но в то же время начинает довольствоваться одним воображением, избегая попыток осуществления. В своих редких попытках осуществления он не видит, что получает вещи, диаметрально противоположные тому, к чему он, как ему кажется, стремится.

Сложная система души человека часто представляется двойственной, и для такого взгляда есть серьезные основания. В каждом человеке как бы живут два существа: одно — существо, охватывающее минеральный, растительный, животный и человеческий «пространственно-временной» мир, и другое — существо духовного мира. Одно — существо прошлого, другое — существо будущего. И прошлое с будущим в душе человека пребывают в вечной борьбе, в вечном конфликте. Одно принадлежит миру форм, другое — миру идей. Без всякого преувеличения можно сказать, что душа человека есть поле битвы прошлого с будущим.

Именно это и говорит Заратустра у Ницше:

Я — от сегодня и от прежде; но есть во мне нечто от завтра, от послезавтра и от некогда.

Но Заратустра говорит не о конфликте; он говорит о полноте, которая заключает в себе сегодняшний день и все прошедшее, завтрашний день и будущее, о полноте, которая приходит, когда побеждены противоречия, множественность, двойственность.

Необходимость борьбы с человеческим для достижения сверхчеловеческого — вот что отказывается признать современный мыслитель. Ибо идея эта решительно расходится с возвышением человека и его слабостей, которое характерно для нашего времени.

Однако это вовсе не значит, что идея сверхчеловека не играет в наше время никакой роли. Если некоторые школы современного мышления отбрасывают идею сверхчеловека или боятся ее, то другие, напротив, целиком зависят от этой идеи и не могут без нее существовать. Идея сверхчеловека разделяет человеческую мысль на две совершенно различные и вполне определенные категории:

1. Понимание человека без идеи сверхчеловека: научное понимание человека, а также большей частью философское понимание человека.

2. Понимание человека с точки зрения идеи сверхчеловека: мистическое, оккультное, теософское понимание человека (здесь необходимо отметить, что почти все, известное под этими названиями, представляет собой псевдомистические, псевдооккультные и псевдоэзотерические концепции).

В первом случае человек борется как завершенное существо. Изучается его анатомическая структура, физиологические и психологические функции, нынешнее положение в мире, историческая судьба, его культура и цивилизация, возможность лучшей организации жизни, возможности познания и т. п.; и во всем этом человек берется таким, каков он есть. В данном случае главное внимание сосредоточено на результатах человеческой деятельности, на его достижениях, открытиях, изобретениях. Все это рассматривается как доказательство его эволюции, хотя, как это часто бывает, оно доказывает как раз обратное.

Идея эволюции человека берется при этом понимании как общая эволюция всех людей, человечества в целом: все человечество считается эволюционирующим. И хотя эта эволюция не имеет никаких аналогов в природе и не может быть объяснена никаким биологическим примером, западная мысль не проявляет по этому поводу ни малейшего замешательства и продолжает толковать об эволюции.

Во втором случае человек берется как незавершенное существо, из которого должно произойти нечто иное. Весь смысл существования такого незавершенного существа заключается в его переходе в новое состояние. Человек рассматривается как зерно, как куколка, как нечто временное и подлежащее превращению. В данном случае все, относящееся к человеку, берется с точки зрения этого превращения; иными словами, ценность всего в человеческой жизни определяется соображениями о том, полезно оно для такого превращения или нет.

Но сама идея превращения остается довольно темной, и понятие человека с точки зрения сверхчеловека нельзя рассматривать как популярное или прогрессивное. Оно входит, как необходимая принадлежность, в полуоккультные и полумистические учения, а в научных или широко распространенных полунаучных философских системах жизни оно не играет никакой роли. Причина прежде всего заключается в полном отходе западной культуры от религиозной мысли. Если бы не этот отход, не было бы утрачено и понимание человека с точки зрения идеи сверхчеловека, ибо религиозное сознание в его подлинном смысле без идеи сверхчеловека невозможно.

Отсутствие идеи сверхчеловека в большинстве современных философских учений о жизни в значительной степени является причиной ужасного хаоса мышления, в котором пребывает современное человечество. Если бы люди попытались связать идею сверхчеловека со всеми более или менее общепринятыми взглядами, они бы увидели, что эта идея освещает все совершенно иным светом, показывает под новым углом вещи, которые, казалось бы, все хорошо знают, напоминает о том, что человек — только временное образование, всего лишь гость, пассажир на земном шаре.

Естественно, такое понимание не может быть популярным. Современные философские учения о жизни (во всяком случае, большая их часть) построены на социологии или на том, что называется социологией. А социология не думает о том далеком времени, когда из человека выработается новый вид; она относится к настоящему, к ближайшему будущему. Но именно такое отношение указывает на схоластический характер этой науки. Социология, подобно всякой схоластической науке, оперирует не живыми фактами, а сухими искусственными отвлечениями. Социология, имеющая дело со средним уровнем и средним человеком, не видит рельефа гор, не понимает того, что человечество, как и отдельный человек, не представляет собой ничего плоского и однородного.

Человечество, как и отдельный человек, — это горная цепь с высокими горными вершинами и глубокими провалами, к тому же в неустановившемся геологическом периоде, когда все только образуется, формируется, когда обрушиваются целые горные хребты, на месте морей образуются пустыни, вырастают новые вулканы, заливаются кипящей лавой цветущие поля, исчезают и поднимаются материки, сменяются ледниковые периоды. Средний человек, с которым только и может оперировать социология, в действительности не существует, как не существует «средней высоты горы».

Нельзя точно указать тот момент, когда образуется новый, более устойчивый тип. Он образуется теперь, непрерывно, рост идет постоянно. Нет такого момента, когда что-нибудь уже совершилось. Новый тип человека возникает сейчас среди нас, среди всех рас и народов, кроме самых отсталых и вырождающихся. Последние включают в себя расы, которые обычно считаются самыми передовыми, т. е. те, которые полностью поглощены псевдокультурой.

Сверхчеловек не принадлежит исключительно историческому будущему. Если сверхчеловек может существовать на земле, он должен существовать и в прошлом, и в настоящем. Но он не остается в жизни: он появляется и уходит.

Точно так же, как зерно пшеницы, становясь растением, покидает сферу жизни зерна; как желудь, становясь дубом, покидает жизнь желудей; как гусеница, становясь куколкой, **умирает** для гусениц, а становясь бабочкой, покидает сферу наблюдения гусениц, — точно так же сверхчеловек покидает сферу наблюдения других людей, уходит из их исторической жизни.

Обычный человек не в состоянии видеть сверхчеловека или знать о его существовании, как гусеница не знает о существовании бабочки. Этот факт чрезвычайно труден для понимания, но он естественно и психологически неизбежен. Высший тип ни в коем случае не может находиться под властью низшего типа или быть объектом его наблюдения, в то время как низший тип может находиться под властью и под наблюдением высшего типа. С этой точки зрения наша жизнь и история могут иметь определенную цель и смысл, которые мы не в силах понять.

Этот смысл, эта цель — **сверхчеловек**. Все остальное существует для единственной цели — чтобы из массы человечества, ползающего по земле, время от времени возникал и вырастал **сверхчеловек** — а затем покидал массы и становился недоступным и невидимым для них.

Обычный взгляд на жизнь или не обнаруживает в ней никакой цели, или видит эту цель в «развитии масс». Но эволюция масс — такая же нелогичная и фантастическая идея, какой была бы, например, идея об одинаковой эволюции всех клеток дерева или всех клеток организма. Мы не желаем понять, что идея эволюции масс равносильна ожиданию того, чтобы **все** клетки дерева (т. е. клетки корней, коры, древесины и листьев) **превратились** в клетки цветов и плодов, ожиданию того, чтобы **все дерево в целом** превратилось в цветы и плоды.

Эволюция, которую обычно считают эволюцией масс, в действительности не может быть не чем иным, как эволюцией немногих. У **человека** такая эволюция может быть только сознательной. Бессознательно у него происходит только вырождение.

Природа вовсе не гарантировала сверхчеловека. Она таит в себе все возможности, включая самые мрачные. Человек не может быть произведен в сверхчеловека за выслугу лет, или за безупречное поведение, или за его страдания, которые он ненароком вызвал своей глупостью и неприспособленностью к жизни — или даже намеренно, ради награды, на которую рассчитывал.

Ничто не приведет к сверхчеловеку, кроме понимания идеи сверхчеловека, но именно это понимание становится все более и более редким.

При всей своей неизбежности идея сверхчеловека далеко не ясна. Психологический образ сверхчеловека сопровождает современного человека, как тень. Люди создают сверхчеловека по своему образу и подобию, наделяя его своими особенностями, вкусами и недостатками в преувеличенном виде.

Сверхчеловеку приписывают такие черты и свойства, которые ему принадлежать никак не могут, черты совершенно противоречивые, несовместимые, обесценивающие друг друга и саму идею сверхчеловека. К этой идее вообще часто приходят с неверной стороны, берут ее слишком просто, в одной плоскости, или слишком фантастично, отрывая от реальности. В результате и сама идея искажается, и отношение к ней людей становится неправильным.

Чтобы правильно подойти к этой идее, мы должны прежде всего создать себе гармонический образ сверхчеловека. Неясность и неопределенность ни в каком случае не являются непременной принадлежностью образа сверхчеловека. Мы можем узнать о нем гораздо больше, чем думаем, если только захотим это. У нас есть ясные и точные линии мысли для суждений о сверхчеловеке и совершенно определенные представления: одни, связанные с идеей сверхчеловека, другие — противоположные ей. Все, что требуется, — это научиться не смешивать их; тогда понимание сверхчеловека, создание его гармонического образа перестанет быть такой недосягаемой мечтой, какой оно иногда кажется.

Внутренний рост человека идет по вполне определенным путям. Необходимо эти пути выяснить и понять. Иначе идея сверхчеловека, не связанная живыми нитями с жизнью человека, приобретает странные, подчас карикатурные и уродливые формы. Наивно мыслящие люди рисуют себе сверхчеловека каким-то преувеличенным человеком, в котором и положительные, и отрицательные стороны человеческой природы развивались одинаково. Это совершенно невозможно. Элементарное знакомство с психологией (с той психологией, что нацелена на понимание законов внутренней сущности человека) показывает, что развитие некоторых черт может происходить только за счет других. В человеке есть много противоположных свойств, которые параллельно развиваться не могут.

Фантазия первобытных народов рисовала сверхчеловека великаном, богатырем, долгожителем. Мы должны пересмотреть приписываемые сверхчеловеку свойства и определить, не могут ли эти свойства развиться в **человеке**. Если сверхчеловеку приписывают свойства, способные существовать помимо него, ясно, что эти свойства соединены с ним неправильно. В сверхчеловеке должны развиваться свойства, присущие только ему. Например, гигантский рост ни в коем случае не является абсолютно ценным свойством для сверхчеловека. Деревья, дома, башни, горы могут быть выше самого огромного великана, какого только способна вынести земля. Таким образом, рост не может служить целью эволюции сверхчеловека. Кроме того, современной биологии известно, что человек **не может быть** выше определенного роста, так как его скелет не выдержит веса, значительно превышающего вес человеческого тела. Точно так же не представляет абсолютной ценности огромная физическая сила. Человек своими слабыми руками может создать машину, которая сильнее любого гиганта, — не говоря уж о природе, о земле, для которой самый могучий богатырь и гигант — лишь жалкий пигмей, не заметный на ее поверхности. Долговечность, какой бы она ни была, также не есть признак внутреннего роста. Деревья живут тысячелетия, любой камень существует десятки, сотни тысяч лет. Все это в сверхчеловеке не ценно, потому что может проявляться и вне него. В нем должны развиться свойства, не присущие ни дереву, ни камню, свойства, с которыми не могут соперничать ни высокие горы, ни землетрясения.

Развитие внутреннего мира, эволюция сознания — вот абсолютная ценность, развивающаяся в известном нам мире только в человеке и не способная развиться вне него. Эволюция сознания, внутренний рост — это и есть «восхождение к сверхчеловеку». Но внутренний рост идет не по одной, а по нескольким линиям одновременно. Необходимо эти линии выявить, ибо среди них замешалось немало ложных путей, уводящих в сторону, возвращающих вспять, заводящих в тупики...

Разумеется, невозможно установить какие-то догмы относительно формы интеллектуального и эмоционального развития сверхчеловека. Но некоторые его аспекты можно показать с совершенной точностью.

И первое, что необходимо сказать, — это то, что нельзя думать о сверхчеловеке на обычном материалистическом плане. Сверхчеловек непременно должен быть связан с чем-то таинственным, магическим, волшебным.

Следовательно, интерес, направленный в сторону таинственного и необъяснимого, тяготение в сторону оккультного неизбежно связаны с эволюцией в направлении к сверхчеловеку. Человек вдруг чувствует, что не в состоянии больше проходить мимо того, что до сих пор казалось ему не заслуживающим внимания. Он как бы начинает смотреть новыми глазами на все то сказочное, магическое, колдовское, мистическое, что еще вчера с улыбкой отвергал как суеверие; и неожиданно для него все это приобретает какой-то новый и глубокий, то символический, то реальный смысл. В вещах открывается новый смысл, какие-то неожиданные и необычные аналогии. У человека возникает интерес к изучению древних и новых религий. Он вдумывается во внутреннее значение аллегорий и мифов, обнаруживает глубокий и загадочный смысл в том, что раньше казалось ему понятным и неинтересным.

Этот интерес к таинственному, чудесному и оккультному служит, пожалуй, главным паролем для объединения людей новой расы. И здесь же происходит испытание людей. Человек, готовый поддаться на легковерие или суеверие, непременно попадет на один из подводных камней, которыми полно море оккультизма, соблазнится какими-нибудь миражами, — и так или иначе потеряет из вида свою цель.

Вместе с тем, сверхчеловек не может быть просто крупным деятелем или великим завоевателем, знаменитым политиком или выдающимся ученым. Он неизбежно должен быть магом или святым. Русские героические легенды непременно приписывают своим героям черты магической мудрости, т. е. тайного знания.

Идея сверхчеловека непосредственно связана с идеей скрытого знания. Ожидание сверхчеловека есть ожидание какого-то нового откровения, нового знания.

Но, как было установлено раньше, ожидание сверхчеловека связано иногда с обычными теориями эволюции, т. е. с идеей эволюции вообще, и сверхчеловек рассматривается в данном случае как возможный продукт эволюции человека. Любопытно, что такая теория, кажущаяся вполне логичной, совершенно уничтожает идею сверхчеловека. Причина этого — неправильный взгляд на общую эволюцию. По некоторым причинам, как уже говорилось выше, сверхчеловека нельзя также рассматривать как более высокий зоологический тип по сравнению с человеком, этим продуктом общего закона эволюции. В подобном взгляде есть принципиальная ошибка, которая явственно ощущается во всех попытках создать образ сверхчеловека в отдаленном и неизвестном будущем. Картина получается слишком туманной и расплывчатой, а образ сверхчеловека теряет всякую окраску и становится почти отталкивающим, уже из-за того, что он закономерен и неизбежен. Сверхчеловек должен иметь в себе нечто незаконное, нечто нарушающее общий порядок вещей, нечто неожиданное, непредвиденное, неподвластное никаким общим законам.

Эта идея выражена Ницше:

Я хочу учить людей смыслу их бытия; этот смысл есть сверхчеловек, молния из темной тучи человека.

Ницше понимал, что сверхчеловека нельзя рассматривать как результат исторического развития, осуществляемого в далеком будущем, как новый зоологический тип. Молнию нельзя рассматривать как результат «эволюции тучи».

Но чувство «незаконности» сверхчеловека, его «невозможности» с обычной точки зрения заставляет приписывать ему совершенно невероятные черты: сверхчеловека нередко изображают в виде колесницы Джаггернатха, в своем движении сокрушающей людей.

Злоба, ненависть, гордыня, обман, эгоизм, жестокость — все это считается сверхчеловеческим, но при одном условии: чтобы оно доходило до последних возможных пределов, не останавливаясь ни перед чем, ни перед какими препятствиями. Полная свобода от любых нравственных ограничений считается сверхчеловеческим или приближающимся к сверхчеловеческому. «Сверхчеловек» в вульгарном и фальсифицированном понимании этого слова значит — «все дозволено».

Этот предполагаемый аморализм сверхчеловека связывают с именем Ницше, в чем Ницше совершенно не повинен. Наоборот, возможно никто не вкладывал в идею сверхчеловека так много жажды истинной морали и истинной любви. Он разрушал только старую окаменевшую мораль, которая давно уже стала антиморальной. Он восставал против готовой морали, против неизменных форм, которые теоретически являются общеобязательными, а на практике всегда и всеми нарушаются.

Заратустра говорит:

Поистине я отнял у вас сотню слов и самые дорогие вам погремушки вашей добродетели, — и теперь вы сердитесь на меня, как сердятся дети.

Они играли у моря, и вдруг пришла волна и смыла в пучину их игрушки и пестрые раковины, и теперь плачут они...

И дальше:

Когда я пришел к людям, я нашел их сидящими на старом предубеждении: все они давно верили, что знают, что для человека добро и что для него зло. Эту сонливость стряхнул я, когда стал учить: никто не знает еще, что добро и что зло, — если сам он не есть созидающий.

Очевидно, эти слова были обречены на непонимание и на неверное истолкование. Жестокость ницшеанского сверхчеловека считают его главной чертой, принципом, лежащим в глубине его обращения с людьми. Подавляющее большинство критиков Ницше не желают видеть, что жестокость сверхчеловека направлена против чего-то внутреннего, находящегося **в нем самом**, против всего, что является «человеческим, слишком человеческим», мелким, вульгарным, буквальным, инертным, что делает из человека труп, который Заратустра тащил на спине.

Непонимание Ницше — один из любопытных примеров почти преднамеренного непонимания. Идея сверхчеловека Ницше ясна и проста. Достаточно взять начало «Заратустры»:

Великое светило! В чем было бы твое счастье, если бы не было у тебя тех, кому ты светишь?

Десять лет поднималось ты над моей пещерой, ты пресытилось бы своим светом и этой дорогой без меня, моего орла и моей змеи.

Но мы ждали тебя каждое утро, брали от тебя твой избыток и благословляли тебя за это.

Смотри! Я пресытился теперь своей мудростью, как пчела, собравшая слишком много меду; мне нужны простирающиеся руки.

Я хотел бы одарять и наделять.

Для этого я должен спуститься вниз, как делаешь ты каждый вечер.

Благослови же чашу, которая переполнилась выше краев, чтобы золотая влага лилась из нее и несла всюду отблеск твоего сияния.

И дальше:

Заратустра спустился один с горы, и никто не повстречался ему. Но когда вышел он из леса, перед ним неожиданно предстал старец. И так говорил старец Заратустре:

«Мне не чужд этот странник. Несколько лет назад проходил он здесь. Заратустрой звали его. Но он изменился.

Тогда нес ты свой пепел в горы; неужели теперь хочешь ты нести свой огонь в долины? Разве ты не боишься наказания для поджигателя?

Да, я узнаю Заратустру. Чист взор его, и на устах его нет отвращения».

Заратустра отвечал: «Я люблю людей».

И после **этого** идеи Ницше рассматривались как одна из причин немецкого милитаризма и шовинизма!

Это недопонимание Ницше любопытно и характерно, потому что его можно сравнить лишь с непониманием идей христианства и Евангелий со стороны самого Ницше. Ницше понял Христа по Ренану: христианство для него — религия слабых и несчастных. Он восстал против христианства, противопоставляя Христу сверхчеловека — и не желая видеть, что сражается против того, что создало его и его идеи*.

Главной — особенностью сверхчеловека является сила. Идею «силы» очень часто связывают с идеей демонизма. И тогда на сцене появляется демонический человек.

Многие люди относятся к демонизму с энтузиазмом; тем не менее эта идея глубоко ложна и по своей сущности совсем не высока. Дело в том, что «красивый демонизм» — фактически одна из тех псевдоидей, которыми живут люди. Настоящего демонизма, каким он должен быть по существу идеи, мы не знаем и знать не желаем. Все зло очень мелко и очень пошло. Зла сильного и великого быть не может. Зло непременно связано с превращением чего-то великого во что-то мелкое. Но как людям примириться с этим? Им обязательно нужно «великое зло». Зло — одна из тех идей, что существуют в умах людей в фальсифицированной форме, в форме их собственных «псевдообразов». Вся наша жизнь окружена такими псевдообразами. Существует псевдо-Христос, псевдорелигия, псевдоцивилизация, псевдонаука и т. д. и т. п.

Но, вообще говоря, фальсификация бывает двух родов: обыкновенная, когда вместо настоящего продукта дают за-

---

* Ницше не понял или не пожелал понять, что его сверхчеловек в значительной степени — продукт **христианского** мышления. Кроме того, Ницше не всегда был откровенным, даже с самим собой, относительно источников своего вдохновения. Я не смог найти ни в его биографии, ни в письмах указания на то, что он знаком с современной ему «оккультной» литературой; в то же время он, очевидно, хорошо ее знал и использовал. Интересно, например, провести параллель между некоторыми главами «Заратустры» и главой IX первого тома «Догм и ритуалов высшей магии» Элифаса Леви.

менитель — «вместо хлеба — камень, и вместо рыбы — змея», и более сложная, когда «низкая истина» превращается в «нас возвышающий обман». Это случается, когда какое-то явление, какая-то идея, постоянная и обычная в нашей жизни, нечто мелкое и незначительное по природе, расписывается и разукрашивается с таким усердием, что люди начинают наконец видеть в нем некую беспокойную красоту, некоторые черты, зовущие к подражанию.

Именно путем такой фальсификации ясной и простой идеи «дьявола» создан очень красивый «печальный демон, дух изгнанья».

«Демон» Лермонтова или «Сатана» Мильтона — это псевдодьявол. Идея «диавола», или «клеветника», духа зла и лжи, понятна и необходима в дуалистическом миропонимании. Но такой «дьявол» лишен привлекательных черт; между тем «демон» или «Сатана» обладает многими красивыми и положительными свойствами: силой, умом, презрением ко всему мелкому и пошлому. Все это совсем не «дьявольские» черты.

Демон или Сатана — это приукрашенный, фальсифицированный дьявол. Настоящий дьявол, напротив, есть фальсификация всего светлого и сильного; он — подделка, подмена, опошление, вульгаризация, «улица», «бульвар».

В своей книге о Достоевском А. Л. Волынский обращает внимание на то, как Достоевский рисует **черта** в «Братьях Карамазовых».

Черт, которого видит Иван Карамазов, — приживальщик в клетчатых штанах, с ревматизмом и недавно привитой оспой. Черт — воплощенная вульгарность и пошлость; все, что он говорит, мелко и дрянно; это — сплетня, грязненькая инсинуация, желание подействовать на самые отталкивающие стороны человеческого характера. В лице черта говорит с Иваном Карамазовым вся пошлость жизни. Но мы склонны забывать настоящую природу черта и охотно верим поэтам, которые приукрашивают черта и превращают его в оперного демона. Такие же демонические черты мы приписываем и сверхчеловеку. Но стоит посмотреть на них пристальнее, и они оказываются не более чем фальсификацией и обманом.

Вообще говоря, чтобы понять идею сверхчеловека, полезно держать в уме все, противоположное ей. С этой точки зрения интересно отметить, что, кроме черта в клетчатых штанах, который привил себе оспу, существует и другой, хорошо известный тип, совмещающий в себе все то, что в человеке противоположно сверхчеловеческому. Таков римский прокуратор Иудеи времен Иисуса — Понтий Пилат.

Роль Пилата в евангельской традиции необыкновенно характерна и многозначительна; если бы эта роль была сознательной, она была бы одной из самых трудных. Но странно: из всех ролей евангельской драмы роль Пилата менее всего нуждается в том, чтобы быть сознательной. Пилат не мог «сделать ошибки», не мог поступить так или иначе, и потому он взят в своем естественном состоянии, как часть своего окружения и условий, точно так же, как люди, собравшиеся в Иерусалиме на Пасху, как толпа, которая кричала: «Распни его!» Роль Пилата одинакова с ролью Пилатов в жизни вообще. Мало сказать, что Пилат казнил — это не отражает сущности его природы. Главное здесь в том, что он был почти единственным, кто **понял** Иисуса. Понял, конечно, по-своему, по-римски. И все же, несмотря на то, что понял, отдал на бичевание и на казнь. Пилат, несомненно, был очень умный человек, образованный и интеллигентный. Он совершенно ясно видел, что перед ним не преступник, «развращающий народ», как заявляли ему «истинно еврейские люди» того времени, не претендент на иудейский престол, а просто «философ», как мог бы он определить для себя Иисуса.

Этот «философ» возбудил его симпатию, даже сочувствие. Иудеи, требовавшие крови невинного, были ему противны. Но серьезно бороться за него, создавать себе неприятности, — это было для Пилата слишком. И поколебавшись немного, Пилат предал Иисуса.

У него была, вероятно, мысль, что он служит Риму и в данном случае охраняет спокойствие правителей, поддерживает порядок и мир среди покоренного народа, устраняет причину возможных волнений, хотя и жертвуя при этом невинным человеком. Это делалось во имя Рима, и ответственность, как будто, падает на Рим. Конечно, Пилат не мог знать, что дни Рима уже сочтены, и он сам создает одну из тех сил, которые уничтожат Рим. Но мысль Пилатов никогда не идет так далеко. Кроме того, у Пилата по отношению к своим поступкам была очень удобная философия: все относительно, все условно, ничто не представляет особой ценности. Это применение на практике «принципа относительности» — Пилат вообще удивительно современный человек. С такой философией легко лавировать среди жизненных трудностей.

Иисус даже помог ему, сказав:

«Я... на то пришел в мир, чтобы свидетельствовать об истине».

«Что есть истина?» — иронически парировал Пилат.

И это сразу же поставило его на привычный путь мысли и отношения к вещам: напомнило ему, где он, кто он, показало, как он должен действовать.

Сущность Пилата в том, что он видит истину, но не хочет следовать ей. Чтобы не следовать истине, которую он видит, он должен создать в себе особое скептическое и насмешливое отношение к самой идее истины и к людям, стоящим за эту идею. Он не может уже в глубине души считать их преступниками, но он должен выработать определенное, слегка ироническое отношение к ним, которое позволяло бы в случае необходимости жертвовать ими.

Пилат пошел так далеко, что даже пытался освободить Иисуса; но, конечно, он не позволил бы себе поступков, которые компрометировали его — он не хотел выглядеть смешным в собственных глазах. Когда его попытки не удались, что, вероятно, можно было предвидеть, он вышел к народу и умыл руки, показывая этим, что слагает с себя всякую ответственность.

В этом весь Пилат. Символическое умывание рук нераздельно связано с образом Пилата. Он весь в этом символическом жесте.

Для человека подлинного внутреннего развития никакого «умывания рук» быть не может. Этот жест внутреннего обмана не может ему принадлежать.

«Пилат» — это тип, выражающий собой то, что в культурном человечестве препятствует внутреннему развитию человека и создает главную помеху на пути к сверхчеловеку. Мир полон больших и малых Пилатов. «Распятие Христа» никогда не совершается без их помощи.

Они прекрасно видят и понимают истину, но любая «печальная необходимость», или политические интересы, как они их понимают, или интересы собственного положения могут заставить их предать истину и затем **умыть руки**.

По отношению к эволюции духа Пилат — это остановка. Действительный рост заключается в гармоническом развитии ума, чувств и воли. Одностороннее развитие далеко идти не может — без соответствующего развития чувств развитие ума и воли никуда, как в данном случае, не приведет. Чтобы предать истину, Пилату необходимо сделать ее условной. Эта принятая Пилатом условность истины помогает ему выбираться из трудных положений, в которые загоняет его собственное понимание истины. Вместе с тем, эта самая условность истины останавливает его внутреннее развитие, рост его идей. С условной истиной далеко не уйдешь. «Пилат» обречен на то, чтобы вращаться по замкнутому кругу.

Другой замечательный тип в евангельской драме, также противоположный тому, что в современном человечестве ведет к сверхчеловеку, — это Иуда.

Иуда — очень странная фигура. Нет ни одного человека, о котором было бы написано столько, сколько написано об Иуде. В современной европейской литературе существуют попытки изобразить и истолковать Иуду с самых разнообразных точек зрении. В противоположность обычному церковному толкованию Иуды как низкого и алчного «жида», который продал Христа за тридцать сребренников, его изображают порой в виде фигуры более великой, чем сам Христос, человеком, который принес в жертву себя, свое спасение и свою «вечную жизнь» ради того, чтобы совершить чудо искупления; или он выступает как человек, восставший против Христа, ибо Христос, по его мнению, окружил себя негодными людьми, поставил себя в смешное положение и т. п.

Однако в действительности Иуда — это даже не роль и, конечно, не романтический герой, не заговорщик, желающий укрепить союз апостолов кровью Христа, и не человек, который борется за чистоту какой-то идеи. Иуда — всего-навсего маленький человек, который оказался не на своем месте, самый обычный человек, полный недоверия, страхов и подозрений, человек, которому не следовало бы находиться среди апостолов, который ничего не понимал из того, что говорил ученикам Иисус, — но этот человек по какой-то причине оказался среди них, причем ему было даже предоставлено ответственное положение и некоторая власть. Иуда считался одним из любимых учеников Иисуса; он ведал хозяйством апостолов, был их казначеем. Трагедия Иуды — в том, что он боялся раскрытия своей сущности; он чувствовал, что находится не на своем месте и страшился мысли, что в один прекрасный день Иисус раскроет это другим. Наконец, он не смог более выносить свое положение; он недопонял некоторых слов Иисуса, возможно, почувствовал в них угрозу или намек на нечто, известное только ему и Иисусу. Взволнованный и напуганный, Иуда бежал с вечери Иисуса и учеников, решив предать Иисуса. Знаменитые тридцать сребренников не играли в этом никакой роли. Иуда действовал под влиянием оскорбления и страха; он хотел разрушить и уничтожить то, чего не мог понять, то, что превышало и унижало его уже тем, что превышало его понимание. Чтобы почувствовать себя правым, ему нужно было обвинить в преступлениях Иисуса и учеников. Психология Иуды — это вполне человеческая психология, психология ума, который чернит то, чего не понимает.

Пилат и Иуда, поставленные рядом с Иисусом, это удивительная особенность евангельской драмы. Бóльших контрастов нельзя найти, трудно себе представить. Если бы можно было рассматривать Евангелие как литературное произведение, сопоставление Христа, Пилата и Иуды указывало бы на руку великого писателя. В коротких сценах и немногих словах здесь показаны противоречия, не только не исчезнувшие в человечестве за две тысячи лет, но с большой пышностью выросшие в нем и развившиеся.

Вместо приближения к внутреннему единству человек все дальше и дальше отходит от него; но вопрос о достижении единства — самый существенный вопрос внутреннего развития человека. Если он не достиг внутреннего единства, человек не может иметь никакого «я», лишен воли. Понятие «воли» в отношении человека, не достигшего внутреннего единства, — совершенно искусственно.

Бóльшая часть наших поступков определяется непроизвольными мотивами. Вся жизнь слагается из мелочей, которым мы непрерывно поддаемся и служим. Наше «я» непрерывно, как в калейдоскопе, меняется. Любое внешнее событие, поражающее нас, любая внезапно возникшая эмоция становится калифом на час, начинает строить и управлять и, в свою очередь, неожиданно свергается и заменяется чем-то другим. А внутреннее сознание, не стремясь рассеять иллюзорность этого калейдоскопа и не понимая того, что сила, которая решает и действует, вовсе не оно само, ставит на всем свою подпись и говорит о разных моментах жизни, в которых действуют самые разные силы: «это я, и это я».

С этой точки зрения волю можно определить как «равнодействующую желаний». Следовательно, пока желания не стали постоянными, человек — это игрушка настроений и внешних впечатлений. Он никогда не знает, что он скажет или сделает. Не только завтрашний день, но даже следующее мгновение скрыто для него за стеной случайностей.

То, что кажется последовательностью действий человека, находит свое объяснение в бедности его мотивов и желаний, или в искусственной дисциплине, привитой образованием и воспитанием, или, прежде всего, в том, что люди подражают друг другу. Что же касается людей с так называемой «сильной волей», то обычно у них господствует одно желание, в котором все прочие исчезают.

Если мы не понимаем отсутствия единства во внутреннем мире человека, то не понимаем и необходимости такого единства в сверхчеловеке, так же, как не понимаем и многие другие его черты. Сверхчеловек кажется нам сухим рационалистом, лишенным эмоций, тогда как на самом деле эмоциональность сверхчеловека, т. е. его способность чувствовать, далеко превосходит эмоциональность обычного человека.

Психология сверхчеловека остается для нас неуловимой, ибо мы не понимаем того, что нормальное психическое состояние сверхчеловека — это **экстаз** в самых разнообразных значениях этого слова.

Экстаз — нечто настолько высшее среди всех возможных человеческих переживаний, что у нас нет ни слов, ни средств для его описания. Люди, переживавшие экстаз, много раз стремились описать то, что они испытали, и эти описания разных людей, не знавших друг друга, из разных веков, удивительно похожи, а главное, заключают в себе одинаковое постижение Непознаваемого. Кроме того, описание экстаза, если это подлинный экстаз, содержит в себе некую внутреннюю истину, в которой нельзя обмануться и отсутствие которой немедленно чувствуется в случае ложного экстаза, как это бывает в описаниях переживаний «святых» формальных религий.

Но, вообще говоря, описание экстатических переживаний простыми словами представляет собой почти непреодолимые трудности. Только искусству — поэзии, музыке, живописи — доступна, хотя и очень слабая, передача реального содержания экстаза. Всякое подлинное искусство, фактически, и есть не что иное, как попытка передать ощущение экстаза. И только тот понимает искусство, кто чувствует в нем этот привкус экстаза.

Если мы определим «экстаз» как высшее эмоциональное переживание (что, вероятно, вполне правильно), нам станет ясно, что развитие человека к сверхчеловеку не может сводиться к росту одного интеллекта. Должна развиваться и эмоциональная жизнь — в некоторых нелегко постижимых формах. И главная перемена в человеке как раз и должна произойти благодаря эволюции эмоциональной жизни.

Если теперь представить себе образ человека, приближающегося к новому типу, необходимо понять, что он будет жить какой-то своей особой жизнью, мало похожей на жизнь обыкновенных людей и трудной для нашего понимания. В его жизни будет много страдания — будет и такое страдание, которое очень слабо касается нас, и наслаждение, о котором мы не имеем никакого понятия, слабый отзвук которого лишь изредка доходит до нас.

Но для человека, который сам не меняется от соприкосновения с идеей сверхчеловека, в этой идее есть одна сторона, придающая всему очень мрачный колорит. Это — дальность идеи, отдаленность, отрезанность сверхчеловека от нас, от нашей жизни. Мы занимаем одно место в жизни, он — совсем другое; он не имеет никакого отношения к нам, кроме того, что мы некоторым образом создаем его. И когда люди начинают рассматривать свое отношение к сверхчеловеку с этой точки зрения, в них начинает закрадываться сомнение, постепенно переходящее в более определенное неприятное чувство, которое выливается в отрицательный взгляд на всю идею в целом.

Люди могут рассуждать и часто рассуждают так: допустим, сверхчеловек на самом деле будет именно таким, каким мы рисовали его себе — просветленным и новым, и будет он в некотором смысле плодом всей нашей жизни. Но что нам до этого, если это будет он, а не мы? Что такое мы по отношению к нему? Почва, на которой со временем вырастет прекрасный цветок? Глина, из которой вылепят прекрасную статую? Нам показывают свет, которого мы никогда не увидим. Почему мы должны служить этому свету, которым будут наслаждаться другие? Мы — нищие, нам темно и холодно, а нас утешают, показывая огни в доме богача. Мы голодны, а нам говорят о пире, где нас не будет. Мы тратим всю жизнь, чтобы собрать жалкие крохи знания, а нам говорят, что все наше знание — иллюзия, что в душе сверхчеловека загорится огонь, при свете которого он увидит то, что мы так жадно искали, к чему стремились и чего не могли найти.

Все недоумения, которые возникают у людей при столкновении с идеей сверхчеловека, вполне законны. Нельзя пройти мимо них, нельзя отделаться от них фразой, что человек должен находить счастье в сознании своей связи с идеей сверхчеловека. Это только слова: «должен!» А если он не чувствует этого счастья? Человек имеет право знать, имеет право ставить вопросы: почему он должен служить идее сверхчеловека, почему должен подчиняться ей, — почему он вообще что-то **должен**?

Чтобы уяснить истинное значение идеи сверхчеловека, необходимо понять, что эта идея гораздо труднее, чем обычно думают люди, что она требует для своего выражения новых слов, новых понятий и такого знания, которым человек, возможно, не обладает и не будет обладать. Все, что здесь сказано, все, что рисует портрет сверхчеловека, даже если оно добавляет к пониманию этой идеи нечто новое, далеко не является достаточным. Такие идеи, как идея сверхчеловека, нельзя рассматривать наряду с обычными идеями, относящимися к вещам и явлениям трехмерного мира. Идея сверхчеловека уходит в бесконечность; и, подобно всем идеям, уходящим в бесконечность, она требует совершенно особого подхода, — именно со стороны бесконечности.

В древних мистериях существовал целый ряд последовательных степеней посвящения. Для того чтобы достичь следующей степени, подняться на следующую ступень, посвящаемый должен был получить определенную подготовку. Затем его подвергали соответствующим испытаниям — и только тогда, когда он выдерживал все испытания и доказывал правильность и серьезность своей подготовки, перед ним открывались следующие по порядку двери, и он проникал глубже внутрь храма посвящений.

Одна из первых вещей, которые узнавал и должен был усвоить посвящаемый, — это невозможность идти произвольным путем и опасность, которая ожидает его, если он не исполнит всех подготовительных обрядов, всех церемоний, полагавшихся перед посвящением, если он не выучит всего, что требовалось выучить, не усвоит всего, что требовалось усвоить. Ему рассказывали об ужасных последствиях нарушения правил посвящений, о грозных наказаниях, которые ждут непосвященного, рискнувшего войти в святилище, не соблюдая все правила. И первое, что от него требовалось, — это осознание необходимости идти **постепенно**. Он должен был понять, что определить самого себя невозможно, что всякая попытка в этом направлении кончится трагически. Строгая последовательность внутреннего развития была главным законом мистерий. Если попробовать психологически проанализировать идею посвящения, то мы поймем, что **посвящение** — это введение в круг новых понятий. Каждая новая ступень посвящения раскрывает какую-то новую идею, новую точку зрения, новый угол зрения. И новые идеи в мистериях не раскрывались человеку до тех пор, пока он не показывал себя достаточно подготовленным для их восприятия.

В этом порядке посвящения в новые идеи видно глубокое понимание сущности мира идей. Древние понимали, что восприятие каждой новой идеи требует особой подготовки; что схваченная на лету идея может быть воспринята в неверном освещении, неправильно; а неправильно воспринятая идея может дать совершенно нежелательные, даже гибельные результаты.

Мистерии и постепенные посвящения должны были охранять людей от полузнания, которое зачастую хуже полного незнания, особенно в вопросах вечного, с которыми имели дело мистерии.

Та же система постепенной подготовки людей к восприятию новых идей проводится во всех ритуалах магии.

Литература по магии и оккультизму долгое время совершенно игнорировалась и отрицалась западной мыслью как абсурд и суеверие. И только в самое последнее время мы начинаем понимать, что все это есть символизм, сложная и тонкая символическая картина психологических и космических отношений.

В ритуалах церемониальной магии требуется строгое и неукоснительное исполнение всех, даже самых мелких и непонятных, ни с чем не связанных обрядов. Нам изображают ужасы, которые ожидают нарушителя порядка церемоний, изменившего его по своему усмотрению или не исполнившего чего-нибудь по небрежности. Известны легенды о волшебниках, вызвавших духа и не имевших силы с ним справиться. Это происходило или потому, что волшебник забывал заклинания и нарушал чем-то магический ритуал, или потому, что он вызывал духа сильнее себя, сильнее своих заклинаний и магических формул.

Во всех этих случаях — в мистериях в лице нарушителя обряда посвящения, в магии в лице волшебника, вызвавшего духа сильнее себя, — одинаково изображалось в аллегорической форме положение человека по отношению к новым для него и чересчур сильным идеям, с которыми он не способен справиться, ибо у него нет соответствующей подготовки. То же самое выражалось в легендах о священном огне, который сжигал непосвященных, неосторожно подходивших к нему, в мифах о богах и богинях, которых смертные не должны были видеть, а увидев, погибали. Свет некоторых идей слишком силен для глаз человека, особенно если он видит его в первый раз. Моисей не мог смотреть на горящий куст, не мог видеть лицо Божества на горе Синай. Во всех этих аллегориях выражается одна и та же мысль о страшной силе и опасности неожиданно являющихся новых идей.

То же самое выражал и Сфинкс со своей загадкой. Из подошедших к нему он пожирал тех, кто не мог разрешить его загадки. Аллегория Сфинкса значила, что человек не должен задавать себе некоторые вопросы, если он не знает ответа на них.

Коснувшись однажды определенных идей, человек уже не может жить, как раньше: он должен или идти дальше, или погибнуть под тяжестью непосильного для него груза.

Идея сверхчеловека непосредственно связана с проблемой времени, с загадкой Сфинкса. В этом ее привлекательность и опасность, поэтому она так сильно действует на души людей.

Как было указано выше, современная психология утратила понимание опасности некоторых тем, идей и вопросов. В этом ее недостаток. Даже в самой примитивной философии, где подразделяли идеи на божественные и человеческие, лучше понималось существование разных порядков идей. Современное мышление совершенно не признает этого. Существующая психология и теория познания не учит нас различать порядки идей, не указывает, что есть идеи очень опасные, к которым нельзя подходить без долгой и сложной подготовки. Это происходит потому, что современная психология вообще не считается с реальностью идей, не признает эту реальность. Для современного ума идеи — это отвлечения от фактов; в наших глазах самостоятельного существования идеи не имеют. Потому, коснувшись некоторых идей, мы так больно обжигаемся. Для нас реальны «факты», которые в действительности не существуют, и нереальны идеи, которые только и существуют.

Древняя и средневековая психология лучше понимала положение человеческого ума по отношению к идеям. Она знала, что ум не может правильно относиться к идеям, пока ему не ясна их реальность. И далее, она понимала, что ум не может сразу и в беспорядке воспринимать какие угодно идеи, т. е. не может без всякой подготовки переходить от идей одного порядка к идеям другого порядка; она сознавала опасность неправильного и беспорядочного подхода к идеям. Вопрос в следующем: в чем должна заключаться подготовка? О чем говорят аллегории мистерии и магических ритуалов?

Прежде всего о необходимости соответствующих знаний для каждого порядка идей. Есть вещи, которых без предварительных знаний касаться нельзя.

Мы это прекрасно понимаем в других областях. Нельзя, например, без соответствующих знаний обращаться со сложной машиной; нельзя без знаний и практики управлять паровозом; нельзя, не зная всех деталей, касаться мощной электрической машины.

Человеку показывают электрическую машину, объясняют ее устройство и говорят: «Если дотронетесь вот до этих частей — смерть». И всякий понимает, что для знания машины нужно долго и упорно учиться. И понимает также, что машины разного рода требуют разных знаний, что, научившись обращаться с машиной одного рода, не удастся управлять всеми.

Идея — это машина огромной силы. Но именно этого не сознает современная психология.

Всякая идея есть сложная и тонкая машина. Чтобы обращаться с ней, нужно, прежде всего, обладать многими чисто теоретическими знаниями, а также иметь большой опыт и практическую подготовку. При неумелом обращении с идеей происходит ее взрыв, начинается пожар, идея горит и сжигает все вокруг.

С точки зрения современного понимания, вся опасность ограничивается неправильным выводом, на этом все кончается. В действительности все не так. Один неправильный вывод влечет за собой целый ряд других. Некоторые идеи настолько могущественны, настолько потенциальны, что как правильный, так и неправильный вывод из них непременно даст огромные результаты. Есть идеи, которые затрагивают самые потаенные уголки нашей души и, раз затронув, навсегда оставляют в них след. И при этом, если идея воспринята неправильно, то и след от нее остается неправильный, сбивающий с прямого пути, отравляющий жизнь.

Именно так действует неправильно воспринятая идея сверхчеловека. Она отрывает человека от жизни, поселяет в его душе глубокий разлад, лишает его того, что у него было, ничего не давая взамен.

Но виновата в этом не идея, а неправильный подход к ней.

В чем же тогда должен заключаться правильный подход?

Поскольку идея сверхчеловека соприкасается с проблемой времени и с идеей бесконечного, то, не выяснив способов подхода к проблеме времени и к идее бесконечного, нельзя касаться идеи сверхчеловека. Проблема времени и идея бесконечности содержат законы действия машины.

Не зная этих законов, человек не будет знать, какое действие произведет его прикосновение к машине, поворот того или иного рычага.

Проблема времени — величайшая загадка, стоящая перед человечеством. Религиозное откровение, философская мысль, научное исследование и оккультное знание — все сходятся на одном, на проблеме времени, — и все приходят к ее одинаковому решению.

Времени нет! Нет непрерывного и вечного возникновения и исчезновения явлений. Нет вечного фонтана являющихся и исчезающих событий. Все существует всегда! Есть только вечное настоящее. Вечное Теперь, которого не в силах ни охватить, ни представить себе слабый и ограниченный человеческий ум.

Но идея «вечного теперь» вовсе не есть идея холодной и беспощадной предопределенности, точного и непременного предсуществования. Совершенно неверно сказать, что раз все уже существует, раз уже существует далекое будущее, раз наши поступки, мысли и чувства существовали десятки, сотни и тысячи лет и будут существовать всегда, — то значит нет жизни, нет движения, нет роста, нет эволюции.

Люди говорят так и думают, ибо они не понимают бесконечного и хотят измерить глубины вечности своим слабым, ограниченным, конечным умом. Разумеется, они получат самое безнадежное решение, какое только может быть. Все **есть**, ничто не может измениться, все существует заранее и извечно. Все мертво, все неподвижно в застывших формах, среди которых бьется наше сознание, создавшее себе иллюзию движения, движения, которого в действительности нет.

Но даже такое слабое и относительное понимание идеи бесконечности, которое доступно ограниченному интеллекту человека (при условии, что оно развивается в правильном направлении), достаточно для того, чтобы разрушить «этот мрачный фантом безнадежной неподвижности».

Мир есть мир бесконечных возможностей.

Наш ум следит за развитием возможностей всего в одном направлении. Но фактически в каждом моменте есть множество возможностей, огромное их число. **И все они осуществляются**, только мы этого не видим и не знаем. Мы видим только одно из осуществлений; в этом и заключается бедность и ограниченность человеческого ума. Но если мы попробуем представить себе осуществление всех возможностей настоящего момента, затем следующего момента и т. д. и т. п., мы почувствуем, как мир бесконечно разрастается, непрерывно множится и делается неизмеримо богаче, совершенно не похожим на тот плоский и ограниченный мир, который мы себе нарисовали. Представив себе это бесконечное многообразие, мы ощутим на мгновение «вкус» бесконечности и поймем неправильность и невозможность подхода к проблеме времени с земными мерками. Мы поймем, какое бесконечное богатство времени, идущего во всех направлениях, необходимо для осуществления всех возможностей, возникающих в каждый момент. И поймем, что сама идея возникновения и исчезновения возможностей создается человеческим умом потому, что иначе он разорвался бы и погиб от одного соприкосновения с бесконечным существованием. Одновременно с этим мы ощутим нереальность всех наших пессимистических выводов перед громадностью раскрывающихся горизонтов. Мы почувствуем, что мир бесконечно велик, и всякая мысль о какой-либо ограниченности, о том, что в нем чего-нибудь может не быть, покажется нам просто смешной.

Где же в таком случае искать правильное понимание «времени» и «бесконечности»? Где искать это бесконечное протяжение во всех направлениях от каждого момента? Какие пути ведут к нему? Какие пути ведут к существующему теперь будущему? Где найти правильные методы обращения с ним? Где найти верные способы обращения с идеей сверхчеловека? Вот вопросы, на которые современная мысль не дает никакого ответа.

Но человеческая мысль не всегда была так беспомощна перед этими вопросами. Существовали и существуют иные попытки разрешения загадок бытия.

Идея сверхчеловека принадлежит «внутреннему кругу». В древних религиях и мифах в образе сверхчеловека рисовали высшее «я» человека, его высшее сознание. И это высшее «я», высшее сознание изображали в виде существа, почти отдельного от человека, но как бы живущего внутри него.

От самого человека зависело или приблизиться к этому существу, стать им, или отдалиться от него, даже совсем с ним порвать.

Очень часто образ сверхчеловека как существа далекого будущего, или золотого века, или мифического настоящего символизировал собой это внутреннее существо, высшее «я», сверхчеловека в прошлом, настоящем и будущем.

Что было символом и что реальностью, зависело от характера мышления того, кто мыслил. Люди, склонные к объективному представлению, считали внутреннее символом внешнего. Люди, которые понимали по-иному и знали, что внешнее не означает объективного, считали внешний факт символом возможностей внутреннего мира.

Но в действительности идея сверхчеловека не существовала отдельно от идеи высшего сознания.

Древний мир не был поверхностно материалистическим. Он умел проникать в глубь идеи, находить в ней не один, а много смыслов. Наше время, конкретизировав идею человека в одном смысле, лишило ее всей внутренней силы и свежести. Сверхчеловек как новый зоологический вид прежде всего скучен. Он возможен и допустим только как высшее сознание.

Что же такое высшее сознание?

Здесь, однако, необходимо заметить, что всякое деление на высшее и низшее (как, например, деление математики на высшую и элементарную) искусственно. В действительности, конечно, **низшее** есть не что иное, как неправильное, ограниченное представление о целом, а **высшее** — более широкое и менее ограниченное понимание. По отношению к сознанию этот вопрос о высшем и низшем стоит так: низшее сознание есть ограниченное самосознание целого, тогда как высшее сознание есть более полное самосознание.

Вы совершили путь от червя к человеку, но многое в вас еще осталось от червя. Некогда вы были обезьяной, и даже теперь еще человек — больше обезьяна, чем иная из обезьян.

В этих словах Заратустры, разумеется, нет «теории Дарвина». Ницше говорил о мучительном разладе в душе человека, о борьбе прошлого с будущим. Он понимал трагедию человека, заключающуюся в том, что в его душе одновременно живут **червь, обезьяна** и **человек**.

В каком же отношении стоит такое понимание идеи сверхчеловека к проблеме времени и идее бесконечного? И где искать время и бесконечность?

Тоже в душе человека! — отвечают древние учения. — Все внутри человека, и ничего внешнего.

Как это нужно понимать?

Время — это не условие существования вселенной, а условие восприятия мира нашей психикой, налагающей на мир условия времени, потому что иначе она не может себе его представить.

Западная мысль, по крайней мере ее эволюционирующая часть, та, которая не ставит себе догматических преград, также находит «дальнейшие возможности изучения проблемы времени в переходе к вопросам психологии» (Минковский).

Этот переход к вопросам психологии в проблемах пространства и времени, о необходимости которого говорит Минковский, означает для естественных наук не что иное, как принятие положения Канта о том, что пространство и время суть формы нашего чувственного восприятия и возникают в нашей психике.

Но бесконечность невозможно представить без отношения к пространству и времени. Поэтому, раз пространство и время суть формы нашего восприятия и лежат в нашей психике, значит, и корни бесконечного нужно искать в нашей психике. Вероятно, ее можно определить как бесконечную возможность расширения нашего сознания.

Глубины, скрытые в сознании человека, хорошо понятны философам-мистикам, мысль которых связана с параллельными системами герметической философии, алхимией, каббалой и др.

«Человек заключает в себе и небо, и ад», — говорили они и часто изображали человека, рисуя в нем разные лица Божества и мир темный и светлый. Они утверждали, что, углубляясь в себя, человек может найти все и достигнуть всего. Чего он достигнет — это зависит от того, что он будет искать и как искать. Они видели в этом не только аллегорию. Душа человека действительно рисовалась им в виде окна или нескольких окон в бесконечность. Человек в обычной жизни представлялся им живущим как бы на поверхности самого себя, не зная и не сознавая того, что именно находится в его глубине.

Если он думает о бесконечности, он мыслит ее как бы вне себя. В действительности же она в нем самом. Сознательно углубляясь в себя, человек может найти бесконечность и соприкоснуться с ней.

Гихтель, мистик XVII столетия, дает рисунок совершенного человека в своей замечательной книге «Практическая теософия».

Совершенный человек — это каббалистический Адам Кадмон, т. е. человечество, или человеческий род, копией которого является отдельный человек.

Рисунок представляет фигуру человека, на голове которого (во лбу) изображен Святой Дух; в сердце — Иисус; в солнечном сплетении — Иегова; верхняя часть груди с органами дыхания (и, может быть, с органами речи) изображает «мудрость», или «Зеркало Бога»; а нижняя часть тела с его органами содержит «Темный мир», или «Корень душ в центре вселенной».

Таким образом, на рисунке изображено пять путей в бесконечность внутри человека. Человек может избрать любой из них, и то, что он найдет, будет зависеть от того, каким путем он пойдет.

«Человек потому стал таким темным и таким внешним, — говорит Гихтель, — что он ищет очень далеко, над звездным небом, в высшей вечности то, что совсем рядом с ним, во внутреннем Центре души.

Когда душа стремится отвлечь свою волю от внешнего созвездия и покинуть все видимое, дабы обратиться к Богу, в свой Центр, это требует отчаянной работы.

Чем более душа проникает в себя, тем более она приближается к Богу, до тех пор, пока наконец не предстанет перед Святой Троицей. Тогда она достигает глубочайшего знания».

Внутреннее понимание идеи бесконечности гораздо правильнее и глубже, чем внешнее, и дает более верный подход к идее сверхчеловека, более ясное ее понимание. Если бесконечность пребывает в душе человека, и он может прикоснуться к ней, углубляясь в себя, то и будущее, и сверхчеловек находятся в его душе, и он может найти их в себе, если, конечно, будет правильно искать.

Отличительной чертой и особенностью идей реального мира, т. е. **мира, каков он есть**, является то, что в материалистическом освещении они выглядят абсурдом. Это необходимое условие. Но это условие и его необходимость никогда не понимаются должным образом; вот почему идеи многомерного мира часто производят на людей впечатление кошмара.

Сверхчеловек есть одна из возможностей, лежащих в глубине души человека. От самого человека зависит приблизить ему эту идею или отдалить. Близость или дальность сверхчеловека лежит не во времени, а в отношении человека к этой идее, и в отношении не только умственном, но и в деятельном, практическом. Человека отделяет от сверхчеловека не время, а неподготовленность к принятию сверхчеловека. Время пребывает в самом человеке. Оно есть внутреннее препятствие для непосредственного ощущения того или другого, и больше ничего. Строение будущего, служение будущему — это лишь символы, символы отношения человека к самому себе, к своему настоящему. Ясно, что если принять этот взгляд, признать, что все будущее заключено в самом человеке, то наивно спрашивать о том, какое мне дело до сверхчеловека. Очевидно, человеку есть до него дело, потому что сверхчеловек — это он сам.

Но взгляд на сверхчеловека как на высшее «я» человека, как на нечто, находящееся внутри него самого, еще не исчерпывает всех возможностей понимания.

Знание мира, **каков он есть**, — это нечто более тонкое и сложное; оно вовсе не требует отрицания объективного существования данного явления. В этом случае внешний аспект явления познается человеком в его отношении к внутреннему аспекту. Сверх того отчетливым признаком истинного познания является отсутствие в нем всякого отрицания, прежде всего отрицания противоположного взгляда. «Реальное» (т. е. многомерное и полное) познание отличается от материального или логического (т. е. нереалистичного) познания главным образом тем, что оно не исключает противоположные взгляды. Истинное познание включает в себя все противоположные взгляды, предварительно очищенные, разумеется, от искусственных усложнений и суеверий. Следует понять, что отсутствие отрицания противоположных взглядов вовсе не означает приятия ложного, иллюзорного и суеверного. Знание есть правильное отделение реального от ложного, и это достигается не путем отрицания, а путем включения. Истина включает в себя все, а что не может войти в нее, уже тем самым показывает свою неправильность и ложность.

В истине нет антитез, один взгляд не исключает другого. Поэтому и по отношению к идее сверхчеловека только то понимание истинно, которое включает в себя обе точки зрения, внешнюю и внутреннюю.

На самом деле, у нас нет никаких оснований отрицать возможность реального, живого сверхчеловека в прошлом, настоящем и будущем. В то же время мы должны признать в своем внутреннем мире присутствие семян чего-то высшего по сравнению с тем, чем мы обычно живем, должны признать возможность прорастания этих семян и их проявления в формах, ныне для нас непостижимых. Сверхчеловек в прошлом и будущем не противоречит возможности высшего сознания человека, который живет сейчас. Наоборот, одно раскрывает другое.

Люди, сознающие сверхчеловека в себе, раскрытие в себе новых высших сил, оказываются благодаря этому связаны с идеей сверхчеловека в прошлом и будущем. Люди, которые ищут реального, живого сверхчеловека в настоящем, этим самым раскрывают высшее начало в своей душе.

Идея сверхчеловека тем и трудна для понимания, тем и опасна, что требует умения согласовать два противоположных взгляда. Только **внешний** или только **внутренний** аспект этой идеи удовлетворить человека не могут. Каждый из них по-своему неверен, каждый по-своему искажает идею. А в искаженном виде идея сверхчеловека оказывается собственной противоположностью и не только не поднимает человека, но, наоборот, толкает его в бездну пессимистического отрицания или приводит к пассивному «недеянию», к остановке.

Разочарование в жизни и жизненных целях, идущее от идеи сверхчеловека, проистекает от ее неправильного понимания, главным образом от чувства отдаленности, недоступности сверхчеловека во внешней жизни.

С другой стороны, исключительно внутреннее понимание идеи сверхчеловека также отрывает человека от жизни, делает в его глазах всякую деятельность ненужной и бесполезной. Поскольку сверхчеловек существует внутри меня и необходимо только погрузиться в себя, чтобы найти его, то зачем все попытки что-то делать или искать его вне себя?

Это и есть два подводных камня, лежащих в глубине идеи сверхчеловека.

Человек находит сверхчеловека в себе, начиная искать его вне себя; он может найти сверхчеловека вне себя, начав искать его внутри себя.

Поняв и представив себе образ сверхчеловека, каким он может быть, человек должен перестроить всю свою жизнь так, чтобы она не противоречила этому образу... если сможет. Это и откроет идею сверхчеловека в его душе.

Подходить к идее сверхчеловека интеллектуальным путем возможно только после длительной и настойчивой тренировки ума. Способность думать есть та первая необходимая стадия посвящения, которая гарантирует безопасность приближения к этой идее. Что значит уметь думать? Это значит уметь думать по-другому, не так, как мы привыкли, представлять себе мир в каких-то новых категориях. Мы слишком упростили наше представление о мире, привыкли рисовать его себе чересчур однообразным; теперь нам предстоит заново учиться понимать его сложность. Для этого нужно вновь и вновь воспринимать его по-иному; понять, что нам совершенно не известно, что такое человек; понять, что человек, возможно, совсем не то, что мы о нем думаем.

В сердце своем мы очень хорошо знаем, знаем нечто; но никак не можем на нем сосредоточиться. Мы понимаем некоторый круг идей, но живем в другом круге. Жизнь кружится вокруг нас, и мы кружимся вместе с ней, а вокруг нас кружатся наши тени.

«Нет ничего вне нас. Но мы забываем это при первом звуке», — говорит Заратустра у Ницше.

В еврейских легендах Талмуда есть замечательная легенда о Моисее, в которой содержится вся идея эволюции человека в подлинном смысле этого слова.

Портрет Моисея

Весь мир был потрясен и покорен чудом Исхода. Имя Моисея было у всех на устах. Известие о великом чуде дошло и до мудрого царя Аравии. Царь призвал к себе своего лучшего живописца и приказал ему отправиться к Моисею, написать его портрет и привезти этот портрет ему. Когда живописец вернулся, царь собрал всех своих мудрецов, умудренных в науке физиогномики, и попросил их определить по портрету характер Моисея, его особенности, склонности, привычки и источник его таинственной силы.

— Царь, — отвечали мудрецы, — это портрет человека жестокого, надменного, алчного, одержимого желанием власти и всеми существующими в мире пороками.

Их слова вызвали у царя негодование.

— Как это возможно? — воскликнул он. — Как возможно, чтобы человек, чьи замечательные деяния гремят по всему миру, оказался таким?

Между живописцем и мудрецами начался спор. Живописец уверял, что портрет Моисея написан им совершенно точно, а мудрецы настаивали на том, что характер Моисея был определен ими, согласно портрету, безошибочно. Мудрый царь Аравии решил тогда проверить, какая из спорящих сторон права, и сам отправился в лагерь израильтян.

С первого взгляда царь убедился, что лицо Моисея было изображено живописцем в точности. Войдя в шатер человека Божия, царь преклонил колена, поклонился до земли и рассказал Моисею о споре между художником и мудрецами. «Сначала, пока я не видел твоего лица, — говорил царь, — я думал, что художник плохо изобразил тебя, так как мои мудрецы — люди очень опытные в науке физиогномики. Теперь я убежден, что они — совершенно недостойные люди, и их мудрость тщетна и пуста».

— Это не так, — ответил Моисей. — И художник, и физиогномисты — весьма искусные люди; обе стороны правы. Да будет тебе известно, что все пороки, о которых говорили мудрецы, действительно были даны мне природой, пожалуй, даже в еще большей мере, чем они усмотрели на портрете. Но я боролся со своими пороками, напряженными усилиями воли постепенно преодолевая и подавляя их в себе, пока все противоположное им не стало моей второй натурой. И в этом заключается моя величайшая гордость.

1911—1929 годы

ГЛАВА 4

ХРИСТИАНСТВО И НОВЫЙ ЗАВЕТ

Эзотеризм в Евангелиях. — Необходимость отделения Евангелий от Деяний и Посланий апостолов. — Сложность содержания Евангелий. — Путь к скрытому знанию. — Идея исключительности спасения. — История Евангелий. — Эмоциональный элемент в Евангелиях. — Психология искажений евангельских текстов. — Абстракции, ставшие конкретными. — Идея дьявола. — «Отойди от Меня, Сатана!» вместо «Следуй за Мной». — «Хлеб насущный». — Легенда и доктрина в Евангелиях. — «Драма Христа». — Происхождение некоторых евангельских легенд. — Сыновность Христа. — Элементы греческой мифологии. — Элементы мистерий. — Идея искупления. — Смысл понятия «Царство Небесное». — Элифас Леви о Царстве Небесном. — Царство Небесное в жизни. — Две линии мысли. — «Имеющие уши да слышат!» — Различные значения слов и отрывков. — Трудность приближения к Царству Небесному. — «Нищие духом». — Преследуемые за праведность. — Эзотеризм недостижим для большинства. — Различие в ценностях. — Сохранность идеи эзотеризма. — Трудности пути. — Отношение внутреннего круга к внешнему. — Помощь внутреннего круга. — Результаты, проповеди эзотеризма. — «Привязанность». — Притча о сеятеле. — Различие между учениками и прочими людьми. — Идея притч. — Ренан о притчах. — Притча о плевелах. — «Зерно» в мистериях. — «Зерно» и «мякина». — Краткие притчи о Царстве Небесном. — Идея отбора. — Сила жизни. — «Богатые». — Отношение людей к эзотеризму. — Притча о хозяине и виноградарях. — Притча о брачном пире. — Притча о талантах. — Притча о семени, растущем втайне. — Идея «жатвы». — Противоположность жизни и эзотеризма. — Новое рождение. — Пасхальный гимн. — «Слепые» и «те, кто видит». — Чудеса. — Идея внутреннего чуда. — Линия работы школы. — Приготовление людей к эзотерической работе. — Работа «ловцов человеков». —

Правила для учеников. — «Праведность фарисеев». — Бодрствование. — Притча о десяти девах. — Учитель и ученик. — Умение хранить молчание. — Идея сохранения энергии. — Левая и правая руки. — Притча о работниках в винограднике. — Ожидание награды. — Отношение Христа к закону. — Внешняя и внутренняя истина. — Соблюдение законов и дисциплина. — Непротивление злу. — Молитва Господня. — Молитва Сократа. — Происхождение молитвы Господней. — Правила о взаимоотношениях учеников. — «Милость» и «жертва». — «Дети». — «Кто больший?» — «Ближний». — Притча о милосердном самарянине. — О псевдорелигиях. — «Соблазн». — Притча о неверном управителе. — Прощение грехов. — Хула на Духа Святого. — Злословие. — Учение Христа относится не к смерти, а к жизни. — Применение идей Христа.

Идея эзотеризма занимает в христианском учении и в Новом Завете очень важное место; но это выясняется лишь при правильном их понимании.

Для того чтобы правильно понять то и другое, необходимо прежде всего строго отделить то, что относится к эзотеризму (точнее, те места, где эзотерическая идея стоит на первом месте), от того, что к нему не относится и не является выводом из идеи эзотеризма.

В Новом Завете эзотерическая идея занимает главное место в Четвероевангелии. То же самое можно сказать об Откровении ап. Иоанна. Но, за исключением нескольких мест, эзотерические идеи в Апокалипсисе «зашифрованы» более глубоко, чем в Евангелиях; поэтому в своих зашифрованных частях они не входят в нижеследующее рассмотрение.

Деяния и Послания апостолов по сравнению с четырьмя Евангелиями представляют собой труды совершенно другого рода. И в них встречаются эзотерические идеи, однако они не занимают преобладающего места; Деяния и Послания вполне могли бы существовать и без них.

Четвероевангелие написано для немногих, для очень немногих — для учеников эзотерических школ. Сколь бы интеллигентным и образованным (в обычном смысле слова) ни был человек, он не поймет Евангелий без **особых** указаний, без **особого** эзотерического знания.

Вместе с тем, необходимо отметить, что Четвероевангелие — это единственный источник, из которого мы узнаем о Христе и его учении. Деяния и Послания апостолов добавляют к этому некоторые существенные черты, однако вводят и

многое такое, чего нет в Евангелиях и что им противоре[чит].
Во всяком случае, на основе Посланий невозможно был[о бы]
воссоздать личность Христа, евангельскую драму и сущн[ость]
евангельского учения.

Послания апостолов, в особенности Послания апостола Павла, образуют здание церкви. Это — **упрощенное изложение** идей Евангелий, их материализация, их применение к жизни, причем такое применение, которое нередко идет **против** эзотерической идеи.

Добавление Деяний и Посланий к четырем Евангелиям имеет в Новом Завете двоякое значение. Во-первых, с точки зрения Церкви, оно позволяет ей установить связь с Евангелиями и «драмой Христа». Церковь фактически и начинается с этих Посланий. Во-вторых, с точки зрения эзотеризма, такое добавление дает возможность некоторым людям, начинающим с церковного христианства, но способным понять эзотерическую идею, соприкоснуться с первоисточником и, быть может, найти сокрытую в нем истину.

Исторически в становлении христианства главную роль играло не учение Христа, а учение Павла. С самого начала церковное христианство по многим пунктам вступило в противоречие с идеями Христа. В дальнейшем расхождение стало еще более значительным. Мысль о том, что, родись Христос позднее, он не только не смог бы возглавить христианскую Церковь, но даже, вероятно, и принадлежать к ней, отнюдь не является новой. А в эпоху наивысшего блеска, могущества и власти Церкви его, несомненно, объявили бы еретиком и сожгли бы на костре. Даже в наше, более просвещенное время, когда христианские церкви если и не утратили, то, по крайней мере, стали утаивать свои антихристианские черты, Христос мог бы скрываться от гонений «книжников и фарисеев» разве что где-нибудь в северном русском скиту.

Итак, Новый Завет, как и все христианское учение, невозможно считать единым целым. Надо помнить, что со временем из учения Христа стали обильно ветвиться разнообразные культы, хотя само **оно ни в коем случае культом не было**. Далее, совершенно невозможно говорить о «христианских странах», «христианских народах», «христианской культуре». На самом деле, все эти понятия имеют исключительно историко-географический смысл.

На основании вышеизложенного, упоминая Новый Завет, я буду иметь в виду только Четвероевангелие и в двух-трех случаях — Апокалипсис. Точно так же под христианством или христианским (евангельским) учением я буду подразумевать только то учение, которое содержится в Четвероевангелии. Все позднейшие добавления — Послания апостолов, решения Соборов, труды отцов Церкви, видения мистиков и идеи реформаторов — остаются за пределами моей темы.

Новый Завет — очень странная книга. Она написана для тех, кто **уже** обладает известной степенью понимания, для тех, кто владеет некоторым ключом. Думать, что Новый Завет — несложная книга, понятная простым и смиренным людям, — величайшее заблуждение. Просто так читать ее нельзя, как нельзя просто так читать книгу по математике, изобилующую формулами, особыми примерами, явными и скрытыми ссылками на математическую литературу, упоминаниями о различных теориях, известных лишь «посвященным», и т. п. В то же время в Новом Завете немало мест, которые можно понять лишь эмоционально: они производят определенное эмоциональное воздействие, разное на разных людей или даже на одного человека в разные моменты его жизни. Но, конечно, ошибочно полагать, что это эмоциональное воздействие исчерпывает все содержание Евангелий. В них каждая фраза, каждое слово полны сокровенного смысла, и только когда извлекаешь эти скрытые идеи на свет, становится понятной вся сила этой книги и ее влияние на людей, продолжающееся вот уже две тысячи лет.

Замечательно, что каждый человек обнаруживает свою сущность через свое отношение к Новому Завету — как он его читает, что в нем понимает, какие из него делает выводы. Новым Заветом проверяется все человечество. Любой культурный человек слышал о Новом Завете; для этого даже нет необходимости быть христианином; определенное знакомство с Новым Заветом и христианством входит в систему общего образования. И по тому, как человек читает Новый Завет, что он из него извлекает, что ему не удается извлечь, по тому факту, что он вообще его не читал, виден уровень его развития, его внутреннее состояние.

В каждом из четырех Евангелий есть множество вещей, сознательно продуманных и основанных на большом знании и глубоком понимании человеческой души. Некоторые места написаны с таким расчетом, чтобы один человек обнаружил в них один смысл, другой — второй, а третий — третий, и чтобы эти люди не смогли прийти к согласию относительно понимания прочитанного; вместе с тем, все они будут в равной степени неправы, а подлинный смысл никогда не придет им в голову самостоятельно.

Чисто литературный анализ стиля и содержания четырех Евангелий обнаруживает огромную силу этих повествований. Они были написаны с определенной целью, и написаны людьми, которым известно гораздо больше того, что они пишут. Евангелия прямо и точно говорят о существовании эзотерической мысли; они и есть одно из главных литературных свидетельств существования такой мысли.

Какой смысл, какую цель может иметь такая книга, если предположить, что она была написана сознательно? Вероятно, этих целей много; но одна из них несомненно такова: показать людям, что к скрытому знанию ведет **один путь**, если только они пожелают и сумеют идти по нему; точнее говоря, цель в том, чтобы указать путь тем, кто может по нему идти; в самом таком указании пути уже происходит отбор готовых к нему, разделение людей на подходящих для этого и неподходящих.

Христианское учение — очень суровая религия, бесконечно далекая от того сентиментального христианства, которое создано современными проповедниками. Сквозь все учение проходит идея, что Царство Небесное (что бы ни значили эти слова) **принадлежит немногим**, что врата узки и узок путь, что лишь немногие сумеют пройти, достигнув таким образом «спасения», что те, кто не войдет, — всего-навсего солома, которая будет сожжена.

Уже и секира при корне дерев лежит: всякое дерево, не приносящее доброго плода, срубают и бросают в огонь...

Лопата Его в руке Его, и Он очистит гумно Свое и соберет пшеницу Свою в житницу, а солому сожжет огнем неугасимым (Мф. 3:10, 12).

Идея исключительности и трудности «спасения» настолько определенна, так часто подчеркивается в Евангелиях, что понадобилась вся ложь и все лицемерие современного христианства, чтобы забыть ее и приписать Христу сентиментальную идею **всеобщего** спасения. Подобные мысли так же далеки от подлинного христианства, как и роль социального реформатора, которую иногда приписывают Христу.

Но еще более далека от христианства религия «ада и греха», принятая современными сектантами, которые то и дело появляются во всех ответвлениях христианства, но более всего — в протестантских церквах.

Говоря о Новом Завете, необходимо, хотя бы приблизительно, разъяснить свою точку зрения на существующие варианты текста и истории Евангелий.

Нет никаких оснований предполагать, что Евангелия были написаны теми лицами, которым приписывают авторство, т. е. прямыми учениками Иисуса. Гораздо вероятнее, что у всех четырех Евангелий совсем другая история, что они были написаны гораздо позднее, чем это утверждает официальная Церковь. Вполне возможно, что Евангелия появились в результате совместной работы многих людей; последние просто собрали рукописи, которые обращались среди учеников апостолов и содержали записи о чудесных событиях, происшедших в Иудее. Вместе с тем можно с полным основанием предположить, что эти сборники рукописей были изданы людьми, преследовавшими определенную цель и предвидевшими колоссальные масштабы распространения Нового Завета и то огромное значение, которое он приобретет.

Евангелия очень сильно отличаются друг от друга. Первое, Евангелие от Матфея, можно считать главным. Существует предположение, что первоначально оно было написано по-арамейски, т. е. на том самом языке, на котором, вероятно, говорил Христос; а к концу I века его перевели на греческий. Есть, однако, и другие предположения, например, что Христос учил народ по-гречески, ибо в то время этот язык был распространен в Иудее наравне с арамейским. Евангелия от Марка и от Луки составлены из того же материала, что послужил основой для Евангелия от Матфея. Довольно правдоподобно звучит утверждение Ренана, что оба эти Евангелия были написаны по-гречески.

Более позднее Евангелие от Иоанна — произведение совершенно иного рода. Оно также написано по-гречески, и его автором, вероятно, был грек, во всяком случае, не еврей. На это указывает одна небольшая деталь: там, где в других Евангелиях говорится «народ», в Евангелии от Иоанна значится: «иудеи».

Или, например, такое объяснение, которое ни в коем случае не сделал бы еврей:

Итак, они взяли тело Иисуса и обвили его пеленами с благовониями, как обыкновенно погребают иудеи (Иоанн, 19:40).

Евангелие от Иоанна — совершенно исключительный литературный труд. Оно написано с огромным эмоциональным подъемом — и может произвести неотразимое впечатление на человека, который сам находится в состоянии эмоционального напряжения. И в других Евангелиях присутствует значительный эмоциональный элемент, но их можно понять умом, тогда как Евангелие от Иоанна понять умом невозможно. В нем угадывается эмоциональный подъем на уровне экстаза. Находясь в таком экстатическом состоянии, человек быстро говорит (или пишет) слова и фразы, исполненные глубокого смысла для него и для тех людей, которые пребывают в таком же состоянии, но лишенные какого бы то ни было смысла для тех, кто слушает обычным слухом и думает обычным умом. Если кому-нибудь придется читать Евангелие от Иоанна в приподнятом эмоциональном состоянии, тот поймет, **что** там сказано, и поймет, что этот исключительный труд нельзя мерить обычными мерками и судить о нем как о книге, доступной лишь для интеллектуального чтения и понимания.

Текст Четвероевангелия в переводах на современные языки несколько искажен, но в гораздо **меньшей степени**, чем можно было бы ожидать. Несомненно, его искажали, когда переписывали в первые века и позднее, уже в наше время, в процессе переводов. Первоначальный текст не сохранился; но если сравнить нынешние переводы с более древними текстами (греческим, латинским и церковно-славянским), то мы заметим разницу вполне определенного свойства. Все подмены и искажения похожи друг на друга; их психологическая природа одинакова: в тех случаях, когда мы замечаем подмену, можно понять, что переводчик или переписчик не понял текста, что в тексте что-то показалось ему чересчур трудным, **чересчур отвлеченным**. Поэтому он слегка подправил текст, добавив, допустим, всего одно словечко, — и таким образом внес в него ясный и логичный смысл **на уровне собственного понимания**. Этот факт не вызывает ни малейшего сомнения, и его можно проследить по позднейшим переводам.

Самые древние из известных текстов, т. е. греческий текст и первые латинские переводы, оказываются гораздо более абстрактными, чем позднейшие переводы. В ранних текстах есть много отвлеченных понятий; можно видеть, как в позднейших переводах эти понятия превратились в конкретные образы, в конкретные фигуры.

Самая интересная переделка такого рода произошла с дьяволом. Во многих местах Евангелий, где мы привыкли его встречать, в ранних текстах его нет и в помине. Например, в «Отче наш», которое глубоко вошло в сознание обычного человека, слова «избавь нас от зла» в английском и немецком переводах вполне соответствуют греческому и латинскому текстам; зато в церковнославянском и русском переводах стоит: «избавь нас от **лукавого**»; в некоторых французских переводах: mais délivre nous **du Malin**; а в итальянском: ma liberaci **dal maligno**.

В этом отношении очень характерна разница между ранним латинским переводом и более поздним, сделанным в XVI веке Теодором Беза. В первом переводе: sed libera nos a malo, тогда как во втором: sed libera nos **ab illo improbo** (т. е. «от злого»).

Вообще говоря, вся евангельская мифология в целом претерпела значительные изменения. «Диавол», т. е. лжец или искуситель, в первоначальном тексте представлял собой имя, которое можно отнести к любому «лжецу» или «соблазнителю». Можно предположить, что это имя зачастую использовали для того, чтобы выразить видимый, обманчивый, иллюзорный мир феноменов, «майю». Мы находимся под сильнейшим влиянием средневековой демонологии, и нам трудно понять, что **общей идеи** дьявола в Новом Завете нет. В нем есть идея зла, искупления, соблазна, идея демонов и их князя, идея нечистого духа; есть Сатана, искушавший Иисуса; но все эти идеи не связаны одна с другой; они аллегоричны и очень далеки от средневековой концепции дьявола.

В четвертой главе Евангелия от Матфея, в сцене искушения в пустыне, Христос, согласно греческому тексту, говорит дьяволу: υπαγε οπισω μου, т. е. «иди за Мной» – и в церковнославянском тексте мы читаем: «следуй за Мной». Но в русском, английском, французском, итальянском текстах это место переведено так: «Отойди от Меня, Сатана!»

Через восемь стихов (Мф. 4:19) Христос говорит рыбакам, которые закидывали у озера сети, почти те же слова: «идите за Мной», или «следуйте за Мной». По-гречески это звучит: δευτε οπισω μου. Такое сходство в обращении к «диаволу», искушавшему Иисуса, и к рыбакам, которых Иисус избрал себе в ученики и обещал сделать «ловцами человеков», должно иметь определенный смысл. Но для переводчика это, конечно, выглядело абсурдом: зачем Христу желать, чтобы дьявол следовал за ним? В результате появилась знаменитая фраза «отойди от Меня, Сатана!» В данном случае Сатана воплощал собой видимый, феноменальный мир, который никоим образом не должен «отходить», а только служить внутреннему миру, следовать за ним, **идти за ним**.

Следующий пример искажения евангельского текста — хорошо известные слова о «хлебе насущном» — «хлеб наш насущный даждь нам днесь». Определение хлеба как «насущного» в русском, английском, французском и немецком переводах совершенно не совпадает с греческим и латинским текстами, где его вообще нет. Греческий текст читается так: τον αρτον ημων τον επιουσιον δος ημιν σημερον, латинский: panem nostrum supersubstantialem da nobis hodie.

Согласно толкованию Оригена, греческое слово επιουσιος (переведенное латинским supersubstantiatis) было изобретено специально для того, чтобы перевести соответствующий арамейский термин. Однако арамейский текст Евангелия от Матфея, если он существовал, не сохранился, и теперь невозможно установить, какое именно слово переведено греческим επιουσιος или латинским supersubstantialis. Во всяком случае, это слово не «необходимый» и не «повседневный», ибо επιουσιος или supersubstantialis означает «сверхсуществующий», «сверхсущий» — что, конечно же, весьма далеко от «необходимого», «повседневного». Но как нам узнать, что означало слово «насущный» во времена, когда оно было создано? Вполне возможно, что в церковнославянском языке этого слова не было, как не было слова επιουσιος в греческом. Вероятно, его смысл впоследствии изменился, и оно вошло в разговорный язык с совершенно иным значением. Сначала «насущный» могло означать «надсущный», «сверхсущий» и лишь потом сделалось «необходимым для жизни».

Возможность перевода слова επιουσιος, как «необходимый», «повседневный» отчасти объясняется игрой слов: некоторые ученые возводят επιουσιος не к ειμι — быть, а к ετμι — идти. В таком случае επιουσιος означает «будущий», «приходящий». Этим значением воспользовались во всех поздних переводах Нового Завета, что противоречит первому латинскому переводу, где мы находим слово supersubstantialis, или «сверхсуществующий», для употребления которого было, вероятно, какое-то основание.

Искажение смысла при переводе, возникающее из-за того, что переводчику не удалось понять глубокий **абстрактный** смысл данного места, особенно очевидно в характерном искажении во французском переводе «Послания к Ефесянам»:

Чтобы вы, укорененные и утвержденные в любви, могли постигнуть со всеми святыми, что широта и долгота, и глубина и высота (Еф. 3:18).

Эти странные слова бесспорно эзотерического происхождения, говорят о познании **измерений пространства**, но они не были поняты переводчиком; и вот во французском издании в этой фразе появляется маленькое словечко «en»:

... et qu'etant enracines et fondes dans la charite vous puissiez comprendre, avec tous les saintes, quelle **en** la largeur, la longueur, la profondeur, et la hauteur, что придает ей следующий смысл: «чтобы вы, укорененные и утвержденные в любви, могли постигнуть со всеми святыми, что такое **ее** широта, и долгота, и глубина, и высота».

Приведенные выше примеры показывают характер искажений евангельских текстов. Но, в общем, эти искажения не очень важны.

Иногда в современных оккультных учениях высказывается мысль, что существующий текст Евангелий неполон, что есть (или был) другой, полный вариант; но это мнение лишено фактических оснований, и в последующем изложении мы не будем принимать его во внимание.

Далее, при изучении Нового Завета необходимо отделить легендарный элемент (нередко заимствованный из жизнеописаний других мессий и пророков) от описания действительной жизни Иисуса; кроме того, надо отделить все легенды, существующие в Новом Завете, от самого учения.

Мы уже упоминали о «драме Христа» и о ее отношении к мистериям. В самом начале этой драмы возникает загадочная фигура Иоанна Крестителя, которому в Новом Завете посвящены самые непонятные места. Существуют учения, которые считают его главной фигурой драмы, а Христу отводят второстепенное место. Но об этих учениях известно слишком мало, чтобы как-то на них опираться. Поэтому мы будем говорить в дальнейшем о разыгравшейся в Иудее драме как о «драме Христа».

События в Иудее, которые завершились смертью Иисуса, заняли самое незначительное место в жизни народов того времени. Хорошо известно, что **никто** не знал об этих событиях за исключением людей, принимавших в них непосредственное участие. Кроме Евангелий, нет других исторических доказательств существования Иисуса.

Евангельская трагедия приобрела особое значение, смысл и величие постепенно, по мере того как учение Христа распространялось. Большую роль в этом процессе сыграли притеснения и преследования. Но, очевидно, в самой трагедии было еще **нечто** — равно как и в учении, которое связывалось с ней и из нее возникло. Это «нечто» отличает драму и учение Христа от событий и идей заурядного сектантства и сближает христианство с мистериями.

Легендарная сторона жизнеописания Иисуса вводит в его жизнь множество условных фигур, как бы стилизует его под пророка, учителя, мессию. Эти легенды, приспособленные к образу Христа, заимствованы из самых разных источников: одни черты взяты из индуизма, буддизма, легенд Ветхого Завета, другие — из греческих мифов.

«Избиение младенцев» и «бегство в Египет» заимствованы из жизнеописания Моисея. «Благовещение», т. е. появление ангела, провозглашающего грядущее рождение Христа, взято из жизни Будды. В истории Будды с небес спускается белый слон и возвещает царице Майе о рождении принца Гаутамы. Затем следует история о старце Симеоне, который ждет в храме младенца Иисуса и, дождавшись, говорит, что теперь может умереть, так как увидел Спасителя мира — «ныне отпускаешь раба Твоего, Владыка, по слову Твоему, с миром». И этот эпизод заимствован из жизнеописания Будды:

«Когда родился Будда, престарелый отшельник Асита пришел из Гималаев в Капилавасту. Явившись ко двору, он совершил жертвоприношение у ног дитяти; затем Асита трижды обошел ребенка и, взяв его на руки, увидел на нем своим открывшимся внутренним взором тридцать два знака Будды».

Самая странная легенда, связанная с Христом, долгое время вызывала разногласия между всевозможными школами и сектами растущего христианства, пока наконец ни стала основой догматических учений почти всех христианских вероисповеданий. Это легенда о рождении Иисуса девой Марией, **непосредственно от самого Бога**, которая возникла уже **после** появления евангельских текстов.

Христос называл себя сыном Божиим и сыном человеческим; он то и дело говорил о Боге как о своем отце; он утверждал, что он и Отец суть одно, что тот, кто следует за ним, следует и за его Отцом и т. д. Однако собственные слова Христа не создают легенды, не творят мифа; их можно понять аллегорически и мистически в том смысле, что Иисус чувствовал свое единство с Богом или ощущал Бога в себе. И прежде всего, их можно понять в том смысле, что каждый человек в состоянии стать сыном Божиим, если он повинуется воле и законам Бога; например, в Нагорной проповеди Христос говорит:

Блаженны миротворцы, ибо они будут наречены сынами Божиими (Мф. 5:9).

И в другом месте:

Вы слышали, что сказано: люби ближнего твоего и ненавидь врага твоего».

А Я говорю вам: любите врагов ваших, благословляйте проклинающих вас, благотворите ненавидящим вас и молитесь за обижающих вас и гонящих вас.

Да будете сынами Отца вашего Небесного, ибо Он повелевает солнцу Своему восходить над злыми и добрыми и посылает дождь на праведных и неправедных (Мф. 5:43—45).

Этот русский перевод соответствует греческому, латинскому и французскому текстам. Английский вариант, а также немецкий текст содержат слова «дети Божии» и «дети Отца вашего». Таков результат переработки евангельского текста теологами в их собственных целях.

Данные тексты показывают, что выражение «сын Божий» имело первоначально не тот смысл, который был дан ему впоследствии. Миф о том, что Христос — в буквальном смысле — сын Божий, был создан постепенно, в течение нескольких веков. И хотя догматический христианин будет отрицать языческое происхождение этой идеи, она, бесспорно, взята из греческой мифологии.

Ни в какой другой религии нет таких тесных взаимоотношений между божествами и людьми, как в греческих мифах. Все полубоги, титаны и герои Греции были **сынами божеств**. В Индии сами боги воплощались в смертных или нисходили на землю и принимали на время облик людей или животных. Но привычка считать великих людей сынами божеств — это чисто греческая форма мышления (позднее перешедшая в Рим) о взаимоотношениях между божествами и их посланцами на земле.

И вот, как ни странно, эта идея греческих мифов перешла в христианство и стала главной его догмой.

В догматическом христианстве Христос — сын Бога совершенно в том же смысле, в каком Геракл был сыном Зевса, а Асклепий — Аполлона*.

Эротический элемент, которым в греческих мифах пронизана идея рождения людей или полубогов от божеств, в христианском мифе отсутствует — как он отсутствует и в мифе о рождении принца Гаутамы. Это связано с характерным для буддизма и христианства «отрицанием пола», причины которого пока далеко не ясны. Но нет никакого сомнения, что Христос стал Сыном Божьим в соответствии с языческой идеей.

Однако, помимо влияния греческих мифов, Христос должен был сделаться богом в соответствии с общим духом мистерий.

---

* Сыном Аполлона называли и Платона. Александр Великий в Египте, в храме Зевса — Аммона был провозглашен сыном Зевса, после чего отверг родительские права своего отца Филиппа. Египтяне признали его сыном божества.

Юстин Мученик в «Первой апологии», адресованной императору Адриану, писал: «Сын Божий по имени Иисус, даже если он и был человеком по обычному рождению, тем не менее достоин за свою мудрость называться сыном Божиим... и если мы утверждаем, что он был рожден от девы, прими это как то же самое, что ты принимаешь о Персее».

Смерть и воскресение бога — их фундаментальные идеи.

В настоящее время пытаются объяснить мысль о **смерти бога** в мистериях как пережиток еще более древнего обычая «убийства царей» (Дж. Г. Фрезер в «Золотой ветви»). Эти объяснения связаны с общей тенденцией «эволюционистской» мысли искать происхождение сложных и непонятных явлений в явлениях более простых, примитивных и даже патологических. Но из всего, что уже говорилось об эзотеризме, совершенно ясно, что такая тенденция ошибочна, что в действительности, напротив, — более простые, примитивные, а иногда и преступные обычаи представляют собой обычно выродившуюся форму забытых священнодействий и обрядов очень высокой природы.

После идей **сыновства** и **божественности** Христа в теологическом «христианстве» второе по важности место занимает идея **искупления** и **жертвы** Христа. Эта идея, ставшая основанием догматического христианства, запечатлена в Новом Завете в следующих словах:

На другой день видит Иоанн идущего в нему Иисуса и говорит: вот Агнец Божий, Который берет на Себя грех мира (Ин. 1:29).

Так Иисус был отождествлен с пасхальным агнцем, **жертвой отпущения греха**.

Более всего о жертве Христа говорится в Евангелии от Иоанна. Другие евангелисты также упоминают о жертве и искуплении. Таковы, например, слова Христа в Евангелии от Матфея:

Так как Сын Человеческий не для того пришел, чтобы Ему служили, но чтобы послужить и отдать душу Свою для искупления многих (Мф. 20:28).

Но эти и подобные им места, начиная со слов Иоанна Крестителя и кончая словами Христа, имеют самый аллегорический и отвлеченный смысл.

Идея обрела конкретность лишь в Посланиях, главным образом в Посланиях апостола Павла, где возникла необходимость объяснить смерть Иисуса — и одновременно указать на то, что он был Сыном Божьим и самим Богом. Идея мистерий и «драмы Христа» не могла стать всеобщей собственностью, так как для ее объяснения не доставало ни слов, ни умения понять — даже у тех, кто должен был ее объяснить. Пришлось подыскать более близкую и понятную мысль, которая позволила бы растолковать толпе, почему **Бог** позволил кучке негодяев и преступников мучить и убить себя. Объяснение было найдено в идее **искупления**. Было объявлено, что Иисус принес себя в жертву ради людей, что он освободил людей от их грехов. Позднее сюда добавили и освобождение от первородного греха, от греха Адама.

Идея искупительной жертвы была понятна евреям, ибо в Ветхом Завете она играла огромную роль в ритуальных жертвоприношениях и церемониях. Существовал обряд, совершавшийся в «День Искупления», когда одного козла убивали как жертву за грехи всего еврейского народа, а другого, вымазав кровью убитого, отпускали в пустыню или бросали в пропасть.

Идея Бога, принесенного в жертву ради спасения людей, есть и в индийской мифологии. Шива выпил яд, который предназначался для рода людского; поэтому на многих статуях **его горло выкрашено в синий цвет**.

Религиозные обряды переходили из одной страны в другую; и эту черту — т. е. принесение себя в жертву ради людей — могли приписать Иисусу точно так же, как и упоминавшиеся ранее черты из жизни Будды.

Связь идеи искуплений с идеей перенесения зла, которую защищает автор «Золотой ветви», лишена всякого основания. Магическая церемония **перенесения зла** психологически не имеет ничего общего с идеей **добровольного самопожертвования**. Но это различие, естественно, не имеет смысла для эволюционистской мысли, которая не входит в такие мелкие детали.

Ветхозаветная идея искупления противоречит эзотерической мысли. В эзотерических учениях совершенно ясно, что никого нельзя освободить от греха **принудительно и без его собственного участия**. Люди нынешних и прошлых времен находились и находятся в таком состоянии, что указать им путь к освобождению можно лишь посредством великой жертвы. **Христос указал этот путь к освобождению**.

Он прямо говорит об этом:

Я есмь путь (Ин. 14:6).

Я есмь дверь: кто войдет Мною, тот спасется, и войдет, и выйдет, и пажить найдет (Ин. 10:9).

А куда Я иду, вы знаете, и путь знаете.

Фома сказал Ему: Господи! не знаем, куда идешь; и как можем знать путь?

Иисус сказал ему: Я есмь путь и истина и жизнь; никто не приходит к Отцу, как только через Меня (Ин. 14:4—6).

Тогда сказали Ему: кто же Ты? Иисус сказал им: от начала Сущий, как и говорю вам (Ин. 8:25).

Чтобы подойти к пониманию Евангелий и евангельского учения, прежде всего необходимо понять, что такое Царство Небесное, или Царство Божие. Эти выражения — ключ к важнейшей части евангельского учения. Однако мы настолько привыкли к обычному церковному толкованию, утверждающему, что Царство Небесное — это место или состояние, в котором праведные души окажутся **после смерти**, что даже не допускаем возможности иного понимания этих слов.

Евангельские слова «Царство Небесное внутри вас» звучат для нас пусто и непонятно; они не только не объясняют основную мысль, но, пожалуй, лишь затемняют ее. Люди не понимают, что внутри них лежит **путь** к Царству Небесному, что Царство Небесное не обязательно находится за порогом смерти.

Царство Небесное, Царство Божие означает **эзотеризм**, т. е. внутренний круг человечества, а также знания и идеи этого круга.

Французский писатель-оккультист, аббат Констан, странный и порой весьма проницательный Элифас Леви, пишет в своей книге «Догмы и ритуал высшей магии» (1861):

«Проведя свою жизнь в поисках Абсолюта в области религии, науки и правосудия, пройдя через круг Фауста, мы достигли первичного учения и первой книги человечества. В этой точке мы останавливаемся, открыв тайну человеческого всемогущества и безграничного прогресса, ключ ко всем видам символизма, первую и последнюю доктрину; мы приходим к пониманию того, что означает выражение, столь часто употребляемое в Евангелии: Царство Божие».

В другом месте той же книги Элифас Леви говорит:

«Магия, которую люди древности называли «Святым Царством», или Царством Божиим, существует только для царей и священнослужителей. Священнослужители вы или нет? Цари вы или нет?

«Священнослужение магии — это не вульгарное священнослужение; а ее царственность не вступает в состязание с князьями мира сего. Монархи науки — вот князья истины, и их власть скрыта от толпы, как и их молитва и жертвоприношения. Цари науки — это люди, которые знают истину и которых истина сделала свободными согласно особому обетованию, данному самым могучим из всех посвятителей (Ин. 8:32)».

И далее:

«Чтобы достичь Царства Священного, иными словами, знания и силы мага, требуются четыре условия: разум, просветленный изучением; неустрашимость, которую ничто не в состоянии остановить; воля, которую невозможно преодолеть; благоразумие, которого ничто не может отменить. Знать, дерзать, хотеть, молчать — таковы четыре слова мага...

которые можно сочетать четырьмя способами и четырежды объяснить друг другу...»

Элифас Леви отметил факт, который поразил многих исследователей Нового Завета, а именно: что Царство Небесное, или Царство Божие, есть эзотеризм, внутренний круг человечества.

Это значит — не «царство на небесах», а Царство под властью небес, повинующееся законам неба. Выражение «Царство Небесное» по отношению к эзотерическому кругу имеет тот же смысл, что и древнее название Китая — «Поднебесная империя». Это выражение означает не империю на небесах, но империю под непосредственной властью неба, повинующуюся законам неба. Богословы исказили смысл понятия «Царство Небесное», связав его с идеей «рая», «неба», т. е. места или состояния, где, согласно их представлениям, души праведников окажутся **после смерти**. На деле же в Евангелиях совершенно очевидно, что Христос говорил в своей проповеди о Царстве Божием на земле, и есть указания на то, что, согласно его учению, Царство Небесное можно достичь при жизни.

Истинно говорю вам: есть некоторые из стоящих здесь, которые не вкусят смерти, как уже увидят Сына Человеческого, грядущего в Царствии Своем (Мф. 16:28).

Интересно отметить, что Христос, говоря о своем «Царствии», вместе с тем называет себя «сыном человеческим», т. е. **просто человеком**.

Далее, в Евангелии св. Марка он говорит:

Истинно говорю вам: есть некоторые из стоящих здесь, которые не вкусят смерти, как уже увидят Царствие Божие, пришедшее в силе («Мк. 9:1).

И в Евангелии св. Луки:

Говорю же вам истинно: есть некоторые из стоящих здесь, которые не вкусят смерти, как уже увидят Царствие Божие (Лк. 9:27).

Эти места понимались в смысле близости Второго пришествия. Но в таком случае все их значение, естественно, терялось со смертью учеников Иисуса. С точки же зрения эзотерического понимания, эти места и в наше время сохранили тот смысл, который они имели во времена Христа.

Новый Завет — это введение в скрытое знание, в тайную мудрость. Существует несколько линий мысли, которые можно проследить в нем с полной ясностью. Все, что будет говориться далее, относится к двум главным линиям.

Одна из них выдвигает принцип Царства Небесного, или эзотерического круга и его знания; эта линия подчеркивает трудность и исключительность понимания истины. Другая же показывает, что должны сделать люди, чтобы приблизиться к истине, и чего им не следует делать; иными словами, что может им помочь и что — помешать. Здесь указаны методы и правила изучения и работы над собой — правила оккультной школы.

К первой линии относятся изречения Нового Завета о том, что приближение к истине требует исключительных усилий и исключительных условий, что к истине могут подойти лишь немногие. Ни одна фраза не повторяется в Новом Завете чаще, чем изречение, что только **имеющие уши могут услышать**. Эти слова повторены девять раз в Евангелиях и восемь раз в Откровении св. Иоанна — всего семнадцать раз.

Идея о том, что необходимо знать, как следует слышать и видеть, как быть способным услышать и увидеть, идея о том, что на это способен далеко не каждый, выступает на первый план и в следующих местах:

Потому говорю им притчами, что они видя не видят, и слыша не слышат, и не разумеют;

И сбывается над ними пророчество Исаии, которое говорит: слухом услышите и не уразумеете, и глазами смотреть будете и не увидите,

Ибо огрубело сердце людей сих и ушами с трудом слышат, и глаза свои сомкнули, да не увидят глазами и не услышат ушами, и не уразумеют сердцем, и да не обратятся, чтобы Я исцелил их.

Ваши же блаженны очи, что видят, и уши ваши, что слышат,

Ибо истинно говорю вам, что многие пророки и праведники желали видеть, что вы видите, и не видели, и слышать, что́ вы слышите, и не слышали (Мф. 13:13—17).

Так что они своими глазами смотрят, и не видят; своими ушами слышат, и не разумеют, да не обратятся, и прощены будут им грехи (Мк. 4:12).

Имея очи, не видите? имея уши, не слышите? и не помните? (Мк. 8:18).

Он сказал: вам дано знать тайны Царствия Божия, а прочим в притчах, так что они видя не видят и слыша не разумеют (Лк. 8:10).

Почему вы не понимаете речи Моей? Потому что не можете слышать слова Моего...

Кто от Бога, тот слушает слова Божии. Вы потому не слушаете, что вы не от Бога» (Ин. 8:43,47).

Все эти отрывки относятся к первой линии, объясняющей смысл Царства Небесного как принадлежащего немногим, т. е. к идее внутреннего круга человечества, к идее эзотеризма.

Вторая линия относится к **ученикам**.

Ошибка обычных церковных объяснений состоит в том, что относящееся к эзотеризму они относят к **будущей жизни**, а относящееся к ученикам — **ко всем людям**.

Необходимо далее отметить, что обе эти линии в Евангелиях смешиваются. Зачастую одно и то же место относится к разным линиям. Нередко, напротив, разные отрывки или отрывки, сформулированные по-разному, выражают одну идею или относятся к одной и той же линии. Иногда места, следующие одно за другим и, по-видимому, вытекающие одно из другого, на деле относятся к разным линиям.

Например, встречаются такие выражения, как фраза «будьте как дети», которые имеют сразу десятки разных значений. Наш ум отказывается постичь их и понять. Даже если нам объяснят все эти разнообразные значения, и мы их запишем, а потом, придя к известному пониманию, прочтем свои записи, сделанные в разное время, они покажутся нам холодными и пустыми, лишенными смысла, ибо ум наш не способен одновременно схватить более двух-трех значений одной идеи.

К тому же в Новом Завете есть много слов, смысл которых нам по настоящему не ясен; таковы, например, слова «вера», «милость», «искупление», «жертва», «молитва», «милостыня», «слепота», «нищета», «богатство», «жизнь», «смерть», «рождение» и многие другие.

Если бы нам удалось понять скрытый смысл этих слов и выражений, тогда общее содержание книги сразу стало бы ясным и понятным — и нередко совершенно противоположным общепринятому.

В последующем изложении я буду рассматривать только две вышеупомянутые линии мысли. Таким образом, то истолкование, которое я здесь даю, никоим образом не исчерпывает содержания евангельского учения. Моя цель — лишь показать возможность объяснения некоторых евангельских идей в связи с идеями эзотеризма и «сокровенной мудрости».

Если мы станем читать Четвероевангелие, помня о том, что Царство Небесное означает внутренний круг человечества, многое сразу же приобретет для нас новый смысл.

Иоанн Креститель говорит:

Покайтесь, ибо приблизилось Царство Небесное (Матф. 3:2).

Сразу же за этим он говорит, что люди не должны надеяться войти в Царство Небесное, если останутся такими же, какими были, что Царство Небесное не является их **правом**, что в действительности они заслуживают чего-то совершенно иного.

Увидев же Иоанн многих фарисеев и саддукеев, идущих к нему креститься, сказал им: порождения ехиднины! кто внушил вам бежать от будущего гнева?

Сотворите же достойный плод покаяния

И не думайте говорить в себе: «отец у нас Авраам»; ибо говорю вам, что Бог может из камней сих воздвигнуть детей Аврааму (Мф. 3:7—9).

Иоанн Креститель с особой силой подчеркивает ту мысль, что Царство Небесное обретают только немногие, заслужившие его. Для остальных, кто его не заслужил, он не оставляет никаких надежд:

Уже и секира при корне дерев лежит: всякое дерево, не приносящее доброго плода, срубают и бросают в огонь (Мф. 3:10).

Далее, говоря о Христе, он произносит слова, которые обычно забывают:

Лопата Его в руке Его, и Он очистит гумно Свое и соберет пшеницу Свою в житницу, а солому сожжет огнем неугасимым (Мф. 3:12).

Иисус, говоря о Царстве Небесном, несколько раз указывает на исключительное значение проповеди Иоанна Крестителя:

От дней же Иоанна Крестителя доныне Царство Небесное силою берется, и употребляющие усилие восхищают его (Мф. 11:12).

Закон и пророки до Иоанна; с сего времени Царствие Божие благовествуется, и всякий усилием входит в него (Лк. 16:16).

И сам Иисус, начиная проповедь Царства Небесного, повторяет те же слова, что и Иоанн:

Покайтесь, ибо приблизилось Царство Небесное (Мф. 4:17).

В Нагорной проповеди он говорит:

Блаженны нищие духом, ибо их есть Царство Небесное (Мф. 5:3).

«Нищие духом» — очень загадочное выражение, которое всегда неправильно истолковывалось и давало повод для самых невероятных искажений идей Иисуса. Несомненно, «нищие духом» не означает слабости духа; но это и не бедность в материальном смысле. Эти слова в истинном своем смысле близки к буддийской мысли о **непривязанности к вещам**. Человек, который силой своего духа делает себя непривязанным к вещам, как бы лишается их, так что вещи имеют для него столь же малое значение, как если бы он и не владел ими и ничего о них не знал, — такой человек будет **нищим духом**.

Подобная непривязанность — необходимое условие для приближения к эзотеризму, или Царству Небесному.

Далее Иисус говорит:

Блаженны изгнанные за правду, ибо их есть Царство Небесное (Мф. 5:10).

Это второе условие: учеников Христа может ожидать «преследование за правду». Ибо люди «внешнего круга» ненавидят и преследуют людей «внутреннего круга», особенно тех, кто приходит им помочь. Иисус говорит:

Блаженны вы, когда будут поносить вас и гнать и всячески неправедно злословить за Меня.

Радуйтесь и веселитесь, ибо велика ваша награда на небесах: так гнали и пророков, бывших прежде вас (Мф. 5:11, 12).

Любящий душу свою погубит ее; а ненавидящий душу свою в мире сем сохранит ее в жизнь вечную (Ин. 12:25).

Если *мир вас ненавидит, знайте, что Меня прежде вас возненавидел.*

Если бы вы были от мира, то мир любил бы свое; а как вы не от мира, но Я избрал вас от мира, потому ненавидит вас мир.

Помните слово, которое Я сказал вам: раб не больше господина своего. Если Меня гнали, будут гнать и вас... (Ин. 15:18—20).

Изгонят вас из синагог; даже наступает время, когда всякий, убивающий вас, будет думать, что он тем служит Богу (Ин. 16:2).

Приведенные места со всей определенностью подчеркивают недоступность эзотеризма и его идей для большинства, для толпы. Эти места заключают в себя весьма определенное предвидение результатов проповеди христианства. Обычно их понимают, как предсказание преследований за проповедь христианства среди язычников, тогда как в действительности Иисус, несомненно, имел в виду преследование за проповедь эзотерического христианства, — как среди псевдохристиан, так и среди церковных христиан, которые все больше и больше искажали идеи Христа.

В следующей главе Иисус говорит о значении эзотеризма и о пути к нему; он ясно подчеркивает различие между эзотерическими и мирскими ценностями.

Не собирайте себе сокровищ на земле, где моль и ржа истребляют и где воры подкапывают и крадут,

Но собирайте себе сокровища на небе, где ни моль, ни ржа не истребляют и где воры не подкапывают и не крадут;

Ибо где сокровище ваше, там будет и сердце ваше...

Никто не может служить двум господам: ибо или одного будет ненавидеть, а другого любить; или одному станет усерд-

ствовать, а о другом нерадеть. Не можете служить Богу и маммоне...

Ищите же прежде Царства Божия и правды Его, и это все приложится вам (Мф. 6:19—21, 24, 33).

Эти места также понимают чересчур упрощенно, в смысле противоположности обычным земным желаниям богатства и власти, столь несовместимым с желанием вечного спасения. Иисус был, конечно, намного тоньше, и, предостерегая против накопления земных богатств, он, несомненно, предостерегал и против внешних форм религиозности, показного благочестия и показной святости, которые впоследствии стали целью церковного христианства.

В следующей главе Иисус говорит о необходимости сохранять идеи эзотеризма, о том, что нельзя распространять их без разбора, ибо есть люди, для которых эти идеи, в сущности, недоступны, которые если и уяснят их себе, то неизбежно в искаженном виде, будут злоупотреблять ими и обратят их против своих учителей.

Не давайте святыни псам и не бросайте жемчуга вашего перед свиньями, чтобы они не попрали его ногами своими и, обратившись, не растерзали вас (Мф. 7:6).

И тут же Иисус показывает, что эзотеризм не скрыт от тех, кто по-настоящему ищет его:

Просите, и дано будет вам; ищите, и найдете; стучите, и отворят вам;

Ибо всякий просящий получает, и ищущий находит, и стучащему отворят.

Есть ли между вами такой человек, который, когда сын его попросит у него хлеба, подал бы ему камень?

И когда попросит рыбы, подал бы ему змею?

Итак, если вы, будучи злы, умеете даяния благие давать детям вашим, тем более Отец ваш Небесный даст блага просящим у Него (Мф. 7:7—11).

Далее следует весьма знаменательное предостережение. В нем заключена та мысль, что лучше не вступать на путь эзотеризма, не начинать труд внутреннего очищения, нежели начать и бросить, выйти в путь и вернуться, отправиться по верному пути, а затем испортить все дело.

Когда нечистый дух выйдет из человека, то ходит по безводным местам, ища покоя, и, не находя, говорит: возвращусь в дом мой, откуда вышел.

И, придя, находит его выметенным и убранным;

Тогда идет и берет с собою семь других духов, злейших себя, и, войдя, живут там, — и бывает для человека того последнее хуже первого (Лк. 11:24—26).

Это опять-таки можно отнести к церковному христианству, так похожему на выметенный и убранный дом.

Иисус говорит и о трудностях на пути, о возможных ошибках:

Входите тесными вратами; потому что широки́ врата и пространен путь, ведущие в погибель, и многие идут ими;

Потому что тесны́ врата и узок путь, ведущие в жизнь, и немногие находят их...

Не всякий, говорящий Мне: «Господи! Господи!», войдет в Царство Небесное, но исполняющий волю Отца Моего Небесного (Мф. 7:13, 14, 21).

Эзотеризм здесь назван «жизнью». Это особенно интересно в сравнении с другими местами, где обычная жизнь названа «смертью», а люди — «мертвецами». В этих местах Евангелия можно усмотреть и указания на взаимоотношения между внутренним кругом и кругом внешним — насколько широк один из них, внешний, и насколько узок другой, внутренний. Иисус в одном из мест указывает, однако, что «малое» может оказаться больше «обширного».

И сказал: чему уподобим Царствие Божие? или какою притчею изобразим его?

Оно — как зерно горчичное, которое, когда сеется в землю, есть меньше всех семян на земле;

А когда посеяно, всходит и становится больше всех злаков, и пускает большие ветви, так что под тенью его могут укрываться птицы небесные (Мк. 4:30—32).

В следующей главе говорится о том, как трудно приблизиться к эзотеризму, о том, что эзотеризм не дает земных благ, а иногда даже противоречит земным формам и обязанностям.

Тогда один книжник, подойдя, сказал Ему: Учитель! я пойду за Тобою, куда бы Ты ни пошел.

И говорит ему Иисус: лисицы имеют норы и птицы небесные — гнезда, а Сын Человеческий не имеет, где приклонить голову.

Другой же из учеников Его сказал Ему: Господи! позволь мне прежде пойти и похоронить отца моего.

Но Иисус сказал ему: иди за Мною, и предоставь мертвым погребать своих мертвецов (Мф. 8:19—22).

В конце следующей главы есть упоминание о том, как сильно нуждаются люди в помощи со стороны внутреннего круга и как трудно им помочь:

Видя толпы народа, Он сжалился над ними, что они были изнурены и рассеяны, как овцы, не имеющие пастыря.

Тогда говорит ученикам Своим: жатвы много, а делателей мало;

Итак, молите Господина жатвы, чтобы выслал делателей на жатву Свою (Мф. 9:36—38).

В следующей главе собраны наставления ученикам, в чем должна заключаться их работа:

Ходя же, проповедуйте, что приблизилось Царство Небесное...

Что говорю вам в темноте, говорите при свете; и что на ухо слышите, проповедуйте на кровлях (Мф. 10:7, 27).

Но тут же Иисус добавляет, что проповедь эзотеризма приносит результаты, прямо противоположные тем, какие могут ожидать ученики с точки зрения обыденной жизни. Иисус разъясняет, что, проповедуя эзотерическую доктрину, он принес людям все, что угодно, кроме мира и спокойствия, что истина разделяет людей более, чем что-либо иное, — опять-таки вследствие того, что лишь немногие способны ее воспринять:

Не думайте, что Я пришел принести мир на землю; не мир пришел Я принести, но меч,

Ибо Я пришел разделить человека с отцом его, и дочь с матерью ее, и невесту со свекровью ее.

И враги человеку — домашние его.

Кто любит отца или мать более, нежели Меня, не достоин Меня; и кто любит сына или дочь более, нежели Меня, не достоин Меня (Мф. 10:34—37).

Последний стих вновь содержит буддийскую идею: человеку не следует «привязываться» к кому бы то ни было и к чему бы то ни было. «Привязанность» в данном случае, конечно, не означает симпатии или доброты в том смысле, в каком эти слова употребляются в современных языках. «Привязанность» в буддийском и евангельском смысле слова означает мелкое, эгоистическое, рабское чувство; это вовсе не «любовь», поскольку человек может ненавидеть то, к чему он привязан, может стремиться к освобождению, но не иметь силы освободиться. «Привязанность» к вещам, к людям, даже к отцу и матери — главное препятствие на пути к эзотеризму.

Далее эта идея подчеркнута еще более резко:

И пришли к Нему Матерь и братья Его, и не могли подойти к Нему по причине народа.

И дали знать Ему: Матерь и братья Твои стоят вне, желая видеть Тебя.

Он сказал им в ответ: матерь Моя и братья Мои суть слушающие слово Божие и исполняющие его (Лк. 8:19—21).

Затем Иисус начинает притчами говорить о Царстве Небесном. Первая из них — о сеятеле.

И поучал их много притчами, говоря: вот, вышел сеятель сеять;

И когда он сеял, иное упало, при дороге, и налетели птицы и поклевали то;

Иное упало на места каменистые, где немного было земли, и скоро взошло, потому что земля была неглубока;

Когда же взошло солнце, увяло, и, как не имело корня, засохло;

Иное упало в терние, и выросло терние и заглушило его;

Иное упало на добрую землю и принесло плод: одно во сто крат, а другое в шестьдесят, иное же в тридцать.

Кто имеет уши слышать, да слышит! (Мф. 13:3—9).

Эта притча содержит полное и точное описание проповеди эзотеризма и ее возможных последствий; она имеет прямое отношение к проповеди Христа и занимает важное место среди остальных притчей.

Смысл ее совершенно ясен. Разумеется, она относится к идеям эзотеризма, к идеям «Царства Небесного», которые способны воспринять и уяснить лишь немногие; для огромного большинства они проходят совершенно бесследно.

Эта притча тоже заканчивается словами: «Кто имеет уши слышать, да слышит!»

В последующей беседе с учениками Иисус указывает на разницу между учениками и прочими людьми:

И, приступив, ученики сказали Ему: для чего притчами говоришь им?

Он сказал им в ответ: для того, что вам дано знать тайны Царствия Небесного, а им не дано (Мф. 13:10,11).

Это — начало объяснений, касающихся школы и методов школы. Как будет видно, многое из того, что сказано в Евангелии, было предназначено **исключительно для учеников** и имело смысл только в школе — в связи с другими методами школы и ее требованиями.

В этой связи Иисус упоминает о психологическом и, возможно, даже космическом законе, который без объяснений кажется непостижимым; но в Евангелии объяснения не приведены, хотя, конечно, ученикам они были даны:

Ибо кто имеет, тому дано будет и приумножится, а кто не имеет, у того отнимется и то, что имеет (Мф. 13:12).

Затем Иисус возвращается к притчам, т. е. к самой их идее:

Потому говорю им притчами, что они видя не видят, и слыша не слышат, и не разумеют (Мф. 13:13).

То же самое сказано в Евангелии от Луки:

Вам дано знать тайны Царствия Божия, а прочим в притчах, так что они видя не видят и слыша не разумеют (Лк. 8:10).

Народ сей ослепил глаза свои и окаменил сердце свое, да не видят глазами, и не уразумеют сердцем, и не обратятся, чтобы Я исцелил их (Ин. 12:40).

Ибо огрубело сердце людей сих и ушами с трудом слышат, и глаза свои сомкнули...

Ваши же блаженны очи, что видят, и уши ваши, что слышат,

Ибо истинно говорю вам, что многие пророки и праведники желали видеть, что вы видите, и не видели, и слышать, что вы слышите, и не слышали (Мф. 13:15—17).

Поучения притчами были характернейшей чертой проповеди Христа. Ренан находит, что в иудейской литературе не было ничего, способного послужить образцом для такой формы изложения. В «Жизни Иисуса» он пишет:

«Учитель с особым блеском проявлял себя в притчах. В иудаизме не существовало ничего, что дало бы ему образец этого восхитительного жанра. Именно он создал его».

А дальше, с той поражающей непоследовательностью, которая характерна для всей позитивной мысли XIX века и, в особенности, для самого Ренана, он пишет:

«Верно, что в буддийских книгах находятся притчи совершенно такого же рода и такой же композиции, что и евангельские притчи. **Однако трудно допустить, чтобы сюда дошло буддийское влияние**».

На деле же буддийское влияние в притчах не вызывает никаких сомнений. И притчи больше, чем что-либо иное, доказывают знакомство Христа с учениями Востока, особенно с буддизмом. Ренан вообще пытается представить Иисуса очень наивным человеком, который много чувствовал, но мало думал и знал. В этом Ренан оказался выразителем взглядов своего времени, своей эпохи. Ибо характерной чертой европейской мысли является то, что мы мыслим только крайностями: Христос — или Бог, или наивный человек. По этой же причине нам не удается уловить те тонкие психологические различия, которые Христос вводит в притчи. Объяснения притчей, которые дает Христос, не менее интересны, чем сами притчи.

Вы же выслушайте значение притчи о сеятеле:

Ко всякому, слушающему слово о Царствии и не разумеющему, приходит лукавый и похищает посеянное в сердце его — вот кого означает посеянное при дороге.

А посеянное на каменистых местах означает того, кто слышит слово и тотчас с радостью принимает его;

Но не имеет в себе корня и непостоянен: когда настанет скорбь или гонение за слово, тотчас соблазняется.

А посеянное в тернии означает того, кто слышит слово, но забота века сего и обольщение богатства заглушает слово, и оно бывает бесплодно (Мф. 13:18—22).

Далее идет притча о плевелах:

Другую притчу предложил Он им, говоря: Царство Небесное подобно человеку, посеявшему доброе семя на поле своем;

Когда же люди спали, пришел враг его и посеял между пшеницею плевелы и ушел;

Когда взошла зелень и показался плод, тогда явились и плевелы.

Придя же, рабы домовладыки сказали ему: господин! не доброе ли семя сеял ты на поле твоем? откуда же на нем плевелы?

Он же сказал им: враг человек сделал это. А рабы сказали ему: хочешь ли, мы пойдем, выберем их?

Но он сказал: нет, — чтобы, выбирая плевелы, вы не выдергали вместе с ними пшеницы,

Оставьте расти вместе то и другое до жатвы; и во время жатвы я скажу жнецам: соберите прежде плевелы и свяжите их в снопы, чтобы сжечь их, а пшеницу уберите в житницу мою (Мф. 13:24—30).

У притчи о сеятеле и притчи о плевелах много разных смыслов. Прежде всего, конечно, в них выражен контраст между чистыми идеями эзотеризма и идеями, смешанными с плевелами, которые посеял дьявол. В этом случае зерна, или семена, означают идеи.

В одном месте Христос говорит прямо:

Сеятель слово сеет (Мк. 4:14).

В других же случаях семя, или зерно, символизирует человека.

«Зерно» играло очень важную роль в древних мистериях. «Погребение» зерна в земле, его «смерть» и «воскресение» в виде зеленого побега символизировали всю идею мистерий. Существует немало наивных, псевдонаучных попыток истолковать мистерии как «земледельческий миф», т. е. как пережиток древних языческих обрядов. В действительности, эта идея, несомненно, бесконечно шире и глубже; и конечно же, она задумана не первобытным народом, а одной из давно исчезнувших доисторических цивилизаций. Зерно аллегорически изображало «человека». В елевсинских мистериях каждый кандидат в посвящение нес в особой процессии зерно пшеницы в маленькой глиняной чаше. Тайна, которую открывали человеку при посвящении, заключалась в том, что он может просто умереть, а может, как зерно, восстать к какой-то иной жизни. Такова главная суть мистерий, которую выражали разнообразными символами. Часто образом зерна пользуется и Христос, и в этом образе скрыта огромная сила. Идея заключает в себе и биологическое объяснение целой серии тонких и сложных проблем жизни. Природа необыкновенно щедра, почти расточительна. Она создает колоссальное количество семян, чтобы немногие из них могли прорасти и нести жизнь дальше. Если смотреть на человека, как на «зерно», становится понятным «жестокий» закон, который постоянно подчеркивается в Евангелии: значительное большинство человечества — не более чем «мякина», которая подлежит сожжению.

Христос часто возвращается к этой идее, и в его объяснениях она утрачивает свою жестокость, ибо становится понятно, что в «спасении» или «гибели» каждого человека нет ничего предопределенного или неизбежного, что и то, и другое зависит от самого человека, от его отношения к себе, к другим, к идее Царства Небесного.

В следующих притчах Христос снова подчеркивает идею и значение эзотеризма в его отношении к жизни, его малую, внешнюю величину по сравнению с жизнью; он указывает, однако, на его громадные возможности и значение, на особое качество эзотерических идей: они приходят лишь к тому, кто понимает и высоко оценивает их смысл.

Эти краткие притчи, в каждой из которых заключено содержание всего евангельского учения, замечательны и как произведения искусства.

Иную притчу предложил Он им, говоря: Царство Небесное подобно зерну горчичному, которое человек взял и посеял на поле своем,

Которое, хотя меньше всех семян, но, когда вырастет, бывает больше всех злаков и становится деревом, так что прилетают птицы небесные и укрываются в ветвях его.

Иную притчу сказал Он им: Царство Небесное подобно закваске, которую женщина, взяв, положила в три меры муки, доколе не вскисло всё.

Всё сие Иисус говорил народу притчами, и без притчи не говорил им...

Еще подобно Царство Небесное сокровищу, скрытому на поле, которое, найдя, человек утаил, и от радости о нем идет и продает всё, что имеет, и покупает поле то.

Еще подобно Царство Небесное купцу, ищущему хороших жемчужин,

Который, найдя одну драгоценную жемчужину, пошел и продал всё, что имел, и купил ее.

Еще подобно Царство Небесное неводу, закинутому в море и захватившему рыб всякого рода,

Который, когда наполнился, вытащили на берег, и сев хорошее собрали в сосуды, а худое выбросили вон (Мф. 13:31—34, 44—48).

В последней притче опять содержится идея разделения, отбора. Далее Христос говорит:

Так будет при кончине века: изыдут Ангелы, и отделят злых из среды праведных,

И ввергнут их в печь огненную: там будет плач и скрежет зубов.

И спросил их Иисус: поняли ли вы всё это? Они говорят Ему: та́к, Господи! (Мф. 13:49—51).

Но, очевидно, ученики не совсем поняли сказанное или поняли что-то не так, смешали новое объяснение со старым, потому что Христос тут же говорит им:

...Поэтому всякий книжник, наученный Царству Небесному, подобен хозяину, который выносит из сокровищницы своей новое и старое (Мф. 13:52).

Это замечание относится к интеллектуальному изучению евангельского учения, к попыткам его рационального истолкования, когда элементы эзотерических идей смешаны с голой схоластической диалектикой, **новое** со **старым**.

Последующие притчи и поучения содержат ту же идею отбора и проверки; только тот человек, который создает внутри себя Царство Небесное со всеми его законами и правилами, может войти в Христово Царство Божие.

Посему Царство Небесное подобно царю, который захотел сосчитаться с рабами своими;

Когда начал он считаться, приведен был к нему некто, который должен был ему десять тысяч талантов;

А как он не имел, чем заплатить, то государь его приказал продать его, и жену его, и детей, и всё, что он имел, и заплатить;

Тогда раб тот пал, и, кланяясь ему, говорил: государь! потерпи на мне, и всё тебе заплачу.

Государь, умилосердившись над рабом тем, отпустил его и долг простил ему.

Раб же тот, выйдя, нашел одного из товарищей своих, который должен был ему сто динариев, и, схватив его, душил, говоря: отдай мне, что́ должен.

Тогда товарищ его пал к ногам его, умолял его и говорил: потерпи на мне, и всё отдам тебе.

Но тот не захотел, а пошел и посадил его в темницу, пока не отдаст долга.

Товарищи его, видев происшедшее, очень огорчились и, придя, рассказали государю своему всё бывшее.

Тогда государь его призывает его и говорит: злой раб! весь долг тот я простил тебе, потому что ты упросил меня;

Не надлежало ли и тебе помиловать товарища твоего, как и я помиловал тебя?

И, разгневавшись, государь его отдал его истязателям, пока не отдаст ему всего долга (Мф. 18:23—34).

За этим следует рассказ о богатом юноше и о трудностях, испытаниях и препятствиях, которые создает жизнь, ее сила и привлекательность, в особенности же для тех, **которые владеют многим**.

Юноша говорит Ему: всё это сохранил я от юности моей; чего еще недостает мне?

Иисус сказал ему: если хочешь быть совершенным, пойди, продай имение твое и раздай нищим; и будешь иметь сокровище на небесах; и приходи и следуй за Мною.

Услышав слово сие, юноша отошел с печалью, потому что у него было большое имение.

Иисус же сказал ученикам Своим: истинно говорю вам, что трудно богатому войти в Царство Небесное;

И еще говорю вам: удобнее верблюду пройти сквозь игольные уши, нежели богатому войти в Царство Божие (Мф. 19:20—24).

Слово «богатый» опять-таки имеет, конечно, много значений. Оно содержит идею «привязанности», иногда идею большого знания, великого ума, таланта, положения, славы — все это суть «богатства», которые закрывают вход в Царство Небесное. Привязанность к церковной религии также является «богатством». Только в том случае, когда «богатый человек» станет «нищим духом», откроются для него врата в Царство Небесное.

Следующие разделы Евангелия от Матфея рассматривают различные виды отношения к эзотерическим идеям.

Некоторые люди жадно за них хватаются, но вскоре отбрасывают; другие сначала противятся им, но впоследствии серьезно их воспринимают. Таковы два типа людей. Один тип — это человек, который сказал, что пойдет, и не пошел; другой — сказавший, что не пойдет, и затем пошедший. Далее, люди, которые не имеют успеха в жизни, занимают очень низкое положение, и даже преступники, «мытари и блудницы» с точки зрения Царства Небесного, оказываются иногда лучше самоуверенных праведников.

А ка́к вам кажется? У одного человека было два сына; и он, подойдя к первому, сказал: сын! пойди, сегодня работай в винограднике моем.

Но он сказал в ответ: не хочу; а после, раскаявшись, пошел.

И подойдя к другому, он сказал то́ же. Этот сказал в ответ: иду, государь, и не пошел.

Который из двух исполнил волю отца? Говорят Ему: первый. Иисус говорит им: истинно говорю вам, что мытари и блудницы вперед вас идут в Царство Божие,

Ибо пришел к вам Иоанн путем праведности, и вы не поверили ему, а мытари и блудницы поверили ему; вы же, и видев это, не раскаялись после, чтобы поверить ему (Мф. 21:28—32).

Далее следует притча о хозяине дома и ее объяснение, в котором угадываются глубокие идеи космического порядка, относящиеся, возможно, к перемене циклов, т. е. к смене неудавшегося опыта новым, как об этом говорилось в главе 1. Эту притчу можно отнести ко всему человечеству; она указывает на взаимоотношения между внутренним кругом человечества и его внешним кругом.

Выслушайте другую притчу: был некоторый хозяин дома, который насадил виноградник, обнес его оградою, выкопал в нем точило, построил башню и, отдав его виноградарям, отлучился.

Когда же приблизилось время плодов, он послал своих слуг к виноградарям взять свои плоды;

Виноградари, схватив слуг его, иного прибили, иного убили, а иного побили камнями.

Опять послал он других слуг, больше прежнего; и с ними поступили так же.

Наконец, послал он к ним своего сына, говоря: постыдятся сына моего.

Но виноградари, увидев сына, сказали друг другу: это наследник; пойдем, убьем его и завладеем наследством его.

И, схватив его, вывели вон из виноградника и убили.

Итак, когда придет хозяин виноградника, что сделает он с этими виноградарями?

Говорят Ему: злодеев сих предаст злой смерти, а виноградник отдаст другим виноградарям, которые будут отдавать ему плоды во времена свои (Мф. 21:33—41).

Далее следует та же идея отбора и указание на разное отношение людей к идее Царства Небесного:

Царство Небесное подобно человеку царю, который сделал брачный пир для сына своего

И послал рабов своих звать званых на брачный пир; и не хотели придти.

Опять послал других рабов, сказав, скажите званым: вот, я приготовил обед мой, тельцы мои и что откормлено, заколото, и всё готово; приходите на брачный пир.

Но они, пренебрегши то, пошли, кто на поле свое, а кто на торговлю свою;

Прочие же, схватив рабов его, оскорбили и убили их.

Услышав о сем, царь разгневался, и, послав войска свои, истребил убийц оных и сжег город их (Мф. 22:2—7)

Далее излагается притча о людях, которые желают вступить в эзотерический круг, но не готовы к этому:

Тогда говорит он рабам своим: брачный пир готов, а званые не были достойны;

Итак, пойдите на распутия и всех, кого найдете, зовите на брачный пир.

И рабы те, выйдя на дороги, собрали всех, кого только нашли, и злых и добрых; и брачный пир наполнился возлежащими.

Царь, войдя посмотреть возлежащих, увидел там человека, одетого не в брачную одежду,

И говорит ему: друг! как ты вошел сюда не в брачной одежде? Он же молчал.

Тогда сказал царь слугам: связав ему руки и ноги, возьмите его и бросьте во тьму внешнюю: там будет плач и скрежет зубов;

Ибо много званых, а мало избранных (Мф. 22:8—14).

После чего идет одна из самых известных притч — притча о талантах:

Как человек, который, отправляясь в чужую страну, призвал рабов своих и поручил им имение свое:

И одному дал он пять талантов, другому два, иному один, каждому по его силе; и тотчас отправился.

Получивший пять талантов пошел, употребил их в дело и приобрел другие пять талантов;

Точно так же и получивший два таланта приобрел другие два;

Получивший же один талант пошел и закопал его в землю и скрыл серебро господина своего.

По долгом времени, приходит господин рабов тех и требует у них отчета.

И, подойдя, получивший пять талантов принес другие пять талантов и говорит: господин! пять талантов ты дал мне; вот, другие пять талантов я приобрел на них.

Господин его сказал ему: хорошо, добрый и верный раб! в малом ты был верен, над многим тебя поставлю; войди в радость господина твоего.

Подошел также и получивший два таланта и сказал: господин! два таланта ты дал мне; вот, другие два таланта я приобрел на них.

Господин его сказал ему: хорошо, добрый и верный раб! в малом ты был верен, над многим тебя поставлю; войди в радость господина твоего.

Подошел и получивший один талант и сказал: господин! я знал тебя, что ты человек жестокий, жнешь, где не сеял, и собираешь, где не рассыпáл,

И, убоявшись, пошел и скрыл талант твой в земле; вот тебе твое.

Господин же его сказал ему в ответ: лукавый раб и ленивый! ты знал, что я жну, где не сеял, и собираю, где не рассыпáл;

Посему надлежало тебе отдать серебро мое торгующим, и я, прийдя, получил бы мое с прибылью;

Итак, возьмите у него талант и дайте имеющему десять талантов,

Ибо всякому имеющему дастся и приумножится, а у неимеющего отнимется и то, что имеет;

А негодного раба выбросьте во тьму внешнюю: там будет плач и скрежет зубов» (Мф. 25:14—30).

В этой притче содержатся все идеи, связанные с притчей о сеятеле; кроме того, в ней налицо и идея смены циклов и уничтожения непригодного материала.

В Евангелии от Марка есть интересная притча, которая объясняет законы влияния внутреннего круга на внешнее человечество:

И сказал: Царство Божие подобно тому, как если человек бросит семя в землю,

И спит, и встает ночью и днем; и как семя всходит и растет, не знает он,

Ибо земля сама собою производит сперва зелень, потом колос, потом полное зерно в колосе.

Когда же созреет плод, немедленно посылает серп, потому что настала жатва (Мк. 4:26—29).

И таковыми многими притчами проповедывал им слово, сколько они могли слышать.

Без притчи же не говорил им, а ученикам наедине изъяснял всё (Мк. 4:33, 34).

Продолжение этой идеи «жатвы» — в Евангелии от Луки:

Жатвы много, а делателей мало; итак, молите Господина жатвы, чтобы выслал делателей на жатву Свою (Лк. 10:2).

В Евангелии от Иоанна та же идея развита еще более интересно:

Жнущий получает награду и собирает плод в жизнь вечную, так что и сеющий и жнущий вместе радоваться будут,

Ибо в этом случае справедливо изречение: один сеет, а другой жнет.

Я послал вас жать то, над чем вы не трудились: другие трудились, а вы вошли в труд их (Ин. 4:36—38).

В приводимых выше местах в связи с идеей «жатвы» затрагиваются и некоторые космические законы. Жатва происходит только в определенное время, **когда зерно созрело**, и Иисус подчеркивает эту особенность времени жатвы, равно как и общую мысль о том, что не все может происходить в любое время. Для эзотерических процессов необходимо время. Разные моменты требуют разных действии, соответствующих им.

Тогда приходят к Нему ученики Иоанновы и говорят: почему мы и фарисеи постимся, а Твои ученики не постятся?

И сказал им Иисус: могут ли печалиться сыны чертога брачного, пока с ними жених? Но придут дни, когда отнимется у них жених, и тогда будут поститься (Мф. 9:14, 15).

Та же идея о разном значении разных моментов и о возможности эзотерической работы лишь в определенное время есть в Евангелии от Иоанна.

Мне должно делать дела Пославшего Меня, доколе есть день; приходит ночь, когда никто не может делать (Ин. 9:4).

Далее обычная жизнь и путь эзотеризма противопоставляются. Жизнь захватывает человека. Но те, кто вступает на путь эзотеризма, должны забыть все остальное.

Еще другой сказал: я пойду за Тобою, Господи! но прежде позволь мне проститься с домашними моими.

Но Иисус сказал ему: никто, возложивший руку свою на плуг и озирающийся назад, не благонадежен для Царствия Божия (Лк. 9:61, 62).

В дальнейшем эта идея получает развитие в одном определенном смысле. В большинстве случаев жизнь побеждает, средства становятся целью и люди отбрасывают свои огромные возможности ради ничтожного настоящего:

...Один человек сделал большой ужин и звал многих,

И когда наступило время ужина, послал раба своего сказать званым: идите, ибо уже всё готово.

И начали все, как бы сговорившись, извиняться. Первый сказал ему: я купил землю и мне нужно пойти и посмотреть ее; прошу тебя, извини меня.

Другой сказал: я купил пять пар волов и иду испытать их; прошу тебя, извини меня.

Третий сказал: я женился и потому не могу придти (Лк. 14:16—20).

В Евангелии от Иоанна в объяснении принципов эзотеризма содержится идея «нового рождения»:

...Если кто не родится свыше, не может увидеть Царствия Божия (Ин. 3:3).

За этим следует идея воскресения, возрождения. Жизнь без идеи эзотеризма считается смертью.

Ибо, как Отец воскрешает мертвых и оживляет, так и Сын оживляет, кого хочет (Ин. 5:21).

Истинно, истинно говорю вам: наступает время, и настало уже, когда мертвые услышат глас Сына Божия и, услышав, оживут...

Не дивитесь сему; ибо наступает время, в которое все, находящиеся в гробах, услышат глас Сына Божия (Ин. 5:25, 28).

Истинно, истинно говорю вам: кто соблюдет слово Мое, тот не увидит смерти вовек (Ин. 8:51).

Эти отрывки, несомненно, понимаются в существующих псевдохристианских учениях совершенно превратно.

Выражение «находящиеся в гробах» не означает мертвых, погребенных в землю; напротив, это люди, которые в обычном смысле считаются живыми, хотя с точки зрения эзотеризма они мертвы.

В Евангелиях людей неоднократно сравнивают с гробницами и гробами. Та же мысль выражена в чудесном пасхальном песнопении православной Церкви, который уже упоминался в первой главе:

> Христос воскресе из мертвых,
> Смертию смерть поправ
> И сущим во гробех живот даровав.

«Сущие во гробех» — это именно те, кого принято считать живыми. Эта мысль совершенно ясно выражена в Откровении ап. Иоанна:

Ты носишь имя, будто жив, но ты мертв (Откр. 3:1).

В Евангелиях от Матфея и от Луки люди сравниваются с могилами и гробами несколько раз.

Горе вам, книжники и фарисеи, лицемеры, что уподобляетесь окрашенным гробам, которые снаружи кажутся красивыми, а внутри полны костей мертвых и всякой нечистоты (Мф. 23:27).

Горе вам, книжники и фарисеи, лицемеры, что вы — как гробы скрытые, над которыми люди ходят и не знают того (Лк. 11:44).

Дальнейшее развитие этой идеи обнаруживается в Откровении. Эзотеризм дает жизнь; в эзотерическом круге нет смерти.

Имеющий ухо да слышит, что Дух говорит церквам: побеждающему дам вкушать от древа жизни, которое посреди рая Божия...

Имеющий ухо (слышать) да слышит, что Дух говорит церквам: побеждающий не потерпит вреда от второй смерти (Откр. 2:7, 11).

Сюда же относятся слова в Евангелии от Иоанна, которые связывают учение Евангелий с учением мистерий:

Истинно, истинно говорю вам: если пшеничное зерно, пав в землю, не умрет, то останется одно; а если умрет, то принесет много плода (Ин. 12:24).

В третьей главе Откровения есть замечательные слова, которые приобретают особое значение в связи с тем смыслом, который Иисус вкладывал в слова «богатый», «бедный», «слепой» и «видящий»:

Ибо ты говоришь: «я богат, разбогател и ни в чем не имею нужды»; а не знаешь, что ты несчастен, и жалок, и нищ, и слеп, и наг.

Советую тебе купить у Меня золото, огнем очищенное, чтобы тебе обогатиться, и белую одежду, чтобы одеться и чтобы не видна была срамота наготы твоей, и глазною мазью помажь глаза твои, чтобы видеть (Откр. 3:17, 18).

О «слепых» и «видящих» Христос говорит в Евангелии от Иоанна:

На суд пришел Я в мир сей, чтобы невидящие видели, а видящие стали слепы.

Услышав это, некоторые из фарисеев, бывших с Ним, сказали Ему: неужели и мы слепы?

Иисус сказал им: если бы вы были слепы, то не имели бы на себе греха; но как вы говорите, что видите, то грех остается на вас (Ин. 9:39, 40).

Выражения «слепой» и «слепота» имеют в Новом Завете несколько значений. Необходимо понимать, что слепота может быть внешней, физической, а может быть и внутренней, — как могут существовать внутренняя проказа и внутренняя смерть, которые гораздо хуже внешних.

Это подводит нас к вопросу о «чудесах». Все «чудеса» — исцеление слепых, очищение прокаженных, изгнание бесов, воскрешение мертвых — все это можно объяснить двояко, если правильно понимать евнгельскую терминологию: как внешние, физические чудеса или как чудеса внутренние (как, например, исцеление от внутренней слепоты, внутреннее очищение, внутреннее воскрешение).

Слепорожденный, которого исцеляет Иисус, возражая фарисеям, а также саддукеям, пытающимся убедить его, что, с их точки зрения, Иисус не имеет права исцелять его, произносит замечательные слова:

Итак, вторично призвали человека, который был слеп, и сказали ему: воздай славу Богу; мы знаем, что Человек Тот грешник.

Он сказал им в ответ: грешник ли Он, не знаю; одно знаю, что я был слеп, а теперь вижу (Ин. 9:24, 25).

Идея внутреннего чуда и внутренней убежденности в чудесном очень тесно связана с утверждением Христа о значении Царства Небесного в следующем отрывке:

Быв же спрошен фарисеями, когда придет Царствие Божие, отвечал им: не придет Царствие Божие приметным образом,

И не скажут: вот, оно здесь, или: вот, там. Ибо вот, Царствие Божие внутрь вас есть (Лк. 17:20, 21).

Все, сказанное до сих пор, все цитированные места относятся к одной линии мысли, пронизывающей все евангельское учение, а именно: к линии развития идеи о значении эзотеризма, или Царства Небесного.

Другая линия, также проходящая через тексты Евангелий, рассматривает методы оккультной работы, или работы **школы**. Прежде всего, она указывает на значение оккультной работы в ее отношении к жизни.

Идите за Мною, и Я сделаю вас ловцами человеков (Мф. 4:19).

Эти слова показывают, что человек, вступивший на путь эзотеризма, должен знать, что ему придется работать на эзотеризм, работать в весьма определенном смысле, т. е. находить людей, годных для эзотерической работы, готовить их к ней. Люди не рождаются во «внутреннем круге». Внутренний круг питается за счет внешнего круга. Но лишь немногие из людей внешнего круга пригодны для эзотеризма. Поэтому работа по подготовке людей ко вступлению во внутренний круг, работа «ловцов человеков» является важной частью эзотерической работы.

Эти слова — «идите за Мною, и Я сделаю вас ловцами человеков» — подобно многим другим, конечно, относятся не ко всем людям.

И они тотчас, оставив лодку и отца своего, последовали за Ним (Мф. 4:22).

Далее, обращаясь опять-таки к ученикам и разъясняя им смысл эзотеризма, роль и место людей, принадлежащих к эзотерическому кругу, Иисус говорит:

Вы — соль земли. Если же соль потеряет силу, то чем сделаешь ее соленою? Она уже ни к чему негодна, как разве выбросить ее вон на попрание людям.

Вы — свет мира. Не может укрыться город, стоящий на верху горы.

И, зажегши свечу, не ставят ее под сосудом, но на подсвечнике, и светит всем в доме.

Так да светит свет ваш пред людьми, чтобы они видели ваши добрые дела и прославляли Отца вашего Небесного (Мф. 5:13—16).

После чего он объясняет требования, которые ставит перед теми, кто приближается к эзотеризму:

Ибо, говорю вам, если праведность ваша не превзойдет праведности книжников и фарисеев, то вы не войдете в Царство Небесное (Мф. 5:20).

В обычных толкованиях Евангелий эти слова, которые указывают на вторую линию и относятся только к ученикам, понимаются так же ошибочно, как и места, которые отражают первую линию, относящуюся к Царству Небесному, т. е. к эзотеризму. Все, что содержится в первой линии мысли, при обычном истолковании Евангелий относят к **будущей жизни**. Все же, содержащееся во второй линии мысли, принимают за **моральное учение**, относящееся ко всем людям вообще, тогда как на деле перед нами лишь правила для учеников.

К ученикам относится и то, что говорится о **бдительности**, т. е. о постоянном внимании и наблюдательности, которые от них требуются.

Впервые мы встречаем эту идею в притче о десяти девах:

Тогда подобно будет Царство Небесное десяти девам, которые, взяв светильники свои, вышли навстречу жениху.

Из них пять было мудрых и пять неразумных.

Неразумные, взяв светильники свои, не взяли с собою масла.

Мудрые же, вместе со светильниками своими, взяли масла в сосудах своих.

И как жених замедлил, то задремали все и уснули.

Но в полночь раздался крик: вот, жених идет, выходите навстречу ему!

Тогда встали все девы те и поправили светильники свои.

Неразумные же сказали мудрым: дайте нам вашего масла, потому что светильники наши гаснут.

А мудрые отвечали: чтобы не случилось недостатка и у нас и у вас, пойдите лучше к продающим и купите себе.

Когда же пошли они покупать, пришел жених, и готовые вошли с ним на брачный пир, и двери затворились;

После приходят и прочие девы и говорят: Господи! Господи! отвори нам.

Он же сказал им в ответ: истинно говорю вам: не знаю вас.

Итак, бодрствуйте, потому что не знаете ни дня, ни часа, в который приидет Сын Человеческий (Мф. 25:1—19).

Мысль о том, что ученики не могут знать, когда от них потребуется активная работа, что они должны быть готовы в любой момент, подчеркнута в следующих словах:

Итак, бодрствуйте, потому что не знаете, в который час Господь ваш приидет.

Но это вы знаете, что, если бы ведал хозяин дома, в какую стражу придет вор, то бодрствовал бы и не дал бы подкопать дома своего.

Потому и вы будьте готовы, ибо в который час не думаете, приидет Сын Человеческий (Матф. 24:42—44).

Далее имеется упоминание и о работе самого учителя, говорится и о том, что даже от учеников он не надеется на помощь:

Тогда говорит им Иисус: душа Моя скорбит смертельно; побудьте здесь и бодрствуйте со Мною...

И приходит к ученикам и находит их спящими, и говорит Петру: так ли не могли вы один час бодрствовать со Мною?

Бодрствуйте и молитесь, чтобы не впасть в искушение: дух бодр, плоть же немощна...

Тогда приходит к ученикам Своим и говорит им: вы всё еще спите и почиваете? вот, приблизился час, и Сын Человеческий предается в руки грешников (Мф. 26:38, 40, 41, 45).

Очевидно, идее «бодрствования» придается большая важность. О бодрствовании несколько раз сообщают другие евангелисты.

В Евангелии от Марка говорится:

Смотрите, бодрствуйте, молитесь, ибо не знаете, когда наступит это время.

Подобно как бы кто, отходя в путь и оставляя дом свой, дал слугам своим власть и каждому свое дело, и приказал привратнику бодрствовать.

Итак, бодрствуйте, ибо не знаете, когда придет хозяин дома: вечером, или в полночь, или в пение петухов, или поутру;

Чтобы, придя внезапно, не нашел вас спящими.

А что вам говорю, говорю всем: бодрствуйте (Мк. 13:33—37).

В Евангелии от Луки вновь подчеркнута необходимость быть готовым в любой момент, невозможность знать что-либо заранее:

Да будут чресла ваши препоясаны и светильники горящи...

Блаженны рабы те, которых господин, придя, найдет бодрствующими; истинно говорю вам, он препояшется и посадит их, и, подходя станет служить им.

И если придет во вторую стражу, и в третью стражу придет, и найдет их так, то блаженны рабы те.

Вы знаете, что если бы ведал хозяин дома, в который час придет вор, то бодрствовал бы и не допустил бы подкопать дом свой.

Будьте же и вы готовы, ибо, в который час не думаете, приидет Сын Человеческий (Лк. 12:35, 37—40).

И еще:

Итак, бодрствуйте на всякое время и молитесь, да сподобитесь избежать всех сил будущих бедствий и предстать пред Сына Человеческого (Лк. 21:36).

Предыдущие отрывки относятся к так называемой «бдительности». Но слово это имеет несколько разных значений. Совершенно недостаточно понимать его в обыденном смысле «быть готовым». Со словом «бдительность» связана целая доктрина эзотерической психологии, которая объясняется лишь в оккультных школах.

Наставления Христа о бдительности очень похожи на наставления Будды об этом же. Но в учении Будды цель и смысл бдительности выступают с еще большей силой и ясностью. Будда сводит к бдительности всю внутреннюю работу «монаха»; он указывает, сколь необходимы постоянные упражнения в бдительности для приобретения ясности сознания, для преодоления страдания и достижения освобождения.

Вслед за этим излагается второе важное требование «оккультных правил», а именно, умение хранить тайну, т. е. способность к безмолвию.

Христос придает этому вопросу особую важность; требование молчания повторяется в Евангелиях семнадцать раз, как и выражение «имеющие уши да слышат».

И он тотчас очистился от проказы.

И говорит ему Иисус: смотри, никому не сказывай... (Мф. 8:3, 4).

И открылись глаза их; и Иисус строго сказал им: смотрите, чтобы никто не узнал (Мф. 9:30).

И когда сходили они с горы, Иисус запретил им, говоря: никому не сказывайте о сем видении (Мф. 17:9; Мк. 9:9).

В синагоге их был человек, одержимый духом нечистым, и вскричал:

Оставь! что Тебе до нас, Иисус Назарянин? Ты пришел погубить нас! знаю Тебя, кто Ты, Святый Божий.

Но Иисус запретил ему говоря: замолчи и выйди из него (Мк. 1:23—25; Лк. 4:33—35).

И Он исцелил многих, страдавших различными болезнями; изгнал многих бесов и не позволял бесам говорить, что они знают, что Он Христос (Мк. 1:34; Лк. 4:41).

После сего слова проказа тотчас сошла с него, и он стал чист.

И, посмотрев на него строго, тотчас отослал его

И сказал ему: смотри, никому ничего не говори... (Мк. 1:42—44; Лк. 5:13, 14).

...духи нечистые, когда видели Его, падали пред Ним и кричали: Ты Сын Божий.

Но Он строго запрещал им, чтобы не делали Его известным (Мк. 3:11, 12).

И девица тотчас встала и начала ходить...

И Он строго приказал им, чтобы никто об этом не знал... (Мк. 5:42, 43).

И тотчас отверзся у него слух, и разрешились узы его языка, и стал говорить чисто.

И поведал им не сказывать никому... (Мк. 7:35, 36).

Потом опять возложил руки на глаза его и велел ему взглянуть. И он исцелел и стал видеть все ясно.

И послал его домой, сказав: не заходи в селение и не рассказывай никому в селении (Мк. 8:25, 26).

Он говорит им: а вы за кого почитаете Меня? Петр сказал Ему в ответ: Ты Христос.

И запретил им, чтобы никому не говорили о Нем (Мк. 8:29, 30; Мф. 26:20; Лк. 9:20, 21).

Идея сохранения тайны связана в эзотеризме с идеей сохранения энергии. Безмолвие, тайна создают замкнутый круг, как бы «аккумулятор». Эта идея есть во всех оккультных системах. Способность хранить молчание или говорить лишь то, что необходимо, и лишь тогда, когда необходимо, — первая ступень контроля над собой. В работе школы способность хранить молчание означает определенную степень достижения. Способность хранить молчание включает в себя искусство скрытности, умение не высказывать себя. «Посвященный» всегда сокрыт от «непосвященных», хотя непосвященные могут обманываться, полагая, что понимают мотивы и действия «посвященного». Согласно эзотерическим правилам, «посвященный» не имеет права и не должен раскрывать положительную сторону своей деятельности и своей личности, — ни одному человеку, кроме тех, чей уровень близок его собственному, кто уже прошел испытание и доказал, что его отношение и понимание правильны.

Смотрите, не творите милостыни вашей пред людьми с тем, чтобы они видели вас: иначе не будет вам награды от Отца вашего Небесного.

Итак, когда творишь милостыню, не труби перед собою, как делают лицемеры в синагогах и на улицах, чтобы прославляли их люди. Истинно говорю вам: они уже получают награду свою.

У тебя же, когда творишь милостыню, пусть левая рука твоя не знает, что делает правая,

Чтобы милостыня твоя была втайне; и Отец твой, видящий тайное, воздаст тебе явно.

И, когда молишься, не будь, как лицемеры, которые любят в синагогах и на углах улиц, останавливаясь, молиться, чтобы показаться перед людьми. Истинно говорю вам, что они уже получают награду свою.

Ты же, когда молишься, войди в комнату твою и, затворив дверь твою, помолись Отцу твоему, Который втайне; и Отец твой, видящий тайное, воздаст тебе явно.

А молясь, не говорите лишнего, как язычники, ибо они думают, что в многословии своем будут услышаны (Мф. 6: 1—7).

Одно из главных оккультных правил, один из первых принципов эзотерической работы, который необходимо усвоить ученику, воплощается в словах Христа:

«Пусть левая рука твоя не знает, что делает правая».

Изучение теоретического и практического значения этого принципа составляет одну из самых важных частей работы всех эзотерических школ. Элемент тайны был весьма силен в христианских общинах первых веков. Требование тайны основывалось не на страхе перед преследованиями, как принято сейчас думать, а на традициях эзотерических школ, с которыми христианские общины сначала поддерживали связь*.

Далее идет беседа с учениками, в которой слова Христа относятся лишь к ученикам, а не ко всем людям.

Тогда Петр, отвечая, сказал Ему: вот, мы оставили всё и последовали за Тобою; что же будет нам?

Иисус же сказал им: истинно говорю вам, что вы, последовавшие за Мною, — в пакибытии, когда сядет Сын Человеческий на престоле славы Своей, сядете и вы на двенадцати престолах судить двенадцать колен Израилевых.

---

* В «Истории вероисповеданий» Дж. Р. Лэмби говорится: «Нигде нет более энергичного требования тщательно хранить тайну, чем в творениях отцов Церкви, написанных до V века. Все нужно было хранить в памяти. Само учение называлось «символом»; это слово можно объяснить как некий пароль, по которому христиане узнавали друг друга. Св. Августин говорит: «Вы не должны записывать ничего, касающегося символа веры, ибо Господь сказал: «Я вложу закон Мой в их сердца, и в их умах запишу его». Поэтому символ веры заучивается при слушании, его не записывают на табличках или на иных материальных предметах, а хранят в сердце...

Не удивительно поэтому, что не сохранилось ни одного образца символа веры, записанного в I веке; самый древний текст символа веры относится приблизительно к концу III века».

И всякий, кто оставит до́мы, или братьев, или сестер, или отца, или мать, или жену, или детей, или зе́мли, ради имени Моего, получит во сто крат и наследует жизнь вечную.

Многие же будут первые последними, и последние первыми (Мф. 19:27—30).

К ученикам относится и начало следующей главы, т. е. притча о работнике в винограднике. Если применить ее ко всем людям, притча утрачивает какой бы то ни было смысл.

Ибо Царство Небесное подобно хозяину дома, который вышел рано поутру нанять работников в виноградник свой

И, договорившись с работниками по динарию на день, послал их в виноградник свой;

Выйдя около третьего часа, он увидел других, стоящих на торжище праздно,

И им сказал: идите и вы в виноградник мой, и что следовать будет, дам вам. Они пошли.

Опять выйдя около шестого и девятого часа, сделал то же.

Наконец, выйдя около одиннадцатого часа, он нашел других, стоящих праздно, и говорит им: что вы стоите здесь целый день праздно?

Они говорят ему: никто нас не нанял. Он говорит им: идите и вы в виноградник мой, и что следовать будет, полу́чите.

Когда же наступил вечер, говорит господин виноградника управителю своему: позови работников и отдай им плату, начав с последних до первых.

И пришедшие около одиннадцатого часа получили по динарию.

Пришедшие же первыми думали, что они получат больше, но получили и они по динарию;

И, получив, стали роптать на хозяина дома;

И говорили: эти последние работали один час, и ты сравнял их с нами, перенесшими тягость дня и зной.

Он же в ответ сказал одному из них: друг! я не обижаю тебя; не за динарий ли ты договорился со мною?

Возьми свое и пойди; я же хочу дать этому последнему то же, что и тебе;

Разве я не властен в своем делать, что хочу? или глаз твой завистлив оттого, что я добр?

Так будут последние первыми, и первые последними, ибо много званых, а мало избранных (Мф. 20:1—16).

Далее в Евангелии от Луки есть интересное место, где объясняется, что ученики не должны ожидать особой награды за то, что они делают. Ибо поступать так, как они поступают, — **их долг**.

Кто из вас, имея раба па́шущего или пасущего, по возвращении его с поля, скажет ему: пойди скорее, садись за стол?

Напротив, не скажет ли ему: приготовь мне поужинать и, подпоясавшись, служи мне, пока буду есть и пить, и потом ешь и пей сам?

Станет ли он благодарить раба сего за то, что он исполнил приказание? Не думаю.

Так и вы, когда исполните всё, повеленное вам, говорите: мы рабы ничего не стоящие, потому что сделали, что должны были сделать (Лк. 17:7—10).

Все эти места относятся только к «ученикам». Объяснив, к кому он обращается, Иисус в следующих стихах устанавливает свое собственное отношение к «закону», т. е. к тем принципам эзотеризма, которые уже были известны из учения пророков:

Не думайте, что Я пришел нарушить закон или пророков: не нарушить пришел Я, но исполнить (Мф. 5:17).

Эти слова имеют и другое значение. Христос явно подчеркивает, что он не является реформатором общества, что в его задачу не входит изменение старых законов или отыскивание в них недостатков. Наоборот, он часто подчеркивает важность законов, старается усилить их, находит требования Ветхого Завета слабыми и недостаточными, ибо они относятся лишь к внешней стороне жизни.

В некоторых случаях законы для учеников создавались именно так. Возьмем, например, следующее место:

Вы слышали, что сказано древним: не прелюбодействуй.

А Я говорю вам, что всякий, кто смотрит на женщину с вожделением, уже прелюбодействовал с нею в сердце своем (Мф. 5:27, 28).

Это, разумеется, означает, что ученики не могут оправдать себя тем, что формально они невинны в чем-то, если за ними есть внутренняя вина.

В других случаях Иисус, разъясняя старые законы, просто повторял те или иные жизненные предписания или обращал на них внимание. Например, указания о разводе не имеют к его учению никакого отношения и служат лишь средством подчеркнуть необходимость абсолютной правдивости и недостаточность правдивости внешней.

Сказано также, что если кто разведется с женою своею, пусть даст ей разводную.

А Я говорю вам: кто разводится с женою своею, кроме вины любодеяния, тот подает ей повод прелюбодействовать; и кто женится на разведенной, тот прелюбодействует (Мф. 5:31, 32).

В данном случае цель заключалась в том, чтобы из различных предписаний и правил для учеников создать определенный контекст: процитированные места необходимы в Евангелиях лишь как введение к следующим за ними двум стихам — и одновременно для того, чтобы отвлечь от них внимание:

Если же правый глаз твой соблазняет тебя, вырви его и брось от себя, ибо лучше для тебя, чтобы погиб один из членов твоих, а не все тело твое было ввержено в геенну.

И если правая твоя рука соблазняет тебя, отсеки ее и брось от себя, ибо лучше для тебя, чтобы погиб один из членов твоих, а не все тело твое было ввержено в геенну (Мф. 5:29, 30).

Эти два стиха и еще один из XIX главы Евангелия св. Матфея создали, вероятно, больше непонимания, нежели все Евангелия вместе взятые. В самом деле, они допускают десятки неверных истолкований. Для правильного **психологического** их понимания необходимо прежде всего полностью отвлечься от понятий **тела и пола**. Они относятся к разным «я» человека, к разным его личностям. В то же время стихи эти имеют и другой, оккультный, или эзотерический, смысл, о котором я буду говорить в главе 12 «Пол и эволюция». Ученики понимали смысл этих слов; но в тексте Евангелий они, конечно, оставались совершенно непонятными; их наличие в Евангелиях в качестве запрещения развода также не было понято. А в тексте Нового Завета они считались подлинными словами Христа – и в качестве таковых породили многочисленные комментарии. Апостол Павел и последующие проповедники новой религии, основываясь на этих местах, создали целый кодекс законов, совершенно не желая видеть, что упомянутые стихи — всего лишь ширма и не имеют в учении Христа самостоятельного значения.

Вместе с тем, Христос утверждает, что только исполнять законы для учеников недостаточно. Они подчиняются гораздо более строгой дисциплине, основанной на очень тонких принципах.

Ибо, говорю вам, если праведность ваша не превзойдет праведности книжников и фарисеев, то вы не войдете в Царство Небесное.

Вы слышали, что сказано древним: не убивай, кто же убьет, подлежит суду.

А Я говорю вам, что всякий, гневающийся на брата своего напрасно, подлежит суду; кто же скажет брату своему: «раќа», подлежит синедриону**; а кто скажет: «безумный», подлежит геенне огненной.*

---

* Пустой человек.

** Верховное судилище.

Итак, если ты принесешь дар твой к жертвеннику и там вспомнишь, что брат твой имеет что-нибудь против тебя,

Оставь там дар твой пред жертвенником, и пойди прежде примирись с братом твоим, и тогда приди и принеси дар твой (Мф. 5:20—24).

Затем идут самые трудные и озадачивающие места в Евангелиях, ибо правильно понять их можно только в связи с эзотерическими идеями. А их обычно принимают за правила общепринятой морали, составляющие так называемую христианскую мораль и христианскую добродетель. Как известно, поведение людей противоречит этим правилам; люди не способны не только выполнить их, но даже понять. Результат — огромное количество обмана и самообмана. Христианское учение основано на Евангелиях, но весь порядок, все устроение жизни христианских народов направлены против них.

Характерно в данном случае то, что все это лицемерие, вся ложь оказываются совершенно не нужны: Христос не учил тому, чтобы **каждый человек** не противился злу, подставлял левую щеку после удара в правую, отдавал верхнюю одежду тому, кто хочет отнять рубашку. Эти места никоим образом не составляют правил общепринятой морали и кодекса христианской добродетели. Это **правила для учеников**, а не общие правила поведения. Их истинный смысл можно объяснить только в оккультной школе, и ключ к этому смыслу заключается в словах:

Итак, будьте совершенны, как совершен Отец ваш Небесный (Мф. 5:48).

Вот какое объяснение правил поведения учеников дал Христос:

Вы слышали, что сказано: око за око и зуб за зуб.

А Я говорю вам: не противься злому. Но кто ударил тебя в правую щеку твою, обрати, к. нему и другую;

И кто захочет судиться с тобою и взять у тебя рубашку, отдай ему и верхнюю одежду...

Просящему у тебя дай, и от хотящего занять у тебя не отвращайся.

Вы слышали, что сказано: люби ближнего твоего и ненавидь врага твоего.

А Я говорю вам: любите врагов ваших, благословляйте проклинающих вас, благотворите ненавидящим вас и молитесь за обижающих вас и гонящих вас,

Да будете сынами Отца вашего Небесного, ибо Он повелевает солнцу Своему восходить над злыми и добрыми и посылает дождь на праведных и неправедных.

Ибо если вы будете любить любящих вас, какая вам награда? Не то же ли делают и мытари?

...Итак, будьте совершенны, как совершен Отец ваш Небесный (Мф. 5:38—40, 42—46, 48).

Каждое из этих изречений составляет содержание особого сложного практического учения. А все практические учения, взятые вместе, составляют оккультную, или эзотерическую, систему самовоспитания и самоподготовки, основанную на принципах, которые вне оккультных школ неизвестны.

Нет ничего более ненужного и наивного, чем попытка понять содержание этих принципов без соответствующего обучения.

Далее идет молитва, данная Христом; она суммирует все содержание евангельского учения, и ее можно считать кратким его курсом. Это — молитва Господня, «Отче наш»; об искажениях ее текста выше уже упоминалось. Происхождение этой молитвы неизвестно; но у Платона, во «Втором Алкивиаде», Сократ приводит молитву, которая напоминает молитву Господню и, весьма вероятно, является ее первоначальной формой. Полагают, что молитва эта — пифагорейского происхождения:

«О Зевс, царь богов, подай нам все, что будет нам во благо, просим мы этого или нет, и повели, чтобы зло покинуло нас, даже если мы просим Тебя о противном!»

Сходство столь очевидно, что не требуется никаких пояснений.

Молитва, цитируемая Сократом, объясняет непонятный момент в «Отче наш», а именно, слово «но» во фразе «не введи нас во искушение, **но** избавь нас от зла». Это «но» указывает на то, что существовавшей ранее фразы в евангельской молитве больше нет. Опущенное место — «даже если мы просим Тебя о противном» (т. е. о других вещах) — объясняет применение «но» в предыдущем отрывке.

Далее следуют правила внутренней жизни, относящиеся опять-таки к ученикам; их **невозможно** распространить на всех людей.

Посему говорю вам: не заботьтесь для души вашей, что вам есть и что пить, ни для тела вашего, во что одеться. Душа не больше ли пищи, и тело одежды?

Взгляните на птиц небесных: они ни сеют, ни жнут, ни собирают в житницы; и Отец ваш Небесный питает их. Вы не гораздо ли лучше их?

Да и кто из вас, заботясь, может прибавить себе росту хотя на один локоть?

И об одежде что заботитесь? Посмотрите на полевые лилии, как они растут: ни трудятся, ни прядут;

Но говорю вам, что и Соломон во всей славе своей не одевался так, как всякая из них;

Если же траву полевую, которая сегодня есть, а завтра будет брошена в печь, Бог так одевает, кольми паче вас, маловеры!

Итак не заботьтесь и не говорите: что нам есть? или: что пить? или: во что одеться?

Потому что всего этого ищут язычники, и потому что Отец ваш Небесный знает, что вы имеете нужду во всем этом.

Ищите же прежде Царства Божия и правды Его, и это все приложится вам.

Итак не заботьтесь о завтрашнем дне, ибо завтрашний сам будет заботиться о своем: довольно для каждого дня своей заботы (Мф. 6:25—34).

После чего идут правила, регулирующие взаимоотношения «учеников» друг с другом; и вновь они не имеют отношения **ко всем людям**.

Не судите, да не судимы будете,

Ибо каким судом судите, таким будете судимы; и какою мерою мерите, такою и вам будут мерить.

И что ты смотришь на сучок в глазе брата твоего, а бревна в твоем глазе не чувствуешь?

Или как скажешь брату твоему: «дай, я выну сучок из глаза твоего», а вот, в твоем глазе бревно?

Лицемер! вынь прежде бревно из твоего глаза и тогда увидишь, как вынуть сучок из глаза брата твоего (Мф. 7:1—5).

Общая тенденция опять-таки истолковывает эти места Евангелия как правила христианской морали — и одновременно их принимают за недостижимый идеал.

Но Христос был гораздо более практичен; он не учил ничему, не имеющему практического применения. Данные им правила должны были соблюдать не все люди, а только те, кому их выполнение могло принести пользу, те, **кто был способен их выполнить**.

Имеется интересное сходство между некоторыми известными местами Евангелий и буддийскими писаниями. Так, в «Буддийском катехизисе» есть следующие слова:

«Легко заметить ошибку другого, трудно заметить свою; человек развеивает чужие ошибки, подобно мякине, но скрывает свои, как плутующий игрок, который прячет от противника плохо упавшую кость».

В главе 9 Евангелия от Матфея говорится об общей направленности оккультной работы и ее основных принципах. Первый из них заключается в том, что люди сами должны знать, что им нужно. Если они не чувствуют нужды в эзотеризме, он им бесполезен — и как бы для них не существует.

Не здоровые имеют нужду во враче, но больные (Мф. 9:12).

После чего следуют знаменательные слова:

Пойдите, научитесь, что значит: милости хочу, а не жертвы? Ибо Я пришел призвать не праведников, но грешников к покаянию (Мф. 9:13).

В другом месте Иисус говорит:

Если бы вы знали, что значит: милости хочу, а не жертвы, то не осудили бы невиновных (Мф. 12:7).

Общепринятое понимание этих выражений очень далеко от их подлинного смысла. Причина этого кроется в том, что мы не понимаем значения слова «милость», так как не знаем значения того слова, которое переведено на европейские языки словами «милость», mercy, miséricorde, Barmherzigkeit. Это слово имеет в греческом подлиннике несколько иной смысл, что сбивает нас с толку. Однако этимология русского слова «милость», если выводить его из слова «милый» (как «слабость» из «слабый»), дает некоторое представление о его подлинном значении там, где оно употребляется. Слово «милый» невозможно точно перевести на английский язык; оно означает то же, что английское darling; и если бы существовало слово darlingness, оно было бы очень близко к слову «милость», т. е. к тому слову в Евангелии, которое переведено на английский словом mercy.

Далее, к оккультным правилам относятся и следующие места:

В то время ученики приступили к Иисусу и сказали: кто больше в Царстве Небесном?

Иисус, призвав дитя, поставил его посреди них

И сказал: истинно говорю вам, если не обратитесь и не будете как дети, не войдете в Царство Небесное (Мф. 18:1—3).

Следующие места содержат очень глубокий оккультный смысл; но они относятся к **принципам**, а не к правилам.

Тогда приведены были к Нему дети, чтобы Он возложил на них руки и помолился; ученики же возбраняли им.

Но Иисус сказал: пустите детей и не препятствуйте им приходить ко Мне, ибо таковых есть Царство Небесное (Мф. 19:13, 14).

Слова, относящиеся к детям, повторяются и в других Евангелиях:

И, сев, призвал двенадцать и сказал им: кто хочет быть первым, будь из всех последним и всем слугою.

И, взяв дитя, поставил его посреди них и, обняв его, сказал им:

Кто примет одно из таких детей во имя Мое, тот принимает Меня; а кто Меня примет, тот не Меня принимает, но Пославшего Меня (Мк. 9:35—37).

Приносили к Нему и младенцев, чтобы Он прикоснулся к ним; ученики же, видя то, возбраняли им.

Но Иисус, подозвав их, сказал: пустите детей приходить ко Мне и не возбраняйте им, ибо таковых есть Царствие Божие.

Истинно говорю вам: кто не примет Царствия Божия, как дитя, тот не войдет в него (Лк. 18:15—17).

Все эти слова исполнены глубочайшего смысла, но опять же предназначены только для учеников. На пути школы взрослый и богатый опытом человек очень скоро превращается в подобие ребенка: ему необходимо принять авторитет людей, знающих больше, чем он. Он должен доверять им, повиноваться, надеяться на их помощь. Ему необходимо понимать, что самостоятельно, без их руководства он ничего сделать не сможет. По отношению к ним ему необходимо чувствовать себя ребенком, говорить им всю правду, ничего не утаивая; он должен понять, что осуждать их нельзя. И он обязан употребить все свои силы и старания, чтобы научиться помогать им. Если человек не пройдет через эту стадию, если он временно не уподобится ребенку, не пожертвует плодами своего жизненного опыта, он никогда не вступит во внутренний круг, в «Царство Небесное». Для Христа слово «дитя» было символом **ученика**. А отношение ученика к учителю — это отношение **сына к отцу**, ребенка ко взрослому. В этой связи приобретает новый смысл и то обстоятельство, что Христос постоянно называл себя **сыном**, а Бога — **отцом.**

Ученики Христа часто спорили между собой. Одной из постоянных тем их споров был вопрос о том, кто из них больше других. Иисус всегда осуждал эти споры с точки зрения оккультных принципов и правил.

Вы знаете, что князья народов господствуют над ними, и вельможи властвуют ими;

Но между вами да не будет так: а кто хочет между вами быть бóльшим, да будет вам слугою (Мф. 20:25, 26).

Иногда споры учеников о том, кто больше других, принимали поистине трагический характер. Как-то Иисус рассказал ученикам о грядущей своей смерти и о воскресении:

Выйдя оттуда, проходили через Галилею; и Он не хотел, чтобы кто узнал.

Ибо учил Своих учеников и говорил им, что Сын Человеческий предан будет в руки человеческие и убьют Его, и, по убиении, в третий день воскреснет.

Но они не разумели сих слов, а спросить Его боялись.

Пришел в Капернаум; и когда был в доме, спросил их: о чем дорогою вы рассуждали между собою?

Они молчали; потому что дорогою рассуждали между собою, кто больше (Мк. 9:30—34).

В этих последних словах ощущается самая трагическая черта евангельской драмы — непонимание учениками Иисуса, их наивное поведение по отношению к нему, их «слишком человеческое» отношение друг к другу. «Кто больше всех?»!

В Евангелии от Луки есть интересное объяснение слова «ближний»; это объяснение носит оккультный смысл. Слово «ближний» обычно употребляют в неправильном значении: **«всякий», «каждый человек»**, тот, с кем приходится иметь дело, такое сентиментальное истолкование слова «ближний» очень далеко от духа Евангелия.

И вот, один законник встал и, искушая Его, сказал: Учитель! что мне делать, чтобы наследовать жизнь вечную?

Он же сказал ему: в законе что написано? как читаешь?

Он сказал в ответ: возлюби Господа Бога твоего всем сердцем твоим, и всею душею твоею, и всею крепостию твоею, и всем разумением твоим, и ближнего твоего, как самого себя.

Иисус сказал ему: правильно ты отвечал; так поступай, и будешь жить.

Но он, желая оправдать себя, сказал Иисусу: а кто мой ближний?

На это сказал Иисус: некоторый человек шел из Иерусалима в Иерихон и попался разбойникам, которые сняли с него одежду, изранили его и ушли, оставив его едва живым.

По случаю один священник шел тою дорогою и, увидев его, прошел мимо.

Также и левит, быв на том месте, подошел, посмотрел и прошел мимо.

Самарянин же некто, проезжая, нашел на него и, увидев его, сжалился

И, подойдя перевязал ему раны, возливая масло и вино; и, посадив его на своего осла, привез его в гостиницу и позаботился о нем;

А на другой день, отъезжая, вынул два динария, дал содержателю гостиницы и сказал ему: позаботься о нем; и если издержишь что более, я, когда возвращусь, отдам тебе.

Кто из этих троих, думаешь ты, был ближний попавшемуся разбойникам?

Он сказал: оказавший ему милость. Тогда Иисус сказал ему: иди, и ты поступай так же (Лк. 10:25—37).

Притча о «милосердном самарянине» показывает, что «ближний» — это далеко не «каждый человек», как обычно толкует притчу сентиментальное христианство. Очевидно, что воры, ограбившие и изранившие человека, священник, видевший его и прошедший мимо, левит, посмотревший и тоже прошедший мимо, не были ему «ближними». **Самарянин стал ему ближним, оказав помощь**. Если бы и он прошел мимо, тогда он, как и прочие, не стал бы ему ближним. С эзотерической точки зрения ближние человека — это те, кто помогают ему или могут помочь в его стремлении познать эзотерические истины и приблизиться к эзотерической работе.

Наряду с линией оккультных правил в Новом Завете можно видеть и линию безжалостного осуждения псевдорелигий.

Лицемеры! хорошо пророчествовал о вас Исаия, говоря:

Приближаются ко Мне люди сии устами своими, и чтут Меня языком, сердце же их далеко отстоит от Меня (Мф. 15:7, 8).

После очень едкой беседы с фарисеями и саддукеями Иисус говорит:

Смотрите, берегитесь закваски фарисейской и саддукейской (Мф. 16:6).

Множество его язвительных, саркастических замечаний и в наше время, к несчастью, сохраняет свою силу.

Оставьте их: они — слепые вожди слепых; а если слепой ведет слепого, то оба упадут в яму (Мф. 15:14).

Но оба эти предостережения были забыты едва ли не до смерти Иисуса. В Евангелии св. Луки говорится то же самое, только еще яснее:

Берегитесь закваски фарисейской, которая есть лицемерие (Лк. 12:1).

Вопросу о псевдорелигиях посвящена целая глава, в которой показаны все их черты, проявления, последствия и результаты.

Тогда Иисус начал говорить народу и ученикам Своим

И сказал: на Моисеевом седалище сели книжники и фарисеи;

Итак всё, что они велят вам соблюдать, соблюдайте и делайте; по делам же их не поступайте, ибо они говорят, и не делают:

Связывают бремена тяжелые и неудобоносимые и возлагают на плечи людям, а сами не хотят и перстом двинуть их;

Все же дела свои делают с тем, чтобы видели их люди: расширяют хранилища свои и увеличивают воскрилия одежд своих;*

Также любят предвозлежания на пиршествах и председания в синагогах

И приветствия в народных собраниях, и чтобы люди звали их: учитель! учитель!

А вы не называйтесь учителями, ибо один у вас Учитель — Христос, все же вы — братья;

И отцом себе не называйте никого на земле, ибо один у вас Отец, Который на небесах;

И не называйтесь наставниками, ибо один у вас Наставник — Христос.

Больший из вас да будет вам слуга:

Ибо, кто возвышает себя, тот унижен будет, а кто унижает себя, тот возвысится.

Горе вам, книжники и фарисеи, лицемеры, что затворяете Царство Небесное человекам, ибо сами не вхо́дите и хотящих войти не допускаете.

Горе вам, книжники и фарисеи, лицемеры, что поедаете домы вдов и лицемерно долго молитесь: за то примете тем большее осуждение.

Горе вам, книжники и фарисеи, лицемеры, что обходите море и сушу, дабы обратить хотя одного; и когда это случится, делаете его сыном геенны, вдвое худшим вас...

Горе вам, книжники и фарисеи, лицемеры, что даете десятину с мяты, аниса и тмина, и оставили важнейшее в законе: суд, милость и веру; сие надлежало делать, и того не оставлять.

Вожди слепые, оцеживающие комара, а верблюда поглощающие!

Горе вам, книжники и фарисеи, лицемеры, что очищаете внешность чаши и блюда, между тем как внутри они полны хищения и неправды.

Фарисей слепой! очисти прежде внутренность чаши и блюда, чтобы чиста была и внешность их.

Горе вам, книжники и фарисеи, лицемеры, что уподобляетесь окрашенным гробам, которые снаружи кажутся красивыми, а внутри полны костей мертвых и всякой нечистоты;

Так и вы по наружности кажетесь людям праведными, а внутри исполнены лицемерия и беззакония.

Горе вам, книжники и фарисеи, лицемеры, что строите гробницы пророкам и украшаете памятники праведников,

---

* Повязки на лбу и на руках со словами из закона.

И говорите: если бы мы были во дни отцов наших, то не были бы сообщниками их в пролитии крови пророков;

Таким образом вы сами против себя свидетельствуете, что вы сыновья тех, которые избили пророков;

Дополняйте же меру отцов ваших.

Змии, порождения ехиднины! как убежите вы от осуждения в геенну?

Посему, вот, Я посылаю к вам пророков, и мудрых, и книжников; и вы иных убьете и распнете, а иных будете бить в синагогах ваших и гнать из города в город (Мф. 23:1—15, 23—34).

В другом месте находятся иные замечательные слова, связанные с приведенными выше:

Горе вам, законникам, что вы взяли ключ разумения: сами не вошли, и входящим воспрепятствовали (Лк. 11:52).

Более всего поражает в истории Иисуса то, что его ученики после всего сказанного им сделались источником псевдорелигии, подобной всем прочим мировым учениям.

«Книжники» и «фарисеи» присвоили его учение и продолжают во имя его делать все то, что делали прежде.

Распятие Христа есть символ. Оно происходит непрестанно, везде, повсюду. Его следовало бы считать самой трагической частью истории Христа, если бы не возможность предположить, что и оно входит в общий план, что способность людей искажать и приспосабливать все к своему уровню была заблаговременно исчислена и взвешена.

О таком искажении учения говорится и в Евангелиях; согласно евангельской терминологии, оно называется «соблазном». Кстати, значение этого слова на русском и церковнославянском языках ближе всего подходит к первоначальному смыслу греческого текста.

А кто соблазнит одного из малых сих, верующих в Меня, тому лучше было бы, если бы повесили ему мельничный жернов на шею и потопили его во глубине морской.

Горе миру от соблазнов, ибо надобно придти соблазнам; но горе тому человеку, через которого соблазн приходит (Мф. 18:6, 7).

«Соблазн», т. е. обольщение или разрушение, есть прежде всего искажение эзотерических истин, данных людям, против чего главным образом и восстал Христос, против чего он особенно боролся.

Много вопросов и непонимания возникает обычно при чтении притчи о неверном управителе, которая находится в главе 16 Евангелия от Луки.

Сказал же и к ученикам Своим: один человек был богат и имел управителя, на которого донесено было ему, что расточает имение его;

И, призвав его, сказал ему: что это я слышу о тебе? дай отчет в управлении твоем, ибо ты не можешь более управлять.

Тогда управитель сказал сам в себе: что мне делать? господин мой отнимает у меня управление домом; копать не могу, просить стыжусь;

Знаю, что сделать, чтобы приняли меня в домы свои, когда отставлен буду от управления домом.

И, призвав должников господина своего, каждого порознь, сказал первому: сколько ты должен господину моему?

Он сказал: сто мер масла. И сказал ему: возьми твою расписку и садись скорее, напиши: пятьдесят.

Потом другому сказал: а ты сколько должен? Он отвечал: сто мер пшеницы. И сказал ему: возьми твою расписку и напиши: восемьдесят.

И похвалил господин управителя неверного, что догадливо поступил; ибо сыны века сего догадливее сынов света в своем роде.

И Я говорю вам: приобретайте себе друзей богатством неправедным, чтобы они, когда обнищаете, приняли вас в вечные обители.

Верный в малом и во многом верен, а неверный в малом неверен и во многом.

Итак, если вы в неправедном богатстве не были верны, кто поверит вам истинное?

И если в чужом не были верны, кто даст вам ваше? (Лк. 16:1—12).

Как следует понимать эту притчу? Этот вопрос вызывает целую серию других вопросов об истолковании евангельских текстов. Не входя в подробности, скажем, что пониманию трудных мест может способствовать понимание примыкающих стихов или близких по смыслу, но далеких от данного стиха мест; иногда же понимание «линии мысли», к которой они принадлежат; наконец, место, выражающее противоположную сторону идеи или не имеющее, казалось бы, логической связи с исходными стихами.

В интересующем нас случае можно сразу же утверждать, что притча о неверном управителе относится к оккультным принципам, т. е. к правилам эзотерической работы. Но для ее понимания этого недостаточно. Есть что-то странное в этом требовании лжи и обмана.

Оно становится понятным лишь тогда, когда мы сообразим, какого рода ложь здесь требуется. Управитель **сокращает** долги должников своего господина, «прощает» им часть долгов, и за это господин впоследствии его хвалит.

Не является ли это **прощением грехов**? В стихах, следующих сразу после молитвы Господней, Иисус говорит:

Ибо если вы будете прощать людям согрешения их, то простит и вам Отец ваш Небесный;

А если не будете прощать людям согрешения их, то и Отец ваш не простит вам согрешений ваших (Мф. 6:14, 15).

Обычно эти места понимаются как совет людям прощать тем, кто грешит **против них**. Но на самом деле этого здесь нет. Говорится просто: «прощайте людям их грехи». И если прочесть этот отрывок буквально, как он написан, притча о неверном управителе станет понятнее. В ней рекомендуется прощать людям грехи, **не только направленные против нас**, но и вообще все грехи, какими бы они ни были.

Может возникнуть вопрос, какое мы имеем право прощать грехи, которые не имеют к нам никакого отношения. Притча о неверном управителе дает ответ на такой вопрос. Это становится возможным при помощи незаконного приема «фальсификации» счетов, т. е. при помощи намеренного изменения восприятия того, что есть, того, что мы видим. Иными словами, мы можем как бы прощать людям грехи, представляя их себе лучшими, чем они есть на самом деле.

Это — форма лжи, которая не только не осуждается, но и поощряется, как об этом свидетельствует евангельское учение. Посредством такой лжи человек предохраняет себя от некоторых опасностей, «приобретает друзей»; **силой этой лжи** он приобретает доверие к себе.

Интересное развитие этой идеи, но без указания на притчу о неверном управителе, можно найти в Посланиях апостола Павла. Фактически многие из его парадоксальных утверждений представляют собой выражение именно этой идеи. Павел понимал, что «прощение грехов» не даст никакой выгоды «должникам господина», зато принесет пользу тому, кто **искренно** простит своего «должника». Точно так же «любовь к врагам» не принесет им пользы, но, наоборот, окажется самой жестокой местью.

Итак, если враг твой голоден, накорми его; если жаждет, напой его: ибо, делая сие, ты соберешь ему на голову горящие уголья (Рим. 12:20).

Трудность здесь в том, что любовь эта должна быть **искренней**. Если же человек будет «любить своих врагов», чтобы обрушить на их головы горящие уголья, он, несомненно, соберет их на свою собственную голову.

Идея притчи о неверном управителе, т. е. мысль о том, что полезно видеть вещи лучшими, чем они есть, входит и в хорошо известное утверждение Павла о «власти» и «начальствующих»:

Всякая душа да будет покорна высшим властям, ибо нет власти не от Бога; существующие же власти от Бога установлены.

Посему противящийся власти противится Божию установлению. А противящиеся сами навлекут на себя осуждение.

Ибо начальствующие страшны не для добрых дел, но для злых. Хочешь ли не бояться власти? Делай добро, и получишь похвалу от нее,

Ибо начальник есть Божий слуга, тебе на добро. Если же делаешь зло, бойся, ибо он не напрасно носит меч: он Божий слуга, отмститель в наказание делающему злое.

И потому надобно повиноваться не только из страха наказания, по и но совести.

Для сего вы и пóдати плáтите, ибо они Божии служители, сим самым постоянно занятые.

Итак, отдавайте всякому должное: кому подать, подать; кому оброк, оброк; кому страх, страх; кому честь, честь (Рим. 13:1—7).

Иисус также сказал как-то: «Воздайте кесарево кесарю». Но он никогда не говорил, что кесарь — от Бога. Здесь особенно очевидна разница между Христом и Павлом, между эзотерическим знанием и тем знанием, которое, хотя и очень высоко, является человеческим. В идее притчи о неверном управителе нет **самовнушения**. Павел вводит элемент самовнушения; от его последователей ожидается, что они будут верить «фальсифицированным счетам».

Смысл притчи о неверном управителе становится яснее, когда мы найдем в Евангелии места, затрагивающие противоположную сторону той же самой идеи.

Таковы места, где говорится о хуле на Духа Святого. В них проявляется обратная сторона идеи притчи о неверном управителе, ибо они говорят не о том, что люди могут **приобрести**, а о том, что они таким образом **потеряют**.

Посему говорю вам: всякий грех и хула простятся человекам, а хула на Духа не простится человекам;

Если кто скажет слово на Сына Человеческого, простится ему; если же кто скажет на Духа Святаго, не простится ему ни в сем веке, ни в будущем (Мф. 12:31, 32).

Истинно говорю вам: будут прощены сынам человеческим все грехи и хуления, какими бы ни хулили;

Но кто будет хулить Духа Святаго, тому не будет прощения вовек, но подлежит он вечному осуждению (Мк. 3:28, 29).

И всякому, кто скажет слово на Сына Человеческого, прощено будет; а кто скажет хулу на Святаго Духа, тому не простится (Лк. 12:10).

Добрый человек из доброго сокровища выносит доброе, а злой человек из злого сокровища выносит злое.

Говорю же вам, что за всякое праздное слово, какое скажут люди, дадут они ответ в день суда (Мф. 12:35, 36).

Какова же связь между этими местами и притчей о неверном управителе? Что означает хула на Святого Духа? Почему нет ей прощенья? И что это такое — Святой Дух?

Святой Дух — это то, что есть во всем **хорошего**. В каждом предмете, в человеке, в событии есть нечто хорошее — не в философском или мистическом смысле, а в самом простом, психологическом, повседневном. Если человек не видит этого хорошего, если он безоговорочно все осуждает, если он ищет и находит лишь дурное, если он не способен увидеть хорошее в вещах и людях, — тогда это и есть хула на Духа Святого. Есть разные типы людей. Некоторые способны видеть добро даже там, где его очень мало. Они склонны порой даже преувеличивать его для себя. Другие, наоборот, склонны видеть все в худшем свете, чем оно есть на самом деле, и не способны увидеть ничего хорошего. Они всегда и во всем находят что-то скверное, начинают с подозрений и осуждений, с клеветы. Вот это и есть хула на Духа Святого. Такая хула **не прощается**; это значит, что она оставляет очень глубокий след во внутренней природе человека.

Обычно в жизни люди легко принимают злословие, охотно извиняют его в себе и в других. Злословие составляет половину их жизни, половину их интересов. Люди злословят, сами не замечая этого, и так же автоматически не ждут от других ничего, кроме злословия. Они отвечают на чужую клевету своей клеветой и стараются опередить в ней других. Особенно приметная склонность к злословию называется критическим умом или остроумием. Люди не понимают, что самое обычное повседневное злословие есть начало клеветы на Духа Святого. Но ведь не зря слово **«диавол»** означает **«клеветник»**. То место в Евангелии, где говорится, что придется давать ответ за каждое праздное слово в день суда, звучит так странно и непонятно потому, что люди совсем не понимают, как самое небольшое злословие оказывается началом клеветы на Святого Духа. Они не понимают, что каждое праздное слово остается в вечности, что, злословя все вокруг, они могут непреднамеренно коснуться того, что принадлежит иному порядку вещей — и навеки приковать себя к колесу вечности в роли мелкого и бессильного хулителя.

Итак, идея злословия, которое не прощается человеку, относится даже к обыденной жизни. Злословие оставляет в людях более глубокий след, нежели они думают. А в эзотерической работе злословие имеет особый смысл. Христос указывает на это:

Если кто скажет слово на Сына Человеческого, простится ему; если же кто скажет слово на Духа Святого, не простится ему ни в сем веке, ни в будущем.

Эти замечательные слова означают, что клевета и злословие, направленные **лично против Христа**, могут быть прощены. Но как глава школы, как ее учитель, он не мог простить злословия, направленного против идеи работы школы, против идеи эзотеризма. Такая форма **хулы на Духа Святого** остается с человеком навсегда.

Притча о неверном управителе относится к созданию другой, противоположной тенденции, т. е. к склонности видеть Святой Дух, или «добро», даже там, где его очень мало, и таким образом увеличивать количество добра в себе, освобождать себя от грехов, т. е. от «зла».

Человек находит то, что ищет. Кто ищет зло, тот и находит зло; а кто ищет добро, находит добро.

Добрый человек из доброго сокровища выносит доброе; а злой человек из злого сокровища выносит злое.

Вместе с тем, нет ничего более опасного, чем понимать эту идею Христа в буквальном или сентиментальном смысле — начать видеть «добро» там, где его вообще нет.

Идея о том, что в каждом предмете, человеке или событии есть нечто хорошее, верна лишь по отношению к нормальным и естественным проявлениям. Она не может быть в равной степени верной по отношению к ненормальным и неестественным проявлениям. Не может быть никакого Святого Духа в хуле на Святого Духа; несомненно, существуют такие вещи, люди и события, которые по самой своей природе суть кощунства над Святым Духом. Оправдание их и будет хулой Духа Святого.

Так много зла в жизни происходит потому, что люди, боясь греха, боясь оказаться недостаточно милосердными или лишенными широты ума, оправдывают то, что не заслуживает оправдания. Христос не был сентиментален, он никогда не боялся высказать неприятную истину и не боялся действовать; изгнание торговцев из храма — замечательная аллегория, которая показывает отношение Христа к «жизни», пытавшейся даже храм обратить в средство для своих целей.

И вошел Иисус в храм Божий и выгнал всех продающих и покупающих в храме, и опрокинул столы меновщиков и скамьи продающих голубей;

И говорил им: написано «дом Мой домом молитвы наречется», а вы сделали его вертепом разбойников.

Остается обратить внимание на две точки зрения, которые часто связывают с евангельским учением и которые бросают одинаково ложный свет как на его принципы, так и на самого Христа.

Первая из них утверждает, что евангельское учение относится не к земной жизни, что Христос ничего не строил на Земле, а вся идея христианства состоит в том, чтобы подготовить человека к вечной жизни за порогом смерти. Вторая точка зрения содержит утверждение, что христианское учение слишком высоко для человека, а потому непрактично, что Христос в своих мечтах был поэтом и философом; но трезвая реальность не может основываться на мечтах и серьезно принимать их во внимание.

Обе эти точки зрения неверны. Христос учил не для смерти, а для жизни; однако его учение никогда не охватывало и не могло охватывать **всю жизнь в целом**. В его словах, особенно в притчах, постоянно появляется множество людей, которые пребывают вне его учения: цари, богачи, воры, священники, левиты, слуги богачей, купцы, книжники, фарисеи... Эта огромная бессмысленная жизнь, с которой его учение не имело никакого родства, была в его глазах маммоной, а маммоне одновременно с Богом служить нельзя.

Христос никогда не был непрактичным «поэтом» или «философом». Его учение предназначено не для всех; но оно практично во всех деталях — **и практично прежде всего потому, что предназначено не для всех**. Многие люди не способны получить из его учения ничего, кроме совершенно ложных идей, и Христу нечего им сказать.

1912—1929 годы

ГЛАВА 5

СИМВОЛИКА ТАРО

Колода карт Таро. — Двадцать два главных аркана. — История Таро. — Внутреннее содержание Таро. — Разделение Таро и его символических изображений. — Назначение Таро. — Таро как система и конспект «герметических» наук. — Символизм алхимии, астрологии, каббалы и магии. — Символическое и вульгарное понимание алхимии. — Освальд Вирт о языке символов. — Имя Бога и четыре принципа каббалы. — Мир в себе. — Параллелизм четырех принципов в алхимии, магии, астрологии и в откровениях. — Четыре принципа в главных и малых арканах Таро. — Числовое и символическое значение главных арканов. — Литература по Таро. — Общие недостатки комментариев к Таро. — Элифас Леви о Таро. — Происхождение Таро согласно Христиану. — Следы, главных арканов Таро отсутствуют в Индии и в Египте. — Природа и ценность символизма. — Герметическая философия. — Необходимость фигурального языка для выражения истины. — Расположение карт Таро по парам. — Единство в двойственности. — Отдельные значения двадцати двух нумерованных карт. — Субъективный характер карт Таро. — Разделение главных арканов на три семерки. — Их значение. — Другие игры, происходящие от Таро. — Легенда об изобретении Таро.

В оккультной, или символической, литературе, т. е. в литературе, основанной на существовании скрытого знания, есть чрезвычайно интересное явление: Таро.

Таро — это колода карт, до сих пор употребляющаяся для игры и гадания на юге Европы. Она почти не отличается от обычных игральных карт, которые суть не что иное, как урезанная колода Таро. В ней те же короли, дамы, тузы, десятки и т. д. Карты Таро известны с конца XIV века от испанских цыган. Это были первые карты, появившиеся в Европе. Есть несколько разновидностей Таро, насчитывающих разное количество карт. Точная копия древнейшего Таро — так называемое «Марсельское Таро».

Эта колода Таро насчитывает 78 карт. Из них 52 — обычные игральные карты, к которым прибавляют по одной новой «картинке» в каждой масти, а именно, **рыцаря**, который помещается между дамой и валетом; всего, следовательно, 56 карт, разбитых на четыре масти, две черные и две красные. Они называются так: **жезлы** (трефы), **чаши** (черви), **мечи** (пики) и **пентакли**, или **диски** (бубны).

Кроме того, есть еще двадцать две нумерованных карты с особыми названиями, находящиеся, так сказать, вне мастей:

1. Фокусник.
2. Жрица.
3. Царица.
4. Царь.
5. Первосвященник.
6. Искушение.
7. Колесница.
8. Справедливость.
9. Отшельник.
10. Колесо Фортуны.
11. Сила.
12. Повешенный.
13. Смерть.
14. Умеренность (Время).
15. Дьявол.
16. Башня.
17. Звезда.
18. Луна.
19. Солнце.
20. День Суда.
21. Мир.

0. Безумный.

Эта колода карт, согласно легенде, представляет собой чудесным образом дошедшую до нас египетскую иероглифическую книгу, состоящую из 78 таблиц. Известно, что в Александрийской библиотеке, кроме папирусов и пергаментов, было много книг, состоявших из большого числа глиняных или деревянных таблиц. Предание о Таро гласит, что некогда это были медали с выбитыми на них изображениями и числами, затем металлические пластинки, далее — кожаные карты и, наконец, карты бумажные.

Представляя собой внешним образом колоду карт, внутренне Таро — нечто совсем иное. Это «книга» философского и психологического содержания, читать которую можно самыми разными способами.

Приведу пример философского толкования общей картины или общего содержания «книги Таро», так сказать, ее метафизическое заглавие, которое наверняка убедит читателей, что эта «книга» не могла быть создана неграмотными цыганами XIV столетия.

Карты Таро разделяются на три части.

Первая часть: 21 нумерованная карта.

Вторая часть: одна карта под номером 0.

Третья часть: 56 карт, т. е. четыре масти по 14 карт.

При этом вторая часть является звеном между первой и третьей, в силу того что все 56 карт третьей части равны вместе одной, носящей номер 0.

Французский философ и мистик XVIII века Сен-Мартэн («неизвестный философ») назвал свой главный труд «Натуральной таблицей отношений, существующих между Богом, человеком и вселенной». Эта книга содержит 22 главы, которые все вместе являются комментарием к 22 картам Таро.

Представим себе 21 карту первой части, расположенные в виде треугольника по 7 карт в каждой стороне; в середине этого треугольника — точку, изображающую нулевую карту (вторая часть), а вокруг треугольника квадрат, состоящий из 56 карт (третья часть) — по 14 карт в стороне. Так мы получаем изображение метафизического отношения между **Богом, человеком и вселенной**, или между ноуменальным (объективным) миром, психическим миром (или человеком) и феноменальным (субъективным или физическим) миром.

Треугольник — это Бог, Троица, ноуменальный мир.

Квадрат, четыре элемента, есть видимый, физический или феноменальный мир.

Точка есть душа человека; и оба мира отражены в этой душе.

Квадрат равен точке — это значит, что весь видимый мир заключается в сознании человека, так сказать, создается в душе человека и есть его представление. А душа человека — это не имеющая измерения точка в центре треугольника объективного мира.

Очевидно, что такая идея не могла возникнуть у невежественных людей, так что Таро — это нечто большее, чем колода игральных и гадальных карт.

Идею Таро можно передать также формой треугольника, в котором заключен квадрат (материальная вселенная), в котором заключена точка (человек).

Очень интересно попытаться установить цель, задачу и применение книги Таро.

Прежде всего заметим, что Таро — это «философская машина», смысл и возможное применение которой имеет много общего с теми философскими машинами, которые пытались изобрести средневековые философы. Некоторые приписывают изобретение Таро Раймонду Люллию, философу и алхимику XIII века, автору мистических и оккультных книг; он предложил схему «философской машины» в своей книге «Великое искусство». С помощью этой машины можно было ставить вопросы и получать на них ответы. Машина состояла из концентрических кругов и расположенных на них в определенном порядке слов, обозначающих идеи разных миров. Когда некоторые слова устанавливали в определенном положении, чтобы сформулировать вопрос, другие слова давали ответ на него. Таро имеет много общего с этой «машиной». По своему замыслу это как бы своеобразные «философские счеты».

1. Таро позволяет **вкладывать** в разные графические изображения (подобно вышеприведенным треугольнику, точке и квадрату) идеи, трудно выразимые (или вовсе не выразимые) в словах.

2. Таро — оружие ума, которое помогает развивать его комбинаторную способность и т. п.

3. Таро — средство для гимнастики ума, для приучения его к новым, расширенным понятиям, к мышлению в мире высших измерений и к пониманию символов.

В гораздо более глубоком и разнообразном смысле Таро по отношению к метафизике и мистике представляет собой то же самое, что система счисления (десятичная или иная) — по отношению к математике.

Для ознакомления с Таро необходимо знать основные идеи каббалы, алхимии, магии и астрологии. По вполне правдоподобному мнению многих комментаторов, Таро — это **конспект** герметических наук с различными их подразделениями или, по крайней мере, попытка создать такой конспект.

Все эти науки представляют собой одну систему психологического изучения человека в его разнообразных отношениях к миру ноуменов (Богу и миру духа) и к миру феноменов — видимому, физическому миру.

Буквы еврейского алфавита — различные аллегории в каббале, названия металлов, кислот и солей в алхимии, планет и созвездий в астрологии, добрых и злых духов в магии — все это лишь условный, сокровенный язык для выражения психологических идей.

Открытое изучение психологии, особенно в ее самом широком смысле, было когда-то невозможно: исследователя ждали пытки и костер.

Если заглянуть в глубь веков еще дальше, мы обнаружим еще больший страх перед всеми попытками изучения человека. Как можно было в окружении тьмы, невежества и суеверий того времени говорить и действовать открыто? Открытое изучение психологии даже в наше время, которое считается просвещенным, находится под подозрением.

Вот почему истинную сущность герметических наук скрывали под символами алхимии, астрологии и каббалы. При этом алхимия объявляла своей внешней задачей приготовление золота или отыскание жизненного эликсира; астрология и каббала — гадание; а магия — подчинение духов. Но когда настоящий алхимик говорил о поиске золота, он имел в виду поиск золота в душе человека, когда говорил о жизненном эликсире, подразумевал поиск вечной жизни и путей к бессмертию. В этом случае золотом он называл то, что в Евангелии называется Царством Небесным, а в буддизме — нирваной. Когда настоящий астролог говорил о созвездиях и планетах, он говорил о созвездиях и планетах в душе человека, т. е. о свойствах человеческой души и о ее отношении к Богу и миру. Когда настоящий каббалист говорил об имени Божества, он искал его Имя в душе человека, а не в мертвых книгах, не в библейском тексте, как делали это каббалисты-схоласты. Когда настоящий маг говорил о подчинении «духов», элементалей и т. п. воле человека, он понимал под этим подчинение единой воле разных «я» человека, разных его желаний и стремлений. Каббала, алхимия, астрология, магия — это параллельные системы психологии и метафизики.

Об алхимии очень интересно говорит в одной своей книге Освальд Вирт:

«Алхимия фактически изучала мистическую металлургию, т. е. операции, которые природа производит в живых существах; глубочайшая наука о жизни скрывалась здесь под необычными символами.

Но столь грандиозные идеи разорвали бы слишком узкие черепа. Не все алхимики были гениями: жадность привлекала к алхимии искателей золота, чуждых всякому эзотеризму; они понимали все буквально, и их чудачества порой не знали границ.

Из этой фантастической кухни вульгарных шарлатанов возникла современная химия... Но истинные философы, достойные этого имени, любители или друзья мудрости, тщательно отделяли тонкое от грубого, с осторожностью и предусмотрительностью, как этого требовала «Изумрудная Скрижаль» Гермеса Трисмегиста, т. е. отбрасывали смысл, принадлежащий мертвой букве и оставляли для себя только внутренний дух учения.

В наше время мы смешиваем мудрецов с глупцами и отбрасываем все, что не получило официального патента».

Основу каббалы составляет изучение имени Божества в его проявлениях. «Иегова» по-еврейски пишется четырьмя буквами: «йод», «хе», «вау», «хе» – IHVH. Этим четырем буквам придано символическое значение. Первая буква выражает активное начало, инициативу, движение, энергию, «я»; вторая буква — пассивное начало, инерцию, покой, «не-я»; третья — равновесие противоположностей, «форму»; четвертая — результат, или скрытую энергию. Каббалисты утверждали, что всякое явление и всякая вещь состоят из этих четырех начал, т. е. каждая вещь и каждое явление состоят из Божественного имени. Изучение этого Имени, по-гречески «тетраграмматона», или «четверобуквия», его обнаружение во всем и есть главная задача каббалистической философии.

В чем здесь, собственно, дело?

Четыре начала, по словам каббалистов, составляют все и вся в мире. Открывая эти четыре начала в вещах и явлениях совершенно разного порядка, в которых, казалось бы, нет ничего общего, человек обнаруживает подобие этих вещей и явлений друг другу. Постепенно он убеждается, что все в мире построено по одним и тем же законам, по одному плану. С определенной точки зрения обогащение и рост интеллекта заключаются в расширении его способности находить подобия. Поэтому изучение закона четырех букв, или имени Иеговы, представляет собой могучий способ расширения сознания. Идея совершенно ясна. Если Имя Божества пребывает во всем (если Бог присутствует во всем), то все должно быть подобно друг другу, самая мельчайшая часть подобна целому, пылинка — вселенной, и все подобно Божеству. Что вверху, то и внизу.

Умозрительная философия приходит к выводу, что мир, несомненно, существует, но что наше представление о мире — ложно. Это значит, что причины, вызывающие наши ощущения, существуют вне нас, но наше представление об этих причинах ложно. Или, говоря иначе, что мир в себе, т. е. мир сам по себе, помимо нашего восприятия, существует, но мы не знаем его и никогда не сможем узнать, ибо все, что доступно нашему изучению, т. е. весь мир феноменов или проявлений — это лишь наше представление о мире. Мы окружены стеной наших представлений и не можем заглянуть через эту стену на реальный мир.

Каббала ставит своей целью изучение мира, каков он есть, мира в себе. Другие «мистические» науки имеют точно такую же цель.

В алхимии четыре первоначала, из которых состоит реальный мир, названы четырьмя стихиями, или элементами: это **огонь, вода, воздух** и **земля**, смысл которых перекликается с четырьмя каббалистическими буквами. В магии четырем стихиям соответствуют четыре класса духов: эльфы, ундины, сильфы и гномы, т. е. духи огня, воды, воздуха и земли. В астрологии им соответствуют четыре стороны света: восток, юг, запад и север, которые, в свою очередь, служат иногда для обозначения разных частей человека. В Апокалипсисе это четыре существа: с головой быка, с головой льва, с головой орла и с головой человека.

Все вместе это сфинкс, изображение слитых воедино четырех первоначал.

Таро представляет собой как бы комбинацию каббалы, алхимии, магии и астрологии.

Четырем первоначалам, или четырем буквам Имени Божества, или четырем алхимическим стихиям, или четырем классам духов, или четырем делениям человека, или четырем апокалиптическим существам в Таро соответствуют четыре масти: жезлы, чаши, мечи и пентакли.

Таким образом, каждая масть, каждая из сторон квадрата, равного точке, изображает собой одну из стихий, управляет одним классом духов. Жезлы — это огонь, или эльфы; чаши — вода, или ундины; мечи — воздух, или сильфы; пентакли — земля, или гномы.

Кроме того, в каждой отдельной масти **король** означает первое начало, или огонь, **королева** (дама) — второе начало, или воду, **рыцарь** — третье начало, или воздух, и **паж** (валет) — четвертое начало, или землю.

Дальше, **туз** вновь означает огонь, **двойка** — воду, **тройка** — воздух, **четверка** — землю. Четвертое начало, совмещая в себе три первых, является началом нового квадрата. Четверка является первым началом, пятерка — вторым, шестерка — третьим, семерка — четвертым. Далее, семерка опять является первым началом, восьмерка — вторым, девятка — третьим и десятка — четвертым, завершая последний квадрат.

Черные масти (жезлы и мечи) выражают активность и энергию, волю и инициативу, а красные (чаши и пентакли) — пассивность, инерцию и объективную сторону. Далее, две первые масти, жезлы и чаши, означают добро, т. е. благоприятные условия или дружественные отношения, а две вторые, мечи и пентакли, — зло, т. е. неблагоприятные условия и враждебные отношения.

Таким образом, каждая из 56 карт означает нечто активное или пассивное, доброе или злое, проистекающее от воли человека или приходящее к нему со стороны. Значения карт комбинируются всевозможными способами из символического значения их мастей и достоинств. В общем, 56 карт представляют собой как бы полную картину всех возможностей человеческой жизни, на чем и основано применение Таро для гадания.

Но философский смысл Таро далеко не полон без 22 нумерованных карт, или «главных арканов». Эти 22 карты имеют, во-первых, числовое значение, а во-вторых, очень сложное символическое. Взятые в числовом значении, они образуют равносторонние треугольники, квадраты и иные фигуры, смысл которых определяется по составляющим их картам.

Литература, посвященная Таро, занимается главным образом истолкованием символических рисунков 22 карт. Многие писатели мистических книг организуют свои сочинения по плану Таро, но их читатели зачастую об этом и не подозревают, так как Таро не всегда здесь упоминается.

Я уже указывал на книгу «неизвестного философа» Сен-Мартэна — «Естественная таблица отношений между Богом, человеком и вселенной», вышедшую в XVIII веке. Именно в Таро, как говорит современный последователь Сен-Мартэна доктор Папюс, «неизвестный философ» обнаружил таинственные звенья, связывающие Бога, человека и вселенную.

Книга Элифаса Леви «Догма и ритуал высокой магии» (1853) также написана по плану Таро. Каждой из 22 карт Э. Леви посвящает две главы, одну в первой части и одну во второй. Элифас Леви ссылается на Таро и в других своих книгах: «Великая тайна» и др. Комментаторы Таро обычно упоминают «Историю магии» Христиана (на фр. языке, 1854), в которой приводится астрологическое толкование 56 карт.

Очень известны книги С. Гвайта с необычными аллегорическими названиями — «На пороге тайны», «Храм Сатаны» и «Ключ к черной магии», к сожалению, не доведенные до конца. Первая из них — это введение, вторая посвящена первым семи картам, от 1 до 7, третья — вторым семи картам, от 8 до 15, а четвертая, которая завершала эти подробные комментарии, вообще не вышла.

Интересный материал для изучения Таро есть в трудах Освальда Вирта, восстановившего рисунки Таро и, кроме того, выпустившего несколько интересных книг по герметическому и масонскому символизму. Упомяну еще работы А. Уэйта, который сопроводил краткими комментариями реставрированную в Англии колоду Таро и составил небольшой библиографический указатель сочинений по Таро. Из современных исследователей Таро определенный интерес представляют Буржа, Декресп, Пикар и английский переводчик

«Каббалы» Макгрегор Мэтерс. У французского оккультиста «доктора Папюса» есть две книги, специально посвященные Таро («Цыганское Таро» и «Таро для гадания»); в других его книгах имеются многочисленные ссылки и указания на Таро, хотя они затемнены обилием дешевой фантазии и псевдомистики.

Приведенным перечнем, конечно, не исчерпывается вся относящаяся к Таро литература; это те книги, которыми я пользовался при составлении настоящего очерка. Следует заметить, что никакая библиография Таро не может быть исчерпывающей, так как самые ценные сведения и ключи к пониманию Таро можно отыскать в сочинениях по алхимии, астрологии и мистике, авторы которых, возможно, вовсе и не думали о Таро. Для понимания образа человека, который рисует Таро, очень много дает книга Гихтеля «Практическая теософия» (XVII в.), особенно рисунки к ней, а для понимания четырех символов Таро — книга Пуассона «Теории и символы алхимиков».

О Таро упоминается в книгах Е. П. Блаватской – и в «Тайной Доктрине», и в «Разоблаченной Исиде». Есть все основания предполагать, что Е. П. Блаватская придавала Таро особое значение. В издававшемся при жизни Блаватской теософском журнале имеются две неподписанные статьи о Таро, в одной из которых подчеркивается фаллический элемент, заключающийся в Таро.

Но если говорить вообще, то изучение литературы по Таро приносит большое разочарование, как и знакомство с оккультной и специальной теософской литературой: ибо обещает она гораздо больше, чем дает.

Каждая из упомянутых книг содержит о Таро нечто интересное. Но наряду с ценным и интересным материалом имеется очень много мусора, и это характерно для всей «оккультной» литературы вообще. А именно: во-первых, для них характерен чисто схоластический подход, когда смысл ищут в букве; во-вторых, делают слишком поспешные выводы, прикрывают словами то, что не понял сам автор, перескакивают через трудные проблемы, не доводят умозаключения до конца; в-третьих, налицо излишняя сложность и несимметричность построений. Особенно этим изобилуют книги «доктора Папюса», который в свое время был самым популярным комментатором Таро.

Между тем тот же Папюс говорит, что всякая сложность указывает на несовершенство системы. «Природа очень синтетична в своих проявлениях, и простота лежит в основе ее самых по внешности запутанных феноменов», — пишет он. Это, конечно, верно; но именно этой простоты и не достает всем объяснениям системы Таро.

По этой причине даже самое обстоятельное изучение подобных сочинений мало способствует пониманию системы и символов Таро и почти не помогает практическому применению Таро как ключа к метафизике и психологии. Все авторы, писавшие о Таро, превозносят его до небес, называют универсальным ключом, но не указывают, как этим ключом пользоваться.

Я приведу несколько отрывков из работ тех авторов, которые пытались объяснить и истолковать Таро и его идеи.

Элифас Леви говорит в книге «Догма и ритуал высокой магии»:

«Универсальный ключ магии есть ключ всех древних религий, ключ каббалы и Библии, ключ Соломона.

Этот ключ, который много столетий считался потерянным, теперь найден, и мы имеем возможность открыть гробницы древнего мира и заставить древних мертвецов говорить, увидеть памятники прошлого во всем их блеске, понять загадку сфинкса, проникнуть во все святилища.

У древних пользование этим ключом разрешалось только главным жрецам, и секрет его сообщался только высшим посвященным.

Ключ, о котором идет речь, представлял собой иероглифический и числовой алфавит, выражающий буквами и числами ряд всеобщих и абсолютных идей.

Символическая тетрада, т. е. четверичность в мистериях Мемфиса и Фив, изображалась четырьмя формами сфинкса: человек, орел, лев, бык — совпадающими с четырьмя элементами или стихиями древних: вода, воздух, огонь, земля.

Эти четыре знака (и все аналогичные им четверичные сочетания) объясняют одно Слово, хранившееся в святилищах, которое всегда произносилось в виде четырех букв или слов: Йод Хе Вау Хе.

Таро — это поистине философская машина, которая удерживает ум от блужданий по сторонам, предоставляя ему в то же время полную инициативу и свободу; это математика в приложении к абсолютному, союз позитивного с идеальным, лотерея мысли, точная, как числа; простейшее и величайшее изобретение человеческого ума.

Человек, заключенный в тюрьму и не имеющий других книг, кроме Таро, если ему известно, как с ним обращаться, способен в несколько лет приобрести универсальные познания и будет в состоянии говорить на любую тему с недосягаемой эрудицией и неистощимым красноречием».

П. Христиан в своей «Истории магии» описывает, ссылаясь на Ямвлиха, ритуал посвящения в египетские мистерии, в котором особую роль играли изображения, похожие на 22 аркана Таро.

«Посвященный оказывался в длинной галерее, поддерживаемой кариатидами в виде двадцати четырех сфинксов — по двенадцать с каждой стороны. На стене, в промежутках между сфинксами, находились фрески, изображающие мистические фигуры и символы. Эти двадцать две картины располагались попарно, друг против друга...

Проходя мимо двадцати двух картин галереи, посвященный получал наставление от жреца...

Каждый аркан, ставший, благодаря картине, видимым и ощутимым, представляет собой формулу закона человеческой деятельности по отношению к духовным и материальным силам, сочетание которых производит все явления жизни».

В этой связи я хочу указать, что в египетском символизме, доступном ныне для изучения**, нет никаких следов двадцати двух карт Таро**. Поэтому нам придется принять утверждения Христиана на веру, предположив, что его описания, как он сам говорит, относятся к «тайным убежищам храма Осириса», от которых не сохранилось ныне следов; символы Таро не имеют ничего общего с теми египетскими памятниками, которые сохранились до нашего времени.

То же самое можно сказать об Индии: ни в живописи, ни в скульптуре Индии нет ни малейших следов двадцати двух карт Таро, т. е. главных арканов.

Рассматривая двадцать два аркана Таро в разных сочетаниях и пытаясь установить устойчивые взаимоотношения между ними, попробуем разложить карты попарно: первую с последней, вторую с предпоследней и т. д. Мы обнаруживаем, что при таком расположении карты обретают весьма интересный смысл.

Возможность такого расположения карт Таро подсказывает порядок, в котором располагались картины Таро в галерее мифического «храма посвящений», о которой упоминает Христиан.

Карты раскладываются следующим образом:

1 — 0	4 — 19	7 — 16	10 — 13
2 — 21	5 — 18	8 — 15	11 — 12
3 — 20	6 — 17	9 — 14	

При таком расположении одна карта объясняет другую, а главное, показывает, что их можно объяснять только вместе, но не порознь.

Изучая эти пары карт, ум привыкает видеть единство в двойственности.

Первая карта, Фокусник, обозначает сверхчеловека, или человечество в целом, соединяющее землю и небо. Ее противоположность, Безумный, нулевая карта, относится к индивидуальному, слабому человеку. Обе карты вместе представляют два полюса, начало и конец.

Вторая карта, Жрица, изображает Исиду, скрытое знание; ей противоположна двадцать первая карта, Мир, заключенный в кольцо Времени, в окружении четырех принципов, т. е. мир как объект познания.

Третья карта, Царица, изображает природу. Ей противоположна двадцатая карта, День Суда, или Воскресение мертвых. Это природа в ее вечно восстанавливающей и возрождающей деятельности.

Четвертая карта, Царь, символизирует закон четырех, жизнесущий принцип; ей противоположна девятнадцатая карта, Солнце, как явное выражение этого закона и видимый источник жизни.

Пятая карта, Первосвященник, есть религия, а противоположная ей восемнадцатая карта — Луна, которую можно понимать как принцип, враждебный религии, или как «астрологию», т. е. основу религии. В некоторых старинных колодах Таро вместо волка и собаки на восемнадцатой карте двое людей занимаются астрономическими наблюдениями.

Шестая карта, Искушение, или Любовь, выражает эмоциональную сторону жизни, тогда как семнадцатая карта, Звезда (астральный мир), воплощает эмоциональную сторону природы.

Седьмая карта, Колесница, — это магия в смысле неполного знания, в смысле «дома, построенного на песке»; противоположная ей карта – шестнадцатая, Башня, — падение, которое неизбежно следует за необоснованным возвышением.

Восьмая карта, Справедливость, — истина, а пятнадцатая, Дьявол, — ложь.

Девятая карта, Отшельник, воплощает идею мудрости и поисков знания; четырнадцатая карта, Время, есть предмет знания, то, что побеждается знанием, что служит мерой знания. До тех пор пока человек не постигнет времени, пока знание не изменит его отношения ко времени, это знание ничего не стоит. Более того, первое значение четырнадцатой карты, Умеренность, указывает на самообладание, на контроль над эмоциями как необходимое условие «мудрости».

Десятая карта — Колесо Фортуны, а противоположная ей пятнадцатая – Смерть. Жизнь и смерть — одно и то же, смерть лишь указывает на поворот колеса жизни.

Одиннадцатая карта — Сила, а противоположная ей двенадцатая – Повешенный. Она воплощает идею жертвы, т. е. того, что дает силу. Чем больше жертва человека, тем большей будет его сила; сила пропорциональна жертве. Тот, кто в состоянии пожертвовать всем, **сможет сделать все**.

Установив эти приблизительные соответствия, интересно попробовать заново нарисовать карты Таро с их новыми значениями, иными словами, просто представить себе, что они могут значить.

Следующие ниже картинки Таро в большинстве случаев представляют собой чисто субъективное понимание, как, например, описание восемнадцатой карты. Эта карта, как уже понималось в некоторых старинных Таро, имела значение Астрологии. В таком случае ее отношение к пятой карте будет совсем иным*.

Продолжая изучать возможные значения колоды Таро, необходимо сказать, что во многих упомянутых ранее книгах 21 карта из 22 главных арканов рассматривается в виде триады, или треугольника, каждая сторона которого состоит из семи карт. Так, три книги Гвайта посвящены каждая одной из трех сторон этого треугольника; как и в большинстве других случаев, карты берутся здесь по семь, от 1 до 22 (т. е. до 0).

Но построенный таким образом треугольник, совершенно правильный численно, абсолютно бессмыслен символически, т. е. разнороден по своим рисункам. Ни в одной из сторон треугольника рисунки не представляют ничего цельного и связного, а располагаются совершенно случайным образом.

Отсюда можно сделать вывод, что рисунки следует брать сообразно их смыслу, а не порядку в колоде. Иначе говоря,

---

* Необходимо отметить, что в 1911 году, когда я писал книжку «Символы Таро», я пользовался современной английской колодой Таро, которая оказалась переделанной и во многих случаях измененной в соответствии с теософскими толкованиями. Лишь в единичных случаях, где изменения казались мне совершенно необоснованными и искажающими идею Таро (как, например, в нулевой карте, Безумный), я воспользовался Таро Освальда Вирта по книге Папюса «Цыганское Таро». Впоследствии я перерисовал некоторые из своих картинок в соответствии со старинными картами и Таро Освальда Вирта.

карты, идущие в колоде одна за другой, могут не иметь никакой смысловой связи.

Рассматривая теперь значение карт Таро, запечатленное в «картинах», можно видеть, что 22 карты распадаются на три семерки, однородные по смыслу рисунков — плюс одна карта, как бы результирующая все три семерки. Этой картой может быть как 21-я, так и нулевая.

В этих трех семерках, которые невозможно установить по порядку карт, но следует искать по смыслу символов, также скрывается тайное учение (или попытка тайного учения), выражением которого является Таро. В соответствии с ним главные арканы разделяются так же, как Таро в целом, т. е. на Бога, человека и вселенную.

Первая семерка относится к человеку.

Вторая — к природе.

Третья — к миру идей (т. е. к Богу или Духу).

Первая семерка: **человек**. Фокусник — Адам Кадмон, человечество или сверхчеловек; Безумный — отдельный человек; Искушение — любовь; Дьявол — падение; Колесница — иллюзорные искания; Отшельник — реальные искания; Повешенный — достижение. Карты 1, 0, 6, 15, 7, 9, 12.

Вторая семерка: **вселенная**. Солнце, Луна, Звезда, Молния (Башня), Воскресение мертвых, Жизнь и Смерть. Карты — 19, 18, 17, 16, 20, 10, 13.

Третья семерка: **Бог**. Жрица — знание; Царица — творческая сила; Царь — четыре стихии; Первосвященник — религия; Время — вечность; Сила — любовь, единение и бесконечность, Истина. Карты 2, 3, 4, 5, 14, 11, 8.

Первая семерка изображает семь ступеней на пути человека, если рассматривать их во времени, или семь лиц человека, сосуществующих в нем, семь лиц, выражающих себя в изменениях личности человека — взятых в мистическом смысле тайного учения Таро.

Вторая и третья семерки — вселенная и мир идей, или Бог, представляют каждая в отдельности и вместе с первой широкое поле для изучения. Каждая из семи символических картин, относящихся ко вселенной, определенным образом связывает человека с миром идей, а каждая из семи идей определенным образом соотносит человека со вселенной.

Ни в одну из семерок не входит карта Мир, которая в этом случае содержит в себе всю 21 карту, т. е. весь треугольник.

Если теперь построить треугольник из трех полученных семерок, в середину его положить 21-ю карту Мир, а вокруг треугольника составить квадрат из четырех мастей, то отношение квадрата и точки будет еще понятнее.

Если положить в центр нулевую карту, то приходится идти на условное истолкование, утверждая, что мир равен психике человека. А теперь в центре у нас также находится мир, или 21-я карта, равная треугольнику и квадрату, вместе взятым. Мир пребывает в кругу времени, в окружении четырех начал (или четырех стихий), изображенных четырьмя апокалиптическими животными. Квадрат тоже изображает мир (или четыре стихии, из которых состоит мир).

В заключение интересно привести несколько любопытных соображений из книги «Цыганское Таро» о происхождении других известных игр (шахмат, домино и пр.) из Таро, а также легенду о происхождении Таро.

«Таро составлено из чисел и фигур, которые взаимно влияют друг на друга и объясняют друг друга, — пишет автор «Цыганского Таро» Папюс. — Если расположить фигуры по кругу, а числа по другому кругу внутри первого так, чтобы внутренний круг мог двигаться, мы получим древнюю рулетку, на которой, если верить Гомеру, Улисс не особенно честно играл под стенами Трои.

Если взять шахматную доску, то из 56 карт Таро мы наберем все существующие шахматные фигуры. Из четырех карточных королей возьмем двух шахматных, из дам — двух королев, затем четырех рыцарей, которых назовем конями, четырех пажей, или слонов, и четырех тузов, которых назовем башнями, или ладьями. Затем из 36 карт возьмем 16 пешек. При этом нужно заметить, что в старинных шахматах игра была четырехсторонняя, т. е. было четыре короля, четыре ферзя и т. д.

Если, совсем отбросив карточные фигуры, оставить одни числа и изобразить их на кубиках, получатся игральные кости, а если перенести очки на горизонтальные пластинки, получится домино.

Шахматы, упрощаясь, превратились в шашки, как колода Таро, упрощаясь и теряя некоторые свои особенности, превратилась в обычную колоду карт.

Наконец, наша колода карт, по сравнению с первой, согласно общему мнению, появившейся при Карле VI, относится к более древним временам. Испанские законы, запрещавшие благородным людям играть в карты, существовали гораздо раньше; так что само Таро — очень древнего происхождения.

Скипетры Таро стали трефами, чаши — червами, мечи — пиками, пентакли — бубнами. Кроме того, мы утратили двадцать две символические фигуры и четырех рыцарей».

В той же книге Папюс рассказывает следующую историю о происхождении Таро; возможно, она придумана им самим:

«Египту угрожало нашествие чужеземцев, и, неспособный более отразить их, он готовился достойно погибнуть. Египетские ученые (по крайней мере, так утверждает мой таинственный информатор) собрались вместе, чтобы решить, каким образом сохранить знание, которое до сих пор ограничивалось кругом посвященных людей, как спасти его от гибели.

Сначала хотели доверить это знание добродетели, выбрать среди посвященных особо добродетельных людей, которые передавали бы его из поколения в поколение.

Но один жрец заметил, что добродетель — самая хрупкая вещь на свете, что ее труднее всего найти; и чтобы сохранить непрерывность преемства при всех обстоятельствах, предложил доверить знание пороку.

Ибо последний, сказал он, никогда не исчезнет, и можно быть уверенным, что порок будет сохранять знание долго и в неизменном виде.

Очевидно, восторжествовало это мнение, и была изобретена игра, служащая пороку. Были выгравированы металлические пластинки с таинственными фигурами, которые некогда обучали самым важным тайнам; с тех пор азартные игроки передавали Таро из поколения в поколение гораздо лучше, чем это сделали бы самые добродетельные люди на земле».

Эти фантазии французского оккультиста могли бы представлять определенный интерес, если бы сам он не претендовал на эзотерическое знание. Но, конечно, они не подтверждаются исторически, и я привожу их только потому, что они хорошо передают общее чувство, возбуждаемое Таро и его непостижимым происхождением.

Карта 1: Фокусник

Я увидел странного человека.

От земли до неба возвышалась его фигура, одетая в разноцветный шутовской наряд. Ноги его утопали в зелени и цветах, а голова в широкой шляпе с необычными полями, напоминающими знак вечности, скрывалась в облаках.

В одной руке он держал волшебную палочку, символ огня, которой указывал на небо; другою касался пентакля, символа земли, который лежал перед ним на лотке странствующего фокусника, бок о бок с чашей и мечом, символами воды и воздуха.

Как молния, промелькнуло во мне понимание того, что я вижу четыре магических символа в действии.

Лицо Фокусника сияло и внушало уверенность. Его руки быстро подбрасывали, как бы играя, четыре символа стихий, и я догадывался, что он удерживает таинственные нити, которые связывают землю с далекими светилами.

Каждое его движение было исполнено смысла, каждое новое сочетание четырех символов порождало длинный ряд самых неожиданных явлений. Ослепленный, я не мог уследить за всем происходящим.

— Для кого все это представление? — спросил я себя. — Где зрители?

И услышал голос:

— Разве зрители нужны? Взгляни на него внимательнее.

Я снова поднял глаза на человека в шутовском наряде и увидел, что он непрерывно меняется. Казалось, бесчисленные толпы людей проходят перед моими глазами, исчезая, прежде чем я мог сообразить, что я вижу. И я понял, что он сам и **Фокусник**, и **зритель**.

Одновременно я увидел в нем самого себя, отраженного, как в зеркале, и мне показалось, что это я сам смотрю на себя его глазами. Но другое чувство подсказало мне, что передо мной нет ничего, кроме голубого неба, и только внутри меня как бы раскрывается окно, через которое я вижу неземные предметы и слышу неземные слова.

Карта 0: Безумный

И я увидел другого человека.

Усталый, хромая, тащился он по пыльной дороге через пустынную равнину под палящими лучами солнца.

Бессмысленно глядя в сторону остановившимися глазами, с полуулыбкой, полугримасой, застывшей на лице, плелся он, сам не зная куда, погруженный в свои фантастические грезы, вечно вращающиеся по одному кругу.

На голове у него был надет задом наперед шутовской колпак с погремушками. Платье было разорвано сзади; дикая рысь с горящими глазами прыгала на него из-за камня и впивалась зубами в его ногу.

Он спотыкался, едва не падая, но тащился дальше, держа на плече мешок с ненужными, бесполезными вещами, тащить которые заставляло его только безумие.

Дорогу впереди пересекала расщелина. Глубокая пропасть ожидала безумного путника... и, разевая пасть, из пропасти выползал огромный крокодил.

И я услышал Голос:

— Смотри! Это тот же Человек.

Все смешалось у меня в голове.

— А что у него в мешке? — спросил я, не знаю зачем.

После долгого молчания Голос ответил:

— Четыре магических символа: жезл, чаша, меч и пентакль. Безумный всегда носит их с собой, но не понимает, что они значат. Разве ты не видишь, что это — ты сам?

И весь содрогаясь, я понял, что и это — тоже я.

Карта 2: Жрица

Когда я приподнял первую завесу и вступил в преддверие Храма Посвящений, я увидел в полумраке фигуру Женщины, восседающей на высоком престоле между двумя колоннами храма — белой и черной.

Тайной веяло от нее и вокруг нее.

На ее зеленом платье сияли священные символы. На голове возвышалась золотая тиара с двурогим месяцем. А на коленях она держала два перекрещенных ключа и раскрытую книгу.

Между колоннами за спиной Женщины простиралась вторая завеса, расшитая зелеными листьями и плодами граната.

И Голос сказал:

— Чтобы войти в Храм, нужно поднять вторую завесу и пройти между двумя колоннами. А чтобы пройти между ними, нужно овладеть ключами, прочесть книгу и понять символы. Тебя ожидает познание добра и зла. Готов ли ты?

И с глубокой болью я понял, что боюсь войти в Храм.

— Готов ли ты? — повторил Голос.

Я молчал. Сердце мое почти замерло от страха. Я не мог вымолвить ни слова, чувствуя, что передо мной разверзается бездна, что я не в силах сделать и шага.

Тогда Женщина, сидевшая между двумя колоннами, повернула ко мне свое лицо и стала молча смотреть на меня.

И я понял, что она говорит со мной, но страх мой только возрос.

Я знал, что мне нельзя войти в Храм.

Карта 21: Мир

Неожиданное видение предстало передо мной.

От неба до земли вращался круг, похожий на венок, сплетенный из радуг и молний.

Он вращался с безумной скоростью, ослепляя меня сиянием, — и в этом блеске и огне звучала музыка и нежное пение, слышались удары грома и рев урагана, грохот горных обвалов и гул землетрясения.

С бешеным шумом вращался круг, касаясь неба и земли, а в его центре я увидел танцующую фигуру прекрасной молодой женщины, обвитой легким прозрачным шарфом, с волшебной палочкой в руках.

По сторонам круга стали видны четыре апокалиптических животных — одно с лицом льва, другое с лицом быка, третье с лицом человека и четвертое с лицом орла.

Видение исчезло так же неожиданно, как и появилось. Странная тишина опустилась на землю.

— Что это значит? — спросил я в изумлении.

— Это образ мира, — сказал Голос, — но его можно понять, только пройдя в двери Храма. Это мир в кругу времени, в окружении четырех начал — то, что ты всегда видишь, но не понимаешь.

Пойми, что все, что ты видишь, вещи и явления, суть только иероглифы высших идей.

Карта 3: Царица

На меня повеяло весной, и вместе с ароматом фиалок, ландышей и черемухи донеслось нежное пение эльфов.

Журчали ручьи, шумели зелеными верхушками деревья, шелестели травы, пели бесчисленные хоры птиц, гудели пчелы — веселое дыхание природы веяло повсюду.

Солнце сияло нежно и ласково, над лесом висело белое облачко. Посреди зеленой поляны, где цвели желтые первоцветы, на троне, увитом плющом и цветущей сиренью, я увидел Царицу.

Зеленый венок украшал ее золотистые волосы. Двенадцать звезд сияли над головой. Два белоснежных крыла виднелись за ее спиной, а в руке она держала скипетр.

С ласковой улыбкой взирала Царица вокруг себя, и под ее взглядом распускались цветы и раскрывались почки с клейкими зелеными листочками.

Ее платье было покрыто цветами, словно каждый распускающийся цветок отражался или отпечатывался на нем и становился частью ее одежды.

Знак Венеры, богини любви, был высечен на ее мраморном троне.

«О царица жизни, — сказал я, — почему вокруг тебя так светло, весело и радостно? Разве ты не знаешь, что есть серая тоскливая осень, холодная белая зима? Разве ты не знаешь, что есть смерть, черные могилы, холодные сырые склепы и кладбища?

Как ты можешь весело улыбаться, глядя на распускающиеся цветы, когда все умирает, все обречено на смерть, — даже то, что еще не родилось?»

Царица глядела на меня, улыбаясь, и от ее улыбки я вдруг почувствовал, как в моей душе распускается цветок светлого понимания, что-то раскрывается во мне, и ужас смерти покидает меня.

Карта 20: Воскресение мертвых

Я увидел ледяную равнину. Цепь снежных гор закрывала горизонт. Вдруг появилось облако и стало расти, пока не закрыло четверть неба. Из облака взмахнули два огненных крыла, и я увидел посланника Царицы.

Он поднял трубу и затрубил звучно и властно.

В ответ задрожала равнина, и громким перекликающимся эхом ответили горы.

И одна за другой стали отверзаться могилы, и из них выходить люди — дети и старики, мужчины и женщины. Они простирали руки к посланнику Царицы, словно хотели поймать звук его трубы.

В звуке трубы я угадал улыбку Царицы, в разверзшихся могилах увидел распускающиеся цветы, в простирающихся руках почувствовал аромат цветов.

И я постиг тайну рождения в смерти.

Карта 4: Царь

После того как я изучил первые три числа, мне было дано понять альфу и омегу всего — великий закон четырех.

Я увидел Царя на высоком каменном троне, украшенном четырьмя головами баранов.

Золотой шлем сиял на его челе. Белая борода ниспадала на пурпурный плащ. В одной руке у него была держава — символ его владения, в другой — скипетр в виде египетского креста, знак его власти над рождением.

— Я — великий закон, — сказал Царь.

Я — имя Божества. Четыре буквы Его имени во мне, и я во всем.

Я — в четырех началах. Я — в четырех стихиях. Я — в четырех временах года. Я — в четырех сторонах света.

Я — в четырех знаках Таро.

Я — действие, я — удержание, я — завершение, я — результат.

Кто сумеет увидеть меня, для того нет тайн на земле.

Как земля заключает в себе огонь, воду и воздух, — как четвертая буква Имени заключает в себе три первые и сама становится первой, — так и мой скипетр заключает в себе весь треугольник и несет в себе семя нового треугольника.

И по мере того, как Царь говорил, его шлем и золотые латы, видневшиеся под плащом, сияли все ярче и ярче, и я не в силах был вынести их блеск и опустил глаза.

А когда я вновь поднял глаза, передо мной было сплошное сияние, свет и огонь.

И я упал ниц, поклоняясь Огненному Слову.

Карта 19: Солнце

После того как я впервые увидел солнце, я понял, что оно и есть воплощение Огненного Слова и символ Царя.

Великое светило излучало свет и тепло. Внизу раскачивали головами огромные золотые подсолнухи.

Я увидел в саду за высокой оградой двух детей. Солнце струило свои горячие лучи, и мне казалось, что на них падает золотой дождь, как будто солнце изливало на землю расплавленное золото.

Я закрыл на мгновение глаза, а когда открыл их, то увидел, что каждый луч солнца — это скипетр Царя, несущий в себе жизнь. И я увидел, как под их лучами повсюду распускались мистические цветы Вод, как в эти цветы проникали лучи и как вся природа непрерывно рождалась из таинственного сочетания двух начал.

Карта 5: Первосвященник

Я увидел Великого Учителя во Храме.

Он сидел на золотом троне, воздвигнутом на пурпурном возвышении, в платье первосвященника и в золотой тиаре.

Под его ногами я увидел два перекрещенных ключа, и двое посвященных, склонившись, стояли перед ним. Он говорил им.

Я слышал звук его голоса, но не мог понять ни слова. То ли он говорил на незнакомом мне языке, то ли что-то мешало понять смысл его слов.

Голос сказал мне: «Он говорит только для тех, кто имеет уши, чтобы слышать.

Но горе тем, кто уверен, что он слышит, а в действительности не слышит; горе тем, кто слышит то, чего он не говорит, или подменяет его слова своими собственными. Они никогда не получат ключей познания. Это о них было сказано, что они и сами не входят и другим препятствуют».

Карта 18: Луна

Предо мной расстилалась безрадостная равнина. Полная луна смотрела вниз, точно в раздумье. В ее мерцающем свете своей собственной жизнью жили тени. На горизонте чернели холмы.

Между двумя серыми башнями вилась тропинка, уходящая вдаль. С двух сторон тропинки друг против друга сидели волк и собака — и выли, запрокинув морды к луне. Из ручья выползал на песок большой черный рак. Падала тяжелая, холодная роса.

Жуткое чувство одолевало мной. Я ощущал присутствие таинственного мира — мира злых духов, мертвецов, встающих из могил, тоскующих привидений. В бледном свете луны мне чудились призраки, чьи-то тени пересекали дорогу; кто-то поджидал меня позади башен — и страшно было оглянуться.

Карта 6: Искушение

Я увидел цветущий сад в зеленой долине, окруженной нежно синеющими горами.

В саду я увидел мужчину и женщину. Эльфы, ундины, сильфы и гномы охотно приходили к ним; три царства природы — камни, растения и животные — служили им.

Им была открыта тайна мирового равновесия, и сами они являли собой символ и воплощение этого равновесия.

Два треугольника соединялись в них в шестиконечную звезду, две подковы магнита сливались в один эллипс.

Высоко над ними я увидел парящего Гения, который незримо руководил ими и чье присутствие они всегда ощущали.

Потом заметил, как с дерева, на котором зрели золотистые плоды, сползла змея и стала нашептывать что-то на ухо женщине; и как женщина слушала, улыбаясь сначала недоверчиво, потом с любопытством. Я видел, как она что-то говорит мужчине, и он, тоже улыбаясь, указывает рукой на окружающий сад. Неожиданно появилось облако и скрыло от меня происходящее.

— Это картина искушения, — сказал Голос. — Но в чем смысл искушения? Способен ли ты понять его природу?

— Жизнь так хороша, — сказал я, — и мир так прекрасен, три царства природы и четыре стихии так послушны, что они возомнили себя господами и владыками мира и не смогли устоять перед этим искушением.

— Да, — сказал Голос. — Мудрость, которая влачится по земле, шепнула им, что они и сами знают, что хорошо и что плохо. И они поверили этому, ибо такая мысль приятна. И перестали слышать руководящий ими голос. Равновесие было нарушено. Волшебный мир перестал для них существовать; все предстало им в ложном виде. И они стали смертны. Это падение есть первый грех человека; оно возобновляется непрерывно, ибо человек никогда не перестает верить в себя и жить этой верой. Только искупив грех **великим страданием**, может он избавиться от власти смерти и возвратиться к жизни.

Карта 17: Звезда

Среди неба сияла огромная звезда, а вокруг нее было семь малых звезд. Их лучи переплетались, заполняя пространство безмерным сиянием и светом. И каждая из восьми звезд заключала в себе все остальные.

Под сияющими звездами у голубого ручья я увидел нагую девушку, молодую и прекрасную. Опустившись на одно колено, она лила воду из золотого и серебряного сосудов; маленькая птичка на кусте подняла крылышки, готовая улететь.

На мгновение я понял, что вижу душу Природы.

«Это воображение Природы, — тихо сказал Голос. — Природа мечтает, воображает, создает миры. Научись сливать свое воображение с ее воображением, и для тебя не будет ничего невозможного.

Но помни, что нельзя видеть одновременно истинно и ложно. Ты должен навсегда сделать выбор, после чего не может быть возврата».

Карта 7: Колесница

Я увидел колесницу, запряженную двумя сфинксами, белым и черным. Четыре колонны поддерживали небесно-голубой, усеянный пятиконечными звездами балдахин.

Под балдахином, управляя сфинксами, стоял Победитель в стальных латах, со скипетром в руке, заканчивающимся сферой, треугольником и квадратом.

Золотая пентаграмма сияла в его короне. Впереди колесницы, над сфинксами, была прикреплена сфера, летящая на двух крыльях, и мистические лингам и йони, символ соединения.

— Здесь все имеет свой смысл, смотри и старайся понять, — сказал Голос.

Этот победитель еще не победил самого себя. Он обладает и волей, и знанием, но желания достичь в нем больше, чем подлинного достижения.

Человек в колеснице счел себя победителем до того, как он победил. Он решил, что победа обязана прийти к победителю. В этом немало справедливого, но не меньше и обманчивых огней, так что человека в колеснице поджидают великие опасности.

Он управляет колесницей силою своей воли и волшебного скипетра; но напряжение его воли может ослабнуть, и тогда сфинксы бросятся в разные стороны — и разорвут пополам и колесницу, и его самого.

Против этого победителя еще могут восстать побежденные. Видишь позади него башни покоренного города? Возможно, там уже разгорается пламя восстания.

Он не знает самого себя, не знает, что в нем самом — волшебная колесница, в нем самом следят за каждым его движением сфинксы, в нем самом поджидают его великие опасности.

Пойми, что это тот самый человек, которого ты уже видел: он соединял небо и землю, а потом шел по пыльной дороге к пропасти, где его ждет крокодил.

Карта 16: Башня

Я увидел высокую башню от земли до неба, вершина которой скрывалась в облаках.

Была черная ночь, и грохотал гром.

И вдруг небо раскололось, удар грома потряс всю землю, и в вершину башни ударила молния.

Языки пламени летели с неба; башню наполнил огонь и дым — и я увидел, как сверху упали строители башни.

«Смотри, — сказал Голос, — природа не терпит обмана, а человек не может подчиниться ее законам. Природа долго терпит, а затем внезапно, одним ударом уничтожает все, что восстает против нее.

Если бы люди понимали, что почти все вокруг них — это развалины разрушенных башен, они, возможно, перестали бы их строить».

Карта 8: Истина

Когда я овладел ключами, прочитал книгу и понял символы, мне было разрешено поднять завесу Храма и войти во внутреннее святилище. Там я увидел женщину в золотой короне и в пурпуровом плаще. В одной руке она держала поднятый меч, в другой – весы. Увидев ее, я затрепетал от ужаса, потому что вид ее был бесконечно глубок и страшен и увлекал как бездна.

— Ты видишь Истину, — сказал Голос, — на этих весах все взвешено. Этот меч вечно охраняет справедливость, и никто не может от него ускользнуть.

Но почему ты отвращаешь взгляд от весов и меча? Ты боишься?

Да, они развеют твои последние иллюзии. Как будешь ты жить на земле без этих иллюзий?

Ты хотел видеть Истину, и вот ты видишь ее. Но помни, что ожидает смертного после того, как он увидит богиню. Он никогда уже не сможет закрывать глаза на то, что ему не нравится, как делал до сих пор. Он всегда будет видеть истину, всегда и во всем. Способен ли ты выдержать это? Теперь ты обязан идти дальше, даже если этого не хочешь.

Карта 15: Дьявол

Жуткая черная ночь окутывала землю, и вдали виднелось зловещее пламя.

Чья-то фантасмагорическая фигура вырисовывалась передо мной по мере того, как я приближался к ней.

Высоко над землей я увидел отвратительное багровое лицо дьявола с большими волосатыми ушами, остроконечной бородкой и загнутыми козлиными рогами. Между рогами на лбу дьявола фосфорическим светом переливалась перевернутая пентаграмма. Над ним были распростерты два больших серых крыла с перепонками, похожие на крылья летучей мыши. Одну голую жирную руку дьявол держал, согнув локоть и расставив пальцы, и я увидел на ладони знак черной магии. Другой рукой он опускал вниз черный факел, от которого поднимались клубы удушливого дыма. Дьявол сидел на большом черном кубе, вцепившись в него когтями своих звериных мохнатых ног.

К железному кольцу в кубе были прикованы цепями мужчина и женщина.

Я понял, что это те же самые мужчина и женщина, которых я видел в саду. Но теперь у них были рога и хвосты с огненными концами.

— Это картина падения, картина слабости, — сказал Голос, — картина лжи и зла.

Это те же люди, но они уверовали в себя и в свои силы. Они заявили, что сами знают, что такое добро и что такое зло. Они приняли свою слабость за силу, и тогда Обман подчинил их себе.

И я услышал голос дьявола.

— Я — зло, — сказал он, — насколько зло возможно в этом лучшем из миров. Чтобы видеть меня, надо смотреть криво, неправильно и узко. Ко мне ведут три пути: обман, подозрение, осуждение. Главные мои добродетели — клевета и злословие. Я замыкаю треугольник, две другие стороны которого — смерть и время.

Чтобы покинуть этот треугольник, нужно понять, что он не существует.

Но как это сделать — говорить не мне.

Ведь я — Зло, которое придумали люди, чтобы оправдать себя и найти причину для всего дурного, что творят они сами.

Меня называют Отцом Лжи, и воистину это так, потому что я — грандиозное порождение человеческой лжи.

Карта 9: Отшельник

После долгих скитаний по песчаной безводной пустыне, где жили одни змеи, я встретил Отшельника. Он был закутан в длинный плащ с капюшоном, наброшенным на голову; в одной руке он держал длинный посох, в другой — горящий фонарь, хотя был день и светило солнце.

— Я искал человека, — сказал Отшельник, — но давно уже оставил свои поиски.

Теперь я ищу зарытое сокровище. Ты тоже хочешь искать его? Для этого тебе нужен фонарь. Ты сумеешь находить сокровища и без фонаря, но все твое золото будет превращаться в пыль.

Познай главную тайну. Мы не знаем, какое сокровище мы ищем: то, которое было зарыто нашими предками, или то, которое будет зарыто нашими потомками.

Карта 14: Умеренность (Время)

Я увидел Ангела, стоявшего между землей и небом, в белой одежде, с огненными крыльями и золотым сиянием вокруг головы. Он стоял одной ногой на суше, а другой на воде, и за ним всходило солнце.

На груди Ангела виднелся знак священной книги Таро — треугольник в квадрате. На лбу у него был знак вечности и жизни — круг.

В руках Ангел держал две чаши — золотую и серебряную, и между чашами лилась непрерывная струя, сверкавшая всеми цветами радуги. Но я не мог сказать, из какой чаши в какую она льется.

И в ужасе я понял, что достиг последних тайн, от которых уже нет возврата.

Я смотрел на Ангела, на его знаки, на чаши, на радужную струю между чашами, и сердце мое трепетало от страха, а ум сжимался от тоски непонимания.

— Имя Ангела — Время, — сказал Голос. — На лбу у него круг. Это знак вечности и жизни.

В руках у Ангела две чаши, золотая и серебряная. Одна чаша — это прошлое, другая — будущее. Радужная струя между чашами — настоящее. Ты видишь, что она льется в обе стороны.

Это время в его самом непостижимом для человека аспекте.

Люди думают, что все непрерывно течет в одном направлении. Они не видят, что все вечно встречается, что одно проистекает из прошлого, а другое из будущего, и что время — это множество кругов, вращающихся в разные стороны.

Пойми эту тайну и научись различать встречные течения в радужной струе настоящего.

Карта 10: Колесо Фортуны

Я шел, погруженный в глубокие размышления, пытаясь постичь видение Ангела.

И вдруг, подняв голову, я увидел на небе огромный вращающийся круг, усеянный каббалистическими буквами и символами.

Круг вращался с ужасной быстротой, и вместе с ним, то падая, то взлетая вверх, вращались символические фигуры змеи и собаки; а на круге неподвижно восседал сфинкс.

В четырех сторонах неба я увидел на облаках четырех апокалиптических крылатых существ: одно с лицом льва, другое с лицом быка, третье с лицом человека, четвертое с лицом орла — и каждое из них читало раскрытую книгу.

И я услышал голоса зверей Заратустры:

«Все идет, все возвращается; вечно вращается колесо бытия. Все умирает, все вновь расцветает; вечно бежит год бытия.

Все разбивается, все вновь соединяется; вечно строится все тот же дом бытия. Все разлучается, все вновь встречается; вечно остается верным себе кольцо бытия.

Бытие начинается в каждое Теперь; вокруг каждого Здесь катится сфера Там. Середина везде. Путь вечности идет по кривой*.

Карта 13: Смерть

Утомленный мельканием колеса жизни, я опустился на землю и закрыл глаза. Но мне казалось, что колесо все еще вращается передо мной и четыре крылатых существа на облаках сидят и читают свои книги.

И вдруг, открыв глаза, я увидел гигантского всадника на белом коне, одетого в черные латы и в черный шлем с черным пером.

Из-под шлема глядел череп скелета. В одной костлявой руке он держал большое, развевающееся черное знамя, а в другой — черные поводья, украшенные черепом и скрещенными костями.

И где проезжал белый конь, там наступали ночь и смерть, вяли цветы, осыпались листья, белым саваном покрывалась земля, появлялись кладбища, разрушались башни, города, дворцы.

Цари во всем блеске своей славы и могущества; прекрасные женщины, любящие и любимые; первосвященники, облеченные властью от Бога; невинные дети — все они при приближении белого коня в ужасе опускались перед ним на колени, в тоске и отчаянии протягивали руки, падали — и более уже не вставали.

Вдали, за двумя башнями, заходило солнце.

Холод смерти одолевал мною. Мне казалось, что тяжелые копыта коня наступают мне на грудь и мир проваливается в бездну.

Но вдруг что-то знакомое, только что виденное и слышанное почудилось мне в размеренной поступи коня. Мгновение — и я услышал в его шагах движение Колеса Жизни.

Словно озарение посетило меня — и, глядя вслед удалявшемуся Всаднику и на заходящее солнце, я понял, что путь Жизни состоит из шагов коня Смерти.

Заходя с одной стороны, солнце восходит с другой.

Каждый момент его движения есть закат в одной точке и восход в другой.

---

* Так говорил Заратустра, III.

Я понял, что оно восходит, закатываясь, и закатывается, восходя, — и что жизнь, рождаясь, умирает и, умирая, рождается.

«Да! — сказал Голос. — Ты думаешь, что у солнца только одна цель: закатываться и восходить. Разве солнцу известно что-нибудь о земле и людях, о закате и восходе? Оно идет своим путем, по своей орбите, вокруг неизвестного центра. Жизнь, смерть, восход, закат — разве ты не знаешь, что все это — мысли, грезы и страхи Безумного?»

Карта 11: Сила

Среди зеленой равнины, окаймленной голубыми горами, я увидел Женщину со львом.

Увитая гирляндами роз, со знаком Бесконечности над головой, Женщина спокойно и уверенно закрывала льву пасть, и лев покорно лизал ее руку.

— Это картина силы, — сказал Голос. — Пойми весь ее смысл.

Прежде всего она показывает силу любви. Нет ничего сильнее любви. Только любовь может победить зло. Ненависть порождает только ненависть; зло всегда порождает зло.

Видишь эти гирлянды роз? Они говорят о магической цепи. Соединение желаний, соединение стремлений порождает такую силу, перед которой склоняется дикая, не сознающая себя сила.

Далее — это сила Вечности.

Здесь ты переходишь в область тайн. Сознание, отмеченное знаком Бесконечности, не знает препятствий и сопротивления в конечном.

Карта 12: Повешенный

Я увидел человека со связанными за спиной руками, повешенного за одну ногу на высокой виселице вниз головой, в ужасных мучениях.

От его головы исходило золотое сияние.

И я услышал Голос, который говорил мне:

— Смотри! Это человек, увидевший Истину.

Новое страдание, с которым не могут сравниться земные несчастья, — вот что ожидает человека на земле, когда он найдет путь в Вечность и постигнет Бесконечное.

Он еще человек, но уже знает многое, что не доступно даже богам. Несоответствие великого и малого в душе — это и есть его казнь и Голгофа.

В его собственной душе возвышается высокая виселица, на которой он висит и страдает, как бы перевернутый вниз головой.

Он сам избрал свой путь.

Ради этого он шел долгой дорогой от испытания к испытанию, от посвящения к посвящению, через неудачи и падения.

И вот наконец он обрел Истину и познал себя.

Теперь он знает, что это он стоит между землей и небом, подчинив стихии магическим символам, и это он идет в шутовском колпаке по пыльной дороге под палящим солнцем к пропасти, где его ждет крокодил. Это он стоит со своей подругой в райском саду под сенью благодетельного Гения; и он же прикован вместе с ней к черному кубу лжи. Это он стоит как победитель на миг в колеснице, увлекаемой сфинксами, которые готовы рвануться в разные стороны; и он же в пустыне ищет Истину с фонарем при ярком свете дня.

Теперь он нашел ее.

1911—1929 годы

ГЛАВА 6

ЧТО ТАКОЕ ЙОГА?

Тайные учения йоги. — Что означает слово «йога»? — Различие между йогинами и факирами. — Человек согласно учению йоги. — Теоретические и практические части йоги. — Школы йогинов. — «Чела» и «гуру». — Что дает йога? — Пять систем йоги. — Причины такого разделения. — Невозможность дать определение содержанию йоги. — Создание постоянного «я». — Необходимость временного ухода от жизни. — Человек как материал. — Достижение высшего сознания. — Хатха-йога. — Здоровое тело как главная цель. — Уравновешение деятельности разных органов. — Приобретение контроля над сознанием. — Необходимость учителя. — Асаны. — Последовательность асан. — Преодоление боли. — Различие между факирами и йогинами. — Раджа-йога. — Преодоление иллюзий. — «Размещение» сознания. — Четыре состояния сознания. — Умение не думать. — Сосредоточение. — Размышление. — Созерцание. — Освобождение. — Карма-йога. — Изменение судьбы. — Успех и неудача. — Отсутствие привязанности. — Бхакти-йога. — Йогин Рамакришна. — Единство религий. — Эмоциональное воспитание. — Религиозная практика на Западе. — Опасность псевдоясновидения. — Методы Добротолюбия. — «Откровенные рассказы странника». — Монастыри горы Афон. — Различие между монашеством и бхакти-йогой. Джняна-йога. — Значение слова «джняна». — Авидья и брахмавидья. — Правильное мышление. — Изучение символов. — Идея дхармы. — Общий источник всех систем йоги.

Восток всегда был для Запада страной тайн и загадок. Особенно много легенд и фантастических рассказов распространилось об Индии, главным образом о таинственных знаниях индийских мудрецов, философов, факиров и святых.

И в самом деле, многие факты давно свидетельствуют о том, что, кроме знаний, запечатленных в древних книгах Индии, в ее священных писаниях, преданиях, песнях, поэмах и мифах, существует еще какое-то знание, которое невозможно почерпнуть из книг, которое не раскрывается публично, но следы которого несомненно видны.

Трудно отрицать, что философия Индии и ее религии таят в себе неисчерпаемые источники мысли. Европейская философия всегда использовала и использует эти источники, но, странным образом, никогда не достигает тех идеалов мудрости, святости и силы, которые характерны для родины Упанишад.

Это понимало большинство европейцев, изучавших религиозно-философские учения Востока. Они чувствовали, что получают из книг не все, и это наводило их на мысль, что, помимо знания, заключенного в книгах, существует еще иное, тайное знание, скрываемое от непосвященных, что, кроме известных книг, существуют какие-то другие, сохраняемые в тайне, содержащие в себе тайное учение.

Немало сил и энергии было потрачено на поиски этого тайного учения Востока. Есть серьезные основания полагать, что в действительности существует не одно, а несколько неизвестных Западу учений, которые произрастают из одного общего корня.

Но, помимо известных и неизвестных **учений**, существует еще много систем самовоспитания, называемых **йогой**.

Слово **йога** можно перевести как «единение», «союз» или «подчинение». В первом значении оно близко слову «запрягание», от санскритского корня **юг**, которому соответствует русское «иго».

Одно из значений слова «йога» — «правильное действие».

Следовать йоге — значит подчинить контролю одной из систем йоги свои мысли, чувства, внутренние и внешние движения и т. п. — то есть те функции, которые в большинстве своем работают без всякого контроля.

«Йогины» — имя тех, кто живет и действует в соответствии с йогой. Это люди, которые проходят или прошли определенную школу и живут согласно правилам, известным только им и непостижимым для непосвященных, согласно знанию, которое бесконечно увеличивает их силы по сравнению с силой обычных людей.

Существует множество легенд и басен о йогинах; иногда говорят, что это мистики, ведущие созерцательную жизнь и безразличные к питанию и одежде; иногда их считают людьми, которые обладают чудесными силами и способны видеть и слышать на огромном расстоянии, людьми, которым повинуются дикие звери и природные стихии. Эти силы и способности, приобретаемые при помощи особых методов и упражнений, которые составляют тайну йоги, позволяют йогинам понимать людей, действовать правильно и разумно во всех случаях и обстоятельствах.

Йогины не имеют ничего общего с факирами, т. е. с людьми, пытающимися подчинить физическое тело воле посредством страданий; факиры нередко бывают невежественными фанатиками, истязающими себя для достижения небесного блаженства, или фокусниками, показывающими за плату чудеса, которые основаны на ловкости и на приучении тела принимать самые невероятные положения и выполнять свои функции ненормальным образом.

Эти фокусники и факиры часто называют себя йогинами; но истинного йогина узнать нетрудно: в нем нет фанатизма и безумного сектантства факиров; он не станет ничего показывать за плату; а главное, он обладает знанием, намного превосходящим знание обычного человека.

«Наука йоги», т. е. методы, которые йогины используют для развития у себя необыкновенных сил и способностей, идет из глубокой древности. Тысячи лет назад мудрецы Древней Индии путем опыта пришли к заключению, что силы человека во всех сферах его деятельности могут быть бесконечно увеличены путем правильной тренировки и приучения человека управлять своим телом, умом, вниманием, волей, чувствами и желаниями.

В связи с этим, наука о человеке в Древней Индии находилась на совершенно непостижимом для нас уровне. Это можно объяснить только тем, что существовавшие в то время философские школы были непосредственно связаны с эзотерическими школами.

Эти школы считали человека незавершенным существом, которое наделено множеством скрытых сил. Идея заключалась в том, что в обычной жизни у обычного человека эти силы спят; но их можно пробудить и развить при помощи особого рода жизни, определенных упражнений, специальной работы над собой. Это и называется йогой. Знакомство с идеями йоги позволяет человеку, во-первых, лучше узнать себя, понять свои скрытые способности и склонности, найти и определить, в каком направлении их следует развивать; во-вторых, пробуждать скрытые способности и использовать их на всех путях жизни.

«Наука йоги», вернее, цикл наук йоги, состоит из описания методов, приспособленных к людям разных типов и разной жизнедеятельности, а также из объяснения теорий, связанных с этими методами.

Каждая из «наук», составляющих йогу, распадается на две части: теоретическую и практическую.

Теоретическая часть в связном и цельном виде, не углубляясь в ненужные детали, излагает основные принципы и общие положения данного предмета.

Практическая часть учит способам и приемам наилучшей подготовки к желаемой деятельности, методам и средствам развития скрытых сил и способностей.

Здесь необходимо заметить, что даже теоретическую часть нельзя по-настоящему узнать из книг. Книги, в лучшем случае, могут служить конспектами для повторения и запоминания, тогда как для изучения идей йоги необходимы прямые устные поучения, объяснения учителя.

Что касается практической стороны, то лишь небольшая ее часть может быть изложена письменно. Поэтому, хотя и есть книги, пытающиеся объяснить практические методы йоги, эти книги не могут служить учебниками для практической и самостоятельной работы.

В общем, говоря о йоге, необходимо указать, что отношение между ее практической и теоретической частями подобно отношению между теоретическими и практическими сторонами в искусстве. Существует, например, теория живописи, но ее изучение не научит человека писать картины. Есть и теория музыки, однако изучение этой теории не сделает человека способным играть на каком-нибудь музыкальном инструменте.

В практике искусства, как и в практике йоги, есть нечто такое, чего нет и не может быть в теории. Практика не строится в соответствии с теорией, наоборот, теория вырастает из практики.

«Наука йоги» долгое время сохранялась в Индии в тайне; те методы, которые почти чудесным образом увеличивают силу человека, были привилегией ученых брахманов самой высокой касты или подвижников и отшельников, совершенно отрекшихся от мира. В индийских храмах существовали школы, где ученики — *челы*, прошедшие долгий путь испытаний и подготовительного обучения, посвящались в науку йоги особыми учителями — *гуру*. Европейцы не могли получить никаких сведений о йоге, и все, что обычно рассказывали об этом путешественники, носило совершенно фантастический характер.

Первые достоверные сведения о йоге начали появляться только во второй половине XIX столетия, хотя в мистических обществах многие методы йоги были известны гораздо раньше.

Но европейцы, очень многое заимствуя у йогинов, все-таки не могли понять и охватить всего смысла «науки йоги» в ее совокупности.

В действительности, **йога — это ключ ко всей древней мудрости Востока**.

Древние книги Индии, полные глубокой мудрости, до сих пор непонятны западным ученым. Это объясняется тем, что все они писались **йогинами**, т. е. людьми, обладавшими силами и способностями, которые превышают силы и способности обычного человека.

Но силы, которые дает йога, не ограничиваются способностью понимания. Йога бесконечно увеличивает силы человека, во-первых, в борьбе с жизнью, т. е. со всеми физическими условиями, в которых человек родится и которые враждебны ему; во-вторых, в борьбе с природой, всегда стремящейся использовать человека для своих целей; и в-третьих, в борьбе с иллюзиями его собственного сознания, которое, находясь в зависимости от ограниченного психического аппарата, создает бесконечное множество миражей и обманов. Йога помогает человеку бороться с обманом слов, ясно показывая ему, что мысль, выраженная словами, не может быть истинной, что в словах истины нет, что, в лучшем случае, они могут лишь намекнуть на истину, показать ее на мгновение и тут же скрыть. Йога учит, как находить истину, скрытую в вещах, в делах людей, в писаниях великих мудрецов всех времен и народов.

Йога распадается на пять отделов:

1. **Раджа-йога**, или йога развития сознания;
2. **Джняна-йога**, или йога знания;
3. **Карма-йога**, или йога правильных действий;
4. **Хатха-йога**, или йога власти над телом;
5. **Бхакти-йога**, или йога правильного религиозного действия.

Пять йог — это пять путей, ведущих к одной цели — совершенству, к переходу на высшие ступени познания и жизни.

Деление на пять йог зависит от деления людей на типы, от способностей людей, их подготовки и т. п. Один человек может начать с созерцания, с изучения своего «я»; другому необходимо объективное изучение природы; третий должен прежде всего понять правила поведения в повседневной жизни; четвертый более всего нуждается в приобретении контроля над физическим телом; пятому необходимо «научиться молиться», понять свои религиозные чувства и уметь управлять ими.

Йога учит тому, как делать правильно все, что делает человек. Только изучив йогу, человек обнаруживает, до какой степени неправильно действовал он во всех случаях прежде, сколько сил тратил напрасно, добиваясь ничтожных результатов при огромной затрате сил.

Йога учит человека принципам правильной экономии сил. Она учит его делать сознательно все, что бы он ни делал, **когда это необходимо**.

Изучение йоги прежде всего показывает человеку, как сильно он заблуждался на свой собственный счет. Человек убеждается, что он гораздо сильнее и могущественнее, чем считал себя, что он может стать сильнее самого сильного человека, какого он только в состоянии себе представить.

Он видит не только то, что он есть, но и то, кем он может стать. Его взгляды на жизнь, на роль и цели человека в жизни претерпевают полнейшую перемену. Он избавляется от чувства своего одиночества, от ощущения бессмысленности и хаотической природы жизни. Он начинает понимать свою цель, видеть, что преследование этой цели приведет его в соприкосновение с другими людьми, движущимися в том же направлении.

Йога не ставит своей целью направлять человека. Она только увеличивает его силы в любых аспектах его деятельности. Вместе с тем, используя силы, которые дает йога, человек может идти только в одном направлении. Если он пойдет по другому пути, сама же йога обратится против него, остановит его, лишит всех сил и, возможно, даже уничтожит его. В йоге заключена огромная сила, но эта сила может быть использована только в определенном направлении. Это закон, который становится очевидным каждому изучающему йогу.

Во всем, чего касаются йоги, она учит отличать реальное от ложного, и эта способность правильного различения помогает человеку находить скрытые истины там, где он раньше не видел и даже не подозревал ничего сокрытого.

Когда человек, изучивший йогу, берет в руки книги, которые, как ему казалось, он хорошо знал раньше, к своему глубокому изумлению он находит в них бесконечно много нового. Перед его глазами точно раскрывается бесконечная глубина, и он со страхом и удивлением ощущает эту глубину, понимает, что раньше видел только поверхность.

Такое действие производят многие книги, принадлежащие к священным писаниям Индии. Нет необходимости хранить эти книги скрытыми; они доступны всем и все же остаются сокрытыми от всех, кроме тех, кто знает, как их читать. Такие скрытые книги существуют во всех странах, у всех народов. Одна из самых распространенных книг — Новый Завет. Но из всех оккультных книг это книга, которую люди менее всего умеют читать, которая совершенно искажена в их понимании.

Йога учит искать и находить истину во всем. Она учит, что не существует ничего, что не могло бы служить отправным пунктом для поисков истины.

Йога недоступна сразу, в целом; у нее много степеней трудности. Это — первое, что необходимо понять каждому, кто хочет изучать йогу.

Границы йоги нельзя увидеть с самого начала или даже пройдя некоторое расстояние от начала пути. Изучающему йогу новые горизонты открываются по мере того, как он идет вперед. Каждый новый шаг обнаруживает впереди нечто новое, чего он раньше не видел и не мог видеть. Но человек не в состоянии смотреть слишком далеко. В начале изучения йоги невозможно знать всего, что ее изучение даст. Йога — это совершенно новый путь, и, вступая на него, нельзя знать, куда он приведет.

Иначе говоря, йогу нельзя определить так, как можно определить медицину, химию, математику. Для того чтобы определить йогу, необходимы изучение и **знание**.

Йога — это запертая дверь. Каждый желающий войти может постучать. Но пока он не вошел, он не знает, что найдет за дверью.

Человек, вступающий на путь йоги, чтобы достичь ее вершин, должен отдать йоге **всего себя**, все свое время, все свои силы, все мысли, чувства и побуждения. Он должен стремиться гармонизировать себя, привести к единству, **выработать постоянное «я»**, оградить себя от порывов настроений и желаний, уносящих его то в одну, то в другую сторону, заставить все свои силы служить одной цели. Йога требует этого, и она же этому помогает, указывая лучшие способы, как этого добиться. Для каждого рода деятельности йога помогает определить условия, наиболее для него благоприятные.

Изучение йоги невозможно с той разбросанностью мыслей, желаний и чувств, в которой живет обычный человек. Йога требует всего человека, все его время, всю энергию, все мысли и чувства, всю его жизнь. Только карма-йога позволяет человеку оставаться в обычных условиях жизни. Все остальные йоги требуют немедленного и полного ухода из жизни, хотя бы **на некоторое время**. Изучать йоги, за исключением карма-йоги, в обычных условиях жизни невозможно. Равным образом невозможно изучать йогу без учителя, без его постоянного и непрерывного наблюдения за учеником.

Человек, который надеется узнать йогу, прочитав несколько книг, глубоко разочаруется. В книге, в письменном изложении невозможно передать человеку практические знания — все зависит от работы с ним учителя и от его собственной работы над самим собой.

Общая цель всех видов йоги — изменение человека, расширение его сознания. В основе всех йог лежит один принцип, а именно: человек, каким он рожден и живет, есть незаконченное и несовершенное существо, которое, однако, можно изменить и развить при помощи соответствующего обучения и тренировки.

С точки зрения йоги, человек — материал, над которым можно и нужно работать.

Это относится главным образом к внутреннему миру человека, к его сознанию, психике, умственным способностям, знанию, которые, согласно учению йоги, можно совершенно изменить, освободить от обычных ограничений и усилить до степени, превосходящей всякое воображение. Благодаря этому человек получает новые возможности познания истины и новые силы для преодоления препятствий на своем пути, откуда бы они ни появлялись. Далее, это относится и к физическому телу человека, которое изучается и постепенно ставится под контроль ума и сознания в тех своих функциях, которые обычно человек даже не сознает.

Раскрытие высшего сознания есть цель всех йог.

Продвигаясь путем йоги, человек достигнет состояния самадхи, т. е. экстаза, или просветления, в котором единственно можно постичь истину.

ПЯТЬ ЙОГ

Хатха-йога

Хатха-йога — йога власти над телом и над физической природой человека.

Согласно учению йоги, практическое изучение хатха-йоги наделяет человека идеальным здоровьем, увеличивает жизнь и дает новые силы и способности, которыми обыкновенный человек не обладает и которые кажутся почти чудесными.

Йогины утверждают, что здоровое и нормально функционирующее тело легче подчинить разуму, высшим стремлениям и духовным началам, чем тело больное, развинченное и расстроенное, от которого никогда не знаешь, чего и ждать. Кроме того, здоровое тело легче не замечать. Больное тело подчиняет себе человека, заставляет чересчур много думать о себе, требует слишком большого внимания.

Поэтому первая цель хатха-йоги — здоровое тело.

В то же время хатха-йога подготавливает физическое тело человека к перенесению всех трудностей, связанных с функционированием в нем высших психических сил — высшего сознания, воли, интенсивных эмоций и т. п. Эти силы у обычного человека не функционируют. Их пробуждение и развитие вызывает страшное напряжение и давление на физическое тело. И если оно не тренировано и не подготовлено особыми упражнениями, как это бывает в его обычном нездоровом состоянии, оно не сумеет выдержать такое давление и не справится с напряженной работой органов восприятия и сознания, которая неизбежно связана с развитием высших сил и способностей человека. Чтобы дать возможность сердцу, мозгу, нервной системе (и **другим органам**, роль которых в психической жизни человека мало известна, а иногда и вообще неизвестна западной науке) выдержать давление новых функций, все тело должно быть уравновешено, гармонизировано, очищено, приведено в порядок и подготовлено к новой, колоссально трудной работе, которая его ожидает.

Йогинами выработано множество правил регулирования и контролирования деятельности разных органов тела. Йогины находят, что тело нельзя предоставлять самому себе. Инстинкты недостаточно строго руководят его деятельностью, и необходимо вмешательство разума.

Одна из основных идей йоги о теле заключается в том, что в своем естественном состоянии тело вовсе не представляет собой идеального аппарата, как это часто думают. Многие функции нужны только для того, чтобы сохранять существование тела среди тех или иных неблагоприятных условий, и это те функции, которые являются следствием других, не нормальных функций.

Далее йогины полагают, что многие из таких неблагоприятных условий уже исчезли, а созданные ими функции продолжают существовать. Йогины утверждают, что, уничтожив лишние функции тела, можно бесконечно увеличить энергию, идущую на полезную работу.

Кроме того, есть немало функций, которые находятся в зачаточном состоянии, но могут быть развиты до непостижимой степени.

Тело, каким оно дается природой, с точки зрения йоги — лишь материал. Человек, устремляясь к своим высшим целям, может воспользоваться этим материалом и, обработав его надлежащим образом, создать себе орудие для осуществления своих стремлений. Возможности, заложенные в теле, по утверждениям йогинов, огромны.

У йогинов существует множество методов и способов для ослабления ненужных функций тела и для пробуждения и раскрытия дремлющих в человеке и его теле новых способностей.

Йогины утверждают, что лишь ничтожный процент энергии тела тратится с пользой, т. е. на сохранение жизни тела и на служение духовным стремлениям человека. Бóльшая часть производимой телом энергии, по их мнению, тратится без всякой пользы.

Но они считают возможным заставить все органы тела работать для одной цели, т. е. заставлять всю вырабатываемую ими энергию служить высшим целям, которым она часто только мешает.

Хатха-йога имеет дело с физической природой человека в самом прямом смысле, т. е. с функциями животной и растительной жизни. Здесь йогины обнаружили некоторые законы, только в самое последнее время открытые западной наукой. Во-первых, необыкновенную самостоятельность отдельных органов тела и отсутствие центра, управляющего жизнью организма; во-вторых, способность одного органа в некоторых случаях до известной степени выполнять работу другого.

Наблюдая самостоятельность частей и органов тела и даже их клеток, йогины пришли к заключению, что жизнь тела состоит из тысяч отдельных жизней. Каждая жизнь подразумевает душу, или сознание. Эти самостоятельные жизни, обладающие душами и сознаниями, они видят не только во всех разнообразных органах, но и во всех тканях и субстанциях тела. Это — оккультная сторона хатха-йоги.

Эти жизни и сознания суть духи тела. По теории хатха-йоги человек может подчинить их себе, заставить служить своим целям.

Хатха-йогины учатся управлять дыханием, кровообращением и нервной энергией. Они могут, задерживая дыхание, приостановить все функции тела, погрузить его в летаргию, в которой человек без вреда для себя может пробыть любое время без пищи и воздуха; и наоборот, могут усиливать дыхание и, делая его ритмичным и синхронным с биением сердца, вбирать в себя огромный запас жизненной силы и использовать эту силу, например, для лечения своих и чужих болезней. Полагают, что йогины способны усилием воли остановить кровообращение в любой части тела или, наоборот, направить туда избыток свежей артериальной крови и нервной энергии. На этом и основан их метод лечения.

Обучаясь владеть своим телом, человек в то же время обучается владеть всей материальной вселенной.

Человеческое тело представляет собой вселенную в миниатюре. В нем есть все — от минерала до Бога. И это для хатха-йогинов не просто образное выражение, а самая реальная истина. Через свое тело человек находится в общении со всей материальной вселенной. Вода, заключенная в его теле, соединяет человека со всей водой земного шара и атмосферы; кислород, содержащийся в его теле, соединяет человека со всем кислородом во вселенной; углерод — с углеродом; жизненный принцип — со всем живым в мире.

Совершенно ясно, почему так должно быть. Вода, входящая в состав человеческого тела, не отделена от воды вне тела, а только как бы протекает через человека; точно так же воздух, все химические вещества тела и т. д. — они просто проходят сквозь его тело.

Научившись управлять разными началами (духами, по оккультной терминологии), входящими в его тело, человек получает возможность управлять теми же началами, разлитыми во вселенной, т. е. духами природы.

Вместе с тем, правильное понимание принципов хатха-йоги учит человека понимать законы мироздания и свое место в мире.

Даже элементарное знакомство с принципами и методами хатха-йоги показывает невозможность изучения йоги без учителя и без его постоянного наблюдения. Результаты, получаемые при помощи методов хатха-йоги, в равной степени являются следствием работы самого ученика и работы с ним учителя.

В других йогах это, возможно, не так ясно. Но в хатха-йоге в этом не приходится сомневаться, особенно тогда, когда изучающий хатха-йогу понял принципы **асан**.

Асаны — это название, которое дается в хатха-йоге особым позам тела, и йогин должен научиться принимать их. Многие из этих поз на первый взгляд представляются совершенно невозможными; кажется, что для их выполнения человеку нужно или совсем не иметь костей, или разорвать все связки.

Уже существует достаточное количество фотографий и даже кинофильмов, изображающих асаны; трудность этих поз очевидна каждому, кто имел возможность их видеть. Даже описания асан, которые можно найти в книгах по хатха-йоге, указывают на их трудность и практическую невозможность для обычного человека. Тем не менее хатха-йогины осваивают эти асаны, т. е. приучают тело принимать самые невероятные позы.

Каждый может попытаться освоить одну из самых легких асан. Это «поза Будды», названная так потому, что сидящего Будду обычно изображают в этой асане. Простейшей ее формой является положение, когда йогин сидит, скрестив ноги, но не по-турецки, а так, чтобы одна ступня помещалась на противоположном бедре, а другое бедро — на противоположной ступне. Ноги при этом крепко прижаты к земле и друг к другу. Даже эта асана, самая простая из всех, невозможна без долгой и упорной подготовки. Однако только что описанная поза фактически не является полной асаной. Если внимательно приглядеться к статуям Будды, можно увидеть, что обе ступни у него лежат на бедрах пятками вверх. В этом положении ноги настолько переплетены, что поза кажется невозможной без сломанных костей. Но люди, побывавшие в Индии, видели и **фотографировали** эту асану в ее полной форме.

Кроме внешних асан существуют внутренние асаны, которые состоят в изменении различных внутренних функций, как, например, замедление или ускорение работы сердца и всего кровообращения. В дальнейшем они позволяют человеку подчинить себе целую серию внутренних функций, которые не только находятся за пределами контроля человека, но зачастую совершенно неизвестны европейской науке; иногда же она лишь догадывается об их существовании.

Смысл и конечная цель внешних асан как раз и заключается в достижении контроля над внутренними функциями.

Самообучение асанам представляет собой непреодолимые трудности. Существует описание более чем семидесяти асан; но даже самые полные и детальные описания не дают указаний о том, в каком порядке их следует изучать. Этот порядок не может быть указан в книгах, ибо он зависит от физического типа человека.

Можно сказать, что для каждого человека существует одна или несколько асан, которые он может освоить и практиковать с большей легкостью, нежели другие. Но сам человек не знает свой физический тип, не знает, какие асаны будут для него самыми легкими, с каких асан ему следует начинать. Кроме того, ему **неизвестны подготовительные упражнения**, разные для каждой асаны и для каждого физического типа.

Все это может быть решено для него только учителем, обладающим полным знанием хатха-йоги.

После известного периода наблюдений и проверочных упражнений, которые предлагаются ученику, учитель определяет его физический тип и сообщает ему, с какой асаны он должен начинать. Одному ученику необходимо начинать с семидесятой асаны, другому — с тридцать пятой, третьему — с пятьдесят седьмой, четвертому — с первой и т. д.

Установив, какую из асан должен осваивать ученик, учитель дает ему особые упражнения, которые сам и демонстрирует. Эти упражнения постепенно приводят ученика к желаемой асане, т. е. позволяют принимать необходимое положение тела и удерживать его в течение определенного времени.

Когда освоена первая асана, учитель определяет, какую следующую асану должен освоить ученик, и снова дает ему особые упражнения, выполнение которых через некоторое время приведет его к этой асане.

Изучение неправильно подобранной асаны вызывает почти непреодолимые трудности. Кроме того, как указывается в книгах, излагающих принципы хатха-йоги, «неправильная асана убивает человека».

Все это вместе взятое совершенно ясно доказывает, что изучение хатха-йоги, равно как и других йог, без учителя невозможно.

Главный метод хатха-йоги, который позволяет подчинить воле физическое тело и даже «бессознательные» физические функции — это непрерывная работа по **преодолению боли**.

Преодоление боли, преодоление страха перед физическим страданием, преодоление постоянной жажды покоя, довольства и удобства — все это создает силу, которая переносит хатха-йогина на другой уровень бытия.

В литературе, главным образом теософской, посвященной истории принципов и методов хатха-йоги, существует различие в мнениях, которое имеет определенное значение. Некоторые авторы утверждают, что изучение йоги должно обязательно начинаться с хатха-йоги, без чего йога не дает результатов. Другие авторы утверждают, что хатха-йогу можно изучать после других йог, особенно после раджа-йоги, когда ученик уже обладает всеми силами, которые дает ему новое сознание.

Правильным решением этого вопроса будет предположение, что в данном случае, как и во многих других, все зависит от типа, т. е. существуют типы людей, которые обязательно должны начать с хатха-йоги, и типы, для которых возможны пути через другие йоги.

В западной научной литературе, посвященной «индийскому аскетизму», хатха-йогинов, к несчастью, нередко смешивают с «факирами». Причины такого смешения легко понять. Исследователи, наблюдающие внешние феномены и не понимающие принципов йоги, не могут отличить подлинные явления от имитации. Факиры подражают хатха-йогинам; но то, что достигается хатха-йогинами с определенной целью, которую они точно понимают, становится у факиров самоцелью. Поэтому факиры начинают с самого трудного; их практика чаще всего приводит к **повреждению** физического тела. Они удерживают руки (или одну руку) вытянутыми вверх, пока руки не начинают сохнуть; глядят на огонь или солнце, пока не слепнут; позволяют насекомым пожирать свое тело и т. п. С течением времени некоторые из них развивают в себе необычные сверхъестественные способности, но этот путь не имеет ничего общего с путем хатха-йоги.

Раджа-йога

Раджа-йога — это йога воспитания сознания. Человек, практически изучающий эту йогу, приобретает сознание своего Я, а вместе с ним — необыкновенные внутренние силы и способность влиять на. других людей.

Раджа-йога по отношению к психическому миру человека, к его самосознанию, представляет собою то же самое, что хатха-йога по отношению к миру физическому. Хатха-йога — йога преодоления тела, приобретения контроля над телом и его функциями; раджа-йога — йога преодоления ума, т. е. иллюзорного, неправильного самосознания человека, йога приобретения контроля над сознанием.

Раджа-йога учит человека прежде всего тому, что составляет основу всей философии мира — **познанию самого себя**.

Как хатха-йога смотрит на физическое тело как на несовершенное и нуждающееся в изменении к лучшему, точно так же и раджа-йога рассматривает психический аппарат человека совсем не как идеальный, но нуждающийся в изменении к лучшему и совершенствовании.

Задача раджа-йоги — это «постановка ума», сознания, аналогичная постановке голоса у певцов. Обычная западная мысль совершенно не понимает необходимости постановки сознания, считая, в общем, что обычное сознание вполне достаточно для человека, что он и не может иметь другого сознания.

Раджа-йога находит, что даже очень сильный ум, как и сильный голос, нуждается в правильной постановке, удесятеряющей его силы и способности и умножающей его производительность, заставляющей его лучше звучать и лучше воспроизводить и по-иному распределять взаимоотношения идей, охватывать за раз больше материала.

Первое, что утверждает раджа-йога — это то, что человек совсем не знает себя, что у него совершенно ложная, искаженная идея себя.

Непонимание себя — главное препятствие человека на его пути, главная причина его слабости. Представьте себе человека, который не знает своего тела, его членов, их числа и относительного положения, не знает, что у него две руки, две ноги, одна голова и т. п., — это будет точной копией нашего отношения к своему психическому миру.

Психика человека, с точки зрения раджа-йоги, — это система искривленных и затемненных стекол, через которые сознание смотрит на мир и на себя, получая совершенно не соответствующее действительности изображение. Главное несовершенство психики — это то, что она заставляет человека считать отдельным то, что она полагает отдельным. Человек, верящий своей психике, — это человек, который верит в поле зрения бинокля, через который он смотрит, убежденный, что то, что входит в поле зрения бинокля, отличается от того, что в него не входит.

Новое самопознание достигается в раджа-йоге путем изучения принципов психического мира человека и продолжительных упражнений сознания.

Изучение принципов психической жизни показывает человеку, что для него возможны четыре состояния сознания; в индийской психологии они называются:

глубокий сон,
сон со сновидениями,
бодрственное состояние,
турийя, или состояние просветления.

В эзотерических учениях эти состояния сознания определяются несколько иначе, но число четыре остается неизменным; их взаимные отношения также близки к приведенной выше схеме.

После этого следует изучение психических функций — мышления, чувств, ощущений и т. д., как в отдельности, так и в их взаимоотношениях; изучение снов; изучение полусознательных и бессознательных психических процессов; изучение иллюзий и самообманов; изучение разных форм самогипноза и самовнушения — **с целью освобождения себя от них**.

Одна из первых практических задач, которая стоит перед человеком, начавшим изучать раджа-йогу, — это достижение способности останавливать мысли, **умение не думать**, т. е. совершенно сдерживать по своей воле ум, давать полный отдых психическому аппарату.

Эта способность останавливать мысли считается необходимым условием для пробуждения некоторых дремлющих в человеке сил и способностей; умение не думать — необходимое условие подчинения бессознательных психических процессов воле. Только овладев умением останавливать ход своих мыслей, человек может приблизиться к тому, чтобы слышать мысли других людей, слышать все голоса, непрерывно звучащие в природе, голоса «малых жизней» его собственного тела, голоса «больших жизней», в которые входит он сам. Только умея создавать пассивное состояние своего ума, человек может надеяться услышать **голос безмолвия**, который единственно способен раскрыть человеку скрытые от него истины и тайны.

Кроме того — и это первое, что достигается, — научившись по желанию не думать, человек получает возможность сократить бесполезную и ненужную трату психической энергии, уходящей на ненужное мышление. Ненужное мышление — одно из главных зол нашей внутренней жизни. Как часто бывает, что в ум попадает какая-нибудь мысль, и ум, не имея сил отбросить ее прочь, переворачивает ее вновь и вновь бесконечное число раз, как ручей переворачивает лежащий на дне камень.

Это особенно часто бывает, когда человек взволнован, обеспокоен или оскорблен, когда он чего-то опасается, что-то подозревает и т. п. Люди не знают, какое огромное количество энергии тратится на это ненужное верчение в уме одних и тех же мыслей, одних и тех же слов. Люди не знают, что человек, сам того не замечая, в течение часа или двух может тысячу раз повторить какую-нибудь глупую фразу или отрывок стихотворения, беспричинно поразившие его ум.

Когда ученик научится **не думать**, его учат **думать** — думать именно о том, о чем он хочет думать, а не о том, что ему приходит в голову. Это метод сосредоточения. Полное сосредоточение ума на одном объекте и способность не думать в это время ни о чем другом, не отвлекаться случайными ассоциациями дает человеку огромные силы. Он может тогда заставить себя не только не думать, но и не чувствовать, не слышать, не видеть происходящего вокруг; может не испытывать неудобств — ни жары, ни холода, ни страданий; может одним усилием ума сделать себя нечувствительным к любой, даже самой сильной боли. Это объясняет теорию, согласно которой хатха-йоге легче обучаться после раджа-йоги.

Следующая, третья ступень — **медитация**. Человека, изучившего сосредоточение, учат пользоваться им, т. е. медитировать, углубляться в данный вопрос, рассматривать разные его стороны, находить соотношения и аналогии со всем, что человек знает, что он раньше думал или слышал. Правильная медитация раскрывает человеку бесконечно много нового в вещах, которые он, казалось бы, знал, открывает ему такие глубины, о которых раньше ему не приходило в голову и подумать, а главное — приближает к «новому сознанию», проблески которого, как зарницы, постепенно начинают вспыхивать среди размышлений ученика, освещая на мгновение бесконечно далекие горизонты.

Следующая, четвертая ступень — **созерцание**. Человека учат, задав себе тот или иной вопрос, углубляться в него, не думая; или даже совсем не задавать никакого вопроса, а углубляться в какую-нибудь идею, в образ, в картину природы, в явление, в звук, в число.

Человек, научившийся созерцать, обнаруживает высшие стороны своего ума, открывает себя влияниям, идущим из высших сфер мировой жизни, как бы беседует с глубочайшими тайнами вселенной.

Вместе с тем, предметом сосредоточения, размышления и созерцания раджа-йога ставит «я» человека. Научив человека сберегать свои умственные силы и направлять их по желанию, раджа-йога требует от него, чтобы он направил их на познание самого себя, на познание своего истинного «я».

Изменение самосознания и самоощущения человека — вот главная цель раджа-йоги. Она стремится к тому, чтобы человек реально ощутил и осознал в себе возвышенное и глубинное, через которые он соприкасается с вечностью и бесконечностью, т. е. чтобы человек почувствовал себя не смертной, временной и крохотной пылинкой в бесконечной вселенной, а бессмертной, вечной и бесконечной величиной, равной всей вселенной, каплей в океане духа, — но такой каплей, которая вмещает в себя целый океан. Расширение «я» по методам раджа-йоги — это и есть сближение самосознания человека с самосознанием мира, переведение фокуса самосознания с маленькой отдельной единицы на бесконечность. Раджа-йога расширяет человеческое «я», перестраивает его взгляд на самого себя и его самоощущение.

В результате человек достигает состояния небывалой свободы и силы. Он не только в совершенстве владеет собой, но и может владеть другими. Он может читать мысли других людей, как вблизи, так и на расстоянии, внушать им свои собственные мысли и желания и подчинять их себе. Он способен достичь ясновидения, читать прошлое и будущее.

Все это наверняка покажется европейскому читателю фантастическим и невозможным; но многое «чудесное» на деле вовсе не так невозможно, как оно представляется на первый взгляд. В методах раджа-йоги все основано на понимании непостижимых для нас законов, на строго последовательном и постепенном характере работы над собой.

Важное место в практике раджа-йоги занимает идея «отделения себя», или «непривязанности». За ней следует идея отсутствия в человеке постоянного ядра и единства; далее — идея несуществования **отдельности** человека, отсутствия какой бы то ни было разницы между человеком, человечеством и природой.

Изучение раджа-йоги невозможно без постоянного и непосредственного руководства учителя. До того, как ученик начинает изучать себя, учитель сам изучает его и определяет путь, которым ученик должен следовать, т. е. намечает порядок последовательных упражнений, которые необходимо выполнять ученику, — потому что упражнения для разных людей не могут быть одними и теми же.

Цель раджа-йоги — приблизить человека к высшему сознанию, доказать ему возможность нового состояния сознания, подобного пробуждению после сна. Пока человек не знает вкуса и ощущения этого пробуждения, пока его ум все еще погружен в сон, раджа-йога стремится сделать понятной для него саму идею пробуждения, повествуя о людях, достигших пробуждения, обучая человека постигать плоды их мысли и деятельности, которые совершенно не похожи на результат деятельности обычных людей.

Карма-йога

Карма-йога учит правильному образу жизни. Карма-йога — это йога деятельности. Карма-йога учит правильному отношению к людям и правильному действию во всех жизненных обстоятельствах. Карма-йога учит, как стать йогином в жизни, не удаляясь в пустыню и не вступая в школу йогинов. Карма-йога — необходимое дополнение ко всем другим йогам; с помощью карма-йоги человек всегда помнит о своей цели и никогда не теряет ее из виду. Без карма-йоги все другие йоги или становятся бесплодными, или вырождаются в свою противоположность. Раджа-йога и хатха-йога вырождаются в стремление к внешним чудесам, к таинственному и страшному, т. е. в псевдо-оккультизм. Бхакти-йога вырождается в псевдомистику, в суеверия, в личное обожание или стремление к личному спасению. Джняна-йога вырождается в схоластику или, в лучшем случае, в метафизику.

Карма-йога всегда связана со стремлением к внутреннему развитию, внутреннему улучшению. Она помогает человеку не погружаться во внутренний сон среди запутанных влияний внешней жизни, в особенности же противостоять **гипнотизирующему влиянию деятельности**. Она заставляет человека помнить, что все внешнее не имеет значения, что необходимо действовать, не заботясь о результатах своих действий. Без карма-йоги человека поглощают ближайшие видимые цели жизни, и он забывает о своей главной цели.

Карма-йога учит человека изменять свою судьбу, направлять ее по своему желанию. Согласно основной идее карма-йоги это достигается изменением внутреннего отношения к вещам и собственным действиям.

Одно и то же действие можно выполнить по-разному, одно и то же событие можно пережить совершенно по-иному. Если человек изменит свое отношение к тому, что с ним случается, то с течением времени это неизбежно изменит характер событий, которые он встречает на своем пути.

Карма-йога учит человека понимать, что, когда ему кажется, будто действует он сам, на самом деле действует не он, а лишь проходящая через него сила. Карма-йога утверждает, что человек — совсем не то, что он о себе думает; она учит человека понимать, что лишь в крайне редких случаях он действует самостоятельно и независимо, а в большинстве случаев — как часть того или иного большого целого. Это «оккультная» сторона карма-йоги, учение о силах и законах, управляющих человеком.

Человек, понимающий идеи карма-йоги, постоянно чувствует, что он — всего лишь крошечный винтик или колесико в огромной машине, что успех или неуспех того, что, по его мнению, он делает, очень мало зависит от его собственных действий.

Действуя и чувствуя таким образом, человек никогда и ни в чем не встретится с неудачей, ибо величайшая его неудача, величайший неуспех могут впоследствии привести к успеху во внутренней работе, в его борьбе с самим собой, если только он найдет правильный подход к своей неудаче.

Жизнь, управляемая принципами карма-йоги, значительно отличается от обыденной жизни. В обыденной жизни главная цель человека заключается в том, чтобы, по возможности, избежать всех неприятностей, трудностей и неудач.

В жизни, управляемой принципами карма-йоги, человек не старается избегать неприятностей и неудобств. Напротив, он приветствует их, ибо они предоставляют ему возможность их преодолеть. С точки зрения карма-йоги, если жизнь не предлагает затруднений, надо создать их искусственно. Поэтому трудности, с которыми ученик встречается в жизни, рассматриваются не как нечто неприятное, чего следует избегать, но как очень полезные условия для целей внутренней работы и внутреннего развития.

Когда человек понимает и постоянно чувствует это, сама жизнь становится его учителем.

Главный принцип карма-йоги – **непривязанность**. Человек, следующий методам карма-йоги, должен всегда и во всем проявлять **непривязанность**, непривязанность к плохому и хорошему, к удовольствию и страданию. Непривязанность не означает безразличия. Это особого рода отделение человека от того, что происходит, или от того, что он делает. Это не холодность, не желание отгородиться от жизни, а признание и постоянное осознание того факта, что все совершается в соответствии с определенными законами, что все в мире имеет свою судьбу.

С обычной точки зрения следование принципам карма-йоги представляется фатализмом. Но это не фатализм в смысле принятия точного и неизменного предопределения всего происходящего без возможности каких-либо изменений. Напротив, карма-йога учит тому, как изменить карму, как повлиять на нее. Но с точки зрения карма-йоги такое влияние представляет собой исключительно внутренний процесс. Карма-йога учит, что человек может изменить события и людей вокруг себя, изменяя свое отношение к ним.

Эта идея совершенно ясна. Каждый человек с самого своего рождения окружен определенной кармой, определенными людьми и определенными событиями. И в соответствии со своими вкусами, привычками, своей природой и воспитанием он устанавливает к вещам, людям и событиям определенные отношения. Пока эти отношения остаются неизменными, люди, вещи и события также не меняются, т. е. остаются соответствующими его карме. Если же он не удовлетворен своей кармой, если желает чего-то нового и неизведанного, он должен изменить свое отношение к тому, что у него есть, и тогда придут новые события.

Карма-йога — это единственно возможный путь для тех людей, которые привязаны к жизни, которые не в состоянии освободиться от ее внешних форм, для людей, которые в силу своего рождения или собственных способностей поставлены во главе человеческих сообществ и групп, для людей, которые связаны с прогрессом жизни всего человечества, для исторических персонажей, для тех, чья личная жизнь оказывается выражением жизни целой эпохи или целой нации. Эти люди не могут измениться видимым образом; они могут перемениться лишь внутренне, оставаясь внешне такими же, как и раньше, говоря то же самое, делая то же самое, — но без **привязанности**, как актеры на сцене. Сделавшись такими актерами по отношению к собственной жизни, они стали **йогинами** среди самой разнообразной и напряженной деятельности. В их душе пребывает мир, какие бы трудности их ни встречали. Мысль их не знает препятствий, независимо от того, что ее окружает.

Карма-йога дает свободу узнику в тюрьме и царю на троне, если только они почувствовали, что являются актерами, играющими свою роль.

Бхакти-йога

Бхакти-йога — это йога религиозного пути. Бхакти-йога учит, как верить, как молиться, как добиться спасения. Бхакти-йогу можно применить к любой религии, так как для нее не существует различий между религиями, есть только идея религиозного пути.

Йогин Рамакришна, живший в Дакшинешварском монастыре близ Калькутты в 80-х годах прошлого столетия и ставший известным благодаря трудам своих учеников (Вивекананды, Абедананды и других), был бхакти-йогином. Он признавал равными все религии со всеми их догматами, и сам принадлежал ко всем религиям одновременно, принимая их таинства и ритуалы. Двенадцать лет своей жизни он потратил на то, чтобы снова и снова приходить путь подвижничества по правилам каждой из великих религий. И всегда он приходил к одному и тому же — к состоянию самадхи, экстаза, составляющему, как он убедился, сущность всех религий. Поэтому Рамакришна говорил своим ученикам, что личным опытом пришел к заключению о единстве всех великих религий, к убеждению, что все они ведут к Богу, т. е. к Высшему Постижению.

Приближая человека к самадхи, бхакти-йога, если ее практиковать в отрыве от других йог, совершенно уносит его от земли. Он приобретает огромные силы, но одновременно с этим теряет способность пользоваться ими (и даже своими прежними силами) для земных целей.

Рамакришна говорил своим ученикам, что после того, как он несколько раз побывал в состояние самадхи, он понял, что больше не в состоянии заботиться о себе. Первое время это его пугало, пока он не убедился, что кто-то заботится о нем.

В книге «Провозвестие Рамакришны» приводится замечательный разговор Рамакришны, больного и уже близкого к смерти, с ученым пандитом, пришедшим его навестить.

«Однажды пандит Сашадхар пришел засвидетельствовать свое почтение Бхагавану Рамакришне. Увидев его больным, пандит спросил:

— Бхагаван, почему вы не вылечите себя, сосредоточив ум на больной части тела?

Бхагаван ответил:

— Как могу я сосредоточить на этой клетке из кожи и костей мой ум, который я отдал Богу?

Сашадхар сказал:

— Почему же тогда вы не помолитесь Божественной Матери, чтобы она исцелила вашу болезнь?

Бхагаван ответил:

— Когда я думаю о Матери, мое физическое тело исчезает, и я оказываюсь вне него. Поэтому мне невозможно молиться о чем-то, относящемся к этому телу».

Итак, все, чего человек достигает на пути бхакти-йоги, не имеет никакой ценности с земной точки зрения и не может быть использовано для достижения земных благ.

Невозможность путем аргументации доказать другому существование того, что сам он не переживает эмоционально, заставляла того же Рамакришну учить, что бхакти-йога — наилучший из всех путей йоги, так как он не требует доказательств. Бхакти-йога обращается непосредственно к чувству, сближая тех людей, которые не одинаково мыслят, а одинаково чувствуют.

Рамакришна считал бхакти-йогу самым простым и легким путем также потому, что этот путь требует разрушения привязанности ко всему земному, самоотречения, отказа от своей воли и безусловного предания себя Богу.

Но так как для многих именно это и является самым трудным, уже одно это обстоятельство показывает, что бхакти-йога — путь для людей определенного типа, определенного душевного склада, что бхакти-йогу нельзя считать путем, который доступен всем.

Бхакти-йога имеет много общего с раджа-йогой. Подобно раджа-йоге, бхакти-йога включает в себя методы сосредоточения, медитации и созерцания, но предметом сосредоточения, медитации и созерцания является не «я», а Бог, т. е. **Всеобщее**, в котором совершенно исчезает крохотная искорка человеческого сознания.

Практическое значение бхакти-йоги состоит в воспитании эмоций. Бхакти-йога есть метод «дрессировки», «приручения» эмоций для тех, кто обладает особенно сильными эмоциями, но чьи религиозные эмоции, которые должны бы подчинить себе все прочие чувства, разбросаны, не сосредоточены, сразу же уносят человека далеко и вызывают сильные реакции. Вместе с тем, это метод развития религиозных эмоций у тех, в ком они слабы. Бхакти-йога, в некотором смысле, есть дополнение к любой религии или введение в религию для человека нерелигиозного типа.

Идеи бхакти-йоги ближе и понятнее Западу, нежели идеи всех других йог из-за того, что в западной литературе имеются труды по «религиозной практике», родственные по своему духу и смыслу бхакти-йоге, хотя и качественно отличные от нее.

Труды подобного рода, появлявшиеся в протестантских странах, например, труды немецких мистиков XVI, XVII и XVIII веков, нередко представляют интерес; однако протестантизм слишком решительно отсек себя от всех традиций, и авторам указанных трудов пришлось явно или скрыто искать поддержки своим методам в оккультизме и теософии того или иного типа.

В католицизме все, что имело хоть какую-то жизнь, было убито во времена инквизиции, католические труды по религиозной практике, такие, как широко известная книга св. Игнатия Лойолы, суть не что иное, как руководства для создания галлюцинаций определенного и стереотипного характера — Иисуса на кресте, Девы Марии с Младенцем, святых, мучеников, ада, рая и т. п. Иными словами, они учат переносить сновидения в бодрственное состояние, превращать которые в образы — вполне возможный процесс, называемый в псевдооккультизме ясновидением. Такие же методы создания псевдоясновидения существуют в современном оккультизме и играют в нем довольно важную роль.

Любопытная пародия на эти методы есть в книге Элифаса Леви «Догмы и ритуал высшей магии», где автор описывает вызывание дьявола. К несчастью, лишь немногие читатели Элифаса Леви понимают, что имеют дело с пародией.

Псевдоясновидение, «сны в бодрственном состоянии», желаемые и ожидаемые галлюцинации называются в православной мистической литературе «прелестью»*.

---

* Это слово есть перевод греческого πλάνη означающего «искушение», «соблазн». Но русское слово «прелесть», кроме своего первого значения «обольщение», имеет много ассоциаций, связанных с его вторым значением «очарование», «красота». Оно также ясно показывает характер опытных переживаний, предпочитаемых католицизмом и псевдооккультизмом, их внешнюю и формальную «прелесть», противопоставленную внутреннему смыслу и содержанию.

Для православной мистики весьма характерно, что она предупреждает людей и предостерегает как раз от того, что католицизм и псевдооккультизм предлагают и советуют.

Самые интересные труды по религиозной практике можно найти в литературе православной церкви. Во-первых, существует шеститомное собрание произведений под заглавием «Добротолюбие». Большая часть этих сочинений переведена с греческого языка; они содержат описания мистических переживаний, уставы и правила монастырской жизни, правила для молитвы и созерцания, описания особых методов, очень близких к методам хатха-йоги (принятых и в бхакти-йоге): дыхание, различные позы и т. п.

Кроме «Добротолюбия» следует отметить небольшую книжку середины XIX столетия; перед войной она продавалась в России в третьем издании 1884 года. Книга называется «Откровенные рассказы странника духовному своему отцу». Написана она неизвестным автором и представляет собой как бы введение в «Добротолюбие» и одновременно является вполне самостоятельным трактатом о религиозной практике, очень близкой к бхакти-йоге. Знакомство с этой небольшой книжкой дает точное представление о характере и духе бхакти-йоги.

«Рассказы странника» — вещь исключительно интересная даже с точки зрения чисто литературных достоинств. Это одна из малоизвестных жемчужин русской литературы. Как сам странник, так и встречающиеся ему люди — все это живые русские типы; многие из них дожили до нашего времени, и мы, живущие ныне, видели и встречали их.

Трудно сказать, действительно ли существовал этот странник, подлинные ли его слова записаны архимандритом Паисием, автором предисловия к книге, или повествование принадлежит перу самого Паисия или какого-то другого образованного монаха. Многое в книге заставляет подозревать перо и мысль не просто образованного, но и высокообразованного человека с большим талантом. С другой же стороны, те, кто знает, с какой необыкновенной художественностью могут некоторые русские люди, подобные «страннику», рассказывать истории о себе и обо всем ином, не сочтут невозможным реальное существование странника, рассказавшего о себе.

«Рассказы странника» содержат схематическое объяснение принципов особого упражнения бхакти-йоги, которое называется непрерывной или «умной молитвой», а также описание результатов, к которым приводит эта молитва.

«Странник» повторял свою молитву: «Господи Иисусе Христе, Сыне Божий, помилуй мя!» сначала три тысячи раз подряд в течение дня, затем шесть тысяч раз, потом двенадцать тысяч и, наконец, стал повторять ее без счета. Когда молитва стала для него вполне автоматической, повторяясь непроизвольно, без каких бы то ни было усилий, он начал «переносить ее в сердце», т. е. делать ее эмоциональной, соединять с ней определенное чувство. Спустя некоторое время молитва начала вызывать это чувство и усиливать его, обогащая его в то же время до чрезвычайной степени остроты и напряженности.

«Рассказы странника» не могут служить руководством для практического изучения «умной молитвы», потому что описание метода содержит некоторые неточности, возможно, допущенные намеренно, а именно: легкость и быстрота изучения странником умной молитвы кажутся чрезмерными. Тем не менее книга дает очень ясную картину принципов работы над собой по методам бхакти-йоги; во многих отношениях эта книжка является уникальным произведением.

Методы «Добротолюбия» не исчезли из реальной жизни, как это показывает очень интересное, хотя, к сожалению, чересчур краткое описание горы Афон, сделанное Б. Зайцевым и опубликованное по-русски в Париже в 1928 г. Б. Зайцев пишет о повседневной жизни и религиозной практике русского православного Пантелеимоновского монастыря на горе Афон. Из его описаний можно понять, что «умная молитва» («келейное послушание») играет в монастырской жизни очень важную роль.

«Основанием этой жизни является отсечение личной воли и абсолютное подчинение авторитету иерархии. Ни один монах не может выйти за ворота монастыря, не получив на то «благословения» (т. е. разрешения) настоятеля. Настоятель накладывает на каждого монаха «послушание», т. е. особую работу, которую тот должен выполнять. Таким образом, есть монахи, которые ловят рыбу, рубят дрова, работают в огороде, в поле, в винограднике, пилят дрова или выполняют более интеллектуальную работу, как библиотекари, «грамматики», иконописцы, фотографы и т. д. В настоящее время в монастыре св. Пантелеймона находится около пятисот братьев.

Распорядок дня в монастыре установлен раз и навсегда, и все в нем движется, повинуясь только стрелкам часов. Но, поскольку на Афоне все необычно, время также обладает удивительными свойствами. До самого дня моего отъезда я никак не мог к нему привыкнуть. Это какой-то древний Восток. С заходом солнца стрелка башенных часов переставляется на полночь. Вся система отсчета времени изменяется в соответствии со временем года, и человеку приходится меняться вместе со временем года, приспосабливаясь к моменту захода солнца. В мае разница между временем Афона и европейским временем составляет около пяти часов.

Таким образом, во время моего пребывания в монастыре св. Пантелеймона заутреня начиналась в шесть часов утра, т. е. в час ночи по нашему времени. Она продолжалась до четырех или до половины пятого (здесь и дальше я привожу европейское время). Сейчас же после заутрени следует литургия, которая длится до шести часов утра, так что почти все ночное время проводится в церковной службе. Это характерная черта Афона. Затем каждый отдыхает до семи часов. С семи до девяти наступает время «послушания», т. е. ежедневной работы, которую настоятель дает каждому монаху. «Послушание» обязательно почти для всех. Даже самые старые монахи выходят на работу, если их здоровье находится в сравнительно хорошем состоянии. Они идут в лес, на огороды, на виноградники, нагружают волов лесом, а ослов — сеном и дровами. Завтрак бывает в девять часов, затем опять следует «послушание» до часу дня. В час монахи пьют чай, а затем отдыхают до трех часов; после этого до шести опять «послушание». С половины шестого до половины седьмого в церквях служат вечерню. Эту дневную службу посещают лишь очень немногие монахи, так как большинство из них заняты работой. В шесть часов вечера — обед, если это не постный день; в постные же дни — по понедельникам, средам и пятницам — вместо обеда монахи получают только хлеб и чай. Затем после обеда колокола звонят ко второй вечерне, которая продолжается от семи до восьми часов. После этого — «келейное послушание», т. е. молитва с поклонами в келье. После короткой молитвы (такой, как Иисусова молитва, «Богородица», молитва об усопших, о живущих и т. п.) монах передвигает одну бусину на четках и отвешивает поясной поклон. После одиннадцатой бусины, большей по размерам, совершается коленопреклонение. Таким образом, «рясофор» (низшая монашеская степень) делает в день шестьсот поясных поклонов, а инок— около тысячи, тогда как схимник — до полутора тысяч, не считая соответствующего числа коленопреклонений. У рясофора все это занимает около полутора часов, у монаха более высокого ранга — от трех до трех с половиной часов. Соответственно, рясофор освобождается к десяти часам, другие — к одиннадцати. До часа, когда начинается заутреня, монахи спят (два или три часа). Иногда к этому промежутку времени для сна добавляют час утром и час днем. Но так как у каждого монаха есть свои собственные мелкие дела, которые тоже требуют времени, можно предположить, что монахи спят не более четырех часов в сутки или даже менее того.

Для нас, мирян, видящих эту жизнь, сущность которой состоит в том, что монахи молятся всю ночь, работают весь день, очень мало спят и очень скудно питаются, кажется загадкой, как они могут ее выдерживать. Однако они живут и доживают до глубокой старости (и сейчас большинство из них — старики). Кроме того, самый обычный тип монаха с Афона — это тип здорового, спокойного и уравновешенного человека».

Монашеская жизнь, какой бы суровой и трудной она ни была, конечно, не представляет собой бхакти-йогу. Бхакти-йога может быть применена к любой религии, разумеется, истинной, а не придуманной; это означает, что бхакти-йога включает в себя все религии и не признает между ними никаких различий. Сверх того, бхакти-йога не требует, подобно всем другим йогам, полного отказа от мирской жизни, а лишь временного ухода из нее для достижения определенной цели. Когда же эта цель достигнута, йога становится ненужной. Йога также требует больше инициативы и понимания, являясь активным путем, тогда как монашеская жизнь относится к более пассивному пути.

Тем не менее изучение монашеской жизни и монашеского аскетизма представляет большой интерес с точки зрения психологии (ибо здесь можно видеть практическое приложение идей йоги, хотя, возможно, в другом обрамлении).

Идеи бхакти-йоги занимают очень важное место в мусульманских монастырях суфиев и дервишей, а также в буддийских монастырях, особенно на Цейлоне, где буддизм сохранился в чистейшей форме.

Упоминавшийся мною Рамакришна был одновременно йогином и монахом, но более монахом, нежели йогином. Его последователи, насколько можно судить по имеющейся литературе, пошли частично по религиозному, а частично по философскому пути, хотя они и называют это йогой. Фактически, школа Рамакришны не оставила после себя путей к практической йоге, уклонившись к теоретическому описанию этих путей.

Джняна-йога

Джняна-йога — это йога знания. Корень «джня» соответствует корням в англо-германских, латинском, греческом и славянских языках, относящимся к понятию знания (ср. русское «зна»). Джняна-йога ведет человека к истине посредством изменения его знаний, относящихся к самому себе и окружающему миру. Это йога людей интеллектуального пути. Она освобождает человеческий ум от оков иллюзорной концепции мира, направляет его к истинному знанию, демонстрирует основные законы вселенной.

Джняна-йога использует те же методы, что и раджа-йога. Она начинается с утверждения, что слабый человеческий ум, занятый созерцанием иллюзий, никогда не разрешит загадки жизни, что такая задача требует лучшего орудия, специально приспособленного к ее решению. Поэтому вместе с изучением принципов, лежащих в основе вещей, джняна-йога требует особой работы по воспитанию ума. Сознание человека подготавливается к созерцанию и сосредоточению, к умению мыслить в новых категориях, в непривычном направлении и на новых планах, связанных не с внешними аспектами вещей, а с их фундаментальными принципами; прежде всего ум приучают думать быстро и точно, обращать внимание на существенное и не тратить время на внешние и маловажные детали.

Джняна-йога исходит из того, что главная причина человеческих бед и несчастий — **авидья**, незнание. Задача джняна-йоги состоит в том, чтобы победить авидью и приблизить человека к брахмавидьи, божественному знанию.

Целью джняна-йоги является освобождение человеческого ума от тех ограниченных условий познания, в которые он поставлен формами чувственного восприятия и логическим мышлением, основанным на противопоставлениях. С точки зрения джняна-йоги, человек должен прежде всего научиться правильно мыслить. Правильное мышление и расширение идей и понятий должно привести к расширению представлений, а расширение представлений, в конце концов, приведет к изменению ощущений, т. е. к уничтожению ложных иллюзорных ощущений.

Индийские учителя (гуру) ни в малейшей степени не стремятся к тому, чтобы их ученики накапливали как можно больше разнообразных знаний. Наоборот, они хотят, чтобы ученики видели во всех явлениях, какими бы малыми они ни были, принципы, которые составляют всеобщие основы бытия. Обыкновенно ученику дают для медитации какое-нибудь изречение из древних писаний или какой-нибудь символ, и он медитирует на нем целый год, два года, а то и десять лет, время от времени делясь с учителем результатами своих медитаций. Это покажется необычным для западного ума, стремящегося все вперед; однако, возможно, именно здесь и находится правильный метод для проникновения в глубину идей вместо поверхностного скольжения и схватывания их внешней стороны посредством создания колоссальной коллекции из слов и фактов.

Изучая джняна-йогу, человек ясно видит, что йога не может быть только методом. Правильный метод непременно приведет к известным истинам и, излагая метод, невозможно не коснуться этих истин. Вместе с тем, следует помнить, что йога по своему существу не может быть доктриной, и поэтому конспект или общий очерк идей джняна-йоги невозможен. Пользуясь йогой как методом, человек сам должен найти, почувствовать, реализовать те истины, которые составляют содержание философии йоги. Истины, полученные в готовом виде от другого человека или из книг, не произведут такого же воздействия на ум или душу, как истины, найденные самим человеком, истины, которые он долго искал и с которыми долго боролся, прежде чем принял их.

Джняна-йога учит тому, что истиной для человека может быть только то, что он ощутил как истину. Кроме того, она учит человека, проверяя одну истину другой, медленно восходить к вершине знания, не теряя из виду точку отправления и то и дело возвращаясь к ней, чтобы обеспечить правильную ориентацию.

Джняна-йога учит, что истины, которые выявлены логическим умом, воспитанным на наблюдениях этого трехмерного мира, вовсе не являются истинами с точки зрения высшего сознания.

Джняна-йога учит человека не верить себе, не верить своим ощущениям, представлениям, понятиям, идеям, мыслям и словам; и более всего не верить словам, проверять все и осматриваться на каждом шагу, сопоставляя с показаниями опыта и с фундаментальными принципами.

Вплоть до настоящего времени идеи джняна-йоги передаются только в символической форме. Образы индийских божеств и фигуры индийской мифологии содержат многие идеи джняна-йоги, но понимание их требует устных объяснений и комментариев.

Изучать джняна-йогу по книгам невозможно, потому что существует целая серия принципов, которые никогда не объясняются в письменном виде. Указания на эти принципы, даже некоторые из их определений, можно найти в книгах, но эти указания понятны только тем, кто уже прошел непосредственное обучение. Трудность понимания этих принципов особенно велика, так как уяснить их умом недостаточно: необходимо научиться применять их и пользоваться ими для подразделения и классификации не только абстрактных идей, но и конкретных вещей и событий, с которыми человек сталкивается в жизни.

Идея **дхармы** в одном из своих значений в индийской философии является введением в изучение одного из таких принципов, который можно назвать принципом относительности.

Однако принцип относительности в науке йоги не имеет ничего общего с принципом относительности в современной физике; и он изучается в применении не к одному классу феноменов, а ко всем явлениям вселенной; таким образом, пронизывая собою все, он связывает все в единое целое.

Все сказанное выше — это краткая сумма того, что можно узнать о йоге из общедоступной литературы на европейских языках. Однако для того, чтобы правильно понять смысл и значение разных йог, необходимо уяснить, что все пять йог и каждая из них в отдельности представляют собой сокращенное и приспособленное для разных типов людей изложение **одного и того же общего принципа**. Этой системе обучают устно в особых школах, которые отличаются от школ йоги в такой же степени, в какой школы йоги отличаются от монастырей.

Система эта не имеет названия, и она никогда не была известна во внешнем мире; лишь изредка намеки на нее встречаются в восточных писаниях. Многое из того, что приписывают йоге, в действительности принадлежит этой системе. В то же время в ней нельзя видеть соединение пяти йог. Все йоги произошли из нее, и каждая в известном смысле является ее односторонним пониманием. Одно из таких пониманий шире, другое у́же, — но все они объясняют одну и ту же систему. Соединение всех пяти йог не воссоздает ее, потому что она содержит много таких идей, принципов и методов, которые не входят ни в одну из йог.

Отрывки из этой системы, насколько автору удалось с ними познакомиться, будут представлены в книге «Человек и мир, в котором он живет». Книга эта готовится к печати.

1912—1934 годы

ГЛАВА 7

ОБ ИЗУЧЕНИИ СНОВ И ГИПНОТИЗМЕ

Удивительная жизнь сновидений. — Психоанализ. — Невозможность наблюдения снов обычными методами. — Состояние полусна. — Повторяющиеся сны. — Простота их природы. — Сны с полетами. — Сны с лестницами. — Ложные наблюдения. — Разные стадии сна. — Головные сны. — Невозможность произнести во сне свое имя. — Категории снов. — Воплощения. — Подражательные сны. — Сон Мори. — Развертывание сна от конца к началу. — Эмоциональные сны. — Сон о Лермонтове. — Построение зрительных образов. — Один человек в двух аспектах. — Материал снов. — Принцип «компенсации». — Принцип дополнительных тонов. — Возможность наблюдения снов в состоянии бодрствования. — Ощущение «это было раньше». — Гипнотизм. — Гипнотизм как средство вызвать состояние максимальной внушаемости. — Контроль со стороны обычного сознания и логики, невозможность их полного исчезновения. — Явления «медиумизма». — Применение гипноза в медицине. — Массовый гипноз. — Фокус с канатом. — Самогипноз. — Внушение. — Необходимо изучать эти два явления отдельно. — Внушаемость и внушение. — Как в человеке создается двойственность. — Два вида самовнушения. — Добровольное самовнушение невозможно.

Пожалуй, самые первые интересные впечатления моей жизни пришли из мира снов. С детских лет мир снов привлекал меня, заставлял искать объяснений его непостижимых явлений; и я старался установить взаимоотношения между реальным и нереальным в снах. Со снами связаны у меня некоторые совершенно необъяснимые переживания. Еще ребенком, я несколько раз просыпался с таким сильным чувством, что пережил нечто удивительное и захватывающее, что все известное мне до тех пор, все, что я видел и с чем соприкасался в жизни, казалось недостойным внимания, лишенным всякого интереса. Кроме того, меня всегда поражали повторяющиеся сны, которые протекали в одной и той же форме, в одной обстановке, приводили к одинаковым результатам, к одному концу — и вызывали у меня одинаковое чувство.

Около 1900 года, когда я прочел о снах почти все, что мог найти в психологической литературе*, я решил наблюдать свои сны систематически.

---

* Здесь необходимо сделать одно замечание. Говоря о литературе, посвященной снам, я не имею в виду так называемый психоанализ, т. е. теорию Фрейда и его последователей — Юнга, Адлера и других. Причина этого, во-первых, в том, что в то время, когда я заинтересовался снами, психоанализ еще не существовал или был мало известен. Во-вторых, как я впоследствии убедился, в психоанализе нет и не было ничего ценного; ничто не заставит меня изменить мои выводы, даже если они противоречат психоанализу.

Чтобы не возвращаться больше к этому вопросу, я хочу отметить, что и другие стороны психоанализа (а не только его неудачи в исследовании снов) так же слабы и зачастую вредны: они слишком многое обещают, и находятся люди, которые верят этим обещаниям — вследствие чего совершенно утрачивают способность отличать реальное от иллюзорного.

Психоанализ сослужил психологии единственную службу: он сформулировал принцип необходимости все новых и новых наблюдений в тех областях, которые до сих пор психологией не изучались. Но именно этому принципу сам психоанализ и не последовал, ибо, выдвинув на этапе своего зарождения ряд довольно сомнительных гипотез и обобщений, он на следующем этапе догматизировал их и таким образом пресек какую бы то ни было возможность дальнейшего развития. Специфическая «психоаналитическая» терминология, возникшая из этих догматических гипотез и превратившаяся в своеобразный жаргон, помогает нам распознавать приверженцев психоанализа и их последователей, как бы они себя ни называли и как бы ни старались отрицать связь между разными школами психоанализа и их происхождением из общего источника.

Характерная черта этого жаргона — обилие в нем слов, относящихся к несуществующим явлениям, которые последователи психоанализа полагают реальными. На воображаемом существовании этих явлений и на их воображаемых взаимоотношениях психоанализ построил сложнейшую систему, нечто вроде «естественной философии» начала XIX века; эта система отчасти напоминает некоторые средневековые системы, также занимавшиеся описанием и классификацией несуществующих явлений, например, очень точные и подробные «демонологии».

Изучение истории психоанализа демонстрирует одну забавную его сторону: все важнейшие особенности психоанализа были почерпнуты Фрейдом из наблюдений **одного-единственного случая**. Эти наблюде-

Мои наблюдения преследовали двойную цель:

1. Я хотел собрать как можно больше материала для вынесения суждений о характере и происхождении снов; как это рекомендуется, я записывал сны сразу после пробуждения.

2. Я хотел проверить собственную, довольно фантастическую идею, которая возникла у меня едва ли не в детские годы: **возможно ли сохранять во сне сознание**, т. е. знать, что я сплю, и **мыслить сознательно**, как это бывает в бодрственном состоянии.

Первое, т. е. записывание снов сразу после пробуждения, вскоре заставило меня понять невозможность осуществить на практике рекомендуемые методы наблюдения снов. **Сны не выдерживают наблюдения: наблюдение изменяет их**. Я все чаще замечал, что наблюдаю вовсе не те сны, которые видел, а новые сны, **созданные самим фактом наблюдения**. Нечто во

ния, проводившиеся в середине 80-х годов XIX века лишь над одной пациенткой, и образуют базис психоанализа, основу всех его теорий; интересно, что эти наблюдения проводились при помощи метода, который впоследствии самим Фрейдом был осужден. Пациентку погружали в гипнотическое состояние и задавали касающиеся ее вопросы, на которые в нормальном состоянии она не могла дать ответа. Как было неоспоримо установлено, подобный метод ни к чему не приводит, ибо настоятельно предлагаемые вопросы приводят к одному из двух: или гипнотизер, не подозревая об этом, внушает ответы загипнотизированному субъекту, или субъект сам изобретает фантастические теории и рассказывает воображаемые истории. Таким образом и был обнаружен пресловутый «отцовский комплекс», вслед за ним «материнский комплекс», а затем, после целой серии трюков — «миф об Эдипе» и т. д. и т. п.

Главные факты, относящиеся к этому трагикомическому аспекту психоанализа, можно найти в книге Стефана Цвейга, одного из виднейших апологетов Фрейда. К счастью, автор приводит эти факты, очевидно, совершенно не понимая их значения.

Новейшая тенденция в психоанализе — называть себя **психологией** и выступать от имени психологии вообще. Занятно во всей этой истории то, что под маской психологии психоанализ проник в нескольких странах в университетскую психологию и вошел в обязательный курс наук некоторых медицинских институтов и факультетов, так что студентам приходится сдавать экзамены по всему этому вздору.

Неоспоримый успех психоанализа в современном мышлении объясняется идейной нищетой, робкой методологией и полным нежеланием психологии применять свои теории на практике, ибо современная психология остается схоластической; главная же причина успеха психоанализа заключается в болезненно переживаемой потребности в **единой теории**.

Популярность психоанализа среди некоторых литераторов, людей искусства и в определенных слоях публики объясняется еще и тем, что психоанализ находит слова оправдания и защиты для гомосексуализма.

мне начинало изобретать сны при первом же сигнале о том, что они привлекают мое внимание. Это делало обычные методы наблюдения совершенно бесполезными.

Второе, т. е. **попытки сохранять сознание во сне**, неожиданно привело к новому способу наблюдения снов, о котором я прежде и не подозревал, а именно: эти попытки создавали особое состояние полусна. Вскоре я понял, что без помощи состояния полусна наблюдать сны, не изменяя их, невозможно.

Состояние полусна стало возникать, вероятно, в результате моих усилий наблюдать сны в момент засыпания или в полудреме пробуждения. Не могу сказать точно, когда это состояние обрело некую завершенную форму; вероятно, оно развивалось постепенно. По-моему, оно стало появляться в короткие промежутки времени перед засыпанием; но если я позволял своему вниманию сосредоточиться на нем, я долго не мог уснуть. Поэтому постепенно, опытным путем я пришел к выводу, что гораздо легче наблюдать состояние полусна уже проснувшись, но продолжая оставаться в постели.

Желая вызвать это состояние, я после пробуждения вновь закрывал глаза и погружался в дремоту, одновременно удерживая ум на каком-то определенном образе или мысли. Иногда в таких случаях возникало то странное состояние, которое я называю состоянием полусна. Как и все люди, я либо спал, либо не спал; но в состоянии полусна я одновременно и спал, и не спал.

Если говорить о времени, когда возникало это состояние полусна, то первым признаком его приближения обычно оказывались так называемые «гипнагогические галлюцинации», многократно описанные в психологической литературе; я не стану на них останавливаться. Но когда состояние полусна стало возникать по утрам, оно начиналось, как правило, без предваряющих их зрительных впечатлений.

Чтобы описать состояние полусна и все, что с ним связано, необходимо сказать очень многое. Постараюсь быть по возможности кратким, ибо в настоящий момент мне важно не состояние полусна само по себе, а его последствия.

Первое производимое им ощущение было удивление. Я рассчитывал найти одно, а находил другое. Затем возникало чувство небывалой радости, приносимой состоянием полусна, возможность видеть и понимать вещи совершенно по-иному, чем прежде. Третьим ощущением был некоторый страх, потому что вскоре я заметил, что если оставить состояние полусна без контроля, оно начинает усиливаться, распространяться и вторгаться в мои сны и даже в бодрственное состояние.

Таким образом, состояние полусна, с одной стороны, привлекало меня, а с другой — пугало. Я угадывал в нем огромные возможности, но и большую опасность. В одном я был абсолютно убежден: **без состояния полусна какое бы то ни было исследование снов невозможно**, и все попытки такого исследования неизбежно обречены на провал, неверные выводы, фантастические гипотезы и т. п.

С точки зрения моей изначальной идеи об исследовании снов я мог радоваться полученным результатам: я владел ключом к миру снов, и все, что было в них неясного и непонятного, постепенно прояснялось, становилось ясным и понятным.

Главное состояло в том, что в состоянии полусна я видел обычные сны, но при этом сохранял полное сознание, мог понимать, как возникают эти сны, из чего они построены, какова их общая причина и каковы последствия. Далее, я обнаружил, что в состоянии полусна я обладаю определенным контролем над снами: могу вызывать их и видеть то, что хочу, хотя это и не всегда удавалось, так что сказанное мной не следует понимать слишком буквально. Обычно я давал только первый толчок, после чего сны развертывались как бы добровольно, порой удивляя меня своими странными и неожиданными поворотами.

В состоянии полусна я мог видеть все сны, которые видел обычным образом. Постепенно передо мной прошел весь репертуар моих снов, и я наблюдал их вполне сознательно, видел, как они создаются, переходят один в другой, мог понять их механизм.

Наблюдаемые таким способом сны я стал постепенно классифицировать и подразделять на определенные категории.

В одну из таких категорий я отнес все постоянно повторяющиеся сны, которые время от времени продолжал видеть на протяжении всей своей жизни.

Некоторые из них некогда вызывали у меня страх своей упорной и частой повторяемостью, своим необычным характером; они вынуждали меня искать в них какой-то сокровенный или аллегорический смысл, предсказание или предостережение. Мне казалось, что эти сны должны были иметь какой-то особый смысл, какую-то особую причастность к моей жизни.

Вообще говоря, наивное мышление о снах всегда начинается с той идеи, что сны, в особенности настойчиво повторяющиеся, должны обладать определенным смыслом, предсказывать будущее, выявлять скрытые черты характера, выражать физические качества, склонности, тайные патологические состояния и т. п. Но очень скоро я убедился, что мои повторяющиеся сны ни в коей мере не связаны ни с какими чертами или свойствами моей природы, ни с какими событиями моей жизни. Я нашел для них ясные и простые объяснения, не оставляющие никаких сомнений в их подлинной природе.

Приведу несколько такого рода снов вместе с их объяснениями.

Первый и весьма характерный сон, который снился мне очень часто: я видел какую-то трясину, своеобразное болото, которого впоследствии никак не мог себе описать. Часто эта трясина, болото или просто глубокая грязь, какую можно было встретить на дорогах России, а то и прямо на улицах Москвы, вдруг появлялась передо мной на земле, даже на полу комнаты, вне всякой связи с сюжетом сна. Я изо всех сил старался избежать этой грязи, не ступить на нее, не коснуться ее, но неизбежно получалось так, что я попадал в нее, и она начинала меня засасывать, обычно до колен. Чего только я не делал, чтобы выбраться из грязи или трясины; если порой мне это удавалось, то я сразу же просыпался.

Соблазнительно истолковать этот сон аллегорически — как угрозу или предостережение. Но когда я стал видеть его в состоянии полусна, он объяснился очень просто: все содержание сна вызывалось ощущениями, которые возникали, когда одеяло или простыня стесняли мои ноги, так что невозможно было ни шевельнуть ими, ни повернуть. Если же мне удавалось повернуться, я выбирался из грязи, — но тогда неизбежно просыпался, так как совершал резкое движение. Что же касается самой грязи и ее «особого» характера, то она была связана, как я убедился в состоянии полусна, со «страхом перед болотом», скорее воображаемым, чем действительным, который владел мной в детстве. Такой страх часто встречается в России у детей и даже у взрослых; его вызывают рассказы о трясинах, болотах и «окошках». Наблюдая свой сон в состоянии полусна, я смог установить, откуда взялось ощущение «особой» грязи. И оно, и соответствующие зрительные образы были связаны с рассказами о трясинах и «окошках», которые, по слухам, обладали особыми свойствами: их узнавали по тому, что они, в отличие от обычного болота, всасывали в себя все, что в них попадало; их наполняла якобы какая-то **необычная** мягкая грязь и т. д. и т. п.

В состоянии полусна последовательность ассоциаций моего сна была вполне понятной: сначала ощущение стесненных ног, затем сигналы «болото», «трясина», «окошко», **«осо-**

бая мягкая грязь». Наконец страх, желание выбраться — и частое пробуждение. В этих снах не было абсолютно никакого мистического или психологического смысла.

Второй сон также пугал меня: **мне снилось, что я ослеп**. Вокруг меня что-то происходило; я слышал голоса, звуки, шум, движение, чувствовал, что мне угрожает какая-то опасность; мне приходилось двигаться с вытянутыми вперед руками, чтобы не ушибиться; и все время я изо всех сил старался увидеть то, что меня окружает.

В состоянии полусна я понял, что совершаемое мной усилие является не столько старанием что-то увидеть, сколько попытками открыть глаза. Именно это ощущение вместе с **ощущением сомкнутых век**, которые я никак не мог разомкнуть, порождало чувство «слепоты». Иногда я просыпался; это происходило в тех случаях, когда мне действительно удавалось открыть глаза.

Даже первые наблюдения повторяющихся снов доказали мне, что сны гораздо больше зависят от непосредственных ощущений данного мгновения, чем от каких-то общих причин. Постепенно я убедился, что почти все повторяющиеся сны были связаны с особыми ощущениями или состояниями — с ощущениями положения тела в данный момент. Так, когда мне случалось прижать коленом руку и она немела, мне снилось, будто меня кусает за руку собака. Когда мне хотелось взять в руки или поднять что-нибудь, все падало из рук, потому что они были слабыми, как тряпки, и отказывались слушаться. Помню, однажды во сне нужно было разбить что-то молотком, но молоток оказался как бы резиновым: он отскакивал от предмета, по которому я бил, и мне не удавалось придать своим ударам необходимой силы. Это, конечно, было просто ощущением расслабления мускулов.

Был еще один повторяющийся сон, который постоянно вызывал у меня страх. В этом сне я оказывался паралитиком или калекой — я падал и не мог встать, потому что ноги мне не повиновались. Этот сон также казался предчувствием того, что должно было со мной случиться, — пока в состоянии полусна я не убедился, что его вызывало ощущение неподвижности ног с сопутствующим расслаблением мускулатуры, которая отказывалась повиноваться двигательным импульсам.

В общем, я понял, что наши движения, а также желание и невозможность совершить какое-то определенное движение играют в создании снов важнейшую роль.

К этой же категории повторяющихся снов принадлежали сны с полетами. Я довольно часто летал во сне, и эти сны мне очень нравились. В состоянии полусна я понял, что ощущение полета вызывается слабым головокружением, которое порой возникает во сне без всякой видимой причины, вероятно, просто в связи с горизонтальным положением тела. Никакого эротического элемента в снах с полетами не было.

Забавные сны, в которых человек видит себя раздетым или полуодетым на людной улице, также не требовали для своего объяснения особо сложных теорий. Они возникали как следствие ощущения полуоткрытого тела. Как я обнаружил в состоянии полусна, такие сны возникали главным образом тогда, когда мне становилось холодно. Холод заставлял меня ощутить, что я раздет, и это ощущение проникало в сон.

Некоторые повторяющиеся сны удавалось объяснить только в связи с другими. Таковы сны о лестницах, часто описываемые в литературе по психологии. Эти странные сны снятся многим. Вы поднимаетесь по огромной, мрачной лестнице, не имеющей конца, видите какие-то выходы, ведущие наружу, вспоминаете нужную вам дверь, тут же теряете ее, выходите на незнакомую площадку, к новым выходам, дверям и т. д. Это один из самых типичных повторяющихся снов; как правило, вы не встречаете во сне ни одного человека, а остаетесь в полном одиночестве среди всех этих широких пустых лестниц.

Как я понял в состоянии полусна, эти сны представляют собой сочетание двух мотивов, или воспоминаний. Первый мотив порожден моторной памятью, памятью направления. Сны о лестницах ничуть не отличаются от снов о длинных коридорах, о бесконечных дворах, по которым вы проходите, об улицах, аллеях, садах, парках, полях, лесах; одним словом, все это **сны о дорогах, о путях**. Нам известно множество путей или дорог: в домах, городах, деревнях, горах; мы можем увидеть все эти дороги во сне, хотя часто видим не сами дороги, а, если можно так выразиться, общее ощущение от них. Каждый путь воспринимается по-особому: это восприятие создается тысячами мелких деталей, отраженных и запечатленных в разных уголках памяти. Позднее такие восприятия воспроизводятся в снах, хотя для создания нужного ощущения во сне зачастую используется самый случайный материал образов. По этой причине дорога, которую вы видите во сне, может внешне не напоминать дорогу, которую вы знаете и помните в бодрственном состоянии; однако она произведет на вас то же самое впечатление, даст то же самое ощущение, что и дорога, которую вы знаете, которая вам известна.

«Лестницы» подобны «дорогам»; но, как уже говорилось, содержат еще один дополнительный мотив, а именно, некий мистической смысл, которым обладает лестница в жизни любого человека. В своей жизни каждый переживал на лестнице чувство, что вот сейчас на соседней площадке, на следующем этаже, за закрытой дверью его ожидает нечто новое и интересное. Любой может вспомнить в своей жизни подобные моменты: он поднимается по лестнице, не зная, что его ждет. У детей это впечатление нередко связано с поступлением в школу и вообще со школой; такие впечатления остаются в памяти на всю жизнь. Далее, ступеньки нередко связаны со сценами колебаний, решений, перемены решений и т. д. Все это вместе взятое и соединенное с памятью о движении, создает сны о лестницах.

Продолжая общее описание снов, я должен отметить, что зрительные образы снов не всегда соответствуют зрительным образам бодрственного состояния. Человек, которого вы хорошо знаете в жизни, во сне может выглядеть совсем поиному. Несмотря на это, вы ни на минуту не сомневаетесь, что перед вами действительно он; то, что он не похож на себя, абсолютно вас не удивляет. Нередко бывает так, что какой-нибудь совершенно фантастический, неестественный и даже невозможный аспект человека выражает его определенные черты и свойства, которые вам известны. Одним словом, внешняя форма вещей, людей и событий оказывается в снах гораздо пластичнее, нежели в бодрственном состоянии, и гораздо восприимчивее к влиянию случайных мыслей, чувств и настроений, сменяющих друг друга внутри нас.

Что касается повторяющихся снов, то их простая природа и отсутствие в них какого бы то ни было аллегорического смысла стали для меня совершенно неоспоримыми после того, как я несколько раз видел их в состоянии полусна. Я понял, как они начинаются; я мог точно указать, откуда они возникли и как были созданы. Существовал лишь один сон, которого я не мог объяснить. В этом сне я **бегал на четвереньках**, иногда очень быстро. Возможно, мне казалось, что это самый быстрый, безопасный и удобный способ передвижения. В момент опасности и вообще в трудном положении я всегда предпочитал его во сне любому иному.

По какой-то причине этот сон не появлялся в состоянии полусна. Происхождение бега на четвереньках я понял гораздо позже, наблюдая за маленьким ребенком, который только-только начинал ходить. Он мог ходить, но ходьба оставалась для него опасным предприятием, и положение на двух ногах было крайне ненадежным, неустойчивым, непрочным. В этом положении он себе не доверял, и если случалось что-то непредвиденное (открывалась дверь, с улицы доносился шум или прыгал на диван кот), он немедленно опускался на четвереньки. Наблюдая за ребенком, я понял, что где-то в глубине моей памяти хранятся воспоминания об этих первых моторных впечатлениях и переживаниях, страхах и моторных импульсах, с ними связанных. Очевидно, было время, когда новые, неожиданные впечатления заставляли опускаться на четвереньки, т. е. обеспечивать себе более прочное и твердое положение. В бодрственном состоянии этот импульс недостаточно силен; зато он действует во сне и создает необычную картину, которая показалась мне аллегорической или наделенной каким-то скрытым смыслом.

Наблюдение за ребенком объяснило мне многое, касающееся снов о лестницах. Когда он вполне освоился на полу, лестница обрела для него огромную притягательную силу. Ничто, казалось, не привлекало его сильнее, чем лестница. К тому же подходить к ней ему запрещалось. Ясное дело, что в следующий период жизни он жил практически на лестнице. Во всех домах, где ему приходилось бывать, его в первую очередь привлекали лестницы. Наблюдая за ним, я не сомневался, что общее впечатление от лестниц останется в нем на всю жизнь и будет теснейшим образом связано с переживаниями необычного, привлекательного и опасного характера.

Возвращаясь к методам своих наблюдений, я должен отметить один любопытный факт, который наглядно доказывает, что сны меняются в силу уже одного того, что их наблюдают. Именно: несколько раз мне **снилось**, что я слежу за своими снами. Моей первоначальной целью было обрести сознание во время сна, т. е. достичь способности понимать во сне, что я сплю. Именно это и достигалось, когда, как я уже говорил, я одновременно и спал, и не спал. Но вскоре начали появляться «ложные наблюдения», т. е. просто новые сны. Помню, как я увидел себя однажды в большой пустой комнате; кроме меня в ней находился маленький черный котенок. «Я вижу сон, — сказал я себе, — как же мне узнать, действительно ли я сплю? Воспользуюсь следующим способом: пусть этот черный котенок превратится в большую белую собаку. В бодрственном состоянии это невозможно, и если такая вещь выйдет, это будет означать, что я сплю». Я говорю это самому себе — и сейчас же черный котенок превращается в большую белую собаку. Одновременно исчезает стена напротив и открывается горный ландшафт с рекой, которая течет в отдалении, извиваясь, словно лента.

«Любопытно, — говорю я себе. — Ведь ни о каком ландшафте речи не было; откуда же он взялся?» И вот во мне начинает шевелиться какое-то слабое воспоминание: где-то я видел этот ландшафт, и он каким-то образом связан с белой собакой. Но тут я чувствую, что если позволю себе углубиться в этот вопрос, то забуду самое важное, а именно: **то, что я сплю и осознаю себя**, т. е. нахожусь в таком состоянии, которого давно хотел достичь. Я делаю усилие, чтобы не думать о ландшафте, но в ту же минуту ощущаю, что какая-то сила увлекает меня **задом наперед**. Я быстро пролетаю сквозь заднюю стену комнаты, продолжаю лететь по прямой, а в ушах слышен звон и ужасный шум. Внезапно я останавливаюсь и просыпаюсь.

Описание такого **полета задом наперед** и сопровождающего его шума можно найти в оккультной литературе, где им приписывается особый смысл. Но в действительности здесь нет никакого особого смысла, кроме, возможно, неудобного положения головы и незначительного расстройства кровообращения.

Именно так, **задом наперед**, ведьмы возвращались обычно со своего шабаша.

Вообще говоря, ложные наблюдения, т. е. сны внутри снов, играли, вероятно, немалую роль в истории магии, чудесных превращений и т. п.

С «ложными наблюдениями», подобными только что описанному, я встречался несколько раз; они оставляли в памяти очень яркие следы и заметно помогли мне уяснить общий механизм снов и сновидений.

Сейчас мне хочется сказать несколько слов об общем механизме сна.

Сначала необходимо ясно понять, что сон может иметь разные степени, разную глубину. Мы можем быть более сонными и менее сонными, ближе к возможности пробуждения и дальше от нее. Сновидения, которые мы видим в глубоком сне, т. е. далеко от возможности пробуждения, мы совсем не помним. Люди, которые говорят, что вообще не видят снов, спят очень глубоко. Те же, кто помнит все свои сны или, по крайней мере, бóльшую их часть, на самом деле спят лишь наполовину, постоянно находясь близ возможности пробуждения. А поскольку определенная часть внутренней инстинктивной работы организма наилучшим образом выполняется во время глубокого сна и не удается, когда человек спит лишь наполовину, очевидно, что отсутствие глубокого сна ослабляет организм, мешает ему обновлять растраченные силы, выводить использованные вещества и т. д. Организм отдыхает недостаточно и, как следствие, не в состоянии хорошо работать, быстро изнашивается, легче заболевает. Одним словом, глубокий сон, т. е. сон без сновидений, во всех отношениях полезнее, чем сон со сновидениями. Экспериментаторы, которые побуждают людей запоминать свои сны, поистине оказывают им медвежью услугу. Чем меньше человек помнит сны, тем глубже он спит, — и тем это лучше для него.

Далее, необходимо признать, что мы совершаем крупную ошибку, когда говорим о создании мысленных образов во сне. В этом случае мы говорим только о головном, мозговом мышлении, которому приписываем как главную работу по созданию снов, так и все наше мышление. Это крайне ошибочное мнение. Наши ноги тоже мыслят, причем мыслят совершенно независимо от головы и не так, как она. Мыслят и руки, обладающие собственной памятью, собственным воображением, собственными ассоциациями. Мыслит спина, мыслит живот; каждая часть тела обладает самостоятельным мышлением. Но ни один из этих мыслительных процессов не доходит до нашего бодрственного сознания, когда головное мышление (которое оперирует главным образом словами и зрительными образами) господствует над всеми прочими. Когда же оно утихает и в состоянии сна бывает как бы окутано облаками, особенно в глубоких стадиях сна, немедленно берут слово другие сознания, а именно: сознания ног, рук, пальцев, желудка, прочих органов, заключенные внутри нас, обладающие своими собственными понятиями относительно многих предметов и явлений, для которых иногда у нас есть соответствующие головные понятия, а иногда нет. Именно это более всего мешает нам понимать сны. Во сне умственные образы, которые принадлежат ногам, рукам, носу, пальцам, разным группам моторных мышц, смешиваются с обычными зрительно-словесными образами. У нас нет слов и форм для выражения понятий одного рода в понятиях другого рода. Зрительно-словесная часть нашего психического аппарата не способна вспоминать эти чрезвычайно непонятные и чуждые нам образы. Однако в наших снах эти образы играют ту же роль, что и зрительно-словесные, если не бо́льшую.

При любой попытке описания и классификации снов следует иметь в виду две следующие оговорки, которые я сейчас сделаю. Первая: существуют разные состояния сна. Мы улавливаем только те сновидения, которые проходят близ поверхности сознания; как только они идут глубже, мы их теряем. И вторая: как бы мы ни старались припомнить и точно описать наши сновидения, мы припоминаем и описываем только **головные сновидения**, т. е. сновидения, состоящие из зрительно-словесных образов; все остальное, т. е. огромное большинство сновидений, до нас не доходит.

К этому необходимо добавить еще одно важное обстоятельство: во сне изменяется и само головное сознание. Это означает, что во сне человек не способен думать о себе**, если сама мысль не будет сновидением**. Человек не может произнести во сне свое собственное имя.

Если я произносил во сне свое имя, я немедленно просыпался. И я сообразил, что мы не понимаем того, что знание собственного имени есть, по сравнению со сном, уже иная степень сознания. Во сне мы не сознаем собственного существования, не выделяем себя из общей картины, которая развертывается вокруг нас, а, так сказать, движемся вместе с нею. Наше чувство «я» во сне куда более затемнено, чем в состоянии бодрствования. В сущности, это и есть та главная психологическая черта, которая определяет состояние сна и выражает главное различие между сном и состоянием бодрствования.

Как я указал выше, наблюдение снов часто приводило меня к необходимости их классификации. Я проникся убеждением, что сны по своей природе очень разнообразны. Общее наименование «сновидения» лишь создает путаницу, поскольку сновидения отличаются друг от друга не меньше, чем предметы и события, которые мы видим в бодрственном состоянии. Было бы совершенно неправомерно говорить о «вещах», включая сюда планеты, детские игрушки, премьер-министров и наскальные рисунки палеолита, но именно так мы и поступаем по отношению к сновидениям. Это, несомненно, делает понимание снов практически невозможным и создает множество ложных теорий, так как объяснить разнообразные категории снов на основе одного общего принципа так же невозможно, как невозможно объяснить из одного принципа существование премьер-министров и палеолитических рисунков.

Большей частью наши сновидения случайны, хаотичны, бессвязны и **бессмысленны**. Они зависят от случайных ассоциаций; в них нет никакой последовательности, никакой целенаправленности, никакой идеи.

Я опишу один из таких снов, который я видел в состоянии полусна.

Я засыпаю. Перед моим взором возникают и исчезают золотые точки, искры и звездочки. Эти искры и звездочки постепенно погружаются в золотую сеть с диагональными ячейками, которые медленно движутся в соответствии с ударами моего сердца. Я слышу их совершенно отчетливо. В следующее мгновение золотая сеть превращается в ряды медных шлемов римских солдат, которые маршируют внизу. Я слышу их мерную поступь и слежу из окна высокого дома в Галате, в Константинополе, как они шагают по узкой улице, один конец которой упирается в старую верфь и Золотой Рог с его парусниками и пароходами; за ними видны минареты Стамбула. Римские солдаты продолжают маршировать тесными рядами вперед и вперед. Я слышу их тяжелые, мерные шаги, вижу, как на шлемах сияет солнце. Внезапно я отрываюсь от подоконника, на котором лежу, и в том же склоненном положении медленно пролетаю над улицей, над домами, над Золотым Рогом, направляясь к Стамбулу. Я ощущаю запах моря, ветер, теплое солнце. Этот полет мне невероятно нравится, я не могу удержаться — и открываю глаза.

Таков типичный сон первой категории, т. е. сон, обусловленный случайными ассоциациями. Искать какой-либо смысл в таких сновидениях — то же самое, что предсказывать судьбу по кофейной гуще. Все содержание сна прошло передо мной в состоянии полусна; с первого и до последнего момента я следил за тем, как появляются образы и как они превращаются один в другой. Золотые искры и звезды превратились в сеть с правильными ячейками, сеть превратилась в шлемы римских солдат. Удары сердца, которые я слышал, стали мерной поступью марширующего отряда. Ощущение пульсации сердца связано с расслаблением множества мелких мускулов, что, в свою очередь, вызывает легкое головокружение. Последнее немедленно проявилось в том, что я лежал на подоконнике **высокого** дома и смотрел на солдат вниз; когда головокружение усилилось, я оторвался от подоконника и полетел над заливом. По ассоциации это немедленно вызвало ощущенис моря, встра и солнца; если бы я не проснулся, то в следующее мгновение, вероятно, увидел бы себя в открытом море, на корабле и т. д.

Подобные сны замечательны порой именно своей особой бессмысленностью, совершенно невероятными комбинациями и ассоциациями.

Припоминаю один сон, в котором по какой-то причине важную роль играла стая гусей. Кто-то спрашивает меня: «Хочешь увидеть **гусенка**? Ты ведь никогда не видел гусенка». Я немедленно соглашаюсь с тем, что никогда не видел гусят. В следующее мгновение мне подносят на оранжевой шелковой подушке спящего серого котенка, но очень необычного вида: в два раза длиннее и в два раза тоньше, чем обыкновенные котята. Я рассматриваю этого «гусенка» с большим интересом и говорю, что никогда не думал, что гусята такие необычные.

Если отнести сны, о которых я сейчас говорил, к первой категории, то во вторую категорию попадут драматические, или придуманные, сны. Обычно две эти категории перемешаны одна с другой, т. е. элемент выдумки и фантазии присутствует и в хаотических снах, тогда как придуманные сны содержат множество случайных ассоциаций, образов и сцен, благодаря которым резко меняют свое первоначальное направление. Сны второй категории легче вспоминать, потому что они больше похожи на обычные дневные грезы.

В этих снах человек видит себя во всевозможных драматических ситуациях. Он путешествует по дальним странам, сражается на войне, спасается от опасностей, кого-то преследует, видит себя в окружении людей, встречается со своими друзьями и знакомыми (как живыми, так и умершими), наблюдает себя в разные периоды жизни (например, будучи взрослым, видит себя школьником) и т. д.

Некоторые сны этой категории бывают очень интересными по своей технике. Они содержат столь тонкий материал наблюдений, памяти и воображения, каким в бодрственном состоянии человек не обладает. Когда я начал немного разбираться в снах такого типа, это было первое, что поразило меня в них.

Если я видел во сне приятеля, с которым мне не приходилось видеться несколько лет, он говорил со мной своим собственным языком, своим особым голосом, со своими характерными жестами; и говорил как раз то, что, кроме него, никто не мог бы сказать.

Каждый человек обладает своей манерой выражения, мышления, реакции на внешние явления. Никто не в состоянии абсолютно точно воспроизвести слова и поступки другого. И что более всего привлекало меня в этих снах — это их удивительная художественная точность. Стиль каждого человека сохранялся в них до мельчайших деталей. Случалось, что некоторые черты выглядели преувеличенными или выражались символически. Но никогда не возникало ничего неправильного, с данным человеком несовместимого.

В сновидениях такого рода мне не раз случалось видеть одновременно по десять — двадцать человек, которых я знал в разное время, и ни в одном образе не было ни малейшей ошибки, ни малейшей неточности.

Это было нечто большее, чем память: имело место художественное творчество, ибо мне было совершенно очевидно, что многие детали, исчезнувшие из моей памяти, оказывались восстановленными, так сказать, по ходу дела; и они вполне соответствовали тому, что должно было быть.

Другие сны этого типа поражали меня глубоко продуманным и разработанным планом. В них был ясный и внятный сюжет, ранее мне неизвестный. Все драматические персонажи являлись в надлежащий момент, говорили и делали в точности то, что им следовало говорить и делать по сюжету. Действие могло происходить в самых разных условиях, могло переноситься из города в деревню, в неизвестные мне страны, на море; в эти драмы могли вмешиваться самые неожиданные персонажи. Помню, например, один сон, полный движения, драматических ситуаций и самых разнообразных эмоций. Если не ошибаюсь, он приснился мне во время русско-японской войны. Но во сне война шла в пределах самой России; часть России была занята армиями какого-то небывалого народа, незнакомое имя которого я забыл. Мне нужно было любой ценой пройти через расположение противника по каким-то чрезвычайно важным личным делам, в связи с чем произошла целая серия трагических, забавных и мелодраматических эпизодов. Все вместе вполне сошло бы за киносценарий; все оказалось совершенно уместным, ничто не выпадало из общего хода драмы. Было множество интересных персонажей и сцен. Монах, с которым я беседовал в монастыре, до сих пор жив в моей памяти: он удалился от жизни и от всего, что происходило вокруг; вместе с тем, он был полон маленьких забот и беспокойств, связанных в тот момент со мной. Странный полковник вражеской армии с остроконечной седой бородкой и непрерывно мигающими глазами был совершенно живым человеком и одновременно с этим — вполне определенным типом человека-машины, жизнь которого разделена на несколько отделений с непроницаемыми перегородками. Даже тип его воображаемой национальности, звуки языка, на котором он разговаривал с другим офицером — все оказалось в полном порядке. Сон изобиловал и мелкими реалистическими деталями. Я скакал галопом сквозь неприятельские линии на большой белой лошади, и во время одной из остановок смел рукавом со своей одежды несколько ее белых шерстинок.

Помню, что этот сон сильно меня заинтересовал, так как со всей очевидностью показал, что во мне есть художник, порой весьма наивный, порой очень тонкий; он работал над этими снами и создал их из того материала, которым я не мог в полной мере воспользоваться в бодрственном состоянии, хотя и владел им. Я обнаружил, что этот художник был чрезвычайно многосторонним в своих знаниях, способностях и таланте. Он оказался драматургом, постановщиком, декоратором и замечательным **актером-исполнителем**. Последнее его качество было, пожалуй, самым удивительным из всех. Оно меня особенно поразило, потому что в бодрственном состоянии я обладал им в ничтожной степени. Я не умел подражать другим, воспроизводить их жесты, движения, не мог повторить характерные слова и фразы даже близких своих знакомых; как не умел воспроизвести акцент и особенности речи. Но в сновидениях я оказался на все это способным. Поразительное умение перевоплощаться, которое проявилось у меня в снах, обернулось бы, без сомнения, большим талантом, сумей я воспользоваться им в бодрственном состоянии. Я понял, что это особое свойство присуще не только мне. Способность к воплощению, к драматизации, к постановке картины, к стилизации и символизации есть у каждого человека и проявляется в его снах.

Сны, в которых люди видят своих умерших друзей и родственников, поражают их воображение именно замечательной способностью к воплощению, скрывающейся в них самих. Эта способность проявляется и в бодрственном состоянии, когда человек погружен в самого себя или отдален от непосредственного воздействия жизни и привычных ассоциаций.

После своих наблюдений за воплощениями в снах я ничуть не удивился, услышав рассказы о спиритических явлениях: о голосах давно умерших, о «сообщениях» и «советах», исходящих от них, и т. п. Можно даже допустить, что, следуя таким советам, люди находили утерянные вещи, связки писем, старые завещания, фамильные драгоценности и зарытые клады. Конечно, бо́льшая часть этих рассказов — чистая выдумка; но иногда, пусть даже очень редко, такие вещи происходят; подобные случаи, несомненно, основаны на способности к воплощению. Такое воплощение — это искусство, хотя и бессознательное, а искусство всегда содержит в себе сильный магический элемент, который предполагает новые открытия, новые откровения. Точное и доподлинное воплощение умершего человека нередко оказывается подобной магией. Воплощенный образ не только может в таком случае говорить то, что сознательно или подсознательно известно воспроизводящему его человеку, он в состоянии сообщать такие вещи, которые этот человек не знает, которые исходят из самой его природы, из жизни, — иными словами, здесь раскрывается нечто, происходившее в этой жизни и известное только ей.

Мои собственные наблюдения за способностью перевоплощения не шли далее наблюдений за воспроизведением того, что я когда-то знал, слышал или видел, с очень небольшими дополнениями.

Помню два случая, которые объяснили мне многое, относящееся как к происхождению снов, так и к спиритическим сообщениям из потустороннего мира.

Один случай произошел уже после того, как я занимался проблемой снов, по пути в Индию. За год до того умер мой друг С., с которым я раньше путешествовал по Востоку и с которым собирался поехать в Индию; и сейчас я невольно, особенно в начале пути, думал о нем и чувствовал его отсутствие.

И вот дважды — один раз на пароходе в Северном море, а второй раз в Индии — я отчетливо услышал его голос, как если бы он вступил со мной во внутренний разговор. Оба раза он говорил в особой, присущей только ему манере, и говорил то, что мог сказать только он. Все — его стиль, интонации, манера речи, общение со мной — все было заключено буквально в несколько фраз.

Оба раза это произошло по совершенно ничтожному поводу; оба раза он шутил со мной в своей обычной манере. Конечно, я ни на мгновение не подумал, что происходит нечто спиритическое. Очевидно, он был во мне, в моей памяти о нем, и нечто внутри меня воспроизвело его образ, «воплотило» его.

Воплощения такого рода иногда случаются во время внутренних разговоров с отсутствующими друзьями. В этих разговорах воплощенные образы могут сообщить неизвестные нам вещи совершенно так же, как это делают умершие друзья.

Когда речь идет о людях, которые еще живы, подобные случаи объясняют телепатией, тогда как «сообщения» умерших объясняют существованием после смерти и возможностью телепатического общения умерших с живыми.

Так обычно и истолковывают эти явления в сочинениях по спиритизму. Очень интересно читать спиритические книги с точки зрения изучения снов. В описаниях спиритических явлений я мог различить разные категории снов: бессознательные и хаотические сны, сны придуманные, драматические сны и еще одну очень важную разновидность, которую я назвал бы «подражательными снами». Подражательные сны любопытны во многих отношениях; несмотря на то что в большинстве случаев материал этих снов вполне очевиден, в состоянии бодрствования мы не способны воспользоваться им так искусно, как это бывает во сне. Здесь вновь видна работа «художника»: иногда он выступает в роли постановщика, иногда — переводчика; иногда — это явный **плагиатор**, который по-своему изменяет и приписывает себе то, что прочел или услышал.

Явления **воплощения** также были описаны в научной литературе, посвященной спиритизму. В своей книге «Современный спиритизм» Ф. Подмор приводит интересный случай, взятый из «Сообщений Общества психических исследований».

«С. X. Таут, директор Бэклэндского колледжа в Ванкувере, описывает свое участие в спиритических сеансах. Во время сеансов некоторые его участники испытали спазматические судороги кистей, предплечий и другие непроизвольные движения. Сам Таут в таких случаях ощущал сильное желание подражать этим движениям.

Впоследствии он поддавался порой сходному желанию стать чужой личностью. Так, он сыграл роль умершей женщины, матери одного из присутствующих, его приятеля. Таут обнял его и ласкал, как это могла бы сделать его мать; исполненная роль была признана зрителями за подлинный случай «управления духом».

На другом сеансе Таут, который под воздействием музыки произвел несколько таких воплощений, был охвачен чувством холода и одиночества, как бы передавшегося ему от недавно покинувшей тело души. Его горе и удрученность были ужасны, и он не рухнул на пол лишь потому, что его поддержали несколько других участников сеанса. В тот момент, — продолжает Таут, — один из участников заметил: «Это отец овладел им», — и тогда я как бы постиг, кто я такой и кого ищу. Я ощутил боль в легких и упал бы, если бы меня не поддержали и не уложили осторожно на пол. Когда моя голова коснулась ковра, я почувствовал ужасную боль в легких, и дыхание мое прервалось. Я стал делать знаки, чтобы мне положили что-нибудь под голову. Принесли диванную подушку, но ее оказалось недостаточно, и мне под голову подложили еще одну подушку. Я совершенно отчетливо вспоминаю вздох облегчения, который испустил, опускаясь на прохладную подушку, подобно обессилевшему, больному человеку. Но я в определенной степени сознавал свои действия, хотя и не осознавал окружающего. Помню, что видел себя в роли моего умирающего отца, который лежал на смертном одре. Переживание было чрезвычайно любопытным. Я видел его исхудавшие руки и провалившиеся щеки, снова пережил его предсмертные минуты, но теперь я был каким-то непонятным образом и самим собой, и отцом с его чувствами и внешним обликом».

Мне вспомнился один любопытный случай из этой категории снов с псевдоавторством; это было, должно быть, лет тридцать назад.

Я проснулся, удерживая в памяти длинную и, как мне казалось, очень интересную повесть, которую я, по-видимому, написал во сне. Я помнил ее во всех подробностях и решил записать в первую же свободную минуту, как образчик «творческого» сна, но и в расчете на то, что когда-нибудь могу воспользоваться этой темой, хотя повесть не имела ничего общего с моими обычными сочинениями и по своей теме и стилю резко от них отличалась. Часа через два, когда я принялся ее записывать, я обнаружил что-то очень знакомое; к великому моему изумлению, я понял, что это повесть Поля Бурже, которую я недавно прочел. Сюжет был любопытным образом изменен. Действие, которое в книге Бурже развертывалось с одного конца, в моем сне начиналось с другого. Оно происходило в России; все действующие лица носили русские имена, а для усиления русского духа был добавлен новый персонаж. Теперь мне как-то жаль, что я так и не записал этой повести в том виде, в каком воссоздал ее во сне. Она, несомненно, содержала в себе много интересного. Прежде всего, она была сочинена с невероятной быстротой. В обычных условиях бодрственного состояния переработка чужой повести с сохранением объема, перенесением действия в другую страну и добавлением нового персонажа, который появляется почти во всех сценах, потребовала бы, по моим подсчетам, самое малое недельной работы. Во сне же она была проделана без каких-либо затрат времени, не считав времени протекания самого действия.

Эта небывалая быстрота умственной работы во сне неоднократно привлекала внимание исследователей; на их наблюдения опираются многие неверные выводы.

Хорошо известен один сон, который не раз упоминали, но так по-настоящему и не поняли. Он описан Мори в его книге «Сон и сновидения» и, по мнению Мори, доказывает, что для очень долгого сна достаточно одного мгновения.

«Я был слегка нездоров и лежал в своей комнате; мать сидела около моей кровати. И вот мне приснилась эпоха Террора. Я присутствовал при сценах убийств; затем я появляюсь перед революционным трибуналом; вижу Робеспьера, Марата, Фукье-Тенвилля и прочие мерзкие фигуры этой ужасной эпохи; спорю с ними; и вот наконец после множества событий, которые я смутно припоминаю, меня предают суду. Суд приговаривает меня к смертной казни. В окружении вопящей толпы меня везут в повозке на площадь Революции; я поднимаюсь на эшафот; палач привязывает меня к роковой доске, толкает ее — нож падает, и я чувствую, как моя голова отделяется от тела. Я просыпаюсь, охваченный отчаянным страхом — и чувствую на шее прут кровати, который неожиданно отломился и, подобно ножу гильотины, упал мне на шею. Это случилось в одно мгновение, уверяла меня мать; тем не менее удар прута был воспринят мной как исходная точка сна с целой серией последующих эпизодов. В момент удара в моей голове пронеслись воспоминания об ужасной машине, действие которой так хорошо воспроизвело падение прута из балдахина над кроватью; оно-то и пробудило во мне все образы той ужасной эпохи, символом которой была гильотина».

Итак, Мори объясняет свой сон чрезвычайной быстротой работы воображения во сне; по его словам, за какие-то десятые или сотые доли секунды, которые прошли между моментом, когда прут ударил его по шее, и пробуждением, произошло воссоздание всего сна, полного движения и драматического действия и длившегося, как будто, довольно долго.

Но объяснение Мори недостаточно и, в сущности, ошибочно. Мори упускает из виду одно, самое важное обстоятельство: в действительности, его сон продолжался несколько дольше, чем он думает, возможно, всего на несколько секунд дольше; но для психических процессов это весьма продолжительный промежуток времени, вместе с тем, его матери пробуждение Мори могло показаться мгновенным или **очень быстрым**.

На самом же деле произошло следующее. Падение прута привело Мори в состояние полусна, и в этом состоянии главным переживанием был страх. Он боялся проснуться, боялся объяснить себе, что с ним произошло. Весь его сон и был создан вопросом: «Что со мной случилось?» Пауза, неуверенность, постепенное исчезновение надежды — очень хорошо выражены в его рассказе. Во сне Мори есть еще одна очень характерная черта, которую он не заметил: события в нем следовали не в том порядке, в каком он их описывает, а **от конца к началу**.

В придуманных снах это случается довольно часто и представляет собой одну из самых любопытных их особенностей; возможно, оно уже было отмечено кем-нибудь в специальной литературе. К несчастью, важность и значение этого свойства не были подчеркнуты, и данная идея не вошла в обиход обычного мышления, хотя способность сна развиваться в обратном направлении объясняет очень многое.

Обратное развитие сна означает, что, когда мы просыпаемся, мы просыпаемся в момент **начала** сна и припоминаем его как начавшийся с этого мгновения, т. е. в нормальной последовательности событий. Первым впечатлением Мори было: «Господи, что со мной случилось?» Ответ: «Меня гильотинировали». Его воображение тут же рисует картину казни, эшафот, гильотину, палача. После чего возникает вопрос: «Как все это случилось? Как я попал на эшафот?» И в ответ снова картины — парижские улицы, толпы времен революции, телега, в которой осужденных везли на эшафот. Новый вопрос с тем же горестным сжатием сердца и чувством чего-то ужасного и непоправимого. В ответ появляются картины трибунала, фигуры Робеспьера, Марата, сцены убийств, общие картины террора, которые объясняют происшедшее. В это мгновение Мори проснулся — точнее говоря, он открыл глаза. В действительности, он проснулся уже давно, возможно, несколько секунд назад. Но, открыв глаза и вспомнив последний момент своего сна, сцены террора и убийств, он тут же принимается реконструировать сон в уме, начиная с этого мгновения; реконструированный сон развертывается в обычном порядке, от начала событий к их концу, от сцены в трибунале до падения ножа, т. е. до падения прута. Позднее, записывая или рассказывая свой сон, Мори ни на минуту не усомнился в том, что видел его именно в таком порядке; иначе говоря, он никогда не представлял себе, что можно увидеть сон в одном порядке событий, а припомнить его в другом. Перед ним возникла еще одна проблема: как такой длинный и сложный сон смог промелькнуть перед сознанием за одно мгновение? Ведь он был уверен, что проснулся сразу же; а состояния полусна он не запомнил. И вот он объясняет все невероятной быстротой развития сновидений, тогда как на самом деле для объяснения этого случая необходимо понять, во-первых, состояние полусна; во-вторых, то, что сны могут развиваться в **обратном порядке**, от конца к началу, а вспоминаться в **правильном порядке**, от начала к концу.

Развитие сна от конца к началу случается довольно часто, но вспоминаем мы его в обычном порядке, потому что он заканчивается таким моментом, с которого должен бы начинаться при нормальном развитии событий; мы припоминаем его или представляем себе именно с этого момента.

Эмоциональные состояния, в которых мы находимся во время сна, нередко вызывают очень любопытные сновидения. Они так или иначе окрашивают наполовину придуманные, наполовину хаотические сны, делают их поразительно живыми и реальными, заставляя нас искать в них какой-то глубокий смысл и особое значение.

Приведу здесь один сон, который вполне можно истолковать как спиритический, хотя ничего спиритического в нем нет. Приснился он мне, когда мне было семнадцать или восемнадцать лет.

Я увидел во сне Лермонтова. Не помню его зрительного образа; но странно пустым и сдавленным голосом он сказал мне, что не умер, хотя все сочли его убитым. «Меня спасли, — говорил он тихо и медленно, — это устроили мои друзья. Черкес, который прыгнул в могилу и сбил кинжалом землю, якобы помогая опустить гроб... это было связано с моим спасением. Ночью меня откопали. Я уехал за границу и долго жил там, но ничего больше не писал. Никто не знал об этом, кроме моих сестер. А потом я действительно умер».

Я пробудился от этого сна в невероятно подавленном настроении. Я лежал на левом боку, сердце сильно билось, и я ощущал невыразимую тоску. Эта тоска на самом деле и была главным мотивом, который в сочетании со случайными образами и ассоциациями создал весь сон. Насколько я могу припомнить, моим первым впечатлением о «Лермонтове» был пустой, сдавленный голос, исполненный какой-то особой печали. Трудно сказать, почему я решил, что это был Лермонтов, — возможно, в силу какой-то эмоциональной ассоциации. Вполне вероятно, что описание смерти и похорон Лермонтова произвело на меня в то время именно такое впечатление. Слова Лермонтова о том, что он не умер, что его зарыли живым, еще более усилили этот эмоциональный фон. Любопытной чертой сна была попытка связать его с фактами. В некоторых биографиях Лермонтова его похороны описаны на основании свидетельств присутствовавших; при этом указывается, что гроб не проходил в вырытую могилу и какой-то горец спрыгнул вниз и ударами кинжала сбил землю. В моем сне был эпизод, связанный с этим инцидентом. Далее, «сестры» Лермонтова оказались в нем единственными лицами, знавшими о том, что он жив. Даже во сне я подумал, что, говоря о «сестрах», он имел в виду двоюродных сестер, но по той или иной причине не пожелал выразиться ясно. Все это следовало из главного мотива сна — ощущения подавленности и тайны.

Нет сомнения, что, если бы этот сон стали объяснять спириты, они истолковали бы его в спиритическом смысле. Вообще говоря, изучение снов и есть изучение спиритизма, ибо все свое содержание спиритизм черпает из снов. Как я уже упоминал, литература по спиритизму дала мне очень интересный материал для объяснения снов.

Кроме того, литература по спиритизму, несомненно, создала и создает целую серию спиритических снов — точно так же, как в создании снов очень важную роль играют кино и детективные романы. Современные исследователи снов, как правило, не принимают в расчет характер той литературы, которую читает человек, еще меньше — его любимые развлечения (театр, кино, скачки и т. п.), но ведь как раз отсюда черпается основной материал для снов, особенно у тех людей, чья повседневная жизнь скудна на впечатления. Именно чтение и зрелища создают аллегорические, символические и тому подобные сны. И уж совсем не принимается во внимание та роль, которую играют в создании снов объявления и афиши.

Построение зрительных образов иногда оказывается в сновидениях весьма своеобразным. Я уже говорил о том, что сны в принципе построены в соответствии со взаимосвязью представлений, а не со взаимосвязью фактов. Так, в зрительных образах самые разные люди, с которыми мы общались в разные периоды нашей жизни, нередко сливаются в одно лицо.

Молодая девушка, «политическая» из Бутырской тюрьмы в Москве, где она сидела в 1906—1908 годы, рассказывала мне во время свиданий, когда мы беседовали сквозь два ряда железных прутьев, что в ее снах тюремные впечатления сливаются с воспоминаниями, связанными с Институтом благородных девиц, который она окончила пять или шесть лет назад. В ее снах тюремные надзирательницы перемешались с «классными дамами» и «инспекторшами»; вызовы к следователю и перекрестные допросы превратились в уроки; предстоящий суд казался выпускным экзаменом; сходным образом перемешалось и все остальное.

В данном случае связующим звеном явилось, несомненно, сходство эмоциональных переживаний: скука, постоянные притеснения и общая бессмысленность окружения.

В моей памяти сохранился еще один сон, на этот раз просто забавный, в котором проявился принцип персонификации идей, противоположный только что описанному.

Очень давно, когда я был совсем молодым, у меня в Москве был друг, который принял какое-то назначение на юге России и уехал туда. Помню, как я провожал его с Курского вокзала. И вот приблизительно через десять лет я увидел его во сне. Мы сидели за столом станционного ресторана и пили пиво, точно так же, как это было, когда я провожал его. Но теперь **нас было трое:** я, мой друг, каким я его помнил, и он же, каким он, вероятно, стал в моем уме, — тучный мужчина средних лет с уверенными и медленными движениями, гораздо старше, чем он был в действительности, одетый в пальто с меховым воротником. Как обычно бывает во сне, эта комбинация ничуть меня не удивила, и я воспринял ее как самую обычную вещь в мире.

Итак, я упомянул несколько разновидностей снов; но они ни в коей мере не исчерпывают все возможные и даже существующие категории. Одна из причин неверного толкования снов состоит в непонимании этих категорий и неправильной классификации снов.

Я уже указывал, что сны отличаются друг от друга не меньше, чем явления реального мира. Все уже приведенные мной примеры относятся к «простым» снам, т. е. к таким снам, которые протекают на том же уровне, что и наша обыденная жизнь, мышление и чувства в бодрственном состоянии. Существуют, однако, и другие категории снов, которые проистекают из глубочайших тайников жизни и далеко превосходят обычный уровень нашего понимания и восприятия. Такие сны могут открыть многое, неведомое на нашем уровне жизни, например, показать будущее, мысли и чувства других людей, неизвестные или удаленные от нас события. Они могут раскрыть нам тайны бытия, законы, управляющие жизнью, привести нас в соприкосновение с высшими силами. Эти сны очень редки, и одна из ошибок распространенного подхода к снам заключается в том, что их полагают гораздо более частыми, чем это есть на самом деле. Принципы и идеи таких снов стали мне до некоторой степени понятны только после экспериментов, которые я описываю в следующей главе.

Необходимо понять, что все сведения о снах, которые можно найти в литературе по психологии, относятся к «простым» снам. Путаница идей относительно этих снов в значительной степени зависит и от неправильной их классификации, и от неверного определения материала, из которого состоят сны. Принято считать, что сны создаются из **свежего** материала, из того же самого, что идет на создание мыслей, чувств и эмоций бодрственной жизни. Вот почему сны, в которых человек совершает действия и переживает эмоции, невозможные или нереальные в бодрственном состоянии, порождают такое множество вопросов. Толкователи снов воспринимают их чересчур серьезно и на основе некоторых особенностей создают совершенно неправдоподобную картину души человека.

За исключением снов, подобных описанным выше (о «болоте» и «слепоте»), которые созданы ощущениями, возникшими во время самого сна, главным материалом для построения снов служит то, что уже было использовано нашей психикой или отброшено ею. Совершенно ошибочно считать, что сны раскрывают нас такими, каковы мы есть в неизведанных глубинах нашей природы. Сны не в состоянии сделать этого: они рисуют либо то, что уже было и прошло, либо, еще чаще, то, чего не было и не могло быть. Сны — это всегда карикатура, комическое преувеличение, причем такое преувеличение, которое в большинстве случаев относится к какому-то несуществующему моменту в прошлом или несуществующей ситуации в настоящем.

Возникает вопрос: каковы принципы, создающие эту карикатуру? Почему сны так сильно противоречат реальности? И тут мы обнаруживаем принцип, который, хотя и не до конца понятый, был все же отмечен в литературе по «психоанализу» — принцип «компенсации». Впрочем, слово «компенсация» выбрано здесь неудачно и порождает свои собственные ассоциации; в этом, вероятно, и состоит причина, по которой принцип «компенсации» не был полностью понят и дал начало совершенно ошибочным теориям.

Идею «компенсации» связали с идеей неудовлетворенности. Действие принципа «компенсации» понимается в том смысле, что человек, чем-то не удовлетворенный в жизни, в самом себе или в другом человеке, находит восполнение всему этому в сновидениях. Слабый, несчастный, трусливый человек видит себя во сне храбрым, сильным, достигающим всего, чего он только ни пожелает. Своего приятеля, который болен неизлечимой болезнью, мы видим во сне исцеленным, исполненным сил и надежд. Точно так же люди, которые хронически больны или умерли мучительной смертью, являются нам в сновидениях здоровыми, радостными и счастливыми. В этом случае толкование снов близко к истине; тем не менее это лишь половина истины.

Ибо в действительности принцип «компенсации» является более широким, и материал снов создается не на основе компенсации, понятой в психологическом или бытовом смысле, а на основе того, что я назвал бы **«принципом дополнительных тонов»** безотносительно к нашему эмоциональному восприятию этих тонов. Этот принцип весьма прост. Если в течение некоторого времени смотреть на красное пятно, а потом перевести взгляд на белую стену, то вы увидите на ней зеленое пятно. Если же некоторое время смотреть на зеленое пятно, а затем перевести взгляд на белый фон, то вы увидите красное пятно. Точно то же происходит и в сновидениях. Во сне для нас не существует моральных запретов, **потому что** наша жизнь так или иначе контролируется всевозможными правилами морали. Каждое мгновение нашей жизни окружено многочисленными «ты не должен», и потому во сне «ты не должен» не существует. В сновидениях для нас нет ничего невозможного, потому что в жизни мы удивляемся каждому новому или необычному сочетанию обстоятельств. Во сне не существует причинно-следственного закона, потому что этот закон управляет всем ходом нашей жизни — и т. д. и т. п.

Принцип дополнительных тонов играет в наших сновидениях важнейшую роль, которая проявляется и в том, что мы помним, и в том, чего не помним; без этого принципа невозможно объяснить целый ряд снов, в которых мы делаем и испытываем то, чего никогда не делаем и не испытываем в обычной жизни. Очень многие вещи в сновидениях происходят лишь потому, что они никогда не происходят и не могут произойти в жизни. Нередко сновидения играют **отрицательную** роль по отношению к **положительной** стороне жизни. Но опять-таки следует помнить, что все это относится только к деталям. Композиция снов не является простой противоположностью жизни; это — противоположность, перевернутая несколько раз и к тому же в разных смыслах. Поэтому усилия воссоздать на основании снов их скрытые причины совершенно бесполезны; бессмысленно думать, что скрытые причины снов совпадают со скрытыми мотивами жизни.

Мне остается сделать несколько замечаний о тех выводах, к которым я пришел, исследуя сны.

Чем больше наблюдал я сны, тем шире становилось поле моих наблюдений. Сначала я полагал, что мы видим сновидения только на определенной стадии сна, близкой к пробуждению. Впоследствии я убедился, что мы видим их все время, с момента засыпания и до момента пробуждения, но **помним** только те сны, которые приснились нам перед пробуждением. Позднее я понял, что мы видим сновидения непрестанно — **как во сне, так и в бодрственном состоянии**. Мы никогда не перестаем видеть сны, хотя и не сознаем этого.

В результате вышесказанного я пришел к заключению, что сны доступны наблюдению и в бодрственном состоянии; для этого нет необходимости спать. Сны никогда не прекращаются. Мы не замечаем их в бодрственном состоянии, в непрерывном потоке зрительных, слуховых и иных ощущений по той же причине, по какой не видим звезд в ярком солнечном свете. Но точно так же, как можно увидеть звезды со дна глубокого колодца, мы можем увидеть продолжающийся в нас поток сновидений, если хотя бы на короткое время случайно или преднамеренно изолируем себя от потока внешних впечатлений. Нелегко объяснить, как это сделать. Сосредоточение на одной идее не в состоянии создать такую изолированность; для этого необходимо приостановить поток обычных мыслей и умственных образов, хотя бы ненадолго достичь «сознания без мыслей». Когда наступает такое состояние сознания, образы сновидений начинают постепенно проступать сквозь обычные впечатления; внезапно вы с изумлением обнаруживаете, что окружены странным миром теней, настроений, разговоров, звуков, картин. И тогда вы понимаете, что этот мир всегда существует внутри вас, что он никуда не исчезает.

И тогда вы приходите к совершенно ясному, хотя и несколько неожиданному выводу: бодрствование и сон — это вовсе не два состояния, которые **следуют друг за другом**, сменяют друг друга; сами эти названия неверны. Эти два состояния — не **сон и бодрствование**; их правильнее назвать **сон** и **сон в бодрственном состоянии**. Это значит, что, когда мы пробуждаемся, сон не исчезает, но к нему **присоединяется** бодрственное состояние, которое заглушает голоса снов и делает образы сновидений невидимыми.

Наблюдение сновидений в бодрственном состоянии удается гораздо легче, чем их наблюдение во сне; к тому же такое наблюдение не меняет их характера, не создает новых сновидений.

После некоторого опыта становится необязательной даже остановка мыслей, достижение сознания без мыслей. Ибо сновидения всегда с нами. Достаточно только рассредоточить свое внимание, и вы заметите, как в обычные каждодневные мысли и разговоры вторгаются мысли, слова, фигуры, лица, сцены из вашего детства, из школьных времен, из путешествий, из когда-то прочитанного или услышанного, наконец, из того, чего никогда не было, но о чем вы думали или говорили.

Снам, наблюдаемым в бодрственном состоянии, свойственно, как это было в моем случае, необычное ощущение, известное многим и неоднократно описанное (хотя никогда полностью не объясненное): **ощущение, что это уже было раньше.**

Внезапно в какой-то **новой** комбинации обстоятельств, среди новых людей, на новом месте человек замирает и с удивлением оглядывается вокруг — это уже было раньше! Но когда? Он не может сказать. Впоследствии он убеждает себя, что **этого не могло быть**, так как он никогда здесь не был, никогда не встречал этих людей, не бывал в этом окружении.

Иногда эти ощущения бывают весьма упорными и продолжительными, иногда они очень быстры и неуловимы. Самые интересные из них возникают у детей.

Отчетливое понимание того, что это происходило раньше, присутствует в таких ощущениях не всегда. Но порой без всякой видимой или объяснимой причины какая-то определенная вещь — книга, игрушка, платье, какое-то лицо, дом, пейзаж, звук, мелодия, стихотворение, запах — поражает наше воображение как нечто давно знакомое, хорошо известное, касающееся самых сокровенных чувств. Она пробуждает целую серию неясных, неуловимых ассоциаций — и остается в памяти на всю жизнь.

У меня эти ощущения (с явственной и отчетливой мыслью, что это было раньше, что я видел это прежде) появились, когда мне исполнилось шесть лет. После одиннадцати лет они стали появляться гораздо реже. Одно из них, небывалое по своей яркости и устойчивости, случилось, когда мне было девятнадцать лет.

Схожие ощущения, но без явно выраженной повторяемости, начались у меня еще раньше, в раннем детстве; они были особенно живыми в те годы, когда возникло ощущение повторения, т. е. с шести до одиннадцати лет; позже они изредка возникали при самых разных условиях.

Когда эти ощущения рассматривают в литературе по психологии, то имеют обычно в виду только ощущения первого рода, т. е. ощущения с явно выраженной повторяемостью.

Согласно психологическим теориям, подобные ощущения вызываются двумя причинами. Во-первых, разрывами сознания, когда сознание на какое-то неуловимое мгновение вдруг исчезает, а затем снова возникает. В этом случае ситуация, в которой находится человек, т. е. все, что его окружает, кажется ему имевшей место ранее, возможно, очень давно, в неизвестном прошлом. А сами «разрывы» объясняются тем, что одну и ту же психическую функцию могут выполнять разные части мыслительного аппарата. В результате этого функция, случайно прервавшаяся в одной части аппарата, немедленно подхватывается и продолжается в другой; этот процесс и производит впечатление, будто бы одна и та же ситуация встречалась когда-то раньше. Во-вторых, это ощущение может быть вызвано ассоциативным сходством между совершенно разными переживаниями, когда какой-нибудь камень, дерево или другой предмет может напомнить человеку о чем-то, что он хорошо знал, или об определенном месте, или о некотором случае из его жизни. Так бывает, например, когда очертания или рисунок на каком-нибудь камне напоминает вам о каком-то человеке или ином объекте; в этом случае также может возникнуть ощущение, что **это уже было раньше**.

Ни одна из предложенных теорий не объясняет, почему ощущение, что **это уже было раньше**, испытывают главным образом дети, и впоследствии оно почти всегда исчезает. Согласно этим теориям, такие ощущения должны были бы, наоборот, с возрастом учащаться.

Недостатком обеих теорий является то, что они не объясняют **все** существующие факты ощущения повторяемости. Точные наблюдения указывают на **три категории** таких ощущений. Первые две категории можно, хотя и не вполне, объяснить вышеприведенными психологическими теориями. Особенность этих двух категорий состоит в том, что они обычно проявляются в частично затуманенном сознании, почти в состоянии полусна, хотя сам человек может этого и не понимать. Третья же категория стоит совершенно особняком и отличается от первых двух **ощущением повторяемости**, связанным с чрезвычайно ясным сознанием в бодрственном состоянии и обостренным самоощущением*.

Говоря об изучении снов, невозможно пройти мимо другого явления, которое непосредственно связано с ними и не объяснено наукой до сих пор, несмотря на возможность проводить с ним эксперименты. Я имею в виду **гипнотизм**.

Природа гипнотизма, т. е. его причины, а также силы и законы, делающие его возможным, остается неизвестной. Все, что удается сделать, — это определить условия, при которых происходят гипнотические явления, а также установить возможные границы, результаты и последствия этих явлений. В этой связи следует отметить, что образованная публика связывает со словом «гипнотизм» столько неверных понятий, что, прежде чем говорить о возможностях гипнотизма, необходимо выяснить, что для него невозможно.

Гипнотизм в популярном и фантастическом смысле этого слова и гипнотизм в научном смысле — суть два совершенно разных понятия. При подлинно научном подходе оказывается, что содержание всех фактов, объединенных общим названием «гипнотизм», весьма ограничено.

---

* Об этих чувствах и их значении говорится в главе 11 этой книги.

Воздействуя на человека приемами особого рода, можно привести его в состояние, называемое гипнотическим. Хотя существует школа, которая утверждает, что можно загипнотизировать любого человека и в любое время, факты этому противоречат. Чтобы удалось загипнотизировать человека, он должен быть совершенно пассивным. Иными словами, знать, что его гипнотизируют, и не противиться этому. Если он не знает, что его гипнотизируют, обычное течение мыслей и действий достаточно для того, чтобы предохранить его от воздействия гипноза. Дети, пьяные и умалишенные гипнозу не поддаются или почти не поддаются.

Существуют разнообразные формы и степени гипнотического состояния, которые можно вызвать разными способами. Пассы, особого рода поглаживания, вызывающие расслабление мускулов, фиксирование взора на глазах гипнотизера, блики света в зеркалах, внезапное впечатление, громкий окрик, монотонная музыка — все это средства гипноза. Кроме них используются и наркотики, хотя их употребление для гипнотизирования изучалось очень мало и даже в специальной литературе почти не описано. Однако при гипнотизировании наркотики применяются гораздо чаще, чем это думают; и делается это с двойной целью: во-первых, для ослабления противодействия гипнотическому воздействию, во-вторых, для усиления способности гипнотизирования. Известны наркотики, обладающие избирательным воздействием на разных людей; есть и такие, действие которых более или менее единообразно. Почти все профессиональные гипнотизеры употребляют морфий и кокаин для усиления своих способностей. Наркотики применяются и к гипнотизируемому субъекту: небольшие дозы хлороформа резко повышают восприимчивость человека к гипнотическому воздействию.

Что в действительности происходит с человеком, когда он оказывается загипнотизированным, посредством какой силы другой человек его гипнотизирует, — таковы вопросы, на которые наука не в состоянии дать ответа. Все, что пока нам известно, позволяет лишь установить внешнюю форму гипноза и его результаты. Гипнотическое состояние начинается с ослабления воли. Ослабевает контроль со стороны обычного сознания и логики; **однако полностью он никогда не исчезает**. При помощи искусных действий гипнотическое состояние усиливается, и человек переходит в состояние особого рода, которое внешне напоминает сон (при этом в состоянии глубокого гипноза появляется бессознательность и даже нечувствительность), а внутренне отличается усилением внушаемости. Поэтому гипнотическое состояние определяется как **состояние наивысшей внушаемости**.

Сам по себе гипноз не подразумевает внушения; он возможен вообще без внушений, особенно если применяются такие чисто механические средства, как зеркала и т. п. Но внушение может играть определенную роль в создании гипнотического состояния, особенно при повторном гипнотизировании. Этот факт, а также общая путаница понятий о возможных пределах гипнотического воздействия затрудняет неспециалистам (как, впрочем, и многим специалистам) проводить точное различие между гипнозом и внушением.

На самом деле это два совершенно разных явления. Гипноз возможен без внушения, а внушение возможно без гипноза.

Но если внушение происходит тогда, когда субъект погружен в гипнотическое состояние, оно дает гораздо лучшие результаты из-за отсутствия (или почти отсутствия) противодействия со стороны гипнотизируемого. Последнего можно заставить делать такие вещи, которые в обычном состоянии показались бы ему совершенно бессмысленными. Однако и здесь приказания должны касаться только того, что для гипнотизируемого не имеет серьезного значения. Равным образом можно внушить нечто человеку на будущее (постгипнотическое внушение), т. е. какое-нибудь действие, мысль или слово на какой-то определенный момент, на следующий день и т. п. После пробуждения человек ничего не вспомнит; однако в назначенное время, словно в нем сработал будильник, он сделает или, по крайней мере, попытается сделать то, что ему внушили, — но опять-таки до известных пределов. Ни в гипнотическом, ни в постгипнотическом состоянии невозможно заставить человека сделать то, что противоречит его природе, вкусам, привычкам, воспитанию, убеждениям или просто обычным поступкам, иными словами, нечто такое, что вызовет в нем внутреннюю борьбу. Если такая борьба начнется, человек **не сделает** того, что ему внушили. Успех гипнотического и постгипнотического внушения как раз в том и состоит, чтобы внушить человеку ряд **безразличных** действий, которые не вызывают в нем внутреннего сопротивления. Предложения о том, что под гипнозом можно заставить человека **узнать** нечто такое, чего он не знает в нормальном состоянии и чего не знает сам гипнотизер, или о том, что под гипнозом человек обретает способность к ясновидению, т. е. знанию будущего и предвидению отдаленных событий, — эти предположения фактами не подтверждаются. Вместе с тем, известны многие случаи неосознанного внушения со стороны гипнотизера и определенная способность загипнотизированного читать его мысли.

Все, что происходит в уме гипнотизера, т. е. его полусознательные ассоциации, образы воображения, ожидание того, что, по его мнению, должно произойти, может быть передано гипнотизируемому лицу. Невозможно установить, каким образом это происходит, но сам факт такой передачи легко доказать, если сравнить то, что знает один из них, с тем, что знает другой.

К этой категории относятся и явления так называемого медиумизма.

Существует любопытная книжка французского автора де Роша; он описывает эксперименты с лицами, которых он гипнотизировал и заставлял вспоминать их прошлые «воплощения» на земле. Читая эту книжку, я не раз поражался, как это де Роша ухитряется не заметить, что он сам и есть творец всех этих «воплощений»: он ожидает, что загипнотизированный субъект скажет ему нечто, — и **таким образом внушает ему то, что он должен сказать**.

В этой книжке имеется очень интересный материал для понимания процесса формирования снов; она могла бы дать еще более важный материал для изучения методов и форм бессознательного внушения и бессознательной передачи мыслей. К сожалению, автор в своем стремлении к фантастическим воспоминаниям о воплощениях не увидел того, что в его экспериментах было действительно ценным, не заметил множества мелких деталей и особенностей, которые позволили бы ему воссоздать процесс внушения и передачи мыслей.

Гипнотизм применяется в медицине как средство воздействия на эмоциональную природу человека; посредством внушения можно бороться с мрачным и подавленным настроением, с болезненными страхами, нездоровыми склонностями и привычками. В тех случаях, когда патологические проявления не зависят от глубоко укоренившихся физических причин, применение гипнотизма приводит к благоприятным результатам. Однако здесь мнения специалистов расходятся и многие утверждают, что применение гипнотизма дает лишь кратковременный полезный эффект с последующим резким усилением нежелательных тенденций; иногда, при видимых благоприятных результатах, применение гипнотизма вызывает сопутствующие отрицательные явления — ослабляет волю и способность противодействия нежелательным влияниям, делает человека еще менее устойчивым, чем он был раньше.

В общем, в своем воздействии на **психическую** природу человека гипнотизм стоит наравне с серьезной операцией; к несчастью, к нему нередко прибегают без достаточных на то оснований и без необходимого понимания его последствий.

В медицине существует область, где гипнотизм можно использовать без всякого вреда, а именно, область непосредственного (не через психическую природу человека) воздействия на нервные центры, ткани, внутренние органы и внутренние процессы. К сожалению, до самого последнего времени эта область применения гипнотизма остается слабо изученной.

Таким образом, границы возможного воздействия на человека как с целью приведения его в гипнотическое состояние, так и в самом гипнотическом состоянии хорошо известны и не содержат в себе ничего загадочного. Усилить воздействие можно только на физический аппарат человека, вне сферы его психического аппарата. Но как раз на эту сторону внушения под гипнозом обращают меньше всего внимания. Наоборот, ходячее понимание гипнотизма допускает куда большее воздействие на психику, чем существует на самом деле.

Известно, например, множество рассказов о **массовом гипнозе**; несмотря на свое широкое распространение, это — чистейшая выдумка; чаще всего они представляют собой повторение аналогичных рассказов, известных издавна.

В 1913 и 1914 годах я пытался выявить в Индии и на Цейлоне примеры массового гипноза, которым, по словам путешественников, сопровождаются выступления индийских фокусников, или факиров, и некоторые религиозные церемонии. Но мне не удалось увидеть ни одного подобного случая. Большинство номеров, например, появление растения из семени («фокус манго»), были простыми фокусами. Часто описываемый «фокус с канатом», когда канат забрасывают «на небо», по нему взбирается мальчик и т. п., по-видимому, вообще не существовал, поскольку мне не только не удалось увидеть его своими глазами, но и не случилось встретить **ни одного человека** (европейца), который когда-либо видел его **сам**. Все знали о «фокусе с канатом» только с чьих-то слов. Несколько образованных индийцев говорили мне, что видели «фокус с канатом», но я не могу принять их утверждения за достоверные, ибо знаю, как богато их воображение; кроме того, я заметил в них странное желание не разочаровывать тех путешественников, которые отыскивают в Индии чудеса.

Позднее я слышал, что во время путешествия по Индии принца Уэльского в 1921—1922 годах ему специально хотели показать «фокус с канатом», но не смогли этого сделать. Точно так же «фокус с канатом» разыскивали для выставки в Уэмбли в 1924 году и тоже не смогли найти.

Один человек, прекрасно знавший Индию, как-то сказал мне, что единственная вещь, наподобие «фокуса с канатом», которую ему доводилось видеть, — это особый трюк, выполнявшийся каким-то индийским фокусником при помощи тонкой деревянной петли на конце длинного бамбукового шеста. Фокусник заставлял петлю подниматься и опускаться по шесту. Возможно, именно этот фокус и положил начало легенде о «фокусе с канатом».

Во втором и третьем выпусках «Метапсихического обозрения» за 1928 год есть статья М. С. де Весм «Легенда о коллективной галлюцинации по поводу мотка веревки, подвешенной к небу». Автор дает очень интересный обзор истории «фокуса с канатом», цитирует описания его непосредственных свидетелей, рассказы людей, которые о нем слышали, излагает историю попыток наблюдать этот фокус и уяснить его подлинность. К сожалению, отрицая чудесное, он сам делает несколько довольно наивных заявлений. Например, признает возможность «механического устройства, скрытого в канате», которое выпрямляет канат с тем, чтобы мальчик мог на него взобраться. В другом месте он говорит о фотографировании «фокуса с канатом», причем на снимке якобы можно было рассмотреть **внутри каната** бамбуковую палку.

В действительности же, если бы удалось обнаружить внутри каната механическое приспособление, это было бы еще бо́льшим чудом, чем «фокус с канатом», как его обычно описывают. Я сомневаюсь, способна ли даже европейская техника разместить такое приспособление **внутри** довольной тонкого и длинного каната; а ведь оно должно еще выпрямить канат и позволить мальчику взобраться на него. Где мог достать такое приспособление полуголый индийский фокусник — совершенно непостижимо! «Бамбук» внутри каната еще интереснее. Возникает естественный вопрос: как свернуть канат кольцами, если в нем находится бамбук? Автор довольно интересного обзора индийских чудес оказался здесь в весьма щекотливом положении.

Но рассказы о чудесах факиров — непременная часть описаний впечатлений от Индии и Цейлона. Не так давно мне довелось увидеть французскую книжку; ее автор рассказывает о своих недавних приключениях на Цейлоне. Нужно отдать ему должное: он превращает в карикатуру все, что излагает, и при этом вовсе не претендует на серьезность. Он описывает другой «фокус с канатом», виденный в Канди, на сей раз с некоторыми вариациями. Спрятавшись на веранде, автор не был загипнотизирован «факиром» и потому не видел того, что видели его друзья. Кроме того, один из них снял все представление кинокамерой. «Но когда мы этим же вечером проявили пленку, — пишет автор, — на ней ничего не оказалось».

Самое забавное — то, что автор не понимает **самую чудесную** сторону своего последнего утверждения. Но его упорство при описании «фокуса с канатом» и «массового гипнотизма» (т. е. как раз того, что не существует) весьма характерно.

Говоря о гипнотизме, необходимо упомянуть о **самогипнозе**.

Возможности самогипноза также сильно преувеличены. В действительности самогипноз без помощи искусственных средств возможен лишь в очень малой степени. Вызывая в себе некое пассивное состояние, человек может ослабить то противодействие, которое оказывает, например, логика или здравый смысл, и целиком подчинить себя какому-нибудь желанию. Это допустимая форма самогипноза. Но самогипноз никогда не достигает формы сна или каталепсии. Если человек стремится преодолеть какое-то сильное внутреннее сопротивление, он прибегает к наркотикам. Алкоголь — одно из главных средств самогипноза. Роль алкоголя как средства самогипноза еще далеко не изучена.

Внушение необходимо изучать отдельно от гипнотизма.

Гипнотизм и внушение постоянно смешивают; поэтому место, занимаемое ими в жизни, остается не вполне определенным.

На самом же деле **внушение** представляет собой фундаментальный факт. Если бы не существовало гипнотизма, в нашей жизни ничего бы не изменилось; зато внушение является одним из главных факторов как индивидуальной, так и общественной жизни. Если бы не существовало внушения, жизнь людей приобрела бы совершенно иную форму и тысячи известных нам явлений просто не могли бы существовать.

Внушение может быть сознательным и бессознательным, намеренным и ненамеренным. Область сознательного и намеренного внушения чрезвычайно узка по сравнению с областью внушения бессознательного и ненамеренного.

Внушаемость человека, т. е. его склонность подчиняться внушениям, бывает самой разной. Человек может целиком зависеть от внушений, не иметь в себе ничего, кроме внушенного материала, может подчиняться всем достаточно сильным внушениям, какими бы противоречивыми они ни были, а может оказывать внушениям некоторое противодействие, по крайней мере, поддаваться внушениям только определенного рода и отвергать другие. Но даже такое противодействие наблюдается довольно редко. Обычно человек целиком и полностью зависит от внушений; вся его внутренняя структура (равно как и внешняя) создана и обусловлена преобладающими внушениями.

С самого раннего детства, с момента первого сознательного восприятия внешних впечатлений человек подпадает под власть намеренных и ненамеренных внушений. Определенные чувства, правила, принципы и привычки внушают ему намеренно, а способы действия, мышления и чувства, идущие против этих правил, — ненамеренно.

Последние внушения действуют благодаря склонности к подражанию, которой обладают все. Люди говорят одно, а делают другое. Ребенок слушает одно, а подражает другому.

Способность к подражанию, свойственная как детям, так и взрослым, значительно усиливает внушаемость.

Двойной характер внушений постепенно развивает двойственность и в самом человеке. С самого раннего возраста он привыкает к тому, что ему необходимо выказать те мысли и чувства, которых от него в данный момент ожидают, и скрыть то, что он действительно думает и чувствует. Такая привычка становится его второй натурой. С течением времени он, также благодаря подражанию, начинает в равной степени доверять обеим сторонам своей психики, которые развивались под воздействием противоположных внушений. Их противоречие друг другу его не беспокоит, во-первых, потому, что он не может видеть их вместе; во-вторых, потому что его способность не тревожиться по поводу этого противоречия тоже ему **внушена**, ибо **никто не обращает на это внимания**.

Домашнее воспитание, семья, старшие братья и сестры, родители, родственники, прислуга, друзья, школа, игры, чтение, театр, газеты, разговоры, высшее образование, работа, женщины (или мужчины), мода, искусство, музыка, кино, спорт, жаргон, принятый в своем круге, обычные шутки, обязательные увеселения, обязательные вкусы и обязательные запреты — все это и многое другое суть источники новых и новых внушений. Все эти внушения — неизменно двойные, т. е. они создают одновременно то, что необходимо показывать, и то, что следует скрывать.

Невозможно даже представить себе человека, свободного от внушений, такого человека, который действительно думает, чувствует и действует так, как он сам может думать, чувствовать и действовать. В своих верованиях, взглядах и убеждениях, в своих идеях, чувствах и вкусах, в том, что ему нравится и не нравится, в каждом своем движении, в каждой мысли человек связан тысячью внушений, которым он подчиняется, даже не замечая этого, **внушая себе**, что это он сам так думает и сам так чувствует.

Подчинение внешним влияниям до такой степени пропитывает всю жизнь человека, его внушаемость настолько велика, что его обычное, нормальное состояние можно назвать **полугипнотическим**. Известно, что в некоторых ситуациях, в некоторые моменты внушаемость человека может возрастать еще больше, так что он доходит до полной утраты независимого суждения, решения или выбора. Эта черта особенно приметна в психологии толпы, в различных массовых движениях, в религиозных, революционных, патриотических и панических настроениях, когда даже кажущаяся независимость индивида совершенно исчезает.

Все это вместе взятое создает одну сторону «внушенной жизни» человека. Другая сторона находится в нем самом: во-первых, в подчинении его так называемых сознательных (т. е. интеллектуально-эмоциональных функций), влияниям и внушениям, исходящим из так называемых бессознательных (т. е. не воспринимаемых умом) голосов тела, бесчисленных затемненных сознаний внутренних органов и внутренних жизней; во-вторых, в подчинении всех этих внутренних жизней совершенно бессознательным и ненамеренным внушениям рассудка и эмоций.

Первое, т. е. подчинение интеллектуально-эмоциональных функций инстинктивной сфере, довольно подробно рассмотрено в литературе по психологии, хотя бóльшую часть того, что написано по этим вопросам, следует принимать с крайней осторожностью. Второе, т. е. подчинение внутренних функций **бессознательному** влиянию нервно-мозгового аппарата, почти не изучено. Между тем, именно оно представляет огромный интерес с точки зрения понимания внушения и внушаемости вообще.

Человек состоит из бесчисленных жизней. Каждая часть тела, выполняющая определенную функцию, каждая ткань, каждый орган, каждая клетка — все они имеют свою особую жизнь и свое особое сознание. Эти сознания существенно отличаются по своему содержанию и функциям от интеллектуально-эмоционального сознания, известного нам и принадлежащего всему организму в целом. Но это сознание никоим образом не является единственным. Более того, оно не является ни самым сильным, ни самым ясным. Только благодаря своему положению, так сказать, на границе внутреннего и внешнего миров, оно обретает господствующую позицию и возможность внушать свои идеи затемненному внутреннему сознанию. Отдельные внутренние сознания постоянно прислушиваются к голосу рассудка и эмоций. Этот голос привлекает их, подчиняет своей власти. Почему? Это может показаться странным, если учесть, что внутренние сознания зачастую более тонки и остры, чем мозговое сознание. Верно, они тонки и остры, но они живут в темноте, внутри организма. Мозговое сознание представляется им гораздо более сведущим, чем они, поскольку оно направлено во внешний мир. И вся эта толпа живущих во тьме внутренних сознаний непрерывно следит за жизнью внешнего сознания, пытаясь ей подражать. Головное сознание ничего об этом не знает и обрушивает на них тысячи разнообразных внушений, которые нередко противоречат друг другу и оказываются бессмысленны и вредны для организма.

Внутренние сознания похожи на провинциальную толпу, которая прислушивается к мнениям жителей столицы, подражает их вкусам и манерам. То, что говорят «ум» и «чувство», то, что они делают, чего хотят, чего боятся, немедленно становится известным в самых отдаленных и темных уголках сознания, и, конечно, в каждом из них все это объясняется и понимается по-своему. Совершенно необязательная, парадоксальная идея мозгового сознания, случайно «пришедшая в голову и так же случайно забудется, воспринимается как откровение какой-нибудь «соединительной тканью», которая естественно, переделывает ее на свой лад и начинает «жить» в соответствии с этой идеей. Желудок можно совершенно загипнотизировать бессмысленными вкусами и антипатиями чисто «эстетического» свойства; сердце, печень, почки, нервы, мышцы — все они могут так или иначе подчиняться внушениям, бессознательно посланным им мыслями и эмоциями. Значительное число явлений нашей внутренней жизни, особенно нежелательные явления, фактически зависят от этих внушений. Существование и характер этих темных сознаний объясняет заодно и многие явления в мире снов.

Ум и чувство забывают об этой толпе, которая слушает их голоса, или вообще ничего о ней не знают и часто говорят чересчур громко, когда им лучше было бы помолчать и не выражать своих мнений, поскольку их мнения, случайные и мимолетные для них самих, могут произвести на внутренние сознания очень сильное впечатление. Если мы не желаем подпасть под власть бессознательного самовнушения, нам следует с осторожностью относиться к тем словам, которые мы употребляем, когда говорим сами с собой, к интонациям, с которыми произносятся эти слова, хотя сознательно мы не придаем ни словам, ни интонациям никакого значения. Мы должны помнить о «темных людях», которые прислушиваются у дверей нашего сознания, делают свои выводы из того, что слышат, и с невероятной легкостью подчиняются всевозможным искушениям и страхам и начинают в панике метаться от какой-нибудь простой мысли о том, что можно опоздать на поезд или потерять ключ. Нам необходимо научиться понимать значение этой внутренней паники или, скажем, той ужасной подавленности, которая внезапно охватывает нас при виде серого неба и накрапывающего дождя. Она означает, что наши внутренние сознания уловили случайную фразу: «Какая мерзкая погода!», которую мы произнесли с большим чувством, и поняли ее по-своему, в том смысле, что отныне погода всегда будет отвратительной, что никакого выхода не предвидится, что вообще не стоит больше жить и работать.

Но все это относится к бессознательному самовнушению. Область преднамеренного самовнушения в нашем обычном состоянии настолько незначительна, что говорить о каком-либо практическом его применении не приходится. И все же, вопреки всем фактам, идея сознательного **самовнушения** вызывает у людей доверие к себе, тогда как идея изучения непроизвольного внушения и непроизвольной внушаемости никогда не станет популярной. Ибо она в большей степени, чем что-либо другое, разрушает миллионы иллюзий и показывает человека таким, каков он есть. А человек ни в коем случае не хочет этого знать — и не хочет потому, что против такого знания выступает самое сильное внушение: то внушение, которое побуждает человека быть и казаться иным по сравнению с тем, что он есть.

1905—1929 годы

ГЛАВА 8

ЭКСПЕРИМЕНТАЛЬНАЯ МИСТИКА

Магия и мистика. — Некоторые положения. — Методы магических операций. — Цель моих опытов. — Начало опытов. — Первые результаты. — Ощущение двойственности. — Неизвестный мир. — Отсутствие отдельности. — Бесконечное множество новых впечатлений. — Изменение взаимоотношений между субъектом и объектом. — Мир сложных математических отношений. — Формирование схемы. — Попытки выразить словами зрительные впечатления. — Попытки вести разговор во время опытов. — Чувство удлинения времени. — Попытки делать заметки во время опытов. — Связь между дыханием и сердцебиением. — Момент второго перехода. — «Голоса», появляющиеся в переходном состоянии. — Роль воображения в переходном состоянии. — Новый мир за вторым порогом. — Бесконечность. — Ментальный мир «арупа». — Понимание опасности. — Эмоциональная насыщенность опытов. — Число «три». — Другой мир внутри обычного мира. — Все вещи связаны. — Старые дома. — Лошадь на Невском. — Попытки формулировок. — Мышление в других категориях. — Соприкосновение с самим собой. — «Я» и «он». — «Пепельница». — «Все живет». — Символ мира. — Движущиеся знаки вещей, или символы. — Возможность влиять на судьбу другого человека. — Сознание физического тела. — Попытки видеть на расстоянии. — Два случая усиления способности восприятия. — Фундаментальные ошибки нашего мышления. — Несуществующие идеи. — Идея триады. — Идея «я». — Обычное ощущение «я». — Три разных познания. — Личный интерес. — Магия. — Познание, основанное на вычислениях. — Чувства, связанные со смертью. — «Длинное тело жизни». — Ответственность за события чужой жизни. — Связь с прошлым и связь с другими людьми. — Два аспекта мировых явлений. — Возвращение к обычному состоянию. — Мертвый мир вместо живого мира. — Результаты опытов.

В 1910—1911 годах, в результате достаточно подробного знакомства с существующей литературой по теософии и оккультизму, а также с немногочисленными научными исследованиями явлений **колдовства**, **волшебства**, **магии** и т. п. , я пришел к некоторым выводам, которые сформулировал в виде следующих положений:

1. Все проявления необычных и сверхнормальных сил человека, как внутренних, так и внешних, следует разделить на две главные категории: **магию** и **мистику**. Определение этих терминов представляет большие трудности; во-первых, потому что в общей и специальной литературе оба они часто употребляются в совершенно ошибочном смысле; во-вторых, потому что в мистике и в магии, взятых в отдельности, есть много необъясненного; в-третьих, потому что взаимоотношения между мистикой и магией также остаются неисследованными.

2. Выяснив трудности с точным определением, я решил принять приблизительное. **Магией** я назвал все случаи усиленного действия и конкретного познания при помощи средств, отличающихся от обычных; я подразделил магию на **объективную**, т. е. имеющую реальные результаты, и **субъективную**, т. е. с воображаемыми результатами. **Мистикой** я назвал все случаи усиленного чувства и абстрактного познания.

Итак, объективная магия — это усиленное действие и конкретное познание. Усиленное действие означает в данном случае **реальную** возможность влияния на предметы, события и людей без помощи обычных средств, действие на расстоянии, сквозь стены, действие во времени, т. е. в прошлом или будущем; далее, здесь имеется в виду возможность влияния на астральный мир, если таковой существует, т. е. на души умерших, на элементали, неизвестные нам добрые и злые силы. Конкретное познание включает в себя ясновидение во времени и в пространстве, телепатию, чтение мыслей, психометрию, умение видеть духов, «мыслеформы», «ауры» и т. п., опять-таки в том случае, если все это существует.

Субъективная магия — это все случаи **воображаемого** действия и познания. Сюда относятся искусственно вызванные галлюцинации, сны, принимаемые за реальность, чтение **собственных** мыслей, принятых за чьи-то сообщения, полунамеренное создание астральных видений, «хроника Акаши» и подобные чудеса.

Мистика по своей природе субъективна, поэтому я не выделял в особую группу явлений объективную мистику. Тем не менее я счел возможным иногда называть **«субъективной мистикой»** псевдомистику, или ложные мистические состояния, не связанные с **усиленными** чувствами, но приближающиеся к истерии и псевдомагии; иными словами, это — религиозные видения или галлюцинации в конкретных формах, т. е. все то, что в православной литературе называется «прелестью» (см. выше, главу 6).

3. Существование **объективной магии** нельзя считать установленным. Научная мысль долго ее отрицала, признавая только субъективную магию как особого рода гипноз или самогипноз. В последнее время, однако, в научной и претендующей на научность литературе, например, в трудах по исследованию спиритизма, встречаются некоторые допущения возможности ее существования. Но эти допущения столь же ненадежны, сколь и предыдущие отрицания. Теософская и оккультная мысль признает возможность объективной магии, однако в одних случаях явно смешивает ее с мистикой, а в других — противопоставляет этот феномен мистике как **бесполезный** и **аморальный** или, по крайней мере, **опасный** — как для практикующего магию, так и для других людей, и даже для всего человечества. Все это преподносится в утвердительной форме, хотя удовлетворительные доказательства реального существования и возможности объективной магии отсутствуют.

4. Из всех необычных состояний сознания, свойственных человеку, можно рассматривать как полностью установленные, только мистические состояния сознания и некоторые феномены субъективной магии, причем последние почти все сводятся к искусственному вызыванию желаемых видений.

5. Все установленные факты, относящиеся к необычным состояниям сознания и необычным силам человека, как в области магии, хотя бы и субъективной, так и в области мистики, связаны с чрезвычайно своеобразными состояниями эмоциональной напряженности и никогда не наблюдаются без них.

6. Значительная часть религиозной практики всех религий, а также разнообразные ритуалы, церемонии и т. п. имеют своей целью как раз создание таких эмоциональных состояний; согласно первоначальному пониманию им приписывают магические или мистические силы.

7. Во многих случаях, когда имеет место намеренное вызывание мистических состояний или производство магических феноменов, можно обнаружить применение наркотических средств. Во всех религиях древнего происхождения, даже в их современной форме, сохраняется применение благовоний, ароматов и мазей, которые первоначально использовались, возможно, вместе с веществами, влияю-

щими на эмоциональные и интеллектуальные функции человека. Можно проследить, что подобные вещества широко употреблялись в древних мистериях. Многие авторы установили роль священных напитков, которые получали кандидаты в посвящение, например, во время элевсинских мистерий; вероятно, они имели вполне реальный, а вовсе не символический смысл. Легендарный священный напиток «сома», играющий очень важную роль в индийской мифологии и в описании разнообразных мистических церемоний, возможно, действительно существовал как напиток, приводящий людей в определенное состояние. В описаниях колдовства и волшебства у всех народов и во все времена непременно упоминается применение наркотиков. Мази ведьм, служившие для полета на шабаш, различного вида колдовские и магические напитки приготовлялись или из растений, обладающих возбуждающими, опьяняющими и наркотическими свойствами, или из органических экстрактов того же характера, или из растительных и животных веществ, которым приписывались такие же свойства. Известно, что для подобных целей, как и в случаях колдовства, пользовались беленой (белладонной), дурманом, экстрактом мака (опий) и особенно индийской коноплей (гашиш). Можно проследить и проверить случаи употребления этих веществ, так что никакого сомнения в их значении не остается. Африканские колдуны, интересные сведения о которых можно найти в отчетах современных исследователей, широко применяют гашиш; сибирские шаманы для приведения себя в особое возбужденное состояние, при котором они могут предсказывать будущее (действительное или воображаемое) и влиять на окружающих, используют ядовитые грибы — мухоморы.

В книге У. Джеймса «Многообразие религиозного опыта» можно найти интересные наблюдения, относящиеся к значению мистических состояний сознания и той роли, которую могут играть в вызывании таких состояний наркотики.

Различные упражнения йоги: дыхательные упражнения, необычные позы, движения, «священные пляски» и т. п. — преследуют ту же самую цель, т. е. создание мистических состояний сознания. Но эти методы до сих пор мало известны.

Рассмотрев приведенные выше положения с точки зрения различных методов, я пришел к заключению, что необходима новая экспериментальная проверка возможных результатов применения этих методов, и решил начать серию таких опытов.

Ниже следует описание тех результатов, которых я достиг, применив к самому себе некоторые методики, детали которых я частью нашел в литературе по данному предмету, а частью вывел из всего сказанного выше.

Я не описываю сами эти применявшиеся мною методики, во-первых, потому что имеют значение не методы, а результаты; во-вторых, описание методов отвлечет внимание от тех фактов, которые я намерен рассмотреть. Надеюсь, однако, когда-нибудь специально к ним вернуться.

Моя задача в том виде, в каком я сформулировал ее в начале опытов, заключалась в том, чтобы выяснить вопрос об отношении субъективной магии к объективной, а также их обеих — к мистике.

Все это приняло форму трех вопросов:

Можно ли признать подлинным существование объективной магии?

Существует ли объективная магия без субъективной?

Существует ли объективная магия без мистики?

Мистика как таковая интересовала меня менее всего. Однако я сказал себе, что, если бы удалось найти способы преднамеренного изменения сознания, сохраняя при этом способность к самонаблюдению, это дало бы нам совершенно новый материал для изучения самих себя. Мы всегда видим себя под одним и тем же углом. Если бы то, что я предполагал, подтвердилось, это означало бы, что мы можем увидеть себя в совершенно новой перспективе.

Уже первые опыты показали трудность той задачи, которую я поставил перед собой, и частично объяснили неудачу многих экспериментов, проводившихся до меня.

Изменения в состоянии сознания как результат моих опытов стали проявляться очень скоро, гораздо быстрее и легче, чем я предполагал. Но главная трудность заключалась в том, что новое состояние сознания дало мне сразу так много нового и непредвиденного (причем новые и непредвиденные переживания появлялись и исчезали невероятно быстро, как искры), что я не мог найти слов, не мог подыскать нужные формы речи, не мог обнаружить понятия, которые позволили бы мне запомнить происходящее хотя бы для самого себя, не говоря уже о том, чтобы сообщить о нем кому-то другому.

Первое новое психическое ощущение, возникшее во время опытов, было ощущение странного раздвоения. Такие ощущения возникают, например, в моменты большой опасности и вообще под влиянием сильных эмоций, когда человек почти автоматически что-то делает или говорит, наблюдая за собой. Ощущение раздвоения было первым новым психическим ощущением, появившимся в моих опытах; обычно оно сохранялось на протяжении даже самых фантастических переживаний. Всегда существовал какой-то персонаж, который наблюдал. К несчастью, он не всегда мог вспомнить, что именно он наблюдал.

Изменения в состоянии психики, «раздвоение личности» и многое другое, что было связано с ним, обычно наступали минут через двадцать после начала эксперимента. Когда происходила такая перемена, я обнаруживал себя в совершенно новом и незнакомом мне мире, не имевшем ничего общего с тем миром, в котором мы живем; новый мир был еще менее похож на тот мир, который, как мы полагаем, должен быть продолжением нашего мира в направлении к неизвестному.

Таково было одно из первых необычных ощущений, и оно меня поразило. Независимо от того, признаемся мы в этом или нет, у нас имеется некоторая концепция непознаваемого и неизвестного, точнее, некоторое их ожидание. Мы ожидаем увидеть мир, который окажется странным, но в целом будет состоять из феноменов того же рода, к которым мы привыкли, мир, который будет подчиняться тем же законам или, по крайней мере, будет иметь что-то общее с известным нам миром. Мы не в состоянии вообразить нечто абсолютно **новое**, как не можем вообразить совершенно новое животное, которое не напоминало бы ни одно из известных нам.

А в данном случае я с самого начала увидел, что все наши полусознательные конструкции неведомого целиком и полностью ошибочны. Неведомое не похоже ни на что из того, что мы можем о нем предположить. Именно эта полная неожиданность всего, с чем мы встречаемся в подобных переживаниях, затрудняет его описание. Прежде всего, все существует в единстве, все связано друг с другом, все здесь чем-то объясняется и, в свою очередь, что-то объясняет. Нет ничего отдельного, т. е. ничего, что можно было бы назвать или описать в **отдельности**. Чтобы передать первые впечатления и ощущения, необходимо передать **все** сразу. Этот новый мир, с которым человек входит в соприкосновение, не имеет отдельных сторон, так что нет возможности описывать сначала одну его сторону, а потом другую. Весь он виден сразу в каждой своей точке; но возможно ли описать что-либо при таких условиях — на этот вопрос я не мог дать ответа.

И тогда я понял, почему все описания мистических переживаний так бедны, однообразны и явно искусственны. Человек теряется среди бесконечного множества совершенно новых впечатлений, для выражения которых у него нет ни слов, ни образов. Желая выразить эти впечатления или передать их кому-то другому, он невольно употребляет слова, которые в обычном его языке относятся к самому великому, самому могучему, самому необыкновенному, самому невероятному, хотя слова эти ни в малейшей степени не соответствуют тому, что он видит, узнает, переживает. Факт остается фактом: других слов у него нет. Но в большинстве случаев человек даже не сознает этой подмены, так как сами его переживания в их подлинном виде сохраняются в его памяти лишь несколько мгновений. Очень скоро они бледнеют, становятся плоскими и заменяются словами, поспешно и случайно притянутыми к ним, чтобы хоть так удержать их в памяти. И вот не остается уже ничего, кроме этих слов. Этим и объясняется, почему люди, имевшие мистические переживания, пользуются для их выражения и передачи теми формами, образами, словами и оборотами, которые им лучше всего известны, которые они чаще всего употребляют и которые для них особенно типичны и характерны. Таким образом, вполне может случиться, что разные люди по-разному опишут и изложат одно и то же переживание. Религиозный человек воспользуется привычными формулами своей религии и будет говорить о распятом Иисусе, Деве Марии, Пресвятой Троице и т. п. Философ попытается передать свои переживания на языке метафизики, привычном для него, и станет говорить о категориях, монадах или, например, о трансцендентных качествах, или еще о чем-то похожем. Теософ расскажет об астральном мире, о мыслеформах, об Учителях, тогда как спирит поведает о душах умерших и общении с ними, а поэт облечет свои переживания в язык сказок или опишет их как чувства любви, порыва, экстаза.

Мое личное впечатление о мире, с которым я вошел в соприкосновение, состояло в том, что в нем не было ничего, напоминающего хоть одно из тех описаний, которые я читал или о которых слышал.

Одним из первых удививших меня переживаний оказалось то, что там не было ничего, хотя бы отчасти напоминающего астральный мир теософов или спиритов. Я говорю об удивлении не потому, что я действительно верил в этот астральный мир, но потому, что, вероятно, бессознательно думал о неизвестном в формах астрального мира. В то время я еще находился под влиянием теософии и теософской литературы, по крайней мере, в том, что касалось терминологии. Очевидно, я полагал, не формулируя свои мысли точно, что за всеми этими конкретными описаниями невидимого мира, которые разбросаны по книгам по теософии, должно все-таки существовать нечто реальное. Поэтому мне так трудно было допустить, что астральный мир, живописуемый самыми разными авторами, не существует. Позже я обнаружил, что не существует и многое другое.

Постараюсь вкратце описать то, что я встретил в этом необычном мире.

С самого начала наряду с «раздвоением» я заметил, что взаимоотношения между субъективным и объективным нарушены, совершенно изменены и приняли особые, непостижимые для нас формы. Но «объективное» и «субъективное» — это всего лишь слова. Не желая прятаться за ними, я хочу со всей возможной точностью передать то, что я действительно чувствовал. Для этого мне необходимо сначала объяснить, что я называю «субъективным» и что — «объективным». Моя рука, перо, которым я пишу, стол — все это объективные явления. Мои мысли, внутренние образы, картины воображения — все это явления субъективные. Когда мы находимся в обычном состоянии сознания, весь мир разделен для нас по этим двум осям, и вся наша привычная ориентация сообразуется с таким делением. В новом же состоянии сознания все это было совершенно нарушено. Прежде всего, мы привыкли к постоянству во взаимоотношениях между субъективным и объективным: объективное всегда объективно, субъективное всегда субъективно. Здесь же я видел, что объективное и субъективное менялись местами, одно превращалось в другое. Выразить это очень трудно. Обычное недоверие к субъективному исчезло, каждая мысль, каждое чувство, каждый образ немедленно объективировались в реальных субстанциональных формах, ничуть не отличавшихся от форм объективных феноменов. В то же время объективные явления как-то исчезали, утрачивали свою реальность, казались субъективными, фиктивными, надуманными, обманчивыми, не обладающими реальным существованием.

Таким были первое мое впечатление. Далее, пытаясь описать странный мир, в котором я очутился, должен сказать, что более всего он напоминал мне **мир сложных математических отношений**.

Вообразите себе мир, где все количественные отношения от самых простых до самых сложных обладают формой.

Легко сказать: «Вообразите себе такой мир». Я прекрасно понимаю, что вообразить его невозможно. И все-таки мое описание является ближайшим возможным приближением к истине.

«Мир математических отношений» — это значит мир, в котором все находится во взаимосвязи, в котором ничто не существует в отдельности, где отношения между вещами имеют реальное существование, независимо от самих вещей; а, может быть, вещи и вообще не существуют, а есть только отношения.

Я нисколько не обманываюсь и понимаю, что мои описания очень бедны и, вероятно, не передают того, что я помню. Но я припоминаю, что видел математические законы в действии и мир как результат действия этих законов. Так, процесс сотворения мира, когда я думал о нем, явился мне в виде дифференциации некоторых простейших принципов или количеств. Эта дифференциация протекала перед моими глазами в определенных формах; иногда, например, она принимала форму очень сложной схемы, развивающейся из довольно простого основного **мотива**, который многократно повторялся и входил в каждое сочетание во всей схеме. Таким образом, схема в целом состояла из сочетаний и повторений основного **мотива**, и ее можно было, так сказать, разложить в любой точке на составные элементы. Иногда это была музыка, которая также начиналась с нескольких очень простых звуков и, постепенно усложняясь, переходила в гармонические сочетания, выражавшиеся в видимых формах, которые напоминали только что описанную мной схему или полностью растворялись в ней. Музыка и схема составляли одно целое, так что одна часть как бы выражала другую.

Во время всех этих необычных переживаний я предчувствовал, что память о них совершенно исчезнет, едва я вернусь в обычное состояние. Я сообразил, что для запоминания того, что я видел и ощущал, необходимо все это перевести в слова. Но для многого вообще не находилось слов, тогда как другое проносилось передо мною так быстро, что я просто не успевал соединить то, что я видел, с какими-нибудь словами. Даже в тот момент, когда я испытывал эти переживания и был погружен в них, я догадывался, что все, запоминаемое мной, — лишь незначительная часть того, что проходит через мое сознание. Я то и дело повторял себе: «Я должен хотя бы запомнить, что вот это есть, а **вот это было**, что это и есть единственная реальность, тогда как все остальное по сравнению с ней совершенно нереально».

Я проводил свои опыты в самых разных условиях и в разной обстановке. Постепенно я убедился, что лучше всего в это время оставаться одному. Проверка опыта, т. е. наблюдение за ним другого лица или же запись переживаний в момент их протекания, оказалась совершенно невозможной.

Во всяком случае, я ни разу не добился таким путем каких-либо результатов.

Когда я устраивал так, чтобы кто-нибудь во время моих опытов оставался возле меня, я обнаруживал, что вести какие-либо разговоры с ним невозможно. Я начинал говорить, но между первым и вторым словами фразы у меня возникало такое множество идей, проходивших перед моим умственным взором, что эти два слова оказывались разделены огромным промежутком и не было никакой возможности найти между ними какую-либо связь. А третье слово я забывал еще до того, как его произносил; я пытался вспомнить его — и обнаруживал миллионы новых идей, совершенно забывая при этом, с чего начинал. Помню, например, начало одной фразы:

«Я сказал вчера...»

Едва я произнес слово «я», как в моей голове пронеслось множество мыслей о значении этого слова в философском, психологическом и прочих смыслах. Все это было настолько важным, новым и глубоким, что, произнеся слово «сказал», я не мог сообразить, для чего его выговорил; с трудом оторвавшись от первого круга мыслей, я перешел к идее слова «сказал» — и тут же открыл в нем бесконечное содержание. Идея речи, возможность выражать мысли словами, прошедшее время глагола — каждая из этих идей вызывала во мне взрыв мыслей, догадок, сравнений и ассоциаций. В результате, когда я произнес слово «вчера», я уже совершенно не мог понять, зачем его сказал. Но и оно, в свою очередь, немедленно увлекло меня в глубины проблем времени — прошлого, настоящего и будущего; передо мной открылись такие возможности подхода к этим проблемам, что у меня дух захватило.

Именно эти попытки вести разговор позволили мне почувствовать изменение во времени, описываемое почти всеми, кто проделывал опыты, подобные моим. Я почувствовал, что время невероятно удлинилось, секунды растянулись на годы и десятилетия.

Вместе с тем, обычное чувство времени сохранилось; но наряду с ним или внутри него возникло как бы иное чувство времени, так что два момента обычного времени (например, два слова в моей фразе) могли быть отделены друг от друга длительными периодами другого времени.

Помню, насколько поразило меня это ощущение, когда я испытал его впервые. Мой приятель что-то говорил. Между каждым его словом, между каждым звуком и каждым движением губ протекали длиннейшие промежутки времени. Когда он закончил короткую фразу, смысл которой совершенно до меня не дошел, я почувствовал, что за это время я пережил так много, что нам уже никогда не понять друг друга, поскольку я слишком далеко ушел от него. В начале фразы мне казалось, что мы еще в состоянии разговаривать; но к концу это стало совершенно невозможным, так как не существовало никаких способов сообщить ему все то, что я за это время пережил.

Попытки записывать свои впечатления тоже не дали никаких результатов, за исключением двух случаев, когда краткие формулировки мыслей, записанные во время эксперимента, помогли мне впоследствии понять и расшифровать кое-что из серии смешанных неопределенных воспоминаний. Обычно все ограничивалось первым словом; очень редко удавалось больше. Иногда я успевал записать целую фразу, но при этом, кончая ее, забывал, что она значит и зачем я ее записал; не мог я вспомнить этого и впоследствии.

Постараюсь теперь описать последовательность, в которой проходили мои эксперименты.

Опускаю физиологические подробности, предшествовавшие изменениям психического состояния. Упомяну лишь об одном из них: сердцебиение ускорялось и достигало очень высотой скорости; затем оно замедлялось.

В этой связи я неоднократно наблюдал очень интересное явление. В обычном состоянии **намеренное** замедление или ускорение дыхания приводит к ускорению сердцебиения. В моем случае, между дыханием и сердцебиением устанавливалась необычная связь, а именно: ускоряя дыхание, я ускорял и сердцебиение, а замедляя дыхание, замедлял сердцебиение. Я почувствовал, что за этим скрываются огромные возможности, и потому старался не вмешиваться в работу организма, предоставив события их естественному ходу.

Предоставленные самим себе, сердцебиения усиливались; затем они стали ощущаться в разных частях тела, как бы обретая для себя большее основание; в то же время сердце билось все более равномерно, пока наконец я не ощутил его во всем теле одновременно; после этого оно продолжалось в виде **единого удара**.

Эта синхронная пульсация все ускорялась; потом вдруг я всем телом ощутил толчок, как будто щелкнула какая-то пружина; в тот же момент внутри меня что-то открылось. Все сразу изменилось, началось нечто необычное, новое, совершенно не похожее на все то, что бывает в жизни. Я назвал это явление «первым порогом».

В новом состоянии было много непонятного и неожиданного, главным образом благодаря еще большему смешению объективного и субъективного. Наблюдались и совсем новые феномены, о которых я сейчас расскажу. Но это состояние не было еще завершенным, правильно было бы назвать его переходным. В большинстве случаев я покидал его пределы, однако бывало так, что это состояние становилось глубже и шире, как если бы я постепенно погружался в свет — после чего наступал момент еще одного перехода, опять-таки с ощущением толчка во всем теле. И только после этого наступало самое интересное состояние, которое мне удавалось достичь в своих опытах.

«Переходное состояние» содержало почти все его элементы, но чего-то самого важного и существенного ему не хватало. В сущности, оно почти не отличалось от сна, в особенности от полусна, хотя и обладало своими собственными, довольно характерными формами. Это «переходное состояние» могло бы, пожалуй, захватить и увлечь меня связанным с ним ощущением чудесного, если бы не мое в достаточной степени критическое к нему отношение; это критическое отношение проистекало главным образом из моих более ранних экспериментов по изучению снов.

В «переходном состоянии» — как я вскоре узнал, оно было чисто субъективным — я обычно почти сразу же начинал слышать «голоса». Эти «голоса» и были его характерной чертой.

«Голоса» беседовали со мной и нередко говорили очень странные вещи, заключавшие в себе как будто нечто шутливое. То, что я слышал в подобных случаях, порой меня волновало, в особенности когда это был ответ на мои самые неясные и неоформленные ожидания. Иногда я слышал музыку, будившую во мне довольно разнообразные и сильные эмоции.

Как это ни странно, с первого же дня я почувствовал к «голосам» какое-то скрытое недоверие. Они давали слишком много обещаний, предлагали чересчур много вещей, которые мне хотелось бы иметь. «Голоса» рассказывали почти обо всем возможном. Они предупреждали меня, подтверждали и объясняли все, что встречалось в их мире, но делали это как-то слишком уж просто. Я задался вопросом, не мог ли я сам придумать все то, что они говорят, — не являются ли они моим собственным воображением, тем бессознательным воображением, которое творит наши сны, в которых мы видим людей, разговариваем с ними, получаем от них советы и т. п.? Задумавшись над этим вопросом, я вынужден был признаться, что голоса не сообщили мне ничего такого, чего я не мог бы подумать сам.

Вместе с тем, все, что приходило ко мне таким образом, нередко напоминало сообщения, получаемые на медиумических сеансах или посредством автоматического письма. «Голоса» давали друг другу разные имена, говорили мне много лестного, брались отвечать на любые вопросы. Иногда я вел с «голосами» долгие беседы.

Однажды я задал какой-то вопрос, относящийся к алхимии. Сейчас я не могу припомнить его в точности, но, кажется, я спрашивал что-то или о разных названиях четырех стихий (огонь, вода, воздух и земля), или о взаимоотношениях этих стихий. Вопрос был задан в связи с тем, что я тогда читал.

Отвечая на мой вопрос, «голос», назвавший себя хорошо известным именем, сказал, что ответ на этот вопрос можно найти в одной книге. А когда я заметил, что этой книги у меня нет, «голос» посоветовал поискать ее в Публичной библиотеке (дело происходило в Петербурге) и читать ее как можно внимательнее.

Я осведомился о книге в Публичной библиотеке, но там ее не оказалось. Имелся только ее немецкий перевод (сама книга написана по-английски), причем первые три главы из двадцати отсутствовали. Но вскоре я достал где-то английский оригинал и впрямь обнаружил там некоторые намеки, тесно связанные с ответом на мой вопрос, хотя ответ был и неполным.

Этот случай, как и другие ему подобные, показал мне, что в переходном состоянии я испытывал те же переживания, что и медиумы, ясновидящие и т. п. Один «голос» поведал мне очень интересную вещь о храме Соломона в Иерусалиме, которую я до сих пор не знал, а если и читал о ней когда-то, то начисто забыл. Описывая храм, «голос», среди прочего, сообщил мне, что там обитали целые **полчища мух**. Логически это казалось вполне понятным и даже неизбежным. В храме, где совершались жертвоприношения, где убивали животных, где всегда было много крови и всевозможных нечистот, конечно же, должно быть множество мух. Однако это звучало как-то по-новому: насколько мне помнится, я никогда не читал о мухах в связи с древними храмами, зато недавно сам побывал на Востоке и знал, какое обилие мух можно увидеть там даже в обычных условиях.

Эти описания Соломонова храма и особенно «мух» полностью объяснили мне те непонятные вещи, с которыми я сталкивался в литературе и которые нельзя было назвать ни намеренной фальсификацией, ни подлинным «ясновидением». Так, «ясновидение» Ледбитера и доктора Штейнера, все «хроники Акаши», сообщения о том, что происходило в мифической Атлантиде и других доисторических странах десятки тысяч лет назад, — все они, несомненно, были той же природы, что и «мухи в храме Соломона». Единственная разница заключалась в том, что я не верил своим переживаниям, тогда как в «хроники Акаши» верили и ее авторы, и их читатели.

Очень скоро мне стало ясно, что ни в этих, ни в других переживаниях нет ничего реального. Все в них было отраженным, все приходило из памяти, из воображения. «Голоса» немедленно умолкали, когда я спрашивал о чем-нибудь знакомом и конкретном, доступном проверке.

Это объяснило мне еще одно обстоятельство: почему авторы, которые охотно описывают Атлантиду, не могут, используя свое ясновидение, решить какую-нибудь практическую проблему, относящуюся к настоящему времени; такие проблемы отыскать нетрудно, но их по какой-то причине избегают. Если ясновидящие знают все, что происходило тридцать тысяч лет назад, то почему они не знают того, что происходит неподалеку от места их экспериментов?

Во время этих опытов я понял, что если я поверю «голосам», то попаду в тупик и дальше не двинусь. Это меня испугало. Я уловил во всем происходящем самообман; стало очевидно, что, какими бы заманчивыми ни были слова и обещания «голосов», они ни к чему не приведут, а оставят меня там же, где я находился. Я понял, что это и было «прелестью», т. е. все приходило из воображения.

Я решил бороться с переходным состоянием, сохраняя к нему чрезвычайно критическое отношение и отвергая, как не заслуживающие доверия, все те «сообщения», **которые я мог бы придумать сам**. Результат не заставил себя ждать. Как только я начал отвергать все, что **слышал**, поняв, что это «та же материя, из которой сделаны сны», решительно отбрасывая услышанное и вообще перестав обращать внимание на «голоса», мое состояние и мои переживания изменились.

Я переступил через второй порог, упоминавшийся мною ранее, за которым начинался **новый мир**. «Голоса» исчезли, вместо них звучал иногда один голос, который нетрудно было узнать, какие бы формы он ни принимал. Новое состояние отличалось от переходного невероятной ясностью сознания. Тогда-то я и обнаружил себя в мире математических отношений, в котором не было ничего похожего на то, что бывает в жизни.

И в этом состоянии, перейдя через второй порог и оказавшись в «мире математических отношений», я также получал ответы на свои вопросы, но эти ответы зачастую принимали очень странную форму.

Чтобы понять их, нужно иметь в виду, что мир математических отношений, в котором я находился, не был неподвижным. Иными словами, ничто не оставалось там таким же, каким было мгновение назад. Все двигалось, менялось, преобразовывалось и превращалось во что-то иное. Временами я неожиданно замечал, как все математические отношения одно за другим исчезали в бесконечности. Бесконечность поглощала все, заполняла все, сглаживала все различия. Я чувствовал, что пройдет еще одно мгновение, — и я сам исчезну в бесконечности! Меня обуревал ужас перед необозримостью бездны. Охваченный ужасом, я вскакивал иногда на ноги и принимался ходить взад и вперед, чтобы прогнать одолевающий меня кошмар. Тогда я чувствовал, что кто-то смеется надо мной, а порой казалось, что я слышу смех. Внезапно я ловил себя на мысли, что это я сам смеюсь над собой, что я опять попал в западню «прелести», т. е. собственного воображения. Бесконечность притягивала меня и в то же время страшила и отталкивала. Тогда-то у меня и возник иной взгляд на нее: бесконечность — это не бесконечная протяженность в одном направлении, а бесконечное число вариаций в одном месте. Я понял, что ужас перед бесконечностью есть следствие неправильного подхода, неверного отношения к ней. При правильном подходе к бесконечности именно она все объясняет, и без нее нельзя ничего объяснить.

И все же я продолжал видеть в бесконечности реальную угрозу и реальную опасность. Описать в определенном порядке весь ход моих опытов, течение возникавших у меня идей и случайных мыслей совершенно невозможно — главным образом потому, что ни один эксперимент не был похож на другой. Всякий раз я узнавал об одной и той же вещи нечто новое, но происходило это таким образом, что все мои прежние знания об этой вещи полностью изменялись.

Как я уже сказал, характерной чертой мира, в котором я находился, было его математическое строение и полное отсутствие чего-либо, что можно было бы выразить в обычных понятиях. Пользуясь теософской терминологией, можно сказать, что я находился на ментальном плане «арупа»; но особенность моих переживаний состояла в том, что реально существовал только этот мир «арупа», а все остальное было созданием воображения. Интересный факт: во время первого моего эксперимента я сразу же или почти сразу оказался в этом мире, ускользнув от «мира иллюзий». Но в последующих экспериментах «голоса» старались удержать меня в воображаемом мире, и мне удавалось освободиться от них только тогда, когда я упорно и решительно боролся с возникающими иллюзиями. Все это очень напоминало мне то, что я читал раньше. В описаниях магических экспериментов, посвящений и предшествующих испытаний было что-то очень похожее на мои переживания и ощущения; впрочем, это не касается современных «медиумических сеансов» или церемониальной магии, которые являются полным погружением в мир иллюзий.

Интересным в моих опытах было сознание опасности, которая угрожала мне со стороны бесконечности, и постоянные предостережения, исходившие от **кого-то**, как будто бы этот **кто-то** непрестанно наблюдал за мной и пытался убедить прекратить опыты и свернуть с моего пути, ибо этот путь, с точки зрения некоторых принципов, которые я в то время понимал очень смутно, был неправильным и незнакомым.

То, что я назвал «математическими отношениями», постоянно изменялось вокруг меня и во мне самом; иногда оно принимало форму музыки, иногда — схемы, а порой — заполняющего все пространство света, особого рода видимых вибраций световых лучей, которые скрещивались и переплетались друг с другом, проникая повсюду. С этим было связано безошибочное ощущение, что благодаря этим звукам, схемам, свету я узнавал нечто такое, чего не знал раньше. Но передать то, что я узнавал, рассказать или написать об этом было невероятно трудно. Трудность объяснения возрастала и потому, что слова плохо выражали сущность того напряженного эмоционального состояния, в котором я находился во время экспериментов; передать все словами было просто невозможно.

Мое эмоциональное состояние было, пожалуй, самой яркой характеристикой описываемых переживаний. Все приходило через него, без него ничего не могло быть; и поэтому понять окружающее можно было только понимая его. Чтобы уяснить сущность моих опытов и переживаний, надо иметь в виду, что я вовсе не оставался равнодушным к упомянутым выше звукам и свету. Я воспринимал все посредством чувств, я переживал эмоции, которые в обычной жизни не существовали. Новое знание приходило ко мне только тогда, когда я находился в чрезвычайно напряженном эмоциональном состоянии. И мое отношение к новому знанию вовсе не было безразличным: я или любил его, или испытывал к нему отвращение, стремился к нему или восхищался им; именно эти эмоции вместе с тысячью других позволяли мне понять природу нового мира, который я должен был узнать.

В том мире, где я оказался, очень важную роль играло число **«три»**. Совершенно непостижимым для нашей математики образом оно входило во все количественные отношения, создавало их и происходило от них. Все вместе взятое, т. е. вся вселенная, являлось мне иногда в виде триады, составляющей одно целое и образующей некий гигантский трилистник. Каждая часть триады в силу какого-то внутреннего процесса вновь преобразовывалась в триаду, и процесс этот длился до тех пор, пока все не оказывалось заполненным триадами, которые, в свою очередь, превращались в музыку, свет или схемы. Должен еще раз напомнить, что все мои описания очень плохо выражают то, что происходило, ибо они не передают эмоциональный элемент радости, удивления, восторга, ужаса — и постоянного перехода этих чувств друг в друга.

Как я уже говорил, эксперименты проходили более успешно, когда я лежал, пребывая в одиночестве. Впрочем, иногда я пытался экспериментировать среди людей и даже на улице. Обычно эти эксперименты не давали результатов, что-то начиналось и тут же прерывалось, оставляя после себя ощущение физической тяжести. Но иногда я оказывался все-таки в ином мире. В этом случае все, что меня окружало, менялось самым тонким и причудливым образом. Все становилось другим; но описать, что именно происходило, абсолютно невозможно. Первое, что доступно выражению, таково: для меня вокруг не оставалось ничего безразличного: все вместе или в отдельности так или иначе меня задевало. Иными словами, я воспринимал все эмоционально. Далее, в окружавшем меня новом мире не было ничего отдельного, ничего, что не было бы связано с другими вещами или со мной лично. Все вещи оказывались связанными друг с другом, и эта связь была далеко не случайной, а проявлялась под действием непостижимой цепи причин и следствий. Все вещи зависели одна от другой, все жили одна в другой. Наконец, в этом мире не было ничего мертвого, неодушевленного, лишенного мысли и чувства, ничего бессознательного. Все было живым, все обладало самосознанием. Все говорило со мной, я мог говорить со всем. Особенно интересны были дома, мимо которых я проходил, и более всего — старые здания. Это были живые существа, полные мыслей, чувств, настроений, воспоминаний. Жившие в них люди и были их

мыслями, чувствами и настроениями. Я хочу сказать, что люди по отношению к домам играют примерно ту же роль, что разные «я» нашей личности по отношению к нам. Они приходят и уходят, иногда живут внутри нас долгое время, иногда же появляются лишь на мгновения.

Помню, как однажды на Невском проспекте меня поразила обыкновенная ломовая лошадь. Она поразила меня своей головой, своей «физиономией», в которой выразилась вся сущность лошади, и, глядя на ее морду, я понял все, что можно было понять о лошади. Все особенности ее природы, все, на что она способна, все, на что не способна, все, что она может или не может сделать, — все это выразилось в чертах ее «физиономии». В другой раз сходное чувство у меня вызвала собака. Вместе с тем, эти лошадь и собака были не просто лошадью и собакой; это были «атомы», сознательные, движущиеся «атомы» больших существ — «большой лошади» и «большой собаки». Тогда я понял, что мы тоже являемся атомами большого существа — «большого человека»; и точно так же любая вещь представляет собой атом, «большой вещи». Стакан — это атом «большого стакана», вилка — атом «большой вилки» и т. д.

Эта идея и несколько других мыслей, сохранившихся в моей памяти после экспериментов, вошли в мою книгу «Tertium Organum», которая как раз и была написана во время этих опытов. Таким образом, формулировка законов ноуменального мира и некоторые другие идеи, относящиеся к высшим измерениям, были заимствованы из того, что я узнал во время экспериментов.

Иногда во время опытов я чувствовал, что многое понимаю особенно ясно; я чувствовал, что, если бы сумел сохранить в своей памяти то, что понимаю, я узнал бы, как переходить в это состояние в любое время по желанию, как сделать его продолжительным, как им пользоваться.

Вопрос о том, как задержать это состояние сознания, возникал постоянно, и я много раз задавал его во время эксперимента, пребывая в том состоянии сознания, когда получал на свои вопросы ответы. Но на этот вопрос я никогда не получал прямого ответа. Обычно ответ начинался откуда-то издалека; постепенно расширяясь, он охватывал собою все, так что в конце концов ответ на мой вопрос включал ответы на все возможные вопросы; естественно, что я не мог удержать его в памяти.

Помню, как однажды, когда я особенно ясно понял все, что мне хотелось понять, я решил отыскать какую-нибудь формулу или ключ, который дал бы мне возможность припомнить на следующий день то, что я понял. Я хотел кратко суммировать все, что мне стало понятно, и записать, если удастся, в виде одной фразы то, что необходимо для повторного приведения себя в такое же состояние как бы одним поворотом мысли, без какой-либо предварительной подготовки. В течение всего эксперимента мне казалось, что это возможно. И вот я отыскал такую формулу — и записал ее карандашом на клочке бумаги.

На следующий день я прочел фразу: «Мыслить в других категориях!» Таковы были слова, но в чем же их смысл? Куда делось все то, что я связывал с этими словами, когда их писал? Все исчезло, все пропало, как сон. Несомненно, фраза «мыслить в других категориях» имела какой-то смысл; но я не мог его припомнить, не мог до него добраться.

Позднее точно такое же случалось со многими другими словами и фрагментами идей, которые оставались у меня в памяти после опытов. Сначала эти фразы казались мне совершенно пустыми. Я даже смеялся над ними, обнаружив в них полное подтверждение невозможности передать оттуда сюда хоть что-то. Но постепенно в моей памяти кое-что начало оживать, и по прошествии двух-трех недель я все лучше и лучше вспоминал то, что было связано с этими словами. И хотя их содержание продолжало оставаться неясным, как бы видимым издалека, я все же начал **усматривать особый смысл** в словах, которые поначалу казались мне лишь отвлеченными обозначениями чего-то, не имеющего практической ценности.

То же самое повторялось почти каждый раз. На следующий день после эксперимента я помнил очень немногое. Но уже к вечеру порой начинали возвращаться кое-какие неясные воспоминания. Через день я мог вспомнить больше; в течение же следующих двух или трех недель удавалось восстановить отдельные детали эксперимента, хотя я прекрасно сознавал, что в памяти всплывает лишь ничтожно малая часть пережитого. Когда же я пробовал проводить опыты чаще, чем раз в две-три недели, все смешивалось, и я не мог уже ничего вспомнить.

Но продолжу описание удачных экспериментов. Неоднократно, почти всегда, я чувствовал, что, переходя через второй порог, я прихожу в соприкосновение с **самим собою**, с тем «я», которое всегда пребывает внутри меня, всегда видит меня и говорит мне нечто, чего я в обычном состоянии сознания не в силах понять и даже услышать.

Почему же я не могу этого понять?

Я отвечал себе: потому что в обычном состоянии во мне звучат одновременно тысячи голосов, которые и создают то, что мы называем нашим «сознанием», нашими мыслями, чувствами, настроениями, воображением. Эти голоса заглушают звук того голоса, который доносится из глубины. Мои эксперименты ничего не прибавили к обычному «сознанию»; они только **сузили** его; но как раз благодаря этому сужению его мощность неизмеримо возросла.

Что, собственно, делали эти эксперименты? Они заставляли все другие голоса замолчать, погружали их в сон, делали неслышными. И тогда я начинал слышать другой голос, который доносился как бы сверху, из какого-то пункта **у меня над головой**. Тогда-то я и понял, что вся задача заключается в том, чтобы слышать этот голос **постоянно**, сохранять с ним непрерывную связь. То существо, которому принадлежал голос, знало и понимало все, а самое главное — было свободно от тысяч мелких отвлекающих «личных» мыслей и настроений. Оно могло принимать все спокойно и объективно, таким, каково оно есть на самом деле. И в то же время **это был я**. Как так могло случиться и почему в обычном состоянии я был так далеко от самого себя, если голос и впрямь принадлежал мне, — этого я не мог объяснить. Во время экспериментов я называл мою обычную личность «я», а другое существо — «он». Иногда же, наоборот, обыденную личность — «он», а другую — «я». Позднее я еще вернусь к общей проблеме «я» и к пониманию «я» в новом состоянии сознания, ибо все это гораздо сложнее, чем простая замена одного «я» другим.

А сейчас попробую описать (насколько это сохранилось в моей памяти), как этот «он» или это «я» смотрело на вещи, в отличие от обычного «я».

Помню, как однажды я сидел на диване, курил и смотрел на пепельницу. Это была самая обыкновенная медная пепельница. И вдруг я почувствовал, что начинаю понимать, что такое пепельница; вместе с тем, с некоторым удивлением, почти со страхом я ощутил, что до той поры не понимал ее, что мы вообще не понимаем самых простых окружающих нас вещей.

Пепельница вызвала во мне водоворот мыслей и образов. Она содержала в себе бесконечное обилие фактов и событий, она была связана с бесчисленным множеством вещей. Прежде всего с тем, что касается табака и курения. Это сразу же вызвало тысячи образов, картин, воспоминаний. Затем сама пепельница — как она появилась на свет? И как появились те материалы, из которых она изготовлена? В данном случае медь — что такое медь? И как люди впервые ее обнаружили? Как научились ею пользоваться? Где и как была добыта медь, из которой сделана эта пепельница? Какой обработке она подвергалась, как ее перевозили с места на место? Сколько людей работало над ней или в связи с ней? Как медь оказалась превращенной в пепельницу? Эти и иные вопросы об истории пепельницы до того самого дня, как она появилась на моем столе...

Помню, как я записал несколько слов на листке, чтобы удержать в памяти хоть некоторые из своих мыслей. И вот назавтра я прочел:

«Человек может сойти с ума из-за одной пепельницы». Смысл всего, что я воспринял, состоит в том, что по одной пепельнице можно познать **все**. Невидимыми нитями пепельница связана со всеми вещами этого мира, и не только с настоящим, но и со всем прошлым и со всем будущим. Зная пепельницу, я знаю все.

Конечно, это описание ни в малейшей степени не выражает подлинного ощущения, ибо первым и главным было впечатление, что пепельница живет, думает, понимает и рассказывает о себе. Все, что я узнал, я узнал от самой пепельницы.

Вторым впечатлением был чрезвычайно эмоциональный характер всех знаний, связанных с пепельницей.

«Все живет! — сказал я себе в самой гуще этих наблюдений. — Нет ничего мертвого; мертвы только мы сами. Если бы мы ожили хоть на мгновение, мы почувствовали бы, что все живо, что все вещи живут, думают, ощущают и могут разговаривать с нами».

Этот случай с пепельницей напоминает мне другой, когда ответ на мой вопрос был дан в виде весьма характерного зрительного образа.

Однажды, находясь в том состоянии, в которое меня приводили мои эксперименты, я задал себе вопрос: «Что же такое мир?»

И сейчас же передо мной возник образ какого-то большого цветка, наподобие розы или лотоса. Его лепестки непрерывно распускались изнутри, росли, увеличивались в размерах, выходили за пределы цветка, затем каким-то образом вновь возвращались внутрь, и все начиналось сначала. Этот процесс невозможно выразить словами. В цветке было невероятное количество света, движения, цвета, музыки, эмоций, волнения, знания, разума, математики и непрерывного, постоянного роста. В то время как я смотрел на цветок, *кто-то,* казалось, объяснял мне, что это и есть «мир», или «Брахма», в его чистейшем аспекте и в наивысшем приближении к тому, что существует реально. «Если бы приближение было еще бо́льшим, это был бы сам Брахма, каков он есть», — промолвил голос.

Последние слова прозвучали своеобразным предупреждением, как если бы Брахма в своем реальном аспекте был опасен, мог поглотить и уничтожить меня. Здесь опять-таки возникала «бесконечность».

Этот случай и символ Брахмы, или «мира», сохранившийся в моей памяти, очень меня заинтересовал, ибо объяснял происхождение других символов и аллегорических образов. Позднее я решил, что понял принцип формирования разнообразных атрибутов божеств и смысл многих мифов. Кроме того, этот случай обратил мое внимание на другую важную особенность экспериментов, а именно, на то, как мне сообщались идеи в необычном состоянии сознания после второго порога.

Как я уже говорил, идеи передавались мне не словами, а звуками, формами, схемами или символами. Обычно все и начиналось с появления схем или иных форм. Как упоминалось выше, «голоса» представляли собой характерную черту переходного состояния, и когда они прекратились, их место заняли формы, т. е. звуки, схемы и т. п., после чего следовали зрительные образы, наделенные особыми свойствами и требующие подробных объяснений. «Брахма», видимый в форме цветка, может служить примером такого зрительного образа, хотя обычно эти образы были гораздо проще и имели что-то общее с условными знаками или иероглифами. Они составляли форму речи или мысли, вернее, той функции, которая соответствовала речи или мысли в том состоянии сознания, которого я достиг. Знаки или иероглифы двигались и менялись передо мной с головокружительной быстротой и выражали переходы, изменения, сочетания и соответствия идей. Только такой способ «речи» оказывался достаточно быстрым для той скорости, какой достигла мысль. Никакие другие формы нужной скоростью не обладали. И вот эти **движущиеся знаки вещей** указывали на начало нового мышления, нового состояния сознания. Словесное мышление становилось совершенно невозможным. Я уже говорил, что промежуток между двумя словами одной фразы занимал слишком много времени. Словесное мышление не могло в этом состоянии угнаться за мыслями.

Любопытно, что в мистической литературе имеется немало указаний на эти «обозначения вещей». Я даю им то же название, что и Якоб Беме, не сомневаясь при этом, что Беме говорил точно о тех же знаках, которые видел я. Для себя я называл их «символами», но по внешней форме правильнее было бы назвать их движущимися иероглифами. Я попробовал зарисовать некоторые из них, и хотя иногда это удавалось, на следующий день было очень трудно связать полученные фигуры с какими-нибудь идеями. Но один раз получилось нечто очень интересное.

Я нарисовал линию с несколькими штрихами на ней.

Число штрихов здесь несущественно; важно то, что они расположены друг от друга на неравном расстоянии. Я получил эту фигуру следующим образом.

В связи с некоторыми фактами из жизни моих знакомых я задал себе довольно сложный вопрос: каким образом судьба одного человека может повлиять на судьбу другого? Сейчас я не в состоянии с точностью воспроизвести вопрос, но помню, что он был связан с идеей причинно-следственных законов, свободного выбора и случайности. Все еще продолжая в обычном состоянии думать об этом, я представил себе жизнь одного моего знакомого и тот случай в его жизни, благодаря которому он встретился с другими людьми, оказав самое решительное влияние на их жизнь, тогда как и они, в свою очередь, вызвали важные перемены в его жизни. Размышляя таким образом, я внезапно увидел все эти пересекающиеся жизни в виде простых знаков, а именно: в виде линий со штрихами. Количество штрихов уменьшалось или возрастало; они приближались друг к другу или удалялись; в их внешнем виде, приближении или отдаленности, а также в сочетании разных линий с различными штрихами выражались идеи и законы, управляющие жизнью людей.

Позднее я еще вернусь к смыслу этого символа. В настоящее время я только объясняю метод получения новых идей в необычном состоянии сознания.

Особую часть моих переживаний составляло то, что можно назвать отношением к самому себе, точнее, к своему телу. Все оно стало живым, мыслящим, сознательным. Я мог разговаривать с любой частью тела, как если бы она была живым существом; я мог узнавать от нее, что ее привлекает, что ей нравится, а что не нравится, чего она боится, чем живет, чем интересуется, в чем нуждается. Такие беседы с сознаниями физического тела открыли передо мной совершенно неизведанный мир.

В своей книге «Tertium Organum» я попытался описать некоторые результаты своих опытов, говоря о сознаниях, которые **не параллельны нашему**.

Эти сознания (ныне я называю их сознаниями физического тела) имели очень мало общего с нашим сознанием, которое объективирует внешний мир и отличает «я» от «не-я». Сознания физического тела были полностью погружены в себя. Они знали только себя, только «я»; «не-я» для них не существовало. Они могли думать только о себе, говорить только о себе, зато они знали о себе все, что можно было знать. Тогда я понял, что их природа и форма их существования состояла в том, чтобы постоянно говорить о себе: о том, что они такое, что им нужно, чего они хотят, что им приятно и что неприятно, какие опасности им угрожают, что могло бы предупредить или устранить эти опасности.

В обычном состоянии мы не слышим эти голоса по отдельности. Только их общий шум, как бы их совместный тон, чувствуется нами в форме нашего физического состояния или настроения.

Я не сомневаюсь, что, если бы мы могли сознательно вступать в связь с этими «существами», мы узнавали бы от них все, что касается состояния каждой функции организма вплоть до мельчайших подробностей. Первая мысль, которая приходит в этой связи на ум, — что такая способность была бы очень полезной в случае заболеваний и функциональных расстройств для правильных диагнозов, для профилактики заболеваний и их лечения. Если бы удалось вступать в связь с этими сознаниями и получать от них информацию о состоянии и потребностях организма, медицина стала бы наконец на твердую почву.

Продолжая эксперименты, я все время старался найти средство для перехода от абстракций к конкретным фактам. Хотел выяснить, существует ли возможность усилить обычные способности восприятия или открыть в себе новые способности, в особенности касающиеся восприятия событий во времени — в прошлом или настоящем. Я задавал себе вопрос: можно ли видеть без помощи глаз — на огромном расстоянии, или сквозь стену, или в закрытых вместилищах (например, читать письма в конвертах, книги на полках) и т. д. Мне не было ясно, возможны такие вещи или нет. Но, с другой стороны, я знал, что все попытки проверить феномены ясновидения, которые иногда описываются, неизменно кончались неудачей.

Во время своих опытов я неоднократно пытался что-нибудь «увидеть», например, находясь в доме, — то, что происходит на улице, причем такие детали, которые я не мог бы увидеть обычным способом; старался «увидеть» кого-нибудь из своих близких, и установить, чем он занят в момент наблюдения, или воссоздать в подробностях сцены из прошлого, которые я знал лишь в отрывках.

Как-то я положил несколько старых фотографий в одинаковые конверты, перемешал конверты и попробовал увидеть, чей портрет я держу. То же самое я проделывал с игральными картами.

Убедившись в безуспешности своих попыток, я решил попробовать воспроизвести в виде ясного умственного образа какое-нибудь событие, которое, бесспорно, хранилось в моей памяти, хотя в обычном состоянии я не смог бы отчетливо его вспомнить. К примеру, увидеть Невский проспект, начиная от Знаменской площади, со всеми его домами и вывесками, следующими друг за другом. Но и это ни разу не удалось мне преднамеренно. А ненамеренно, при разных обстоятельствах, я не однажды видел себя шагающим по Невскому; в этих случаях я видел дома и вывески в точности там, где они находились на самом деле.

В конце концов я признал неудовлетворительными все свои попытки перейти к конкретным фактам. Это или было совершенно невозможно, или не удавалось из-за моего неправильного подхода к делу.

Но два случая показали мне, что существует возможность значительно усилить наши способности восприятия обычных событий жизни.

Однажды я достиг если не настоящего ясновидения, то, несомненно, заметного усиления зрительных способностей. Дело было на одной из улиц Москвы через полчаса после эксперимента, который показался мне совершенно неудачным. И вдруг на несколько секунд мое зрение приобрело такую необыкновенную остроту, что я совершенно ясно рассмотрел лица людей на расстоянии, на котором обычно трудно отличить одну фигуру от другой.

Второй случай произошел в Петербурге; была вторая зима моих опытов. Обстоятельства сложились так, что в течение всей зимы я не мог поехать в Москву, хотя в связи с некоторыми делами собирался туда съездить. И вот наконец около середины февраля я определенно решил, что поеду в Москву на Пасху. Вскоре после этого я снова приступил к своим экспериментам. Однажды совершенно случайно, находясь в том состоянии, когда начинали появляться движущиеся знаки или иероглифы, я подумал о Москве и о том, кого мне следует навестить там на Пасху. Внезапно, без каких-либо предупреждений, я услышал: ты не поедешь в Москву на Пасху. Почему? В ответ я увидел, как, начиная со дня описываемого опыта, события стали развиваться в определенном порядке и последовательности. Не произошло ничего нового; но причины, которые я хорошо знал и которые существовали уже в день моего эксперимента, развивались таким образом и привели к таким неизбежно вытекающим из них результатам, что как раз перед Пасхой возник целый ряд затруднений, в конце концов помешавший моей поездке в Москву. Сам по себе факт довольно курьезный, но интересной в нем была открываемая мне возможность рассчитать будущее, ибо оно содержалось в настоящем. Я увидел, что все, происходящее накануне Пасхи, явилось прямым следствием обстоятельств, существовавших уже два месяца назад.

Затем я, вероятно, перешел в своем опыте к другим мыслям, и на следующий день в моей памяти сохранился только голый результат: «кто-то сказал мне, что на Пасху я в Москву не поеду». Это показалась мне смешным, потому что никаких препятствий своей поездке я не видел. Потом я вообще забыл об этом эксперименте. Он выплыл в моей памяти лишь за неделю до Пасхи, когда целая последовательность мелких обстоятельств сложилась неожиданно таким образом, что я в Москву не поехал. Это были как раз те обстоятельства, которые я «видел» во время эксперимента, и они оказались явными последствиями того, что имелось уже два месяца назад. Ничего нового не случилось. Когда все вышло в точности так, как я видел (или предвидел), я припомнил свой опыт и все его подробности и вспомнил, что еще тогда видел и знал то, что должно было произойти. В данном случае я, безусловно, соприкоснулся с возможностью иного зрения в мире предметов и событий. Но в целом, все вопросы, которые я задавал себе о реальной жизни или конкретном знании, ни к чему не приводили.

Полагаю, что это обстоятельство связано с особым принципом, который стал мне ясен во время экспериментов. В обычной жизни мы мыслим тезисами и антитезисами; всегда и везде существуют «да» или «нет», «нет» или «да». Размышляя иначе, новым способом, при помощи знаков, я пришел к пониманию фундаментальных ошибок нашего мыслительного процесса. Ибо в действительности в каждом отдельном случае существовало не два, а три элемента. Было не только «да» и «нет», а «да», «нет» и что-то еще. И вот как раз природа этого третьего элемента, недоступная пониманию, делала непригодными все обычные рассуждения и требовала изменить основной метод мышления. Я видел, что решение всех проблем постоянно приходило от **третьего**, неизвестного элемента, так сказать, появлялось с третьей стороны; и без помощи этого **третьего** элемента прийти к правильному решению было бы невозможно.

Далее, задавая вопрос, я очень часто сразу же видел, что он поставлен неверно. Вместо немедленного ответа на мой вопрос «сознание», к которому я обращался, принималось поворачивать этот вопрос в разные стороны, показывая мне, в чем заключается его ошибочность. Постепенно я начинал видеть, в чем его неправильность; и как только мне удавалось ясно понять ошибочность своего вопроса, **я видел ответ**. Но этот ответ всегда заключал в себе **третий** элемент, который я до сих пор не мог увидеть, потому что мой вопрос был построен на двух элементах — на тезисе и антитезисе.

Я сформулировал это для себя следующим образом: вся трудность заключается в правильной постановке вопросов. Если бы мы умели правильно ставить вопросы, мы получали бы ответы. Правильно поставленный вопрос уже содержит в себе ответ; но этот ответ совсем не похож на то, что мы ожидаем. Он всегда будет находиться на другом плане, который в обычный вопрос не включен.

В нескольких случаях, когда я пробовал думать шаблонными словами или идеями, я пережил странное ощущение, напоминающее физический шок. Передо мной открывалась совершенная пустота, ибо в реальном мире, с которым я соприкасался, не было ничего, что соответствовало бы этим словам или идеям. Любопытно было ощутить неожиданную пустоту там, где я рассчитывал найти нечто, пусть не совсем прочное и определенное, но, по крайней мере, существующее.

Я уже сказал, что не обнаружил в своих экспериментах ничего, что соответствовало бы теософским астральным телам или астральному миру; ничего, что соответствовало бы «перевоплощениям» или «будущей жизни» в обычном смысле этого слова, т. е. тем или иным формам существования душ умерших. Все это не имело смысла и не только не выражало какой бы то ни было истины, **но и прямо не противоречило истине**. Когда я старался ввести в свои мысли вопросы, связанные с такими идеями, на них не давалось ответов; слова оставались лишь словами, и **их нельзя было выразить какими-либо иероглифами**.

То же самое произошло со многими другими идеями, например, с идеей эволюции, как ее понимает научное мышление. Она ничему не соответствовала и ничего не выражала. В мире реальностей для нее не оказалось места.

Я понял, что могу определять, какие идеи являются живыми и какие — мертвыми: мертвые идеи не выражались иероглифами, а оставались словами. Я обнаружил, что в обычном человеческом мышлении имеется огромное количество таких мертвых идей. Кроме уже упомянутых, к мертвым идеям принадлежали все так называемые социальные теории. Они просто не существовали. За ними скрывались только слова и никакой реальности; точно так же идея справедливости (понятая в обычном смысле компенсации или воздаяния) оказалась в высшей степени мертвой. Одна вещь не может компенсировать другую, один акт насилия не разрушит результаты другого акта насилия. Вместе с тем, идея справедливости в смысле «стремления к общему благу» также оказалась мертвой. Вообще говоря, с этой идеей связано крупное недоразумение. Она предполагает, что вещь может существовать сама по себе и быть несправедливой, т. е. противоречить какому-то закону; но в реальном мире **все составляет единство**, в нем нет двух таких вещей, которые противоречили бы друг другу. Есть единственное различие: между живыми и мертвыми вещами. Но как раз это различие мы не понимаем, и выразить эту идею нашим языком, как бы мы ни старались, вряд ли удастся.

Все это отдельные примеры. Фактически же почти все идеи и понятия, которыми живут люди, оказались **несуществующими**.

С глубоким изумлением я убедился в том, что лишь очень немногие идеи соответствуют реальным фактам, т. е. существуют. Мы живем в совершенно нереальном, фиктивном мире, спорим о несуществующих идеях, преследуем несуществующие цели, изобретаем все, даже самих себя.

Но, с другой стороны, в противоположность мертвым идеям, которые не существовали **нигде**, являлись и живые идеи, непрерывно встречающиеся вновь и вновь во всем, о чем я в то время размышлял, что узнавал или понимал.

Во-первых, существовала идея **триады**, или троицы, которая входила во все. Затем весьма важное место занимала и многое могла объяснить идея четырех элементов: **огня, воздуха, воды и земли.** Эта идея была реальной, и во время экспериментов я понимал, как она входит во все и соединяется со всем благодаря триаде. Но в обычном состоянии связь и значение этих двух идей от меня ускользали.

Далее, существовала идея **причины и следствия**. Как я уже упоминал, в иероглифах эта идея выражалась весьма определенным образом; но она никоим образом не была связана с идеей перевоплощения и относилась исключительно к обычной земной жизни.

Очень большое, пожалуй, главное место во всем, что я узнал, занимала идея «я». Иначе говоря, чувство или ощущение «я» каким-то непонятным образом менялось внутри меня. Выразить это словами очень трудно. Обычно мы плохо понимаем, что в разные моменты нашей жизни мы по-разному ощущаем свое «я». В этом случае, как и во многих других, мне помогли мои же более ранние опыты и наблюдения снов. Я знал, что во сне «я» ощущается иначе, не так, как в состоянии бодрствования; также по-иному, но совсем иначе ощущалось «я» и в моих экспериментах. Чтобы выразить это точнее, скажу, что все, что обычно воспринималось как «я», стало «не-я»; а то, что воспринималось как «не-я», стало «я». Но и это далеко от точного описания того, что я ощущал и что узнавал. Думаю, что точная передача здесь вообще невозможна. Необходимо только отметить, что, насколько я могу припомнить, новое ощущение «я» во время первых экспериментов вызывало у меня ужас. Я чувствовал, что исчезаю, теряюсь, превращаюсь в ничто. Это был все тот же ужас бесконечности, о котором я уже говорил; но только возник он с противоположной стороны: в одном случае меня поглощало Все, в другом — Ничто. Но это не играло роли, ибо Все оказывалось эквивалентным Ничто.

И вот что замечательно: позднее, в последующих экспериментах, то же самое исчезновение «я» вызывало уже во мне чувство необыкновенного спокойствия и уверенности, которое нельзя сравнить ни с одним из обычных наших чувств и ощущений. В то же время я как будто понимал, что все неприятности, заботы и беспокойства связаны с обычным ощущением «я», проистекают из него, а также образуют его и поддерживают. Поэтому с исчезновением «я» исчезали и все горести, заботы и волнения. Когда я ощущал, что я не существую, все остальное делалось очень простым и легким. В эти мгновения я даже удивлялся по поводу того, что мы взваливаем на себя такую ответственность, когда во все вводим «я» и во всем начинаем с «я». В наших идеях и ощущениях «я» есть какая-то ненормальность, своеобразный фантастический самообман, граничащий с кощунством, как если бы каждый из нас называл себя Богом. Я чувствовал, что только Бог мог называть Себя «Я», что только Бог и есть Я. Но и мы называем себя «я», не замечая скрытой в этом иронии.

Как я уже сказал, необычные переживания, связанные с моими экспериментами, начались с изменений в восприятии «я»; вряд ли они были бы возможны в случае сохранения обычного восприятия «я». Эти изменения — самое существенное в новом состоянии сознания; от них зависело все, что я чувствовал и чему мог научиться.

Что же касается того, что я узнал во время своих экспериментов (особенно того, что относится к расширению познавательных способностей), то там оказалось много необычного, такого, что не входит ни в одну из известных мне теорий.

Сознание, общавшееся со мной при помощи движущихся иероглифов, придавало этому вопросу особое значение; оно стремилось запечатлеть в моем уме все, что было с ним связано, делая, таким образом, главный упор на методах познания.

Я хочу сказать, что иероглифы объяснили мне, что, кроме обычного познания, основанного на показаниях органов чувств, расчетах и логическом мышлении, существуют **три других вида познания**, которые отличаются друг от друга и от обычного способа познания не степенью, не формой, не качеством, а всей своей природой, как отличаются друг от друга явления совершенно разных порядков, не имеющие общих измерений. В нашем языке для таких явлений имеется лишь одно название; если мы признаем их существование, мы называем их интенсивным, усиленным познанием; т. е., признавая их отличие от обычного познания, мы не понимаем их отличия друг от друга. Согласно иероглифам, именно это является главным фактором, мешающим нам правильно понять взаимоотношение между нами и миром.

Прежде чем попытаться дать определение «трем видам познания», я должен сделать одно замечание. Сообщениям о формах познания всегда предшествовал какой-нибудь мой вопрос, не имевший определенной связи с проблемами познания, но, очевидно, как-то противоречивший неизвестным мне законам познания. Так, эти сообщения почти всегда возникали тогда, когда я пытался из области абстрактных проблем перейти к конкретным явлениям и задавал вопросы, касавшиеся живых людей или реальных предметов, или же меня самого в прошлом, настоящем или будущем.

В таких случаях я получал ответ: то, что ты хочешь узнать, можно узнать тремя способами. Имелось в виду, что существует три способа познания, — не считая, конечно, обычного, с помощью органов чувств, расчетов и логического мышления, который при этом не рассматривался и возможности которого предполагались известными.

Далее следовало описание характерных признаков и свойств каждого из трех способов. Казалось, кто-то старался передать мне правильные понятия о вещах, считая особенно важным, чтобы именно **это** я понял как следует.

Попытаюсь по возможности точно сообщить читателю все, что относится к данному вопросу; сомневаюсь, однако, что мне удастся полностью выразить даже то, что понял я сам.

Первое познание происходит необычным путем, как бы благодаря внутреннему зрению; оно касается вещей и событий, с которыми я связан непосредственно и в которых прямо и лично заинтересован: например, если я узнаю что-нибудь о событии, которое должно произойти в ближайшем будущем со мной или с кем-то, кто мне дорог, причем узнаю об этом не обычным способом, а при помощи внутреннего зрения, это и будет познанием первого вида; если я узнаю, что пароход, на котором я собираюсь плыть, потерпит крушение или что в такой-то день одному из моих приятелей будет грозить серьезная опасность, и что при помощи таких-то шагов я смогу ее предотвратить, — это будет познанием первого вида, или просто **первым познанием**. Необходимое условие этого познания составляет личный интерес. Личный интерес особым образом соединяет человека с предметами и событиями, сообщая ему во взаимоотношениях с ними некую «познавательную позицию». Личный интерес, т. е. присутствие заинтересованной личности, является едва ли не главным условием «угадывания судьбы», «ясновидения», «предсказания будущего»; без личного интереса это познание почти невозможно.

Второе познание также имеет дело с вещами и событиями нашей жизни, для познания которых, как и в первом случае, мы не располагаем обычными средствами, но при втором познании ничто не связывает нас с объектом или событием лично. Если я узнаю, что потерпит крушение пароход, судьба которого меня лично не интересует, на котором не плывут ни мои друзья, ни я сам; или что делается в соседнем доме, не имеющем ко мне никакого отношения; или кем в действительности были личности, признанные историческими загадками (такие, как «Железная маска», Димитрий Самозванец или граф Сен-Жермен); или опишу будущее либо прошлое какого-нибудь человека, опять-таки не имеющего ко мне никакого отношения, — все это будет познанием второго вида. Познание второго вида является самым трудным, почти невозможным: если человек случайно или при помощи специальных методов узнает больше, нежели это доступно другим людям, он, несомненно, приобретает это знание первым способом.

Второй вид познания содержит в себе нечто незаконное. Это и есть «магия» в полном смысле слова. По сравнению с ним первый и третий способы познания представляются простыми и естественными, хотя первый путь, связанный с эмоциональным подходом, предчувствиями и разного рода желаниями, выглядит психологическим трюком, а третий вид познания кажется продолжением обычного познания, но следующим новым линиям и новым принципам.

Третье познание основывается на знании механизма всего существующего. Зная весь механизм и взаимоотношение отдельных его частей, легко найти мельчайшую деталь и с абсолютной точностью предрешить все, что с ней связано. Таким образом, третье познание есть познание, основанное на расчете. Рассчитать можно все. Если известен механизм всего существующего, можно вычислить, какая погода будет стоять в течение месяца или целого года; вполне возможно определить день и час любого случая. Можно будет рассчитать значение и смысл любого наблюдаемого события, даже самого малого. Трудность познания третьего рода состоит, во-первых, в необходимости знать весь механизм для познания мельчайшей вещи; во-вторых, в необходимости привести в движение всю колоссальную машину знания для того, чтобы узнать нечто совершенно незначительное и мелкое.

Вот приблизительно и все, что я «узнал» или «понял» о трех видах познания. Я хорошо вижу, что идея выражена в этом описании неадекватно, так как многое, возможно, самое важное, давно ускользнуло из моей памяти. Это справедливо по отношению не только к вопросу о познании, но и ко всему, что я писал здесь о своих экспериментах. К таким описаниям следует относиться с большой осторожностью, понимая, что в них утрачено девяносто девять процентов того, что чувствовалось и понималось во время самих экспериментов.

Очень своеобразное место в моих экспериментах занимали попытки узнать что-либо об умерших. Обычно такие вопросы оставались без ответа, и я смутно сознавал, что в них самих скрывается какая-то принципиальная ошибка. Но однажды я получил на свой вопрос совершенно ясный ответ. Более того, этот ответ был связан с ощущением смерти, которое я пережил за десять лет до описываемых экспериментов; само ощущение было вызвано состоянием интенсивной эмоции.

Говоря об этих случаях, я вынужден коснуться чисто личных переживаний, связанных со смертью одного близкого мне человека. В то время я был очень молод, и его смерть произвела на меня совершенно угнетающее впечатление. Я не мог думать ни о чем другом и старался понять загадку его исчезновения, как-то разрешить ее; мне хотелось также уяснить взаимные связи людей. И вдруг во мне поднялась волна новых мыслей и чувств, оставившая после себя ощущение удивительного спокойствия. На мгновение я увидел, почему мы не можем понять смерть, почему она так пугает нас, почему мы не в состоянии найти ответы на вопросы, которые задаем себе в связи с проблемой смерти. Этот умерший человек, о котором я думал, не мог умереть уже потому, что он никогда не существовал. В этом и заключалось решение вопроса. В обычных условиях я видел не его самого, а как бы его тень. Тень исчезла; но реально существовавший человек исчезнуть не мог. Он был больше того, каким я его видел, «длиннее», как я сформулировал это для себя; и в этой «длине» неким образом скрывался ответ на все вопросы.

Внезапный и яркий поток мыслей исчез так же быстро, как и появился. Через несколько секунд от него осталось только что-то вроде мысленного образа. Я увидел перед собой две фигуры. Одна, совсем небольшая, напоминала неясный человеческий силуэт. Она представляла собой этого человека, каким я его знал. Другая фигура была подобна дороге в горах; видно было, как она петляет среди холмов, пересекает реки и исчезает вдали. Вот чем он был в действительности, вот чего я не мог ни понять, ни выразить. Воспоминание об этом переживании долгое время сообщало мне чувство покоя и доверия. Позднее идеи высших измерений позволили мне найти формулировку для этого необычного «сна в бодрственном состоянии», как я называл свое переживание.

И вот нечто, напоминающее описанный случай, произошло со мной во время моих опытов.

Я думал о другом человеке, который также был мне близок; он умер за два года до опытов. В обстоятельствах его смерти, как и в событиях последнего года жизни, я находил немало неясного; было много и такого, за что я мог в глубине души порицать себя, — главным образом за то, что отдалился от него, не был с ним достаточно близок, когда он, возможно, нуждался во мне. Находились, конечно, возражения против подобных мыслей; но полностью избавиться от них я не мог; и они опять привели меня к проблеме смерти, а также к проблеме жизни по ту сторону смерти.

Помню, как однажды во время эксперимента я сказал себе, что если бы я верил в спиритические теории и в возможность общения с умершими, то хотел бы увидеть этого человека и задать ему один вопрос — всего один!

И вдруг, без всякой подготовки, мое желание исполнилось, и я его **увидел**. Это не было зрительное ощущение: то, что я увидел, не было похоже на его внешнюю оболочку; передо мной мгновенно промелькнула **вся его жизнь**. Эта жизнь и была им. Человек, которого я знал и который умер, никогда не существовал. Существовало что-то совсем другое, ибо жизнь его не была простой вереницей событий, как мы обычно описываем жизнь какого-то человека; жизнь— есть мыслящее и чувствующее **существо**, которое не меняется фактом смерти. Знакомый мне человек был как бы **лицом** этого существа; лицо, скажем, с годами меняется, но за ним всегда стоит одна и та же неизменная реальность. Выражаясь фигурально, можно сказать, что я видел этого человека и разговаривал с ним. На самом же деле, при этом отсутствовали зрительные впечатления, которые можно было бы описать; не было ничего похожего на обычный разговор. Тем не менее я знаю, что это был **он**; и именно он сообщил мне о себе гораздо больше, чем я мог спросить. Я увидел с полной очевидностью, что события последних лет его жизни были так же неотделимы от него, как и черты лица, которые я знал. Все эти события последних лет были чертами лица его жизни, и никто не мог ничего в них изменить, совершенно так же, как никому не удалось бы изменить цвет его волос и глаз или форму носа. Точно так же никто не был виноват в том, что данный человек обладал именно этими чертами лица, а не другими.

Черты его лица, как и черты последних лет жизни, были его свойствами; это был он. Видеть его без событий последних лет жизни было бы так же необычно, как вообразить его с другой физиономией, — тогда это был бы не он, а кто-то другой. Вместе с тем, я понял, что никто не несет ответственности за то, что он был самим собой и никем иным. Я понял, что мы зависим друг от друга в гораздо меньшей степени, чем думаем; мы ответственны за события в жизни другого человека не больше, чем за черты его лица. У каждого свое лицо со своими особыми чертами; точно так же у каждого своя судьба, в которой другой человек может занимать определенное место, но ничего не в состоянии изменить.

Но уяснив это, я обнаружил, что мы гораздо теснее, чем думаем, связаны с нашим прошлым и с людьми, с которыми соприкасаемся; я понял со всей очевидностью, что смерть ничего в этом не меняет. Мы остаемся привязанными ко всем тем, к кому были привязаны. Только для общения с ними необходимо особое состояние сознания.

Я мог бы объяснить те идеи, которые в этой связи понял, следующим образом: если взять ветвь дерева с отходящими от нее побегами, то излом ветви будет соответствовать человеку, каким мы его обычно видим; сама ветвь — жизнь этого человека, а побеги — жизни тех людей, с которыми он сталкивается.

Иероглиф, описанный мной ранее, линия с боковыми штрихами — это как раз и есть ветка с побегами.

В моей книге «Tertium Organum» я пытался высказать идею о «длинном теле» человека от рождения до смерти. Термин, употребляемый в индийской философии, «линга шарира», буквально означает «длинное тело жизни».

Представление о человеке или о его жизни как о ветви, чьи побеги изображают жизни близких ему людей, многое связало в моем понимании, многое объяснило. Каждый человек является для себя такой ветвью, а другие люди, с которыми он связан, суть побеги ветви. Но для себя каждый из них — главная ветвь, и любой другой человек будет для него побегом. Любой побег, если сосредоточить на нем внимание, оказывается ветвью с побегами. Таким образом, жизнь человека соединяется со множеством других жизней; одна жизнь как бы входит в другую, и все вместе они образуют единое целое, природу которого мы не знаем.

Идея всеобщего единства, в каком бы смысле и масштабе она ни была выражена, занимала очень важное место в концепции мира и жизни, сформировавшейся у меня во время необычных состояний сознания. Эта концепция мира включала в себя нечто совершенно противоположное нашему обычному взгляду на мир и нашим представлениям о нем. Обычно всякая вещь и всякое событие обладают для нас своей особой ценностью, особым значением и особым смыслом. Этот особый смысл, которым обладает каждая вещь, гораздо понятнее и ближе нам, чем ее общий смысл и общее значение, даже в тех случаях, когда мы можем предположить наличие такого общего значения.

Но в новой концепции мира все было иным. Прежде всего, каждая вещь являлась не отдельным целым, а частью другого целого, в большинстве случаев непостижимого для нас и неизвестного. Смысл и значение вещи предрешались природой этого великого целого и местом, которое вещь в нем занимала. Это полностью меняло всю картину мира. Мы привыкли воспринимать все по отдельности; здесь же отдельного не существовало, и было невероятно странным видеть себя в мире, где все вещи оказывались взаимосвязанными и проистекали друг из друга. Ничто не существовало в отдельности. Я чувствовал, что отдельное существование чего-либо, включая меня самого, есть фикция, нечто несуществующее, невозможное. Чувство преодоления отдельности, чувство всеобщей связи, единства как-то объединились с эмоциональной стороной моей концепции. Сначала это сложное переживание казалось устрашающим, подавляющим и безнадежным; но впоследствии, ничуть в сущности не изменившись, оно превратилось в самое радостное и радужное ощущение, какое только могло быть.

Далее, имелась картина или мысленный образ, входивший во все и являющийся необходимой частью каждого логического или алогического построения. Этот образ выступал в двух аспектах, взятых вместе, т. е. в виде целого мира и любой отдельной его части, любой отдельной стороны мира, жизни. Один аспект был связан с Первым Принципом. Я как бы видел возникновение всего мира, возникновение каждого явления и каждой идеи. Другой же аспект был связан с отдельными предметами: я видел мир или событие, интересовавшие меня в какой-то отдельный момент, в их конечном проявлении, т. е. такими, какими мы видим их вокруг себя, но в связи с непонятным для нас целым. Но между первым и вторым аспектами постоянно возникал некий разрыв, подобный пропасти, пустоте. Графически я мог изобразить его примерно так: вообразите, что из одной точки выходят три линии, каждая из которых, в свою очередь, дробится на три новые линии, каждая из них — еще раз на три и т. д. Постепенно линии дробятся все сильнее и сильнее; мало-помалу они приобретают все более разнообразные свойства, такие, как цвет, форму и т. п.; однако они не достигают реальных фактов и преобразуются в особого рода невидимый поток, который льется сверху. Вообразите теперь внизу бесконечное разнообразие явлений, собранных и классифицированных по группам; группы вновь объединяются, благодаря чему самые разнообразные явления оказываются связанными в более крупные объединения, которые можно обозначить одним знаком или иероглифом. Целый ряд таких иероглифов представляет собой жизнь или видимый мир на некотором расстоянии от нее. Итак, сверху идет процесс дифференциации, снизу — процесс интеграции. Но дифференциация и интеграция никогда не встречаются. Между тем, что находится вверху, и тем, что находится внизу, существует пустое пространство, в котором ничего не видно. Верхние линии дифференциации, умножаясь в числе и приобретая разнообразную окраску, быстро сливаются и погружаются в это пустое пространство, отделяющее то, что находится вверху, от того, что находится внизу. А снизу все бесконечное разнообразие явлений очень скоро преобразуется в принципы, необыкновенно богатые по своему смыслу и иероглифическим обозначениям; тем не менее они остаются меньшими, чем самые последние из верхних линий.

Именно в таком приблизительно графическом выражении являлись мне эти два аспекта мира и вещей. Я мог бы, пожалуй, утверждать, что сверху и снизу мир изображался в разных масштабах, и эти два масштаба для меня никогда не встречались, никогда не переходили один в другой, оставались несоизмеримыми. В этом как раз и состояла главная трудность, и я постоянно ее ощущал. Я понимал, что если бы мне удалось перекинуть мост от того, что внизу, к тому, что вверху, или, еще лучше, в противоположном направлении, т. е. сверху вниз, я постиг бы все, что находилось внизу, ибо, начиная сверху, т. е. с фундаментальных принципов, было бы легко и просто понять все, находящееся внизу. Но мне никак не удавалось соединить принципы с фактами; как я уже сказал, хотя все факты быстро погружались в усложненные иероглифы, эти последние все же сильно отличались от **верхних** принципов.

Ничто из того, что я пишу о своих экспериментах, ничто из того, что можно еще о них сказать, не будет понято, если не обратить внимания на их постоянный эмоциональный тон. Эти опыты вовсе не были моментами покоя, бесстрастия и невозмутимости, наоборот, они были пронизаны эмоциями, чувствами, почти страстью.

Самой необычной вещью, связанной с экспериментами, было возвращение, переход к обычному состоянию, которое мы называем жизнью. Этот момент чем-то очень напоминал смерть, по крайней мере, как я ее себе представляю. Возвращение обычно происходило, когда я просыпался утром после эксперимента, проведенного прошлым вечером. Эксперименты почти всегда завершались сном; во время сна я, вероятно, и переходил в обычное состояние и просыпался в знакомом мире — в том мире, в котором мы просыпаемся каждое утро. Но теперь этот мир имел в себе что-то чрезвычайно тягостное, представал невероятно пустым, бесцветным, безжизненным. Казалось, все в нем стало деревянным, как если бы он был гигантской деревянной машиной со скрипучими деревянными колесами, деревянными мыслями, деревянным настроением и деревянными ощущениями. Все было страшно медленным, все едва двигалось или двигалось с тоскливым деревянным скрипом. Все было мертвым, бездушным, бесчувственным.

Они были ужасны, эти минуты пробуждения в нереальном мире после пребывания в мире реальном, в мертвом мире после живого, в мире ограниченном, рассеченном на куски, после мира целостного и бесконечного.

Итак, благодаря своим экспериментам я не открыл каких-либо новых фактов, зато приобрел новые мысли. Когда я обнаружил, что я так и не достиг своей первоначальной цели, т. е. объективной магии, я начал думать, что искусственное создание мистических состояний могло бы стать началом нового метода в психологии. Эта цель была бы мною достигнута, если бы я умел изменять состояние своего сознания, полностью сохраняя при этом способность к наблюдению. Но как раз это оказалось совершенно невозможным. Состояния сознания менялись, но я не мог контролировать эту перемену, никогда не мог сказать **наверняка**, каков будет результат эксперимента, не всегда даже был в состоянии наблюдать, так как идеи следовали одна за другой и исчезали слишком быстро. Пришлось признать, что, несмотря на открытые новые возможности, мои эксперименты не давали материала для точных выводов. Главный вопрос о взаимоотношениях субъективной и объективной магии и об отношении их к мистике остался без ответа.

Но после этих экспериментов я стал по-новому смотреть на многие вещи. Я понял, что многие философские и метафизические системы, совершенно разные по своему содержанию, могли на самом деле быть попытками выразить именно то, что мне довелось узнать и что я пытался описать. Я понял, что за многими научными дисциплинами о мире и человеке, возможно, скрываются опыты и ощущения, сходные с моими, даже идентичные им. Я понял, что в течение сотен и тысяч лет мысль человека все время кружила вокруг чего-то такого, что ей никак не удавалось выразить.

Во всяком случае, мои эксперименты с неоспоримой ясностью установили для меня возможность соприкосновения с **реальным** миром, пребывающим по ту сторону колеблющегося миража видимого мира. Я понял, что познать этот реальный мир можно; но во время экспериментов мне стало ясно, что для этого необходим иной подход, иная подготовка.

Сопоставив все, что я читал и слышал об этом, я не мог не увидеть, что многие до меня пришли к тем же результатам; и весьма вероятно, что многие пошли значительно дальше меня. Но все они неизбежно встречались с теми же самыми трудностями, а именно, с невозможностью передать на мертвом языке впечатления от живого мира. Так было со всеми, кроме тех, кому известен другой подход. И я пришел к выводу, что без их помощи сделать что-либо невозможно.

1912—1929 годы

ГЛАВА 9

В ПОИСКАХ ЧУДЕСНОГО

Собор Парижской Богоматери. – Египет и пирамиды. – Сфинкс. – Будда с сапфировыми глазами. – Душа царицы Мумтаз-и-Махал. – Дервиши мевлеви.

Собор Парижской Богоматери

Когда я смотрел вниз с башен Нотр-Дам, у меня возникало множество странных мыслей. Сколько столетий прошло под этими башнями! Как много перемен — и как мало что-либо изменилось!

Маленький средневековый городок, окруженный полями, виноградниками и лесом. Затем растущий Париж, который несколько раз передвигал свои стены. Париж последних столетий, который, как заметил Виктор Гюго, «меняет свое лицо раз в пятьдесят лет». И люди... Они вечно куда-то идут мимо этих башен, вечно куда-то торопятся — и всегда остаются там же, где и были; они ничего не видят, ничего не замечают; это одни и те же люди. И башни одни и те же, с теми же химерами, которые смотрят на город, вечно меняющийся, вечно исчезающий и вечно остающийся одним и тем же.

Здесь ясно видны две линии в жизни человечества. Одна — жизнь всех людей внизу; другая — линия жизни тех, кто построил Нотр-Дам. Глядя вниз с этих башен, чувствуешь, что **подлинная** история человечества, достойная упоминания, и есть история строителей Нотр-Дам, а не тех, кто проходит мимо. И вы понимаете, что две эти истории совершенно несовместимы.

Одна история проходит перед нашими глазами; строго говоря, это **история преступлений**, ибо если бы не было преступлений, не было бы и истории. Все важнейшие поворотные моменты и стадии этой истории отмечены преступлениями: убийствами, актами насилия, грабежами, войнами, мятежами, избиениями, пытками, казнями. Отцы убивают детей, а дети — отцов; братья убивают друг друга; мужья убивают жен, жены — мужей; короли убивают подданных, подданные — королей.

Это одна история — та история, которую знает каждый, история, которой учат в школе.

Другая история — это история, которая известна очень немногим. Большинство людей вообще не видят ее за историей преступлений. Но то, что создается этой скрытой историей, существует и много позже, иногда веками, как существует Нотр-Дам. Видимая история, та, что протекает на поверхности, история преступлений, приписывает себе то, что создала скрытая история. Но в действительности видимая история всегда обманывается насчет того, что создала скрытая история.

О соборе Нотр-Дам написано очень много; на самом же деле о нем известно так мало! Тот, кто не пробовал самостоятельно что-то о нем узнать, получить нечто из доступного материала, никогда не поверит, как мало сведений имеется о постройке этого собора. На строительство потребовалось много лет; известны имена епископов, которые так или иначе способствовали сооружению собора, а также имена королей и пап того времени. Но о самих **строителях** не осталось никаких сведений; известны только их имена, да и то не все*. Не сохранилось никаких фактов о школах, которые стояли за тем, что было создано в этот удивительный период, начавшийся приблизительно в 1000 году и продолжавшийся около четырех веков.

Известно, что в то время существовали **школы строителей**. Конечно, они должны были существовать, поскольку каждый мастер обычно работал и жил вместе со своими учениками. Так работали живописцы и скульпторы; естественно, так же работали и архитекторы. Но за этими школами стояли другие объединения очень неясного происхождения, и это были не просто школы архитекторов или каменщиков. Строительство соборов было частью колоссального и умно задуманного плана, который позволял существовать совершенно свободным философским и психологическим шко-

---

* В книге Виолет-Ледюка мы читаем:

«В обширных записях церкви Нотр-Дам, восходящих к XII веку, нет ни слова о работе по строительству собора. Согласно хроникам периода, предшествовавшего эпохе готики, в монастырские библиотеки собирались описания строительства зданий, биографии и восхваления строителей. Но с наступлением эпохи готики все это внезапно прекращается. До XIII столетия нет упоминания ни об одном из архитекторов».

лам в этот грубый, нелепый, жестокий, суеверный, ханжеский и схоластический период средневековья. Школы оставили нам огромное наследство; но мы почти все утратили, ибо не поняли ни его смысла, ни ценности.

Школы, построившие готические соборы, были столь хорошо скрыты, что сейчас их следы находят только те, **кто уже знает, что эти школы должны были существовать**. Несомненно, Нотр-Дам построила не католическая церковь XI—XII веков, у которой уже тогда были для еретиков пытки и костер, пресекавшие свободную мысль. Нет ни малейшего сомнения в том, что в то время церковь оказалась орудием сохранения и распространения идей **подлинного христианства**, т. е. истинной религии и истинного знания, абсолютно чуждых церкви.

Нет ничего невероятного в том, что план постройки соборов и организации школ под покровом строительной деятельности возник вследствие усиления «еретикомании» в католической церкви, а также потому, что церковь быстро утрачивала качества, которые делали ее убежищем знания. К концу первого тысячелетия христианской эры монастыри собрали всю науку, все знание своего времени. Но узаконенная охота на еретиков, их преследования, приближение эпохи инквизиции сделали невозможным пребывание знания в монастырях.

Тогда для знания было найдено, вернее сказать, **создано** новое подходящее убежище. Знание покинуло монастыри и перешло в школы строителей и каменщиков. Тот стиль, который впоследствии назвали «готическим» (его характерной чертой была стрельчатая арка), в то время считался новым, современным и был принят в качестве отличительного знака школ. Внутреннее устройство школ представляло собой сложную организацию; они разделялись на разные ступени. А это значит, что в каждой так называемой «школе каменщиков», где преподавались все науки, необходимые для архитектора, существовала и «внутренняя школа», где объяснялось истинное значение религиозных аллегорий и символов, где изучалась «эзотерическая философия», или **наука об отношениях между Богом, человеком и Вселенной**, т. е. магия; а ведь за одну только мысль об этом людей отправляли на дыбу и сжигали на кострах. Школы продолжали существовать до Возрождения, когда стало возможным возникновение «мирской науки». Новая наука, увлекшись новизной свободного мышления и свободного исследования, очень скоро забыла и о своем происхождении, и о роли «готических» соборов в сохранении и передаче знания.

Но собор Нотр-Дам остался; до наших дней хранит он идеи школ, идеи истинных «франкмасонов» — и показывает их нам.

Известно, что Нотр-Дам, по крайней мере внешне, сейчас ближе в первоначальному замыслу по сравнению с его обликом в течение последних трех веков. После бесчисленных благочестивых, но невежественных переделок, после урагана революций, разрушившего то, что избежало этих переделок, Нотр-Дам был реставрирован во второй половине XIX века — и реставрирован человеком, глубоко понимавшим его идею. Тем не менее трудно сказать, что здесь осталось от древнего здания, а что является новым; и не вследствие недостатка исторических данных, а потому что «новое» зачастую на деле оказывается «старым».

Таков, например, высокий, тонкий и острый шпиль над восточной частью собора, с которого двенадцать апостолов, возглавляемые апокалиптическими зверями как бы спускаются по четырем сторонам света. Старый шпиль был разрушен в 1787 году. То, что мы видим сейчас, построено в XIX веке, это работа Виолет-Ледюка, реставрировавшего собор во времена Второй империи.

Но даже Виолет-Ледюк не мог воссоздать тот **вид**, который открывался с башен на город, не сумел вызвать тот сценический эффект, который, несомненно, был составной частью замысла строителей; шпиль с апостолами — неотъемлемая часть этого вида. Вы стоите на верхушке одной из башен и смотрите на восток. Город, дома, река, мосты, крохотные фигурки людей... И никто из этих людей не видит шпиля, не видит Учителей, которые нисходят на землю, следуя за апокалиптическими зверями. Это вполне естественно, ибо **оттуда**, с земли, различить их трудно. Если вы спуститесь на набережную Сены, к мосту, апостолы покажутся оттуда почти такими же крохотными, как люди отсюда. К тому же они теряются в деталях крыши собора. Их можно увидеть только в том случае, если заранее знаешь о них, как это бывает во многих случаях в жизни. Но кто хочет знать?

А химеры? Их принимают или просто за орнаменты, или за произведения разных художников, созданные в разное время. На самом же деле они — один из важнейших элементов замысла всего собора.

Этот замысел был очень сложным. Точнее, не существовало единого проекта, а было несколько, дополняющих друг друга. Строители решили вложить в Нотр-Дам все свое знание, все свои идеи. Вы обнаруживаете здесь математику и астрономию; некоторые необычные идеи биологии (или эволюции) запечатлены в каменных кустах, на которых растут человеческие головы; они расположены на балюстраде, под летящими контрфорсами.

Химеры и другие фигуры Нотр-Дам передают нам психологические идеи его строителей, главным образом идею **сложного характера души**. Эти фигуры представляют собой душу Нотр-Дам, **его различные «я»**: задумчивые, меланхоличные, наблюдающие, насмешливые, злобные, погруженные в себя, что-то пожирающие, напряженно вглядывающиеся в невидимую для нас даль, — как это делает, например, женщина в головном уборе монахини, которую видно над капителями колонн небольшой башенки, высоко на южной стороне собора.

Химеры и все фигуры Нотр-Дам обладают удивительным свойством: около них нельзя рисовать, писать или фотографировать — рядом с ними люди кажутся мертвыми, невыразительными каменными изваяниями.

Объяснить эти «я» Нотр-Дам трудно, их надо почувствовать — но почувствовать их **можно**. Только для этого следует выбрать время, когда Париж спокоен, а такое бывает перед рассветом, когда в полумраке можно различить некоторых из загадочных существ, которые расположились наверху.

Помню одну такую ночь незадолго перед войной. По пути в Индию я сделал краткую остановку в Париже и последний раз бродил по городу. Рассветало, воздух делался холодным; меж облаков быстро скользила луна. Я обошел вокруг собора. Огромные массивные башни стояли, как бы насторожившись. Но я уже постиг их тайну; я обрел твердое убеждение, которое ничто не могло изменить или поколебать: что **это** существует, что помимо **истории преступлений** есть и другая история, что возможно иное мышление — то, которое создало Нотр-Дам и его фигуры. Я хотел отыскать другие следы этого мышления — и был уверен, что найду их.

Прошло восемь лет, прежде чем я снова увидел Нотр-Дам. Это были годы беспрецедентных потрясений и разрушений. И вот мне показалось: что-то изменилось и в Нотр-Дам, как будто он почувствовал приближение конца. В течение всех этих лет, вписавших блестящие страницы в историю преступлений, на Нотр-Дам падали бомбы, разрывались гранаты; и лишь случайно Нотр-Дам не разделил судьбы Реймсского собора, этой дивной сказки XII века, ставшего жертвой прогресса и цивилизации.

Когда я поднялся на башню и вновь увидел спускающихся апостолов, я был поражен, сколь напрасны, почти бесполезны все старания научить людей чему-то такому, что они не имеют желания знать.

И снова, как и неоднократно прежде, я сумел отыскать лишь один довод, противящийся этому чувству. А именно: возможно, цель учения апостолов и создателей Нотр-Дам состояла не в том, чтобы научить **всех** людей, а лишь в том, чтобы передать **некоторые** идеи **немногим** через «пространство времени». Современная наука побеждает пространство в пределах нашей маленькой планеты. Эзотерическая наука **победила время**. Она знает способы передавать свои идеи неизменными, устанавливать общение между школами, которые разделяют сотни и тысячи лет.

Египет и пирамиды

Первое необычное чувство Египта, которое я испытал, возникло у меня по пути из Каира к пирамидам.

Уже на мосту через Нил мной овладело странное, почти пугающее чувство ожидания. Вокруг что-то становилось другим. В воздухе, в красках, в линиях — во всем скрывалась какая-то магия, которой я еще не понимал.

Быстро исчез европейский и арабский Каир; я почувствовал, что со всех сторон меня окружает подлинный Египет; я ощутил его в легком дуновении ветерка с Нила, в широких лодках с треугольными парусами, в группах пальм, в изумительных розовых оттенках скал Мукаттама, в силуэтах верблюдов на дальней дороге, в фигурах женщин, облаченных в длинные черные одеяния, со связками тростника на головах.

И этот Египет ощущался как нечто невероятно реальное, как если бы я внезапно перенесся в другой мир, который, к моему удивлению, оказался хорошо знакомым. В то же время я понимал, что этот другой мир принадлежит далекому прошлому. Но здесь он уже не был прошлым, проявляясь во всем и окружая меня как нечто настоящее. Это было очень сильное ощущение, непривычное своей определенностью. Оно тем более удивило меня, что Египет никогда особенно меня не привлекал; по книгам и музеям он казался не слишком интересным, даже скучным. Но сейчас я вдруг почувствовал нечто невероятно увлекательное, а главное — близкое и знакомое.

Позднее, анализируя свои впечатления, я сумел найти им объяснения; но тогда они разве что удивили меня; и я прибыл к пирамидам, странно взволнованный всем, что встретил по пути.

Едва мы переехали мост, как вдали появились пирамиды; затем они скрылись за садами — вновь возникли перед нами и стали постепенно расти.

Приблизившись, мы увидели, что пирамиды стоят не на равнине, простирающейся между ними и Каиром; они высятся на огромном скалистом плато, которое резко вздымается над равниной. К плато ведет извилистая дорога; она поднимается вверх и проходит сквозь выемку, прорубленную в скале. Добравшись до конца дороги, вы оказываетесь на одном уровне с пирамидами, перед так называемой пирамидой Хеопса со стороны входа в нее. На некотором отдалении справа находится вторая пирамида, за ней — третья.

Поднявшись к пирамидам, вы попадаете в другой мир, совсем не тот, в котором находились десять минут назад. Там вас окружали поля, кустарники и пальмы, здесь — другая страна, другой ландшафт, царство песка и камней. **Это пустыня**, и переход к ней совершается внезапно и неожиданно.

Чувство, которое я испытал в пути, охватило меня с новой силой. Непостижимое прошлое стало настоящим, и я ощутил его совсем рядом, как будто, его можно было коснуться; наше настоящее исчезло и сделалось странным, чуждым, далеким...

Я зашагал к первой пирамиде. При ближайшем знакомстве оказалось, что она сложена из огромных каменных глыб, каждая высотой в полчеловеческого роста. Приблизительно на уровне трехэтажного дома расположено треугольное отверстие — вход в пирамиду.

Как только я взобрался на плато, где стоят пирамиды, увидел их и вдохнул окружающий воздух, я почувствовал, что они живут. Мне не было нужды анализировать свои мысли об этом — я чувствовал, что это реальная, неоспоримая истина. Одновременно я понял, почему люди, которые виднелись возле пирамид, считали их мертвыми камнями. Потому что они сами были мертвыми! Каждый человек, если он вообще живой человек, не может ни почувствовать, что пирамиды живут.

Поняв это, я понял и многое другое.

Пирамиды похожи на нас; у них такие же мысли и чувства; но только они очень стары и очень многое знают. Так они и стоят, думают, перебирают свои воспоминания. Сколько тысячелетий прошло над ними? Это известно только им самим.

Они гораздо старше, чем предполагает историческая наука.

Вокруг них царит покой. Ни туристы, ни проводники, ни британский военный лагерь, виднеющийся неподалеку, не нарушают их спокойствия, не нарушают того впечатления невероятно сосредоточенной тишины, которая их окружает. Люди исчезают возле пирамид. Пирамиды огромнее и занимают большее пространство, чем кажется сначала. Длина окружности вокруг основания пирамиды Хеопса составляет почти три четверти мили; вторая пирамида немногим меньше. Люди около них незаметны. А если вы доберетесь до третьей пирамиды, вы окажетесь среди настоящей пустыни.

Впервые попав туда, я провел возле пирамид целый день; на следующее утро снова отправился к ним – и в течение двух-трех недель, которые провел в Каире, ездил к пирамидам почти ежедневно.

Я понял, что меня привлекает сюда особое ощущение, которое я раньше никогда и нигде не испытывал. Обычно я усаживался на песок где-нибудь между второй и третьей пирамидами и старался прервать поток своих мыслей; и вот иногда мне казалось, что я улавливаю мысли пирамид.

Я не рассматривал их, как это делают туристы; я только переходил с места на место и впитывал в себя общее впечатление от пустыни и от этого странного уголка земли, где стоят пирамиды.

Все здесь было мне знакомым. Солнце, ветер, песок, камни — все составляло единое целое, от которого трудно уйти. Мне стало ясно, что я не смогу покинуть Египет так легко, как любое другое место. Здесь было нечто такое, что нужно найти, нечто такое, что нужно понять.

Вход в Большую пирамиду находился на северной стороне, довольно высоко над землей. Это отверстие треугольной формы; от него идет узкий проход, который круто спускается вниз. Пол очень скользкий, ступеней нет, но на отполированном камне есть горизонтальные, слегка шероховатые зарубки, по которым можно идти, слегка расставив ноги. Кроме того, пол покрыт мелким песком, и на всем пути трудно удержаться, чтобы не скользнуть вниз. Перед вами карабкается ваш проводник-бедуин. В одной руке он держит горящую свечу, другую протягивает вам. Вы, согнувшись, спускаетесь в эту наклонную шахту. Почти сразу же становится жарко — от усилий и непривычной позы. Спуск довольно долог, но вот наконец он прекращается. Вы оказываетесь там, где когда-то вход в пирамиду был завален массивной гранитной глыбой, т. е. примерно на уровне основания пирамиды; отсюда можно продолжать путь вниз, к «нижнему покою», а можно подняться наверх, к так называемым «покоям царя и царицы», расположенным почти в центре пирамиды. Для этого необходимо обойти упомянутую мной гранитную глыбу.

Когда-то, очень давно (согласно одним рассказам, во времена последних фараонов, согласно другим, — уже при арабах), завоеватели, пытавшиеся проникнуть внутрь пирамиды, где, по слухам, хранились неслыханные сокровища, были остановлены этой гранитной глыбой. Они не смогли ни отодвинуть ее, ни пробить в ней ход, а потому сделали обход в более мягком камне, из которого построена пирамида.

Проводник поднимает свечу. Вы оказались в довольно просторной пещере; перед вами новое препятствие, которое надо преодолеть, чтобы идти дальше. Это препятствие чем-то напоминает замерзший или окаменевший водопад; вам придется по нему подняться. Двое арабов карабкаются вверх, протягивают вам руки. Взбираетесь наверх и вы. Прижимаясь к «водопаду», пробираетесь вбок по узкому выступу и огибаете среднюю часть «замерзшего» каменного каскада. Ноги скользят, держаться не за что. Наконец вы добрались. Теперь нужно подняться чуть выше, и перед вами появится узкий черный вход в другой коридор, который идет вверх. Хватаясь за стены, с трудом вдыхая затхлый воздух, обливаясь по́том, вы медленно пробираетесь вперед. Свечи проводников, идущих впереди и позади вас, бросают тусклый свет на неровные каменные стены. От согнутого положения начинает болеть спина. К этому добавляется ощущение нависшей над вами огромной тяжести, вроде того, какое испытываешь в глубоких галереях шахт и подземных ходов.

Наконец вы выходите на такое место, где можно стоять выпрямившись. После короткого отдыха вы оглядываетесь по сторонам и при слабом свете свечей обнаруживаете, что стоите перед входом в узкий прямой коридор, по которому можно идти не сгибаясь. Коридор ведет прямо к «покою царицы». Став к нему лицом, вы видите справа черное отверстие неправильной формы: это скважина, проделанная искателями сокровищ. Она сообщается с нижним подземным помещением.

На уровне вашей головы, над входом в коридор, ведущий в «покой царицы», начинается другой коридор, который ведет в «покой царя». Этот коридор не параллелен первому, а образует с ним угол и идет вверх подобно крутой лестнице, начинающейся чуть выше пола.

В устройстве верхнего коридора-лестницы есть много такого, что трудно понять, и это сразу бросается в глаза. Разглядывая его, я вскоре понял, что в нем — ключ ко всей пирамиде.

Оттуда, где я стоял, было видно, что верхний коридор очень высок; по его сторонам, подобно лестничным перилам, возвышались каменные парапеты, которые спускались до самого низа, т. е. до того места, где находился я. Пол коридора не доходит до самого основания пирамиды; как я уже упоминал, он круто срезан на высоте человеческого роста над полом комнаты. Чтобы попасть в верхний коридор, нужно сначала подняться по одному из боковых парапетов, а оттуда спрыгнуть на «лестницу». Я называю этот коридор «лестницей» только потому, что он круто поднимается вверх; но ступеней в нем нет, только стертые углубления для ног.

Чувствуя, что пол позади вас падает, вы начинаете карабкаться, держась за один из «парапетов».

И прежде всего вас поражает то, что все в этом коридоре представляет собой точную и тонкую работу. Линии идут прямо, углы правильны. Вместе с тем, нет никакого сомнения, что коридор сделан не для ходьбы. Тогда для чего же?

Ответ на этот вопрос дают «парапеты», на которых вы замечаете метки, расположенные на одинаковом расстоянии друг от друга. Эти метки напоминают деления линейки, их точность немедленно привлекает ваше внимание. Здесь есть какая-то идея, угадывается какое-то намерение. Внезапно вам становится ясно, что вверх и вниз по этому «коридору» должны были двигаться какие-то камни или металлические пластины, или «повозки», которые, в свою очередь, служили опорой для измерительного аппарата и могли неподвижно закрепляться в любом положении. Метки на парапете ясно показывают, что ими пользовались для каких-то измерений, для вычисления определенных углов.

У меня не осталось никакого сомнения, что этот коридор с парапетами — важнейшее место всей пирамиды. Его нельзя объяснить, не предположив, что какая-то «повозка» двигалась по наклонной плоскости вверх и вниз. А это, в свою очередь, меняет все понимание пирамиды и открывает совершенно новые возможности.

В определенное время года лучи некоторых звезд проникают в пирамиду сквозь отверстие, через которое мы входили. Так было до тех пор, пока эти звезды не сместились в результате протекания длительных астрономических циклов. Если предположить, что на пути лучей были установлены зеркала, тогда, проникая во входное отверстие пирамиды, они отражались в коридор и попадали на аппарат, укрепленный на движущейся платформе. Здесь, несомненно, производились какие-то наблюдения, записывались какие-то циклы, накапливались какие-то данные.

Гранитная глыба, вокруг которой шел так называемый «каменный водопад», закрывает путь этим лучам. Но значение этой глыбы, ее цель и **время** появления совершенно неизвестны.

Очень трудно определить цель и предназначение пирамиды. Пирамида была обсерваторией, но не просто «обсерваторией» в современном смысле слова, поскольку она была также и «научным инструментом», — и не только инструментом или собранием инструментов, но и целым «научным трактатом», вернее, целой библиотекой по физике, математике и астрономии, еще точнее — «физико-математическим факультетом» и одновременно «хранилищем мер»; последнее довольно очевидно, если принять во внимание измерения пирамиды, числовые соотношения ее высоты, основания, сторон, углов и т. д.

Позднее я очень конкретно ощутил идею пирамиды, это произошло при посещении знаменитой джайпурской обсерватории Джай Сингх в Раджпутане. «Обсерватория» представляет собой высокий квадрат, окруженный стенами и **сооружениями** необычного вида: каменными треугольниками высотой с крупный дом, большими кругами с делениями, пустыми резервуарами, похожими на пруды с перекинутыми через них мостами и полированным медным днищем для отражения звезд, таинственным каменным лабиринтом, который служит для нахождения определенных углов и созвездий. Все это не что иное, как гигантские физические и астрономические аппараты, гномоны, квадранты, секстанты, т. е. инструменты, которые ныне делают из меди и хранят в ящиках. Если представить себе, что все эти аппараты (и многие другие, неизвестные нам) **соединены вместе**, если предположить, что размеры и отношения их частей выражают фундаментальные отношения между разными частями, скажем, Солнечной системы, тогда мы получим в результате идею пирамиды.

Я отсылаю проводников в коридор и на несколько минут остаюсь один.

Какое-то очень странное чувство охватывает меня в этой каменной келье, скрытой в глубине пирамиды. Пульсация жизни, пронизывающая пирамиду и излучаемая ею, чувствуется здесь сильнее, чем где бы то ни было. Но кроме того, мне показалось, что «покой» что-то о себе сообщает. Я оказался в окружении разных голосов; их слова как будто звучали за стеной. Я мог расслышать их, но не мог понять. Казалось, стоит сделать небольшое усилие, и я услышу все. Но это усилие мне не удавалось; вероятно, дело было вовсе не в нем — меня отделяло от голосов что-то гораздо более важное...

«Покой царицы» мало отличается от «покоя царя», но по какой-то причине не вызывает таких же ощущений. Нижняя подземная комната, до которой труднее добраться и воздух в которой очень удушлив, немного больше «покоя царя» и тоже наполнена мыслями и неслышными голосами, пытающимися что-то вам передать.

На вершине пирамиды мое внимание привлекла дахшурская пирамида с неправильными сторонами, которая видна вдали в бинокль; вблизи расположена необычная ступенчатая пирамида, а рядом с ней возвышается большая белая пирамида.

Через несколько дней я поехал верхом из Гизеха к дальним пирамидам. Мне хотелось составить общее представление об этой части пустыни, но желания увидеть что-то определенное не было. Проехав мимо пирамиды Хеопса и сфинкса, я оказался на широкой дороге в Абусир. Собственно, это не дорога: передо мной тянулась широкая колея, изрытая следами лошадей, ослов и верблюдов. Слева, по направлению к Нилу, раскинулись распаханные поля. Справа расстилалось каменное плато; за ним начиналась пустыня.

Как только я выехал за Гизехом на дорогу, возникло это странное присутствие прошлого в настоящем, которое по какой-то непонятной причине вызывал во мне египетский ландшафт. Но на этот раз я захотел понять свои ощущения лучше — и потому с особой напряженностью взирал на все, что меня окружало, пытаясь разгадать тайну магии Египта. Я подумал, что эта тайна, возможно, заключается в удивительной неизменности египетского ландшафта и его красок. В других странах природа несколько раз в году меняет свой облик; даже там, где она практически не меняется на протяжении веков (как, например, в лесах и степях), внешний покров — трава, листья — полностью обновляется, рождается заново. А здесь и песок, и камни — те же самые, что видели строителей пирамид, фараонов и халифов.

Мне казалось, что в видевших столь многое камнях коечто из виденного сохраняется благодаря установленной ими связи с той жизнью, что существовала здесь раньше; казалось, она продолжает в них незримо присутствовать.

Мой серый арабский пони быстро бежал галопом по неровной каменной равнине, которая лежала справа от дороги — то ближе к ней, то дальше. Все сильнее и сильнее поглощало меня удивительное чувство освобождения — освобождения от всего, чем мы обычно живем.

Настоящее совершенно отсутствовало, вернее, оно казалось призрачным, подобно туману; и сквозь этот туман прошлое становилось все более видимым; оно не принимало никакой определенной формы, а проникало внутрь меня тысячью разных ощущений и эмоций.

Никогда ранее не ощущал я нереальность настоящего столь явно; здесь же понял, все, что мы считаем существующим, — не более чем мираж, проходящий по лику земли, возможно, тень какой то другой жизни или ее отражение, возможно, мечты, созданные нашим воображением, результат каких то скрытых влияний и неясных звуков, которые достигают сознания из окружающего нас Неведомого.

Я почувствовал, что все исчезло — Петербург, Лондон, Каир, гостиницы, железные дороги, пароходы, люди; все превратилось в мираж. А пустыня вокруг меня существовала; существовал и я, хотя каким-то странным образом — лишенный всякой связи с настоящим, но невероятно прочно связанный с неведомым прошлым.

И во всех моих чувствах была какая-то не вполне понятная, очень тонкая радость. Я бы назвал ее радостью освобождения от самого себя, радостью постижения невероятного богатства жизни, которая никогда не умирает, а существует в виде бесконечных и разнообразных форм, для нас невидимых и неощутимых.

Проехав через Сахару и миновав ступенчатую пирамиду, я направился дальше, к пирамидам Дахшура. Дороги здесь уже не было. Песок сменился мелким кремнем, образовавшим как бы гигантские волны. Когда я выезжал на ровное место и пони пускался в галоп, мне несколько раз казалось, что я уронил деньги: кремни, вылетавшие из-под копыт, звенели, как серебро.

Уже первая из пирамид Дахшура вызывает очень своеобразное впечатление; кажется, что она была погружена в собственные мысли, а сейчас заметила вас — и явно хочет с вами поговорить. Я медленно объехал вокруг; не видно ни души — только песок да пирамида с неправильными сторонами вдали.

Я направился к ней. Эта пирамида — самая необычная из всех. Я очень пожалел, что нельзя было перенестись из Каира сразу к этой пирамиде и не видеть и не чувствовать ничего другого. Я уже полон был впечатлений и не мог как следует оценить то, что пережил. Но я почувствовал, что камни здесь живые и на них возложена определенная задача. Южная пирамида Дахшура с неправильными линиями поразила меня своей определенностью, в которой скрывалось что-то пугающее.

Вместе с тем, я избегал, даже для себя, каких-либо формулировок того, что почувствовал. Все слишком напоминало игру воображения.

Мои мысли по-прежнему текли, не повинуясь мне: временами казалось, что я просто что-то придумываю. Но ощущение ничуть не было похоже на воображаемое — в нем было нечто необъяснимо реальное.

Я повернул пони и медленно поехал назад. Пирамида смотрела на меня, как будто чего-то ожидая.

«До новой встречи!» — сказал я ей.

В тот момент я не совсем понимал свои чувства. Но я чувствовал, что, если бы я оставался здесь еще, мои мысли и ощущения достигли бы такой степени напряженности, что я увидел бы и услышал то, что невозможно увидеть и услышать. Возникла ли у меня какая-то подлинная связь со странной пирамидой, или мое чувство оказалось итогом целой недели необычных ощущений — трудно сказать. Но я понял, что здесь мое чувство Египта достигло высочайшей напряженности.

Современные научные представления о пирамидах можно разделить на две категории. К первой принадлежит теория гробниц, ко второй — астрономические и математические теории.

Историческая наука египтология почти полностью связана с **теорией гробниц**; лишь изредка и с нерешительностью она допускает возможность **использования** пирамид для астрономических наблюдений. Так, профессор Петри в своей «Истории Египта» говорит о трех глубоких бороздах, высеченных в скале; их длина равняется 160 футам, глубина — 20 футам, а ширина — не более пяти-шести футов. «Назначение этих борозд совершенно непонятно; возможно, существовали какие-то системы наблюдений за азимутами звезд при помощи поверхности воды, находившейся на дне; наверху от одного конца к другому натягивали веревку, отмечая момент перехода отражения звезд через веревку, можно било определить точный азимут».

Но в целом историческую науку не интересует астрономическое и математическое значение пирамид. Если египтологи когда-либо и касаются этой стороны вопроса, то разве что на любительском уровне; в этих случаях их взгляды особой ценности не имеют. Хороший пример — упоминаемая ниже книга Р. Э. Проктора.

Описание строительства пирамид (главным образом, Великой пирамиды), которое мы находим у Геродота, принимается за окончательное. Геродот передает то, что ему рассказывали о постройке Великой пирамиды, которая происходила за две или три тысячи лет до его времени. Он говорит, что на гранитных глыбах, покрывающих пирамиду, были высечены иероглифические надписи, которые относились к разным фактам, связанным с постройкой. Среди прочего было записано количество чеснока, лука и редиски, съеденных рабами; на этом основании удалось сделать выводы о количестве рабов и продолжительности строительства.

Геродот говорит, что, прежде чем построить Великую пирамиду, пришлось для подвоза материала проложить через пустыню временную дорогу к пристани. Он сам видел эту временную дорогу, которая, по его словам, представляла собой не меньшее сооружение, чем сама пирамида.

Приблизительная дата постройки, которую дал Геродот, благодаря обилию указанных им мелких деталей, считается в египтологии неоспоримой.

На самом же деле все, что говорит Геродот, ничуть не убедительно. Следует помнить, что сам Геродот иероглифы читать не умел. Это знание тщательно охранялось и было привилегией жрецов. Геродот мог записать лишь то, что ему переводили; иначе говоря, то, что подтверждало и подкрепляло официальную версию строительства пирамиды. Официальная же версия, принятая в египтологии, кажется, далека от истины. А истина состоит в том, что так называемая постройка пирамиды была в действительности ее реставрацией. Пирамиды гораздо древнее, чем мы думаем.

Сфинкс, который построен, по-видимому, одновременно с пирамидами или еще раньше, справедливо считается доисторическим памятником. Что это значит? Это значит, что за несколько тысяч лет до нашей эры народ или народы, известные нам под именем «древних египтян», обнаружили в долине Нила пирамиды и сфинкса, наполовину погребенные песком; их смысл и значение казались египтянам непостижимыми. Сфинкс глядел на восток; поэтому его назвали «Хармакути», или «солнце на горизонте». Гораздо позже царь, которому приписывается имя Хеопса (у египтологов есть для него совершенно другое имя), восстановил одну из пирамид и сделал из нее для себя усыпальницу, или мавзолей. Более того, надписи, высеченные на поверхности этой пирамиды, описывают деяния царя в хвалебных и преувеличенных тонах; при этом **«восстановление»** было названо, разумеется, **«строительством»**. Эти надписи и ввели в заблуждение Геродота, который принял их за точные исторические данные.

Однако реставрация пирамид не была их строительством. Брат Хеопса Хефрен (написание и произношение обоих имен весьма неточны и сомнительны) восстановил вторую пирамиду. Постепенно это вошло в обычай; случалось и так, что одни фараоны строили для себя новые пирамиды (обычно меньших размеров), а другие восстанавливали старые, более крупные пирамиды; вероятно, первыми были реставрированы пирамиды Дахшура и ступенчатая пирамида в Сахаре. И вот мало-помалу все пирамиды превратились в гробницы, поскольку гробницы — важнейшая вещь в жизни египтян того времени. Но в существовании пирамид все это — лишь случайный эпизод, который ни в коей мере не объясняет их происхождения.

В настоящее время открыто много интересных фактов, касающихся Великой пирамиды, но эти открытия принадлежат либо астрономам, либо математикам. Если и случается, что о них упоминают египтологи, такое бывает очень редко, и на их мнения обычно не обращают внимания.

Не трудно понять причину этого обстоятельства, ибо с исследованием астрономического и математического аспектов пирамид связано немало шарлатанства. Например, существуют теории и издаются книги, которые доказывают, что измерения разных частей коридоров и стен Великой пирамиды представляют собой летопись истории человечества от Адама до «конца всеобщей истории». Если верить автору одной из таких книг, пророчества, запечатленные в этой пирамиде, относятся главным образом к Англии — и даже дают сведения о длительности правления послевоенных кабинетов министров.

Конечно, существование подобных «теорий» объясняет недоверие науки к новым открытиям, касающимся пирамид. Но это никоим образом не умаляет ценности попыток установить астрономическое и математическое значение пирамид — в большинстве случаев относящихся к **Великой пирамиде**.

Р. Э. Проктор в книге «Великая пирамида» (Лондон, 1883) видит в пирамиде своего рода телескоп или передаточный аппарат. Он обращает особое внимание на узкие отверстия на парапетах большой галереи и находит, что они сделаны для передвижения вверх и вниз инструментов для проведения наблюдений. Далее, он указывает на возможное существование водяного зеркала в местах соединения восходящего и нисходящего проходов и утверждает, что пирамида была **часами** египетских жрецов, преимущественно астрономическими часами.

Аббат Моро в книге «Загадки науки» собрал почти весь материал, относящийся к Великой пирамиде как к «хранилищу мер», или «математическому компендиуму». Удвоенная сумма сторон основания пирамиды, деленная на высоту, дает отношение окружности к диаметру — число «пи», играющее очень важную роль в истории математики. Высота пирамиды равняется одной **тысячемиллионной** части расстояния от Земли до Солнца (что, кстати, было установлено наукой с достаточной точностью лишь во второй половине XIX века) и т. д. и т. п. Это и многое другое доказывает поразительную узость современных ученых, отсутствие элементарной любознательности у египтологов, которые сами погрузились в застой теории гробниц и рассказов Геродота. На деле пирамиды скрывают великую тайну. Они, как ничто иное в мире, свидетельствуют, что мы глубоко заблуждаемся, считая наших предков «волосатыми, хвостатыми четвероногими, обитавшими, судя по их привычкам, на деревьях и жившими в Старом Свете». В действительности наша генеалогия гораздо более интересна. Наши предки были выдающимся народом; они оставили нам огромное наследие, которое мы совершенно забыли, особенно с тех пор, как стали считать себя потомками обезьян.

1914—1925 годы

Сфинкс

Желтовато-серый песок, синее небо. Вдали виднеется треугольник пирамиды Хефрена, а прямо передо мной — странное, огромное лицо с устремленным в пространство взглядом.

Я часто приезжал из Каира в Гизех, садился на песок перед сфинксом и глядел на него, стараясь понять его и замысел создавших его художников. И каждый раз я испытывал один и тот же страх: страх перед уничтожением. Я как бы чувствовал себя поглощенным этим взглядом, который говорит о тайнах, превосходящих нашу способность к пониманию.

Сфинкс лежит на Гизехском плато, где стоят большие пирамиды и находятся другие памятники, уже открытые и еще не открытые, множество гробниц разных эпох. Сфинкс пребывает в углублении, над которым вырисовываются лишь его голова, шея и часть спины.

Кем возведена статуя сфинкса, когда и зачем — об этом ничего не известно. Нынешняя археология считает сфинкса доисторическим памятником. Это значит, что даже для древнейших египтян первых династий, существовавших в шестом-седьмом тысячелетии до Рождества Христова, сфинкс был такой же загадкой, какой он сегодня является для нас.

На основании каменной таблицы между лапами сфинкса, испещренной рисунками и иероглифами, было высказано однажды предположение, что эта фигура представляет собой изображение египетского божества Хармакути, «солнца на горизонте». Но уже давно все согласны с тем, что это объяснение неудовлетворительно и что надпись, по всей вероятности, относится ко временам реставрации, произведенной сравнительно недавно.

На самом деле, сфинкс старше исторического Египта, старше, чем его божества, старше пирамид, которые, в свою очередь, намного старше, чем это принято считать.

Бесспорно, сфинкс — одно из самых замечательных мировых произведений искусства, если не самое замечательное. Я не знаю ни одного, которое можно поставить рядом с ним. Он принадлежит к совершенно иному искусству, не к тому, которое нам известно. Такие существа, как мы, не могли бы создать сфинкса, наша культура не в состоянии создать ничего подобного. Без сомнения, сфинкс являет собой реликвию другой, очень древней культуры, которая обладала знанием гораздо бо́льшим, чем наше.

Существует мнение, или теория, что сфинкс — это огромный сложный иероглиф, каменная книга, которая содержит полный объем древнего знания и открыта лишь для человека, способного прочесть необычный шифр, который воплощен в формах, соотношениях и мерах разных частей сфинкса. Это и есть знаменитая загадка сфинкса, которую с древних времен пытались разгадать многие мудрецы. Раньше, когда я читал о сфинксе, мне казалось, что к нему нужно подойти в полном вооружении знания, отличного от нашего, с новым типом восприятия, с особой математической подготовкой, что без этих вспомогательных средств открыть в нем что-нибудь невозможно.

Но когда я сам увидел сфинкса, я ощутил в нем нечто такое, о чем никогда не читал, никогда не слышал, такое, что немедленно поставило его среди самых загадочных и одновременно самых фундаментальных проблем жизни и мира.

Лицо сфинкса с первого взгляда поражает своей необычностью. Начать с того, что это вполне **современное** лицо. За исключением орнамента головы, в нем нет ничего из «древней истории». По некоторым причинам я как раз боялся «древней истории»; опасался, что у сфинкса будет весьма «чуждое» лицо. Но все оказалось иным. Его лицо просто и понятно. Странным было только то, как оно глядит. И лицо это значительно обезображено. Но если отойти в сторону и долго смотреть на сфинкса, с его лица как бы спадет завеса, станет невидимым треугольный орнамент за ушами и перед вами явственно возникнет полное и неповрежденное лицо с глазами, которые устремлены куда-то в неизвестную даль.

Помню, как я сидел на песке перед сфинксом — на том месте, откуда стоящая за ним в отдалении вторая пирамида кажется правильным треугольником. Я старался понять, прочесть его взгляд. Сначала видел лишь одно: что сфинкс глядит куда-то далеко, поверх меня. Но вскоре почувствовал неясную тревогу; она постепенно возрастала. Еще мгновение — и я осознал, что сфинкс меня не видит, и не только не видит, но и не может видеть; но вовсе не потому, что я слишком мал по сравнению с ним или глуп для той мудрости, которую он вмещает и хранит. Вовсе нет. Это было бы естественно и понятно. Чувство уничтожения, страх перед исчезновением возникли во мне, когда я почувствовал себя слишком преходящим явлением, чтобы сфинкс мог меня заметить. Я понял, что для него не существуют не только эти мимолетные часы, которые я провел перед ним, но что, если бы я стоял перед его взором от своего рождения и до смерти, вся моя жизнь промелькнула бы перед ним так быстро, что он не успел бы меня заметить. Его взор устремлен на что-то другое; это взор существа, которое мыслит веками и тысячелетиями. Я для него не существую и не могу существовать. И я не был способен ответить на собственный вопрос: существую ли я для самого себя? Действительно ли я существую в каком-либо смысле, в каком-либо отношении? И эта мысль, это чувство под странным взглядом сфинкса овеяли меня ледяным холодом. Мы так привыкли думать, что мы есть, что мы существуем. И вдруг я почувствовал, что я не существую, что меня нет, что я не настолько велик, чтобы меня можно было заметить.

А сфинкс передо мной продолжал смотреть вдаль, поверх меня; казалось, его лицо отражает нечто такое, что он видит, но чего я не в состоянии ни увидеть, ни понять.

Вечность! Слово это вспыхнуло в моем сознании и пронзило меня, вызвав холодную дрожь. Все идеи времени, вещей, жизни смешались. Я чувствовал, что в те минуты, когда я стоял перед сфинксом, он жил во всех событиях и происшествиях тысячелетий; а с другой стороны, столетия мелькают для него подобно мгновениям. Я не понял, как это могло быть. Но я чувствовал, что мое сознание улавливает тень возвышенного воображения или ясновидения художников, создавших сфинкса. Я прикоснулся к тайне, но не смог ни определить, ни сформулировать ее.

И только впоследствии, когда эти впечатления начали наслаиваться на те, которые я знал и чувствовал раньше, завеса как будто шевельнулась; я почувствовал, что медленно, очень медленно начинаю понимать.

Проблема вечности, о которой говорит лицо сфинкса, вводит нас в область невозможного. Даже проблема времени проста по сравнению с проблемой вечности.

Некоторые намеки на решение проблемы вечности можно найти в различных символах и аллегориях древних религий, а также в некоторых современных и древних философских системах.

Круг есть образ вечности — линия, уходящая в пространство и возвращающаяся к исходной точке. В символизме — это змея, которая кусает собственный хвост. Но где же начало замкнутого круга? И наша мысль, охваченная кругом, так и не в состоянии выйти из него.

Героическое усилие воображения, полный разрыв со всем, что логически понятно, естественно и возможно, — вот что необходимо для разгадки тайны круга, для того, чтобы найти точку, где конец соединяется с началом, где голова змеи кусает свой собственный хвост.

Идея вечного возвращения, которая связана для нас с именем Пифагора, а в новейшее время — с именем Ницше, как раз и есть взмах меча над узлом Гордия.

Только в идее возвращения, бесконечного повторения мы способны понять и вообразить вечность. Но необходимо помнить, что в этом случае перед нами будет не узел, а лишь несколько его частей. Поняв природу узла в аспекте разделения, мы должны затем мысленно соединить его отдельные обрывки и создать из них целое.

1908—1914 годы

Будда с сапфировыми глазами

Зеленый Цейлон. Кружева кокосовых пальм вдоль песчаного побережья океана. Рыбацкие деревушки среди зелени. Панорамы долин и горные ландшафты. Остроконечный Адамов пик. Развалины древних городов. Гигантские статуи Будды под зелеными ветвями деревьев, с которых наблюдают за вами обезьяны. Среди листвы и цветов — белые буддийские храмы. Монахи в желтых одеяниях. Сингалезы с черепаховыми гребнями в волосах, в облегающих тело белых одеждах до самой земли. Смеющиеся черноглазые девушки в легких повозках, которых уносят буйволы, бегущие быстрой рысью. Огромные деревья, густо усыпанные пурпурными цветами. Широкие листья бананов. Снова пальмы. Розовато-рыжая земля — и солнце, солнце, солнце...

Я поселился в гостинице на окраине Коломбо, на берегу моря, и совершил оттуда множество экскурсий. Я ездил на юг, в Галле, на север, к игрушечному городку Канди, где стоит святилище Зуба Будды, белые камни которого покрыты зеленым мхом; далее — к развалинам Анарадхапуры, который задолго до Рождества Христова имел двухмиллионное население и был разрушен во времена вторжения тамилов в начале нашей эры. Этот город давно одолели джунгли; и сейчас там на протяжении почти пятнадцати миль тянутся улицы и площади, поглощенные лесом, заросшие травой и кустарником; видны фундаменты и полуразрушенные стены домов, храмов, монастырей, дворцов, водоемов и водохранилищ, осколки разбитых статуй, гигантские дагобы, кирпичные строения в форме колоколов и т. п.

Вернувшись в гостиницу после одной из таких поездок, я несколько дней не покидал номера, пытаясь записать свои впечатления, прежде всего о беседах с буддийскими монахами, которые объясняли мне учение Будды. Эти беседы вызвали у меня странное чувство неудовлетворенности. Я не мог избавиться от мысли, что в буддизме есть много вещей, понять которые мы не в состоянии; я определил бы эту сторону буддизма словами «чудесное», или «магическое», т. е. как раз теми понятиями, существование которых в буддизме его последователи отрицают.

Буддизм предстал передо мной одновременно в двух аспектах. С одной стороны, я видел в нем религию, исполненную света, мягкости и тепла; религию, которая более любой другой далека от того, что можно назвать «язычеством»; религию, которая даже в своих крайних церковных формах никогда не благословляла меча и не прибегала к принуждению; я видел в буддизме религию, которую можно признавать, сохраняя прежнюю веру. Все это — с одной стороны; а с другой — странная философия, которая пытается отрицать то, что составляет сущность и принципиальное содержание любой религии — идею чудесного.

Светлую сторону буддизма я чувствовал немедленно, входя в любой буддийский храм, особенно в южной части Цейлона. Буддийские храмы — это маленькие зеленые уголки, напоминающие русские монастыри. Белая каменная ограда, внутри — несколько небольших белых зданий и колоколенка. Все очень чисто; много зелени; густая тень; солнечные зайчики и цветы. Традиционная дагоба — сооружение в форме колокола, увенчанное шпилем; дагоба стоит над зарытым сокровищем или мощами. За деревьями — полукруг резных каменных алтарей, на них цветы, принесенные паломниками; по вечерам горят огни масляных светильников. Неизбежное священное дерево бо, напоминающее вяз. Все пронизано чувством спокойствия и безмятежности, уносящих вас от суеты и противоречий жизни.

Но стоит вам приблизиться к буддизму ближе, и вы немедленно столкнетесь с целым рядом формальных препятствий и уверток. «Об этом мы не должны говорить; об этом Будда запретил даже думать; этого нет, никогда не было и быть не может». Буддизм учит только тому, как освободиться от страдания. А освобождение от страдания возможно только преодолением в себе желания жизни, желания наслаждения, всех желаний вообще. В этом начало и конец буддизма, и здесь нет никакой мистики, никакого скрытого знания, никаких понятий чудесного, никакого будущего — кроме возможности освобождения от страдания и уничтожения.

Но когда я слышал все это, я был внутренне убежден, что дело обстоит вовсе не так, что в буддизме есть много вещей, которым я, пожалуй, не могу дать названия, но которые определенно связаны с самим Буддой, т. е. «Просветленным», и именно в этой стороне буддизма, в идее «озарения» или «просветления» — сущность буддизма, а, конечно, не в сухих и материалистических теориях освобождения от страданий.

Противоречие, которое я с особой силой ощущал с самого начала, не давало мне писать; мешало формулировать впечатления, даже для самого себя; заставляло спорить с теми буддистами, с которыми я беседовал, противоречить им, возражать, вынуждать их признавать то, о чем они не хотели и говорить, провоцировать их к беседам на эту тему.

В результате моя работа шла совсем плохо. Несколько дней я пробовал писать по утрам, но так как и из этого ничего не получилось, я стал гулять у моря или ездить на поезде в город.

В одно воскресное утро, когда наша обычно полупустая гостиница была полна горожан, я рано вышел из дома. На этот раз я пошел не к морю, а зашагал по дороге, которая вела в глубь острова через зеленые луга, мимо рощиц и разбросанных тут и там хижин.

Я шел по дороге, которая вела к главному шоссе к югу от Коломбо. Мне вспомнилось, что где-то здесь находится буддийский храм, в котором я еще не был, и я спросил о нем у старого сингалеза, который продавал зеленые кокосовые орехи в небольшой придорожной лавке. Подошли какие-то люди; и вот общими усилиями им удалось как-то понять, что мне нужно; они рассказали, что храм расположен возле этой дороги, к нему ведет небольшая тропинка.

Пройдя немного, я нашел среди деревьев тропинку, о которой мне говорили, и вскоре заметил ограду и ворота. Меня встретил привратник, очень говорливый сингалез с густой бородой и неизбежным гребнем в волосах. Сначала он ввел меня в новое святилище, где в ряд стояло несколько современных малоинтересных статуй Будды и его учеников. Затем мы осмотрели вихару; там живут монахи, стоит детская школа и зал для проповедей; далее мы увидели дагобу, на шпиле которой укреплен большой лунный камень; его показывают туристам и, насколько я мог понять, считают самой замечательной реликвией храма; потом нашим взорам предстало огромное, раскидистое и, по-видимому, очень древнее дерево бо; его возраст указывал на то, сколь древен сам храм. Под деревом была густая тень; кажется, туда никогда не проникало солнце — стоявшие там каменные алтари были покрыты прекрасным зеленым мхом.

Среди строений и деревьев было несколько необыкновенно живописных мест, и я вспомнил, что видел их раньше на фотографиях.

Наконец мы пошли осматривать старое святилище, довольно древнее здание — длинное, одноэтажное, с колоннами и верандой. Как обычно бывает в таких святилищах, его стены были покрыты изнутри яркой росписью, изображающей эпизоды из жизни принца Гаутамы и других воплощений Будды. Провожатый сказал мне, что во второй комнате находится очень древняя статуя Будды с **сапфировыми глазами**. Статуи Будды изображают его в разных позах: он стоит, сидит, полулежит; здесь был полулежащий Будда. Во второй комнате святилища оказалось совсем темно, так как сюда от двери, через которую мы вошли, свет не доходил. Я зажег спичку и увидел за решетчатой застекленной рамой огромную, во всю длину стены, статую, лежащую на боку с одной рукой под головой; я разглядел странный взгляд синих глаз: они не смотрели в мою сторону — и все же как будто видели меня.

Привратник открыл вторую дверь; слабый свет проник в помещение, и передо мной возникло лицо Будды. Оно было около ярда длиной, расписано желтой краской, с резко подчеркнутыми темными линиями вокруг ноздрей, бровей и рта — и с большими синими глазами.

— В этих глазах настоящие сапфиры, — сказал провожатый. — Никто не знает, когда была сделана статуя: но наверняка ей больше тысячи лет.

— Нельзя ли открыть раму? — спросил я.

— Она не открывается, — ответил он. — Ее не открывали уже шестьдесят лет.

Он продолжал что-то говорить, но я его не слушал. Меня притягивал взор этих больших синих глаз.

Прошло две-три секунды, и я понял, что передо мной — чудо.

Стоявший позади провожатый неслышно покинул комнату и уселся на ступеньках веранды; я остался наедине с Буддой.

Лицо Будды было совершенно живым; он не смотрел прямо на меня и все-таки меня видел. Сначала я не почувствовал ничего, кроме удивления. Я не ожидал, да и не мог ожидать ничего подобного. Но очень скоро удивление и все иные чувства исчезли, уступив место новым ощущениям. Будда **видел** меня, видел во мне то, чего я не мог увидеть сам, видел все то, что скрывалось в самых тайных уголках моей души. И под его взором, который как будто обходил меня, я сам увидел все это. Все мелкое, несущественное, трудное и беспокойное вышло на поверхность и предстало перед этим взглядом. Лицо Будды было безмятежным, но не лишенным выразительности; оно было исполнено глубокой мысли и глубокого чувства. Он лежал здесь, погруженный в размышление; но вот пришел я, открыл дверь и стал перед ним; и теперь он невольно давал мне оценку. Но в его глазах не было ни порицания, ни упрека; взгляд был необычайно серьезным, спокойным и понимающим. Когда же я попробовал спросить себя, что именно выражает лицо Будды, я понял, что ответить на этот вопрос невозможно. Его лицо не было ни холодным, ни бесстрастным; однако было бы неверно утверждать, что оно выражает сочувствие, теплоту или симпатию. Все эти чувства казались слишком мелкими, чтобы приписывать их ему. В то же время такой же ошибкой было бы сказать, что лицо Будды выражает неземное величие или божественную мудрость. Нет, оно было вполне человеческим; и все же чувствовалось, что у людей **такого лица** не бывает. Я понял, что все слова, которыми мне придется воспользоваться для описания выражения этого лица, будут неправильными. Могу только сказать, что в нем присутствовало **понимание**.

Одновременно я почувствовал необычное воздействие, которое оказывало на меня лицо Будды. Все мрачное, поднявшееся из глубины моей души, рассеялось, как если бы лицо Будды передало мне свое спокойствие. То, что до настоящего времени вызывало во мне озабоченность и казалось серьезным и важным, сделалось таким мелким, незначительным, не заслуживающим внимания, что я только удивлялся, как оно могло когда-то меня затрагивать. И тут я понял: каким бы возбужденным, озабоченным, раздраженным, раздираемым противоречиями мыслей и чувств ни пришел сюда человек, он уйдет отсюда спокойным, умиротворенным, просветленным, **понимающим**.

Я вспомнил свою работу, разговоры о буддизме, то, как я выяснял некоторые относящиеся к буддизму вещи, и чуть не рассмеялся: все это было совершенно бесполезно! Весь буддизм заключался вот в этом лице, в этом взгляде. Внезапно мне стало понятно, почему в некоторых случаях Будда запрещал людям говорить — эти вещи превышали человеческий рассудок, человеческие слова. Да и как можно иначе? Вот я увидел это лицо, почувствовал его — и тем не менее не смог сказать, что оно выражает. Если бы я попытался облечь свое впечатление в слова, это было бы еще хуже, ибо слова оказались бы ложью. Таково, вероятно, объяснение запрета Будды. Будда сказал также, что он передал свое учение целиком, что никакой тайной доктрины нет. Не означает ли это, что тайна скрывается не в тайных словах, а в словах, которые известны всем, но которые люди не понимают? И разве невозможно, что вот этот Будда и есть раскрытие тайны, ключ к ней? Вся статуя находится передо мной; в ней нет ничего тайного, ничего скрытого; но и в этом случае можно ли сказать, что я понимаю ее содержание? Видели ли ее другие люди, поняли ли ее хотя бы в той степени, в какой понял я? Почему она до сих пор оставалась неизвестной? Должно быть, ее никто не сумел заметить — точно так же, как не сумели заметить истину, скрытую в словах Будды об освобождении от страдания.

Я заглянул в эти синие глаза и понял, что хотя мои мысли близки к истине, они еще не есть истина, ибо истина богаче и многообразнее всего, что можно выразить словом и мыслью. Вместе с тем, я чувствовал, что лицо статуи действительно содержит в себе всю полноту буддизма. Не нужно никаких книг, никаких философских разговоров, никаких рассуждений. Во взгляде Будды заключено все. Надо только, чтобы вы пришли сюда, чтобы вас тронул этот взгляд.

Я покинул святилище, намереваясь завтра вернуться и попытаться сфотографировать Будду. Но для этого нужно будет открыть раму. Привратник, с которым я опять поговорил об этом, повторил, что открывать ее нельзя. Однако я ушел с надеждой как-то все уладить.

По пути в гостиницу я удивлялся тому, как могло случиться, что эта статуя Будды столь мало известна. Я был уверен, что о ней не упоминается ни в одной книге о Цейлоне, которые у меня были. Так оно и оказалось. В объемистой «Книге о Цейлоне» Кэйва я нашел все же фотографии храма, его внутреннего двора с каменной лестницей, ведущей к колокольне; было и старое святилище, где находится статуя Будды, и даже тот самый привратник, который водил меня по храму... Но ни слова о статуе! Это казалось тем более странным, что, не говоря уже о мистическом значении этой статуи и ее ценности как произведения искусства, здесь, несомненно, находилась одна из самых больших статуй Будды, которую я видел на Цейлоне, да еще с сапфировыми глазами! Я просто не мог понять, как случилось, что ее просмотрели или забыли. Причина, конечно, — в крайне «варварском» характере европейской толпы, которая попадает на Восток, в ее глубоком презрении ко всему, что не служит сиюминутной пользе или развлечению. Вероятно, иногда этого Будду кто-то видел и даже описывал; а впоследствии о нем забывали. Конечно, сингалезы знали о существовании Будды с сапфировыми глазами; но для них он просто **есть** — так же, как есть горы или море.

Назавтра я вновь отправился в храм.

Я пошел туда, опасаясь, что в этот раз не увижу и не почувствую того, что пережил вчера, что Будда с сапфировыми глазами окажется всего-навсего ординарной каменной статуей с раскрашенным лицом. Но мои опасения не подтвердились. Взор Будды был таким же, как вчера: он проникал в мою душу, освещал в ней все и приводил все в порядок.

Через день или два я опять оказался в храме; теперь привратник встречал меня как старого знакомого. И снова лицо Будды вызвало во мне нечто такое, чего я не мог ни понять, ни выразить. Я собирался выяснить подробности истории Будды с сапфировыми глазами. Но вышло так, что вскоре мне пришлось вернуться в Индию; потом началась война, и лицо Будды осталось вдали от меня — нас разделила пучина человеческого безумия.

Несомненно одно: этот Будда — исключительное произведение искусства. Я не знаю ни одной работы христианского искусства, которая стоит на том же уровне, что и Будда с сапфировыми глазами, иначе говоря, которая выражает идею христианства с такой же полнотой, с какой лицо Будды выражает идею буддизма. Понять его лицо — значит понять буддизм.

И нет нужды читать толстые тома по буддизму, беседовать с профессорами восточных религий или с учеными бхикшу. Нужно прийти сюда, стать перед Буддой — и пусть взор его синих глаз проникнет в вашу душу. Тогда вы поймете, что такое буддизм.

Часто, когда я думаю о Будде с сапфировыми глазами, я вспоминаю другое лицо, лицо сфинкса, взгляд его глаз, не замечающий вас. Это два совершенно разных лица; но в них есть нечто общее: оба говорят о другой жизни, о сознании, намного превосходящем обычное человеческое сознание. Вот почему у нас нет слов, чтобы их описать. Мы не знаем, когда, кем, с какой целью были созданы эти лица, но они говорят нам о подлинном бытии, о реальной жизни, — а также о том, что есть люди, которые что-то знают об этой жизни и могут передать нам свое знание при помощи магии искусства.

1914 год

Душа царицы Мумтаз-и-Махал

Это было мое последнее лето в Индии. Уже начинался сезон дождей, когда я выехал из Бомбея в Агру и Дели. За несколько недель до отъезда я собирал и читал все, что мог найти, об Агре, о дворце Великих Моголов и о Тадж-Махале, знаменитом мавзолее царицы, умершей в начале XVI века.

Но все, что я прочел тогда или читал раньше, оставило во мне какое-то неопределенное чувство — как будто бы все, кто брался описать Агру и Тадж Махал, упустили что-то самое важное.

Ни романтическая история Тадж-Махала, ни красота его архитектуры, ни роскошь и богатство убранства и орнаментов не могли объяснить мне впечатление сказочной нереальности, чего-то прекрасного, но бесконечно далекого от жизни, впечатление, которое угадывалось за всеми описаниями, но которое никто не сумел объяснить или облечь в слова. Казалось, здесь скрыта какая-то тайна. У Тадж-Махала есть некий секрет, который чувствуют все, но никто не может дать ему истолкования.

Фотографии ни о чем мне не говорили. Крупное массивное здание с четырьмя высокими тонкими минаретами, по одному на каждом углу. Во всем этом я не видел никакой особенной красоты, скорее уж нечто незавершенное. И эти четыре минарета, стоящие отдельно, словно четыре свечи по углам стола, выглядели как-то странно, почти неприятно.

В чем же тогда заключалась сила впечатления, производимого Тадж-Махалом? Откуда проистекает непреодолимое воздействие на всех, кто его видит? Ни мраморные кружева, ни тонкая резьба, покрывающая его стены, ни мозаичные цветы, ни судьба прекрасной царицы — ничто из этого само по себе не могло произвести такого впечатления. Должно быть, причина заключается в чем-то другом. Но в чем же? Я старался не думать об этом, чтобы не создавать заранее определенного мнения. Однако что-то в Тадж-Махале меня очаровывало и приводило в волнение. Я не мог сказать наверняка, в чем здесь дело, но мне казалось, что загадка Тадж-Махала связана с тайной смерти, т. е. с той тайной, относительно которой, по выражению одной из Упанишад, «даже боги сначала были в сомнении».

Создание Тадж-Махала восходит ко временам завоевания Индии мусульманами. Внук падишаха Акбара Шах-Джахан был одним из тех завоевателей, которые изменили лицо Индии. Воин и государственный деятель, Шах-Джахан был вместе с тем тонким знатоком искусства и философии; его двор в Агре привлекал к себе самых выдающихся ученых и художников Персии, которая в то время была центром культуры всей Западной Азии.

Однако большую часть своей жизни Шах-Джахан провел в походах и битвах. И во всех походах его неизменно сопровождала любимая жена, прекрасная Арджуманд Бану, или, как ее называли, Мумтаз-и-Махал, «сокровище дворца». Арджуманд Бану была постоянной советчицей Шах-Джахана в вопросах хитрой и запутанной восточной дипломатии; кроме того, она разделяла его интерес к философии, которой непобедимый падишах посвящал все свое свободное время.

Во время одного из походов царица, по обыкновению сопровождавшая Шах-Джахана, умерла. Перед смертью она попросила мужа построить ей гробницу — «прекраснейшую в мире»!

И Шах-Джахан задумал построить для погребения царицы на берегу Джамны огромный мавзолей из белого мрамора; позже он собирался -перекинуть через Джамну мост из серебра и на противоположном берегу построить из черного мрамора мавзолей для себя.

Его планам суждено было осуществиться лишь наполовину; через двадцать лет, когда завершилось строительство мавзолея царицы, сын Шах-Джахана Аурензеб, разрушивший впоследствии Варанаси, поднял против отца мятеж. Аурензеб обвинил его в том, что он истратил на мавзолей все доходы государства за последние двадцать лет. Аурензеб взял Шах-Джахана в плен и заточил его в подземную мечеть в одном из внутренних дворов крепости-дворца Агры.

В этой подземной мечети Шах-Джахан прожил семь лет; почувствовав приближение смерти, он попросил, чтобы его перенесли в так называемый Жасминовый павильон в крепостной стене, в башню кружевного мрамора, где находилась любимая комната царицы Арджуманд Бану. Там, на балконе Жасминового павильона с видом на Джамну, откуда виден был стоящий поодаль Тадж-Махал, Шах-Джахан скончался.

Такова краткая история Тадж-Махала. С тех пор мавзолей царицы пережил много превратностей. Во время войн, которые продолжались в Индии в XVII и XVIII столетиях, Агра многократно переходила из рук в руки и часто оказывалась разграбленной. Завоеватели сняли с Тадж-Махала большие серебряные двери, вынесли драгоценные светильники и подсвечники, сорвали со стен орнаменты из драгоценных камней. Однако само здание и бóльшая часть убранства остались нетронутыми.

В 30-х годах XIX века британский генерал-губернатор предложил продать Тадж-Махал на слом. Ныне Тадж-Махал восстановлен и тщательно охраняется.

Я приехал в Агру вечером и решил немедленно отправиться к Тадж-Махалу, чтобы посмотреть на него в лунном свете. Полнолуние еще не наступило, но света было достаточно.

Выйдя из гостиницы, я долго ехал европейскими кварталами города по широким улицам, тянувшимся среди садов. Наконец по какой-то длинной улице мы выбрались из города; слева виднелась река. Мы проехали по площади, вымощенной плитами и окруженной стенами из красного камня. Направо и налево в стенах виднелись ворота с высокими башнями; ворота левой башни вели к Тадж-Махалу. Проводник объяснил, что правая башня и ворота ведут в старый город, который был частной собственностью царицы Арджуманд Бану; эти ворота сохранились почти в том же состоянии, в каком содержались при ее жизни.

Уже темнело, но в свете широкого месяца все линии зданий отчетливо вырисовывались на бледном небосводе. Я зашагал к высоким темно-красным башням ворот и горизонтальным рядам характерных белых индийских куполов, оканчивающихся заостренными шпилями. Несколько широких ступеней вели с площади ко входу, под арку. Там было совсем темно. Мои шаги по мозаичной мостовой гулко отдавались в боковых нишах, откуда шли лестницы к площадке на верху башни и ко внутреннему музею.

Сквозь арку виднелся сад — обширное зеленое пространство; в отдалении маячили какие-то белые очертания, напоминающие белое облако, которое, опустившись, приняло симметричную форму. Это были стены, купола и минареты Тадж-Махала.

Я прошел под аркой, поднялся на широкую каменную платформу и остановился, чтобы оглядеться. Прямо передо мной начиналась длинная и широкая аллея густых кипарисов; она шла направо через сад; посреди ее пересекала полоса воды с рядами фонтанов, напоминающих простертые руки. Дальний конец аллеи был закрыт белым облаком Тадж-Махала. По обеим его сторонам и немного ниже под деревьями виднелись купола двух больших мечетей.

Я медленно направился по аллее к большому зданию, миновал полоску воды с ее фонтанами. Первое, что поразило меня и чего я не ожидал, — это огромные размеры Тадж-Махала. Фактически это очень широкое строение; оно кажется еще шире, чем на самом деле, благодаря искусному замыслу строителей, которые окружили его садом и так расположили ворота и аллеи, что с этой стороны здание видно не сразу; оно открывается постепенно, по мере того, как вы к нему приближаетесь. Я понял, что все вокруг подчинено единому плану и с точностью вычислено, что все задумано с таким расчетом, чтобы дополнить и усилить главное впечатление. Мне стало ясно, почему на фотографиях Тадж-Махал выглядит незаконченным, почти плоским. Его нельзя отделять от сада и мечетей, которые оказываются его продолжением. Кроме того, я понял, почему минареты по углам мраморной платформы, где стоит главное здание, произвели на меня впечатление дефекта: на фотографиях я видел, что очертания Тадж-Махала заканчиваются с обеих сторон этими минаретами. На самом же деле это еще не конец, ибо Тадж-Махал незаметно переходит в сад и примыкающие здания. И опять-таки минареты в действительности не видны во всю свою высоту, как на фотографиях. С аллеи, по которой я шел, над деревьями возвышаются только их верхушки.

Белое здание мавзолея было еще далеко, и по мере моего приближения к нему оно поднималось передо мной все выше и выше. Хотя в смутном и изменчивом свете месяца я не мог различить деталей, странное чувство ожидания заставляло меня напряженно всматриваться в полумрак, как будто там должно было что-то открыться.

В тени кипарисов царил полумрак; сад наполняли запахи цветов, явственнее всего ощущался аромат жасмина. Кричали павлины. Их голоса странно гармонировали со всем окружением и как-то усиливали охватившее меня чувство ожидания.

Я уже видел прямо перед собой сверкающие очертания центральной части Тадж-Махала, поднимающейся с высокой мраморной платформы. В дверях мерцал огонек.

Я дошел до середины аллеи, ведущей от входа под аркой к мавзолею. Здесь, в центре аллеи, находился четырехугольный водоем с лотосами; на одной его стороне стояли мраморные скамейки.

В слабом свете месяца Тадж-Махал казался сверкающим. На бледном фоне неба были видны белые купола и минареты, изумительно мягкие, но в то же время вполне отчетливые; от них как будто струился собственный свет.

Я сел на одну из мраморных скамеек и стал смотреть на Тадж-Махал, стараясь ухватить и запечатлеть в памяти все детали здания, каким я его вижу, а также все, что меня окружает. Я не мог сказать, что происходило в моем уме в это время; не уверен, что вообще о чем-то думал. Но постепенно во мне возникло непонятное чувство, которое невозможно описать никакими словами.

Реальность, та повседневная реальность, в которой мы живем, казалось, куда-то исчезла, ушла, увяла, отлетела, вернее, не исчезла, а преобразилась, утратив свою действительность; каждый реальный предмет, взятый сам по себе, потерял свое привычное значение и стал совершенно иным. Вместо знакомой реальности открылась реальность другая, та реальность, которой мы не знаем, не видим, не чувствуем, но которая представляет собой единственно подлинную реальность.

Я чувствую и понимаю, что слова не в состоянии передать то, что я имею в виду. Меня поймут только те, кто сам пережил нечто подобное, те, кому знаком «вкус» такого рода переживаний.

Передо мной в дверях Тадж-Махала мерцал огонек. В изменчивом свете месяца белые купола и минареты как будто шевелились. Из сада доносился аромат жасмина, слышался резкий крик павлинов.

У меня было такое чувство, будто я нахожусь в двух мирах одновременно. Обычный мир вещей и людей совершенно изменился, о нем смешно было даже подумать — таким искусственным и нереальным казался он теперь. Все, принадлежавшее этому миру, стало далеким, чуждым и непонятным, и более всего я сам, тот человек, который всего два часа назад приехал в Агру со всевозможным багажом и поспешил сюда, чтобы увидеть Тадж-Махал при лунном свете. Все это — и вся жизнь, часть которой я составлял, — стало кукольным театром, к тому же чрезвычайно топорным и аляповатым, и ничуть не походило на что-либо реальное. Такими же гротескно-нелепыми и грубыми казались теперь все мои прежние мысли о Тадж-Махале и его тайне.

Эта тайна пребывала здесь, передо мной, но она перестала быть тайной. Покров тайны набрасывала на нее та абсурдная, несуществующая реальность, из которой я смотрел на Тадж-Махал. Я переживал изумительную радость освобождения, как если бы вышел из глубокого подземного хода на свет. Да, это была тайна смерти! — но тайна раскрытая и зримая. И в ней не было ничего ужасного или пугающего. Наоборот, от нее исходили бесконечное сияние и радость.

Теперь, когда я пишу эти слова, мне странно вспоминать то, что было каким-то мимолетным состоянием. От обычного восприятия себя и всего прочего я мгновенно перешел в это новое состояние, находясь в саду, на кипарисовой аллее, разглядывая белый силуэт Тадж-Махала.

Помню, как у меня в уме пронесся быстрый поток мыслей, как бы существующий независимо от меня, движущийся собственным путем.

Какое-то время мои мысли сосредоточились на художественном смысле Тадж-Махала, на тех художниках, которые его построили. Я знал, что они были суфиями, чья мистическая философия, неотделимая от поэзии, стала эзотерическим учением ислама; в блестящих земных формах радости и страсти она выражает идеи вечности, нереальности, отречения. И вот образ царицы Арджуманд Бану и ее «красивейший в мире» памятник своими невыразимыми сторонами оказались связанными для меня с идеей смерти — но смерти не как уничтожения, а как новой жизни.

Я встал и направился вперед, не сводя глаз с огонька, который мерцал в дверях и над которым высилось гигантское очертание Тадж-Махала. И внезапно в моем уме совершенно независимо от меня стало складываться нечто.

Я знал, что свет горит над гробницей, где лежит тело царицы. Над гробницей и вокруг нее стоят мраморные арки, купола и минареты Тадж-Махала, которые как бы уносят ее вверх, в небо, в лунный свет — и растворяют в них.

Я почувствовал, что именно здесь таится начало разгадки. Ибо свет, мерцающий над гробницей, где лежит ее прах, этот свет, который так мал и незначителен по сравнению с мраморной формой Тадж-Махала, — это жизнь, та жизнь, которую мы знаем в себе и в других, противоположная той жизни, которой мы не знаем, которая скрыта от нас тайной смерти.

Этот свет, который так легко погасить, — есть маленькая преходящая земная жизнь. А Тадж-Махал — это будущая **вечная** жизнь.

Я начал понимать замысел художников, которые построили мавзолей царицы, окружили его садом и воротами, башнями, павильонами, фонтанами, мечетями, которые сделали все таким огромным, таким белым, таким невероятно красивым, которые погрузили эти купола и минареты в небо.

Передо мной и вокруг меня пребывала душа царицы Мумтаз-и-Махал!

Душа столь бесконечно великая, сияющая и прекрасная по сравнению с телом, жившим на земле, а теперь заключенным в гробницу.

В это мгновение я понял, что не душа заключена в теле, а тело живет и движется в душе. И тогда я вспомнил мистическое выражение, которое приведено в одной старой книге и когда-то привлекло мое внимание:

«Душа — то же самое, что и будущая жизнь».

Мне показалось странным, что я не сумел понять этого раньше. Конечно, они — одно и то же; жизнь как процесс и то, что живет, — их можно различать только до тех пор, пока существует идея исчезновения, смерти. Здесь же, как и в вечности, все было единым. Измерения растворились, и наш маленький земной мир исчез в бесконечном мире.

Я не могу восстановить все мысли и чувства тех мгновений; сейчас я выражаю лишь ничтожную их часть.

Затем я подошел к мраморной платформе, на которой стоит Тадж-Махал с четырьмя минаретами по углам. Широкие мраморные лестницы по краям кипарисовой аллеи ведут к этой платформе из сада.

Я поднялся по ступеням и подошел к дверям, где горел свет. Меня встретили привратники-мусульмане с медленными, спокойными движениями, в белых одеждах и белых тюрбанах. Один из них зажег фонарь, и я пошел вслед за ним внутрь мавзолея.

Посредине, окруженные резной мраморной решеткой, стояли два мраморных надгробия; в центре — надгробие

Мумтаз-и-Махал, около него — надгробие Шах-Джахана. Оба надгробия были усыпаны красными цветами; над ними в фонаре с прорезями горел огонь.

В полутьме неясные очертания белых стен исчезали в высоком своде, куда лунный свет проникал как бы сквозь туман меняющихся оттенков.

Я долго простоял неподвижно; и спокойные, серьезные мусульмане в белых тюрбанах оставили меня в покое — и сами замерли в молчании около решетки, окружающей надгробия.

Сама по себе эта решетка — чудо искусства. Слово «решетка» вообще ничего не говорит, ибо на деле это не решетка, а ожерелье из белого мрамора изумительной работы. Трудно поверить, что цветы и декоративный орнамент этого белого филигранного ожерелья не были отлиты, что их вырезали прямо из тонких плит мрамора.

Заметив, что я рассматриваю решетку, один из привратников бесшумно подошел ко мне и начал объяснять план внутреннего устройства Тадж-Махала.

Каменные надгробия не были настоящими гробницами; гробницы же, в которых покоятся тела, находятся в склепе под полом. Средняя часть мавзолея, где мы стояли, расположена под большим центральным сводом; она отделена от внешних стен широким коридором, который шел между четырьмя угловыми нишами; каждая ниша находилась под одним из малых куполов.

«Здесь никогда нет света, — сказал провожатый, поднимая руку. — Свет входит только сквозь ограду боковых галерей. Послушай, господин!»

Он сделал несколько шагов назад и, подняв голову, медленно и громко прокричал:

«Аллах!»

Голос заполнил все огромное пространство свода у нас над головами; и когда он медленно-медленно стал затихать, внезапно от всех четырех боковых куполов отразилось ясное и мощное эхо:

«Аллах!»

Ему немедленно ответили арки галереи, но не сразу, а по очереди: голоса раздавались один за другим с каждой стороны, как бы перекликаясь друг с другом:

«Аллах! Аллах! Аллах! Аллах!»

А затем, подобно тысячеголосому хору или органу, зазвучал и сам большой свод; все потонуло в его торжественном глубоком басе:

«Аллах!»

После этого опять ответили боковые галереи и купола, но уже тише; еще раз прозвучал голос большого свода, не так громко, и внутренние арки тихо, почти шепотом, повторили его голос.

Эхо умолкло. Но и в наступившем молчании казалось, что какая-то далекая-далекая нота все еще продолжает звучать.

Я стоял, прислушиваясь; с обостренным чувством радости я понял, что это замечательное эхо было заранее рассчитанной частью плана художников, которые дали Тадж-Махалу голос и велели ему вечно повторять Имя Бога.

Я медленно следовал за проводником, а он с поднятым фонарем показывал мне орнаменты на стенах: фиолетовые, розовые, синие, желтые, ярко-красные цветы смешивались с гирляндами зеленых каменных цветов, одни из которых имели размер листа, другие были чуть больше; каменные цветы казались живыми и неподвластными времени; затем следовали стены, целиком покрытые белыми мраморными цветами, далее — резные двери и окна, все из белого мрамора.

Чем дольше я смотрел и слушал, тем яснее и радостнее понимал я замысел художников, которые выразили бесконечное богатство, разнообразие и красоту **души**, или **вечной жизни**, по сравнению с мелкой и незначительной земной жизнью.

Мы поднялись на крышу Тадж-Махала, где на углах стояли купола; я посмотрел оттуда на широкую темную Джамну. Справа и слева высились большие мечети из красного камня с белыми куполами. Затем я подошел к той стороне крыши, откуда открывался вид на сад. Внизу все было спокойно, лишь ветерок шелестел в деревьях; время от времени откуда-то издалека доносился громкий и мелодичный крик павлинов.

Все походило на сон, на ту «Индию», которую можно увидеть во сне, так что я ничуть не удивился бы, если бы вдруг обнаружил, что лечу по воздуху над садом к входной башне, темнеющей в конце кипарисовой аллеи.

Затем мы спустились вниз и обошли вокруг белого здания Тадж-Махала по мраморной платформе, на углах которой стояли четыре минарета; при свете месяца мы осмотрели украшения и орнаменты наружных стен.

После этого мы сошли вниз, в белый мраморный склеп. Там, как и наверху, горел медный светильник. На белых гробницах царицы и падишаха лежали красные цветы.

На следующее утро я поехал в крепость, где до сих пор сохранился дворец Шах-Джахана и царицы Арджуманд Бану.

Крепость Агры — это целый город. Огромные крепостные башни поднимаются над воротами. За стенами толщиной в несколько футов — прямо-таки лабиринт внутренних дворов, казарм, лавок и иных строений. Значительная часть крепости отведена под нужды современной жизни и не представляет особого интереса. Я подошел к Жемчужной мечети, которую знал по картине Верещагина. Здесь начинается царство белого мрамора и синего неба. Только два цвета — белый и синий. Жемчужная мечеть гораздо больше, чем я ее представлял. Крупные, тяжелые ворота, обшитые медью; за ними под сверкающим небом ослепительно белый мраморный двор с фонтаном; далее — зал для проповедей с чудесными резными арками, орнаментированными золотом; его окна с мраморными решетчатыми переплетами выходят во внутреннюю часть дворца; сквозь них жены падишаха и придворные дамы могли глядеть в мечеть.

Затем идет дворец. Это не одно здание, а целый ряд мраморных строений и дворов посреди кирпичных домов и дворов самой крепости.

Трон Акбара, черная мраморная плита на одном уровне с более высокими зубцами; перед ним — «двор правосудия». Далее — «приемная» Шах-Джахана с новыми резными арками, похожими на арки Жемчужной мечети, жилые помещения дворца и Жасминовый павильон.

Дворцовые покои расположены на крепостной стене, откуда видна Джамна. Здесь множество комнат, не очень больших, если судить по современным стандартам; но их стены покрыты редкой и прекрасной резьбой. Все так великолепно сохранилось, как будто еще вчера жили со своими женами все эти падишахи-завоеватели, философы, поэты, мудрецы, фанатики, безумцы, которые уничтожили одну Индию и создали другую. Бóльшая часть жилых помещений дворца скрыта под полами мраморных дворов и проходов, которые тянутся от «приемной» до крепостной стены. Комнаты связаны коридорами, проходами и небольшими двориками с мраморной оградой.

За крепостной стеной находится глубокий внутренний двор, где устраивались состязания воинов, где дикие звери дрались друг с другом или с людьми. Выше находится малый двор, окруженный решеткой, откуда дворцовые дамы наблюдали бои слонов с тиграми или воинские состязания. Сюда же приходили со своими товарами купцы из дальних стран — арабы, греки, венецианцы, французы. В «шахматном» дворе, вымощенном рядами черных и белых плит в шахматном порядке, танцовщики и танцовщицы в особых костюмах изображали шахматные фигуры. Далее комнаты жен падишаха; в стенах еще сохранились резные шкафчики для драгоценностей и небольшие круглые отверстия, ведущие к тайникам, куда могли проникнуть только маленькие ручки. Ванная, выложенная горным хрусталем, благодаря чему стены, когда зажигается свет, искрятся мерцающими красками. Небольшие, почти игрушечные комнатки, похожие на бонбоньерки. Крошечные балконы. Комнаты под полами внутреннего двора, куда свет попадает лишь сквозь тонкие мраморные плиты и где никогда не бывает жарко; наконец, чудо из чудес — Жасминовый павильон, любимое помещение царицы Мумтаз-и-Махал.

Это круглая башня, окруженная балконом, который висит над крепостной стеной и Джамной. С балкона внутрь ведут восемь дверей. На стенах Жасминового павильона, а также на балюстрадах и на колоннах балкона нет буквально ни одного дюйма пространства, который не был бы покрыт тончайшей, великолепной резьбой. Орнаменты внутри орнаментов, и в каждом из них еще один орнамент: почти ювелирная работа. Таков весь Жасминовый павильон; таковы же небольшой зал с фонтаном и ряды резных колонн.

Во всем этом нет ничего грандиозного или мистического; но в целом возникает впечатление необыкновенной интимности. Я ощутил жизнь обитавших здесь людей; каким-то таинственным образом коснулся ее, словно эти люди все еще живы, и уловил проблески самых глубоких и сокровенных аспектов их жизни. Во дворце совсем не чувствуется время. Прошлое, связанное с этими мраморными комнатами, кажется настоящим, настолько оно живо и реально; странно даже подумать, что всего этого больше нет.

Когда мы покидали дворец, проводник рассказал мне, что под крепостью есть подземный лабиринт, где, по слухам, хранятся несметные сокровища. Я вспомнил, что читал раньше об этом. Но вход в подземные коридоры закрыт и скрыт много лет назад после того, как в них заблудилась и погибла целая группа любопытных путешественников. Говорят, там водится множество змей, в том числе несколько гигантских кобр; эти кобры, возможно, жили еще во времена Шах-Джахана. Рассказывают, что иногда в лунные ночи они выползают к реке.

Из дворца я снова поехал к Тадж-Махалу, а по пути купил фотографии старых миниатюр с портретами Шах-Джахана и царицы Арджуманд Бану. Стоит однажды увидеть эти фотографии, и их лица навсегда останутся в памяти. Голова царицы слегка наклонена; тонкой рукой она держит розу. Портрет сильно стилизован; но в форме рта и в больших глазах угадывается глубокая внутренняя жизнь, сила и мысль; ее лицо полно непреодолимого очарования тайны и сказочного мира. Шах-Джахан изображен в профиль. У него очень странный взгляд — экстатический и в то же время уравновешенный. На портрете он как будто видит что-то такое, чего нельзя увидеть никому, вернее, то, чего никто не смеет увидеть. Кажется также, что он присматривается к самому себе, наблюдая за каждым своим чувством, за каждой мыслью. Это взор ясновидца и мечтателя — но также и человека необыкновенной силы и храбрости.

Впечатление от Тадж-Махала при свете дня оказалось не только не слабее ночного, но, пожалуй, усилилось. Белый мрамор среди зелени удивительно контрастирует с синим небом, и вы одним взглядом схватываете больше мелочей и частностей, чем ночью. Внутри здания еще сильнее поражает роскошь украшений и сказочные цветы — красные, желтые, синие вместе с зелеными гирляндами, сплетения мраморных листьев и цветов, узорные решетки, и все это — душа царицы Мумтаз-и-Махал.

Я провел в саду, окружающем Тадж-Махал, весь следующий день, до самого вечера. Приятнее всего было сидеть на балконе, на верху башенных ворот. Внизу раскинулся сад, его пересекали кипарисовая аллея и линия фонтанов, доходящая до самой мраморной платформы, на которой стоит Тадж-Махал. Под кипарисами медленно двигались группы посетителей-мусульман в одеждах и тюрбанах мягких тонов и самых разнообразных цветов: бирюзовых, лимонно-желтых, светло-зеленых, желто-розовых. Надев очки, я долго наблюдал за светло-оранжевым тюрбаном бок о бок с изумрудной шалью. Снова и снова мелькали они за деревьями, а затем появились на мраморной лестнице, ведущей в мавзолей. Далее они исчезли у входа в Тадж-Махал; потом их можно было увидеть среди куполов на крыше. По кипарисовой аллее двигалось непрерывное шествие цветных одеяний и тюрбанов — плыли синие, желтые, зеленые, розовые тюрбаны, шали и кафтаны. Не было видно ни одного европейца.

Тадж-Махал — место паломничества и прогулок горожан. Здесь встречаются влюбленные; вы видите детей с большими темными глазами, спокойных и тихих, как все индийские дети; здесь проходят глубокие старики и калеки, женщины с маленькими детьми, нищие, факиры...

Перед вами появляются все лица, все типы мусульманской Индии.

Глядя на них, я испытывал странное чувство: мне казалось, что и это было частью плана строителей Тадж-Махала, частью их мистического замысла соприкосновения **души** с целым миром, с целой жизнью, которая со всех сторон непрерывно вливается в эту душу.

1914 год

Дервиши мевлеви

Впервые я увидел их в 1908 году, когда Константинополь был еще жив. Позднее он умер. Именно **они** были душой Константинополя, хотя об этом никто не знал.

Помню, как я вошел во двор одного тэккэ на верхней части «Юксэк Кальдерим», шумной и в те времена типично восточной улицы, которая своими ступеньками поднимается высоко по холму от моста через Золотой Рог к главной улице Пера.

Вертящиеся дервиши! Я ожидал маниакальной ярости безумия — неприятного и болезненного зрелища; и даже колебался, идти ли мне туда. Но двор тэккэ с его старыми зелеными платанами и древними гробницами на старинном, поросшем травой кладбище поразил меня своим дивным воздухом, атмосферой мира и спокойствия.

Когда я подошел к дверям тэккэ, церемония уже началась; я услышал странную, негромкую музыку флейт и приглушенных барабанов. Впечатление было неожиданным и необыкновенно приятным.

Затем последовал разговор у входа — небольшое беспокойство по поводу ботинок и туфель; мы идем направо, потом налево, далее — темный проход... Но я уже понял, что пришел в такое место, где увижу нечто.

Круглая зала устлана коврами и окружена деревянными перилами, доходящими до груди. За перилами, в круговом коридоре — зрители. Идет церемония приветствия.

Мужчины в черных халатах с широкими рукавами, в высоких желтых шапках из верблюжьей шерсти, чуть суживающихся кверху (кула), один за другим приближаются под аккомпанемент музыки к шейху, который сидит в особой ложе, прислонившись к подушке. Они отдают шейху низкий поклон, становятся по правую его руку, затем, сделав несколько шагов, повторяют те же самые низкие поклоны и становятся слева от него. А потом, подобно черным монахам, медленно и спокойно садятся друг за другом вдоль круговых перил в круглой зале. Все время играет музыка.

Но вот она затихает. Молчание. Мужчины в высоких кула сидят, опустив глаза.

Шейх начинает длинную речь. Он говорит об истории мевлеви, о султанах, которые правили в Турции, перечисляет их имена, говорит об интересе и симпатии к ордену дервишей. Странно звучат арабские слова. Мой друг, который долго жил на Востоке, негромко переводит мне слова шейха.

Но я больше смотрел, чем слушал. И вот что поразило меня в этих дервишах: **все они были разные**.

Когда вы видите вместе много людей, одетых в одинаковую одежду, вы, как правило, не разбираете их лиц. Кажется, что они у всех одинаковые.

Но то, что особенно поразило меня здесь и сразу же приковало к себе внимание, — это необычный факт: все лица были **разными**. Ни одно не походило на другое, и каждое немедленно запечатлевалось в памяти. Я никогда не встречал ничего подобного. Через десять-пятнадцать минут, в течение которых я наблюдал за церемонией, приветствия окончились, — лица всех дервишей, сидевших в кругу, стали мне близкими и знакомыми, словно лица школьных товарищей. Я уже знал их всех — и с приятным предчувствием ждал, что же последует дальше.

Снова, как будто издали, донеслись звуки музыки. Один за другим, не спеша, несколько дервишей сбрасывают свое одеяние и оказываются в коротких куртках по пояс и в каких-то длинных белых рубахах; остальные остаются в верхней одежде. Дервиши встают; спокойно и уверенно подняв правую согнутую руку, повернув голову вправо и вытянув левую руку, они медленно вступают в круг и с чрезвычайной серьезностью начинают вертеться, одновременно двигаясь по кругу. А в центре, так же согнув руку и глядя вправо, появляется дервиш с короткой седой бородой и спокойным приятным лицом; он медленно вертится на одном месте, переступая ногами какими-то особыми движениями. Все дервиши — некоторые очень молодые люди, другие средних лет, а кое-кто уже совсем старики — вертятся вокруг него. И все они вертятся и движутся по кругу с разной скоростью: старики — медленно, молодые — с такой быстротой, что дух захватывает. Одни, вертясь, закрывают глаза, другие просто смотрят вниз; но никто из них ни разу при этом не коснулся другого.

А в самой середине, не вертясь, как другие, медленно шагал седобородый дервиш в черном одеянии и зеленом тюрбане, закрученном на шапке из верблюжьей шерсти; он прижимал ладони к груди и держал глаза опущенными. Шагал он как-то странно: то вправо, то влево, то делал несколько шагов вперед, то немного отступал назад, как будто все время двигался по какому-то кругу; но временами он как бы переходил с одной орбиты на другую, а затем снова на нее возвращался. Он также ни разу не коснулся никого из окружающих, как и его самого никто не коснулся.

Как это могло быть? Я ничего не мог понять. Но об этом я даже и не думал, потому что в тот момент все мое внимание было обращено на другое: я наблюдал за **лицами**.

Шейх, сидевший напротив меня на подушках, вертевшийся посредине дервиш, другой, в зеленом тюрбане, медленно двигавшийся среди вертящихся дервишей, очень и очень старый человек, медленно вертевшийся среди молодых, — все они что-то мне напоминали.

Я не мог понять, что именно.

А дервиши продолжали вертеться, двигаясь по кругу. Одновременно вертелись тринадцать человек; то один, то другой останавливался и медленно и спокойно, с просветленным и сосредоточенным лицом, усаживался около стены. Тогда поднимался другой и занимал его место в круге.

Невольно я стал думать, почему же эту церемонию описывают как безумное вращение, которое повергает дервишей в ярость? Ведь если и есть в мире нечто противоположное ярости, то именно это верчение. В нем имелась какая-то система, которую я не мог понять, но которая явно угадывалась; и, что еще более важно, в нем было интеллектуальное сосредоточение, умственное усилие, как будто дервиши не просто вертелись, но и одновременно решали в уме труднейшие задачи.

Я вышел из тэккэ на улицу, полный необычных и беспокойных впечатлений. Я догадывался, что нашел нечто невероятно ценное и важное; но в то же время понимал, что у меня нет средств понять найденное, нет возможности подойти к нему ближе, нет даже языка.

Все, что я раньше прочел и понял о дервишах, не объясняло мне загадку, с которой я столкнулся. Я знал, что орден мевлеви был основан в XIII веке персидским поэтом и философом Джалаледдином Руми, что верчение дервишей схематически изображает Солнечную систему и вращение планет вокруг Солнца, что дервиши пронесли через столетия свой статут, правила и даже одеяние совершенно нетронутыми. Я также знал, что знакомство с существующей литературой о дервишах приносит глубокое разочарование, потому что в ней остается обойденным самое важное. Так что теперь, когда я сам увидел дервишей, я сформулировал для себя **важнейшие**, относящиеся к ним проблемы. Первая: как им удается не натыкаться друг на друга, даже не касаться друг друга? И вторая: в чем заключается секрет этого напряженного умственного усилия, связанного с верчением, усилия, которое я **видел**, но не мог определить? Впоследствии я узнал, что ответ на первый вопрос является одновременно ответом и на второй.

Константинополь исчез, подобно сну. Я побывал в других тэккэ, в Эйюбе, в Скутари; повидал других дервишей. И все это время чувство тайны продолжало усиливаться.

Вертящиеся дервиши мевлеви и «воющие» дервиши в Скутари стояли как-то особняком от всего, что я когда-либо знал или встречал в жизни, отличались от всего этого. Когда я думал о них, я вспоминал слова одного хорошо известного человека в Москве; он посмеялся надо мной, когда я сказал, что Восток хранит многое такое, что еще неизвестно.

«Неужели вы действительно верите, что на Востоке осталось что-то неисследованное? — спросил он. — О Востоке написано столько книг; так много серьезных ученых посвятило ему свою жизнь, изучая каждую пядь его земли, каждое племя, каждый обычаи. Просто наивно думать, будто на Востоке осталось что-нибудь чудесное и неизвестное. Мне легче поверить в чудеса на Кузнецком мосту».

Сказанное звучало очень умно, и я почти согласился с ним. Но теперь я сам оказался на Востоке, и первое, что я там встретил, было чудом. И чудо это происходило у всех на виду, почти на улице. Главная улица, Пера, была «Кузнецким мостом» Константинополя. И никто не мог объяснить мне этого чуда, **потому что никто ничего о нем не знал**.

Прошло двенадцать лет, прежде чем я снова встретил дервишей.

Я повидал многие страны; за это время случилось много событий. Из тех людей, которые сопровождали меня в первую поездку в Константинополь, уже никого не было. **Не было даже России**, ибо за последние три года позади меня как бы происходили обвалы. В этот совершенно непостижимый период **пути назад** не было, и я испытывал к местам и людям то же самое чувство, которое мы обычно испытываем ко времени.

Не было никакой возможности вернуться ни в одно из тех мест, которые я оставлял. Ни от кого, с кем я расставался, не было больше вестей.

Но когда я увидел с корабля в тумане минареты Стамбула, а по другую сторону башню Галаты, мне тут же пришла на ум мысль о том, что скоро я увижу дервишей.

И вскоре я их увидел. Константинополь стал еще более шумным, если это вообще возможно; но, несмотря на новые толпы, он казался опустевшим. За эти годы бедный город наполовину утратил свой восточный колорит и быстро приобретал однообразный и отталкивающий облик европейского города. Однако в тэккэ дервишей на Пера все было так же, как и прежде: те же старые надгробия, те же платаны, та же тихая музыка, те же (или похожие на них) спокойные лица. После двенадцати лет нельзя быть уверенным, но мне показалось, что несколько лиц я узнал.

Теперь я знал о них больше; знал часть их тайны, знал, **как они это делают**, знал, в чем заключается умственная работа, связанная с верчением. Не детали, конечно, потому что детали знает только тот, кто сам принимает участие в церемониях или упражнениях; но я знал **принцип**.

Все это не уменьшило чуда; оно лишь приблизилось и стало более значительным. Вместе с тем я понял, почему дервиши не открывают своего секрета. Легко рассказать, что они делают и как делают. Но для того, чтобы вполне это понять, нужно сначала знать, **зачем они это делают**. А об этом рассказать нельзя.

Я опять уехал; и вскоре почва за мной снова обвалилась, так что вернуться в Константинополь стало невозможным.

А немного времени спустя исчезли и сами дервиши. Просвещенные правители новой Турции запретили всякую деятельность «астрологов, предсказателей и дервишей». В тэккэ на Пера ныне находится полицейский участок.

1909—1925 годы

ГЛАВА 10

НОВАЯ МОДЕЛЬ ВСЕЛЕННОЙ

Вопрос о форме Вселенной. — История вопроса. — Геометрическое и физическое пространство. — Сомнительность их отождествления. — Четвертая координата физического пространства. — Отношение физических наук к математике. — Старая и новая физика. — Основные принципы старой физики. — Пространство, взятое отдельно от времени. — Принцип единства законов. — Принцип Аристотеля. — Неопределенные величины старой физики. — Метод разделения, употребляемый вместо определения. — Органическая и неорганическая материя. — Элементы. — Молекулярное движение. — Броуновское движение. — Принцип сохранения материи. — Относительность движения. —Измерения величин. — Абсолютные единицы измерений. — Закон всемирного тяготения. — Действие на расстоянии. — Эфир. — Гипотезы о природе света. — Эксперимент Майкельсона — Морли. — Скорость света как ограничивающая скорость. — Преобразования Лоренца. — Квантовая теория. — Весомость света. — Математическая физика. — Теория Эйнштейна. — Сжатие движущихся тел. — Специальный и общий принципы относительности. — Четырехмерный континуум. — Геометрия, исправленная и дополненная согласно Эйнштейну. — Отношение теории относительности к опыту. — «Моллюск» Эйнштейна. — Конечное пространство. — Двухмерное сферическое пространство. — Эддингтон о пространстве. — Об исследовании структуры лучистой энергии. — Старая физика и новая физика. — Недостаточность четырех координат для построения модели Вселенной. — Отсутствие возможности математического подхода к этой проблеме. — Искусственность обозначения измерений степенями. — Необходимая ограниченность Вселенной по отношению к измерениям. — Трехмерность движения. — Время как спираль. — Три измерения времени. — Шестимерное пространство. — «Период шести измерений». —

Два пересекающихся треугольника, или шестиконечная звезда. — Тело времени. — «Историческое время» как четвертое измерение. — Пятое измерение. — «Ткань» и «основа». — Ограниченное число возможностей в каждом моменте. — Вечное Теперь. — Осуществление всех возможностей. — Прямые линии. — Ограниченность бесконечной Вселенной. — Нулевое измерение. — Линия невозможного. — Седьмое измерение. — Движение. — Четыре вида движения. — Разделение скоростей. — Восприятие третьего измерения животными. — Скорость как угол. — Предельная скорость. — Пространство. — Разнородность пространства. — Зависимость измерений от величины. — Разнообразие пространства. — Материальность и ее степени. — Мир внутри молекулы. — «Притяжение». — Масса. — Небесное пространство. — Следы движения. — Градации в структуре материи. — Невозможность описания материи как агрегата атомов или электронов. — Мир взаимосвязанных спиралей. — Принцип симметрии. — Бесконечность. — Бесконечность в математике и геометрии. — Несоизмеримость. — Разный смысл бесконечности в математике, геометрии и физике. — Функция и размеры. — Переход явлений пространства в явления времени. — Движение, переходящее в протяженность. — Нулевые и отрицательные величины. — Протяженность внутриатомных пространств. — Разложение луча света. — Световые кванты. — Электрон. — Теория колебаний и теория излучений. — Длительность существования малых единиц. — Длительность существования электронов.

I

При любой попытке изучения мира и природы человек неизбежно оказывается лицом к лицу с целым рядом вопросов, на которые он не в состоянии дать прямых ответов. Однако от того, признает или не признает он эти вопросы, как их формулирует, как к ним относится, зависит весь дальнейший процесс его мышления о мире, а значит, и о самом себе.

Вот важнейшие из этих вопросов: **Какую форму имеет мир? Что такое мир: хаос или система? Возник ли мир случайно или был создан согласно некоторому плану?**

И хотя это может на первый взгляд показаться странным, то или иное решение первого вопроса, т. е. вопроса о форме мира, фактически предрешает возможные ответы на другие вопросы — на второй и на третий.

Если вопросы о том, является ли мир хаосом или системой, возник он случайно или был создан согласно плану, разрешаются без предварительного определения формы мира и не вытекают из такого определения, то подобные решения неубедительны, требуют «веры» и не в состоянии удовлетворить человеческий ум. Только в том случае, когда ответы на эти вопросы вытекают из определения формы мира, они оказываются достаточно точными и определенными.

Не трудно доказать, что господствующая ныне общая философия жизни основана на таких решениях этих трех фундаментальных вопросов, которые могли бы считаться научными в XIX веке; а открытия XX и даже конца XIX столетия до сих пор не повлияли на обычную мысль или очень слабо на нее повлияли. Не трудно также доказать, что все дальнейшие вопросы о мире, формулировка и разработка которых составляет предмет научной философской и религиозной мысли, возникают из этих трех фундаментальных вопросов.

Но, несмотря на свою первостепенную важность, вопрос о форме мира сравнительно редко возникал самостоятельно; обычно его включали в другие проблемы — космологические, космогонические, астрономические, геометрические, физические и т. п. Средний человек был бы немало удивлен, если бы ему сказали, что мир может иметь какую-то форму. Для него **мир** формы не имеет.

Однако чтобы понять мир, необходимо иметь возможность построить некоторую модель Вселенной, хотя бы и несовершенную. Такую модель мира, такую модель Вселенной невозможно построить без определенной концепции формы Вселенной. Чтобы сделать модель дома, нужно знать форму дома; чтобы сделать модель яблока, нужно знать форму яблока. Поэтому, прежде чем переходить к принципам, на которых можно построить новую модель Вселенной, необходимо рассмотреть, хотя бы в виде краткого резюме, историю вопроса о форме Вселенной, нынешнее состояние этого вопроса в науке, а также «модели», которые были построены до самого последнего времени.

Древние и средневековые космогонические и космологические концепции экзотерических систем (которые одни только и известны науке) никогда не были ни особенно ясными, ни интересными. Сверх того, Вселенная, которую они изображали, была очень маленькой Вселенной, гораздо меньше нынешнего астрономического мира. Поэтому я не стану говорить о них.

Наше изучение разных взглядов на вопрос о форме мира начнется с того момента, когда астрономические и физико-механические системы отказались от идеи Земли как центра мира. Исследуемый период охватывает несколько веков. Но фактически мы займемся только последним столетием, в основном периодом с конца первой четверти XIX века.

К тому времени науки, исследующие мир природы, уже давно разделились: их взаимоотношения после разделения были такими же, как и сейчас, во всяком случае, какими они были до недавнего времени.

Физика изучала явления окружающей нас материи.

Астрономия — движение «небесных тел».

Химия пыталась проникнуть в тайны строения и состава материи.

Эти три физические науки основывали свои концепции формы мира исключительно на геометрии Евклида. Геометрическое пространство принималось за физическое пространство и между ними не делалось никаких различий; пространство рассматривалось отдельно от материи, подобно тому как ящик и его положение можно рассматривать независимо от его содержания.

Пространство понималось как «бесконечная сфера». Бесконечная сфера геометрически определялась только центром, т. е. любой точкой и исходящими из этой точки тремя радиусами, перпендикулярными друг к другу. И бесконечная сфера рассматривалась как совершенно аналогичная во всех отношениях и физических свойствах конечной, ограниченной сфере.

Вопрос о несоответствии между геометрическим, евклидовым трехмерным пространством, бесконечным или конечным, с одной стороны, и физическим пространством, с другой, возникал очень редко и не препятствовал развитию физики в тех направлениях, какие были для нее возможны.

Только в конце XVIII и в начале XIX века идея их возможного несоответствия, сомнение в правильности отождествления физического пространства с геометрическим сделались настоятельными; тем более нельзя было обойти их молчанием в конце XIX века.

Эти сомнения возникли, во-первых, благодаря попыткам пересмотреть геометрические основы, т. е. или **доказать** аксиомы Евклида, или установить их несостоятельность; во-вторых, благодаря самому развитию физики, точнее, механики, той части физики, которая занята движением; ибо ее развитие привело к убеждению, что физическое пространство невозможно расположить в геометрическом пространстве, что физическое пространство постоянно выходит за пределы геометрического. Геометрическое пространство удавалось принимать за физическое, только закрывая глаза на то, что геометрическое пространство неподвижно, что оно не содержит **времени**, необходимого для движения, что расчет любой фигуры, являющейся результатом движения, например, такой, как винт, уже требует четырех координат.

Впоследствии изучение световых явлений, электричества, магнетизма, а также исследование строения атома настоятельно потребовали расширения концепции пространства.

Результат даже чисто геометрических умозрений относительно истинности или неистинности аксиом Евклида был двояким, с одной стороны, возникло убеждение, что геометрия — это чисто теоретическая наука, которая имеет дело исключительно с аксиомами и является полностью завершенной; что к ней нельзя ничего прибавить и ничего в ней изменить; что геометрия — такая наука, которую нельзя приложить ко всем встречающимся фактам и которая оказывается верной только при определенных условиях, зато в пределах этих условий надежна и незаменима. С другой стороны, возникло разочарование в геометрии Евклида, вследствие чего появилось желание перестроить ее на новой основе, создать новую модель, расширить геометрию и превратить ее в физическую науку, которую можно было бы приложить ко всем встречающимся фактам без необходимости располагать эти факты в искусственном порядке. Первый взгляд на геометрию Евклида был правильным, второй — ошибочным; но можно сказать, что в науке восторжествовала именно вторая точка зрения, и это в значительной мере замедлило ее развитие. Но к этому пункту я еще вернусь.

Идеи Канта о категориях пространства и времени как категориях восприятия и мышления никогда не входили в научное, т. е. физическое, мышление, несмотря на позднейшие попытки ввести их в физику. Научная физическая мысль развивалась независимо от философии и психологии; эта мысль всегда считала, что пространство и время обладают объективным существованием вне нас, в силу чего предполагалось возможным выразить их взаимоотношения математически.

Однако развитие механики и других физических дисциплин привело к необходимости признать четвертую координату пространства в дополнение к трем фундаментальным координатам: длине, ширине и высоте. Идея четвертой координаты, или четвертого измерения пространства, постепенно становилась все более неизбежной, хотя долгое время она оставалась своеобразным табу.

Материал для создания новых гипотез о пространстве скрывался в работах математиков — Гаусса, Лобачевского,

Заккери, Бойяи и особенно Римана, который уже в пятидесятых годах прошлого века рассматривал вопрос о возможности совершенно нового понимания пространства. Никаких попыток психологического исследования проблемы пространства и времени сделано не было. Идея четвертого измерения долгое время оставалась как бы под сукном. Специалисты рассматривали ее как чисто математическую проблему, а неспециалисты — как проблему мистическую и оккультную.

Но если мы сделаем краткий обзор развития научной мысли с момента появления этой идеи в начале XIX века до сегодняшнего дня, это поможет нам понять то направление, в котором способна развиваться данная концепция; в то же время мы увидим, что она говорит нам (или может сказать) о фундаментальной проблеме формы мира.

Первый и важнейший вопрос, который здесь возникает, — это вопрос об отношении физической науки к математике. С общепринятой точки зрения считается признанным, что математика изучает количественные взаимоотношения в том же самом мире вещей и явлений, который изучают физические науки. Отсюда вытекают еще два положения: первое — что каждое математическое выражение должно иметь физический эквивалент, хотя в данный момент он, возможно, еще не открыт; и второе — что любое физическое явление можно выразить математически.

На самом же деле ни одно из этих положений не имеет ни малейшего основания; принятие их в качестве аксиом задерживает прогресс науки и мышления как раз по тем линиям, где такой прогресс более всего необходим. Но об этом мы поговорим позднее.

В следующем ниже обзоре физических наук мы остановимся только на физике. А в физике особое внимание нам необходимо обратить на механику: приблизительно с середины XVIII века механика занимала в физике господствующее положение, в силу чего до недавнего времени считалось возможным и даже вероятным найти способ объяснения всех физических явлений как явлений механических, т. е. явлений движения. Некоторые ученые пошли в этом направлении еще дальше: не довольствуясь допущением о возможности объяснить физические явления как явления движения, они уверяли, что такое объяснение уже найдено и что оно объясняет не только физические явления, но также биологические и мыслительные процессы.

В настоящее время нередко делят физику на **старую и новую**; это деление, в общем, можно принять, однако не следует понимать его слишком буквально.

Теперь я попробую сделать краткий обзор фундаментальных идей старой физики, которые привели к необходимости построения «новой физики», неожиданно разрушившей старую; а затем перейду к идеям новой физики, которые приводят к возможности построения «новой модели Вселенной», разрушающей новую физику точно так же, как новая физика разрушила старую.

Старая физика просуществовала до открытия электрона. Но даже электрон понимался ею как существующий в том же искусственном мире, управляемом аристотелевскими и ньютоновскими законами, в котором она изучала видимые явления; иначе говоря, электрон был воспринят как нечто, существующее в том же мире, где существуют наши тела и другие соизмеримые с ними объекты. Физики не поняли, что электрон принадлежит **другому** миру.

Старая физика базировалась на некоторых незыблемых основаниях. Время и пространство старой физики обладали вполне определенными свойствами. Прежде всего, их можно было рассматривать и вычислять **отдельно**, т. е. как если бы положение какой-либо вещи в пространстве никоим образом не влияло на ее положение во времени и не касалось его. Далее, для всего существующего имелось одно пространство, в котором и происходили все явления. Время также было одним и тем же для всего существующего в мире; оно всегда и для всего измерялось по одной шкале. Иными словами, считалось допустимым, чтобы все движения, возможные во вселенной, измерялись одной мерой.

Краеугольным камнем понимания законов вселенной в целом был принцип Аристотеля, утверждавший единство законов во вселенной.

Этот принцип в его современном понимании можно сформулировать следующим образом: во всей вселенной и при всех возможных условиях законы природы обязаны быть одинаковыми; иначе говоря, закон, установленный в одном месте вселенной, должен иметь силу и в любом другом ее месте. На этом основании наука при исследовании явлений на Земле и в Солнечной системе предполагает существование одинаковых явлений на других планетах и в других звездных системах.

Данный принцип, приписываемый Аристотелю, на самом деле никогда не понимался им самим в том смысле, какой он приобрел в наше время. Вселенная Аристотеля сильно отличалась от того, как мы представляем ее сейчас. Человеческое мышление во времена Аристотеля не было похоже на человеческое мышление нашего времени. Многие фундаментальные принципы и отправные точки мышления, которые мы считаем твердо установленными, Аристотелю еще приходилось доказывать и устанавливать.

Аристотель стремился установить принцип единства законов, выступая против суеверий, наивной магии, веры в чудеса и т. п. Чтобы понять «принцип Аристотеля», необходимо уяснить себе, что ему еще приходилось доказывать, что если все собаки вообще не способны говорить на человеческом языке, то и одна отдельная собака, скажем, где-то на острове Крите, **также** не может говорить; или если деревья вообще не способны самостоятельно передвигаться, то и одно отдельное дерево **также** не может передвигаться — и т. д.

Все это, разумеется, давно забыто; теперь к принципу Аристотеля сводят идею о постоянстве всех физических понятий, таких, как движение, скорость, сила, энергия и т. п. Это значит: то, что когда-то считалось движением, всегда остается движением; то, что когда-то считалось скоростью, всегда остается скоростью — и может стать «бесконечной скоростью».

Разумный и необходимый в своем первоначальном смысле, принцип Аристотеля представляет собой не что иное, как закон общей согласованности явлений, относящийся к логике. Но в его современном понимании принцип Аристотеля целиком ошибочен.

Даже для новой физики понятие бесконечной скорости, которое проистекает исключительно из принципа Аристотеля, стало невозможным; необходимо отбросить этот принцип, прежде чем заниматься построением новой модели вселенной. Позже я вернусь к этому вопросу.

Если говорить о физике, то придется прежде всего подвергнуть анализу само определение этого предмета. Согласно школьным определениям, физика изучает «материю в пространстве и явления, происходящие в этой материи». Здесь мы сразу же сталкиваемся с тем, что физика оперирует неопределенными и неизвестными величинами, которые для удобства (или из-за трудности определения) принимает за известные, даже за понятия, не требующие определения.

В физике формально различаются: во-первых, величины, требующие определения; во-вторых, «первичные» величины, идея которых считается присущей всем людям. Вот как перечисляет эти «первичные» величины в своем «Курсе физики» Хвольсон:

«Протяженность — линейная, пространственная и объемная, т. е. длина отрезка, площадь какой-то части поверхности и объем какой-то части пространства, ограниченной поверхностями; протяженность, таким образом, является мерой величины и расстояния.

Время.

Скорость равномерного прямолинейного движения».

Естественно, это лишь примеры, и Хвольсон не настаивает на полноте перечня. На самом деле, такой перечень очень длинен: он включает понятия пространства, бесконечности, материи, движения, массы и т. д. Одним словом, почти все понятия, которыми оперирует физика, относятся к неопределенным и не подлежащим определению. Конечно, довольно часто не удается избежать оперирования неизвестными величинами. Но традиционный «научный» метод состоит в том, чтобы не признавать ничего неизвестного, а также считать «величины», не поддающиеся определению, «первичными», идея которых присуща каждому человеку. Естественным результатом такого подхода оказывается то, что все огромное здание науки, возведенное с колоссальными трудностями, стало искусственным и нереальным.

В определении физики, приведенном выше, мы встречаемся с двумя неопределенными понятиями: **пространство** и **материя**.

Я уже упоминал о пространстве на предыдущих страницах. Что же касается материи, то Хвольсон пишет:

«Объективизируя причину ощущения, т. е. перенося эту причину в определенное место в пространстве, мы считаем, что это пространство содержит нечто, называемое нами **материей**, или же субстанцией».

Хвольсон продолжает:

«Употребление термина «материя» было ограничено исключительно материей, которая способна более или менее непосредственно воздействовать на наши органы осязания».

Далее материя подразделяется на органическую (из которой состоят живые организмы — животные и растения) и неорганическую.

Такой метод разделения вместо определения применяется в физике всюду, где определение оказывается невозможным или трудным, т. е. по отношению ко всем фундаментальным понятиям. Позднее мы часто с этим встретимся.

Различие между органической и неорганической материей обусловлено только внешними признаками. Происхождение органической материи считается неизвестным. Переход от неорганической материи к органической можно наблюдать в процессах питания и роста; полагают, что такой переход имеет место только в присутствии уже существующей органической материи и совершается благодаря ее воздействию. Тайна же первого перехода остается сокрытой (Хвольсон).

С другой стороны, мы видим, что органическая материя легко переходит в неорганическую, теряя те неопределенные свойства, которые мы называем **жизнью**.

Было сделано немало попыток рассмотреть органическую материю как частный случай неорганической и объяснить все явления, происходящие в органической материи (т. е. явления жизни) как комбинацию физических явлений. Но все эти попытки, как и попытки искусственного создания органической материи из материи неорганической, ни к чему не привели. Тем не менее они наложили заметный отпечаток на общефилософское «научное» понимание жизни, с точки зрения которого «искусственное создание жизни» признается не только возможным, но и уже частично достигнутым. Последователи этой философии считают, что название **«органическая химия»**, т. е. химия, изучающая органическую материю, имеет лишь историческое значение; они определяют ее как «химию углеродистых соединений», хотя и не могут не признать особого положения химии углеродистых соединений и ее отличия от неорганической химии.

Неорганическая материя, в свою очередь, делится на простую и сложную (и принадлежит к области химии). Сложная материя состоит из так называемых химических соединений нескольких простых видов материи. Материю каждого вида можно разделить на очень малые части, называемые «частицами». **Частица** — это мельчайшее количество данного вида материи, которое способно проявлять, по крайней мере, главные свойства этого вида. Дальнейшие подразделения материи — молекула, атом, электрон — настолько малы, что, взятые в отдельности, не обладают уже никакими материальными свойствами, хотя на последний факт никогда не обращали достаточного внимания.

Согласно современным научным идеям, неорганическая материя состоит из 92 элементов, или единиц простой материи, хотя не все они еще открыты. Существует гипотеза, что атомы разных элементов суть не что иное, как сочетания определенного количества атомов водорода, который в данном случае считается фундаментальной, первичной материей. Есть несколько теорий о возможности или невозможности перехода одного элемента в другой; в некоторых случаях такой переход был установлен — что опять-таки противоречит «принципу Аристотеля».

Органическая материя, или «углеродистые соединения», в действительности состоит из четырех элементов: водорода, кислорода, углерода и азота, а также из незначительных примесей других элементов.

Материя обладает многими свойствами, такими, как масса, объем, плотность и т. п., которые в большинстве случаев поддаются определению лишь в их взаимосвязи.

Температура тела признается зависящей от движения молекул. Считается, что молекулы находятся в постоянном движении; как это определяется в физике, они непрерывно сталкиваются друг с другом и разлетаются во всех направлениях, а затем возвращаются обратно. Чем интенсивнее их движение, тем сильнее толчки при столкновениях и тем выше температура тела; такое движение называется броуновским.

Если бы подобное явление действительно имело место, это означало бы примерно следующее: несколько сотен автомобилей, движущихся в разных направлениях по большой городской площади, ежеминутно сталкиваются друг с другом и разлетаются в разные стороны, оставаясь неповрежденными.

Любопытно, что **быстро движущаяся** кинолента вызывает аналогичную иллюзию. Движущиеся объекты утрачивают свою индивидуальность; кажется, что они сталкиваются друг с другом и разлетаются в разных направлениях или проходят сквозь друг друга. Автор видел однажды кинофильм, на котором была снята площадь Согласия в Париже с автомобилями, летящими отовсюду и во всевозможных направлениях. Впечатление такое, будто автомобили каждое мгновение с силой сталкиваются друг с другом и разлетаются в стороны, все время оставаясь в пределах площади и не покидая ее.

Как может быть, чтобы материальные тела, обладающие массой, весом и очень сложной структурой, сталкивались с огромной скоростью и разлетались в стороны, не разбиваясь и не разрушаясь, — физика не объясняет.

Одним из важнейших завоеваний физики было установление принципа сохранения материи. Этот принцип состоит в признании того, что материя никогда, ни при каких физических или химических условиях не создается заново и не исчезает: общее ее количество остается неизменным. С принципом сохранения материи связаны установленные впоследствии принципы сохранения энергии и сохранения массы.

Механика — это наука о движении физических тел и о причинах, от которых может зависеть характер этого движения в отдельных частных случаях (Хвольсон).

Однако так же, как и в случае иных физических понятий, само **движение** не имеет в физике определения. Физика только устанавливает свойства движения: длительность, скорость, направление, без которых какое-либо явление нельзя назвать движущимся.

Разделение (и порой определение) вышеназванных свойств подменяет собой определение движения, причем установленные признаки относят к самому движению. Так, движение разделяется на прямолинейное и криволинейное, непрерывное и прерывистое, ускоренное и замедленное, равномерное и неравномерное.

Установление принципа относительности движения привело к целой серии выводов; возник вопрос: если движение материальной точки можно определить только ее положением относительно других тел и точек, как определить это движение в том случае, когда другие тела и точки тоже движутся? Этот вопрос стал особенно сложным, когда было установлено (не просто философски, в смысле гераклитовского *πάντα ρέτ*, но вполне научно, с вычислениями и диаграммами), что во вселенной нет ничего неподвижного, что все без исключения так или иначе движется, что одно движение можно установить лишь относительно другого. Вместе с тем, были установлены и случаи кажущейся неподвижности. Так, выяснилось, что отдельные составные части равномерно движущейся системы тел сохраняют одинаковое положение по отношению друг к другу, как если бы вся система была неподвижной. Таким образом, предметы внутри быстро движущегося вагона ведут себя совершенно так же, как если бы этот вагон стоял неподвижно. В случае двух или более движущихся систем, например, в случае двух поездов, которые идут по разным путям в одинаковом или в противоположном направлении, оказывается, что их относительная скорость равна разности между скоростями или их сумме в зависимости от направления движения. Так, два поезда, движущиеся навстречу друг другу, будут сближаться со скоростью, равной сумме их скоростей. Для одного поезда, который обгоняет другой, второй поезд будет двигаться в направлении, противоположном его собственному, со скоростью, равной разности между скоростями поездов. То, что обычно называют скоростью поезда, есть скорость, приписываемая поезду, наблюдаемому во время его передвижения между двумя объектами, которые для него являются неподвижными, например, между двумя станциями, и т. п.

Изучение движения вообще и колебательного и волнового движения в частности оказало на развитие физики огромное влияние. В волновом движении увидели универсальный принцип; были предприняты попытки свести все физические явления к колебательному движению.

Одним из фундаментальных методов физики является метод измерения величин. Измерение величин базируется на определенных принципах; важнейший из них — принцип однородности, а именно: величины, принадлежащие к одному и тому же порядку и отличающиеся друг от друга лишь в количественном отношении, называются однородными величинами; считается доступным сравнивать их и измерять одну по отношению к другой. Что же касается различных по порядку величин, то измерять одну из них по отношению к другой признано невозможным.

К несчастью, как уже было сказано выше, в физике лишь немногие величины **определяются**; обычно же определения заменяются наименованием.

Но поскольку всегда могут возникнуть ошибки в наименованиях и качественно различные величины получают одинаковые наименования, и наоборот, качественно идентичные величины будут названы по-разному, физические величины оказываются ненадежными. Это тем более так, что здесь чувствуется влияние принципа Аристотеля, т. е. величина, однажды признанная в качестве величины определенного порядка, всегда оставалась величиной этого порядка. Разные формы энергии перетекали одна в другую, материя переходила из одного состояния в другое; но пространство (или часть пространства) всегда оставалось пространством, время — временем, движение всегда оставалось движением, скорость — скоростью и т. п.

На этом основании было решено считать **несоизмеримыми** такие величины, которые являются качественно разнородными. Величины, отличающиеся только количественно, считаются **соизмеримыми**.

Продолжая рассматривать измерение величин, необходимо указать, что единицы измерения, которыми пользуются в физике, довольно случайны и не связаны с измеряемыми величинами. Единицы измерения обладают только одним общим свойством — все они **откуда-то** заимствованы. Ни разу еще самое характерное свойство данной величины не принималось за его меру.

Искусственность мер в физике, конечно, ни для кого не секрет, и с пониманием этой искусственности связаны, например, попытки установить единицей длины **часть меридиана**. Естественно, эти попытки ничего не меняют; брать ли в качестве единицы измерения какую-то часть человеческого тела, «фут», или часть меридиана, «метр», обе они одинаково случайны. Но в действительности вещи содержат в себе свои собственные меры; и найти их — значит понять мир. Физика лишь смутно об этом догадывается, но до сих пор к таким мерам даже не приблизилась.

В 1900 году проф. Планк создал систему «абсолютных единиц», в основу которой положены «универсальные константы», а именно: первая — скорость света в вакууме; вторая — гравитационная постоянная; третья — постоянная величина, которая играет важную роль в термодинамике (энергия, деленная на температуру); четвертая — постоянная величина, называемая «действием» (энергия, умноженная на время), которая представляет собой наименьшее возможное количество работы, ее «атом».

Пользуясь этими величинами, Планк получил систему единиц, которую считает абсолютной и совершенно независимой от произвольных решений человека; он принимает свою систему за **натуральную**. Планк утверждает, что эти величины сохранят свое естественное значение до тех пор, пока останутся неизменными закон всемирного тяготения, скорость распространения света в вакууме и два основных принципа термодинамики; они будут одними и теми же для любых разумных существ при любых методах определения.

Однако закон всемирного тяготения и закон распространения света в вакууме — два самых слабых пункта в физике, поскольку на самом деле они являются вовсе не тем, за что их принимают. Поэтому вся система мер, предложенная Планком, весьма ненадежна. Интересен здесь не столько результат, сколько сам принцип, т. е. признание необходимости отыскать естественные меры вещей.

Закон всемирного тяготения был сформулирован Ньютоном в его книге «Математические принципы натуральной философии», которая вышла в Лондоне в 1687 году. Этот закон с самого начала известен в двух формулировках: научной и популярной.

Научная формулировка такова:

«Между двумя телами в пространстве наблюдаются явления, **которые можно описать**, предполагая, что два тела притягивают друг друга с силой, прямо пропорциональной произведению их масс и обратно пропорциональной квадрату расстояния между ними».

А вот популярная формулировка:

«Два тела **притягивают** друг друга с силой, прямо пропорциональной произведению их масс и обратно пропорциональной квадрату расстояния между ними».

Во второй формулировке совершенно забыто то, что сила притяжения представляет собой фиктивную величину, принятую лишь для удобства описания явлений. И **сила притяжения** считается реально существующей как между Солнцем и Землей, так и между Землей и брошенным камнем.

(Последняя электромагнитная теория гравитационных полей догматизирует **вторую** точку зрения.)

Проф. Хвольсон пишет в своем «Курсе физики»: «Колоссальное развитие небесной механики, полностью основанной на законе всемирного тяготения, признанного как факт, заставило ученых забыть чисто описательный характер этого закона и увидеть в нем окончательную формулировку действительно существующего физического явления».

В законе Ньютона особенно важно то, что он дает очень простую математическую формулу, которую можно применять во всей вселенной и на основании которой с поразительной точностью вычислять любые движения, в том числе движения планет и небесных тел. Конечно, Ньютон никогда не утверждал, что он выражает факт действительного притяжения тел друг к другу; не определил он и того, **почему** они притягивают друг друга и **посредством чего**.

Каким образом Солнце может влиять на движение Земли через пустое пространство? Как вообще понимать возможность действия через пустое пространство? Закон тяготения не дает ответа на этот вопрос, и сам Ньютон вполне это понимал. И он сам, и его современники Гюйгенс и Лейбниц предостерегали против попыток видеть в законе Ньютона решение проблемы действия через пустое пространство; для них этот закон был просто **формулой для вычислений**. Тем не менее огромные достижения физики и астрономии, возможные благодаря использованию закона Ньютона, стали причиной того, что ученые забыли эти предостережения; и постепенно укрепилось мнение, что Ньютон открыл силу притяжения.

Хвольсон пишет в своем «Курсе физики»:

«Термин «действие на расстоянии» обозначает одну из самых вредных доктрин, когда-либо возникавших в физике и тормозивших ее прогресс; эта доктрина допускает возможность мгновенного воздействия одного предмета на другой, находящийся на таком расстоянии от него, что непосредственный их контакт оказывается невозможным.

В первой половине XIX века идея действия на расстоянии господствовала в науке безраздельно. Фарадей был первым, кто указал на недопустимость воздействия какого-то тела на некоторую точку, в которой это тело не расположено, без

промежуточной среды. Оставив в стороне вопрос о всемирном тяготении, он обратил особое внимание на явления электричества и магнетизма и указал на чрезвычайно важную роль в этих явлениях «промежуточной среды», которая заполняет пространство между телами, как будто бы действующими друг на друга непосредственно.

В настоящее время убеждение о недопустимости действия на расстоянии в любой сфере физических явлений получило всеобщее признание».

Однако старая физика смогла отбросить действие на расстоянии лишь после того, как приняла гипотезу **универсальной среды**, или эфира. Эта гипотеза оказалась необходимой и для теорий световых и электрических явлений, как они понимались старой физикой.

В XVIII веке световые явления объяснялись гипотезой излучения, выдвинутой в 1704 году Ньютоном. Эта гипотеза предполагала, что светящиеся тела излучают во всех направлениях мельчайшие частицы особой световой субстанции, которые распространяются в пространстве с огромной скоростью и, попадая в глаз, вызывают в нем ощущение света. В этой гипотезе Ньютон развивал идеи древних; у Платона, например, часто встречается выражение: «свет наполнил мои глаза».

Позднее, главным образом в XIX веке, когда внимание исследователей обратилось на те последствия световых явлений, которые невозможно объяснить гипотезой излучения, широкое распространение получила другая гипотеза, а именно, гипотеза волновых колебаний эфира. Впервые она была выдвинута голландским физиком Гюйгенсом в 1690 году, однако в течение долгого времени не принималась наукой. Впоследствии исследование дифракции все-таки качнуло чашу весов в пользу гипотезы световых волн и против гипотезы излучения; а последующие труды физиков в области поляризации света завоевали этой гипотезе всеобщее признание.

В волновой гипотезе световые явления объясняются по аналогии со звуковыми. Подобно тому как звук есть результат колебаний частиц звучащего тела и распространяется благодаря колебаниям частиц воздуха или иной упругой среды, так, согласно этой гипотезе, и свет есть результат колебаний молекул светящегося тела, а его распространение происходит благодаря колебаниям чрезвычайно упругого эфира, заполняющего как межзвездные, так и межмолекулярные пространства.

В XIX веке теория колебаний постепенно стала основанием всей физики. Электричество, магнетизм, тепло, свет, даже **мышление** и **жизнь** (правда, чисто диалектически) объяснялись с точки зрения теории колебаний. Нельзя отрицать, что для явлений света и электромагнетизма теория колебаний давала очень удобные и простые формулы для вычислений. На основе теории колебаний был сделан целый ряд блестящих открытий и изобретений.

Но для теории колебаний требовался эфир. Гипотеза об эфире возникла для объяснения самых разнородных явлений, и потому эфир приобрел довольно странные и противоречивые свойства. Он вездесущ; он заполняет всю вселенную, пронизывает все ее точки, все атомы и межатомные пространства. Он непрерывен и обладает абсолютной упругостью; однако он настолько разрежен, тонок и проницаем, что все земные и небесные тела проходят сквозь него, не испытывая заметного противодействия своему движению. Его разреженность настолько велика, что если бы эфир сгустился в жидкость, вся его масса в пределах Млечного Пути поместилась бы в одном кубическом сантиметре.

Вместе с тем, сэр Оливер Лодж считает, что плотность эфира в **миллиард** раз выше плотности воды. С этой точки зрения, мир оказывается состоящим из твердой субстанции — «эфира», — которая в миллионы раз плотнее алмаза; а известная нам материя, даже самая плотная, всего лишь **пустое пространство**, пузырьки в массе эфира.

Было предпринято немало попыток доказать существование эфира или обнаружить факты, подтверждающие его существование.

Так, допускалось, что существование эфира можно было бы установить, если бы удалось доказать, что какой-то луч света, движущийся быстрее, чем другой луч света, определенным образом меняет свои характеристики.

Известен следующий факт: высота звука возрастает или понижается в зависимости от того, приближается слушатель к его источнику или удаляется от него. Это так называемый принцип Доплера; теоретически его считали применимым и к свету. Он означает, что быстро приближающийся или удаляющийся предмет должен менять свой цвет – подобно тому, как гудок приближающегося или удаляющегося паровоза меняет свою высоту. Но из-за особого устройства глаза и скорости его восприятия невозможно ожидать, что глаз заметит перемену цвета, даже если она действительно имеет место.

Для установления факта изменения цвета необходимо было использовать спектроскоп, т. е. разложить луч света и наблюдать каждый цвет в отдельности. Но эти эксперименты не дали положительных результатов, так что доказать с их помощью существование эфира не удалось.

И вот, чтобы раз и навсегда решить вопрос о том, существует эфир или нет, американские ученые Майкельсон и Морли в середине 80-х годов прошлого столетия предприняли серию экспериментов с прибором собственного изобретения.

Прибор помещался на каменной плитке, укрепленной на деревянном поплавке, который вращался в сосуде со ртутью и совершал один оборот за шесть минут. Луч света из особой лампы падал на зеркала, прикрепленные к вращающемуся поплавку; этот свет частью проходил сквозь них, а частью ими отражался, причем одна половина лучей шла по направлению движения Земли, а другая — под прямым углом к нему. Это значит, что в соответствии с планом эксперимента половина луча двигалась с нормальной скоростью света, а другая половина — со скоростью света **плюс** скорость вращения Земли. Опять-таки согласно плану эксперимента, при соединении расщепленного луча должны были обнаружиться определенные световые феномены, возникающие вследствие различия скоростей и показывающие относительное движение между Землей и эфиром. Таким образом, косвенно удалось бы доказать существование эфира.

Наблюдения проводились в течение длительного времени, как днем, так и ночью; но обнаружить какие-либо явления, подтверждающие существование эфира, так и не удалось.

С точки зрения первоначальной задачи пришлось признать, что эксперимент окончился неудачей. Однако он раскрыл другое явление (гораздо более важное, чем то, которое пытался установить), а именно: скорость света увеличить невозможно. Луч света, двигавшийся вместе с Землей, ничем не отличался от луча света, двигавшегося под прямым углом к движению Земли по орбите.

Пришлось признать **как закон**, что скорость света представляет собой постоянную и максимальную величину, увеличить которую невозможно. Это, в свою очередь, объясняло, почему к явлениям света не применим принцип Доплера. Кроме того, было установлено, что общий закон сложения скоростей, который является основой механики, к скорости света не применим.

В своей книге об относительности проф. Эйнштейн объясняет, что если мы представим себе поезд, несущийся со скоростью 30 км в секунду, т. е. со скоростью движения Земли, и луч света будет догонять или встречать его, то сложения скоростей в этом случае не произойдет. Скорость света не возрастет за счет прибавления к ней скорости поезда и не уменьшится за счет вычитания из нее скорости поезда.

В то же время было установлено, что никакие существующие инструменты или средства наблюдения не могут **перехватить движущийся луч**. Иными словами, нельзя уловить конец луча, который еще не достиг своего назначения. Теоретически мы можем говорить о лучах, которые еще не достигли некоторого пункта, но на практике мы не способны их наблюдать. Следовательно, для нас с нашими средствами наблюдения распространение света оказывается мгновенным.

Одновременно физики, которые анализировали результаты эксперимента Майкельсона — Морли, объясняли его неудачу присутствием новых и неизвестных явлений, порожденных высокими скоростями.

Первые попытки разрешить этот вопрос были сделаны Лоренцом и Фицджералдом. **Опыт не мог удаться**, — так сформулировал свои положения Лоренц, — ибо каждое тело, движущееся в эфире, **само** подвергается деформации, а именно: оно сокращается в направлении движения (для наблюдателя, пребывающего в покое). Основывая свои рассуждения на фундаментальных законах механики и физики, Лоренц с помощью ряда математических построений показал, что установка Майкельсона и Морли подвергалась сокращению и размеры этого сокращения как раз таковы, чтобы уравновесить смещение световых волн, которое соответствовало их направлению в пространстве, и что это аннулировало различия в скорости двух лучей.

Выводы Лоренца о предполагаемом смещении и сокращении движущегося тела, в свою очередь, дали толчок многим объяснениям; одно из них было выдвинуто с точки зрения специального принципа относительности Эйнштейна. Но это уже область новой физики.

Старая физика была неразрывно связана с теорией колебаний.

Новой теорией, которая появилась, чтобы заменить старую теорию колебаний, стала теория корпускульного строения света и электричества, рассматриваемых как независимо существующая материя, состоящая из **квантов**.

Это новое учение, говорит Хвольсон, означает возвращение к теории излучений Ньютона, хотя и в значительно измененном варианте. Оно далеко еще от завершения, и важнейшая его часть, понятие **кванта**, до сих пор остается не определенным. Что такое квант — этого новая физика определить не может.

Теория корпускульного строения света и электричества совершенно переменила воззрения на электричество и световые явления. Наука перестала видеть главную причину электрических явлений в особых состояниях эфира и вернулась к старой теории, согласно которой электричество — это особая субстанция, обладающая реальным существованием.

То же самое произошло и со светом. Согласно современным теориям, свет — это поток мельчайших частиц, несущихся в пространстве со скоростью 300 000 км в секунду. Это не корпускулы Ньютона, а особого рода **материя-энергия**, создаваемая электромагнитными вихрями.

Материальность светового потока была установлена в опытах московского профессора Лебедева. Лебедев доказал, что свет имеет вес, т. е., падая на тела, он оказывает на них механическое давление. Характерно, что, начиная свои эксперименты по определению светового давления, Лебедев исходил из теории колебаний эфира. Этот случай показывает, как старая физика сама себя опровергла.

Открытие Лебедева оказалось очень важным для астрономии; оно объяснило, например, некоторые явления, наблюдавшиеся при прохождении хвоста кометы около Солнца. Но особую важность оно приобрело для физики, поскольку предоставило новые доводы в пользу единства строения лучистой энергии.

Невозможность доказать существование эфира, установление абсолютной и постоянной скоростей света, новые теории света и электричества и, прежде всего, исследование строения атома — все это указывало на самые интересные линии развития новой физики.

Из этого направления физики развилась еще одна дисциплина новой физики, получившая название математической физики. Согласно данному ей определению, математическая физика начинается с какого-то факта, подтвержденного опытом и выражающего некоторую упорядоченную связь между явлениями. Она облекает эту связь в математическую форму, после чего как бы переходит в чистую математику и начинает исследовать при помощи математического анализа те следствия, которые вытекают из основных положений (Хвольсон).

Таким образом, представляется, что успех или неуспех выводов математической физики зависит от трех факторов: во-первых, от правильности или неправильности определения исходного факта; во-вторых, от правильности его математического выражения; и в-третьих, от точности последующего математического анализа.

«Было время, когда значение математической физики сильно преувеличивали, — пишет Хвольсон. — Ожидалось, что именно математическая физика определит принципиальный курс в развитии физики, но этого не случилось. В выводах математической физики налицо множество существенных ошибок. Во-первых, они совпадают с результатами прямого наблюдения обычно только в первом, грубом приближении. Причина этого та, что предпосылки математической физики можно считать достаточно точными лишь в самых узких пределах; кроме того, эти предпосылки не принимают во внимание целый ряд сопутствующих обстоятельств, влиянием которых вне этих узких предпосылок нельзя пренебрегать. Поэтому выводы математической физики относятся только к идеальным случаям, которые невозможно осуществить на практике и которые зачастую очень далеки от действительности».

И далее:

«К этому необходимо добавить, что методы математической физики позволяют решать специальные проблемы лишь в самых простых случаях. Но практическая физика не в состоянии ограничиваться такими случаями; ей то и дело приходится сталкиваться с проблемами, которые математическая физика разрешить не может. Более того, результаты выводов математической физики бывают настолько сложными, что практическое их применение оказывается невозможным».

В дополнение к сказанному нужно упомянуть еще одну характерную особенность математической физики: как правило, ее выводы можно сформулировать только математически; они теряют всякий смысл, всякое значение, если попытаться истолковать их на языке фактов.

Новая физика, развившаяся из математической физики, обладает многими ее чертами. Так, теория относительности Эйнштейна является новой главой новой физики, возникшей из физики математической, но неверно отождествлять теорию относительности с новой физикой, как это делают некоторые последователи Эйнштейна. Новая физика может существовать и без теории относительности. Но с точки зрения новой модели вселенной теория относительности представляет для нас большой интерес, потому что она, помимо прочего, имеет дело с фундаментальным вопросом о форме мира.

Существует огромная литература, посвященная изложению, объяснению, популяризации, критике и разработке принципов Эйнштейна; но по причине тесной связи между теорией относительности и математической физикой выводы из этой теории трудно сформулировать логически. Необходимо принять во внимание и то, что ни самому Эйнштейну, ни кому-либо из его многочисленных последователей и толкователей не удалось объяснить смысл и сущность его теории ясным и понятным образом.

Одна из главных причин этого указана Бертраном Расселом в его популярной книжке «Азбука относительности». Он пишет, что название «теория относительности» вводит читателей в заблуждение, что Эйнштейну приписывают тенденцию доказать, что **«все относительно»**, тогда как на самом деле он стремится открыть и установить **то, что не является относительным**. Было бы еще правильнее сказать, что Эйнштейн старается установить взаимоотношения между относительным и тем, что не является относительным.

Далее Хвольсон пишет в своем «Курсе физики»:

«Главное место в теории относительности Эйнштейна занимает совершенно новая и на первый взгляд непонятная концепция времени. Чтобы привыкнуть к ней, необходимы определенные усилия и продолжительная работа над собой. Но бесконечно труднее принять многочисленные следствия, вытекающие из принципа относительности и оказывающие влияние на все без исключения области физики. Многие из этих следствий явно противоречат тому, что принято (хотя и не всегда справедливо) называть «здравым смыслом». Некоторые такие следствия можно назвать парадоксами нового учения».

Идеи Эйнштейна о времени можно сформулировать следующим образом:

Каждая из двух систем, движущихся относительно друг друга, имеет свое собственное время, воспринимаемое и измеряемое наблюдателем, движущимся вместе с одной из систем.

Понятия одновременности в общем смысле не существует. Два события, которые происходят в разных системах, могут казаться одновременными наблюдателю в каком-то одном пункте, а для наблюдателя в другом пункте они могут происходить в разное время. Возможно, для первого наблюдателя одно и то же явление произойдет раньше, а для второго — позже (Хвольсон).

Далее, Хвольсон выделяет следующие из идей Эйнштейна:

Эфира не существует.

Понятие пространства, взятое в отдельности, лишено смысла. Только сосуществование пространства и времени реально.

Энергия обладает инертной массой. Энергия аналогична материи; имеет место преобразование того, что мы называем массой осязаемой материи, в массу энергии, и наоборот.

Необходимо отличать геометрическую форму тела от его кинетической формы.

Последнее положение указывает на определенную связь между теорией Эйнштейна и положениями Лоренца и Фицджералда относительно сокращения движущихся тел. Эйнштейн принимает это положение, хотя говорит, что основывает его на других принципах, нежели Лоренц и Фицджералд, а именно: на специальном принципе относительности. Вместе с тем, теория относительности принимает, как необходимое основание, теорию сокращения тел, выводимую не из фактов, а из преобразований Лоренца.

Пользуясь исключительно преобразованиями Лоренца, Эйнштейн утверждает, что жесткий стержень, движущийся в направлении своей длины, будет короче того же стержня, пребывающего в состоянии покоя; чем быстрее движется такой стержень, тем короче он становится. Стержень, движущийся со скоростью света, утрачивает третье измерение и превращается в свое собственное сечение.

Сам Лоренц утверждал, что, когда электрон движется со скоростью света, он исчезает.

Эти утверждения доказать невозможно, поскольку такие сжатия, если они действительно происходят, слишком незначительны при возможных для нас скоростях. Тело, которое движется со скоростью Земли, т. е. 30 км в секунду, должно, согласно расчетам Лоренца и Эйнштейна, испытывать сжатие в 1:100 000 своей длины; иными словами, тело длиной в 100 м сократится на 1 мм.

Интересно отметить, что предположения о **сжатии движущегося тела** коренным образом противоречат установленному новой физикой **принципу возрастания энергии и массы движущегося тела**. Этот принцип верен, хотя все еще не разработан. Позднее будет показано, что этот принцип, смысл которого еще не раскрыт новой физикой, является одним из оснований для новой модели вселенной.

Переходя к фундаментальной теории Эйнштейна, изложенной им самим, мы видим, что она состоит из двух «принципов относительности»: «специального» и «общего».

Предполагается, что «специальный принцип относительности» устанавливает на основе общей закономерности возможность совместного рассмотрения фактов общей относительности движения, которые с обычной точки зрения кажутся противоречивыми; точнее, здесь имеется в виду то, что все скорости являются относительными, хотя скорость света остается безотносительной, конечной и «максимальной». Эйнштейн находит выход из затруднений, созданных всеми этими противоречиями, во-первых, благодаря пониманию времени, согласно формуле Минковского, как воображаемой величины, выражаемой отношением данной скорости к скорости света; во-вторых, благодаря целому ряду совершенно произвольных предположений на грани физики и геометрии; в-третьих, благодаря подмене прямых исследований физических явлений и их взаимоотношений чисто математическими операциями с преобразованиями Лоренца, результаты которых, по мнению Эйнштейна, выявляют законы, управляющие физическими явлениями.

«Общий принцип относительности» вводится там, где необходимо согласовать идею бесконечности пространства — времени с законами плотности материи и законами тяготения в доступном наблюдению пространстве.

Короче говоря, «специальный» и «общий» принципы относительности необходимы для согласования противоречивых теорий на границе между старой и новой физикой.

Основная тенденция Эйнштейна состоит в том, чтобы рассматривать математику, геометрию и физику как одно целое.

Это, конечно, совершенно правильно: все три **должны** составлять одно. Но **«должны составлять»** еще не значит, что они **действительно едины**. Смешение этих двух понятий и есть главный недостаток теории относительности.

В своей книге «Теория относительности» Эйнштейн пишет: «Пространство есть трехмерный континуум... Сходным образом, мир физических явлений, который Минковский кратко называет «миром», является четырехмерным в пространственно-временном смысле. Ибо он состоит из отдельных событий, каждое из которых обозначается четырьмя числами, а именно: тремя пространственными координатами и временной координатой...

То, что мы не привыкли рассматривать мир как четырехмерный континуум, — следствие того, что до появления теории относительности время в физике играло совсем иную и более независимую роль по сравнению с пространственными координатами. Именно поэтому мы привыкли подходить ко времени как к независимому континууму. Согласно классической механике, время абсолютно, т. е. не зависит от положения и условий движения в системе координат...

Четырехмерный способ рассмотрения мира является естественным для теории относительности, поскольку, согласно этой теории, время лишено независимости».

Но открытие Минковского, представлявшее особую важность для формального развития теории относительности, заключается не в этом. Его скорее следует усмотреть в признании Минковским того обстоятельства, что четырехмерный пространственно-временной континуум теории относительности в своих главных формальных свойствах демонстрирует явное родство с трехмерным континуумом евклидова геометрического пространства. Чтобы надлежащим образом подчеркнуть это родство, мы должны заменить обычную временную координату t мнимой величиной $\sqrt{-1}\,ct$, которая пропорциональна ей. При этих условиях естественные законы, удовлетворяющие требованиям (специальной) теории относительности, принимают математические формы, в которых временная координата играет точно такую же роль, что и пространственные координаты. Формально эти четыре координаты соответствуют пространственным координатам евклидовой геометрии».

Формула $\sqrt{-1}\,ct$ означает, что время любого события берется не само по себе, а как мнимая величина по отношению к скорости света, т. е. что в предполагаемое «метагеометрическое» выражение вводится чисто физическое понятие.

Длительность времени t умножается на скорость света c и на квадратный корень из минус единицы $\sqrt{-1}$, который, не меняя величины, делает ее мнимой.

Это вполне ясно. Но в связи с цитированным выше отрывком необходимо отметить, что Эйнштейн рассматривает «мир» Минковского как развитие теории относительности, тогда как на самом деле, наоборот, **специальный принцип относительности построен на теории Минковского.** Если предположить, что теория Минковского вытекает из принципа относительности, тогда, как и в случае теории Фицджеральда и Лоренца о линейном сокращении движущихся тел, **остается непонятным, на какой основе построен принцип относительности**.

Во всяком случае, для построения принципа относительности требуется специально разработанный материал.

В самом начале своей книги Эйнштейн пишет, что для согласования друг с другом некоторых выводов из наблюдений за физическими явлениями необходимо пересмотреть определенные **геометрические** понятия. «Геометрия, — пишет он, — означает «землемерие»... Как математика, так и геометрия обязаны своим происхождением потребности узнать нечто о свойствах разных вещей». На этом основании Эйнштейн считает возможным «дополнить геометрию», заменив, например, понятие **прямых линий** понятием **жестких стержней**. Жесткие стержни подвергаются изменениям под влиянием температуры, давления и т. п.; они могут расширяться и сокращаться. Все это, разумеется, должно значительно изменить «геометрию».

«Дополненная таким образом геометрия, — пишет Эйнштейн, — очевидно, становится естественной наукой; и ее надо считать отраслью физики».

Я придаю особую важность изложенному здесь взгляду на геометрию, потому что без этого было бы невозможно построить теорию относительности...

Евклидову геометрию необходимо отбросить».

Следующий важный пункт теории Эйнштейна — оправдание применяемого математического метода.

«Опыт привел к убеждению, — говорит он, — что, с одной стороны, принцип относительности (в ограниченном понимании) является правильным, а с другой стороны, скорость распространения света в пустоте следует считать постоянной величиной».

Согласно Эйнштейну, сочетание этих двух положений обеспечивает закон преобразований для четырех координат, определяющих время и место события.

Он пишет:

«Каждый общий закон природы должен быть сформулирован таким образом, чтобы его можно было преобразовать в совершенно одинаковый по форме закон, где вместо пространственно-временных переменных первоначальной системы координат введены пространственно-временные переменные другой системы координат. В этой связи математические соотношения между величинами первого порядка и величинами второго порядка даются преобразованиями Лоренца. Или кратко: общие законы природы ковариантны относительно преобразований Лоренца».

Утверждение Эйнштейна о ковариантности законов природы относительно преобразований Лоренца — наиболее ясная иллюстрация его позиции. Начиная с этого момента, он полагает возможным приписывать явлениям те же изменения, которые находит в преобразованиях. Это как раз тот самый метод математической физики, который давно уже осужден и который упоминал Хвольсон в цитированном выше отрывке.

В «Теории относительности» есть глава под названием «Опыт и специальная теория относительности».

«В какой мере специальная теория относительности подкрепляется опытом? Нелегко ответить на этот вопрос, — пишет Эйнштейн. — Специальная теория относительности выкристаллизовалась из теории электромагнитных явлений Максвелла — Лоренца. Таким образом, все факты опыта, которые подтверждают электромагнитную теорию, подтверждают также и теорию относительности».

Эйнштейн с особой остротой чувствует, как необходимы ему факты, чтобы поставить свою теорию на прочную основу. Но факты удается найти только в области невидимых величин — ионов и электронов.

Он пишет:

«Классической механике необходимо было измениться, прежде чем она смогла стать на один уровень со специальной теорией относительности. Однако в главной своей части эти изменения относятся лишь к законам больших скоростей, когда скорости движения материальных частиц не слишком малы по сравнению со скоростью света. Мы имеем опыт таких скоростей только в случае электронов и ионов; для других случаев движения, являющихся вариациями законов классической механики, изменения величин слишком малы, чтобы их удалось точно определить на практике».

Переходя к общей теории относительности, Эйнштейн пишет:

«Классический принцип относительности для трехмерного пространства с временной координатой t (реальная величина) нарушается фактом постоянной скорости света».

Но этот факт постоянной скорости света нарушается искривлением светового луча в гравитационных полях, что, в свою очередь, требует новой теории относительности и пространства, определяемого гауссовой системой координат для неевклидова континуума.

Гауссова система координат отличается от декартовой тем, что ее можно применить к пространству любого рода независимо от его свойств. Она автоматически приспосабливается к любому пространству, в то время как декартова система координат требует пространства с определенными свойствами, т. е. геометрического пространства.

Продолжая сравнение специальной и общей теорий относительности, Эйнштейн пишет:

«Специальная теория относительности применяется в тех областях, где не существует гравитационного поля. В этой связи примером является твердое тело-эталон в состоянии движения, т. е. твердое тело, движение которого выбрано таким образом, что к нему применимо положение об однородном прямолинейном движении «изолированных» материальных точек».

Чтобы сделать ясными принципы общей теории относительности, Эйнштейн сравнивает сферу пространства — времени с диском, который равномерно вращается вокруг центра в собственной плоскости. Наблюдатель, находящийся на этом диске, считает, что диск «пребывает в покое»; а силу, действующую на него и вообще на все тела, покоящиеся относительно диска, он принимает за силу **гравитационного поля**.

«Этот наблюдатель, находясь на своем диске, проводит опыты с часами и измерительными стержнями. Проводя эти опыты, он намерен получить точные данные о времени и пространстве в пределах своего диска.

Для начала он помещает одни из двух одинаково устроенных часов в центре диска, а другие — на его краю, так что и те, и другие находятся относительно диска в покое...

Таким образом, на нашем диске, или, в более общем случае, в любом гравитационном поле, часы в зависимости от своего местоположения будут, пребывая в «покое», отставать или спешить. По этой причине правильное определение времени при помощи часов, пребывающих в покое относительно некоторого эталона, оказывается невозможным. Сходная трудность возникнет, если мы попытаемся применить в этом случае традиционное определение одновременности...

Определение пространственных координат также представляет собой непреодолимые трудности. Если наблюдатель, движущийся вместе с диском, пользуется своим стандартным измерительным стержнем (достаточно коротким по сравнению с длиной радиуса диска), располагая его по касательной к краю диска, тогда... длина этого стержня окажется меньше действительной, поскольку движущиеся тела укорачиваются в направлении движения. Наоборот, измерительный стержень, который расположен на диске в радиальном направлении, не укоротится.

По этой причине употребляют не твердые, а упругие эталоны, которые не только движутся в любом направлении, но и во время движения в разной степени меняют свою форму. Для определения времени служат часы, закон движения которых может быть любым, даже неправильным. Нам нужно представить себе, что каждые из часов укреплены в какой-то точке на нетвердом, упругом эталоне. Часы удовлетворяют только одному условию, а именно: «показания», которые наблюдаются одновременно на соседних часах (в данном пространстве), отличаются друг от друга на бесконечно малые промежутки времени. Такой нетвердый, упругий эталон, который с полным основанием можно назвать «эталонным моллюском», в принципе эквивалентен произвольно взятой четырехмерной гауссовой системе координат. Этому «моллюску» некоторую удобопонятность по сравнению с гауссовой системой придает (фактически неоправданное) формальное сохранение отдельных пространственных координат в противоположность временной координате. Любая точка «моллюска» уподобляется пространственной точке, и любая материальная точка, находящаяся в покое относительно него, уподобляется покоящейся, пока «моллюска» рассматривают в качестве эталона. Общий принцип относительности настаивает, что всех таких «моллюсков» можно с равным правом и одинаковым успехом использовать в качестве эталонов при формулировках основных законов природы; сами же законы должны быть совершенно независимы от выбора «моллюска»...»

Касаясь фундаментального вопроса о форме мира, Эйнштейн пишет:

«Если поразмыслить над вопросом о том, в каком виде следует представлять себе вселенную как целое, то первым ответом напрашивается следующий: что касается пространства и времени, то вселенная бесконечна. Везде есть звезды, так что плотность материи, хотя местами и самая разнообразная, в среднем остается одной и той же. Иными словами, как бы далеко мы ни удалились в пространстве, повсюду мы встретим разреженные скопления неподвижных звезд примерно одного типа и плотности...

Эта точка зрения не гармонирует с теорией Ньютона. Последняя в какой-то мере требует, чтобы вселенная имела своего рода центр, где плотность звезд была бы максимальной; по мере того как мы удаляемся от этого центра, групповая плотность звезд будет уменьшаться, пока наконец на больших расстояниях не сменится безграничной областью пустоты. Звездная вселенная по Ньютону должна быть конечным островком в бесконечной пучине пространства...

Причина невозможности неограниченной вселенной, согласно теории Ньютона, состоит в том, что интенсивность гравитационного поля на поверхности сферы, заполненной материей даже очень малой плотности, будет возрастать с увеличением радиуса сферы и в конце концов станет бесконечно большой, что невозможно...

Развитие неевклидовой геометрии привело к признанию того, что можно отбросить всякие сомнения в бесконечности нашего пространства, не приходя при этом в конфликт с законами мышления или опыта».

Признавая возможность подобных выводов, Эйнштейн описывает мир двухмерных существ на сферической поверхности:

«В противоположность нашей, вселенная этих существ двухмерна; как и наша, она распространяется до бесконечности...»

Поверхность мира двухмерных существ составляет «пространство». Это пространство обладает весьма необычными свойствами. Если бы существа, живущие на сферической поверхности, стали проводить в своем «пространстве» круги, т. е. описывать их на поверхности своей сферы, эти круги возрастали бы до некоторого предела, а затем **стали бы уменьшаться**.

«Вселенная таких существ конечна, но не имеет границ».

Эйнштейн приходит к заключению, что существа сферической поверхности сумели бы установить, что живут на сфере и возможно определить радиус этой сферы, если бы им удалось исследовать достаточно большую часть пространства, т. е. своей поверхности.

«Но если эта часть окажется очень малой, они не смогут найти наглядных доказательств того, что живут на поверхности сферического «мира», а не на евклидовой плоскости; малая часть сферической поверхности лишь незначительно отличается от части плоскости такой же величины...

Итак, если бы существа сферической поверхности жили на планете, солнечная система которой занимает ничтожно малую часть сферической вселенной, они не смогли бы определить, где они живут: в конечной или в бесконечной вселенной, поскольку та «часть вселенной», к которой они имеют доступ, в обоих случаях окажется практически евклидовой плоскостью...

Для двухмерной вселенной существует и трехмерная аналогия, а именно: трехмерное сферическое пространство, открытое Риманом. Оно обладает конечным объемом, определяемым его «радиусом»...

Легко видеть, что такое трехмерное сферическое пространство аналогично двухмерному сферическому пространству. Оно конечно, т. е. обладает конечным объемом, и не имеет границ.

Можно упомянуть еще об искривленном пространстве другого рода — об «эллиптическом пространстве», рассматривая его как некоторое искривленное пространство... Эллиптическую вселенную допустимо, таким образом, считать искривленной вселенной, обладающей центральной симметрией.

Из сказанного следует, что удается представить себе замкнутое пространство без границ. Среди примеров такого пространства сферическое (и эллиптическое) — самое простое, поскольку все его точки эквивалентны. Как результат подобного обсуждения, возникает наиболее интересный вопрос для астрономов и физиков: бесконечна ли вселенная, в которой мы живем, или она конечна по типу сферической вселенной? Наш опыт далеко не достаточен, чтобы дать нам ответ на этот вопрос. Но общая теория относительности позволяет ответить на него с известной степенью определенности; и в этой связи упомянутое ранее затруднение (с точки зрения ньютоновской теории) находит свое разрешение...»

Структура пространства, согласно общей теории относительности, отличается от общепризнанной.

«В соответствии с общей теорией относительности геометрические свойства пространства не являются независимыми; они определяются материей. Таким образом, выводы о геометрической структуре материи можно сделать только в том случае, если основывать свои соображения на состоянии материи, как чем-то нам известном. Из опыта мы знаем, что... скорости звезд малы по сравнению со скоростью распространения света. Благодаря этому мы можем очень приблизительно прийти к выводу о природе вселенной в целом, если рассматривать материю как пребывающую в состоянии покоя...

Мы могли бы представить себе, что с точки зрения геометрии наша вселенная ведет себя наподобие поверхности, которая в отдельных частях неравномерно искривлена, но нигде явно не отклоняется от плоскости; это нечто вроде поверхности озера, покрытого рябью. Такую вселенную можно назвать квазиевклидовой вселенной. Что касается ее пространства, то оно будет бесконечным. Но расчет показывает, что в квазиевклидовой вселенной средняя плотность материи неизбежно будет равна нулю.

Если нам нужна во вселенной средняя плотность материи, которая хотя бы на малую величину отличается от нулевой, такая вселенная не может быть квазиевклидовой. Наоборот, результаты расчетов показывают, что, если материя равномерно распределена во вселенной, такая вселенная непременно будет сферической или эллиптической. Поскольку в действительности распределение материи неоднородно, подлинная вселенная в отдельных своих частях будет отличаться от сферической. Но она непременно будет конечной.

Действительно, теория показывает нам простую связь между протяженностью пространства вселенной и средней плотностью материи».

Последнее положение несколько по-иному рассматривается Э. С. Эддингтоном в его книге «Пространство, время и тяготение»:

«После массы и энергии есть одна физическая величина, которая играет в современной физике очень важную роль — это **действие** (определяемое как произведение энергии на время).

В данном случае **действие** — просто технический термин, и его не следует путать с «действием и противодействием» Ньютона. В особенности же важным оно представляется в теории относительности. Причину увидеть нетрудно. Если мы желаем говорить о непрерывной материи, которая присутствует в любой точке пространства и времени, нам придется употребить термин **плотность. А плотность, помноженная на объем, дает массу**, или, что то же самое, **энергию**. Но с нашей пространственно-временной точки зрения куда более важным является произведение плотности на четырехмерный объем пространства и времени; это **действие**. Умножение на три измерения дает массу, или энергию; а четвертое умножение — их произведение на время.

Действие есть кривизна мира. Едва ли удастся наглядно представить себе это утверждение, потому что наше понятие о кривизне проистекает из двухмерной поверхности в трехмерном пространстве, а это дает слишком ограниченную идею возможностей четырехмерной поверхности в пространстве пяти и более измерений. В двух измерениях существует лишь одна полная кривизна, и если она исчезнет, поверхность будет плоской или ее, по крайней мере, можно развернуть в плоскость...

Повсюду, где существует материя, существует и действие, а потому и кривизна; интересно отметить, что в обычной материи кривизна пространственно-временного мира отнюдь не является незначительной. Например, кривизна воды обычной плотности такова же, как и у пространства сферической формы радиусом в 570 млн км. Результат еще более удивителен, если выразить его в единицах времени: этот радиус составляет около половины светового часа. Трудно по-настоящему описать, что это значит; по крайней мере, можно предвидеть, что шар радиусом в 570 млн км обладает удивительными свойствами. Вероятно, должна существовать верхняя граница возможного размера такого шара. Насколько я могу себе представить, гомогенная масса воды, приближающаяся к этому размеру, может существовать. У нее не будет центра, не будет границ, и каждая ее точка будет находиться в том же положении по отношению к общей массе, что и любая другая ее точка, — как точка на **поверхности** сферы по отношению к поверхности. Любой луч света, пройдя в ней час или два, вернется к исходному пункту. Ничто не сможет проникнуть в эту массу или покинуть ее пределы; фактически она сопротяженна с пространством. Нигде в другом месте не может быть иного мира, потому что «другого места» там нет».

Изложение теорий новой физики, стоящих особняком от «теории относительности» заняло бы слишком много времени. Изучение природы света и электричества, исследование атома (теории Бора) и особенно электрона (квантовая теория) направили физику по совершенно новому пути; если физика действительно сумеет освободиться от упомянутых выше препятствий, мешающих ее прогрессу, а также от излишне парадоксальных теорий относительности, она обнаружит когда-нибудь, что знает об истинной природе вещей гораздо больше, чем можно было бы предположить.

Старая физика

Геометрическое понимание пространства, т. е. рассмотрение его отдельно от времени. Понимание пространства как пустоты, в которой могут находиться или не находиться «тела».

Одно время для всего, что существует. Время, измеряемое одной шкалой.

Принцип Аристотеля — принцип постоянства и единства законов во вселенной, и, как следствие этого закона, доверие к незыблемости установленных явлений.

Элементарное понимание мер, измеримости и несоизмеримости Меры для всех вещей, взятые извне.

Признание целого ряда понятий, трудных для определения (таких, как время, скорость и т. д.), первичными понятиями, не требующими определения.

Закон тяготения, или притяжения; распространение этого закона на явление падения тел, или тяжести.

«Вселенная летающих шаров» — в небесном пространстве и внутри атома.

Теории колебаний, волновых движений и т. п.

Тенденция объяснять все явления лучистой энергии волновыми колебаниями.

Необходимость гипотезы «эфира» в той или иной форме. «Эфир» как субстанция величайшей плотности, — и «эфир» как субстанция величайшей разреженности.

Новая физика

Попытки уйти от трехмерного пространства при помощи математики и метагеометрии. Четыре координаты.

Исследование структуры материи и лучистой энергии. Исследование атома. Открытие электрона.

Признание скорости света предельной скоростью. Скорость света как универсальная константа.

Определение четвертой координаты в связи со скоростью света. Время как мнимая величина и формула Минковского. Признание необходимости рассмотрения времени вместе с пространством. Пространственно-временной четырехмерный континуум.

Новые идеи в механике. Признание возможности того, что принцип сохранения энергии неверен. Признание возможности превращения материи в энергию и обратно.

Попытки построения системы абсолютных единиц измерений.

Установление факта весомости света и материальности электричества.

Принцип возрастания энергии и массы тела во время движения.

Специальный и общий принципы относительности; идея необходимости **конечного** пространства в связи с законами тяготения и распределением материи во вселенной.

Кривизна пространственно-временного континуума. Безграничная, но конечная вселенная. Измерения этой вселенной определяются плотностью составляющей ее материи. Сферическое или эллиптическое пространство.

«Упругое» пространство.

Новые теории структуры атома. Исследование электрона. Квантовая теория. Исследование структуры лучистой энергии.

II

Теперь, когда мы рассмотрели принципиальные особенности как «старой», так и «новой» физики, можно задать себе вопрос: сумеем ли мы на основе того материала, которым располагаем, предсказать направление будущего развития физической науки и построить на этом предсказании модель вселенной, отдельные части которой не будут взаимно противоречить и разрушать друг друга? Ответ таков: построить такую модель было бы нетрудно, если бы мы располагали всеми необходимыми и доступными нам данными о вселенной, в связи с чем возникает новый вопрос: имеем ли мы все эти необходимые данные? И на него, несомненно, следует ответить: нет, не имеем. Наши данные о вселенной недостоверны и неполны. В «геометрической» трехмерной вселенной это совершенно ясно: мир невозможно вместить в систему трех координат. Вне нее окажутся слишком многие вещи, измерить которые невозможно. Равным образом, ясно это и относительно «метагеометрической» вселенной четырех координат. Мир во всем его многообразии не вмещается в четырехмерное пространство, какую бы четвертую координату мы ни выбирали: аналогичную первым трем или воображаемую величину, определяемую относительно предельной физической скорости, т. е. скорости света.

Доказательством искусственности четырехмерного мира в новой физике является, прежде всего, крайняя сложность его конструкции, которая требует **искривленного пространства**. Очевидно, что **кривизна** пространства указывает на присутствие в нем еще одного или нескольких измерений.

Вселенная четырех измерений, или четырех координат, так же неудовлетворительна, как трех. Можно сказать, что мы не обладаем всеми данными, необходимыми для построения вселенной, поскольку ни три координаты старой физики, ни четыре координаты новой не достаточны для описания **всего** многообразия явлений во вселенной.

Вообразим, что кто-то строит модель дома, имея всего три его элемента: пол, одну стену и крышу. Такова модель, которая соответствует **трехмерной** модели вселенной. Она даст общее представление о доме, но при условии, что ни сама модель, ни наблюдатель не будут двигаться; малейшее движение разрушит иллюзию.

Четырехмерная модель вселенной новой физики представляет собой ту же самую модель, но устроенную так, что она вращается, постоянно поворачиваясь к наблюдателю фасадом. Это может на некоторое время продлить иллюзию, но лишь при условии, что имеется не более **одного наблюдателя**. Два человека, наблюдающие такую модель с разных сторон, вскоре увидят, в чем заключается хитрость.

Прежде чем выяснять вне всяких аналогий, что в действительности означают слова «вселенная не укладывается в трехмерное и четырехмерное пространство», прежде чем устанавливать, какое число координат определяет вселенную, необходимо устранить одно из самых серьезных проявлений непонимания по отношению к измерениям.

Иначе говоря, я вынужден повторить, что к исследованию измерений пространства или пространства — времени нельзя подходить математически. И те математики, которые утверждают, что вся проблема четвертого измерения в философии, психологии, мистике и т. д. возникла потому, что «кто-то подслушал разговор между двумя математиками о предметах, которые понимают только они», совершают большую ошибку; является ли эта ошибка преднамеренной или нет — лучше знать им самим.

Математика потому так легко и просто отрывается от трехмерной физики и евклидовой геометрии, что в действительности вовсе им не принадлежит.

Неверно думать, будто все математические отношения должны иметь физический или геометрический смысл. Наоборот, лишь очень небольшая и самая элементарная часть математики постоянно связана с геометрией и физикой, лишь очень немногие геометрические и физические величины имеют постоянное математическое выражение.

Нам необходимо понять, что измерения невозможно выразить математически, и, следовательно, математика не может служить инструментом исследования проблемы времени и пространства. Математически можно выразить только измерения, производимые по заранее согласованным координатам. Можно, например, сказать, что длина объекта — 5 м, ширина — 10 м, а высота — 15 м. Но различие между самими по себе **длиной, шириной и высотой** выразить невозможно: математически они эквивалентны. Математика не **ощущает** измерений, как ощущают их физика и геометрия. Математика не в состоянии уловить различие между точкой, линией, поверхностью и телом. Точка, линия, поверхность и тело могут быть выражены математически при помощи степеней, иными словами, просто обозначены: допустим, a обозначает линию, a^2 — поверхность, a^3 — тело. Но дело в том, что такие же обозначения годятся и для обозначения отрезков разной длины: $a = 10$ м, $a^2 = 100$ м, $a^3 = 1000$ м.

Искусственный характер обозначений измерений степенями становится особенно очевидным при следующем рассуждении.

Допустим, что a — это отрезок, a^2 — квадрат, a^3 — куб, a^4 — тело четырех измерений; как будет видно позднее, можно дать объяснение понятиям a^5 и a^6. Но что в таком случае обозначают a^{25}, a^{125} или a^{1000}? Если мы предположим, что измерения соответствуют степеням, значит, показатели степени

действительно выражают измерения. Следовательно, число измерений должно быть таким же, как число, выражающее степень; а это явная нелепость, поскольку ограниченность вселенной по отношению к числу измерений вполне очевидна; и никто не станет утверждать всерьез о существовании бесконечного или даже очень большого числа измерений.

Установив этот факт, мы можем еще раз отметить, хотя это уже вполне ясно, что трех координат для описания вселенной недостаточно, потому что такая вселенная не будет содержать движения; или, иначе говоря, любое доступное наблюдению движение немедленно ее разрушит.

Четвертая координата принимает в расчет время; пространство отдельно более не рассматривается. Четырехмерный пространственно-временной континуум открывает возможность движения.

Но само по себе движение представляет собой очень странное явление. При первом же подходе к нему мы встречаемся с интересным фактом. Движение содержит в себе самом три явно выраженных измерения: длительность, скорость и «направление». Но это направление находится не в евклидовом пространстве, как предполагала старая физика; это направление от «до» к «после», которое для нас никогда не исчезает и никогда не меняется.

Время есть мера движения. Если изобразить время в виде линии, тогда единственной линией, которая удовлетворит всем требованиям времени, будет **спираль**. Спираль — это, так сказать, «трехмерная линия», т. е. линия, которая требует для своего построения трех координат.

Трехмерность времени совершенно аналогична трехмерности пространства. Мы не измеряем пространства **кубами**; мы измеряем его линейно в разных направлениях; точно так же поступаем мы и со временем, хотя внутри времени можем измерить только две координаты из трех, а именно: продолжительность и скорость. Направление времени для нас не величина, а абсолютное условие. Другое отличие заключается в том, что относительно пространства мы понимаем, что имеем дело с трехмерным континуумом, а по отношению ко времени этого не понимаем. Но, как уже было сказано, если попытаться соединить три координаты в одно целое, мы получим спираль.

Это сразу же объясняет, почему «четвертая координата» для описания времени недостаточна. Хотя мы допускаем, что оно представляет собой кривую линию, ее кривизна остается неопределенной. Только три координаты, или «трехмерная линия», т. е. спираль, дают адекватное описание времени.

Трехмерность времени объясняет многие явления, которые до сих пор оставались непонятными, и делает ненужными бóльшую часть тщательно разработанных гипотез и предположений, необходимых для того, чтобы втиснуть вселенную в границы трех- или даже четырехмерного континуума.

Трехмерность времени объясняет также, почему «теории относительности» не удается придать своим построениям удобопонятную форму. В любой конструкции чрезмерная сложность представляет собой результат каких-то упущений или ошибочных предпосылок. В данном случае причина сложности проистекает из упомянутой выше невозможности вместить вселенную в пределы трехмерного или четырехмерного континуума. Если мы попытаемся рассмотреть трехмерное пространство как двухмерное и объяснить все физические явления как происходящие на его поверхности, нам потребуется еще несколько новых «принципов относительности».

Три измерения времени можно считать продолжением измерений пространства, т. е. «четвертым», «пятым» и «шестым» измерениями пространства. «Шестимерное» пространство — это, несомненно, «евклидов континуум», но с такими свойствами и формами, которые нам совершенно непонятны. Шестимерная форма тела нами непостижима, и если бы мы могли воспринимать ее нашими органами чувств, то, конечно, увидели бы ее и ощутили как трехмерную. Трехмерность есть функция наших внешних чувств. Время представляет собой границу этих чувств. Шестимерное пространство — это реальность, мир, каков он есть. Эту реальность мы воспринимаем сквозь узкую щель внешних чувств главным образом прикосновением и зрением; мы даем ей определение «трехмерного пространства» и приписываем свойства евклидова континуума. Любое шестимерное тело становится для нас трехмерным телом, **существующим во времени**; и свойства пятого и шестого измерений остаются нашему восприятию недоступными.

Шесть измерений образуют «период», за пределами которого не остается ничего, кроме повторения этого же периода, но в другом масштабе. Период измерений ограничен с одного конца точкой, а с другого — бесконечностью пространства, умноженной на бесконечность времени, что в древнем символизме изображалось двумя пересекающимися треугольниками, или шестиконечной звездой.

Совершенно так же, как в пространстве одно измерение, линия, и два измерения, поверхность, не могут существовать сами по себе и, взятые в отдельности, суть не более чем воображаемые фигуры, тогда как реально существует только **тело**, так и во времени реально существует лишь трехмерное **тело времени**.

Несмотря на то что в геометрии счет измерений начинается с линии, только точка и тело являются, в подлинно физическом смысле, существующими объектами. Линии и поверхности суть лишь черты и свойства тела. Их можно рассматривать и по-другому: линию как траекторию движения точки в пространстве, а плоскость — как траекторию движения линии в перпендикулярном ей направлении (или как ее вращение).

То же самое относится и к телу времени. Только точка (мгновение) и тело реальны. **Мгновение** может меняться, т. е. сокращаться и исчезать или расширяться и становиться телом. **Тело** также способно сокращаться и становиться точкой или расширяться и становиться бесконечностью.

Число измерении не может быть ни бесконечным, ни очень большим; **оно не превышает шести**. Причина этого кроется в свойстве шестого измерения, которое включает в себя **все возможности** в данном масштабе.

Чтобы понять это, необходимо рассмотреть содержание трех измерений времени, взятых в их «пространственном» смысле, т. е. как четвертое, пятое и шестое измерения пространства.

Если принять трехмерное тело за точку, линия существования или движения этой точки будет линией четвертого измерения.

Возьмем линию времени, как мы обычно его себе представляем.

Прежде Теперь После

Эта линия, определяемая точками «прежде», «теперь» и «после», есть линия четвертого измерения.

Вообразим теперь несколько линий, пересекающих линию «прежде – теперь — после» и перпендикулярных ей. Эти линии, каждая из которых обозначает «теперь» для данного момента, выразят вечное существование прошлого и возможность будущих мгновений.

Каждая из этих перпендикулярных линий представляет собой **«вечное теперь»** для какого-то момента, и у каждого момента есть такая линия **вечного теперь**.

Это и есть пятое измерение.

Пятое измерение образует поверхность по отношению к линии времени.

Все, что мы знаем, все, что признаем существующим, лежит на линии четвертого измерения; линия четвертого измерения есть «историческое время» нашего существования. Это единственное время, которое мы знаем, единственное время, которое мы чувствуем и признаем. Но, хотя и незаметно, ощущение других «времен», как параллельных, так и перпендикулярных, постоянно вторгается в наше сознание. Эти параллельные «времена» совершенно аналогичны нашему времени и тоже состоят из «прежде — теперь — после», образуя **основу** ткани времен, тогда как перпендикулярные времена состоят только из «теперь» и образуют **уток**.

Но каждое мгновение «теперь» на линии времени, т. е. на одной из параллельных линий, содержит не одну, а несколько возможностей; иногда их число велико, иногда же мало. Вообще число возможностей, содержащихся в каждом мгновении, должно быть ограниченным, поскольку, не будь оно ограниченным, не существовало бы ничего невозможного. Таким образом, каждый момент времени, в пределах некоторых ограниченных условий бытия или физического существования, содержит определенное количество возможностей и бесконечное число невозможных случаев. Но и невозможные случаи также могут быть различными. Если я иду по знакомому ржаному полю и внезапно вижу на нем большую березу, которой вчера там не было, это будет невозможным явлением (как раз тем «материальным чудом», которое не допускается принципом Аристотеля). Но если я иду по этому полю и вижу посреди него кокосовую пальму, это будет невозможным явлением другого рода, тоже «материальным чудом», но более высокого, более трудного порядка. Следует иметь в виду это различие между невозможными случаями.

Передо мной на столе лежит множество разных предметов. Я могу воспользоваться ими по-разному. Но я не могу взять со стола что-то такое, чего там нет, — например, апельсин, которого там нет, или, скажем, пирамиду Хеопса или Исаакиевский собор. Кажется, что в этом отношении между апельсином и пирамидой нет никакой разницы, однако она существует. Апельсин в принципе **мог бы** лежать на столе, а пирамида не **могла бы**. Как ни элементарны эти рассуждения, они показывают существование разных степеней невозможного.

Но сейчас нас интересуют только возможности. Как я уже упоминал, каждое мгновение содержит определенное число возможностей. Я могу осуществить одну из существующих возможностей, т. е. могу что-то сделать, а могу ничего и не делать. Но как бы я ни поступил, иначе говоря, какая бы из возможностей данного мгновения ни осуществилась, ее осуществление предопределит **следующее мгновение времени**, следующее **«теперь»**. Это второе мгновение времени снова будет содержать некоторое число возможностей, и осуществление одной из них предопределит **следующее мгновение времени**, следующее **«теперь»**.

Таким образом, линию направления времени можно определить как линию осуществления одной возможности из числа всех возможностей, заключавшихся в предыдущей точке.

Линия такого осуществления будет линией четвертого измерения, линией времени. Зрительно мы представляем ее себе в виде прямой линии, но правильнее было бы представить ее в зигзагообразном виде.

Вечное существование этого осуществления, линия, перпендикулярная линии времени, будет линией пятого измерения, или линией вечности.

Для современного ума вечность — неопределенное понятие. В разговорном языке вечность принимают за неограниченную протяженность времени. Но религиозное и философское мышление вкладывает в понятие вечности идеи, которые отличают ее от простой бесконечной протяженности. Яснее всего это видно в индийской философии с ее идеей «Вечного Теперь» как состояния Брахмы.

Фактически понятие вечности по отношению ко времени — то же самое, что понятие поверхности по отношению к линии. Бесконечность для линии не обязательно должна быть линией, не имеющей конца; это может быть и поверхность, т. е. бесконечное число отрезков.

Вечность может быть бесконечным числом конечных «времен».

Для нас трудно, думая о времени, представлять его во множественном числе. Наша мысль чересчур привыкла к идее одного времени, и хотя в теории идея множественности «времен» уже принята новой физикой, на практике мы продолжаем думать о времени, которое повсюду и везде одно и то же.

Что же будет шестым измерением?

Шестым измерением будет линия осуществления возможностей, которые содержались в предыдущем мгновении, но не были осуществлены во «времени», т. е. в четвертом измерении. В каждое мгновение в каждой точке трехмерного мира существует определенное число возможностей; во «времени», в четвертом измерении, осуществляется одна из них; эти осуществленные возможности слагают одна за другой пятое измерение. Линия времени, бесконечно повторяющаяся в вечности, оставляет в каждой точке неосуществленные возможности. Но эти возможности, не осуществившиеся в одном времени, осуществляются в шестом измерении, которое представляет собой совокупность «всех времен». Линии пятого измерения, перпендикулярные линии «времени», образуют поверхность, линии шестого измерения, начинающиеся из каждой точки «времени» и идущие во всевозможных направлениях, образуют тело, или трехмерный континуум времени, в котором нам известно только одно измерение. По отношению ко времени мы остаемся одномерными существами и поэтому не видим параллельного времени или параллельных времен; по этой же причине мы не видим углов и поворотов времени, а представляем себе время прямой линией.

До сих пор мы принимали все линии четвертого, пятого и шестого измерений за прямые, за координатные оси. Но нам следует понять, что эти прямые невозможно считать реально существующими. Они представляют собой лишь воображаемую систему координат для построения спирали.

Вообще говоря, реальное существование прямых линий вне некоторой определенной шкалы и определенных условий невозможно ни установить, ни доказать. И даже эти «условные прямые линии» перестают быть прямолинейно направленными, если мы вообразим их на вращающемся теле, которое совершает к тому же целый ряд разнообразных движений. По отношению к пространственным линиям это совершенно ясно: прямые линии суть не что иное, как воображаемые координаты, которые служат для измерения длины, ширины и высоты, вернее, глубины спирали. А линии времени геометрически ничем не отличаются от линий пространства. Единственное их отличие состоит в том, что в пространстве мы знаем три измерения и способны установить **спиральный** характер всех космических движений, т. е. таких движений, которые мы рассматриваем в достаточно крупном масштабе. Но мы не осмеливаемся на это, когда речь идет о «времени». Мы стараемся вместить все пространство времени в одну линию большого времени, общего для всех и вся. А это иллюзия: нет «времени вообще», каждое отдельно существующее тело, каждая «отдельная система» (или то, что принято в качестве таковой) имеет свое собственное время. Это признано и новой физикой. Однако новая физика не объясняет смысла этого понятия, не объясняет, что значит «отдельное существование».

Отдельное время — это всегда замкнутый круг. Мы можем думать о времени как о прямой линии только на прямой «большого времени». Если «большое время» не существует, тогда каждое отдельное время может быть только кругом, т. е. замкнутой кривой. Но круг и любая замкнутая кривая для своего определения нуждаются в двух координатах. Круг (окружность) — это двухмерная фигура. Если вторым измерением времени является вечность, это значит, что вечность входит в любой круг времени и в каждое мгновение круга времени. Вечность и есть кривизна времени; это тоже движение, **вечное движение**. И если мы представим время в виде круга или любой иной замкнутой кривой, **вечность** будет означать вечное движение по этой кривой, вечное повторение, вечное возвращение.

Пятое измерение есть движение по кругу, повторение, возвращение. Шестое измерение есть выход из этого круга. Если мы вообразим, что один конец круга приподнят над поверхностью, мы наглядно представим себе третье измерение времени, или шестое измерение пространства. Линия времени становится спиралью. Но спираль, о которой я говорил раньше, — это очень слабое приближение к спирали времени, ее возможное геометрическое изображение. Действительная спираль времени не похожа ни на одну из известных нам линий, потому что в каждой своей точке она имеет ответвления. И поскольку в любое мгновение имеется много возможностей, в любой точке существует много ветвей. Наш ум не только отказывается представить себе результирующую фигуру из кривых линий, но не способен даже помыслить о ней; мы утратили бы всякую способность ориентироваться в этой непроходимой чаще, если бы нам не помогали **прямые линии**.

В этой связи можно понять смысл и цель прямых линий в системе координат. Прямые линии — вовсе не наивность Евклида, как пытаются доказать неевклидова геометрия и связанная с ней новая физика. Прямые линии — это уступка слабости нашего мыслительного аппарата, уступка, благодаря которой мы способны хотя бы приблизительно размышлять о реальности.

Фигура трехмерного времени предстает в виде сложной структуры, которая состоит из лучей, исходящих из каждого мгновения времени; каждый из них содержит внутри себя собственное время и испускает в каждой точке новые лучи; взятые все вместе, эти лучи образуют трехмерный континуум времени.

Мы живем, мыслим и существуем на одной из линий времени. Но второе и третье измерения времени, т. е. поверхность, на которой лежит эта линия, и тело, в котором содержится поверхность, ежесекундно вторгаются в нашу жизнь, в наше сознание, оказывают влияние и на наше «время». Когда мы начинаем чувствовать три измерения времени, мы называем их направлением, продолжительностью и скоростью. Но если мы захотим хотя бы приблизительно понять истинные взаимоотношения вещей, мы должны помнить о том, что направление, продолжительность и скорость являются не подлинными измерениями, а всего лишь отражениями подлинных измерений в нашем сознании.

Думая о **теле времени**, которое образуется линиями всех возможностей в каждое мгновение, мы должны помнить, что за пределами этих возможностей ничего быть не может.

Вот точка, с которой мы способны понять **ограниченность бесконечной вселенной**.

Как было сказано ранее, три измерения пространства плюс нулевое измерение, плюс три измерения времени образуют **период измерений**. Необходимо понять свойства этого периода. Он содержит в себе как пространство, так и время. Период измерений можно считать пространственно-временным, т. е. пространством шести измерений, или пространством осуществления всех возможностей. Вне этого пространства мы можем представить только повторение периода измерений — или в нулевом масштабе, или в масштабе бесконечности. Но это иные пространства; они не имеют ничего общего с пространством шести измерений, и могут существовать или не существовать, ничего не меняя в пространстве шести измерений.

Счет измерений в геометрии начинается с линии, с первого измерения, и в некотором смысле это правильно. Но и пространство, и время имеют еще одно, **нулевое измерение**, точку, или мгновение. Необходимо понять, что любое пространственное тело — вплоть до **бесконечной сферы** старой физики — есть **точка** (или **мгновение**, если брать его во времени).

Нулевое, первое, второе, третье, четвертое, пятое и шестое измерения образуют период измерений. Но «фигура» нулевого измерения, точка, есть **тело другой шкалы**. Фигура первого измерения, линия, представляет собой бесконечность по отношению к точке. Для самой себя линия является телом, но телом иной шкалы, чем шкала точки. Для поверхности, т. е. для фигуры двух измерений, линия есть **точка**. Для себя поверхность **трехмерна**, в то время как для тела она оказывается точкой и т. д. Для нас линия и поверхность являются лишь геометрическими понятиями, и на первый взгляд непонятно, как это они могут быть трехмерными телами для самих себя. Это станет понятнее, если мы начнем с рассмотрения геометрического тела, которое представляет собой реально существующее физическое тело. Мы знаем, что это тело является трехмерным для самого себя и для других трехмерных тел шкалы, близкой к его собственной. Кроме того, оно является бесконечностью для поверхности, которая представляет собой **нуль** по отношению к нему, поскольку никакое число поверхностей не составит тела. Но и тело является точкой, нулем, фигурой нулевого измерения для четвертого измерения, во-первых, потому что тело — это точка, т. е. одно мгновение во времени; и во-вторых, потому что никакое количество тел не создаст времени. Все трехмерное пространство — лишь мгновение во времени. Следует помнить, что «линии» и «поверхности» — не более чем названия, которые мы даем измерениям, лежащим для нас между точкой и телом. Для нас они не обладают реальным существованием. Наша вселенная состоит из точек и тел. Точка есть нулевое измерение, тело — трехмерное. На другой шкале тело необходимо принять за точку времени, а еще на одной — вновь за тело, но за тело трех измерений **времени**.

В такой упрощенной вселенной не будет ни времени, ни движения. Время и движение созданы как раз **не полностью воспринимаемыми телами**, т. е. линиями пространства и времени и поверхностями пространства и времени. Период измерений реальной вселенной на самом деле состоит из **семи степеней тел** (степень в этом случае, разумеется, — лишь название): 1) точка, или скрытое тело; 2) линия, или тело второй степени; 3) поверхность, или тело третьей степени; 4) тело, или пространственная фигура, тело четвертой степени; 5) время, или существование во времени тела как пространственной фигуры; 6) вечность, или существование времени, тело шестой степени; 7) то, для чего у нас нет названия, «шестиконечная звезда», или существование вечности, тело седьмой степени.

Необходимо далее заметить, что измерения подвижны, т. е. любые три последовательных измерения образуют либо «время», либо «пространство», и «период» может двигаться вверх и вниз, когда снизу удаляется (прибавляется) одна степень, а сверху одна прибавляется (удаляется). Таким образом, если прибавить одно измерение «снизу» к шести измерениям, которыми мы располагаем, тогда должно исчезнуть одно измерение «сверху». Трудность понимания этой вечно меняющейся вселенной, которая сокращается и расширяется в зависимости от **размеров наблюдателя** и скорости его восприятия, уравновешивается постоянством законов и относительных положений в этих изменчивых условиях.

«Седьмое измерение» невозможно, ибо это была бы линия, которая никуда не ведет, идет в несуществующем направлении.

Линия невозможностей есть линия седьмого, восьмого и других несуществующих измерений, линия, которая ведет «никуда» и приходит «ниоткуда». Не важно, какую необычную вселенную мы способны вообразить; но при этом мы не можем допустить существования Солнечной системы, в которой Луна сделана из зеленого сыра. Точно так же о каких бы необычных научных манипуляциях мы ни думали, мы не в состоянии себе представить, чтобы Эйнштейн действительно воздвиг на Потсдамской площади мачту для измерения расстояния между землей и облаками, хотя он и грозился в одной из своих книг сделать это.

Таких примеров можно привести множество. Вся наша жизнь фактически состоит из явлений «седьмого измерения», т. е. из явлений фиктивной возможности, фиктивной важности и фиктивной ценности. Мы живем в седьмом измерении и не способны выбраться из него. И наша модель вселенной никогда не сможет стать полной, если мы не поймем места, занимаемого в ней «седьмым измерением». Но понять это очень трудно. Мы даже не приближаемся к пониманию того, как много **несуществующих вещей** играет важную роль в нашей жизни, управляет нашей судьбой и нашими действиями. Опять-таки, как было указано раньше, даже несуществующее и невозможное бывает разных степеней; поэтому вполне оправданно говорить не о седьмом измерении, а о **воображаемых измерениях**, число которых также является воображаемым.

Для того чтобы вполне обосновать необходимость рассматривать мир как мир шести измерений, или шести координат, нужно рассмотреть основные понятия физики, оставшиеся без определения, и посмотреть, нельзя ли определить их при помощи принципов, установленных нами выше.

Начнем с движения.

С точки зрения как старой, так и новой физики, движение всегда остается одним и тем же. Различают только его свойства: продолжительность, скорость, направление в пространстве, прерывность или непрерывность, периодичность, ускорение, замедление и т. п.; и все характерные особенности этих свойств приписывают самому движению, так что движение разделяется на прямолинейное, криволинейное, равномерное, неравномерное, ускоренное, замедленное и т. д. Принцип относительности движения привел к принципу сложения скоростей, а разработка принципа относительности выявила невозможность сложения скоростей, когда «земные» скорости сравнимы со скоростью света. Это повлекло за собой множество выводов, предположений и гипотез, которые в данный момент нас не интересуют. Достаточно напомнить лишь один факт, а именно: что само понятие «движение» не определено. Равным образом не определено понятие «скорость». Что касается «света», то здесь мнения физиков расходятся.

В настоящий момент нам важно осознать только то, что движение всегда рассматривалось как однородное явление. Не было попыток установить разнообразные феномены внутри самого движения. И это особенно странно, поскольку здесь определенно присутствуют четыре вида движения, четыре совершенно разных явления доступных прямому наблюдению.

В некоторых случаях прямые наблюдения нас обманывают, например, когда во многих явлениях возникает иллюзия движения. Но сами явления — это одно, а их разновидности — другое. В данном частном случае непосредственное наблюдение приводит нас к реальным и неоспоримым фактам. Нельзя рассуждать о движении, не поняв разделения движения на четыре вида.

Вот эти четыре вида движения:

1. Медленное движение, которое как движение не видно; например, движение часовой стрелки.

2. Видимое движение.

3. Быстрое движение, когда точка становится линией, например, движение тлеющей спички, которой быстро вращают в темноте.

4. Движение настолько быстрое, что оно не оставляет зрительных впечатлений, но производит определенное физическое действие, например, движение летящей пули.

Чтобы понять различие между этими четырьмя видами движения, вообразим один простой опыт. Представим себе, что мы глядим на белую стену, расположенную от нас на некотором расстоянии; по ней движется черная точка — то быстрее, то медленнее, а иногда и совсем останавливается.

Можно точно сказать заранее, когда мы начнем видеть движение точки, а когда перестанем.

Мы видим движение точки **как движение**, если эта точка за $^1/_{10}$ секунды пройдет 1—2 дуговых минуты круга, радиусом которого будет расстояние до стены. Если точка движется медленнее, она покажется нам неподвижной.

Предположим сначала, что точка движется со скоростью часовой стрелки на циферблате часов. Сравнивая ее положение с положением других, неподвижных точек, мы, во-первых, устанавливаем факт движения точки, а во-вторых, определяем скорость этого движения — но самого движения не видим.

Это и будет первый вид движения — **невидимое движение**.

Далее, если точка движется быстрее, проходя более двух дуговых минут за $^1/_{10}$ секунды, мы видим ее движение как движение. Это второй вид движения — **видимое движение**. Оно может быть самым разным по своему характеру и охватывать большую шкалу скоростей; но когда скорость возрастает в 4—5 тысяч раз, оно перейдет в **движение третьего вида**. Это значит, что, если точка будет двигаться очень быстро, проходя в $^1/_{10}$ секунды все поле нашего зрения, т. е. около 160° или 9600 дуговых минут, мы будем видеть ее не как движущуюся точку, а **как линию**.

Это третий вид движения с видимым следом, или движение, в котором движущаяся точка превращается в линию, движение с видимым прибавлением одного измерения.

И наконец, если точка мчится со скоростью, скажем, ружейной пули, мы вообще ее не увидим; однако, если эта «точка» обладает достаточным весом и массой, ее движение способно вызвать физические действия, доступные нашему наблюдению и исследованию. Мы можем, например, слышать ее движение, видеть движение других объектов, вызванное ее невидимым движением, и т. д.

Это четвертый вид движения — движение с невидимым, но воспринимаемым следом.

Все четыре разновидности движения суть абсолютно реальные факты, от которых зависят форма, аспект и корреляция явлений в нашей вселенной. Это так, потому что различия четырех видов движения не только субъективны; т. е. они различаются не только в нашем восприятии, но **и физически**, по своим результатам и по воздействию на другие явления, а прежде всего, они различны по своему отношению друг к другу; и отношение это постоянно.

Ученому физику высказанные здесь идеи могут показаться довольно наивными. Он возразит: «А что такое глаз?» Глаз обладает удивительной способностью «сохранять в памяти» виденное в течение $^1/_{10}$ секунды; если точка движется достаточно быстро для того, чтобы память каждой $^1/_{10}$ секунды сливалась с другой **памятью**, результатом будет линия. Здесь нет преобразования точки в линию; весь процесс является субъективным, т. е. происходит только внутри нас, только в нашем восприятии. На самом деле движущаяся точка движущейся точкой и остается. Именно так выглядит дело с научной точки зрения.

Это возражение зиждется на допущении того, что **мы знаем**, что наблюдаемое явление вызывается движением точки. А что, если мы не знаем этого? Как можно это установить, если невозможно приблизиться к линии, которую мы увидели, прекратить движение, остановить предполагаемую движущуюся точку?

Линию видит наш глаз; однако при определенной скорости движения такую же линию или полосу «увидит» и фотоаппарат. Движущаяся точка на самом деле превратилась в линию; и мы глубоко заблуждаемся, не доверяя своему глазу: это как раз тот случай, когда глаз нас не обманывает. Он устанавливает точный принцип разделения скоростей. Разумеется, он устанавливает его для себя, на своем уровне, на собственной шкале, которая может меняться. Но не будет меняться, скажем, в зависимости от расстояния и останется одинаковым на любой шкале — прежде всего число разновидностей движения, которых всегда будет четыре; **взаимоотношения** между четырьмя скоростями со своими производными, т. е. результатами, также останутся неизменными. Эти взаимоотношения между четырьмя видами движения создают весь видимый мир. Суть их заключается в том, что одно движение не обязательно бывает движением по отношению к другому движению; последнее возможно лишь в том случае, когда сравниваемые движения по своим скоростям не слишком отличаются друг от друга.

Так что приведенный выше пример с точкой на стене представляет собой **движение** по сравнению как с невидимой скоростью движения, так и со скоростью, достаточно большой для того, чтобы образовать линию. Однако это движение не будет движением по отношению к летящей пуле: для нее оно окажется неподвижностью — точно так же, как линия, образуемая быстро движущейся точкой, будет для медленно движущейся точки линией, а не движением. Это можно сформулировать следующим образом.

Подразделяя движение на четыре вида согласно установленному выше принципу, мы замечаем, что движение является движением (с нарастающей или убывающей скоростью) только для тех видов движения, которые располагаются поблизости, т. е. в пределах определенной корреляции скоростей, точнее, в пределах некоторого возрастания и убывания скорости, которые, по всей вероятности, можно точно установить. Более удаленные друг от друга разновидности движения, т. е. движения с существенно разными скоростями (когда, например, одна из них больше или меньше другой в четыре — пять тысяч раз), будут друг для друга не движениями с разной скоростью, а явлениями большего или меньшего числа измерений.

Но что же такое скорость? Что это за таинственное свойство движения, которое существует лишь в средних степенях и исчезает в малых и больших степенях, вычитая или прибавляя, таким образом, одно измерение? И что такое движение?

Движение есть видимое явление, зависящее от протяженности тела в трех измерениях времени. Это значит, что каждое трехмерное тело обладает еще тремя измерениями времени, которых мы, как таковых, не видим, а называем свойствами движения или свойствами существования. Наш ум не в силах охватить временные измерения в их целостности; не существует никаких понятий, которые выражали бы их сущность во всем ее многообразии, ибо все существующие «концепции времени» выражают лишь одну сторону, одно измерение. Поэтому протяженность трехмерных тел в неопределимых для нас трех измерениях времени представляется нам движением со всеми его свойствами.

По отношению к измерениям времени мы находимся точно в таком же положении, в каком находятся животные по отношению к третьему измерению пространства. В книге «Tertium Organum» я писал о восприятии третьего измерения животными. Все кажущиеся движения для них реальны. Когда лошадь пробегает мимо дома, дом поворачивается к ней разными сторонами, дерево прыгает на дорогу. Даже когда животное остается неподвижным и только рассматривает неподвижный объект, последний начинает обнаруживать необычные движения. Собственное тело животного, даже в состоянии покоя, может проявлять для него много странных движений, которые наши тела для нас не проявляют.

Наше отношение к движению и к скорости особенно сходно с таким явлением. Скорость может быть свойством пространства. Ощущение скорости, возможно, является ощущением проникновения в наше сознание одного из измерений более высокого пространства, нам неизвестного.

Можно рассматривать скорость как **угол**. Это сразу же объясняет все свойства скорости, в частности то, что и большие, и малые скорости перестают быть скоростями. Угол имеет естественную границу как в одном, так и в другом направлении. (...)

Используя введенные выше определения времени, движения и скорости, перейдем теперь к определению пространства, материи, массы, тяготения, бесконечности, соизмеримости и несоизмеримости, «отрицательных количеств» и т. д.

Что касается пространства, то мы сразу же сталкиваемся с тем, что пространство слишком охотно считают **однородным**. Даже сам вопрос о возможности разнородного пространства не возникает; а если такое случается, он не покидает области чисто математических умозаключений и не позволяет судить о реальном мире с точки зрения разнородного пространства.

Нередко самые сложные математические и метагеометрические понятия утверждают себя, отбрасывая все прочие. «Сферическое» пространство, «эллиптическое» пространство, пространство, определяемое плотностью материи и законами тяготения, «конечное, но безграничное» пространство — в любом случае, это — пространство в **целом**; и всегда это цельное пространство считается однообразным и однородным*.

Из всех позднейших определений пространства самым интересным представляется «моллюск» Эйнштейна, который предвосхищает многие будущие открытия. «Моллюск» способен самостоятельно двигаться, расширяться и сжиматься; он может быть не равным самому себе, неоднородным по отношению к самому себе.

---

* Настоящая глава в основном закончена в 1912 году; первая ее часть написана позднее. Делая обзор современного состояния физики, я не пытался довести его до сегодняшнего дня и упомянуть **все** теории, появившиеся к этому времени, потому что ни одна из них ничего не меняла в моих принципиальных выводах. Наиболее полное изложение взглядов на пространство читатель найдет в книге Эддингтона «Пространство, время и тяготение», особенно в главе «Виды пространства». Эддингтон цитирует там У. К. Клиффорда, который в книге «Здравый смысл точных наук» писал: «Теперь читателю до некоторой степени будет понятна опасность догматического утверждения о том, что аксиомы, основанные на опыте в ограниченной области, обладают универсальностью. Это утверждение может привести к тому, что мы не обратим внимания на возможное другое объяснение какого-нибудь явления или сразу же отбросим необычное объяснение. Гипотезам о том, что пространство не является плоским, что «его геометрический характер способен со временем измениться, вероятно, предстоит сыграть важную роль в физике будущего: возможно, это и не так, но нам не следует отбрасывать их как возможные объяснения физических явлений лишь потому, что они могут противоречить популярному догматическому убеждению в универсальности некоторых геометрических аксиом — убеждению, которое возникло благодаря столетиям бездумного преклонения перед гением Евклида».

Это высказывание имеет, кажется, связь с идеей разнородности пространства.

И все же «моллюск» — лишь аналогия, лишь очень робкий пример того, как можно и нужно рассматривать пространство. Чтобы создать его, понадобился весь арсенал математики, метагеометрии и новой физики наряду со «специальным» и «общим» принципами относительности.

В действительности все было бы гораздо проще, если бы существовало понятие разнородности пространства.

Попробуем рассмотреть пространство так же, как рассматривали время, с точки зрения непосредственного наблюдения.

A. Пространство, занятое домом, в котором я живу, комнатой, в которой я сейчас нахожусь, и моим телом, воспринимается мною как трехмерное. Конечно, речь здесь идет не о «чистом» восприятии, поскольку оно уже прошло сквозь призму мышления; но так как трехмерность дома, комнаты и моего тела не вызывает споров, его можно принять.

B. Я гляжу из окна и вижу часть неба с несколькими звездами на нем. **Небо для меня двухмерно**. Ум знает, что небо обладает «глубиной»; но мои непосредственные ощущения этого не подтверждают, напротив, они отрицают истинность этого факта.

C. Я размышляю о структуре материи и о такой ее единице, как молекула. Для непосредственных ощущений одна молекула не имеет размерности; но при помощи рассуждений я прихожу к выводу, что пространство, занимаемое молекулой, состоящей из атомов и электронов, должно иметь шесть измерений — три пространственных и три временных; если бы молекула не обладала тремя измерениями времени, ее три пространственных измерения не смогли бы оказать воздействия на мои внешние чувства. Очень большое количество молекул производит на меня впечатление **материи**, обладающей массой, только по причине шестимерности пространства, занимаемого каждой молекулой.

Итак, «пространство» для меня неоднородно. Комната трехмерна, а небо двухмерно. Молекула для непосредственного восприятия не имеет размерности; у атомов и электронов размерность еще меньше; но по причине своей шестимерности множество молекул производит на меня впечатление материи. Если бы молекулы не имели временны́х измерений, **материя** стала бы для меня пустотой.

К сказанному выше требуются некоторые пояснения. Во-первых, если молекулы **«не имеют размерности»**, как могут атомы и электроны иметь ее **еще меньше**? Во-вторых, каким образом временны́е измерения воздействуют на наши внешние чувства, почему пространственные измерения сами по себе не оказывают на нас влияния?

Чтобы ответить на эти вопросы, необходимо подробнее рассмотреть приведенные выше соображения.

Звезда, которая представляется мне мерцающей точкой, в действительности состоит из двух огромных солнц, каждое из которых окружено множеством планет; оба эти солнца разделены колоссальным расстоянием. На самом деле мерцающая точка занимает громадный участок трехмерного пространства.

Здесь опять-таки может возникнуть возражение, подобное тем, которые возникали в случае четырех видов движения, а именно, что я беру чисто субъективные ощущения и приписываю им реальный смысл.

И снова, как и в случае рассуждений о четырех видах движения, я могу возразить на это, что меня интересуют не ощущения, а взаимоотношения их **причин**. Причины не являются субъективными, а зависят от вполне определенных, объективных условий — в данном случае от сравнительной величины и расстояния.

Дом и комната для меня трехмерны в силу их соизмеримости с моим телом. «Небо» двухмерно, потому что оно далеко. «Звезда» кажется точкой, потому что она мала по сравнению с небом. «Молекула» может быть шестимерной, но как точка, т. е. в виде тела нулевого измерения, она не в состоянии оказать на мои внешние чувства какого-либо воздействия. Это факты, в них нет ничего субъективного.

Но это еще далеко не все.

Измерения окружающего меня пространства зависят от размеров моего тела. Если бы размеры моего тела изменились, изменились бы и измерения пространства. «Измерение» соответствует «размеру». Если измерения моего мира могут меняться с изменением моего размера, тогда и размеры моего мира тоже могут меняться.

Но в каком отношении?

Правильный ответ на этот вопрос сразу же выведет нас на верный путь.

Чем меньше будет «тело отсчета», или «система отсчета», тем меньшим окажется мир. Пространство пропорционально размерам тела отсчета, и все меры пространства пропорциональны мерам «эталона». То же самое, однако, справедливо и по отношению к самому пространству. Возьмем электрон на Солнце в его отношении к видимому пространству и к Земле. Для электрона все видимое пространство будет (конечно, приблизительно) сферой диаметром в километр; расстояние от Солнца до Земли составит несколько сантиметров, а сама Земля окажется почти «материальной точкой». Луч света с Солнца достигает Земли (для электрона) мгновенно. Этим объясняется, почему мы никогда не можем перехватить луч света на полпути.

Если же вместо электрона мы возьмем Землю, для Земли расстояние окажется гораздо больше, чем для нас. Все расстояния будут больше во столько же раз, во сколько Земля больше человеческого тела. Так обязательно бывает потому, что иначе Земля не могла бы ощутить себя трехмерным телом, каким мы ее знаем, а была бы для себя неким непостижимым шестимерным континуумом. Но такое самоощущение противоречило бы верно понятому принципу единства законов. Причина здесь в том, что, если бы Земля оказалась для себя шестимерным континуумом, тогда и нам пришлось бы стать для себя шестимерными континуумами; а поскольку мы являемся для себя трехмерными телами, Земля тоже должна быть для себя трехмерным телом. Впрочем, невозможно с уверенностью утверждать, что понятия Земли о самой себе должны непременно совпадать с нашими представлениями о себе.

Если мы теперь попробуем вообразить, каким должно быть пространство, занимаемое земными объектами, с одной стороны, для электрона, а с другой — для Земли, мы придем к очень странному и на первый взгляд парадоксальному выводу. Окружающие нас предметы — столы, стулья, вещи повседневного обихода и т. п. — не могут существовать для Земли, ибо они для нее слишком малы. В мире планет невозможно представить себе стул. Невозможно и помыслить об индивидуальном человеке в отношении к Земле, потому что индивидуальный человек не может существовать по отношению к ней. Даже все человечество в целом не может существовать по отношению к Земле. Оно существует только вместе со всем растительным и животным миром и со всем, что было создано руками человека.

На это не может быть серьезных возражений, потому что частица материи, которая по отношению к человеческому телу такова же, как само это тело или даже как все человечество, — такая частица, несомненно, не может существовать для нас по отношению к Земле. Очевидно также, что стул не может существовать в мире планет, потому что он слишком для этого мал. Что здесь является странным и парадоксальным, так это неизбежный вывод, что стул не может существовать **и для электрона или в мире электрона, — и тоже потому, что он слишком мал**.

Это утверждение представляется бессмысленным. «Логически» дело должно обстоять так, что стул не может существовать для электрона потому, что по сравнению с электроном он чересчур велик. Но так бывает только в «логической», т. е. трехмерной вселенной с постоянным пространством. Шестимерная вселенная нелогична, и пространство внутри нее может сокращаться и расширяться в гигантских масштабах, сохраняя при этом только одно постоянное свойство, а именно, **углы**. Поэтому пространство, существующее для электрона в пропорции к его размерам, будет настолько малым, что **стул** практически не займет в этом пространстве никакого места.

Таким образом, мы пришли к пространству, которое расширяется и сжимается сообразно размерам «эталона», — к пространству, способному сжиматься и расширяться. В новой физике ближе всего к этой идее «моллюск» Эйнштейна. Но как и большинство идей новой физики, этот «моллюск» не столько являет собой формулировку какого-то нового принципа, сколько попытку показать непригодность старого. «Старое» в этом случае — неподвижное и неизменное пространство. То же самое можно сказать и об идее пространственно-временного континуума. Новая физика признает, что пространство нельзя рассматривать отдельно от времени, а время — отдельно от пространства; но какова сущность взаимоотношений пространства и времени и почему явления пространства и явления времени кажутся непосредственному восприятию разными — этого новая физика не выясняет.

Новая модель вселенной утверждает как непреложный факт единство пространства и времени, а также различия между ними; кроме того, она описывает принцип перехода пространства во время, а времени — в пространство.

В старой физике пространство всегда было пространством, а время — временем. В новой физике обе эти категории составляют одну, **пространство — время**. В новой же модели вселенной явления одной категории могут переходить в явления другой категории, и наоборот.

Когда я пишу о пространстве, о понятиях пространства и об измерениях пространства, я имею в виду пространство для нас. Для электрона и, весьма вероятно, даже для тел, гораздо более крупных, чем электрон, наше пространство окажется временем.

Шестиконечная звезда, изображавшая мир в древней символике, в действительности есть выражение пространства — времени «периода измерений», т. е. трех измерений пространства и трех измерений времени в их совершенном единстве, где каждая точка пространства связана со всем временем, а каждый момент времени — со всем пространством, когда **все находится повсюду и везде**.

Но это состояние шестимерного пространства непостижимо и недоступно для нас, потому что наши органы чувств и ум позволяют нам устанавливать связь только с материальным миром, т. е. с миром определенных ограничений по отношению к высшему пространству. Мы никогда не можем видеть шестиконечную звезду.

Что же такое материальный мир? Что значит материальность? Что такое материя?

Ранее в этой главе цитировалось определение Хвольсона:

«Объективизируя причину ощущения, т. е. перенося эту причину в определенное место в пространстве, мы считаем, что это пространство содержит нечто, называемое нами **материей**, или субстанцией».

И далее:

«Употребление термина «материя» было ограничено исключительно материей, которая способна более или менее непосредственно воздействовать на наши органы осязания».

Современные физика и химия многого добились в изучении строения и состава материи и не ограничиваются определениями, подобными определению Хвольсона; они рассматривают как **материю** все, что можно измерить и взвесить, хотя бы и опосредованным образом. Изучая строение и состав материи, ученые имеют дело с разновидностями материи, которые столь малы, что не могут оказать никакого воздействия на наши органы осязания, и тем не менее признают их материальными.

Фактически же, и старая точка зрения, которая ограничивала понятие материи слишком узкими рамками, и новая точка зрения, которая чересчур расширяет сферу материального, — обе допускают ошибку.

Чтобы избежать противоречий, неточностей и путаницы в терминах, необходимо установить наличие нескольких **степеней материальности:**

1. Материя в твердом, жидком и газообразном состояниях (до определенного уровня разреженности), т. е. состояниях, в которых материю можно разделить на «частицы».

2. Очень разреженные газы, состоящие из отдельных молекул; молекулы, распавшиеся на составляющие их атомы.

3. Лучистая энергия — свет, электричество и т. п. — **электронное состояние материи**, или электроны и их производные, не связанные в атомы. Некоторые физики считают это

состояние **распадом материи**, но данных, подтверждающих эту точку зрения, нет.

Неизвестно, что удерживает электроны в атомах, так же как неизвестно, что удерживает молекулы в клетках, а протоплазму — в живой органической материи.

Необходимо помнить о степенях материальности, так как без использования их невозможно отыскать выход из того хаоса, в котором оказались физические науки.

Что же означают эти подразделения с точки зрения упомянутых принципов «новой модели вселенной», и как можно определить степени материальности?

Материя первого рода трехмерна, т. е. любую часть этой материи и любую ее «частицу» можно измерить в длину, ширину и высоту; она существует во времени, т. е. в четвертом измерении.

Материя второго и третьего рода, т. е. ее составные части (молекулы, атомы и электроны), не имеют пространственных измерений, сравнимых с измерениями частиц материи первого рода; они осознаются нами только в больших массах и только через свои временные измерения — четвертое, пятое и шестое; иначе говоря, они достигают сознания лишь благодаря своему движению и повторению этого движения.

Таким образом, только первую степень материи можно считать существующей в геометрических формах и в трехмерном пространстве. Атомную и электронную материю можно с полным правом рассматривать как материю, принадлежащую не нашему, а другому пространству, потому что для ее описания требуется шесть измерений. Ее единицы — молекулы, атомы и электроны, взятые сами по себе, — вполне естественно назвать **нематериальными**.

Итак, материальность делится для нас на три категории, или три степени.

Первый вид материальности представляет собой состояние материи, из которой состоят наши тела. Эта материя и любая ее часть должны обладать (для нас) тремя измерениями в пространстве и одним измерением во времени; пятое и шестое измерения мы постичь не в состоянии.

В материальности первого вида (для нас) больше пространства, чем времени.

Второй и третий виды материальности представляют собой состояния молекул, атомов и электронов, которые (для органов ощущения) имеют нулевое измерение в пространстве и осознаются нами только в силу трех своих измерений времени.

В материальности второго и третьего рода (для нас) больше времени, чем пространства.

Переход материи из твердого состояния в жидкое и из жидкого в газообразное касается только молекул, т. е. расстояния между ними и их сцепления. Но во всех этих состояниях — твердом, жидком и газообразном — внутри молекул все остается одинаковым, т. е. пропорциональность материи и пустоты не меняется. Внутри атомов электроны одинаково удалены друг от друга и так же вращаются по своим орбитам при всех состояниях сцепления молекул. Изменения в плотности материи, ее переход из твердого состояния в жидкое или газообразное никоим образом на них не действуют.

Мир внутри молекул напоминает пространство, где движутся небесные тела. Электроны, атомы, молекулы, планеты, солнечные системы, скопления звезд — все это явления одного и того же порядка. Электроны движутся внутри атома по своим орбитам совершенно так же, как планеты в Солнечной системе. Электроны суть такие же небесные тела, как планеты; даже их скорость такая же, как скорость планет. В мире электронов и атомов можно наблюдать все явления, которые наблюдают в астрономическом мире. В этом мире существуют и кометы, которые странствуют от одной Солнечной системы к другой. Есть там и метеоры, и потоки метеоритов. «Как вверху, так и внизу» — кажется, наука подтверждает старую формулу герметистов. Но, к несчастью, **так только кажется**, потому что модель вселенной, которую строит наука, слишком неустойчива и может разлететься на куски при первом же прикосновении.

Действительно, что связывает все эти вращающиеся частицы, или агрегаты, материи? Почему планеты Солнечной системы не разлетаются в разные стороны? Почему они продолжают вращаться по своим орбитам вокруг центрального светила? Почему электроны оказываются связанными друг с другом, создавая таким образом атом? Почему они не разлетаются, а материя не распадается в пустоте? Подобные вопросы в той или иной форме всегда стояли перед наукой; но даже в наши дни она не в состоянии ответить на них, не вводя при этом два новых неизвестных: «притяжение» (или «тяготение») и «эфир».

«Притяжение, — говорит наука, — удерживает планеты около Солнца, а электроны в одном целостном образовании; притяжение, эта таинственная сила, проявляется в воздействии более крупной массы на массу меньших размеров». Этот ответ науки на заданный выше вопрос вызывает новый вопрос: как может одна масса влиять на другую, хотя бы и меньшую, когда она находится от нее на большом расстоянии? Если представить себе Солнце в виде большого яблока, Земля будет маковым зернышком, находящимся в двенадцати шагах от яблока. Как же возможно, чтобы яблоко подействовало на маковое зерно на расстоянии двенадцати шагов? Они должны быть каким-то образом связаны, иначе воздействие одного тела на другое совершенно непостижимо и фактически невозможно.

Ученые пытались дать ответ на этот вопрос, выдвинув гипотезу, что существует некая **среда**, через которую передается воздействие и в которой вращаются электроны, а может быть, и небесные тела.

Но с точки зрения новой модели вселенной подобные гипотезы, равно как и гипотеза тяготения, совершенно не нужны.

Материя атома заставляет нас ощущать ее существование благодаря движению. Если бы движение внутри атома прекратилось, материя превратилась бы в пустоту, в ничто. Действие материальности, впечатление массы создаются **движением** мельчайших частиц, которое **требует времени**. Если мы отбросим время, если представим себе атомы без времени, т. е. вообразим все электроны неподвижными, **материи не будет. Неподвижные** малые величины находятся вне нашего восприятия. Мы воспринимаем не их, а их орбиты, даже орбиты их орбит.

Небесное пространство является для нас пустым, иначе говоря, как раз тем, чем была бы материя без времени.

Но в случае небесного пространства мы раньше, чем в случае материи, узнали, что видимое нами не соответствует реальности, хотя наука по-прежнему далека от правильного понимания этой реальности.

Светящиеся точки превратились в миры, движущиеся в пространстве; возникла вселенная летающих шаров. Однако эта концепция не является завершением возможного понимания небесного пространства.

Если схематически изобразить взаимную связь небесных тел, мы представим их себе в виде точек или дисков на большом расстоянии друг от друга. Как нам известно, они не являются неподвижными и вращаются одна вокруг другой; мы знаем также, что они не являются точками. Луна вращается вокруг Земли, Земля — вокруг Солнца; а Солнце, в свою очередь, вращается вокруг неизвестного нам светила или, во всяком случае, движется в определенном направлении. Следовательно, Луна, вращаясь вокруг Земли, вращается в то же время вокруг Солнца и движется куда-то вместе с ним. Земля тоже вращается вокруг Солнца и одновременно вокруг како-го-то неизвестного центра.

Если мы захотим графически изобразить траектории этого движения, мы сделаем это следующим образом: путь Солнца — в виде линии, путь Земли — в виде спирали вокруг этой линии, и путь Луны — в виде спирали вокруг спирали Земли. Если же мы захотим изобразить траекторию Солнечной системы в целом, нам придется отметить пути всех планет и астероидов в виде спиралей вокруг центральной линии Солнца, а пути спутников планет — в виде спиралей вокруг спиралей планет. Нарисовать такой рисунок очень трудно, а с астероидами он фактически невозможен. Еще труднее построить по этому рисунку точную модель, особенно если при этом необходимо строго соблюдать все соотношения, расстояния и т. п. Но если бы нам удалось ее все-таки построить, она оказалась бы точной моделью небольшой частицы **материи**, во много раз увеличенной; и если бы удалось уменьшить эту модель в требуемое число раз, она показалось бы нам непроницаемой материей, в точности совпадающей с той материей, которая нас окружает.

Материя, или субстанция, из которой состоят наши тела и все окружающие объекты, построена совершенно так же, как Солнечная система; только мы не в состоянии воспринимать электроны и атомы как неподвижные точки, а воспринимаем их в виде сложных и запутанных траекторий их движения, которые создают впечатление массы. Если бы мы смогли воспринять Солнечную систему на значительно более мелкой шкале, она вызвала бы у нас впечатление материи. В этой Солнечной системе для нас не было бы пустоты — точно так же, как нет пустоты в окружающей нас материи.

Пустота или заполненность пространства целиком зависит от измерений, в которых мы воспринимаем материю или частицы материи, содержащиеся в этом пространстве. А измерения, в которых мы воспринимаем материю, зависят от размера частиц этой материи по сравнению с нашими телами и с бóльшим или меньшим расстоянием, отделяющим нас от них; эти измерения зависят также от нашего восприятия их движения, которое создает субъективный фактор мира; он, в свою очередь, связан со скоростью собственного движения частиц и нашего восприятия.

Все указанные условия, взятые вместе, предопределяют измерения, в которых мы воспринимаем различные скопления материи.

Целый мир из нескольких солнц с окружающими их планетами и спутниками, несущийся в пространстве с огромной скоростью, но отделенный от нас большим расстоянием, воспринимается нами в виде неподвижной точки.

Почти недоступные измерениям мельчайшие электроны во время движения превращаются в линии; эти линии, пересекаясь друг с другом, создают впечатление массы, т. е. твердой и непроницаемой материи, из которой состоят окружающие нас трехмерные тела. Материя создана тончайшей паутиной, сотканной траекториями движения «материальных точек».

Для понимания мира необходимо изучать принципы этого движения, потому что, только выяснив эти принципы, мы получим точное представление о том, как ткется и утолщается паутина, созданная движением электронов, — и как из этой паутины строится целый мир бесконечно разнообразных явлений.

Главный принцип структуры материи с точки зрения новой модели вселенной — это идея **градаций**. Материю одного рода нельзя описывать как состоящую из единиц материи другого рода. Величайшей ошибкой было бы утверждать, что воспринимаемая нами материя состоит из атомов и электронов.

Атомы состоят из электронов и позитронов. **Молекулы** состоят из атомов. **Частицы** материи состоят из молекул. **Материальные тела** состоят из материи. Нельзя говорить, что материальные тела состоят из молекул или атомов; атомы и молекулы не следует рассматривать как материальные частицы. Они принадлежат иному пространственно-временному континууму. Раньше уже указывалось, что они содержат больше времени, чем пространства. Электроны — скорее единицы времени, чем единицы пространства.

Считать, например, что тело человека состоит из электронов или даже из атомов и молекул, так же ошибочно, как ошибочно рассматривать население большого города или любое скопление людей (например, роту солдат) как состоящее из **клеток**. Очевидно, что население города, как и рота солдат, состоит не из микроскопических клеток, а из индивидуальных людей. Точно так же тело человека состоит из отдельных клеток, или, в чисто физическом смысле, из материи. Конечно, я имею в виду не только метафору, позволяющую видеть в скоплении людей организм, а в отдельных людях — клетки этого организма.

Как только мы поймем общую взаимосвязь и неразрывность, проистекающие из принятых выше определений материи и массы, отпадет необходимость в целом ряде гипотез.

Первой отпадает гипотеза тяготения. Тяготение необходимо лишь в «мире летающих шаров»; в мире **взаимосвязанных спиралей** оно становится ненужным. Точно так же исчезает необходимость в допущении особой «среды», через которую передается тяготение, или «действие на растоянии». Все связано. Мир образует Единое Целое.

Вместе с тем, возникает другая интересная проблема. Гипотеза тяготения была связана с наблюдениями явлений веса и падения тел. Согласно легенде о Ньютоне (вернее, о яблоке, на падение которого обратил внимание Ньютон), эти наблюдения в самом деле давали основания для построения гипотезы. Никому не пришло в голову, что явления, объясняемые «тяготением», или «притяжением», с одной стороны, и явления «веса», с другой, представляют собой **совершенно разные феномены**, не имеющие между собой ничего общего.

Солнце, Луна, звезды, которые мы видим, — это сечения спиралей, для нас невидимых. Эти сечения не выпадают из спиралей в силу того же принципа, согласно которому **сечение яблока** не может выпасть из яблока.

Но падающее на землю яблоко **как бы стремится к ее центру** в силу совсем иного принципа, а именно: **принципа симметрии**. В главе 2 этой книги есть описание этого особого движения, которое я назвал движением от центра и к центру по радиусам и которое со всеми своими законами является основой и причиной явлений симметрии. Законы симметрии, когда они будут установлены и разработаны, займут важное место в новой модели вселенной. Вполне возможно, что так называемый «закон тяготения» в смысле формулы для вычислений окажется частным выражением закона симметрии.

Определение массы как результата движения невидимых точек избавляет нас от необходимости в гипотезе эфира. Луч света имеет материальную структуру, как и электрический ток; но свет и электричество — это материя, не сформировавшаяся в атомы, а пребывающая в электронном состоянии.

Возвращаясь к понятиям физики и геометрии, я должен повторить, что неправильное развитие научной мысли, которое привело в новой физике к ненужному усложнению простых, в сущности, проблем, в значительной степени оказалось следствием работы с **неопределенными** понятиями.

Одно из таких неопределенных понятий — «бесконечность».

Понятие бесконечности имеет вполне определенный смысл только в математике. В геометрии понятие бесконечности нуждается в определении; еще более — в физике. Этих определений не существует, не было даже попыток дать определения, которые заслуживали бы внимания. «Бесконечность» берется как нечто очень большое, больше всего, что мы способны постичь, — и в то же время как нечто, совершенно однородное с конечным и разве что недоступное подсчету. Иными словами, никто никогда не утверждал в определенной и точной форме, что бесконечное и конечное **неоднородны**. Иначе говоря, не было достоверно установлено, **что именно** отличает бесконечное от конечного физически или геометрически.

На самом деле, и в области геометрии, и в области физики бесконечность имеет отчетливый смысл, который явно отличается от строго математического. Установление разных значений бесконечности разрешает множество проблем, иначе не поддающихся разрешению, выводит мысль из целого ряда лабиринтов и тупиков, созданных искусственно или по непониманию.

Прежде всего, можно дать точное определение бесконечности, не смешивая при этом физику с геометрией, что является любимой идеей Эйнштейна и основой неевклидовой геометрии. Ранее я уже указывал, что смешение физики и геометрии, введение физики в геометрию или физическая переоценка геометрических значений (все эти жесткие и упругие стержни и т. п.), которые следуют из математической оценки геометрических и физических значений, — не нужны ни для подтверждения теории относительности, ни для чего бы то ни было.

Физики совершенно правы, чувствуя, что геометрии для них недостаточно; с их багажом им мало места в евклидовом пространстве. Но в геометрии Евклида есть одна замечательная черта (из-за которой евклидову геометрию **необходимо сохранить в неприкосновенности**) — она содержит указание на выход. Нет необходимости разрушать и уничтожать геометрию Евклида, ибо она вполне в состоянии приспособиться к любого рода физическим открытиям. **И ключ к этому — бесконечность**.

Различие между бесконечностью в математике и бесконечностью в геометрии очевидно с первого же взгляда. Математика не устанавливает двух бесконечностей для одной конечной величины. Геометрия начинается именно с этого.

Возьмем любой отрезок. Что будет для него бесконечностью? У нас два ответа: линия, продолженная в бесконечность, или квадрат, одной стороной которого является данный отрезок. А что будет бесконечностью для квадрата? Бесконечная плоскость или куб, сторону которого составляет данный квадрат. Что будет бесконечностью для куба? Бесконечное трехмерное пространство или фигура четырех измерений.

Таким образом, сохраняется привычное понятие бесконечной прямой, но к нему добавляется другое понятие бесконечности как плоскости, возникающей движением линии в направлении, перпендикулярном самой себе. Остается бесконечная трехмерная сфера; но четырехмерное тело также является бесконечным для трехмерного. Сверх того, сама проблема значительно упрощается, если помнить, что «бесконечная» прямая, «бесконечная» плоскость и «бесконечное» тело суть чистые абстракции, тогда как отрезок по отношению к точке, квадрат по отношению к отрезку и куб по отношению к квадрату суть реальные и конкретные факты.

Итак, не покидая области фактов, можно следующим образом сформулировать принципы бесконечности в геометрии: для каждой фигуры данного числа измерений бесконечность есть фигура данного числа измерений плюс одно.

Фигура низшего числа измерений **несоизмерима** с фигурой высшего числа измерений. Несоизмеримость и создает бесконечность.

Все это довольно элементарно. Но если мы твердо запомним выводы, которые следуют из этих элементарных положений, они позволят нам освободиться от влияния ложно толкуемого принципа Аристотеля о постоянстве явлений. Принцип Аристотеля верен в пределах конечного, в пределах соизмеримого; но как только начинается бесконечность, мы уже ничего не знаем о постоянстве явлений и законов и не имеем никакого права что-либо утверждать о нем.

Продолжая эти рассуждения, мы сталкиваемся с другим, еще более интересным фактом, а именно: **физическая** бесконечность отличается от **геометрической** бесконечности так же существенно, как **геометрическая** бесконечность отличается от **математической**. Или, точнее, физическая бесконечность начинается **гораздо раньше** геометрической. И если математическая бесконечность имеет только один смысл, а геометрическая — два, то физическая бесконечность имеет много смыслов: математический (неисчислимость), геометрический (наличие нового измерения или неизмеримая протяженность) и чисто физические смыслы, связанные с различиями в функциях.

Бесконечность порождена несоизмеримостью. Но прийти к несоизмеримости можно разными путями. В физическом мире несоизмеримость может возникнуть лишь вследствие **количественной** разницы. Как правило, только те величины считаются несоизмеримыми, которые обладают качественными различиями; качественное различие считается независимым от количественного. Но именно здесь и скрывается главная ошибка. Количественная разница вызывает качественную.

В математическом мире несоизмеримость связана с тем, что одна из сравниваемых величин оказывается **недоступной вычислению**. В мире геометрии она порождается или бесконечной протяженностью одной из сравниваемых величин, или наличием в ней нового измерения. В физическом мире несоизмеримость порождается различием в размерах, которое позволяет иногда даже производить расчеты.

Все это значит, что геометрическая бесконечность отличается от математической тем, что она **относительна**. Математическая бесконечность одинаково бесконечна для любого конечного числа, а геометрическая абсолютного значения не имеет. Квадрат является бесконечностью для отрезка, но он всего лишь **больше** одного, меньшего квадрата или меньше другого, большего. В физическом мире крупное тело часто несоизмеримо с малым; а нередко малое оказывается больше крупного. Гора несоизмерима с мышью; но мышь больше **горы** благодаря совершенству своих функций, благодаря принадлежности к другому уровню бытия.

Далее следует упомянуть, что **функционирование любой отдельной вещи возможно лишь в том случае, если эта вещь обладает определенными размерами**. Причину, по которой на этот факт не обратили внимания давным-давно, следует искать в неправильном понимании принципа Аристотеля.

Физики часто наблюдали следствия этого закона (что функционирование любой отдельной вещи возможно, только если эта вещь обладает определенным размером), но это не привлекало к себе их внимания и не привело к тому, чтобы объединить наблюдения, полученные в разных областях. В формулировках многих физических законов имеются оговорки о том, что такой-то закон справедлив только для средних **величин**, а в случае больших или малых величин его надо изменить. Еще очевиднее эта закономерность заметна в явлениях, изучаемых биологией и социологией.

Вывод из сказанного можно сформулировать так:

Все существующее является самим собой лишь в пределах узкой и очень ограниченной шкалы. На другой шкале оно стано-

вится чем-то другим. Иначе говоря, любая вещь и любое событие имеют определенный смысл только в пределах некоторой шкалы, их можно сравнивать с вещами и событиями, имеющими пропорции, не слишком далекие от его собственных, т. е. существующими в пределах той же шкалы.

Стул не может быть стулом в мире планет. Точно так же стул не может быть стулом в мире электронов. Стул имеет свой смысл и три своих измерения только среди предметов, созданных руками человека, которые служат его нуждам и потребностям и соизмеримы с ним. На планетарной шкале стул не обладает индивидуальным существованием, ибо там он не имеет никакой функции. Это просто крохотная частица материи, неотделимая от той материи, которая ее окружает. Как объяснялось раньше, в мире электрона стул **также** слишком мал для функций и потому теряет всякий смысл и всякое значение. Фактически **стул** не существует даже в сравнении с такими вещами, которые отличаются от него гораздо меньше, чем планеты или электроны. Стул в океане или в окружении альпийских хребтов будет точкой, лишенной измерений.

Все это показывает, что несоизмеримость существует не только среди предметов разных категорий и обозначений, не только среди предметов разной размерности, но и среди предметов, значительно отличающихся друг от друга своими размерами. Крупный объект часто оказывается бесконечностью по сравнению с малым.

Любой предмет и любое явление, становясь больше или меньше, перестают быть тем, чем они были, и становятся чем-то другим — переходят в иную категорию.

Этот принцип совершенно чужд как старой, так и новой физике. Наоборот, любой предмет и любое явление остаются для физики тем, чем они были признаны в самом начале: материя остается материей, движение — движением, скорость — скоростью. Но именно возможность перехода пространственных явлений во временны́е, а временны́х — в пространственные обусловливает вечную пульсацию жизни. Такой переход имеет место, когда данное явление становится бесконечностью по отношению к другому явлению.

С точки зрения старой физики, скорость считалась общеизвестным явлением, не нуждающимся в определении; и она всегда оставалась скоростью. Она могла возрастать, увеличиваться, становиться **бесконечной**. Никому и в голову не приходило усомниться в этом. И только случайно наткнувшись на то, что скорость света является предельной скоростью, физики вынуждены были признать, что в их науке не все в порядке, что идея скорости нуждается в пересмотре.

Но, конечно, физики не смогли сразу отступить и признать, что скорость может перестать быть скоростью и сделаться чем-то другим.

С чем же, собственно, они столкнулись?

Они столкнулись с одним случаем бесконечности. Скорость света бесконечна по сравнению со всеми скоростями, которые можно наблюдать или создавать экспериментально, и как таковая не может быть увеличена. Фактически она перестает быть скоростью и становится **протяженностью**.

Луч света обладает дополнительным измерением по сравнению с любыми объектами, которые движутся с «земной скоростью».

Линия есть бесконечность по отношению к точке. Движение точки этого соотношения не меняет: линия всегда остается линией.

Идея предельной скорости возникла, когда физики столкнулись со случаем очевидной бесконечности. Но даже и без этого все неувязки и противоречия старой физики, вскрытые и перечисленные Эйнштейном и снабдившие его материалом для построения его теорий, — все они без исключения являются результатом различия между бесконечным и конечным. Он и сам нередко ссылается на это.

Описание Эйнштейном примера «поведения часов и измерительных стержней на вращающемся мраморном диске» страдает одним недостатком. Эйнштейн забыл сказать, что диаметр «мраморного диска», к которому прикреплены часы, начинающие идти по-разному при разных скоростях движения диска в зависимости от расстояния до центра, должен равняться расстоянию от Земли до Сириуса; а сами «часы» должны иметь размеры с атом: на обычной точке, поставленной на бумаге, помещается около пяти миллионов таких «часов». При таком различии размеров действительно могут наблюдаться странные явления, вроде неодинаковой скорости часов или изменения длины стержней. Но «диск» с диаметром от Земли до Сириуса и часы размером с атом существовать не могут. Такие часы прекратят свое существование еще до того, как изменится их скорость, хотя современной физике понять это не под силу, поскольку она, как я указывал раньше, не способна освободиться от принципа постоянства явлений Аристотеля и потому не хочет замечать, что постоянство разрушается несоизмеримостью. Вообще, в пределах земных возможностей поведение часов и измерительных стержней будет вполне благопристойным, и для всех практических целей мы вполне можем на них полагаться. Одного нам не следует делать — задавать им какие бы то ни было «задачи на бесконечность».

В конце концов, все случаи непонимания вызваны именно «задачами на бесконечность», главным образом из-за того, что бесконечность низводится до уровня конечных величин. Разумеется, результат будет отличаться от ожидаемого; а при неожиданном результате необходимо как-то к нему приспособиться. «Специальный» и «общий» принципы относительности суть довольно сложные и утомительные способы приспособления к необычным и неожиданным результатам «задач на бесконечность» с целью их объяснения.

Сам Эйнштейн пишет, что доказательства его теорий могут быть найдены в явлениях астрономических, электрических и световых. Иными словами, он утверждает, что все задачи, требующие для решения применения частных принципов относительности, связаны с бесконечностью или несоизмеримостью.

Специальный принцип относительности проистекает из трудности определения одновременного протекания двух событий, разделенных пространством, и, прежде всего, из невозможности сложения скоростей при сравнении земных скоростей со скоростью света. Но это как раз и есть случай неоднородности конечного и бесконечного.

О такой неоднородности я уже говорил раньше; что же касается определения одновременности протекания двух событий, то Эйнштейн не уточняет, при каком расстоянии между двумя событиями становится невозможно установить их одновременность. Если мы настоятельно потребуем объяснений, то наверняка получим ответ, что расстояние должно быть «очень большим». Это «очень большое» расстояние опять-таки доказывает, что Эйнштейн переносит проблему в бесконечность.

Время действительно различно для разных систем тел, находящихся в движении. Но оно несоизмеримо (не может быть синхронизировано) только в том случае, когда движущиеся системы разделены очень большим расстоянием, которое на деле оказывается для них бесконечностью; то же самое случается тогда, когда они существенно отличаются друг от друга размерами или скоростями, т. е. когда одна из систем оказывается бесконечностью по сравнению с другой или содержит в себе бесконечность.

К этому можно добавить, что не только время, но и пространство является для этих систем различным, изменяясь в зависимости от их размеров и скоростей.

Общее положение вполне правильно:

«Каждая изолированная система имеет свое собственное время».

Но что значит выражение «изолированная»? И как могут быть отдельными системы в **мире взаимосвязанных спиралей**? Все, что существует в мире, составляет единое целое; ничего отдельного быть не может.

Принцип отсутствия изолированности и невозможности отдельного существования является важной частью некоторых философских учений, например, буддизма, где одним из первых условий правильного понимания мира считается преодоление в себе «чувства отдельности».

С точки зрения новой модели Вселенной, отдельность существует, — но только относительная отдельность.

Вообразим систему зубчатых колес; они вращаются с разной скоростью в зависимости от своей величины и места, которое занимают в целой системе. Эта система, например механизм обычных ручных часов, составляет одно целое, и, с определенной точки зрения, в ней не может быть ничего отдельного. С другой точки зрения, каждое зубчатое колесо движется со своей собственной скоростью, т. е. обладает отдельным существованием и **собственным временем**.

Анализируя проблему **бесконечности** и бесконечных величин, мы затрагиваем и некоторые другие проблемы, в которые также необходимо внести ясность для правильного понимания новой модели Вселенной. Некоторые из них мы уже рассматривали. Остается проблема **нулевых** и **отрицательных величин**.

Попробуем сначала рассмотреть эти величины так же, как рассматривали бесконечность и бесконечные величины, т. е. попытаемся сравнить их смысл в математике, геометрии и физике.

В математике нуль всегда имеет одно значение. Нет оснований говорить о **нулевых величинах** в математике.

Нуль в математике и точка в геометрии имеют примерно один и то же смысл — с той разницей, что точка в геометрии указывает на **место**, в котором что-то начинается, кончается или что-то происходит, например пересекаются две линии. А в математике нуль указывает на предел некоторых возможных операций. Но, в сущности, между нулем и точкой нет разницы; оба не имеют независимого существования.

В физике — совершенно иное дело. **Материальная точка** является точкой только на данной шкале. Если шкала изменилась, точка может превратиться в очень сложную и многомерную систему огромной величины.

Вообразим небольшую географическую карту, на которой даже самые крупные города обозначены точками. Предположим, что мы нашли средство выбирать из этих точек все содержимое или наполнять их новым содержимым. Тогда то, что выглядело точкой, проявит множество новых свойств и качеств, включая протяженность и размеры. В городе появятся улицы, парки, дома, люди. Как понимать размеры этих улиц, площадей, людей?

Когда город был для нас точкой, они были **меньше точки**. Разве нельзя назвать их размеры **отрицательным измерением**?

Непосвященные, как правило, не знают, что понятие «отрицательной величины» в математике не определено. Оно имеет определенный смысл только в элементарной арифметике, а также в алгебраических формулах, где означает скорее необходимость некоторой **операции**, чем различие в свойствах величин. В физике же «отрицательная величина» вообще лишена смысла. Тем не менее мы уже столкнулись с отрицательными величинами, когда говорили об измерениях внутри атома, и мне пришлось указать, что, хотя атом (или молекула) не измеряется непосредственными ощущениями, т. е. равен нулю, эти измерения **внутри атома**, протяженность его частиц, оказываются еще меньшими, т. е. **меньше нуля**.

Итак, чтобы говорить об отрицательных величинах, мы не нуждаемся ни в метафорах, ни в аналогиях — они связаны с измерениями внутри того, что кажется материальной точкой. Именно этим и объясняется, почему неверно считать мельчайшие частицы (такие, как атомы или электроны) материальными. Они нематериальны, ибо **отрицательны** в физическом смысле, т. е. меньше **физического нуля**.

Собрав воедино все, что было сформулировано выше, мы видим, что, кроме периода **шести измерений**, мы имеем **воображаемые измерения**, седьмое, восьмое и т. д., которые продолжаются в несуществующих направлениях и различаются по степени невозможности, а также **отрицательные измерения**, которые представляют собой для нас материальные точки внутри мельчайших частиц материи.

В новой физике конфликт между старыми и новыми идеями времени и пространства особенно заметен в концепциях световых лучей; правильное понимание природы светового луча наверняка разрешит спорные пункты в вопросах времени и пространства. Поэтому я закончу главу о новой модели вселенной анализом луча света; но, прежде чем начинать этот анализ, я должен рассмотреть некоторые свойства времени, понятого как трехмерный континуум.

До сих пор я рассматривал время как меру движения. Но движение само по себе есть ощущение **неполного** восприятия данного пространства. Для собаки, лошади или кошки наше третье измерение является движением. Для нас движение начинается в четвертом измерении и представляет собой частичное ощущение четвертого измерения. Но как для животных воображаемые движения объектов, которые в действительности составляют третье измерение последних, растворяются в тех движениях, которые являются движениями уже для нас, т. е. в четвертом измерении, так и для нас движения четвертого измерения растворяются в движениях пятого и шестого измерений. Начав отсюда, мы должны попытаться установить нечто такое, что позволило бы нам судить о свойствах пятого и шестого измерений. Их отношение к четвертому измерению должно быть аналогичным отношению четвертого измерения к третьему, третьего ко второму и т. д. Это значит, прежде всего, что новое, высшее измерение должно быть несоизмеримым с низшим измерением и являться для него бесконечностью, как бы повторять его характерные признаки бесконечное число раз.

Таким образом, если мы примем «время» как протяженность от «прежде» до «после» за четвертое измерение, чем в таком случае будет пятое измерение? Иначе говоря, что станет бесконечностью для времени, что окажется несоизмеримым со временем?

Именно световые явления позволяют нам непосредственно соприкоснуться с движениями пятого и шестого измерений.

Линия четвертого измерения всегда и везде является замкнутой кривой, хотя на шкале нашего трехмерного восприятия мы не видим ни того, что эта линия представляет собой кривую, ни ее замкнутости. Замкнутая кривая четвертого измерения, или круг времени, есть жизнь, существование любого отдельного объекта, любой изолированной системы, которая рассматривается во времени. Но круг времени не разбивается, не исчезает. Он продолжает существовать и, соединяясь с другими, ранее возникшими кругами, переходит в вечность. Вечность есть бесконечное повторение полного круга, времени, жизни, существования. Вечность несоизмерима со временем. Вечность — это бесконечность для времени.

Световые кванты — как раз и суть такие круги **вечности**.

Третье измерение времени, или шестое измерение пространства, есть растяжение этих вечных кругов в спираль или в цилиндр с винтовой нарезкой, где каждый круг замкнут в себе (с вечным движением по этому кругу) и одновременно переходит в другой круг, который тоже вечен, — и т. д.

Такой полый цилиндр с двумя видами нарезки есть модель светового луча, модель трехмерного времени.

Следующий вопрос: где находится электрон? Что происходит с электроном молекулы, которая испускает кванты света? Для новой физики этот вопрос — один из труднейших. Но с точки зрения новой модели вселенной ответ на него прост и ясен.

Электрон превращается в кванты, он становится лучом света. Точка превращается в линию, в спираль, в полый цилиндр.

Как трехмерные тела электроны для нас не существуют. Четвертое измерение электронов, т. е. их **существование** как законченный круг, также не имеет для нас размеров. Оно слишком мало, обладает чересчур краткой длительностью, короче нашей мысли. Мы не можем ничего знать об электронах, т. е. не способны воспринимать их непосредственно.

Только пятое и шестое измерения электронов обладают определенными размерами в нашем пространственно-временном континууме. Пятое измерение образует толщину луча, шестое — его длину.

Поэтому в случае лучистой энергии мы имеем дело не с самими электронами, а с их временны́ми измерениями, с траекториями их движения и существования, из которых соткана первичная ткань любой материи.

Если мы теперь примем приблизительное описание луча света как полого цилиндра, который состоит из квантов, находящихся близко друг к другу по всей длине луча, картина станет более ясной.

Прежде всего, устранен конфликт между теориями волнового движения и излучения, и он разрешается в том смысле, что обе теории оказываются одинаково верными и одинаково необходимыми, хотя относятся к разным явлениям или разным сторонам одного и того же рода явлений.

Колебания, или волновые движения, которые принимались за причину света, суть волновые движения, которые передаются **по уже существующим лучам света**. То, что называют «скоростью света», вероятно, является скоростью этих колебаний, проходящих вдоль луча. Этим объясняется, почему вычисления, производившиеся на основе теории колебаний, оказывались правильными и позволяли совершать новые открытия. Внутри себя луч не имеет скорости; это линия, т. е. пространственное, а не временно́е понятие.

Никакой эфир не нужен, поскольку колебания распространяются **самим светом**. Вместе с тем, он обладает «атомарной структурой», ибо сечение светового луча показало бы целую сеть, через которую могут легко проскакивать молекулы встречного газа.

Несмотря на то что ученые говорят об очень точных методах подсчета электронов и измерения их скоростей, позволительно усомниться в том, действительно ли они имеют в виду электроны — или же речь идет об их протяженности в шестом измерении, которая уже приобрела для нас пространственный смысл.

Материальная структура луча света объясняет также его возможные отклонения под влиянием действующих на него сил. Несомненно, однако, что эти силы не являются «притяжением» в ньютоновском смысле, хотя вполне допустимо, что они представляют собой силы магнитного притяжения.

Остается еще один вопрос, который я до сих пор намеренно не затрагивал, — вопрос о продолжительности существования мельчайших частиц материи — молекул, атомов и электронов. Этот вопрос никогда не рассматривался физикой серьезно: малые частицы предполагались **постоянными**, подобно материи и энергии, т. е. считалось, что они существуют неопределенно долгое время. Если когда-нибудь и возникали сомнения по этому поводу, заметных следов они не оставили; физики говорят о молекулах, атомах и электронах, во-первых, как просто о частицах (об этом упоминалось выше), во-вторых, как о частицах, обладающих существованием, параллельным нашему, и занимающих некоторое время внутри нашего времени. Это никогда не утверждается прямо, но по данному поводу сомнений не возникает. Тем не менее реальное существование малых величин настолько кратковременно, что абсолютно невозможно говорить о них тем же языком, каким мы говорим о физических телах, когда они оказываются объектами исследований.

Раньше выяснилось, что пространство малых единиц пропорционально их размерам; точно так же пропорционально им и их время. Следовательно, время их существования по сравнению с нашим является почти несуществующим.

Физика говорит о наблюдениях за электронами, о вычислении их веса, скорости движения и т. д. Но для нас электрон — это просто **явление**, такое явление, которое по скорости превосходит все, что мы видим своими глазами; атом как целое, вероятно, представляет собой более длительное явление, но эта длительность находится на той же самой шкале, подобно тому как в фотоаппарате существуют короткие выдержки, мало отличающиеся по длительности друг от друга. Но как атом, так и электрон — только временные явления для нас, более того: «мгновенные» явления, не тела, а объекты. Некоторые ученые утверждают, что им удалось увидеть молекулы. Но знают ли они, как долго существует молекула по их часам? За свое чрезвычайно краткое существование молекула газа (которую только и можно наблюдать, если это вообще возможно) проходит огромные расстояния и ни в коем случае не является ни нашему глазу, ни фотокамере в виде движущейся точки. Видимая как линия, она неизбежно пересеклась бы с другими линиями, так что за единственной молекулой было бы трудно проследить даже на протяжении ничтожной доли секунды. Но если бы это каким-то образом удалось, потребовалось бы такое увеличение, которое в настоящее время просто невозможно.

Когда мы говорим о световых явлениях, необходимо иметь все это в виду. Сразу же отпадет множество ошибочных представлений, если мы поймем и хорошенько запомним тот факт, что «электрон» существует лишь неизмеримо малую долю секунды; а это значит, что нам, каковы мы есть, никогда, ни при каких обстоятельствах, нельзя его увидеть или измерить.

При существующем **научном** материале не удается обнаружить прочную основу для теории краткого существования мельчайших единиц материи. Материал для такой теории нужно искать в идее «разного времени в разных космосах», которая представляет собой часть особого учения о мире; но это — тема для другой книги.

1911—1929 годы

ГЛАВА 11

ВЕЧНОЕ ВОЗВРАЩЕНИЕ И ЗАКОНЫ МАНУ

Загадка рождения и смерти. — Ее связь с идеей времени. — «Время» в обычном мышлении. — Идеи перевоплощения. — Переселение душ. — Идея вечного возвращения. — Ницше. — Идея повторения у пифагорейцев. — Иисус. — Апостол Павел. — Ориген. — Идея повторения в современной литературе. — Кривая времени. — Линия вечности. — Фигура жизни. — Обычные способы понимания будущей жизни. — Две формы понимания вечности. — Повторение жизни. — Ощущение, что «это уже было раньше». — Невозможность доказать возвращение. — Недостаточность обычных теорий, объясняющих внутренний мир человека. — Разные типы жизни. — Тип абсолютного повторения. — Люди «быта». — Исторические личности. — «Слабые» и «сильные» личности. — Герои и толпа. — Тип с тенденцией к упадку. — Разные виды смерти душ. — Одно правило мистерий. — Удачливый тип. — Успех в жизни. — Пути эволюции. — Эволюция и вспоминание. — Разные взгляды на идею перевоплощения. — Идея кармы. — Перевоплощения в разных направлениях. — Смерть как конец времени. — Вечное Теперь. — Сходство Брахмы с рекой. — Движение в будущее. — Движение внутри настоящего. — Движение в прошлое. — Упоминания о перевоплощениях в Ветхом Завете. — «История преступлений». — Зло и насилие в прошлом. — Движение к началу времени. — Борьба с причинами зла. — Перевоплощение в прошлое. — Эволюционное движение в потоке жизни. — Трудность перевоплощения в будущее. — «Свободные места». — Естественные и сознательные «роли». — Невозможность противоречивых сознательных ролей. — Сознательные и бессознательные роли в «драме Христа». — Толпа. — Вечный Жид. — Христианство как школа подготовки актеров для «драмы Христа». — Искаженные формы христианства. — Буддизм как школа. — Существу-

ют ли в эзотеризме «социальные» теории? — Разделение на касты. — Законы Ману. — Касты и их функции. — Переход из низшей касты в высшую. — Законы брака. — Касты как естественное разделение общества. — Касты в истории. — Эпохи разделения на касты. — Что такое интеллигенция? — Вера в теории. — Порочный круг. — Невозможность переустройства общества снизу. — Где выход? — «Слепые вожди слепых».

Ключевые проблемы бытия, такие, как загадка рождения и смерти, возникновения и исчезновения, никогда не покидают человека. О чем бы он ни думал, фактически он размышляет об этих загадках и проблемах. И даже приняв решение отбросить эти вопросы и не обращать на них внимания, он на самом деле цепляется за любую возможность, даже за самую слабую, пытаясь понять что-нибудь в загадках, которые он счел неразрешимыми.

Вообще говоря, по отношению к проблемам жизни и смерти людей можно разделить на две категории. Бо́льшая часть человечества подходит к этим проблемам так же, как и к любым иным, и так или иначе, положительно или отрицательно решает их для себя. Чтобы прийти к решению, такие люди пользуются обычными методами мышления — теми же методами и категориями, которые они применяют, размышляя о вещах, встречающихся в жизни. Они или утверждают, что после смерти нет и не может быть никакого существования, или говорят, что после смерти человек тоже как-то существует, причем это существование отчасти напоминает земное, а отчасти отличается от него: оно целиком состоит из радости или из непрерывных страданий.

Но есть люди, которым известно больше этого. Они понимают, что к проблемам жизни и смерти нельзя подходить обычным путем, что невозможно думать о них в тех же формах, в каких люди думают о том, что случилось вчера или случится завтра. Но далее этого они не идут, понимая, что невозможно или, по меньшей мере, бесполезно думать об этих предметах **просто**; но что это значит — думать **не просто** — они не знают.

Чтобы правильно мыслить об этих проблемах, необходимо принять во внимание их связь с идеей времени. Мы понимаем их ровно столько же, сколько понимаем время.

С обыденной точки зрения жизнь человека выражается отрезком от рождения до смерти:

1854 1904

Человек родился, прожил пятьдесят лет и умер. Остается только неизвестным, где он находился до 1854 года и где может быть после 1904 года. Такова общая формула всех вопросов о жизни и смерти.

Наука имеет дело только с человеческим телом; согласно науке, тело не существовало до того, как было рождено; оно распадается на составные части после смерти. Философия не принимает этих вопросов всерьез, объявляя их неразрешимыми и, следовательно, наивными.

Религиозные учения, всевозможные псевдооккультные, спиритические и теософские системы утверждают, что им известно решение этих проблем.

На самом деле, конечно, никто ничего не знает.

Тайна существования до рождения и после смерти, если такое существование есть, — **это тайна времени**. И время хранит свои тайны лучше, чем это думают многие. Чтобы приблизиться к тайнам времени, необходимо сначала понять само время.

Все обычные попытки ответить на вопросы о том, «что было прежде» и «что будет после», основаны на общепринятой концепции времени:

Прежде Теперь После

Та же формула применяется к проблемам существования до рождения и после смерти в тех случаях, когда такое существование признается допустимым; иными словами, формула принимает следующий вид:

До рождения Жизнь После смерти

Именно здесь и скрывается фундаментальная ошибка. Время в смысле соотношения «прежде», «теперь» и «после» есть продукт нашей жизни, нашего бытия, наших восприятий и прежде всего нашего мышления. За пределами обычного восприятия взаимоотношение всех трех фаз времени может измениться; во всяком случае, у нас нет никаких гарантий, что оно останется тем же. Однако в обыденном мышлении, включая религиозную, теософскую и оккультную мысль, этот вопрос никогда даже и не поднимался. Время рассматривается как нечто, не подлежащее обсуждению, свойственное нам раз и навсегда, неотъемлемое и всегда одинаковое. Что бы с нами ни произошло, время всегда принадлежит нам — и не только время, но и вечность.

Мы пользуемся этим словом, не понимая его истинного смысла. Мы считаем «вечность» бесконечной протяженностью времени, тогда как в действительности «вечность» означает **иное** измерение времени.

В XIX веке в западное мышление начали проникать восточные и псевдовосточные теории, в том числе и идея перевоплощений, т. е. периодического появления на земле одних и тех же душ. Эта идея была известна и раньше, но принадлежала к скрытой мистической мысли. Своей популяризацией она обязана главным образом современной теософии во всех ее разновидностях.

Само происхождение идеи перевоплощений, как она излагается современной теософией, довольно спорно. Она была заимствована теософами практически без изменений из культа Кришны, религии ведического происхождения, подправленной реформаторами. Но культ Кришны вовсе не содержит «демократического принципа» всеобщей и равной возможности перевоплощений, характерной для современной теософии. В подлинном культе Кришны перевоплощаются лишь герои, вожди и учителя человечества. Перевоплощения для масс, для толпы, для «домохозяев» принимают куда более неопределенные формы.

Бок о бок с идеей перевоплощений в Индии существует идея переселения душ, т. е. переселения человеческих душ в животных. Эта идея переселения душ связывает перевоплощения с наградой и наказанием. Теософы видят в доктрине переселения душ искаженную народными верованиями идею перевоплощений. Но это предположение ни в коей мере не является неоспоримым. Можно считать, что как идея перевоплощений, так и идея переселения душ произошли из одного общего источника, а именно: из учения о всеобщем повторении, или о вечном возвращении.

Идея вечного возвращения вещей и явлений, идея вечного повторения связана в европейской мысли с именем Пифагора и с туманными указаниями на периодичность вселенной, известными из индийской философии и космогонии. Эта идея периодичности не может быть вполне ясной для европейской мысли, ибо по своей природе она становится полной и связной только после устных разъяснений, которые вплоть до настоящего времени никогда и нигде не публиковались.

«Жизнь Брахмы», «дни и ночи Брахмы», «дыхание Брахмы», кальпы и манвантары — все эти идеи кажутся европейской мысли весьма темными; но по своему внутреннему содержанию они неизбежно ассоциируются с пифагорейскими идеями о вечном возвращении.

В связи с этими идеями очень редко упоминают имя Гаутамы Будды, который был почти современником Пифагора и тоже учил о вечном возвращении, — и это, несмотря на учение Будды о «колесе жизни», где яснее, чем в любом другом учении, выражена идея вечного возвращения; впрочем, она сверх всякой меры затемнена невежественными толкованиями и переводами.

Популяризации идеи вечного возвращения очень способствовал Ф. Ницше; но сам он не добавил к ней ничего нового. Напротив, он ввел в нее несколько ложных концепций, например, свои вычисления о математической необходимости повторения идентичных миров во вселенной, хотя с математической точки зрения эти вычисления совершенно ошибочны*.

Несмотря на фактические ошибки, Ницше, стараясь доказать свои теории, очень эмоционально чувствовал идею вечного возвращения; он переживал ее, как поэт. Некоторые места из его «Заратустры» и других книг, где он касает-

---

* Ницше пытается, например, доказать необходимость повторения в евклидовом пространстве и в обычном (т. е. одномерном) времени. Он понимал идею вечного возвращения в том смысле, что где-то в бесконечном пространстве вселенной должна существовать точно такая же земля, как и та, на которой мы живем. Одинаковые причины вызовут одинаковые следствия, в результате где-то будет существовать точно такая же комната, как и та, в которой я сейчас сижу, а в этой комнате будет находиться точно такой же, как я, человек и совершенно таким же пером будет писать то, что сейчас пишу я. Такое построение возможно лишь при наивном понимании времени.

Ницше доказывает необходимость повторения примерно следующим образом. Возьмем определенное число единиц и образуем всевозможные их сочетания, тогда те из них, которые однажды уже были, с течением времени неизбежно должны повториться. Если увеличить число единиц, повторения участятся; при бесконечном количестве единиц все с необходимостью будет повторяться.

В действительности это рассуждение неверно, так как Ницше не понимает, что число возможных сочетаний будет возрастать гораздо быстрее, чем рост числа единиц. Следовательно, вероятность возможных повторений будет не увеличиваться, а уменьшаться; при наличии даже не бесконечного, а очень большого числа единиц число сочетаний устремится к бесконечности, а вероятность повторений — к нулю. При бесконечном числе единиц не возникнет даже вопроса о возможности повторений.

ся этой идеи, принадлежат, пожалуй, к лучшему из написанного им.

Однако на нашем плане, т. е. в трехмерном мире со временем как четвертым измерением, доказать наличие повторения невозможно независимо от того, считаем ли мы время реально существующим или воображаемым свойством. Повторение требует пяти измерений, т. е. совершенно нового континуума «пространство — время — вечность».

Пифагорейские идеи всеобщего повторения упоминались, среди прочих идей, учеником Аристотеля Евдемом. «Физика» Евдема утрачена, и то, что он писал о пифагорейцах, известно нам лишь из позднейших комментариев Симплиция. Интересно отметить, что, согласно Евдему, пифагорейцы различали два вида повторения.

Симплиций писал:

«Пифагорейцы говорили, что одни и те же вещи повторяются вновь и вновь.

В этой связи интересно отметить слова Евдема, ученика Аристотеля (в третьей книге его «Физики»). Он говорит: «Некоторые согласны с тем, что время повторяется, а некоторые отрицают это. Повторение понимается в различном смысле. Повторение может быть в одном случае результатом естественного порядка вещей (эйдос), как повторение лета, зимы и других времен года, когда новый период приходит после того, как исчез другой; к этому порядку вещей относятся движения небесных тел и связанные с ними явления, такие, как солнцестояние и равноденствие, вызываемые движением Солнца.

Но если верить пифагорейцам, существует и другой род движения с повторением. Это значит, что я буду сидеть и разговаривать с вами точно так же, как делаю это сейчас; и в руке моей будет та же самая палка; и все будет таким, как сейчас; и время, как можно предположить, будет то же самое. Ибо если движения (небесных тел) и многие другие вещи повторяются, тогда то, что было раньше, и то, что произойдет потом, суть одно и то же. Это относится и к повторению, которое всегда одно и то же. Все есть одно и то же, поэтому и время есть одно и то же».

Приведенный отрывок из Симплиция особенно интересен тем, что дает ключ к истолкованию других пифагорейских отрывков, т. е. упоминаний о Пифагоре и его учении, сохранившихся у некоторых авторов. Основой для понимания Пифагора, принятой в учебниках по истории философии, является мысль о том, что в философии Пифагора и его мировоззрении главное место занимает **число**. На самом же деле речь идет просто-напросто о плохих переводах! Слово «число» действительно очень часто встречается в пифагорейских фрагментах. Но это только слово; в большинстве случаев оно лишь дополняет глаголы, которые не выражают повторности или возврата действия, что и хочет передать автор. А слово это постоянно переводили как имеющее самостоятельное значение, что совершенно искажало его смысл. В обычном переводе теряет всякий смысл и приведенное выше место из Симплиция.

Эти два рода повторений, которые Евдем называет повторением в результате естественного порядка вещей и повторением в количестве существований, суть повторение во времени и повторение в вечности. Отсюда следует, что пифагорейцы различали две эти идеи, которые смешивают современные буддисты и которые смешивал Ницше.

Иисус, несомненно, знал о повторении и говорил о нем своим ученикам. В Евангелиях есть немало намеков на это; но самое бесспорное место, имеющее совершенно определенный смысл в греческом, славянском и немецком текстах, утратило его в переводах на другие языки, которые заимствовали ключевое слово из латинского перевода.

«*Иисус же сказал им: истинно говорю вам, что вы, последовавшие за Мною, — в пакибытии, когда сядет Сын Человеческий на престоле славы Своей...*» (Мф. 19:28).

В греческом тексте стоят слова ἐν τῇ παλιγγενεσια; в немецком они переведены in der Wiedergeburt.

Греческое слово παλιγγενεσια, славянское и русское «пакибытие», немецкое Wiedergeburt — все они могут быть переведены только в смысле повторного существования или повторного рождения.

На латинский язык это слово было переведено regeneratio, первоначальное значение которого также соответствовало понятию повторного рождения. Но позднее, в связи с употреблением этого слова и его производных в смысле «обновления», оно утратило свое первоначальное значение.

Апостол Павел тоже, конечно, был знаком с идеей повторения, но относился к ней отрицательно: для него она была слишком эзотерической. В «Послании к евреям» говорится:

«Ибо Христос вошел не в рукотворенное святилище, по образу истинного устроенное, но в самое небо, чтобы предстать ныне за нас пред лице Божие,

И не для того, чтобы многократно приносить Себя в жертву, как первосвященник входит во святилище каждогодно с чужою кровью;

Иначе надлежало бы Ему многократно страдать от начала мира. Он же однажды, к концу веков, явился для уничтожения греха жертвою Своею».

Нужно отметить, что «Послание к евреям» приписывают не только апостолу Павлу, но и другим авторам, и окончательного мнения по этому поводу нет.

Ориген (III век) в своей книге «О первопричинах» также ссылается на идею повторения, но отзывается о ней отрицательно:

«И вот я не понимаю, какими доказательствами могут подкрепить свои утверждения те, кто заявляет, что иногда появляются миры, не отличающиеся друг от друга, но одинаковые во всех отношениях. Ибо если бы, как говорят, существовал мир, подобный во всех отношениях (настоящему), тогда необходимо случилось бы, что Адам и Ева совершили бы то, что уже совершали; вторично произошел бы тот же самый потоп; тот же Моисей снова повел бы из Египта народ, насчитывающий около шестисот тысяч; также и Иуда во второй раз предал бы Господа, а Павел вторично держал бы одежды побивавших каменьями Стефана; и все, совершенное в этой жизни, как утверждают, повторилось бы».

Вместе с тем, Ориген верно понимает **вечность**, во всяком случае близко подошел к верному ее пониманию. Возможно, что он отрицал идею повторения не совсем искренне, поскольку в условиях его времени обнародовать эту идею иначе было просто невозможно. Интересно, однако, что в первые века христианства идея повторения была еще известна; впоследствии она совершенно исчезает из христианского мышления».

Если мы попробуем проследить за идеей вечного возвращения в европейской литературе, необходимо упомянуть замечательную «фантастическую сказку» Р. Л. Стивенсона «Песнь о завтрашнем дне» (1895), рассказ Ч. Х. Хинтона «Неоконченное сообщение» во второй книге его «Научной фантастики» (1898), а также одну-две страницы его рассказа «Стелла» из той же книги.

Есть два интересных стихотворения на эту тему. Первое написано Алексеем Толстым:

> По гребле, неровной и тесной,
> Вдоль мокрых рыбачьих сетей,
> Дорожная едет коляска,
> Сижу я задумчиво в ней.

Сижу и смотрю я дорогой
На серый и пасмурный день,
На озера берег отлогий,
На дальний дымок деревень.

По гребле, со взглядом угрюмым,
Проходит оборванный жид;
Из озера с пеной и шумом
Вода через греблю бежит;

Там мальчик играет на дудке,
Забравшись в зеленый тростник;
В испуге взлетевшие утки
Над озером подняли крик.

Близ мельницы, старой и шаткой,
Сидят на траве мужики;
Телега с разбитой лошадкой
Лениво подвозит мешки...

Мне кажется все так знакомо,
Хоть не был я здесь никогда,
И крыша далекого дома,
И мальчик, и лес, и вода,

И мельницы говор унылый,
И ветхое в поле гумно,
Все это когда-то уж было,
Но мною забыто давно.

Так точно ступала лошадка,
Такие ж тащила мешки;
Такие ж у мельницы шаткой
Сидели в траве мужики;

И так же шел жид бородатый,
И так же шумела вода —
Все это уж было когда-то,
Но только не помню когда...

Второе стихотворение написано Д. Г. Россетти.

Внезапный свет

Я был здесь раньше,
Но когда и как это было — сказать не могу.
Я знаю траву за дверьми,
Ее приятный и резкий запах,
Дыхание моря, огни на берегу, —

Вы все были прежде моими,
И не могу понять, как давно это было.
Но в тот самый миг, когда пролетела ласточка,
И ты повернулась вослед,
Упала завеса, — и вспомнил я:

Все это знал я давным-давно,
И вот теперь, может быть, узнал снова!..
Встряхни кудрями перед моим взором...
Разве не спим мы, как прежде,
Только ради любви?
Мы спим и просыпаемся,
Но никогда не имеем сил,
Чтобы разбить эту цепь.

У последней строфы есть другой вариант:

Разве этого не было раньше?
Разве плывущее время
Не восстановит вместе с нашей жизнью
И нашу былую любовь?
И разве, наперекор смерти, не принесут нам дни и ночи
Еще раз то же самое наслаждение?

Оба стихотворения написаны в 50-е годы прошлого столетия. На стихотворение Толстого обычно смотрят, как на вещь, где просто передаются несколько необычные, преходящие настроения. Однако А. Толстой проявлял большой интерес к мистической литературе и был связан с несколькими оккультными кружками, существовавшими тогда в Европе; возможно, он имел определенные знания об идее вечного возвращения.

Очень сильно ощущал повторность событий и Лермонтов. Он полон предчувствий, ожиданий, «воспоминаний».

Он постоянно упоминает об этих чувствах, особенно в прозаических произведениях; весь «Фаталист» практически написан на тему повторения и вспоминания того, что произошло в каком-то неизвестном прошлом. Многие места в «Княжне Мэри» и «Бэле», особенно философские размышления, вызывают впечатление, будто Лермонтов пытался вспомнить что-то забытое.

Мы думаем, что хорошо понимаем Лермонтова. Но кто хоть раз задавался вопросом: что означает следующее место из «Бэлы»?

«...Мне было как-то весело, что я так высоко над миром; чувство детское, не спорю, но, удаляясь от условий общества и приближаясь к природе, мы невольно становимся детьми; все приобретенное отпадает от души, и она вновь делается такою, какою была некогда и, верно, будет когда-нибудь опять».

Я лично не припомню, чтобы кто-то хоть раз попытался проанализировать эти слова: во всей литературе о Лермонтове на них не обратили внимания. Но мысль о каком-то «возвращении», несомненно, тревожила Лермонтова, иногда унося его вдаль, иногда проявляясь в непостижимых мечтах:

...В самозабвенье
Не лучше ль кончить жизни путь?
И беспробудным сном заснуть
С мечтой о близком пробужденье?
(«Валерик»)

В наше время идея возвращения и даже возможности полусознательного припоминания становится все более настоятельной и необходимой.

В книге «Жизнь Наполеона» (1928) Д. С. Мережковский постоянно говорит о Наполеоне, употребляя фразы: «он знал» («помнил»); а позже, повествуя о последних годах Наполеона в Европе, пользуется словами: «он забыл» («ему не удалось вспомнить»).

Этот список можно было бы продолжить; я хотел только показать, что забытая ныне идея о повторении и припоминании **прошлого** далеко не чужда европейской мысли.

Однако психологическое приятие идеи вечного возвращения вовсе не обязательно ведет к ее логическому пониманию и уяснению. Чтобы постичь идею вечного возвращения и ее разные аспекты, необходимо вернуться к идеям, изложенным в главе 10 «Новая модель Вселенной».

Идея времени как четвертого измерения не противоречит обыденному взгляду на жизнь, когда мы принимаем время за прямую линию. Эта идея разве что вызывает ощущение большей предопределенности, большей неизбежности. Но идея времени как **кривой** четвертого измерения в корне меняет нашу концепцию жизни. Если мы точно поймем смысл этой кривизны, особенно если начнем понимать, как кривая четвертого измерения преобразуется в кривые пятого и шестого измерений, наши воззрения на вещи и на самих себя уже не смогут остаться такими, какими были.

Как сказано в предыдущей главе, в соответствии с начальной схемой измерений, в которой измерения изображаются в виде прямых линий, пятое измерение — это линия, перпендикулярная линии четвертого измерения и пересекающая ее, т. е. линия, проходящая через каждый момент времени, линия бесконечного существования одного момента.

Но как формируется эта линия, откуда она выходит и что выходит из нее? Это можно до некоторой степени понять, если представить жизнь в виде серии волновых колебаний.

Как мы помним из теории физических волновых колебаний, каждая волна содержит в себе полный круг, т. е. материя волны движется по замкнутой кривой на одном и том же месте до тех пор, пока действует сила, ее создающая.

Следует помнить и то, что каждая волна состоит из меньших волн, являясь, в свою очередь, составной частью более крупной волны.

Если ради удобства рассуждений мы примем **дни** за малые волны, которые формируют более крупные волны — **годы**, тогда волны лет составят одну большую волну **жизни**. И пока эта волна катится вперед, волны дней и лет вращаются на предназначенных им местах, снова и снова повторяя свое движение. Таким образом, линия четвертого измерения, или линия жизни, или линия **времени**, состоит из волн повторяющихся **дней**, из малых кругов пятого измерения, совершенно так же, как луч света состоит из квантов, каждый из которых совершает вращательное движение на своем месте, пока продолжается действие первоначального толчка, вызвавшего появление луча. Но сам по себе **луч** может быть кривой линией, составной частью какой-то другой, более крупной волны. То же самое относится и к линии жизни. Если считать ее одной большой волной, состоящей из волн дней и лет, придется допустить, что линия жизни движется криволинейно и, совершив полный оборот, возвращается к исходному пункту. И если день или год являют собой волну в колебательном движении нашей жизни, то вся наша жизнь представляет собой волну другого колебательного движения, о котором мы ничего не знаем.

Как я уже указал, в обыденном сознании жизнь представляется прямой линией, проведенной между моментами рождения и смерти. Но, представляя жизнь в виде круговой волны, мы получим фигуру, в которой точка рождения совпадает с точкой смерти. Для тех, кто следил за развитием идей, касающихся «измерений времени», в предыдущей главе, этот пункт не представляет особых трудностей для понимания, а, наоборот, является естественным следствием из того, что было сказано ранее. Но он вызывает вопрос, на который трудно ответить, а именно: как сохраняются одинаковые отношения между рождениями разных людей, если мы знаем, что отношения между их смертями совсем иные, чем отношения между рождениями? Короче говоря, что случается с человеком, который умер раньше своей бабушки? Он должен родиться немедленно, однако его мать еще не родилась!.. На это возможны два ответа: во-первых, можно сказать, что в момент соприкосновения души с вечностью возникают другие соотношения времени, ибо момент вечности может обладать другой временной ценностью; во-вторых, можно утверждать, что наши обычные представления о «временных отрезках» неверны. Например, время может обладать для нас разной длительностью — пять, десять, сто лет, — но всегда сохраняет свою скорость. Однако, где доказательства правильности такого представления о времени? Почему не предположить, что в определенных пределах (например, по отношению к человеческой жизни) время обладает одинаковой длительностью, но **разной скоростью**? Одно не более сомнительно, чем другое; но с допущением такой возможности исчезает и сам вопрос.

В моей книге «Tertium Organum» я привожу рисунок фигуры четвертого измерения, взятый из книги Ван Маанена. Фигура состоит из двух кругов, один внутри другого. Эта фигура обозначает жизнь: малый круг — человек, большой — жизнь человека. Малый круг катается внутри большого, который сначала расширяется, а затем постепенно сужается и приводит малый круг к той самой точке, откуда он начал движение. Катясь по большой окружности, малый круг вращается вокруг собственной оси, и это вращение есть **вечность** по отношению ко **времени** — движению по большой окружности.

Здесь мы вновь встречаемся с кажущимся парадоксом: пятое измерение возникает внутри четвертого, движение по линии пятого измерения создает движение по линии четвертого измерения. Как же найти здесь начало и конец? Что является движущей силой и что движимым объектом? Будет ли это малый круг, вращающийся вокруг своей оси и приводимый в движение толчком, который отправляет его в движение по большой окружности? Или же большой круг сам приходит в движение благодаря вращению малых кругов? Одно движет другое. Но по отношению к **жизни**, изображаемой большим кругом, **вечность** можно обнаружить, во-первых, в малых кругах, изображающих повторяющиеся моменты дней и лет, а во-вторых, в повторениях самого большого круга, в повторении жизни, принимающей форму повторной волны.

Подобно тому как это было в случае четвертого измерения, мы вновь обнаруживаем, что высшее измерение возникает как бы над низшим измерением и в то же время под ним.

Как наверху, так и внизу.

Четвертое измерение **для нас** находится в мире небесных тел и в мире молекул.

Пятое измерение находится в мгновениях жизни, вечно пребывающих там, где они есть, в повторении самой жизни как целого.

Сама **жизнь** для человека является в виде **времени**. Для человека нет и не может быть иного времени, чем время его жизни. **Человек — это его жизнь**. Жизнь человека и есть его время.

Измерение времени **для всех** при помощи таких явлений, как видимое или действительное движение солнца или луны, можно оправдать, так как оно удобно для практических целей. Но при этом все забывают, что это всего-навсего формальное время, принятое в результате общего соглашения. Абсолютное время для человека — его жизнь, и за пределами этого времени другого быть не может.

Если я сегодня умру, завтрашний день **для меня** существовать не будет. Но, как было сказано выше, все теории будущей жизни, посмертного существования, перевоплощений и т. п. содержат одну очевидную ошибку. Все они основаны на обыденном понимании времени, т. е. на идее о том, что **завтра** будет существовать и после смерти. На самом же деле именно в этом и состоит отличие жизни от смерти. Человек умирает, потому что его время подошло к концу. Завтрашнего дня после смерти нет, хотя все обычные представления о «будущей жизни» исходят из этого «завтрашнего дня». Как может существовать какая-то будущая жизнь, если внезапно обнаруживается, что никакого будущего нет, нет «завтра», нет времени, нет «после»? Спириты, теософы, теологи и прочие, знающие все о будущем и о будущей жизни, окажутся в очень странном положении, когда поймут, что никакого «после» не существует.

Что же тогда возможно? И в чем смысл жизни, представленной в виде круга?

В предыдущей главе я указывал, что сама кривизна линии времени подразумевает присутствие в ней еще одного измерения, а именно **пятого**, или вечности. И если в обычном понимании **четвертое измерение** представляет собой протяженность времени, чем же является пятое измерение, или вечность?

Вечность может быть понята нашим умом в двух формах: в форме **сосуществования** или в форме **повторения**. Форма сосуществования требует пространства — **где-то еще** существуют вещи, идентичные существующим здесь, такие же люди, такой же мир. Форма повторения требует времени — **когда-то еще** все повторится или повторяется — по завершении данного частного цикла, т. е. этой отдельной жизни, или же после каждого мгновения. Последняя идея, т. е. идея повторения каждого мгновения вновь и вновь, близка идее сосуществования. Но нашему уму удобнее думать об идее повторения в форме повторения циклов. Кончается одна жизнь, и начинается другая; окончилось одно время, началось другое. Смерть в действительности есть возвращение к началу.

Это значит, что если человек родился в 1877 году и умер в 1912 году, то после смерти он обнаружит себя вновь в 1877 году и должен снова прожить ту же самую жизнь. Умирая и завершая цикл своей жизни, он войдет в ту же самую жизнь с другого конца. Он опять родится в том же самом городе, на той же улице, у тех же родителей, в том же самом году, в тот же день. У него будут те же братья и сестры, те же дяди и тетки, те же игрушки, те же котята, те же друзья, те же женщины. Он совершит те же ошибки, будет так же смеяться и плакать, радоваться и страдать. И когда придет время, он умрет совершенно так же, как умирал раньше. И снова в момент его смерти все окажется точно таким же, как будто стрелки всех часов перевели назад на 7 часов 35 минут второго сентября 1877 года; с этого момента они вновь начнут свое обычное движение.

Новая жизнь кончается совершенно в тех же условиях, что и предыдущая; то же самое относится и к ее началу. Она и не может начаться в каких-либо иных условиях. Единственное, что можно и даже необходимо допустить, — это факт усиления в каждой жизни тенденций предшествующей, тех склонностей, которые росли и крепли в течение всей жизни; это справедливо по отношению как к хорошим, так и дурным склонностям, к проявлению силы и проявлению слабости.

Фактически, для идеи вечного возвращения имеется гораздо больше психологического материала, нежели это предполагают; однако научная мысль не вполне уяснила себе его наличие.

Каждому известно особое ощущение (или его описание), переживаемое иногда людьми, особенно в детстве, — ощущение того, что **«это уже было раньше»**. Приведенные выше два стихотворения могли быть вдохновлены этим ощущением.

Я говорил об этом в главе об изучении снов; там же отмечалось, что обычные объяснения охватывают две категории явлений, относящихся к данным чувствам, из трех, но третья категория объяснения не получила. Для этой категории характерно то, что чувство **это уже было раньше**, которое в детстве бывает живым и частым, у взрослых исчезает. В некоторых случаях эти явления, напоминающие своеобразное предвидение людей, вещей, мест и событий, можно проверить и подтвердить. Очень редкие случаи «достоверного» ясновидения принадлежат именно к такого рода предвидениям.

Но сам по себе факт существования этих случайных воспоминаний, даже если считать их действительными, слишком незначителен для того, чтобы удалось на нем что-то построить.

Вероятно, совершенно прав тот, кто задает вопрос: «Если такое чрезвычайное явление, как повторение жизни, на самом деле существует, почему же мы ничего о нем не знаем, почему мы не вспоминаем **больше**? И почему люди не поняли этого уже давно, почему нам только сейчас предлагают это открытие?»

Подобные вопросы вполне обоснованны; однако ответить на них не так трудно.

Ранее в этой книге был приведен пример эволюции: превращение бабочки. В этом превращении особенно характерно то, что, переходя на новый уровень превращения, «бабочка» **полностью** исчезает на предыдущем уровне, **умирает** там, перестает существовать **там**, иными словами, теряет всякую связь со своим прошлым существованием. Если бабочка что-то увидит и узнает, она бессильна рассказать об этом гусеницам. Как гусеница, она уже мертва, она исчезла из мира гусениц.

Нечто похожее происходит и с теми, кому открыты тайны времени и вечности. Они знают и могут говорить о том, что знают; но другие люди их не слышат и не понимают.

Почему люди не пришли к идее вечного возвращения раньше?

На самом деле они пришли к ней уже очень давно. Я упоминал учение Пифагора, буддизм, теории перевоплощений и переселения душ, которые в их современной форме — не более как искажения идеи вечного возвращения. Многие другие идеи будущей жизни, намеки на них в «оккультных учениях» (например, удивительная идея о возможности **изменять прошлое**), различные народные верования (например, культ предков), — все это связано с идеей возвращения.

Совершенно ясно, что идея возвращения в своем чистом виде не может быть популярной; и прежде всего потому, что с точки зрения обычной логики она выглядит абсурдной: в мире «трехмерных» ощущений и общепринятого «времени» ничего подобного не существует. Наоборот, согласно обыденной мудрости этого мира, «ничто никогда не возвращается». Так что даже в тех учениях, в которых идея возвращения первоначально существовала в ее чистой форме (как, например, в буддизме), она была искажена и приспособлена к обычному пониманию. Согласно последним объяснениям ученых буддистов, человек рождается к новой жизни в самый момент своей смерти. Но это рождение представляет собой **продолжение во времени**. Буддисты отвергли «нелепую» идею о возвращении в прошлое; их «колеса жизней» катятся вперед вместе с календарем. Таким образом, они, несомненно, лишили идею возвращения всей ее силы, зато сделали приемлемой для масс, доступной логическим объяснениям и упрощенному изложению.

Говоря об идее вечного возвращения, необходимо понять, что обычным способом доказать ее невозможно, т. е. она не доступна рутинным методам наблюдения и проверки. Мы знаем всего одну линию времени, ту, на которой сейчас живем. По отношению ко времени мы являемся одномерными существами и не обладаем знанием параллельных линий. Всякое предположение о существовании параллельных линий не может быть доказано, пока мы остаемся на одной из них. В моей книге «Tertium Organum» я описал, какой должна быть вселенная одномерных существ. Эти существа не знают ничего, кроме своей собственной линии, и если бы они предположили существование чего-то нового, ранее им не известного, оно появилось бы на их собственной линии: перед ними или позади них. Совершенно таково же и наше положение по отношению ко времени. Все существующее должно занимать определенное место во времени: перед нами или позади нас. Не может существовать ничего, параллельного нам. Это значит, что мы не способны доказать существование чего-то параллельного, пока остаемся на своей линии. Но если мы попытаемся оторваться от обычных взглядов и подумаем о том, что предположение о существовании линий «времени», параллельных нашей, является более «научным», чем наивное понимание времени как одномерной линии, — тогда представление о жизни как о повторяющемся явлении окажется гораздо более легким, чем мы это себе представляем.

Обычные взгляды основаны на представлении, что жизнь **человека**, т. е. его внутренний мир, желания, вкусы, симпатии и антипатии, склонности, привычки, тенденции, способности, таланты и пороки возникают из ничто и исчезают, обращаясь в ничто. Христианские учения говорят о возможности будущей жизни, о загробной жизни; но ничего не сообщают о жизни до рождения. Согласно их точке зрения, «души» рождаются вместе с телами. Однако очень трудно думать о жизни, т. е. о душе как о существе, возникшем из ничто; гораздо естественнее полагать, что эта жизнь существовала и раньше, до рождения. Но люди не знают, как начать думать в этом направлении. Теософские теории перевоплощений, которые пытаются растянуть жизнь человека вдоль линии жизни всей земли, не выдерживают критики с точки зрения правильно понятой идеи времени.

Есть десятки, возможно, сотни различных остроумных теорий, претендующих на объяснение всех углов и кривых внутреннего мира человека сочетанием наследственных влияний и подавляемых голосов скрытых инстинктов. Все эти теории приемлемы, каждая в своей области; но ни одна из них не объясняет в человеке **всего**. Одна теория объясняет лучше одно, другая — другое; но многое, очень многое остается необъясненным. Иначе и быть не может, так как теории наследственности, даже наследственности, уходящей в туманное прошлое, теории скрытых инстинктов, бессознательной памяти — все они могут объяснить лишь отдельные стороны человека, но не все. И до тех пор, пока мы не признаем, что жили прежде, в нас останется очень много такого, чего мы никогда не сумеем постичь.

Очень трудно принять идею абсолютного и неизбежного повторения **всего**. Нам кажется, что если бы мы смогли припомнить хотя бы что-то, мы сумели бы избежать повторения самых неприятных вещей. Кроме того, идея абсолютного повторения не согласуется с идеей «нарастающих тенденций», которая также является необходимой.

В связи с этим следует признать, что по характеру повторения жизни люди делятся на несколько типов, или категорий.

Есть люди абсолютного повторения: все, как большое, так и малое, переносится у них из одной жизни в другую.

Есть и такие, жизнь которых каждый раз начинается одинаково, но протекает с незначительными колебаниями и приходит примерно к тому же концу.

Существуют такие, чья жизнь движется по восходящей линии и делает их с внешней стороны все более богатыми и сильными.

Жизнь других, наоборот, явно движется по нисходящей линии: в них постепенно разрушается все живое, и они обращаются в ничто.

Наконец, встречаются люди, жизнь которых содержит **внутреннюю** восходящую линию, которая постепенно выводит их из круга вечного повторения и позволяет перейти на другой план бытия.

Рассмотрим сначала тот тип жизни, где неизбежно абсолютное повторение.

Это, прежде всего, люди **«быта»** с глубоко укоренившейся, окаменелой, рутинной жизнью. Их жизни следуют одна за другой с монотонностью часовой стрелки, движущейся по циферблату. В их жизни нет ничего неожиданного, случайного, никаких приключений. Они рождаются и умирают в том же самом доме, где родились и умерли их отцы и матери, где родятся и умрут их дети и внуки. Общественные потрясения, войны, эпидемии, землетрясения иногда сметают их с лица земли целыми тысячами и сотнями тысяч. Но, за исключением такого рода событий, вся их жизнь строго упорядочена, расписана по плану. Представим себе купца старинного восточного города; он живет в окружении рутинной жизни, которая протекает без особых перемен из века в век. Он торгует коврами в той же лавке, где торговали его отец, дед, а возможно, и прадед. Вся его жизнь от рождения до смерти обозрима, как на карте: в таком-то году он женится, в таком-то берет старшего сына с собой в лавку, в таком-то — выигрывает тяжбу с соседом, всегда одним и тем же способом; умирает он тоже всегда в одно и то же время, в тот же день и час, и всегда от одной и той же причины, — объевшись плова.

В жизни таких людей не происходит ни одного нового события. Но именно эта непреложность повторения порождает в них неясное осознание неизбежности происходящего, веру в судьбу, фатализм, а иногда своеобразную мудрость и спокойствие, переходящее порой в ироническое неприятие тех, кто исполнен беспокойства, чего-то добивается, к чему-то стремится.

К другой разновидности людей из категории точного повторения относятся исторические персонажи: люди, чья жизнь связана с великими жизненными циклами, скажем, с жизнями многих людей, государств, народов. Это великие завоеватели, вожди, реформаторы, создающие империи и разрушающие великие царства (как свои собственные, так и своих врагов), — все они принадлежат к этой разновидности. В жизни таких людей также нет и не может быть никаких перемен. Любое произнесенное ими слово влияет на судьбы народов, и они должны знать свою роль в совершенстве: ничего не прибавлять от себя и ничего не упускать.

Этот тип становится особенно ясным, если рассмотреть слабые исторические личности — людей, которых история как бы намеренно выдвигает на передний план в те периоды, когда должна быть разрушена империя или целая культура. Таковы, например, Людовик XVI или Николай II.

Они ничего не делают и не желают ничего делать; единственное, чего им хочется, — это чтобы их оставили в покое. Однако любое их движение, любой жест, любое слово (даже те слова, которые, казалось бы, произнесены по ошибке) приобретают особое значение и либо начинают, либо заканчивают целые исторические периоды. Все они без исключения ведут к конечной катастрофе, ни одно из этих слов нельзя отбросить, даже ошибки с необходимостью повторяются.

«Сильные личности» — Наполеоны, Цезари, Чингисханы — ничуть не отличаются от слабых. Они — пешки на той же самой доске и точно так же не могут ничего сделать сами, не могут сказать ни одного собственного слова, не могут ничего прибавить к тому, что **должны** сказать или сделать, и не могут ничего отнять.

Что касается тех, кто составляет толпу на мировой сцене, то и для них повторение является неизбежным. Толпа должна хорошо знать свою роль в каждый отдельный момент. Никакие выражения народных чувств во время патриотических манифестаций, вооруженных восстаний и революций, коронаций и переворотов не были бы возможны, если бы толпа не знала заранее свою роль или забыла ее. Такое знание возможно только благодаря постоянному повторению одного и того же.

Но если перейти к жизни отдельных людей, которые составляют толпу, мы обнаружим, что у разных людей «нарастающие тенденции» приводят к очень разным результатам. «Нарастающие тенденции» могут быть двух родов: те, что повышают жизненность (хотя бы внешне), и те, что понижают ее.

Рассмотрим тип, в котором жизненность снижается, тип с нарастающей тенденцией к вырождению. К этой категории относятся неудачники, пьяницы, преступники, проститутки, самоубийцы. С каждой новой жизнью их «падение» совершается все с большей легкостью, а противодействие ему все меньше. Их жизненная сила постепенно понижается, они превращаются в живые автоматы, в собственные тени, в носителей единственного желания, которое составляет их главную страсть, главный порок или главную слабость. Если их жизнь связана с жизнью других людей, эта связь постепенно слабеет и в конце концов исчезает. Такие люди медленно уходят из жизни. Именно это происходит с самоубийцами. Они окружены атмосферой некой фатальности; иногда они даже не доживают до момента самоубийства и начинают умирать еще раньше; наконец, они просто перестают рождаться.

Это подлинная **смерть**, ибо смерть существует так же, как существует **рождение**.

Души, подобно телам, рождаются и умирают. **Рождение** всех душ одинаково. Как оно происходит — это, пожалуй, величайшая тайна жизни. Но смерть душ может быть различной. Душа может умереть на одном плане бытия и перейти на более высокий план. А может умереть полностью, сойти на нет, исчезнуть, перестать существовать.

К категории умирающих душ принадлежат люди, известные своей трагической судьбой и особенно трагическим концом. Именно к ним относилось замечательное правило элевсинских мистерий, которое никогда не было верно понято или объяснено.

Участие в мистериях запрещалось, во-первых, преступникам, во-вторых, чужеземцам (т. е. варварам), наконец, **людям, в жизни которых случались большие несчастья**.

Обычно это правило истолковывали в том смысле, что большие несчастья в жизни человека свидетельствовали о враждебности или гневе богов, вызванных каким-то поступком этого человека. Но в эзотерическом понимании совершенно очевидно, что людей, жизнь которых являет собой ряд катастроф, нельзя допускать ни к участию в мистериях, ни к освящению, ибо сам факт этих непрерывных катастроф говорил о том, что она катится под уклон и остановить ее невозможно.

В видимом контрасте с нисходящим, неудачливым типом, но фактически в точно таком же положении находятся люди, добившиеся с обычной точки зрения успеха; дело в том, что успех этот достигается приспособлением к самым темным и бессмысленным сторонам жизни. Таковы люди, которые быстро сколачивают огромные богатства, миллионеры и миллиардеры; преуспевающие государственные деятели, известные оппортунистической, а то и преступной деятельностью; лже-ученые, создающие ложные теории, рассчитанные на моду и задерживающие развитие истинного знания; «филантропы», поддерживающие все виды запретительного законодательства; изобретатели взрывчатых веществ и ядовитых газов; спортсмены всех разновидностей, призеры, чемпионы, рекордсмены; киноактеры и кинозвезды; романисты, поэты, художники и актеры, добившиеся коммерческого успеха, творчество которых лишено какой-либо ценности, кроме денежной; основатели фантастических сект и культов; и тому подобные личности. В каждой новой жизни эти люди. продолжают делать то, что делали раньше; они тратят все меньше времени на предварительное обучение, все быстрее схватывают технику своего дела и преуспевания в нем, добиваются все большей известности и славы. Некоторые из них рождаются вундеркиндами и демонстрируют свои выдающиеся способности с самого раннего возраста.

Главная опасность для людей преуспевающего типа — их успех. Успех как бы гипнотизирует их, заставляет верить, что они сами стали его причиной. Успех заставляет их следовать линии наименьшего сопротивления, т. е. приносить все в жертву успеху. Поэтому в их последовательных жизнях ничего не меняется, разве что успех достигается все легче и легче, все более механически. Не способные сформулировать принцип своего успеха, они чувствуют, что их сила как раз в механичности и заключается, поэтому они подавляют в себе все другие желания, интересы и склонности.

Люди подлинной науки, подлинного искусства, подлинной мысли и деятельности отличаются от них главным образом тем, что редко добиваются успеха. Как правило, признание приходит к ним спустя долгое время после завершения их земной жизни. С точки зрения повторения жизней это чрезвычайно благоприятный фактор. То внутреннее разложение, которое почти неизбежно приходит с успехом, в них никогда не проявляется. Они начинают новую жизнь новым стремлением к недостижимой цели; иногда они возобновляют свой труд и «вспоминают» его поразительно рано, как это бывает у некоторых знаменитых музыкантов и мыслителей.

Эволюция, т. е. внутренний рост, внутреннее развитие, не может быть случайной или механической. Пути эволюции — это пути джняна-йоги, раджа-йоги, карма-йоги, хатха-йоги и бхакти-йоги; или же это путь особого учения, доступного лишь немногим (о чем упоминалось раньше, в главе 6). Пять йог и путь особого учения суть пути работы над собой для людей разных внутренних типов. Но все эти пути в равной степени трудны, все они требуют **всего человека**.

Люди нисходящего типа здесь сразу же отпадают. Никакая эволюция для них невозможна, ибо они не способны на длительные и непрерывные усилия, тогда как эволюция есть результат долгой и упорной работы в определенном направлении. В точно таком же положении находятся и люди преуспевающего типа. Людям нисходящего типа мешают их неудачи, преуспевающего — их успех.

Для людей «быта» и исторических персонажей эволюция возможна только на пути очень трудной, скрытой карма-йоги, ибо на внешние изменения они не способны. И если каким-то чудом они начинают понимать свое положение и разрешают главную загадку жизни, им приходится играть роль, притворяться ничего не замечающими и не понимающими. Помимо карма-йоги, некоторым из них доступна бхакти-йога. Карма-йога показывает им, что можно, не меняясь внешне, измениться внутри, что важна только эта внутренняя перемена. Этот путь чрезвычайно труден, почти невозможен; он требует большой помощи от того, кто способен ее оказать.

Для всех категорий людей эволюция связана со вспоминанием. Раньше говорилось о вспоминании **неизвестного прошлого**. И вспоминание может быть различным по своему качеству, может обладать самыми разными свойствами. Эволюционирующий индивид припоминает, хотя и смутно, свои предыдущие жизни. Но поскольку эволюция означает ускользание от колеса пятого измерения и переход к спирали шестого измерения, вспоминание имеет смысл только тогда, когда оно обладает активным характером и определенным направлением, когда оно порождает недовольство существующим положением и стремление к новым путям.

Этим я хочу сказать, что само по себе вспоминание не вызывает эволюции; наоборот, оно может оказаться причиной еще худшего порабощения жизнью, т. е. пятым измерением. В этих случаях «вспоминание» принимает формы «рутинной жизни» или патологии, скрываясь за тем или иным видом эмоционального или практического отношения к жизни.

Иногда человек определенно начинает думать, что ему известно то, что должно произойти в дальнейшем. Если он принадлежит к преуспевающему типу, он приписывает это своей одаренности, проницательности, ясности ума и т. д. На самом деле это просто вспоминание, хотя и неосознанное. Человек ощущает, что уже шагал по этой дороге; он почти наверняка знает, что ожидает его за ближайшим поворотом; естественно, что в подобных случаях вспоминание порождает в нем гордость, самоуверенность и самодовольство вместо неудовлетворенности.

Люди абсолютного повторения (т. е. люди «рутинной жизни»), а также «исторические персонажи» обладают порой почти сознательными вспоминаниями; но это не пробуждает их, а еще сильнее привязывает к мелочам, к вещам, обычаям, словам, ритуалам, жестам; вспоминание мешает им отойти от себя и взглянуть на себя со стороны.

Деловой человек объясняет вспоминание своим опытом, сообразительностью, правильными догадками, своим чутьем, деловым инстинктом, интуицией. В случае «великих» полководцев, государственных людей, вождей революций, мореплавателей, открывающих новые земли, изобретателей, ученых, создающих новые теории, писателей, музыкантов, художников все объясняется талантом, гениальностью, вдохновением. У некоторых вспоминание пробуждает безумную смелость или неотвязчивое желание рисковать своей жизнью. Они чувствуют, что **этого** с ними произойти не может, что их не могут убить, как убивают обычных людей. Таковы многие исторические личности, «баловни судьбы».

У людей нисходящего типа вспоминание тоже может быть очень живым, однако оно лишь усиливает ощущение колеблющейся под ногами почвы. В результате растет их отчаяние и недовольство, которые выливаются в ненависть, злобу или бессильную тоску, в преступления или эксцессы.

Итак, само по себе вспоминание не ведет к эволюции, но эволюция на определенной стадии пробуждает вспоминание. Однако в этом случае вспоминание не затуманивается высшими или низшими личными толкованиями и становится все более и более сознательным.

Вот почти и все, что, пользуясь общедоступным материалом, можно сказать о вечном возвращении. Остается установить отношение идеи вечного возвращения к идее «перевоплощения», как она трактуется в некоторых учениях.

Ранее я упомянул, что идею перевоплощения можно рассматривать как искажение идеи вечного возвращения. Во многих случаях так оно и есть; хотя имеются основания думать, что идея перевоплощения имеет самостоятельный смысл. Его можно отыскать в некоторых намеках, содержащихся в индийских писаниях и у отдельных авторов в позднейшей мистической литературе. Но прежде чем перейти к источнику идеи перевоплощения или к ее самостоятельному смыслу, я хочу вкратце перечислить самые известные толкования этой идеи.

В современной теософии, которая, как было сказано выше, из всех индийских учений стоит ближе всего к культу Кришны, человек рассматривается как сложное существо, состоящее из «семи тел». Более высокие, или тонкие, из этих тел (седьмое, шестое и пятое) суть лишь **принципы**, которые содержатся в четвертом теле. Четвертое тело бессмертно и способно перевоплощаться; это значит, что после смерти физического тела и последовательных «смертей» второго и третьего («астрального» и «ментального») тел, которые после смерти физического тела иногда живут очень долго, четвертое тело, или **тело причинности**, перевоплощается в нового человека, рождающегося через длительный промежуток времени в совершенно иных, новых условиях; согласно теософским авторам, между одним и другим перевоплощениями проходит несколько сотен, а то и тысяч лет.

Необходимо также отметить, что состояния этих высших тел (астрального, ментального и причинного) на разных стадиях человеческой эволюции весьма различны. У малоразвитого человека тело причинности представляет собой едва ли нечто большее, чем принцип. Оно не обладает никакими вспоминаниями, и новое перевоплощение оказывается как бы независимой жизнью. Только на сравнительно высоких стадиях развития тело причинности имеет некоторые туманные вспоминания о прошлой жизни.

Идея перевоплощения связана с идеей «кармы». Карма понимается как цепь причин и следствий, переходящих из одной жизни в другую. Но в отвлеченную идею кармы вводится идея воздаяния. Таким образом, действия человека по отношению к другим могут вызвать подобные же действия тех или иных людей по отношению к нему в его следующей жизни; те же самые результаты могут быть и от воздействия случайных причин. Так, существование калек или людей, страдающих от мучительных и неприятных болезней, объясняется жестокостями, совершавшимися этими людьми в их прошлых жизнях. При этом считается, что их собственные страдания служат искуплением тех страданий, которые были ими вызваны. В действительности же в идее кармы страдание не обладает искупительной силой. Человек должен понять нечто из страдания, внутренне измениться под его воздействием и начать действовать иначе, чем прежде. Тогда новая карма, так сказать, сотрет старую, и страдания человека прекратятся.

Другие учения, принимающие идею перевоплощения, отличаются от теософии только формально, в некоторых деталях. Так, доктрины европейских «спиритов» говорят о более быстром перевоплощении, которое происходит не через сотни и тысячи лет, а через несколько месяцев или лет. Выше упоминалось, что современный буддизм признает **немедленное** перевоплощение сразу же после смерти. В этом случае перевоплощающийся принцип (в буддизме существование «души» отрицается) — это «**последняя мысль** умирающего человека».

Во всех этих концепциях перевоплощения не высказывается ни малейшего сомнения в правильности обычной точки зрения на **время**. Именно это и лишает их какой бы то ни было силы и значения. Время предполагается как бы реально существующим — и существующим в той форме, в какой его постигает обычное мышление. Этот факт принимается как данность без всяких ограничений доказательств. Часы, календарь, история, геологические периоды, астрономические циклы, несомненно, не вызывают в обыденном мышлении никаких сомнений. К несчастью, это «старомодное время» нуждается в очень серьезных поправках.

В «Tertium Organum» я указал, что в идее времени восточные писания ушли намного дальше, чем западная философия. Европейские теософы любят часто цитировать слова Веданты о «вечном теперь» и т. п. Но между «вечным теперь» и календарем существует много промежуточных стадий, и как раз об этих промежуточных стадиях они ничего не знают.

Человек умирает, цикл его жизни закончился; и если даже при этом сохраняется его сознание, или душа, то время исчезает. Это значит, что для души времени нет; она пребывает в вечности. После смерти для нее не существует следующего дня, следующего года, следующего столетия. В вечности нет направления от «до» к «после». Не может существовать «до» в одном направлении, а «после» — в другом; и «до», и «после» существуют там во всех направлениях. Если же душа или завершившаяся жизнь куда-то притягивается, это притяжение может идти по пути «до» или «после» на любой из «больших линий», на пересечении которых она окажется. Отсюда следует, что если перевоплощение возможно, то оно возможно в любом направлении вечности. Вообразим, что для завершенного цикла жизни человека «большая линия» — это линия земного существования. Тогда путь души может проходить по этой линии в обоих направлениях, а не обязательно только в одном. Ошибки нашего исчисления времени состоят в том, что, размышляя о времени, мы как бы выпрямляем сразу несколько кривых линий: жизнь человека, жизнь человеческих обществ, жизнь человечества, жизнь Земли, жизнь Солнца. Мы полагаем эти линии параллельными; более того, мы считаем их соизмеримыми и выражаем в одних и тех же единицах измерения. На самом же деле это невозможно, ибо все такие кривые несоизмеримы друг с другом и не параллельны одна другой. Мы приписываем им свойства параллельности только потому, что наше мышление привыкло к линейному восприятию и наше представление о времени тоже линейно.

Хотя нам и трудно избавиться от линейного мышления и линейных концепций, мы тем не менее знаем достаточно для того, чтобы понять, что **одного** времени, измеряемого часами, днями, геологическими периодами и световыми годами, не существует. Можно говорить о времени какого-нибудь замкнутого круга, но только тогда, когда этот круг содержится в каком-то другом, большем круге. Но где появится этот круг — справа, слева, «до» или «после» — предугадать нельзя. Мы упускаем из виду то, что, определяя направление движения круга, мы основываемся исключительно на воображаемой аналогии, на совпадении делений малого круга с делениями большого круга. А эта аналогия исходит из предположения, что большой круг нужно разделить на «до» и «после» именно в той точке, в которой малый круг, «жизнь» или «душа», окажется на его линии; это деление кажется нам таким же, как деление малого круга на «до» и «после» в течение всей жизни человека, причем направление от «до» и «после» в обоих случаях должно совпадать.

Совершенно очевидно, что все эти предположения и аналогии не имеют никаких оснований и что направление возможного движения малого круга в вечности ни в коей мере нельзя предугадать.

Можно допустить, что «малый круг», т. е. «душа» или «жизнь», подвержен особого рода магнетическим влияниям, которые притягивают его к той или иной точке большого круга; но эти влияния исходят из самых разных направлений.

Можно не согласиться со всеми выводами из приведенных выше положений; однако при некотором понимании дела нельзя более оспаривать невозможность существования абсолютного времени, т. е. времени, общего для всего существующего. В каждом данном случае время есть период существования рассматриваемого предмета. Уже одно это положение лишает нас возможности считать время после смерти таким же, каким оно было до нее.

Что же в действительности означает перемена, которую мы называем смертью? Как было показано ранее, эта перемена означает, что время данного индивида закончено. Смерть означает, что времени больше нет. Когда апокалиптический ангел говорит, что «времени больше не будет», он говорит о смерти всего человечества.

Все это делает совершенно очевидным то, что решить проблему перевоплощения элементарным образом, без анализа проблемы времени невозможно. Перевоплощение, если оно вообще существует, очень сложный феномен, и чтобы его понять, человеку необходимо обладать определенными знаниями законов времени и вечности.

Законы времени и вечности — это такие законы, которые не связаны с логикой; их нельзя изучать с четырьмя правилами арифметики в голове. Чтобы постичь их, нужно уметь думать иррационально, не прибегая к «фактам». Нет ничего более обманчивого, чем факты, особенно когда мы не в состоянии иметь **все** факты, относящиеся к обсуждаемому вопросу, а вынуждены ограничиться только теми, которые нам доступны; последние, вместо того, чтобы помочь, лишь искажают наше видение. А как нам узнать, что мы располагаем достаточным количеством тех или иных фактов, если у нас нет общего плана, если мы не знаем общей системы? Наши научные системы, основанные на фактах, так же неполны, как и сами факты. Чтобы прийти к законам времени и вечности, мы должны понять сначала то состояние, в котором нет противостоящих друг другу времени и вечности.

«Вечное Теперь» — это состояние Брахмы, в котором «все пребывает всегда и везде». Иными словами, в этом состоянии каждая точка пространства касается каждой точки времени; в символах оно выражено двумя пересекающимися треугольниками, шестиконечной звездой.

В этом состоянии время оказывается таким же трехмерным, как и пространство.

Существует громадная разница между трехмерным временем Брахмы и обычным одномерным временем, которое представляет собой линию, идущую из неизвестного прошлого и исчезающую в неведомом будущем. Такая разница не является просто субъективной. Человек **фактически** и есть одномерное существо по отношению ко времени. Это значит, что, покидая эту линию времени, т. е. умирая, человек не попадает немедленно в состояние Брахмы, в состояние «Вечного Теперь». Должны существовать промежуточные стадии, и вот эти-то промежуточные стадии мы сейчас и рассмотрим.

Если исходить из того, что цель эволюции человеческой души — достижение состояния Брахмы, **«Вечного Теперь»**, тогда направление нашей мысли станет ясным.

С этой точки зрения, человек, т. е. его душа (мы употребляем это слово в смысле внутреннего существа человека, внутреннего существования, временным вместилищем которого является тело), представляет собой искру Брахмы, семя Брахмы, которое, раскрываясь и развиваясь, может достичь состояния Брахмы точно так же, как желудь, прорастая и вырастая, становится дубом, принося, в свою очередь, подобные желуди.

Аналогия с дубом, бабочкой и любым другим живым существом, правильно указывая некоторые аспекты эволюции человека, затемняет другие ее аспекты. Аналогия с дубом и т. п. не содержит состояния «Вечного Теперь», и если мы хотим напомнить о нем, нам следует прибегнуть к другой аналогии.

Сравним Брахму с рекой. Он является ее истоком, и самой рекой, а также и морем, куда впадает река. Капля воды в реке, которая возникла из источника, Брахмы, хочет вернуться к Брахме. Брахма есть все: он и река, и море, и исток. Однако вернуться к Брахме означает вернуться к истоку; ибо в противном случае, если капля удовлетворится одним философствованием и созерцанием собственных возможностей, она может сказать себе, что уже пребывает в Брахме, ибо Брахма есть все; поскольку Брахма представляет собой реку, она уже есть Брахма; коль скоро она движется вместе с рекой в море, которое тоже есть Брахма, она все ближе приближается к состоянию Брахмы. Но на самом деле в этом случае она все более удаляется от истока; а Брахма — это исток.

Чтобы достичь единения с Брахмой, капля должна вернуться к истоку. Но как капле вернуться к истоку реки? Очевидно, только двигаясь против течения реки, против потока времени. «Река» течет в направлении времени. Возвращение к истоку должно быть движением вспять, движением не в будущее, а в прошлое.

«Жизнь», как мы ее знаем, внешняя и внутренняя жизнь всех существ, движется в одном направлении — из прошлого в будущее. И все примеры «эволюции», которые мы способны отыскать, также суть движение из прошлого в будущее. Конечно, все это нам только кажется; а кажется так потому, что мы создаем свою **прямую** линию времени из огромного числа кривых (таких, как жизни людей, народов и т. п.), искусственно распрямляя их. Но они остаются прямыми только до тех пор, пока находятся в нашем уме, т. е. пока мы намеренно видим их прямыми. Как только мы ослабляем свое внимание, как только покидаем некоторые из этих линий и переходим к другим или к воображаемому целому, они немедленно становятся кривыми, нарушая таким образом нашу картину мира. Вместе с тем, пока мы видим только одну линию времени, движение только в одном направлении, пока мы не в состоянии видеть параллельных и перпендикулярных течений, мы не можем увидеть и движения в обратном направлении, которое, несомненно, существует, ибо время, рассмотренное как поверхность, является не плоской поверхностью, а особого рода сферической поверхностью, на которой начало линии будет также и ее концом, а конец — началом.

Рассмотрим снова идею возвращения к Брахме. Брахма есть создатель мира; мир возник и продолжает возникать из Брахмы. К Брахме ведут три пути: движение вперед, в будущее; движение назад, в прошлое; движение на одном месте, в настоящем.

Что такое движение в будущее?

Это процесс жизни, процесс воспроизведения себя в других, процесс роста и развития человеческих обществ и человечества в целом. Существует ли в этом процессе эволюция — это еще вопрос, открытый для обсуждения. Но вполне ясна картина существования, формирования и смерти огромных студнеобразных организмов, которые сражаются друг с другом и пожирают друг друга. Это человеческое общество — народы и расы.

Что такое движение на одном месте, в настоящем?

Это движение по кругу вечного возвращения, повторение жизни, внутренний рост души, который становится возможным благодаря такому повторению.

Что такое движение назад, в прошлое?

Это путь перевоплощений; если этот путь возможен и существует, он существует в форме перевоплощений в прошлое.

Как раз в этом и заключается скрытая «эзотерическая» сторона идей перевоплощений, которые ныне настолько забыты, что даже ссылки на них нелегко разыскать. Все же такие упоминания есть. Я укажу только несколько загадочных выражений из Ветхого Завета.

«Я отхожу в путь всей земли», — говорит царь Давид, умирая (3 Цар. 2:2).

Иисус Навин говорит: «Вот, я ныне отхожу в путь всей земли» (Нав. 23:14).

Каков смысл этих слов? Что означает выражение «путь всей земли»?

Путь земли — это ее прошлое. «Я отхожу в путь всей земли» может означать только одно: «я вступаю во время, **я иду в прошлое**».

Вот еще выражения:

«Пусть приложится Аарон к народу своему...» (Чис. 20:24) — говорит Бог Моисею и Аарону на горе Ор.

«И умри на горе, на которую ты взойдешь, и приложись к народу твоему, как умер Аарон, брат твой, на горе Ор, и приложился к народу своему» (говорит Бог Моисею) (Втор. 32:50).

«И скончался Авраам, и умер в старости доброй, престарелый и насыщенный [жизнью], и приложился к народу своему...» (Быт. 25:8).

«И испустил Исаак дух и умер, и приложился к народу своему...» (Быт. 35:29).

«Я прилагаюсь к народу моему...» (говорит Иаков — Быт. 49:29)

«И скончался Иаков, и приложился к народу своему» (Быт. 49:33).

«За это, вот, Я приложу тебя к отцам твоим, и ты положен будешь в гробницу твою в мире, и **не увидят глаза твои всего того бедствия, которое Я наведу на место сие...»** — говорит Бог Иосии устами пророчицы (4 Цар. 22:20).

Слова «приложиться к народу своему» имеют точно такое же значение, что и выражение «отходить в путь всей земли». А последнее выражение даже указывает на выгоду, которую это дает: избавление от бедствий настоящего времени. В обычных истолкованиях этого слова видели указание на жизнь после смерти, когда человек соединяется со своими предками; или, в более материалистическом смысле, здесь усматривали намек на погребение в семейных усыпальницах.

Однако первое объяснение, т. е. толкование этих слов как свидетельство существования жизни после смерти, не выдерживает критики, ибо хорошо известно, что иудаизм не знал идеи посмертного существования. Если бы такая идея там имелась, она непременно была бы выражена в Библии и получила бы в ней свое объяснение. Но и второе толкование — погребение в семейных усыпальницах — не отвечает на все неясные вопросы. Поскольку эти слова обращены также к Аарону и Моисею, умершим и похороненным в пустыне, это истолкование не может считаться приемлемым.

Что особенно важно, выражения «идти путем всей земли», «соединиться со своими отцами» или «приложиться к народу своему» никогда не относятся к ординарным людям; они употребляются только по отношению к очень немногим: к патриархам, пророкам, вождям народа. Это указывает на скрытый смысл и скрытую цель «перевоплощения в прошлое».

В великом потоке жизни, который течет из ее источника, неизбежно должны существовать течения, движущиеся вспять или поперек главного потока, как и в дереве есть движение сока от корней к листьям и от листьев к корням. В великом потоке жизни эволюционное течение направлено против общего роста, это движение вспять, к началу Времени, которое есть начало Всего.

Прикованный к колесу повторных рождений, человек не смог бы двигаться против времени, если бы не существовало возможности перевоплощений в другой эпохе, в другом периоде, близком или отдаленном, но, в любом случае, более близком к началу, — перевоплощений в прошлом.

На первый взгляд эта теория кажется очень странной. Идея обратного движения во времени нам неизвестна и непонятна. Фактически же только эта идея объясняет возможность «эволюции» в истинном и полном смысле этого слова.

Эволюция (т. е. улучшение) должна приходить из прошлого. Недостаточно эволюционировать в будущее, даже если это возможно. Мы не вправе оставлять за собой грехи своего прошлого. Нельзя забывать: ничто не исчезает. Все вечно; все, что было, продолжает существовать. История человечества есть «история преступлений», и материал для этой истории непрерывно пополняется. Мы не сможем уйти далеко вперед с таким прошлым, как наше. Прошлое продолжает существовать; оно приносит и будет приносить свои плоды; творить все новые и новые преступления. Зло порождает зло. Чтобы преодолеть последствия зла, необходимо уничтожить его причину. Если причина зла находится в прошлом, бесполезно искать ее в настоящем. Человек должен идти назад, отыскивать причины зла и уничтожать их, как бы далеко они ни отстояли. Только в этой идее есть намек на допустимость общей эволюции. Только в этой идее заключена возможность изменения кармы всего человечества, ибо изменение кармы означает изменение прошлого.

Теософские доктрины учат, что каждый человек получает столько зла, сколько он его создал. Согласно теософским концепциям, в этом-то и заключается карма. Но таким путем зло не уменьшается, а неизбежно возрастает. Человечество не вправе мечтать о прекрасном и светлом будущем, пока за ним тянется такой след зла и преступлений. Идея о том, что делать человечеству с этим грузом зла, занимала умы многих мыслителей. Достоевский так и не смог освободиться от ужаса перед прошлыми страданиями людей, которые давно уже умерли и исчезли. В сущности, он, конечно же, прав: однажды созданное зло остается и порождает новое зло.

Из тех великих учителей, законодателей и основателей религий, которые нам известны лучше других, лишь Христос и Будда не защищали борьбу со злом при помощи насилия, т. е. при помощи нового зла. Однако отлично известно, во что превратилась их проповедь любви и сострадания.

Если можно было бы искоренить зло и уничтожить его последствия, это пришлось бы сделать в самом начале времен — **и без применения нового зла**.

Вся бессмысленность борьбы за лучшую организацию жизни на земле объясняется тем, что люди пытаются бороться против последствий, оставляя нетронутыми причины зла и создавая новые причины нового зла. Однако правило «не противься злу злом» не в состоянии дать каких-либо результатов, ибо на своем уровне развития люди не могут оставаться безразличными ко злу; а бороться с ним они могут только посредством насилия. Такая борьба всегда является борьбой против результатов (или против того, что они называют злом); таким путем людям никогда не добраться до причин зла. Легко понять, почему это так: причины зла не в настоящем, они — в прошлом.

Не было бы никакой возможности для **эволюции человечества**, если бы для индивидуально развивающихся людей не было возможности возвращаться в прошлое и бороться с лежащими там причинами современного зла. Это и объясняет, **куда исчезают те люди, которые вспоминают свои прошлые жизни**.

С обыденной точки зрения это звучит абсурдно. Но идея перевоплощения включает в себя такой абсурд, вернее, такую возможность.

Чтобы допустить возможность перевоплощения в прошлое, необходимо допустить множественность существований или сосуществование. Иными словами, необходимо предположить, что жизнь человека, повторяющаяся согласно закону вечного возвращения на одном «месте во времени», если можно так выразиться, **одновременно** совершается и на другом «месте во времени». Можно сказать почти наверняка, что человек, даже приближаясь к сверхчеловеческому состоянию, не будет сознавать этой **одновременности** и будет **помнить** одну жизнь, или жизнь на одном «месте во времени», как прошлую, а другую ощущать как настоящую.

В условиях трехмерного пространства и одномерного времени множественность существования невозможна. Но в условиях шестимерного пространственно-временного континуума она совершенно естественна, поскольку при этих условиях «каждая точка времени соприкасается с каждой точкой пространства» и «все есть везде и всегда». В том пространственно-временном континууме, который изображается двумя пересекающимися треугольниками, в идее множественности существования нет ничего странного или недопустимого. Даже приближение к этим условиям открывает человеку возможность «идти путем всей земли» или «приложиться к народу своему», позволяет ему влиять на своих предков и их современников, постепенно изменить условия своего рождения, сделать их более благоприятными и мало-помалу окружить себя людьми, которые тоже «помнят».

Попробуем представить себе подобную ситуацию более конкретно. Допустим, нам известно, что на формирование жизни какого-то человека оказали воздействие определенные поступки, совершенные его дедом, который умер еще до его рождения. Представим далее, что этот человек имеет возможность оказать некоторое влияние на своего деда через его современников, скажем, просто открыть ему глаза на то, чего он до сих пор не знал. Это влияние может совершенно изменить условия следующей (по времени) жизни этого человека, предоставить ему новые возможности и т. д.

Предположим опять-таки, что какой-то человек, располагающий реальной властью, государственный деятель, политик или правитель прошлой эпохи, проявил интерес к истинному знанию. Это позволит повлиять на него, если возле него окажется подходящий человек. Допустим, что так оно и случится. Подобное обстоятельство могло бы вызвать неожиданные результаты очень полезного рода, открыв широкому кругу людей новые возможности.

Преимущества перевоплощения в прошлое человека, который помнит, чему он научился в прошлой жизни, объясняются тем, что ему **известны результаты**, известно, что произошло из действий людей, живших во времени, в которое он перевоплощается.

Конечно, это вовсе не значит, что перевоплощение одного человека в прошлое может изменить **все** или даже **многое**. Возможности изменения внешних событий весьма невелики, но они есть. Если бы в каждый данный момент существовала всего одна-единственная возможность (см. главу 10), мы жили бы в мире абсолютного предопределения, и тогда изменить ничего было бы невозможно. Однако в этом отношении «моменты» очень сильно отличаются друг от друга. Есть моменты, когда налицо только одна возможность; есть моменты с несколькими возможностями; а бывают такие моменты, когда существует множество самых разных возможностей. Это можно понять, изучая собственную жизнь. Предположим, что в своей жизни мы смогли вернуться в прошлое на десять, пятнадцать или двадцать лет. Весьма вероятно, что тогда многое нам захотелось бы изменить, многое сделать иначе, а многого вообще не делать. Смогли бы мы добиться этого или нет — вопрос другой; я затрагиваю его в романе «Колесо судьбы». Но в случае перевоплощения в прошлое дело обстоит гораздо проще, ибо такое перевоплощение доступно только человеку, который обрел высокое сознание и великую силу.

Таким образом, т. е. путем перевоплощений в прошлое людей, достигших определенного уровня внутреннего развития, в жизненном потоке создается попятное движение. Этот обратный поток и есть **эволюционное движение**, которое постепенно делает жизнь лучше и благороднее, которое возвращается обогащенным к тому источнику, из которого возникло.

По сравнению с этим идея перевоплощения в будущее представляется не просто бесплодной — это насмешка над бедными перевоплощающимися душами.

Представим себе человека, который жил в Древнем Риме, умного и образованного для своего времени; и вот он перевоплощается в наше время в обычные условия европейских образованных классов. К этим условиям он совершенно не сумеет приспособиться, сохранив в себе тысячи привычек и желаний, для которых нет места в современной жизни. Он будет исполнен непонятных предрассудков, верований и тенденций, граничащих с преступными замыслами. То, что кажется ему совершенно естественным, нормальным и даже необходимым, для окружающих его людей является аморальным, порочным и противоестественным. То, что представляется ему вполне законным и правильным, они воспримут как преступное бунтарство и т. д. Положение бедного римлянина окажется невероятно тяжелым как для него самого, так и для тех, кто его окружает.

Точно так же человек нашего времени, перенесенный в далекое будущее, очутится в совершенно непривычных условиях, окруженный людьми, которые живут непостижимыми для него интересами. В этой новой жизни он окажется чужим, и потребуется немало поворотов колеса вечного возвращения и возникновение массы ненужной кармы, пока он приспособится к новому окружению и новым формам мышления.

Зато человек нашего времени, перевоплотившийся в Древнем Риме, извлечет огромную пользу, сопоставляя жизнь двух эпох, которые так отличаются друг от друга. Где бы он ни появился, он принесет с собой струю цивилизации, и не столько потому, что наше время более цивилизованно, сколько потому, что в силу своей неприспособленности к римским формам жизни он остро ощутит варварство той эпохи, почувствует себя как бы пребывающим вне нее и ни в одной области не сможет разделить энтузиазм своих новых современников.

Перевоплощение в прошлое связано с вечным возвращением еще одним образом: оно возможно лишь на свободные, вакантные **места**, которые могут возникнуть двумя способами.

Первый — когда душа после многих жизней сознательной борьбы обретает свободу и покидает колесо жизней в каком-то определенном «месте во времени» и направляется к своему истоку, т. е. в прошлое.

Второй — когда душа умирает, т. е. после многих жизней, проведенных в скольжении вниз, под уклон, после движения по сходящейся спирали, с ускоряющимся концом, душа вообще перестает рождаться.

Обе возможности, и первая, и вторая, оставляют **свободное место** для перевоплощений.

В первом случае, т. е. в случае перевоплощения на место человека, завершившего свою задачу и ушедшего в прошлое, душа обычно получает довольно сложную роль, которую она должна играть в своей новой жизни, — роль того человека, который ушел. Этот человек ушел, освободившись внутренне; но во внешнем мире он оставил обширную и разнообразную карму. Его место надо заполнить. Ушедший человек не может исчезнуть из жизни; новому актеру необходимо взять на себя роль старого.

Во втором случае, когда душа рождается на месте той, которая умерла, перевоплотившийся человек также получает очень трудную роль, хотя трудность здесь совершенно иного рода; она может быть связана с личными качествами ушедшего человека или внешними условиями его жизни. Разница по сравнению с первым случаем в том, что воплотившаяся душа не должна играть ничьей роли и может с самого начала создавать собственную карму. Но условия рождения в этом случае будут очень неблагоприятные. Многие души умирают по причине тяжелых условий своего рождения, не способные противостоять тем обстоятельствам, среди которых им предстоит жить. Таковы люди с отягощенной и патологической наследственностью, дети порочных, преступных или ненормальных родителей. Таковы и те, кто рождается во времена продолжительных войн, революций, нашествия варваров, в эпоху крушения цивилизаций и гибели целых народов, рождается только для того, чтобы немедленно погибнуть вместе с десятками и сотнями тысяч других несчастных, всегда одинаково, без малейшей надежды на спасение, без какой-либо возможности изменить свою судьбу.

Рождение в таких условиях — труднейшее испытание для перевоплощающейся души. Самые сильные и устойчивые души преодолевают эти условия и выживают среди них, постепенно создавая вокруг себя своеобразный остров, на котором могут найти себе спасение и другие гибнущие души.

Кроме этих, так сказать, естественных ролей, в истории существуют роли, специально созданные для перевоплощающихся душ, уже достигших известной степени сознательности. Некоторые из таких ролей известны, ибо принадлежат историческим личностям, за которыми можно предположить влияние эзотерических школ. Другие роли такого типа принадлежат людям, которые также исторически известны, но, по-видимому, далеки от какого-либо влияния эзотеризма. Есть роли, принадлежащие совершенно неизвестным людям, которые выполнили огромную работу, но не оставили при этом видимых следов.

О персонажах, принадлежащих к определенным школам, но внешне как будто далеким от эзотеризма, можно сказать очень немногое. Если такие люди существуют, их внутренняя жизнь должна быть совершенно независимой от внешней. Воплощение на место таких людей доступно только тем, кто получил особое воспитание, необходимое для подобной двойной жизни. Человеку, развивавшемуся в обычных условиях, такое перевоплощение оказывается не под силу.

Но даже тех, кто специально готовился к этим трудным ролям, не может устроить перевоплощение, преобладающая тенденция которого противоречит эзотерической работе.

Нет ни одной эзотерической традиции, которая допускала бы **внутреннее противоречие** между внешней жизненной ролью и внутренней работой. Это значит, что человек, тайно принадлежащий к школам, не может открыто действовать против них. Еще менее возможно, чтобы человек, который принадлежит к эзотерической школе, носил маску псевдооккультизма или своим поведением унижал саму идею школы. Иногда приходится встречаться с подобными утверждениями со стороны лиц, некогда имевших связь с эзотерическим учителем, но затем утративших ее; то же самое касается тех, для кого идеи эзотеризма становятся средством для достижения своих личных целей.

Иначе и быть не может; величайшая ошибка — считать, что «добро» может скрываться под маской «зла», а истина — под маской «лжи». Это так же невозможно, как невозможно **сознательное зло**. Зло по самой своей природе должно быть бессознательным и слепым. Поэтому жизнь, которая служит лжи и основана на лжи, не может быть **сознательной ролью**.

Жизненная роль человека, принадлежащего к эзотерической школе, всегда выражает его внутреннюю суть; именно по этой причине его жизнь иногда оказывается исторической загадкой.

Такие роли принадлежат, например, отдельным лицам евангельской драмы. Я уже упоминал о драме Христа. Но в ней участвовал не один только Христос; это была драма с большим числом **драматических актеров**, которые играли определенные роли, прочно утвердившиеся в их умах. Драма Христа, вся евангельская история представляет огромный интерес с точки зрения механизма вечного возвращения и перевоплощения в прошлое.

Первый вопрос, который возникает с точки зрения вечного возвращения, таков: возможно ли, чтобы все **драматические актеры** были обречены вечно играть свои роли, произносить одни и те же слова, совершать одни и те же поступки?

Для ответа на этот вопрос необходимо уяснить, что в евангельской драме существует два типа ролей и два типа актеров. Перед зрителями и историей играются те же самые сцены; должны быть сказаны те же самые слова, совершены те же самые поступки. Но в одном случае актеры остаются одними и теми же, а в другом — могут быть другими. Актер, однажды сыгравший Иуду, всегда будет играть Иуду; но актер, однажды сыгравший Иисуса, может в следующий раз играть какую-нибудь другую сознательную личность, например, Иоанна Крестителя. Могут поменяться ролями и апостолы. Среди них могут оказаться и такие люди, которые не знают своей роли достаточно глубоко или которые хотят внести в нее изменения, что-то свое, какое-то «улучшение». Им придется вновь и вновь играть одну и ту же роль, пока они не выучат ее в совершенстве и не запомнят слово в слово. Мы не знаем их ошибок, потому что в Евангелиях они были исправлены, а Евангелия написали люди, понимавшие смысл и цель драмы Христа. Однако подлинная историческая действительность могла отличаться в деталях от истории, сообщенной в Евангелиях. Апостолы могут в следующий раз не только поменяться ролями, но и перейти к более важным ролям драмы; каждый из них может надеяться однажды сыграть роль Христа.

Так обстоит дело с сознательными ролями. Роли бессознательные меняться не могут. Священники, допрашивавшие Иисуса и возбуждавшие против него народ; толпа, требовавшая его смерти; солдаты, делившие его одежду, и т. д. — все они будут исполнять свои роли без малейших изменений. Бессознательные роли евангельской драмы жестко закреплены в своих неизменных повторениях. Что другое может кричать человек, который вопил: «Распни его!»? Он не способен крикнуть что-то другое, не способен даже подумать о чем-то другом. И он будет продолжать кричать «Распни его!» на протяжении всех циклов вечности. Что **другое** может сказать или сделать Пилат? Он не в состоянии ничего изменить; он может только в очередной раз «умыть руки». Все эти люди распяли самих себя, навечно пригвоздили себя к кресту Иисуса, и никакая сила не может оторвать их от этого креста.

Глубокий смысл заключен в мифе о «Вечном Страннике», или «Вечном Жиде»*, который **вечно** будет повторять свое: **«Иди дальше!»**

В бессознательных ролях не могло быть ошибок: каждый человек играл свою бессознательную роль в соответствии со своим типом, воспитанием, окружением и эпохой; он повиновался стадному инстинкту, действовал в силу подражания и т. п. Его роль механически повторялась и в следующий раз; чем чаще он ее играл, тем лучше выучивал и тем меньше оставалось возможности для ошибки или непонимания. «Вечное повторение» следило за его ролью, так что ошибка стала

---

* Легенда о «Вечном Страннике» (или «Вечном Жиде») повествует о человеке, возле дома которого хотел отдохнуть несший крест Иисус; он крикнул Иисусу: «Иди дальше!» Иисус проклял его, и тому пришлось вечно бродить по свету, не имея возможности ни отдохнуть, ни умереть. Легенда известна в литературе с начала XVII века, но другой ее вариант существовал уже в XIII веке.

невозможной; постановщик драмы Христа мог положиться на бессознательные роли так же твердо, как на ландшафт Иудеи, ее обычаи, праздники и т. п.

Но сознательные роли требуют подготовки.

В последующем развитии христианства эзотерическое христианство стало школой подготовки актеров для этой драмы. Сама драма была, так сказать, экзаменационным представлением; все вместе представляло собой довольно интересное зрелище. Будучи началом, источником, драма создала религию, а религия, как результат, как «река», своим обратным течением питала «источник». В умственном образе этого явления отражается космический процесс.

Превращение христианства в церковь, договор между церквью и государством, искажение и извращение первоначальных идей **религии любви**, докатившихся до проповеди христианства с мечом в руках, избиения еретиков и инквизиции — все это было последствием евангельской драмы. Таков неизбежный результат работы по подбору из человеческой массы людей, способных к эзотерической работе. Люди, не способные к такой работе, также слушали поучения Евангелия; им, естественно, пришлось усвоить его догматы и принципы и приспособить их к своему пониманию, к своей жизни, к борьбе друг с другом, к своим преступлениям и т. д.

Однако в работе эзотеризма ничто не теряется зря. Искаженные формы христианства также имеют свое значение, поскольку многие люди способны постигать идеи высшего порядка лишь в искаженном виде. Вместе с тем, некоторые из них, получив эти идеи в искаженном виде, могут почувствовать искажение и начать поиски истины; в отдельных случаях они способны достичь первоначального источника.

Распятие Христа продолжается непрестанно. Вместо самого Христа распинаются его учение, его идеи; и толпа, которая верит своим вождям, продолжает кричать: «Распни его!»

Две великие религии, появившиеся одна за другой, а именно, буддизм и христианство, никогда не изучались совместно, как **дополняющие друг друга**. Обычно считалось, что в своих ключевых моментах они противоречат друг другу.

Жизнь принца Гаутамы, ставшего Буддой, т. е. Просветленным, не является драмой в том смысле, в каком ею является жизнь Христа; во всяком случае, она не так драматична, как последние три года жизни Христа. Но и в буддизме жизнь Будды превратилась в миф, из которого нельзя выбросить ни одной черты, ни одного слова.

Будда прожил долгую жизнь и создал крупный монашеский орден, который после его смерти распространил свое влияние в мире. Этот орден никогда не искажал учение Будды в такой степени, в какой учение Христа было искажено его последователями. Конечно, жизнь Будды тоже представляет собой сознательную роль, исполнить которую могут многие актеры, хотя это, конечно, нелегко, но она относится к естественным ролям, тогда как роль Христа была создана специально.

Внутренний круг позднейшего буддизма также является школой, которая готовит актеров для ролей принца Гаутамы, его ближайших учеников и последователей. Но, как и христианство, он не является школой во всей своей целостности; как и в христианстве, лишь немногие скрытые его течения можно связать с идеей школы.

В связи с вопросом об отношениях идеи вечного возвращения и «перевоплощения в прошлое» к идеям эволюции интересно понять, существуют ли в эзотеризме социальные теории? Иными словами: допускает ли эзотерическое учение какую-то организацию человеческого общества или отдельных его групп, которая помогла бы данной культуре достичь наивысших результатов и способствовала бы общей эволюции человечества?

Это особенно интересно в наше время, когда различным социальным теориям придается такое большое значение, когда самые фантастические измышления в этой области подняты до ранга науки или догматизированы в виде рационалистической религии.

Существует и ответ на эти вопросы. Эзотерическая мысль об идеальной организации человеческого общества — это деление его на касты в соответствии с законами Ману.

В кодексе законов Ману, каким он дошел до нас, деление на касты — краеугольный камень в устройстве общества. Причиной такого деления природы человека, на основе которой был создан человек, считается сама сущность человеческой природы.

Законы Ману

Из главы I:

31. Ради процветания миров он создал из своих уст, рук, бедер, ступней брахмана, кшатрия, вайшья и шудру.

88. Обучение, изучение Веды, жертвоприношение для себя и для других, раздачу и получение милостыни он установил для брахманов.

89. Охрану подданных, раздачу милостыни, жертвоприношение, изучение Веды и неприверженность к мирским утехам он указал для кшатрия.

90. Пастьбу скота, а также раздачу милостыни, жертвоприношение, изучение Веды, торговлю, ростовщичество и земледелие — для вайшья.

91. Но только одно занятие Владыка указал для шудры — служение этим варнам со смирением.

98. Само рождение брахмана — вечное воплощение дхармы, ибо он рожден для дхармы и предназначен для отождествления с дхармой.

99. Ведь брахман, рождаясь на земле для охранения сокровищницы дхармы, занимает высшее место как владыка всех существ.

100. Все, что существует в мире, это собственность брахмана; вследствие превосходства рождения именно брахман имеет право на все это.

101. Брахман ест только свое, носит — свое и дает свое: ведь другие люди существуют по милости брахмана.

102. С целью определения обязанностей его и остальных мудрый Ману, происшедший от Самосущего, составил эту шастру.

103. Она должна быть тщательно изучена и правильно сообщена ученикам только ученым брахманом, никем другим.

104. Брахман, изучающий эту шастру и ведущий образ жизни, соответствующий объявленному в ней, никогда не пятнается грехами, совершенными в мыслях, а также словесными и телесными.

105. Он очищает всякое собрание и родных — семь предшествующих и семь последующих поколений; только он один имеет право на всю эту землю.

Из главы IX:

322. Без брахмана не преуспевает кшатрий, без кшатрия не процветает брахман; брахман и кшатрий, объединившись, процветают и в этом мире и в ином.

Из главы II:

135. Десятилетнего брахмана и столетнего царя следует считать отцом и сыном, но из них двоих отец — брахман.

Из главы IX:

329. Вайшья следует знать соответствующую цену драгоценных камней, жемчуга, кораллов, металлов, тканей, благовоний и соков.

330. Ему надо быть знатоком посева семян, хорошего и дурного качества земли; ему следует знать полностью использование мер и весов.

331. Достоинства и недостатки изделий, выгоды и невыгоды разных стран, вероятный доход и убыток от товаров и искусство выращивания скота.

332. Надо знать, каким должно быть жалованье слугам, различные языки людей, способы сохранения имущества и ведение дел по покупке и продаже.

333. Ему надо употреблять крайнее старание при приращении имущества в соответствии с дхармой и ревностно раздавать пищу всем живым существам.

335. Шудра чистый, послушный высшим, мягкий в речи, свободный от гордости, всегда прибегающий к покровительству брахмана, получает (в новой жизни) высшее рождение.

Из главы X:

1. Три варны дваждырожденных, придерживающихся своих обязанностей, пусть изучают Веду; но из них только брахман может обучать Веде, а не члены других двух варн: таково решение.

2. Брахману согласно правилу следует знать средства существования, предписанные для других, наставлять других и самому жить соответственно дхарме.

3. Вследствие своей исключительности, превосходства происхождения, соблюдения ограничительных правил и особенности посвящения брахман — владыка варн.

5. Во всех кастах только те сыновья, которые рождены от жен равных, девственниц, должны считаться рожденными в соответствии с прямым порядком и равными по рождению своим родителям.

9. От кшатрия и шудры рождается существо по названию угра, имеющее природу кшатрия и шудры, находящее удовольствие в жестоких обычаях.

12. При смешении варн от шудр и вайшья, кшатрия и брахманок рождаются соответственно айогава, кшаттар и чандала, низший из людей.

57. Человека, лишенного варны, неизвестного или нечистого происхождения, неарийца, хотя по внешнему виду подобного арийцу, можно узнать по его делам.

58. Подлость, грубость, жестокость, неисполнение предписанных обязанностей обличают в этом мире человека нечистого по происхождению.

61. Та страна, где появляются смешения, портящие варны, быстро погибает вместе с обитателями.

63. Непричинение вреда, правдивость, неприсвоение чужого, чистоту и обуздание органов — основную дхарму для четырех варн объявил Ману.

71. Семя, посеянное в бесплодной почве, в ней же и погибает; поле, лишенное семян, может остаться только бесплодным.

75. Обучение Веде, изучение, жертвоприношение для себя, жертвоприношение для других, приношение даров и получение их — шесть занятий брахмана.

76. Но из этих шести занятий три занятия доставляют средства существования: жертвоприношение для других, обучение и принятие даров от чистых людей.

77. Три дхармы брахмана не положены для кшатрия: обучение, жертвоприношение для других и третье — принятие даров.

78. Они не существуют также и для вайшья — таково правило, ибо Ману, владыка тварей, не объявил эти дхармы установленными для этих двух варн.

79. Ради средств существования для кшатрия предписано ношение меча и стрелы, для вайшья торговля и разведение животных и земледение; но их дхарма — дарение, учение, жертвоприношение.

80. Среди свойственных им занятий наиболее достойны: для брахмана — повторение Веды, для кшария — охрана подданных, для вайшья — хозяйственная деятельность.

81. Но если брахман не может существовать своими, только что упомянутыми занятиями, он может жить исполнением дхармы кшатрия, ибо тот непосредственно следует за ним.

82. Если он не может прожить даже обеими и если возникает вопрос, как быть, тогда, занимаясь земледелием и скотоводством, он может жить образом жизни вайшья.

95. Кшатрий, попавший в беду, может существовать всеми этими средствами; но ему никогда не следует даже думать о более высоком образе жизни.

96. Кто низший по рождению, из жадности живет занятиями высших каст, того царь, лишив имущества, пусть немедленно изгонит.

97. Лучше своя дхарма, плохо исполненная, чем хорошо исполненная чужая, так как живущий исполнением чужой дхармы немедленно становится изгоем.

98. Вайшья, который не в состоянии существовать исполнением своей дхармы, может существовать по образу жизни шудры, не исполняя запрещенные дела и отвращаясь от этого как только может.

121. Шудра, который не может содержать себя служением брахману, желающий снискать средства существования, мо-

жет служить кшатрию или может содержать себя, служа богатому вайшья.

122. Но брахману он должен служить и ради неба, и ради двойной цели, ибо для него, постоянно преданного брахману, та цель достижима.

123. Служение брахману восхваляется как лучшее дело для шудры; поэтому что бы он ни делал другого, все для него бесплодно.

99. Шудра, не могущий исполнять услужение дваждырожденному, которому угрожает гибель детей и жены, может жить занятиями ремесленников.

Из правил для снатака (домохозяев):

61. Не следует проживать в стране шудр, в обитаемой людьми нечестивыми, в завоеванной еретиками, в изобилующей людьми низкорожденными.

79. Не следует общаться с изгоями, чандалами, пуккасами, глупцами, надменными, низкорожденными, могильщиками.

Из главы VIII:

22. Та страна, которая населена главным образом шудрами полная неверующими, лишенная дваждырожденных, — быстро гибнет, измученная голодом и болезнями.

Законы Ману замечательны во многих отношениях. Они содержат много того, что люди нашего времени ищут и не могут найти, не зная даже, как подойти к тому, что им нужно. Прежде всего, совершенно очевидно, что та форма, в которой дошли до нас законы Ману, не является первоначальной. Почти весь текст представляет собой позднейшую брахманскую переработку. Из исходного текста законов Ману остались только скелет и около сотни шлок, допускающих двойное понимание; с точки зрения правящих каст, они казались безвредными и потому остались без изменений. Приведенные выше отрывки — это почти все, что осталось из источника, который можно считать подлинным. Все прочее — подделки, не считая нескольких шлок в начале книги, имеющих космогоническое содержание, а также второстепенных правил, допускающих различные толкования.

В первоначальном виде законы Ману менее всего были кодексом поведения — в смысле гражданского или уголовного права. Скорее всего это был свод физических и биологических закономерностей; сам Ману являлся не столько «законодателем», сколько исследователем законов, их открывателем. Его учение о кастах — это не законодательство, а «запись» законов природы. Законы каст были для него законами вселенной, законами природы.

Определение каст в законах Ману интересно прежде всего той точностью, с которой оно устанавливает фундаментальные типы людей, а также поразительной психологической точностью описания этих типов.

Вот шлока 31 главы 1:

Ради процветания миров он создал из своих уст, рук, бедер и ступней брахмана, кшатрия, вайшья и шудру.

Эта шлока указывает, во-первых, на то, что человечество в его нынешнем виде создано для некой космической цели и играет определенную роль в жизни миров, во-вторых, на аналогию между человечеством и Брахмой. Эта идея представляет собой то же самое, что и библейское сказание о сотворении человека, которого Бог сотворил **по своему образу и подобию**.

Определения каст и их функций также полны глубокого смысла.

Брахманам подобает изучение Веды, обучение других людей, жертвоприношения (молитвы) за себя и за других, раздача и получение милостыни.

Следовательно, в деятельность брахмана не входит никакая борьба. Брахман не должен бороться за что-либо материальное. Он только принимает то, что ему дают. Все виды внешней борьбы принадлежат кшатриям и вайшьям. Но для кшатрия борьба позволена и утверждена **только ради других**, тогда как для вайшья она разрешена и **ради себя**.

Далее, кшатрия и вайшья могут изучать Веду, но не должны учить других; могут давать милостыню, но не должны принимать ее; могут совершать жертвоприношения только за себя, но не за других.

Главное различие между кшатрия и вайшья состоит в том, что деятельность кшатрия совершается ради других: он должен охранять народ и управлять им, повинуясь только брахманам, тогда как вайшья разрешена деятельность для себя: ему можно торговать, давать деньги в долг, возделывать землю; при этом он обязан повиноваться брахманам и кшатриям.

Единственный долг шудры — служение этим трем кастам. Это значит, что шудры — люди, лишенные инициативы или обладающие неправильной инициативой, которые должны повиноваться воле других.

Вполне возможно, что было такое время, когда учение Ману понималось правильно; это время было, вероятно, не очень долгим. Правящее положение в жизни занимали брахманы, кшатрии повиновались им, вайшья, в свою очередь, подчинялись кшатриям, а шудры служили этим трем кастам. Но, конечно, в этот период касты не были наследственными.

Вероятно, брахманы, ведавшие воспитанием детей, определяли их касту; дети в соответствии со своими естественными способностями и наклонностями воспитывались брахманами, кшатриями, вайшья или шудрами. Разумеется, при этом существовала тщательно разработанная система наблюдения за детьми для определения их касты и столь же тщательно разработанная система проверки наблюдений.

Кроме того, для человека существовала возможность перехода из низшей касты в высшую, как видно из шлоки 335 главы IX:

Шудра чистый, послушный высшим, мягкий в речи, свободный от гордости, всегда прибегающий к покровительству брахмана, получает (в новой жизни) высшее рождение.

Примечательно, что и в русском тексте, которым я располагаю, и в английском переводе слова «в новой жизни» взяты в скобки. Это значит, что в санскритском оригинале их нет; они вставлены переводчиками, так как, по их мнению, подразумеваются предыдущими фразами.

Необходимо понять, в чем здесь дело. Переводы с санскрита, в общем, весьма трудны, поскольку в санскрите многое «подразумевается». Обычно в переводах такие подразумеваемые слова помещают в скобках. Это, естественно, дает волю самым разным толкованиям. Очень часто идею того или иного действия, положения или отношения угадывают в предыдущих словах. Так, слово «получит» в некоторых случаях действительно означает «получит в будущей жизни». Естественно, однако, что эти формальные смыслы в разные эпохи менялись. И было бы ошибочным утверждать, что данное слово **всегда** предполагает другое, которое должно следовать за ним, но отсутствует в тексте. В данном случае законы Ману гораздо древнее, чем идея о том, что глагол «получает» подразумевает «будущую жизнь»; именно здесь и таится главное непонимание. Смысл санскритских слов менялся в разные исторические эпохи. К какому же периоду относятся законы Ману? Они появились, конечно, раньше того времени, когда уже существовали в известной нам форме. В период их появления, т. е. в доисторическую эпоху, язык был проще, и все последующие добавления к глаголам в виде подразумеваемых слов еще не существовали. «Получить» означало «получить сейчас же» — точно так же, как это понимается во всех современных языках. Поэтому приведенный текст вовсе не укрепляет кастовые барьеры, а открывает возможность перехода в более высокую касту. Такая возможность существует даже для шудры. И только позднейшее брахманское истолкование, добавив новые слова или изменив их смысл, заставило шлоку узаконить кастовые барьеры, тогда как фактически текст имел прямо противоположный смысл.

Далее, законы Ману, относящиеся к браку, исполнены глубокого смысла; поэтому они, по всей вероятности, подверглись полному искажению. В поучениях о браке Ману, без сомнения, говорит о том, что происходит или может произойти в результате неправильного союза людей разных каст, т. е. различных по своей внутренней природе. Ману особенно подчеркивает те отрицательные результаты, которые проистекают из союза мужчин с более высоким внутренним развитием (из «высших каст») с женщинами низкого развития (из «низших каст»), или из союза женщин высших каст с мужчинами низших каст. Брахман должен брать в жены девушку из касты брахманов. Таков закон, ибо в браке должно иметь место равенство; в неравном же браке низшее низводит высшее до своего уровня. Это особенно разрушительно для женщин и для их потомства.

Идея здесь та, что половой инстинкт мужчины и женщины, особенно женщины, — это инстинкт отбора, поисков наилучшего. Искать наилучший вариант — вот задача, возложенная природой на половой инстинкт. Половой инстинкт, не отвечающий этому требованию, не служит своей цели. Если вместо поиска лучшего и сильнейшего половой инстинкт становится индифферентным или устремляется к худшему и слабейшему, результатом неизбежно будет вырождение.

Главная роль в поддержании высших особенностей расы принадлежит женщине по причине ее особых качеств — «инстинктивности» и эмоциональности. От ее инстинктов и ее выбора зависит сохранение особенностей расы. Если эти инстинкты работают, раса остается на определенном уровне; если не работают — неизбежно идет к вырождению и упадку. Женщина, которая может выбрать сильного и лучшего мужчину, но отдается слабому или низшему по каким-то внешним соображениям, в силу внутренней извращенности или утраты правильной оценки собственных чувств, совершает тягчайшее преступление против природы. Наихудшим браком является брак женщины-брахманки с шудрой; от такого союза рождается чандала, низший тип человека.

Но правильное понимание и применение законов Ману требует от людей чрезвычайно высокого развития. Совершенно ясно, что обычное «человеческое» понимание не могло не превратить касты в наследственные. Существовали ли когда-нибудь касты в их правильном виде? Существовал ли порядок, которому учит Ману? Как можно ответить на эти вопросы? Существовало ли когда-нибудь истинное христианство? Мы прекрасно понимаем, что историческое «христианство», во всяком случае, бóльшая его часть, есть не что иное, как извращение идей Христа и Евангелий. Вполне возможно, что и законы Ману в их истинном виде тоже никогда не были осуществлены в жизни.

Деление на касты представляет собой идеальное общественное устройство, соответствующее эзотерической системе. Причина этого, конечно, в том, что такое деление является естественным. Желают того люди или нет, признают они это или нет, но они уже разделены на четыре касты. Существуют брахманы и кшатрии, существуют вайшья и существуют шудры. Никакое человеческое законодательство, никакие философские ухищрения, никакие псевдонауки, никакие формы террора не в состоянии отменить этот факт. **Нормальное функционирование** и развитие человеческого общества возможно только в том случае, если этот факт будет признан и использован. Все теории и все попытки насильственных реформ, основанных на принципе «равенства» или на принципе верховной власти пролетариата и борьбы против наследственных каст, одинаково бесполезны. Каждая из них способна разве что ухудшить положение человечества. Вместе с тем, **за всю свою историю** человечество не нашло другого выхода из этого положения. Для него существуют только два пути: или наследственные касты и деспотизм, или борьба против наследственных каст и деспотизм. Все колебания истории совершаются между этими двумя путями. Указан, впрочем, и третий путь — правильное деление на касты; но человечество, насколько нам известно, никогда по нему не следовало и нет оснований полагать, что когда-нибудь последует.

Современной жизни не известны тенденции к правильному делению на касты. Нет даже идеи такого деления; ее и не может быть, ибо понимание смысла правильного деления на касты было забыто задолго до возникновения нашей цивилизации.

Но даже случайное приближение к правильному делению на касты немедленно приводит к результату, который проливает на общество особый свет, видимый в истории и многие столетия спустя.

Все без исключения блестящие исторические периоды были периодами, когда общественный порядок приближался к кастовой системе; при этом принцип наследственных каст либо ослабевал, либо не успевал еще стать достаточно твердым. Таковы самые яркие периоды в истории Греции и Рима, такова эпоха Ренессанса, XVIII век во Франции, XIX и начало XX века в России. Подобные приближения оказывались случайными и несовершенными, а потому продолжались недолго и заканчивались катастрофически; обычно чем выше был подъем, тем глубже и реальнее оказывалось падение. После падения люди долго не хотят верить, что эпоха подъема прошла и более не вернется; они редко соглашаются с тем, что именно «зло» предшествующего периода т. е. различие между классами общества, как раз и было причиной подъема и роста культуры.

Замечательно, что приближение к разделению на касты почти всегда сопровождалось одним и тем же явлением, а именно, образованием независимой интеллигенции. Формирование интеллигенции связано со сближением людей высших каст, которые еще не сознают и не понимают самих себя, но тем не менее действуют в согласии с принципами смутно ощущаемой собственной касты. Характерные черты интеллигенции всегда и повсюду одни и те же. Во-первых, это стремление к **бескорыстной** деятельности; затем весьма нетерпимое чувство необходимости **личной свободы** для всех и мятежное отношение ко всем и ко всему, стоящему на пути к свободе мысли, слова и индивидуальности. В условиях современной жизни, в окружении всех нелепостей существующего порядка вещей интеллигенция, естественно, становится революционной. Очень трудно представить себе такие условия, при которых интеллигенция оставалась бы мирной и лояльной и создавала бы нечто вне сферы науки и искусства. В условиях современной жизни интеллигенция выступает как разрушительный элемент. Но неопределенность чувства касты, неясное понимание целей и средств, друзей и врагов приводит интеллигенцию к фундаментальным ошибкам. Ее увлекают утопические теории общего блага — впоследствии нередко обнаруживается, что ей самой приходится служить низшим кастам и руководствоваться их желаниями. Отказавшись, таким образом, от своего первородного права, интеллигенция подпадает под власть «неприкасаемых», делается орудием в их руках и начинает служить их интересам. Действуя таким способом, интеллигенция утрачивает смысл своего существования, а пробужденные ею стихийные силы оборачиваются против нее. Именно это случилось в России и имело самые трагические последствия не только для интеллигенции, но и для «народа», который интеллигенция стремилась «освободить».

Трагические результаты «освободительного движения», которое возглавила интеллигенция, отдав ему свои симпатии и поддержку, объясняются тем, что немедленно вслед за интеллигенцией возникают два новых класса современного общества, которые можно назвать «псевдоинтеллигенцией» и «полуинтеллигенцией». Эти два класса представляют собой внекастовые образования; они, так сказать, **отказываются** от процесса формирования интеллигенции. Подобно всем внекастовым образованиям, псевдоинтеллигенция и полуинтеллигенция включают в себя очень большой процент преступного элемента и, в общем, симпатизируют преступникам, интересуются ими и в любой момент сами готовы стать на путь преступления, особенно если это (для псевдоинтеллигенции) не представляет особой опасности.

Не обладая ни моральными, ни интеллектуальными ценностями, эти два новых класса представляют очень большую силу в количественном отношении, и власть, ускользая из рук старых правительств, естественным образом переходит в их руки, т. е. в руки псевдоинтеллигенции. Чтобы удержать власть, они готовы пожертвовать всем и прежде всего тем самым народом, во имя которого интеллигенция вела свою борьбу.

Интеллигенция не может всего этого предвидеть и даже не понимает того, что уже произошло, поскольку не .понимает себя, своей жизненной роли и слабости своих теорий.

Вообще, теории играли и продолжают играть огромную роль в жизни современного общества. Люди верили, а многие и ныне верят, что с помощью теорий им удастся перестроить жизнь человечества. Никогда еще в истории теории не играли такой роли, какую они играют в наше время, точнее, в период, непосредственно ему предшествовавший. Главный грех интеллигенции — ее вера в теории. Псевдоинтеллигенция, внешне подражая интеллигенции, тоже основывает свои действия на теориях, но она их не идеализирует, а, наоборот, привносит в них изрядную долю софистики и превращает в средство личного приспособления к жизни.

Но искренне или неискренне возлагая свои надежды на теории, люди не видят и не понимают того, что в момент практического применения теорий неизбежно сталкиваются с другими теориями, что сопротивление этих теорий, равно как и естественное противодействие ранее созданных сил и инертности **неизбежно изменяет результаты проведения теорий**

в жизнь. Иными словами, они не понимают, что в применении к жизни теории дают не те результаты, которые от них ожидались, а почти непременно нечто противоположное. Они не понимают того, что **противодействие** изменяет результаты применения теорий по сравнению с тем, что должно было бы получиться, если бы сопротивления не существовало. Фактически ни одну теорию, которая встречает противодействие, невозможно применить к жизни в ее чистом виде, и ее придется приспосабливать к существующим условиям. В результате, даже если теория имеет в себе возможность реализации, какую-то внутреннюю силу, эта сила уйдет на борьбу с сопротивлением, так что на саму теорию не останется уже ничего, кроме пустой шелухи, слов, имен и лозунгов, которые будут прикрывать факты, диаметрально противоположные теории. И это не случайная неудача, а следствие общего неизбежного закона. Все дело в том, что ни одна теория не в состоянии рассчитывать на общее признание, что обязательно найдется другая теория, которая ей противоречит. В борьбе за признание обе теории утратят свои самые существенные черты и превратятся в собственную противоположность.

Таков порочный круг, в котором движется человечество и из которого оно, по-видимому, не в состоянии выйти.

При изучении устройства современного общества с точки зрения законов Ману естественно возникает вопрос: не дают ли законы Ману каких-либо практических указаний для решения проблем, нависших над человечеством?

Но из этих законов невозможно извлечь никаких практических методов для достижения лучшего порядка вещей. Законы Ману лишь показывают полную безнадежность всех попыток перестройки жизни насильственным путем, бесполезность действия через массы или используя массы, поскольку в обоих случаях достигнутые результаты будут противоположны ожидаемым.

Реорганизация общества согласно законам Ману (когда такая реорганизация станет возможной) должна начаться сверху, с брахманов и кшатриев. Для начала потребуется сформировать достаточно сильные группы брахманов и кшатриев, а также соответствующим образом подготовить другие касты, способные повиноваться и следовать за ними.

Ни одна из современных идей реорганизации общества не ведет к этой цели ни прямо, ни косвенно. Наоборот, все без исключения идеи ведут в противоположном направлении, поддерживая смешение каст или создавая новые кастовые различия на совершенно ложной основе. Этим объясняется поразительное сходство, почти совпадение результатов, получаемых при применении социальных теорий, диаметрально противоположных по своим целям, принципам и лозунгам. Но для того, чтобы видеть это совпадение результатов (если вообще можно называть результатами нечто, в большинстве случаев противоположное задуманному), нужно иметь «глаза, которые видят».

Слепые вожди слепых не могут ничего увидеть; двигаясь по кругу или в направлении, противоположном избранному, они продолжают думать, что идут в первоначальном направлении.

Где же выход из всех затруднений? И существует ли он? Мы должны признаться, что этого не знает никто. Ясно только одно: ни один из путей, предлагаемых человечеству его «друзьями» и «благодетелями», не является выходом. Жизнь становится все более запутанной, все более сложной; но даже в этой запутанности и сложности она не обретает каких-либо новых форм, а бесконечно повторяет старые формы.

Единственное благоприятное решение, на которое можно надеяться, сводится к следующему: множество **противоположных** отрицательных сил, возможно, приведет к положительному результату. Случается и такое; фактически только благодаря этому мы и существуем в нашем лучшем из миров.

1912—1934 годы

ГЛАВА 12

ПОЛ И ЭВОЛЮЦИЯ

Смерть и рождение. — Рождение и любовь. — Смерть и рождение в древних учениях. — Сущность идеи мистерий. — Человек как семя. — Смысл жизни на нашем плане. — «Вечная» жизнь. — Цели пола. — Огромная энергия пола. — Пол и «сохранение вида». — Вторичные половые признаки. — «Промежуточный пол». — Эволюция пола. — Нормальный пол. — Низший пол. — Явное и скрытое вырождение. — Отсутствие координации между полом и другими функциями как признак вырождения. — Ненормальности половой сферы. — Осуждение половой жизни. — Псевдомораль. — Господство патологических форм. — Психология публичного дома и поиски нечистоты в половой жизни. — Отсутствие смеха в половой жизни. — Порнография как поиски комического в половой жизни. — Трата энергии как результат ненормальностей в половой жизни. — Болезненные эмоции. — Патологические явления, принимаемые за выражение благородства ума. — Характерные признаки нормального пола. — Чувство неизбежности, связанное с полом. — Различные типы. — Странности любви. — Брак и роль «посвященного». — Аллегория Платона в «Пире». — Высший пол. — Низший пол, принимаемый за высший. — Следы учения о поле в эзотерических доктринах. — Трансмутация. — Трансмутация и аскетизм. — Буддизм. — Взгляд христианства на пол. — Отрывки о скопцах ради Царства Небесного, об отрезанной руке, о вырванном глазе. — Взгляды, противоположные буддийским и христианским. — Эндокринология. — Понимание двойной роли пола в современной науке. — Будда и Христос. -Тридцать два знака Будды. — Будда как эндокринологический тип. — Эволюция пола. — Психологическая сторона подхода к высшему полу. — Пол и мистика. — Половая жизнь как предвкушение мистических состояний. — Противоречия в теории трансмутации. — Невозможность существования противо-

речий в эзотерических идеях. — Различные пути к высшему полу. — Недостаточность современных научных знаний для определения путей подлинной эволюции. — Необходимость нового изучения человека.

Загадка смерти связана с тайной рождения, загадка исчезновения — с загадкой появления на свет. В свою очередь, загадка рождения, или появления на свет, связана с загадкой любви, пола, т. е. разделения полов и их тяготения друг к другу.

Человек умирает — и мгновения его смертельной агонии, мгновения последних мыслей и постижений, последних ощущений и сожалений связаны с чувством любви, которая создает новую жизнь. Что здесь чему предшествует и что за чем следует? Все должно совершаться одновременно. Тогда душа погружается в сон, а потом пробуждается в том же самом мире, в том же доме, у тех же родителей.

Что же происходит в тот момент, когда, согласно древней аллегории, змея кусает собственный хвост, когда смертельная агония одной жизни соприкасается с переживаниями, которые начинают новую жизнь?

В идее взаимосвязи любви и смерти скрывается, возможно, решение многих непостижимых явлений жизни. Многие неясные аллегории древних учений относятся, вероятно, к этой же идее; такова связь смерти и воскресения в мистериях, идея мистической смерти и мистического рождения и т. д. В древних учениях и древних культах сами слова «смерть» и «рождение» скрывали в себе некую загадку; они обладали не одним, а несколькими значениями. Иногда слово «рождение» означало смерть, а слово «смерть» — рождение.

Эта идея имеет двойной смысл. Во-первых, с точки зрения вечного возвращения, смерть, т. е. конец одной жизни, есть рождение, т. е. начало другой жизни. Во-вторых, и это гораздо сложнее, смерть на одном плане бытия может оказаться рождением на каком-то ином, «сверхчеловеческом» плане.

Но здесь необходима особая осторожность, чтобы избежать «спиритуалистического» понимания смерти как жизни и жизни как смерти, когда физическая смерть рассматривается как рождение на «астральном» плане, в мире духов, а смерть в мире духов считается рождением на земном плане; вместе с тем, по своей внутренней характеристике «дух» лишь незначительно отличается от человека, а то и вообще от него не отличается.

Идея древних мистерий, конечно, далека от такой «двухмерной» точки зрения. Сущность идеи мистерий заключается в сходстве непостижимого второго, **нового рождения** с обстоятельствами физического рождения человека на земле. Здесь особенно подчеркнуты две стороны вопроса: во-первых, переход одного существа в новую жизнь одновременно со смертью многих; во-вторых, колоссальная разница между тем, что умирает, и тем, что рождается; т. е. между зародышем, или семенем, и вырастающим из него человеком, который, в свою очередь, становится зародышем, или семенем, более высокого существа, отличающегося от него так же сильно, как человек отличается от семени. Смерть — это смерть. Смерть — не рождение. Но смерть содержит в себе возможность рождения. Кроме того, рождение, происходящее на каком-то ином плане, не может быть видимо или доступно восприятию на том плане, где происходит смерть. Таково содержание учения мистерий, касающееся смерти и рождения. Как было указано выше, люди считались «зернами», или «семенами», в самом реальном смысле; их жизнь в целом была не чем иным, как жизнью «семян», т. е. жизнью, которая не имеет смысла сама по себе и содержит лишь один важный момент — момент **рождения**, т. е. смерти семени.

Вот эту-то тайну и открывали посвященным. Нужно было усвоить мысль о том, что человек, постигший, т. е. полностью понявший и ощутивший эту тайну, не мог более оставаться таким, каким он был раньше. Новое понимание начинало самостоятельно действовать в человеке, наделяло его жизнь новым смыслом и направляло его по новому пути.

Если бы мы приняли идею человека как семени, если бы нашли подтверждение этой теории, наше понимание человека и человечества коренным образом изменилось бы; и сразу нашлось бы объяснение многим вещам, о которых раньше мы имели самые неясные представления.

Жизнь, которую мы знаем, сама по себе лишена цели. Именно поэтому в ней так много странного, непостижимого и необъяснимого. В самом деле, жизнь невозможно объяснить, исходя из нее самой. Ни ее страдания, ни радости, ни начало, ни конец, ни величайшие ее достижения не имеют никакого смысла. Все это или подготовка к какой-то другой, будущей жизни или просто ничто. Сама по себе жизнь на нашем плане чересчур коротка, нереальна, эфемерна, иллюзорна, чтобы что-то от нее требовать, что-то на ней строить, что-то из нее создавать. Весь ее смысл заключается в другой, новой, будущей жизни, которая следует за «рождением». Не таков ли внутренний смысл религиозных учений эзотерического происхождения, в частности христианства? Не объясняет ли это все те стороны жизни, которые особенно поражают нас как несообразные и неуместные?

Если мы, т. е. человечество, суть лишь семена, зародыши, то в нашей жизни на земном плане нет и не может быть никакого смысла. Весь ее смысл заключается в рождении и в другой, **будущей** жизни.

Но «рождение» на ином плане, т. е. на плане неизвестного уровня бытия, не бывает случайным, механичным. Новое рождение не может быть результатом только внешних причин и условий, каковым является рождение на нашем уровне бытия. Новое рождение есть следствие **воли**, желания и усилий самого «зерна».

Такова основа идеи «посвящения», которая вела к рождению, а также идеи «спасения» и обретения «вечной жизни». Понятие «вечная жизнь» имеет несколько смыслов. Оно кажется противоречивым: с одной стороны, «вечная жизнь» ожидает не только всех людей, но и все существующее, но, с другой стороны, чтобы обрести ее, необходимо родиться повторно. Такое противоречие было бы необъяснимым, если бы раньше мы не установили различия между пятым и шестым измерениями. Как одно, так и другое означает **вечность**; но первое из них — это неизменное повторение с одним и тем же концом; тогда как другое — уход от такого повторения.

Итак, перед нами две идеи **рождения**: рождение на земном плане бытия, продолжение жизни; и рождение на ином плане, возрождение, преображение, уход с земного плана. Такой уход может быть связан с таким обилием новых фактов, совершенно неизвестных и непостижимых на нашем плане, что мы и представить себе не можем последствий этого ухода.

Рождение в обычном смысле слова связано с полом, т. е. с разделением полов и их притяжением друг к другу, с «любовью». Притяжение полов — одна из главных движущих сил жизни; его напряженностью и формами проявления определяется большинство характерных черт и особенностей человека.

Как правило, чем сильнее мужчина или женщина, тем значительнее то притяжение, которое они испытывают к лицам противоположного пола. Чем богаче мужчина или женщина в интеллектуальном или эмоциональном отношении, тем лучше понимают они пол и все, что связано с полом, тем выше оценивают эту сторону жизни. Из этого правила встречаются исключения, но они очень редки и только подтверждают правило.

Даже самый поверхностный взгляд на роль пола в жизни обнаруживает, что первоначальная цель пола, т. е. продолжение жизни, или рождение, как-то отступает и теряется среди очарования, блеска и накала эмоций, создаваемых этим вечным притяжением и отталкиванием полов.

С обыденной точки зрения, в возникновении любви, т. е. в создании разделения полов и всего, что с этим связано, природа преследует лишь одну цель — продолжение жизни. Но и при этом подходе совершенно ясно и несомненно, что природа дала человеку гораздо больше «любви», чем ее необходимо для продолжения жизни. И весь этот избыток любви необходимо как-то использовать. В обычных условиях его используют в преобразованном виде — в других эмоциях и формах энергии, которые, с точки зрения эволюции, являются противоречивыми, опасными, патологическими, разрушительными, несовместимыми друг с другом.

Если бы удалось вычислить, сколь малая доля половой энергии используется для продолжения жизни, мы поняли бы ключевой принцип многих действий природы. Природа создает высочайшее давление, сильнейшее напряжение, — и все это для того, чтобы достичь определенной цели; но фактически она использует для достижения этой цели лишь бесконечно малую часть созданной энергии. Вероятно, без этого огромного перерасхода сил первоначальная цель не была бы достигнута, и природе не удалось бы заставить людей служить себе, продолжать ради нее свой род. Люди начали бы торговаться с природой, выдвигать ей свои условия, требовать уступок, просить облегчения; и природе пришлось бы уступить. Гарантией против такого сопротивления является тот избыток энергии, который ослепляет человека, превращает его в раба, заставляет служить целям природы в уверенности, что он служит самому себе, своим страстям и желаниям; или же наоборот: избыток энергии вынуждает человека думать и верить, что он служит целям природы, тогда как на деле он служит собственным страстям и желаниям.

Кроме главной и очевидной цели — продолжения жизни и обеспечения этого продолжения, — пол служит еще двум целям природы. Наличие этих двух целей объясняет, почему половая энергия создается в количестве, намного превосходящем то, что необходимо для продолжения жизни.

Одна из этих целей — сохранение «породы», удержание вида на определенном уровне, т. е. то, что обычно называют эволюцией, хотя эволюции зачастую приписывают и другие свойства, которыми она не обладает. А то, что возможно в смысле эволюции, что существует на самом деле, — удается за счет энергии пола. Если у данной «породы» не хватает половой энергии, начинается вырождение.

Другая, гораздо глубже скрытая цель природы, — это эволюция в подлинном смысле слова, т. е. развитие человека в сторону более высокого сознания и обнаружения в себе дремлющих сил и способностей. Объяснение такой возможности в связи с использованием половой энергии составляет содержание и смысл всех эзотерических учений. Таким образом, пол скрывает в себе не две, а даже три цели, три возможности.

Прежде чем перейти к третьей цели, т. е. к возможности подлинной эволюции, достижению более высокого сознания, рассмотрим вторую цель — сохранение вида.

Если мы возьмем человека и на основании всех данных биологии попробуем решить, что в нем служит признаком «породы», т. е. сохранения вида, то мы получим точный и очень важный ответ.

Человек, будь это мужчина или женщина, наделен определенными анатомическими и физиологическими чертами, указывающими на «породу»; сильное развитие этих черт свидетельствует о здоровом типе, а слабое или неправильное явно указывает на **вырождающийся** тип. Эти черты суть так называемые **вторичные половые признаки**.

Вторичные половые признаки — особое название: его дают чертам и свойствам, хотя и не обязательным для нормального выполнения половых функций, для всех ощущений и явлений, связанных с ними, но тем не менее свидетельствующим о проявлении пола. На это указывает зависимость вторичных половых признаков от первичных: они немедленно видоизменяются, ослабевают и даже исчезают при ослаблении прямых функций половых органов или их повреждении, т. е. при изменении первичных половых признаков.

Вторичные половые признаки — это все те черты, которые — не говоря о самих половых органах — отличают мужчину от женщины, делают их непохожими друг на друга. Черты эти выражены в различиях линий тела (независимо от анатомического строения скелета), в разном распределении мускулатуры и жира на теле, в различиях голоса, инстинктов, ощущений, вкусов, темпераментов, эмоций, реакций на внешние раздражения и т. п. Далее, они проявляются в различиях в области душевной жизни, во всем том, что составляет женскую и мужскую психику.

Теоретическая биология пренебрегает изучением вторичных половых признаков и ограничивает этим термином лишь те признаки, которые тесно связаны с половыми функциями. В медицине, однако, изучение вторичных половых признаков и их изменений нередко помогает правильно определить патологическое состояние и установить точный диагноз. Известно, что у мужчин и женщин недоразвитие, анатомические изменения или повреждение половых органов приводят к полной перемене внешнего вида, к изменениям вторичных половых признаков; причем эти изменения (у каждого пола по-своему) происходят, следуя определенной системе. У мужчины повреждения половых органов и расстройство их функций становятся причиной изменений, в силу которых он напоминает ребенка или старуху; у женщины те же обстоятельства делают ее похожей на мужчину.

Это обстоятельство позволяет прийти и к обратному заключению, а именно: тип, отличающийся от нормального (мужчина с чертами, свойствами и характером женщины или женщина с чертами, свойствами и характером мужчины), указывает, во-первых, на вырождение, а во-вторых, на неправильное развитие (обычно недоразвитие) первичных половых признаков.

Таким образом, нормальное половое развитие есть необходимое условие правильного развития типа. Обилие и богатство вторичных половых признаков свидетельствует об улучшающемся, развивающемся типе.

Упадок типа, упадок «породы» всегда связан с ослаблением и изменением вторичных половых признаков, т. е. появлением у женщины мужских черт, а у мужчины — женских. «Промежуточный пол» есть самое характерное выражение изменений, свидетельствующих о вырождении.

Нормальное половое развитие необходимо для сохранения и улучшения «породы».

Вторая цель природы, достигаемая в этом случае, совершенно ясна, как ясно и то, что избыток половой энергии как раз и используется для улучшения породы.

Третья цель природы, связанная с полом, т. е. эволюция человека в сверхчеловека, отличается от первых двух тем, что требует от человека сознательных действий, определенной ориентации его жизни в целом; такая ориентация дается, например, в системе йоги.

Почти все оккультные учения, которые признают возможность эволюции, или преображения человека, видят основу для преображения в **трансмутации**, т. е. в превращении определенных видов материи и энергии в совершенно другие виды; **в данном случае имеется в виду превращение половой энергии в энергию высшего порядка**.

Таков внутренний смысл большинства оккультных учений, алхимических теорий, разных форм мистики, систем йоги и т. п. Иногда этот смысл глубоко скрыт, иногда почти очевиден. Во всех учениях, признающих возможность изменения и внутреннего роста человека, т. е. эволюции не в биологическом и антропологическом смысле, а в применении ее к индивиду, эта эволюция всегда связана с трансмутацией половой энергии. Использование этой энергии, которая в обычной жизни тратится непродуктивно, создает в душе человека силу, приводящую его к сверхчеловеку. У человека нет иной энергии, способной подменить его половую энергию. Все прочие виды энергии, интеллект, воля, чувство — все они питаются избытком половой энергии, произрастают из нее и живут за ее счет. Мистическое рождение человека, о котором сообщают многие учения, основано на трансмутации, т. е. на преобразовании половой энергии.

Существует много оккультных и религиозных систем, где не только признается этот факт, но и даются практические указания о том, как подчинить половую энергию интересам внутренней эволюции. Эти указания нередко совершенно фантастичны и вряд ли результативны, так как опускают самое жизненное и необходимое. Тем не менее изучение подобных теорий и методов представляет определенный интерес с психологической и исторической точки зрения.

Прежде чем перейти к рассмотрению идей **трансмутации**, как в правильной их форме (на основании очень немногих существующих источников), так и в неправильной форме (здесь источники весьма многочисленны), необходимо внести ясность в некоторые аспекты биологии и функционирования пола, направленные на выполнение двух первых целей природы. А именно: нужно установить, существует ли внутренняя эволюция пола. Можно ли отыскать в человеке признаки развивающегося пола? Существует ли вообще эволюция пола, т. е. эволюция первичных половых признаков и половых функций? Что означает само понятие эволюции пола?

Если эволюция пола существует, то должны быть и формы пола, низшие по сравнению с теми, которые мы считаем нормальными; должны существовать и высшие его формы. Что же в данном случае будет низшей и что высшей формой?

Стоит задать себе этот вопрос, как нас тут же сбивают с толку концепции наивного дарвинизма и общепринятые «эволюционные» теории. Они утверждают о «низших» формах пола у «низших» организмов, растений и т. п., о размножении плесени и т. д. Но все это выходит за пределы того вопроса, который мы себе поставили. Мы имеем дело с человеком и должны думать только о нем.

Чтобы ответить на стоящий перед нами вопрос, мы обязаны определить, что составляет нормальный пол в человеке; затем решить, что такое низшие формы половой жизни человека (т. е. формы, которые соответствуют вырождающемуся или отставшему в развитии типу); наконец, выяснить, что такое высшие, эволюционирующие формы, если таковые существуют.

Трудность определения нормального пола вызвана, во-первых, неопределенностью признаков и свойств «низшего пола», а также полным отсутствием какого-либо понимания, чем может быть «высший пол»; из-за чего иногда происходит смешение низшего с высшим, вырождающегося с эволюционирующим.

Итак, приняв все это во внимание, попробуем, прежде чем определять нормальный пол, понять, что такое «низший пол». Начинать следует именно с низшего, потому что понять высший пол удастся лишь тогда, когда мы отбросим все, что определяется сначала как «низший пол», а затем — как нормальный.

Установить признаки «низшего пола» сравнительно нетрудно, если считать главной его характеристикой остановку в развитии — начинающееся или уже прогрессирующее вырождение.

Но обнаружить «низший пол» мешает разнообразие форм его проявления и их противоречивый характер, но более всего то, что некоторые из этих форм в глазах обычного человека кажутся **усилением** и преувеличенным развитием половой энергии, половых желаний и ощущений.

Поэтому нужно с самого начала разделить «низший пол» на две категории: очевидное вырождение и вырождение скрытое.

К первой категории очевидного вырождения принадлежат наиболее упадочные формы проявления пола, т. е. все явные ненормальности в половой сфере: ее недоразвитие, половые извращения и ненормальные половые желания, а также ненормальное половое воздержание, отвращение к половой жизни, страх перед ней, безразличие, интерес к лицам собственного пола. Впрочем, последняя особенность имеет у мужчин совсем иной характер, чем у женщин, у которых она не обязательно является признаком «низшего пола».

Ко второй категории принадлежат случаи, обычно связанные с повышенной интенсивностью половой жизни, которая внешне кажется нормальной, хотя и преувеличенной, но в действительности свидетельствует о внутреннем вырождении. На этой категории «низшего пола» мы остановимся позднее.

Для обеих категорий главным характерным признаком является несоответствие между идеей пола и идеями других нормальных функций. Половая жизнь всегда приводит людей «низшего пола» к «искушению», «греху», к преступлениям, безумию, разврату.

Для нормального мужчины и нормальной женщины пол не таит в себе опасности. У нормального человека половая функция гармонирует со всеми другими функциями, включая эмоциональные и интеллектуальные, даже со стремлением к чудесному, если оно существует в душе. Никакие мысли, эмоции и устремления человека не противоречат полу, равно как и пол не противоречит им. У нормального человека половая функция внутренне оправданна, и это оправдание основывается на полном соответствии половых функций интеллектуальным и эмоциональным.

Но если человек ненормален с момента рождения или становится ненормальным, у него почти всегда возникает отрицательное отношение к половой функции, ее осуждение.

Ненормальность его может быть самой разной. Может встретиться полное половое бессилие, неспособность к внешнему функционированию, отсутствие ощущений. Ощущения могут сохраняться при неспособности к внешнему функционированию, т. е. когда наличествует желание при неспособности его удовлетворить. Или существует способность к ощущениям при полном отсутствии желания. Во всех подобных случаях половые ощущения сопровождаются чувством дисгармонии между половыми функциями и иными аспектами внутренней жизни, особенно высшими или теми, которые считаются высшими; в результате возникает непонимание функций пола, страх и отвращение к половой жизни.

«Низший пол», который осуждает половые функции и отвергает их как «позор», представляет собой весьма любопытное явление в жизни и истории человечества.

В данном случае пол и все, что к нему относится, объявляются грехом. Женщина — орудие дьявола, мужчина — сам дьявол, искуситель. Идеал «чистоты» — половое бессилие, инфантильное, старческое или патологическое, которое проявляется в «воздержании», принятом за акт воли, или в «отсутствии интереса» к половой жизни, причем последнее объясняется преобладанием «духовных» интересов.

У людей низшего пола половые функции иногда легче подвергаются интеллектуальным или эмоциональным воздействиям (обычно отрицательного характера), чем у нормального мужчины и нормальной женщины. У человека низшего пола половая функция не имеет независимого существования; во всяком случае, она заметно отличается от половой функции нормального мужчины и нормальной женщины.

Поэтому для человека низшего пола нормальный человек кажется одержимым какой-то непонятной и враждебной силой, и человек низшего пола считает своим долгом бороться с этой силой, с ее проявлениями в других людях, поскольку уверен, что преодолел ее в самом себе.

И это объясняет весь механизм влияния, которое люди низшего пола оказывают на жизнь.

По сравнению с другими люди низшего пола кажутся самыми нравственными, а в религиозной жизни — самыми благочестивыми. Им легко быть нравственными, легко быть благочестивыми. Конечно, эти качества — не более чем псевдонравственность и псевдоблагочестие; но люди привыкли жить псевдоценностями, и лишь немногие из них желают обрести ценности подлинные.

Необходимо понять, что почти все правила морали, предписанные человечеству, почти все законы, контролирующие половую жизнь, почти все ограничения, которыми руководствуется человек в подобных случаях, все запреты и страхи — все это пришло от людей низшего пола. Низший пол именно в силу своего отличия от нормального пола, своей неспособности стать нормальным и своего непонимания нормального пола начинает считать себя высшим и диктовать нормальному полу свои законы.

Это не значит, что вся мораль, все законы и ограничения, относящиеся к полу, были ошибочными. Но, как это обычно бывает в жизни, когда верные идеи исходят из ложного источника, они приносят с собой много ошибочного, противоречат самим себе, порождают новую путаницу, усложняют жизнь.

Во всей истории человечества трудно найти более впечатляющий пример того, как патологические формы диктуют свои законы нормальным формам. Впрочем, если взглянуть шире, то фактически вся история человечества окажется не чем иным, как властью патологических форм над нормальными. Очень характерно и то, что низший пол постоянно держит под подозрением и безжалостно осуждает нормальную половую жизнь и ее проявления, выказывая куда большую терпимость к патологически извращенным формам.

Таким образом, низший пол всегда находит извинения и оправдания для людей «промежуточного пола» и для их тенденций, равно как и для различных ненормальных способов полового удовлетворения. Конечно, люди с ненормальными склонностями уже в силу самого этого факта являются людьми «низшего пола». Но они не сознают этого и зачастую гордятся своим отличием от людей нормального пола; последних они считают «грубыми животными», лишенными той утонченности, которую они приписывают себе. Существуют даже теории, которые рассматривают «промежуточный пол» как высший продукт эволюции.

Все сказанное до сих пор относится к одной категории низшего пола, хотя в этой категории нетрудно усмотреть несколько форм — от импотенции до гомосексуализма.

Другая категория низшего пола свободна от импотенции и ненормальных склонностей. Как указывалось выше, проявления этой категории (за исключением крайностей, граничащих с очевидным безумием) обычно не считаются ненормальными.

Явления, относящиеся ко второй категории низшего пола, можно разделить на две группы.

К первой группе принадлежат проявления половой функции, окрашенные, так сказать, психологией публичного дома. Ко второй группе принадлежат такие проявления пола, для которых характерна тесная связь с гнетущими и болезненными эмоциями, с неистовой страстью или глубоким отчаянием.

Существование обеих групп объясняется тем, что половая жизнь и все, что к ней относится, могут быть связаны с самыми противоречивыми сторонами в человеке.

В первой группе половая жизнь связана с тем, что является самым низким. Для такого человека пол окружен атмосферой нечистоты. Человек говорит о половой жизни грязными словами, думает о ней грязными мыслями. Вместе с тем, он оказывается рабом пола и сознает свое рабство; ему кажется, что и все другие люди — такие же рабы пола, как он сам. В глубине души он бросает грязь на все, что связано с полом, сочиняет сальные анекдоты и любит их слушать. Его жизнь полна непристойностей; для него все грязно, как грязен и он сам. А если он не унижает пола, то осмеивает его, воспринимает как скабрезную шутку, **старается отыскать в половой жизни нечто комическое**.

Эти поиски комического в половой жизни, введение в нее смеха, порождают особого рода псевдоискусство, **порнографию**, которая как раз и характеризуется осмеянием пола.

Без этого осмеяния эротическое искусство, даже в крайних своих формах, может быть вполне нормальным и законным, каким оно было, например, в греческом и римском мире, в Древней Индии, в Персии периода расцвета суфизма и т. д. Наоборот, отсутствие эротического искусства или его искаженные формы указывают на очень низкий моральный уровень данной культуры и на преобладание в ней низшего пола.

Разумеется, низший пол стремится смешать эротическое искусство с порнографией; между этими двумя явлениями для него не существует разницы.

Что же касается нормального пола, то необходимо указать, что в нем нет места для смеха. Половая функция не может быть **комической**, она не может быть **объектом насмешек**. Таков один из главных признаков нормального пола.

Продолжая перечислять черты той формы низшего пола, которая характеризуется психологией публичного дома, можно сказать, что эту форму определяет отделение половой функции от всех остальных, антагонизм половой жизни и всех других. В интеллектуальной и эмоциональной жизни, даже просто в физической деятельности людей этой формы половая жизнь оказывается помехой, препятствием, тратой сил, расходом энергии. Трата сил в половых функциях и понимание этой траты — один из существенных признаков данной формы низшего пола.

В случае нормальной половой функции подобной траты не существует, так как энергия немедленно восполняется благодаря богатству и положительному характеру ощущений, мыслей и эмоций, связанных с половой жизнью.

Форма низшего пола, о которой идет речь, нередко очень активна в своих жизненных проявлениях и широко распространена в силу особенностей нашей жизни, прежде всего из-за той власти, которой все ненормальное и «низшее» обладает над нормальным и «высшим». Многие люди, даже не принадлежащие к низшему полу, узнают о половой жизни именно от них, причем эти знания облечены в слова и выражения, присущие низшему полу, т. е. изложены как шокирующие подробности о чем-то нечистом. Психология публичного дома многих отталкивает, но они не в состоянии отринуть полученные впечатления и начинают верить, что в половой жизни ничего иного нет; все их представления и мысли о поле окрашены и насыщены недоверием, подозрениями, страхом и отвращением. Все их страхи и отвращение к **этой** форме проявлений половой жизни были бы вполне обоснованны, если бы они знали, что ненормальное не может стать законом для нормального, что, избегая ненормального, важно не отрекаться от нормального.

В этой форме пол тесно связан с преступлением; вряд ли можно встретить человека преступного характера и преступных наклонностей, свободным от этой формы низшего пола. Даже в обычной научной психологии эта форма проявлений пола, лишенная всякой связи с нравственным чувством, определяется как низшая животная. Преобладание этой формы низшего пола в жизни лучше всего указывает уровень, на котором стоит человечество.

Во второй группе этой категории низшего пола (т. е. группе, где половые функции не понижаются, а наоборот, возрастают по сравнению с нормой), пол связан со всем, что в половой жизни есть грубого и жестокого.

Человек, принадлежащий к этой форме низшего пола, как бы постоянно ходит по краю пропасти. Половая жизнь и все ее эмоции неизбежно связаны у него с раздражением, подозрениями и ревностью; в любой момент он может целиком оказаться во власти обиды, оскорбленной гордости, пугающего чувства собственности; нет такой жестокости и грубости, на которые бы он ни пошел, чтобы отомстить за «попранную честь» или «оскорбленное достоинство».

Все без исключения случаи преступлений, вызванных страстью, относятся к этой форме низшего пола.

В главе 10 цитировались слова Хвольсона, который писал, что «необходимы многие усилия и продолжительная работа над собой», чтобы привыкнуть к учению об относительности. Но куда бóльшие умственные усилия требуются для того, чтобы увидеть «низший пол» во всех преступлениях и убийствах, совершаемых из ревности, подозрений, чувства мести и т. п.

Если мы все-таки совершим эти усилия и поймем, что, например, в Отелло нет ничего, кроме патологии, т. е. извращенных и ненормальных эмоций, нам станет ясной вся ложь, которой живет человечество.

Трудность понимания этой категории низшего пола создается постоянным приукрашиванием, желанием облагородить и оправдать все проявления насилия и дегенеративных эмоций, связанных с половой жизнью и с преступлениями, совершаемыми из страсти. Вся мощь гипнотического воздействия искусства и литературы служит прославлению таких эмоций и таких преступлений. Именно это гипнотическое воздействие мешает правильно понимать вещи и заставляет людей, не принадлежащих к низшему полу, думать, чувствовать и действовать, подобно людям низшего пола.

Итак, все сказанное о низшем поле можно суммировать в следующих фразах.

Первая категория низшего пола, от импотенции до извращений, граничит с маниями и фобиями, т. е. с патологическими склонностями и патологическими страхами; вторая категория в своей первой, животной, форме приближается к идиотии и отсутствию нравственного чувства, а во второй, более бурной форме напоминает галлюцинаторное безумие или манию убийства; даже в смягченных разновидностях она полна навязчивых идей и умственных образов, сопровождаемых мучительными и неистовыми эмоциями.

До сих пор я говорил главным образом о низшем поле, но случайно указал и на некоторые особенности нормального пола.

Нормальный пол, в противоположность низшему полу, находится в полном соответствии с другими сторонами жизни человека и с его высшими проявлениями. Он не препятствует им и не забирает у них энергию; энергия, употребляемая для нормальных половых функций, немедленно возмещается благодаря богатству ощущений и впечатлений, получаемых интеллектом, сознанием и чувствами. Далее, в нормальных половых функциях нет ничего, что стало бы объектом насмешек, и ничего, что было бы связано с отрицательными сторонами человеческой личности. Наоборот, нормальный пол как бы отталкивает все отрицательное — и это, несмотря на особую интенсивность ощущений и чувств, связанных с его функциями.

Отсюда, конечно, не следует, что человек нормального пола избавлен от страданий и разочарований, связанных с половой жизнью. Дела обстоят далеко не так: эти страдания могут быть очень сильными, но они никогда не вызываются внутренним разладом между половой функцией и иными функциями человека, особенно интеллектуальной и высшей эмоциональной, как это бывает у людей низшего пола. Человек нормального пола гармоничен и уравновешен, но жизнь не гармонична и далека от равновесия, поэтому и нормальные половые функции могут зачастую приносить немало страданий. Однако человек нормального пола не обвиняет в своих страданиях других и не стремится заставить страдать и их тоже.

Он понимает неизбежность и неотвратимость всего, что связано с полом; именно это понимание помогает ему найти выход из лабиринта противоречивых эмоций.

Противоречивость и несогласованность большинства связанных с полом эмоций (даже независимо от воздействия жизни в целом и различных представителей низшего пола) у людей нормального пола нередко оказывается следствием совсем другой причины. Европейская психология почти не касается этой причины, хотя она довольно очевидна. Речь идет о различиях между типами. К идее различий между типами наука продолжает постепенно подходить с разных сторон; но фундаментальные принципы этих различий по-прежнему остаются неизвестными. До самого последнего времени допускалось старинное деление на «четыре темперамента» с некоторыми видоизменениями. Не так давно были установлены разные «типы памяти» («слуховая», «зрительная», «словесная» и т. д.); в настоящее время установлено **четыре группы крови**; в эндокринологии делаются попытки разделить людей на типы в соответствии с их «формулами» или «группами», т. е. в соответствии с комбинациями действующих в них внутренних секреций. Но отсюда еще очень далеко до признания коренной и существенной разницы между разными типами людей и до определения этих типов. Точное и полное знание типов имеется только в эзотерических учениях; поэтому оно не входит в настоящую книгу. При помощи обычных наблюдений можно установить, что в половой жизни мужчины и женщины делятся на несколько основных типов, причем их число не слишком велико. Для каждого типа одного пола существует один или несколько положительных типов противоположного пола, которые возбуждают его желание; затем несколько безразличных и несколько отрицательных (т. е. явно отталкивающих). В связи с этим возможны разные комбинации, когда, например, некий тип женщины является положительным для определенного типа мужчины, но данный тип мужчины является для этого типа женщины безразличным или даже отрицательным; возможно и обратное сочетание. В таком случае союз между двумя неправильно подобранными типами порождает внешние и внутренние проявления низшего пола. Это значит, что для нормального проявления пола необходимо не только нормальное состояние мужчины и женщины, но и союз соответствующих друг другу типов.

Чтобы правильно понять эзотерические теории, касающиеся пола, необходимо иметь, по крайней мере, общее представление о роли и значении «типов» в жизни пола.

С обычной точки зрения, как мужчин, так и женщин считают гораздо более похожими друг на друга, чем это есть в действительности; им также предоставляется свобода выбора, почти неограниченная, исключая лишь общие условия жизни, деление на социальные классы и т. п. Но в действительности даже на основании общеизвестных психологических материалов можно понять, каким образом в жизни проявляется деление на типы и в какой зависимости от этого деления находятся люди.

«Странности любви» всегда занимали человеческое воображение. Почему этот мужчина любит эту женщину, а не ту? И почему эта женщина не любит его? Почему она любит другого мужчину? — и т. д.

«Девушку юноша любит,
А ей по сердцу другой;
Другой полюбил другую...»

Где конец и где начало этой странной игры влечений, чувств, настроений, ощущений, тщеславия и разочарования? Ответ гласит: только в делении на типы.

Для того чтобы понять принцип этого деления, необходимо уяснить, что для каждого мужчины все женщины в мире делятся на несколько категорий, это деление зависит от степени их возможного физического и эмоционального влияния на него — и совершенно не связано с тем, какие он или она выражают вкусы, симпатии, склонности.

Женщины первой категории, которых у каждого мужчины очень мало, пробуждают в нем максимум чувств, желаний, воображения и мечтаний. Они влекут его к себе с непреодолимой силой, вопреки всем преградам и препятствиям, часто даже к большому его изумлению. В случае взаимной любви они вызывают у него максимум ощущений. Такие женщины остаются для него вечно новыми и вечно неизвестными. Любопытство мужчины по отношению к ним никогда не ослабевает; их любовь никогда не становится для него привычной, возможной или объяснимой. В ней всегда остается элемент чудесного и невозможного, и его чувство остается неувядающим.

Женщины второй категории, которых у каждого мужчины существует гораздо больше, также привлекают его; но в этом случае чувства легче поддаются контролю со стороны разума или внешних обстоятельств. Такая любовь более спокойна; она легче укладывается в условные нормы, как внешние, так и внутренние; она может перейти в чувство дружбы или симпатии, может ослабнуть и исчезнуть, но всегда оставляет после себя теплые воспоминания.

Женщины третьей категории оставляют мужчину равнодушным. Если они молоды и привлекательны, они могут воздействовать на его воображение, но не прямым путем, а через какой-то другой жизненный интерес (например, через гордость, тщеславие, материальные соображения, общность интересов, симпатию, дружбу). Но это чувство, приходя извне, длится недолго и быстро исчезает. Ощущения при этом слабы и бесцветны. Первое удовлетворение, как правило, полностью истощает всякий интерес. Если первые ощущения были достаточно живыми, они превращаются иногда в свою противоположность — антипатию, враждебность и т. п.

Женщины четвертой категории интересуют мужчину еще меньше. Изредка они привлекают его; он может обманывать себя, думая, что они привлекают его. Но физические взаимоотношения с ними содержат трагический элемент: **мужчина совсем их не любит**. Продолжение интимных отношений с ними является механическим насилием над личностью и может тяжело повлиять на нервную систему, вызвать половое бессилие и прочие явления, свойственные низшему полу.

Конечно, нужно иметь в виду, что женщины, принадлежащие к одной категории для одного мужчины, могут принадлежать к совершенно другой категории для другого мужчины; кроме того, у разных людей число категорий может быть бо́льшим или меньшим.

Женщины находятся точно в таком же положении, и для них существуют разные категории мужчин, совершенно не зависящие от их интеллектуального или эмоционального выбора. Выбор за них уже сделан. Никакие моральные принципы, никакое чувство долга, привязанности, благодарности, дружбы, симпатии, жалости, никакая общность интересов и идей не в состоянии вызвать **любви**, если она отсутствует, или стать на ее пути, если она существует; иными словами, ничто не в силах внести даже малейшие перемены в этот поистине железный закон типов.

В обыденной жизни, в силу множества внешних влияний, господствующих над жизнью людей, закон притяжения и отталкивания типов претерпевает частичное изменение, но лишь в одном направлении. Это означает, что даже сходные и соответствующие друг другу типы под влиянием эмоциональных конфликтов, различий во вкусах и понимании могут испытать друг к другу неприязнь и перестать любить друг друга. Но разные и не соответствующие друг другу типы никогда и ни при каких обстоятельствах не смогут друг друга любить. Более того, даже самый незначительный элемент низшего пола у мужчины или женщины приводит их взаимоотношения, чувства и обоюдные ощущения к низшей категории или даже полностью разрушает все, что в них было положительного.

Ускользнуть из-под власти закона взаимодействия типов можно, лишь следуя принципам карма-йоги и полностью постигнув природу различий между типами. Но это относится уже к жизни тех, кто видит или хотя бы начинает видеть.

А в обычной жизни общим руководящим принципом является слепота. Особенно поразительна эта слепота в вопросах пола. Так, обычное сознание не допускает того, что при неправильном сочетании типов один из супругов (или оба) **совершенно не будет любить другого**. Далее, не принимается во внимание и то, что нет ничего, более аморального и болезненного, чем половые сношения **без любви**, равно как и то, что степень и качество любви могут быть самыми различными. Конечно, сам факт отсутствия любви в половых отношениях известен; но его рассматривают вне зависимости от типов. Эту проблему совершенно не принимают в расчет, возможно, из-за того влияния, которое оказывает на всю нашу жизнь низший пол.

Тем не менее люди понимают опасность ошибочного выбора. Желание избежать последствий неверного выбора, доверить выбор тому, кто знает больше, лежат в основе эзотерической идеи «таинства брака», которое должно совершаться «посвященным».

Разумеется, истинная роль «посвященного» состояла не в том, чтобы участвовать в механической церемонии, разрешавшей людям половые отношения. Люди приходили к «посвященному» не для этого, а за советом, за окончательным решением. «Посвященный» определял их типы, выяснял, соответствуют ли они друг другу, давал советы и решал, допустим ли каждый конкретный брак. Таким было или могло быть «таинство брака». Но, конечно, все это давно забыто — вместе с учением о типах и идеей эзотерического знания.

Поэты всегда чувствовали неодномерность идеи пола и воспевали неодолимую силу, которая привлекает родственные типы друг к другу, силу, которую ничто не может преодолеть, ничто не в состоянии воспрепятствовать. Когда такие типы встречаются, возникает идеальная и вечная любовь, которая дает поэтам материал на целые тысячелетия.

Та же идея взаимного притяжения родственных типов составляет скрытый смысл аллегории платоновского «Пира» о разделенных половинах людей, стремящихся друг к другу.

Но в реальной жизни мечты поэтов и философов сбываются очень редко; в условиях нашей драматической жизни встреча даже наиболее подходящих типов очень опасна из-за избытка бурных эмоций; такая встреча почти неизменно заканчивается трагедией, и платоновские «половины» вновь теряют друг друга.

Учение о типах имеет огромную важность, ибо нормальный пол способен правильно проявлять себя и, в известном смысле, «эволюционировать» только при условии успешного сочетания типов. Необходимо также понять, что само по себе деление на типы уже есть результат «эволюции»; среди примитивных народов типы выявляются менее отчетливо и полно, так что резко выраженный тип есть особый род вторичных признаков.

Теперь попытаемся установить, чем может быть «высший пол», существуют ли на деле какие-то формы, которые можно считать принадлежностью к высшему полу.

Дать определение высшему полу — задача нелегкая. Выразимся точнее: научный материал, которым мы располагаем, не содержит каких-либо данных для такого определения, так что за материалами по этому вопросу приходится обращаться к эзотерическим доктринам. Все, что удается сделать, пользуясь известным и общедоступным материалом, — это выяснить, **что не является** высшим полом. Хотя обычная мысль и не использует понятий низшего и высшего пола, они ей весьма близки и как бы постоянно сопутствуют общепринятым концепциям. Так, размышляя о половых функциях, нередко подразделяют их на чисто «животные», или «физические», проявления, которые рассматриваются как бы в качестве низшего пола, и «одухотворенные» проявления, которые занимают место высшего пола; или же вводят идею «любви» как чего-то противоположного «половому чувству» или «половому инстинкту».

Иначе говоря, идеи высшего и низшего пола не так уж далеки от нашего мышления, как это кажется на первый взгляд. Фактически люди всегда использовали эти идеи, рассуждая о половых функциях, но часто связывали их с совершенно ошибочными образами и концепциями.

Кроме того (и это особенно важно), некоторые формы низшего пола зачастую принимают за высший пол. Это происходит потому, что люди довольно смутно улавливают разницу в проявлениях пола; в своей жизни они встречают за пределами нормальных половых функций только низший пол — и принимают вырождающуюся половую жизнь за ее развитие. В данном случае они следуют по линии наименьшего сопротивления, подчиняясь влиянию «низшего пола». Принимая низший пол за высший, они воспринимают нормальную половую жизнь с точки зрения низшего пола и видят в ней нечто аномальное, нечистое, препятствующее спасению или освобождению человека.

Только в тех эзотерических доктринах, которые не прошли через церковные или схоластические формы или сохранились за наслоениями этих форм в чистом виде, можно найти заслуживающие внимания следы учения о половых функциях. Чтобы обнаружить эти следы, необходимо заново исследовать то, что имеется по данному вопросу в известных нам доктринах эзотерического происхождения.

С точки зрения эзотерических доктрин считается, что внешняя цель половой жизни, т. е. продолжение жизни на земле, равно как и совершенствование породы посредством развития вторичных половых признаков, происходит механически; главное же внимание этих доктрин обращено на скрытую цель, а именно: на **возможность нового рождения**, которое, в отличие от первой цели, отнюдь не гарантировано.

Возвращаясь к идее трансмутации, т. е. намеренного использования половой энергии с целью внутренней эволюции, отметим, что все системы, которые признают трансмутацию и важную роль пола в трансмутации, можно разделить на две категории.

К первой принадлежат системы, допускающие возможность трансмутации половой энергии в условиях нормальной половой жизни и нормального расходования половой энергии.

Ко второй принадлежат системы, допускающие возможность трансмутации лишь при условии полного полового воздержания.

Можно соглашаться или не соглашаться с фундаментальными положениями теории трансмутации, но системы второй категории, связывающие трансмутацию исключительно с аскетизмом, исторически нам более знакомы и понятны.

Причина этого состоит в том, что буддизм и христианство — главные религии человечества близкой нам эпохи — придерживаются той точки зрения, что половая жизнь — препятствие на пути спасения человека или, во всяком случае, нечто такое, что приходится признавать в качестве печальной необходимости, как уступку человеческой слабости. Иудаизм склоняется скорее к этой точке зрения, чем к противоположной; то же самое верно и по отношению к исламу, который, в конце концов, есть не что иное, как реформированный иудаизм, очищенный от духа подавленности и уныния, но сохранивший почти всю этику иудаизма и довольно презрительное отношение к полу.

Буддизм по своей сути был монашеским орденом; поучения Гаутамы Будды обращены к монахам и содержат объяснения и принципы кратчайшего пути к **нирване**, как его понимал сам Гаутама. Миряне получили доступ к буддизму позднее и только в качестве учеников, готовящихся стать монахами. Для них в облегчение монашеской дисциплины были составлены особые правила. Принятие так называемых «пяти обетов» означает принятие буддизма. Половая жизнь еще допускается; третье из этих правил гласит: «Я соблюдаю обет воздержания от незаконных половых сношений». Это значит, что на этой ступени сохраняются определенные формы половой жизни, которые считаются законными. Но уже следующая ступень буддизма — «восемь обетов» — требует отказа от половой жизни: правило, касающееся пола, гласит: «Я соблюдаю обет воздержания от половых сношений». Иными словами, опущено слово «незаконный», и все формы половой жизни, нормальные и ненормальные, рассматриваются как незаконные. Люди, принявшие восемь обетов, не обязательно живут в монастырях; тем не менее они живут как монахи.

Итак, Будда и его ближайшие ученики считали половое воздержание первым условием трансмутации половой энергии, идея которой была им ясна. В этом отношении христианство близко к буддизму, и не исключено, что эта сторона христианского учения развивалась под влиянием буддийских проповедников. Ранее уже говорилось о роли апостола Павла и о влиянии иудаизма на возникновение христианского взгляда на пол.

Большое значение для укрепления христианской точки зрения на пол имели загадочные слова Христа: «Ибо есть скопцы, которые из чрева матернего родились так; и есть скопцы, которые оскоплены от людей; и есть скопцы, которые себя сделали сами скопцами для Царства Небесного. Кто может вместить, да вместит» (Мф. 19:12).

С этим отрывком обычно связывают еще следующие:

«Если же правый глаз твой соблазняет тебя, вырви его и брось от себя, ибо лучше для тебя, чтобы погиб один из членов твоих, а не все тело твое было ввержено в геенну.

И если правая твоя рука соблазняет тебя, отсеки ее и брось от себя, ибо лучше для тебя, чтобы погиб один из членов твоих, а не все тело твое было ввержено в геенну» (Мф. 5:29, 30).

Рассматриваемые вместе, эти отрывки дали материал для многих фантастических толкований, начиная с осуждения половой жизни вообще как чего-то нечистого по своей природе и кончая учением скопцов о добровольном оскоплении ради спасения души. Эти места из Евангелия дали колоссальный импульс низшему полу в его борьбе против нормального пола.

Истинное значение приведенных выше слов Христа нельзя понять без постижения идеи высшего пола, ибо Христос говорил именно о нем.

Но прежде чем переходить к тому, что нам может быть известно о высшем поле, необходимо установить правильную точку зрения на другие учения о половой жизни, помимо буддизма и христианства; нужно иметь в виду, что христианско-буддийская точка зрения на любовь и пол ни в коем случае не является единственно возможной или единственно существующей. Есть и другие формы религиозного понимания пола, в которых пол не осуждается, а наоборот, считается выражением Божества в человеке и является объектом поклонения. Такая точка зрения явственно усматривается даже в современных индийских учениях и религиях с их изваяниями лингамов в храмах, церемониальными танцами эротического характера и эротическими скульптурами. Я говорю «даже в современных индийских религиях», потому что они явно вырождаются в этом отношении и все более теряют почву в своем обожествлении пола. Но не приходится сомневаться в том, что до самого последнего времени некоторые культы целиком заключались в поклонении полу и его проявлениям.

Такой взгляд на пол нам совершенно чужд и непонятен; он кажется странным, «языческим». Мы слишком привыкли к иудейско-христианскому и буддийскому воззрениям на пол.

Однако пол обожествлялся и в религиях Греции и Рима и в еще более древних культах Крита, Малой Азии и Египта; их эзотерические доктрины и мистерии видели путь к трансмутации не в противодействии полу, а через него. Невозможно сказать, какой из этих путей более правилен — слишком мало мы знаем о трансмутации и ее возможных последствиях. Если кому-то и удается трансмутация, то он в силу самого этого факта почти немедленно покидает поле нашего зрения и исчезает для нас. Одно можно сказать наверняка: если трансмутация возможна, она возможна лишь для нормального пола. Ни одна из форм низшего пола не способна к развитию. Только здоровое зерно в состоянии пустить зеленый побег; сгнившее зерно умирает и не рождается.

Эзотерическая идея двойной роли пола, равно как и идея трансмутации, значительно ближе к научной мысли, чем можно предположить, хотя это на первый взгляд и кажется совершенно невероятным. Идея трансмутации, конечно же, ближе к **современной** научной мысли, а не к научной мысли, скажем, XIX века.

Существует новая ветвь физиологии, которая уже формируется в отдельную науку и которая бросает новый свет на другие науки, прежде всего на психологию. Это **эндокринология**, или учение о железах внутренней секреции. Эндокринология обещает очень многое в изучении различных функций человеческого организма, включая половые функции в их взаимодействии с другими функциями организма.

Исходным пунктом учения о внутренних секрециях была работа Клода Бернара о функции гликогена (1848—1857) и опубликованный в 1849 году доклад Аддисона о капсулах надпочечников. Они привели к экспериментам Броун-Секара, который в 1891 году ввел понятие «особых субстанций», выделяемых органами прямо в кровь; он высказал мысль о функционально-гуморальной корреляции. Появились две теории для объяснения механизма этой корреляции. Первая — теория «гормонов», наличие которых было экспериментально подтверждено в 1902 году. Вторая — теория о связи эндокринной системы с вегетативной нервной системой. Были проведены эксперименты, как хирургические, так и с введением экстрактов желез, для определения функции щитовидной железы, околощитовидных желез, надпочечников и других желез внутренней секреции, но в течение последних тридцати лет внимание исследователей сосредоточилось на гипофизе, вероятно, главном элементе эндокринной системы. Многие авторы подчеркивают, что внутренние секреции подчиняют себе конфигурацию тела, активизируют эмоции. Психологический аспект эндокринологии с точки зрения психического склада индивида выяснился позднее. В настоящее время есть расхождения в мнениях по поводу того, должна ли эндокринология включать в себя учение о функциях всех частей тела (все органы выделяют в кровь и лимфу химические вещества), или только о железах, не имеющих внешних протоков, и некоторых других железах смешанной секреции.

Из сказанного следует, что **эндокринология** — это наука о **железах** внутренней секреции (а также о железах смешанной секреции), часть **гормонологии**, изучающей внутреннюю секрецию **всех органов**.

Согласно данным эндокринологии, все физические свойства и функции человека (рост, питание, строение тела, работа разных органов), равно как и особенности интеллектуальной и эмоциональной жизни, весь психический склад человека, его деятельность, сила, энергия — все это зависит от свойств и характера деятельности желез внутренней секреции, которые мотивируют работу всех органов, нервной системы, мозга и т. д.

Все характерные внешние черты, все, что можно видеть в человеке, его рост, строение скелета, кожи, глаз, ушей, волос, голоса, дыхания, его образ мыслей, скорость восприятия, характер, эмоциональность, сила воли, энергия, деятельность, инициативность — все это зависит от деятельности желез внутренней секреции, так сказать, отражает их состояние. Эндокринология внесла огромный вклад в науку о человеке, и подлинное значение этого вклада еще далеко не понято и не оценено.

Научная психология, развитие которой приостановилось в конце XIX века и которая в первые десятилетия XX века не дала **ни одной** достойной внимания работы, обретает новое дыхание и пересматривает свои идеи с точки зрения эндокринологии.

В уже появившихся работах по эндокринологии есть несколько интересных попыток объяснить судьбу исторических личностей, с точки зрения их эндокринологического типа, т. е. сочетания внутрисекреторных функций в разные периоды жизни. В качестве примера таких попыток сошлюсь на две книги нью-йоркского профессора Бермана. В первой из них «Железы, управляющие личностью» Берман, описав принципы эндокринологического изучения человека, которым он следует, рассматривает несколько исторических личностей, о которых известны более или менее точные сведения. Первым взят Наполеон, известный по портретам и воспоминаниям врачей; имеются также результаты вскрытия его тела на острове Св. Елены. На основании всех этих данных Берман описывает, так сказать, эндокринологическую историю Наполеона, т. е. объясняет, под влиянием каких желез внутренней секреции проходили разные периоды его жизни. Так, все неудачи последней кампании Наполеона он объясняет ослаблением деятельности гипофиза; это привело к катастрофе под Ватерлоо, а на острове Св. Елены стало еще заметнее и совершенно изменило его личность.

Далее Берман исследует Ницше, Чарлза Дарвина, Оскара Уайльда, Флоренс Найтингейл и др.

Во второй книге «Уравнение личности» Берман рассматривает типы, в которых преобладают те или иные железы; человек для него — марионетка, управляемая секрециями.

Книги Бермана нельзя назвать научными; скорее это фантазии на темы эндокринологии. Но эти фантазии выходят на факты, о которых философия пока и не подозревает. С точки зрения строгой науки, почти каждый вывод Бермана в отдельности можно опровергнуть или счесть бездоказательным. Вполне возможно, что каждое его **отдельное** заключение рано или поздно будет опровергнуто. Но **принципы**, на которых основаны его рассуждения, опровергнуть не удастся, напротив, они будут установлены и подтверждены. Эти принципы останутся и лягут в основу нового понимания человека, т. е. нового для современной науки, которая все ближе и ближе подходит к принципам эзотеризма.

В связи с проблемой низшего и высшего пола особенно интересны значение и роль внутренней секреции **половых желез**, ее воздействие на функции человеческого организма и на другие секреторные функции.

Еще до оформления эндокринологии в особую науку физиологией было установлено, что половые железы являются одновременно железами и внешней, и внутренней секреции; внутренняя секреция половых желез — главный фактор формирования вторичных половых признаков и регуляции их развития. Воздействие внутренней секреции половых желез столь велико, что в случае их повреждения или кастрации, когда внутренняя секреция нарушается или вообще прекращается, вторичные половые признаки исчезают или настолько видоизменяются, что человек становится дегенератом низшего пола.

Таким образом, современная наука не только признает двойную роль пола, но и во многом исходит из этого факта, обнаруживая во внутренней секреции половых желез необходимое условие правильного функционирования всего организма, а в ее изменении или ослаблении — причину ослабления или прекращения всех других функций.

Итак, внутренняя секреция половых желез — это и есть **трансмутация**, уже признанная наукой. Нормальная жизнь организма и сохранение вторичных половых признаков зависят от этой трансмутации. Всякое ослабление вторичных половых признаков указывает на ослабление трансмутации; существенное ее ослабление или исчезновение создает низший пол. Эзотерическая идея отличается от современной научной только тем, что допускает возможность усилить трансмутацию и довести ее до совершенно невероятной интенсивности, которая и создает новый тип человека.

Если этот новый тип человека принадлежит к **высшему полу**, что же в таком случае означает этот высший пол?

Эндокринологическое изучение исторических личностей, равно как и клинические исследования, со всей очевидностью устанавливают существование низшего пола, его происхождение, причины и последствия. Но они ничего не говорят о высшем поле. Где же можно найти материал для суждения о нем?

На горизонте нашей истории мы видим две сверхчеловеческие фигуры: это Гаутама Будда и Христос. Независимо от того, считать ли их реальными историческими личностями или мифами, порождением народной фантазии или эзотерической мысли, мы обнаружим у них немало общих черт.

История жизни Гаутамы Будды говорит, что в юности принц Гаутама был окружен блестящим двором, полным молодых красавиц, был женат и имел сына. Но он покинул все и удалился в пустыню, и в последующей его жизни половые функции не играли никакой роли. За исключением нескольких апокрифических легенд, история не сохранила описаний его искушений или борьбы, связанной с полом.

С этой точки зрения Иисус — еще более определенная фигура. Мы ничего не знаем о его половой жизни; насколько нам известно, в его жизни не было женщин. Даже во время искушения в пустыне дьявол не пытался соблазнить его женщиной: он показывает ему земные царства во всей их славе, обещает чудеса, но не предлагает любви. Очевидно, по замыслу и идее автора драмы о Христе, Христос находится уже по ту сторону подобных искушений и возможностей.

Теперь можно задать вопрос: не были ли Христос и Будда людьми высшего пола? У нас нет никаких оснований причислять их к низшему полу, вместе с тем, они, несомненно, отличались от обычных людей.

К несчастью, мы не располагаем сведениями о строении тела Иисуса и о его внешности. Все изображения Христа, появившиеся в первые века христианства, совершенно недостоверны.

С Буддой дело обстоит иначе: имеется очень точное и подробное описание его тела со всеми внешними чертами и особенностями. Я имею в виду так называемые «тридцать два знака Будды» и «восемьдесят малых знаков».

Об этих знаках есть легенда, частично принятая и авторами Евангелий в повествовании о Христе (см. главу 4). Когда Будда появился на свет, старец-отшельник Асита спустился с Гималаев в Капилавасту. Войдя во дворец, он совершил у ног дитяти жертвоприношение аргха, а затем трижды обошел вокруг ребенка, взял его на руки и «прочел» на его теле тридцать два знака Будды и восемьдесят малых знаков, видимых его внутреннему зрению.

Современные буддологи на основании филологических и исторических изысканий считают «тридцать два знака» позднейшим изобретением. Конечно, они, наверняка, содержат немало условного, мифического, наивного, аллегорического; многое было искажено устной передачей, переписыванием и переводами. Но, несмотря на все это, эндокринологическое изучение тридцати двух знаков Будды представило бы огромный интерес; вполне возможно, что оно приподняло бы завесу, которой окутан для нас высший пол.

Есть несколько списков как «тридцати двух знаков Будды», или «тридцати двух знаков совершенства», так и восьмидесяти малых знаков. Во всех случаях перевод весьма сомнителен, и существует много разных прочтений тех или иных знаков.

Приведу здесь вариант, который принят в современной популярной буддийской литературе. При переписывании, переводах и объяснениях многие «знаки» совершенно утратили всякий смысл и значение. Но, по моему мнению, во-первых, филологический, а во-вторых, психологический анализ самых надежных списков помог бы установить тексты, а их эндокринологическое изучение позволило бы обнаружить много такого, что оказалось бы новым и неожиданным.

Тридцать два знака Будды

1. Хорошо сформированные голова и лоб.
2. Иссиня-черные блестящие волосы; каждая прядь вьется слева направо.
3. Широкий и прямой лоб.
4. Белоснежный волосок между бровями, повернутый направо.
5. Ресницы, похожие на ресницы новорожденного теленка.
6. Блестящие темно-синие глаза.
7. Сорок зубов одинаковой формы.
8. Зубы тесно примыкают друг к другу.
9. Зубы чисто белого цвета.
10. Голос, подобный голосу Махабрахмы.
11. Утонченный вкус.
12. Мягкий и длинный язык.
13. Челюсти, напоминающие челюсти льва.
14. Плечи и руки красивой формы.

15. Семь главных частей тела полны и округлы.
16. Пространство между лопатками хорошо заполнено.
17. Кожа золотистого цвета.
18. Длинные руки, благодаря которым можно, не сгибаясь, достать кистями колени.
19. Верхняя часть тела похожа на львиную.
20. Тело выпрямлено, подобно телу Махабрахмы.
21. Из каждого волосяного мешочка растет лишь один волос.
22. Эти волосы на верхушке наклонены вправо.
23. Половые органы скрыты природой.
24. Полные и округлые икры.
25. Ноги, похожие на ноги оленя.
26. Пальцы рук и ног тонкие, одинаковой длины.
27. Удлиненные пятки.
28. Высокий подъем стопы.
29. Тонкие и длинные ступни и кисти рук.
30. Пальцы рук и ног покрыты эпидермой.
31. Ровные ступни и твердая стойка.
32. На подошве видны два сияющих колеса с тысячью спиц.

Какие выводы с точки зрения эндокринологических теорий можно сделать, изучив тридцать два знака Будды? И можно ли вообще сделать из этого какой-то вывод? Я полагаю, что это задача для специалистов. Несомненно только одно: если принять тридцать два знака за реальное описание живого человека, нам придется признать, **что такого человека не существует**. В Будде сочетаются противоречивые черты; одни из них свидетельствуют о женственности, другие указывают на инфантилизм, а рядом с ними имеются такие, которые говорят о сильно развитом мужском типе. В общем, вторичные половые признаки у Будды смешаны и в таких сочетаниях не встречаются в жизни. Будда представляет собой необычный и **новый** тип человека. Поскольку можно считать доказанным, что все внешние черты и признаки зависят от той или иной формы развития внутренней секреции, картина развития внутренней секреции Будды являет собой нечто невероятное и новое. Кроме того, внутренняя секреция его половых желез представляется не ослабленной, как должно было бы быть, судя по некоторым признакам, а резко усиленной.

Если это и есть трансмутация, если это и есть высший пол, то нет ли здесь указаний на то направление, которое должна принять наша мысль в своих попытках постичь загадку эволюции человека? И не означает ли это, что в процессе эволюции половая энергия как бы направляется внутрь организма и создает в нем новую жизнь, способную к постоянному обновлению, к **вечному** возрождению?

Если таков путь преображения (эволюции) человека, это значит, что такой человек являет собой небывалый биологический тип, период жизни которого, связанный с полом, с периодом размножения, принадлежит к низшей или средней фазе преображения. Если представить себе бабочку, функции размножения которой принадлежат не ей, а гусенице, тогда бабочка по отношению к гусенице окажется «высшим полом». Это значит, что функция размножения и, следовательно, половая функция у бабочки станет ненужной и исчезнет. Такой была бы и биологическая схема фаз эволюции человека. Возможно ли это? Вероятно ли? На основании доступного ныне материала ответить на эти вопросы невозможно.

Но психологическая картина приближения человека к высшему полу становится немного яснее. В жизни существуют непонятные эмоции и ощущения, которые не объяснить с обычной точки зрения; в любви и половых ощущениях есть странная меланхолия, загадочная печаль. Чем больше человек чувствует, тем сильнее он испытывает это ощущение прощания, разлуки.

Чувство разлуки возникает вследствие факта, что у мужчины или женщины с сильными чувствами половые ощущения пробуждают новое состояние сознания, новые эмоции. Эти новые эмоции изменяют половые эмоции, вызывают и увядание и исчезновение.

Здесь и заключен секрет глубокой меланхолии наиболее живых половых ощущений. В них скрывается какой-то привкус осени, чего-то исчезающего, того, что должно умереть, уступив место другому.

Это «что-то другое» и есть **новое сознание**, для определения и описания которого у нас не хватает слов. Из всего известного нам к нему приближаются только половые ощущения.

Доступные человеку мистические состояния обнаруживают удивительную связь между мистическими переживаниями и переживаниями пола.

Мистические переживания несомненно и неоспоримо имеют привкус пола. Точнее, из всех обычных человеческих переживаний только половые приближаются к тем, которые можно назвать мистическими. Из всего, что мы знаем в жизни, только в любви есть аромат мистики, отблеск экстаза.

Ничто другое в нашей жизни не приводит нас ближе к пределу человеческих возможностей. Бесспорно, в этом таится главная причина страшной власти пола над душами людей.

Но в то же время половые ощущения исчезают в свете мистических переживаний.

Первые ощущения мистических переживаний усиливают половые ощущения, а затем волны света, которые видит человек, полностью поглощают эти искорки ощущений, ранее казавшиеся ему сиянием любви и страсти, заставляют их исчезнуть.

Следовательно, в подлинной мистике нет отказа от чувств. Мистические чувства — это чувства той же категории, что и чувства любви, только они бесконечно выше и сложнее. Любовь и пол — это лишь предвкушение мистических состояний, и, конечно же, **предвкушение** исчезает, когда является то, чего мы ждали. Точно так же ясно и то, что борьба с этим предвкушением, принесение его в жертву, отказ от него не могут приблизить нас к желаемому, не могут ничего ускорить. Необходима ли борьба с нормальным полом для достижения высшего пола, или, наоборот, высшего пола можно достичь при условии нормальных функций половой сферы, — в этом пункте идеи эзотерических систем, как указывалось выше, сильно расходятся. А поскольку никакие противоречия между системами эзотерического происхождения, в сущности, невозможны, это расхождение может означать лишь одно. Дело в том, что есть типы людей, для которых достижение высшего пола возможно только через борьбу с полом, ибо их половая жизнь не координируется с другими функциями и самостоятельно не эволюционируется с другими функциями и самостоятельно не эволюционирует. Есть и другие типы людей, для которых достижение высшего пола возможно без борьбы с полом, поскольку их половая жизнь постепенно преобразуется вместе с преобразованием других функций.

Обычное знание не располагает достаточным материалом, чтобы определить направление этого преобразования, сущность природы высшего пола. И только совершенно новое исследование человека, отбрасывающее все окаменевшие теории и принципы, способно открыть пути к пониманию его истинной эволюции.

1912—1929 годы

СОДЕРЖАНИЕ

Успенский Петр Демьянович

НОВАЯ МОДЕЛЬ ВСЕЛЕННОЙ

Редактор Н. Баринова
Оригинал-макет, верстка И. Колгарёва
Художник обложки С. Даниленко
Дизайн обложки А. Матросова

Налоговая льгота – общероссийский классификатор
продукции ОК-005-93, том 2; 953000 – книги, брошюры

ЛР 065864 от 30 апреля 1998 г.
Подписано в печать 20.11.2001.
Формат 84 x 108 $^{1}/_{32}$. Бумага книжно-журнальная.
Гарнитура «Ньютон». Печать офсетная.
Усл. печ. л. 29,4. Тираж 5000 экз.
Заказ 2002.

Издательство «ФАИР-ПРЕСС»
109428, Москва, ул. Зарайская, д. 47, корп. 2

Отпечатано в полном соответствии
с качеством предоставленных диапозитивов
в АООТ «Тверской полиграфический комбинат»
170024, г. Тверь, проспект Ленина, 5